New Urbanization Planning Series 新城镇化规划丛书

住宅

规划设计资料集

Residential Planning & Design Collection

佳图文化 编

高层住宅卷

4

中国林业出版社

图书在版编目（CIP）数据

住宅规划设计资料集 . 4, 高层住宅卷 / 佳图文化编 . -- 北京 : 中国林业出版社 , 2014.6

ISBN 978-7-5038-7476-5

Ⅰ . ①住… Ⅱ . ①佳… Ⅲ . ①高层建筑－住宅－建筑设计－世界－现代－图集 Ⅳ . ① TU241-64

中国版本图书馆 CIP 数据核字 (2014) 第 090731 号

中国林业出版社 · 建筑与家居图书出版中心

责任编辑: 李 顺 唐 杨

出版咨询: (010) 83223051

出 版: 中国林业出版社 (100009 北京西城区德内大街刘海胡同 7 号)

网 站: http://lycb.forestry.gov.cn/

印 刷: 广州市中天彩色印刷有限公司

发 行: 中国林业出版社发行中心

电 话: (010) 83224477

版 次: 2014 年 6 月第 1 版

印 次: 2014 年 6 月第 1 次

开 本: 889mm×1194mm 1 ／ 16

印 张: 27.5

字 数: 150 千字

定 价: 438 .00 元

Development, Planning and Design Elements on High-rise Housing

高层住宅开发与规划设计要素

随着城市的迅猛发展和人口的集中，住宅的需求量扩大，城市住宅用地越来越稀缺。为了解决住房拥挤问题，很多城市兴起建设高层住宅的热潮。高层住宅建筑通过“竖向型”增长，对有限土地高效集约的利用，提高了规模效益，为城市发展创造了新的空间。虽然在其迅猛发展的期间业界对其褒贬不一，但不可否

认的是，高层住宅的开发与建设正日益成为住宅市场的主力军。如何发挥这支主力军的最大效应，值得我们对其进行探讨和研究。

一、高层住宅相关概念阐述

高层住宅一般设有电梯作为垂直交通工具，十二层及十二层以上的住宅，每栋楼设置电梯应不少于两台，其中应设置一台可容纳担架的电梯。

1、高层住宅的开发优势与劣势并行

（1）优点—— 提高土地利用率

高层住宅的优点是可以节约土地、增加住房和居住人口，如同样的地基建6层住宅与建12层住宅，土地利用率、住房和居住人口可以提高一倍。尤其是在我国人口密度和建筑密度较高的地区，拆迁的费用很高，动员人口外迁的工作难度很大，但通过建设高层住宅就能较好地处理一些矛盾。

（2）缺点——投资大、上下不便、安全性差、影响人际交往以及生态环境质量

同时，建造和使用高层住宅也有不足之处，如：投资大，高层建筑的钢材和混凝土消耗量都高于多层建筑，加上要配置电梯、高压水泵，增加公共走道和门窗，一次性投入很大，另外使用后，还要为电梯、泵站修缮养护付出一笔经常性费用；上下不便，电梯服务虽很方便，但遇到停电、修理就很麻烦；安全性差，高层住宅留置多个互相连通的疏散口和楼梯，往往为入户偷盗和其他犯罪提供了作案条件；高层住宅还应注意防火，因为一旦发生火灾很难扑救；在高层生活的家庭有一种孤独和封闭感，老人和孩子因上下不便，双职工要上班，很难建立和发展良好的人际交往和邻里关系；多幢点式高层住宅建在一起，会产生不规则的高空风，影响居住区的生态环境质量。

根据上述情况，国家1985年对高层住宅建设作了明确地规定：“在大城市的特定地点，当建造高层住宅节约用地效果显著，而且具备相应的技术条件、设备条件和经济条件时，可以建造适量的高层住宅。”

2、高层住宅的常见分类及其差异

高层住宅一般可分为：单元式高层住宅、塔式高层住宅、通廊式高层住宅。各类型的高层住宅特点不一。

（1）单元式高层住宅：由多个住宅单元组合而成，每单元均设有楼梯、电梯。

特点：其与塔式高层住宅相比的好处是朝向好，通风好，容易做到两个以上逃生通道之间距离较远。其缺点是阴影太宽，不利于后楼采光。

（2）塔式高层住宅：以共用楼梯、电梯为核心布置多套住房的高层住宅。

特点：塔式高层住宅能适应地段小、地形起伏复杂的基地。

在住宅群中，与板式高层住宅相比，较少影响其他住宅的日照、采光、通风和视野遮挡，可以与其他类型住宅组合成住宅组团，使街景更为生动。由于其造型挺拔，易形成对景，若选址恰当，可有效改善城市天际线。

塔式高层住宅的形式较多。我国北方大部分地区因需要较好的日照，经常采用T形、Y形、H形、V字形、碟形等；而华南地区因建筑之间的通风要求，则较多采用双十字形、井字形等。另外塔式高层住宅还有十字形、五角形及圆形等，几乎囊括了所有的几何形状。

（3）通廊式高层住宅：以共用楼梯、电梯通过内、外廊进入各套住房。

特点：通廊式高层住宅分为内外两种，现在多采用内廊式住宅，外廊式较少见。

内廊式高层住宅中间有一条公共走廊，住宅布置在走廊两侧，各户毗邻排列。它有长内廊与短内廊之分，长廊视户数多少，可设一个或两个楼梯（电梯）于内廊中部或两端；短内廊仅在一端设梯。它的优点外墙完整，容易作出规整简明的结构布局，抗震性能好；其楼梯服务户数较多，用地较节省；建设成本较低，销售价格也比较便宜。其缺点是楼（电）梯服务户数较多；各户只有一个朝向，而且由于两排房屋并列相对，无法开门开窗产生穿堂风，采光和通风都大大低于外廊式住宅；由于走廊内没有自然光照明，因此过于黑暗；同时各户之间共用走廊，户间干扰比外廊式住宅要增加一倍。

外廊式高层住宅分户明确，每间或每套住房自公共走廊有一个出入口，每户均可获得较好的朝向，采光通风好。其特点是：外廊作为公共交通走道，所占的面积较大，建筑造价较高；同时，每户的门对着公共走廊，相互干扰较大。

二、高层住宅开发与规划布局的探讨

1、高层住宅选址的两大原则

（1）周边具备商业氛围

高端高层住宅的目标客户多为企业家、高级经理人或商界精英，他们在购买市区住所时，更注重的是该区域的商业氛围，以满足其多样化的商务需求。因而靠近城市传统商区或城市CBD，都是高端高层住宅的理想地段。像北京楼盘通用时代，北望长安街，南临通惠河，与CBD核心区是真正的一街之隔；无论往东、往西还是向南，稍移几千米，便不可同日而语。

（2）具备人文景观或自然景观优势

高层住宅如能具备一定的人文景观或自然景观优势，无疑将大大提升项目的附加值，因而在选址方面，应注重项目周围的环境条件。如北京公馆邻近使馆区，外国使馆和国外驻京商社多集中在此。项目周围有中日青年交流中心，中国国际展览中心等大型活动场所，有大型宾馆饭店，商业设施燕莎友谊商城等。该地段具有外事机构多、涉外活动多、外国人员消费层次高的特点，如此尊贵的地段是建设高档、高品位的精品住宅的理想场地。

2、高层住宅常用平面布局分类

（1）围合式布局

此种布局适用于容积率较高的情况下景观不具有气势和冲击力。通过围合，让小区看起来不那么“密集”，又有大中庭卖点。大多数楼栋都临街设置，一半的户型朝向不佳。

（2）半围合式布局（U型布局）

此种布局接近行列式布局小区，通透性好，能形成大广场和大气势的大门，多数户型能兼顾朝向。但其布局呆板、生硬，未能很好利用柜子楼栋自身的灵活摆向解决户型问题。若地块宽度不够，还存在较严重的对视情况。

（3）散点式布局（开放式布局）

此种布局不过分追求布局的形状，更讲究布局的灵活性和均好性，让建筑的间距最大化。但此种布局地下车库不好布置。

（4）内部组团式布局

此种布局自身围合成小组团，可形成不同档次的业主群落。利于小区自身档次的划分，小区内部可分可合，布局灵活。一般在体量很大、产品很丰富的情况下使用。

（5）弧形围合

此种布局基本能兼顾朝向，景观可实现组团化，能避免建筑互相之间的对视，布局丰富。

（6）行列式布局

行列式布局，适用于要么地块资源很好，要么地块资源很差的情况。如果地块前后的资源都好，把建筑往边放，让建筑的前后都舒服。如果左右都不好，此种布局更适合条形地块。

三、高层住宅建筑单体布局与建筑设计的一般性原则

1、建筑单体布局类型繁多

目前高层住宅标准层平面类型按照平面形式，主要有井字型、蝶型、工字型、风车型、T字型、一字型等主要6种，其他还有钻石型、L型等。井字型、蝶型、风车型一般适用于塔楼，而工字型、T字型、一字型不仅适用于塔楼，也可应用于板楼。

井字型，早期高层住宅最常见的一种平面布局方式，一般为一梯八户。优点主要在于布局紧凑，柱网整齐，对裙楼及地下室布置有利，住宅的实用率较高。缺点在于各户的朝向分配极为不均，而且各户之间视线干扰较多。

蝶型布局相对前者更加活跃、有变化、较好地解决了户型朝向的问题，但是45度斜向问题，造成一些户型中厅房不规则、不方正。此外公摊面积变大了，厨房或生活阳台容易出现异形空间。

工字型，一般两梯四户设置，在标准层面宽方面做了极大改进，是南方较常见的高层平面户型，户型优势比较突出，三面采光，同时土地利用率也较高，公摊较少。主要缺陷是在板楼中间套采光较差。

风车型布局是通风采光较好，能兼顾各户厅房有较好的朝向，一般为一梯四户。

T字型多为一梯三户，采光通风都不错，户型也相对比较方正，缺点在于南侧入户门厅较长，公摊较多。

一字型布局较多应用于一梯两户住宅，是比较适合居住的物业，通风采光朝向均比较理想，一般在高档住宅或低密度小区中采用。

2、高层住宅多为剪力墙结构和框架剪力墙结构

在高层住宅建筑中剪力墙结构和框架剪力墙结构使用较多。

剪力墙结构是用钢筋混凝土墙板来代替框架结构中的梁柱，作为竖向承重和抵抗侧力的结构，这种用钢筋混凝土墙板来承受竖向和水平力的结构称为剪力墙结构。该结构通常采用平面布置形式，由于剪力墙受竖向荷载和水平荷载共同作用，剪力墙应双向或多向布置。由于该结构全部由剪力墙组成，其刚度比框架剪力墙结构更好，常用于40层以下的高层住宅建筑等。该结构高宽比不宜大于6，其高度应考虑抗震要求。

框架剪力墙结构是由框架和剪力墙组合而成的结构体系。其中剪力墙承受绝大部分水平荷载，框架承受竖向荷载，两者共同受力，合理分工。剪力墙应均匀布置在建筑物的周边、电梯间、平面形状变化较大和竖向荷载较大等部位。由于该结构以框架结构为主，剪力墙为辅助，因此，该结构体系适用于25层以下的建筑，最高不宜大于30层。

3、高层住宅建筑设计的四大原则

(1)户型设计要体现目标客户群的生活方式

在功能设计上，高层住宅的房间常令人眼花缭乱，跃式、复式、空中别墅等概念的应用给了设计者更大的发挥空间。

房型设计的总体趋势将出现一个从“量”到“质”、由外延扩张型向内涵挖掘型的转化。同时，因为将出现分阶层居住的消费倾向，对房型的需求亦将呈现多样性。面积设置上空间不断放大，随着人们物质生活的富足，居家已不仅仅局限在静止的状态，宴请、派对、聚会以及家庭健身等情趣生活将被引入，因此对双厅面积以及功能分化的需求还会有所提高。双厅使用功能的有效分隔将打破“模糊双厅”的概念，尤其餐厅的设计更追求浪漫与情调，如临窗的设计将大行其道，但不会单纯追求面积的放大。

(2)外观体现多元化风格

高层住宅建筑风格向多元化发展，讲究装饰涂料的色彩，可利用玻璃、铸铁、瓷砖、不锈钢等材质特点，巧妙地把凸窗、空调板、阳台的各种建筑元素组合在一起，令建筑立面更加简洁。建筑外立面可选择采用纵横柱线条进行立体装饰，烘托住宅的立体和房型效果，强调现代质感，突出空间层次。外观形象力求爽亮是高层住宅的共同追求。

(3)采用先进技术，保证建筑质量

保证建筑质量的关键是采用先进的建筑技术，保障楼宇质量，提高使用寿命。

(4)着重小区规划和景观设计

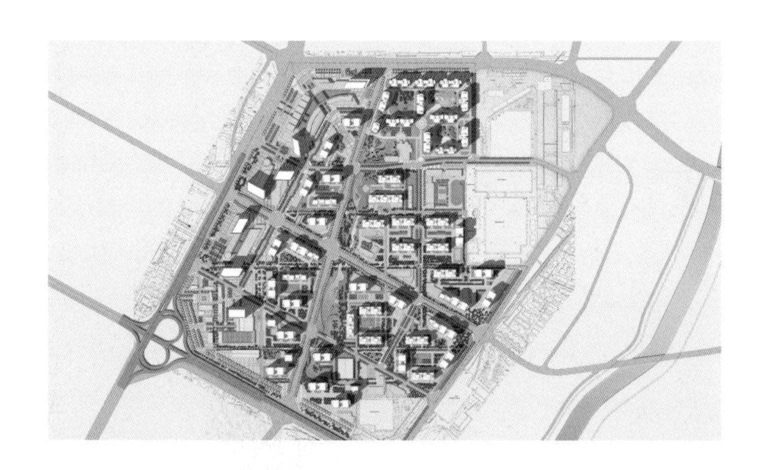

在住宅市场上流行这么一句话：发展商卖文化，客户买环境。规划设计要不要营造环境不用讨论，需要考虑的是：营造什么样的环境及怎样营造。在高层住宅的发展过程中，这一点有着特殊的意义。

如今发展商出于控制景观这个大卖点的考虑，不少推出的成规模的住宅区规划都趋近一致——围合式格局。即使高层住宅区建筑的景观环境也一定要重视内部景观，结合外部景观考虑规划设计，造景为主、借景为辅。

其实许多高层住宅并不具备天然优良的自然景观。即便拥有自然景观的楼盘，也要对此进行加工改造，更遑论其他欠缺自然景观的楼盘了。因而景观设计成了十分重要的问题，这关系到楼宇有没有品位和气韵。

4、高层住宅外立面设计的五大核心设计原则

高层住宅外立面设计要符合韵律、对比、调和、均衡、统一的设计原则。

韵律指高层住宅建筑结构的重复、运动的线，使得高层建筑形象比例均衡、错落有致、和谐统一，产生出强烈的美的魅力。

对比指通过高层住宅建筑结构在色彩上、形状上、尺度上的差异，来突出其特点和性格，同时丰富建筑立面，使建筑获得美感。

调和是指两种构成要素相近，则对比刺激变小，能产生共同秩序使两者达到调和的状态。如黑与白是一种强烈对比的颜色，而存于其间的灰色便是两者的调和。

均衡指高层住宅建筑在布局上的等量或者建筑单体体量不等形的平衡。对称能产生均衡感，而均衡又包括着对称的因素在内。

统一指在不同的色彩、建筑结构或者建筑体量上寻求一些共同的东西，能够把一些分散的建筑因素整合在一起，增强建筑的体量感和统一性。

Curve | 曲线 006-161

Broken line | 折线 164-257

Straight line | 直线 260-403

Integration | 综合 406-431

HIGH-RISE RESIDENTIAL BUILDING

高层住宅

Curve 曲线 006-161

Broken line 折线 164-257

Straight line 直线 260-403

Integration 综合 406-431

006-161

无锡华润超高层

项目地点：江苏省无锡市滨湖区
规划设计：日本M.A.O一级建筑师事务所
建筑设计：上海三益建筑设计有限公司
占地面积：104 314.1 m^2
总建筑面积：312 015.06 m^2
容积率：2.5
绿化率：40.50%

无锡华润超高层项目位于无锡市滨湖区，占据了市中心黄金地段，为超高层和高层住宅形式的高档居住小区。其设计构思新颖独到，诠释了人居学的理论并加以创造，营造了生气盎然的生态园景。

超高层住宅具有独特的景观优势，锡山与惠山作为主要景观要素，为了保证获得眺望山景的最大视野，四幢超高层住宅围绕景观面有序展开。根据区域规划的指导原则，基地从南至北高度都有控制，北部最高，向南依次跌落，这种南低北高的天际线，顺应了整体生态气候环境，有利于住宅的采光和通风。北部住宅沿梁溪路分别为49层、48层、47层、44层四幢超高层住宅，向南依次为31层、29层高层住宅。

为贯彻“居住岛”理念，地块被划分为八个相对独立的组团空间，对中央岛屿形成推进之势。这些大空间的组团与中央巴洛克式喜庆岛以大片水面联系起来，以社区的中央步行道作为主要交通联系，形成了建筑退居一旁、“岛”独立于环心的“面水抱阳”的又一生态特征。

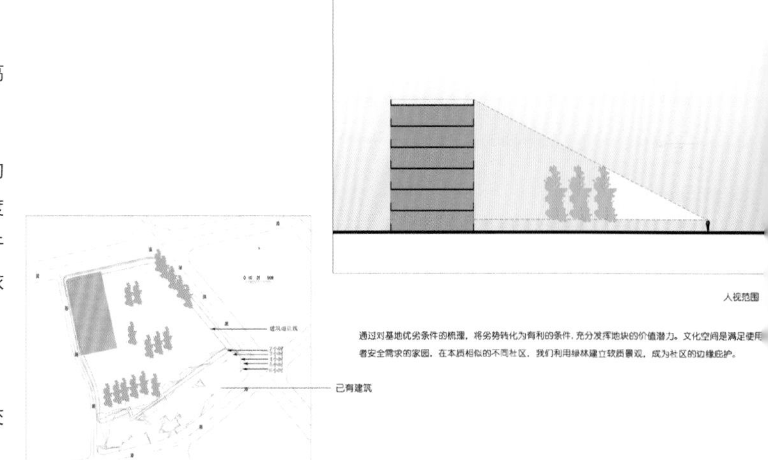

已有建筑
人视范围
通过对基地优劣条件的梳理，将劣势转化为有利的条件，充分发挥地块的价值潜力。文化空间是满足使用
者安全需求的家园，在本质相似的不同社区，我们利用绿林建立软质景观，成为社区的边缘庇护。

资源梳理

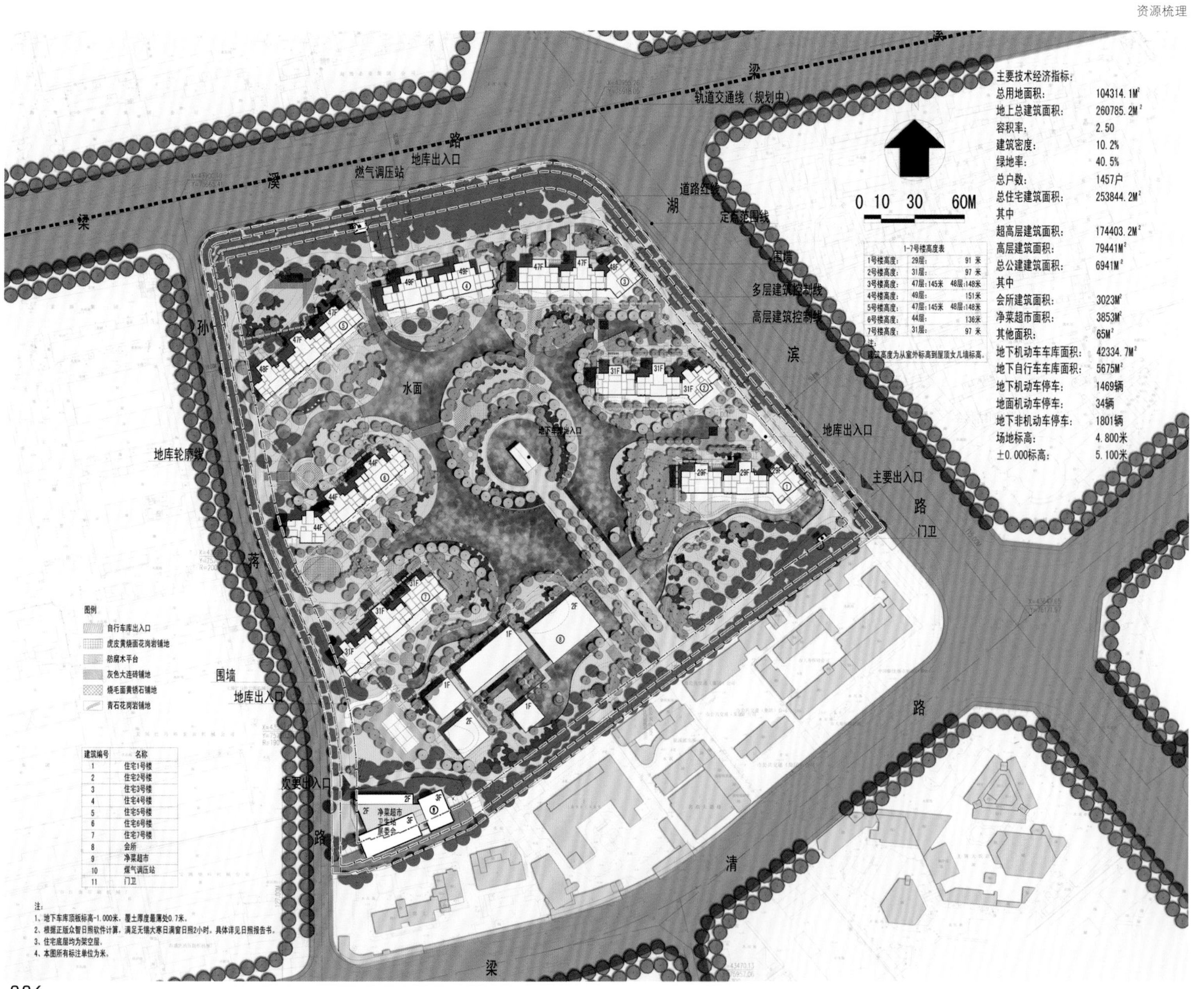

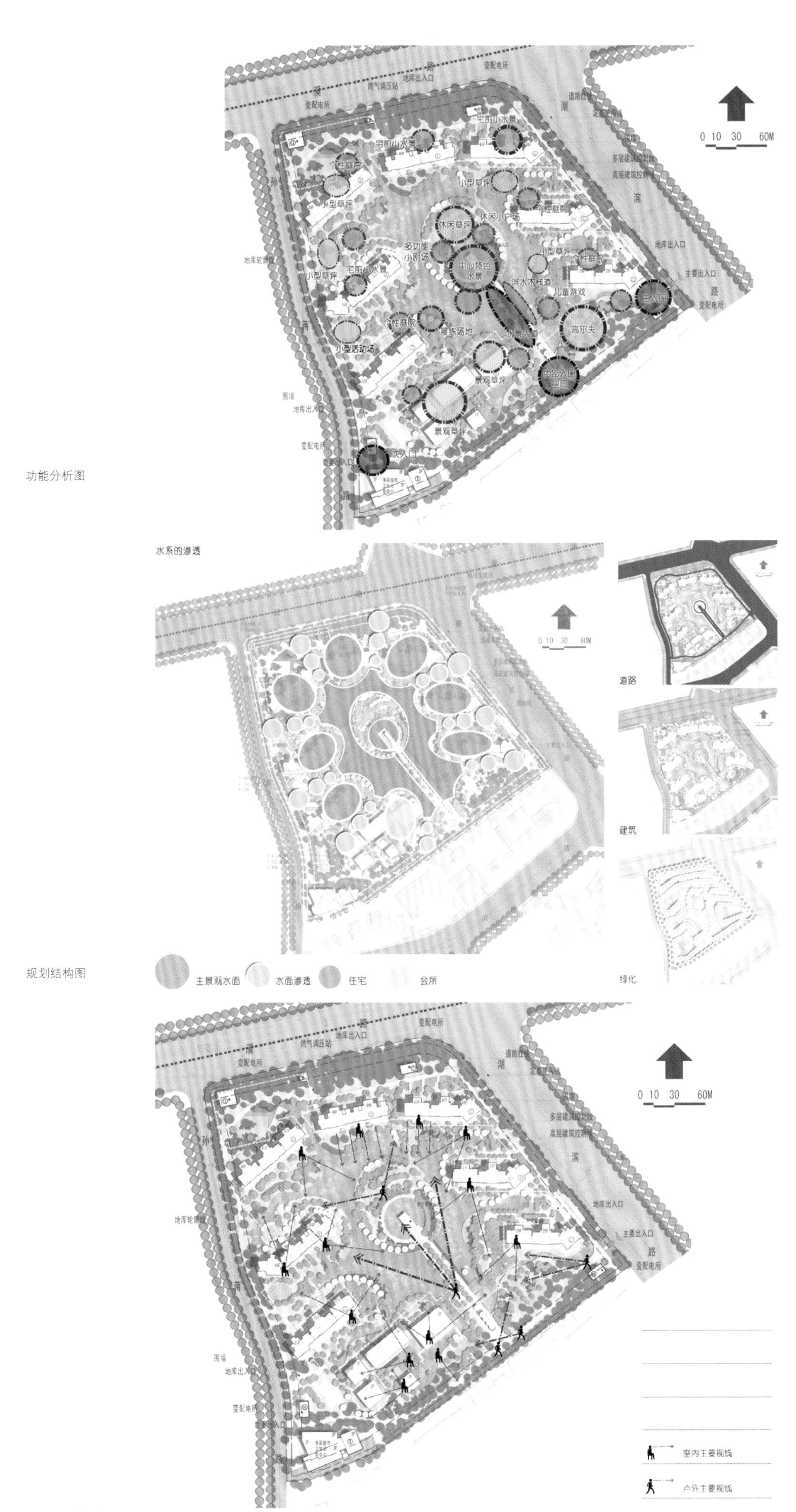

功能分析图

规划结构图

景观规划分析图

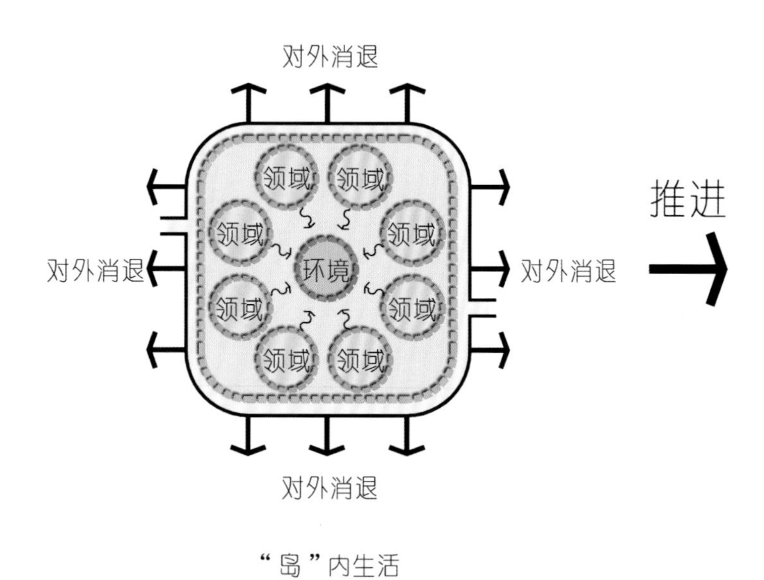

“岛”内生活

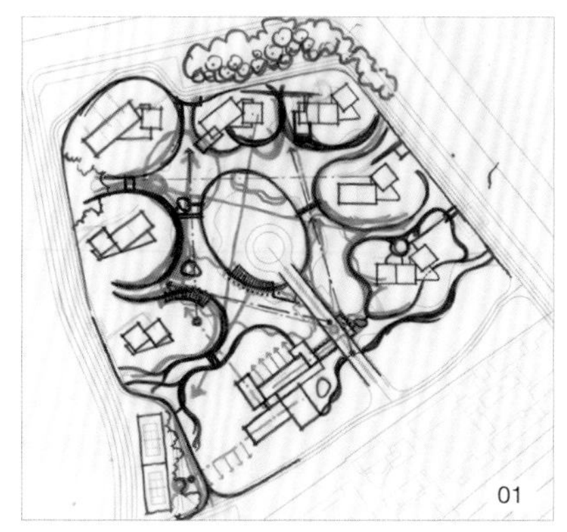
01

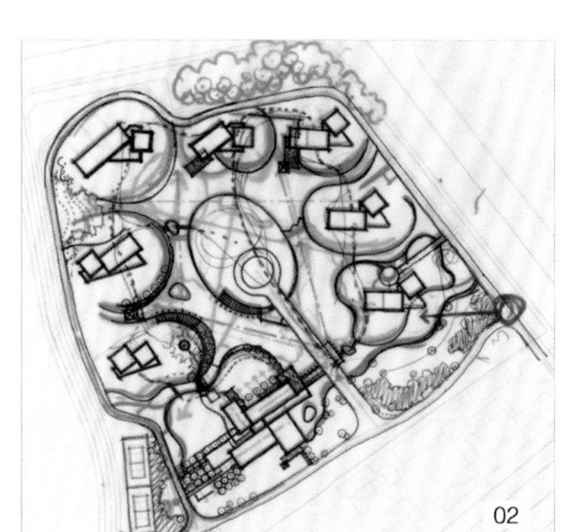
02

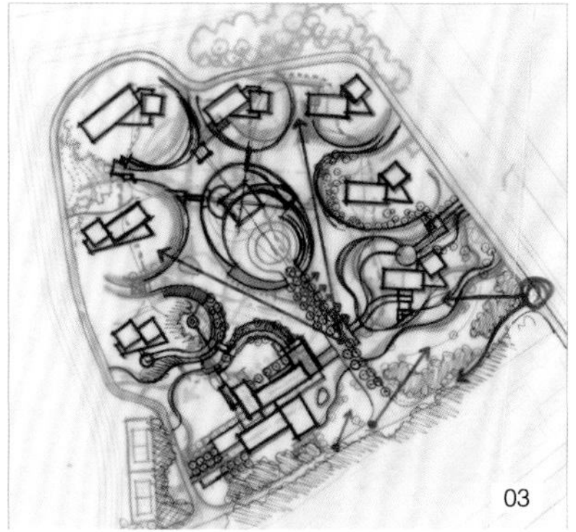
03

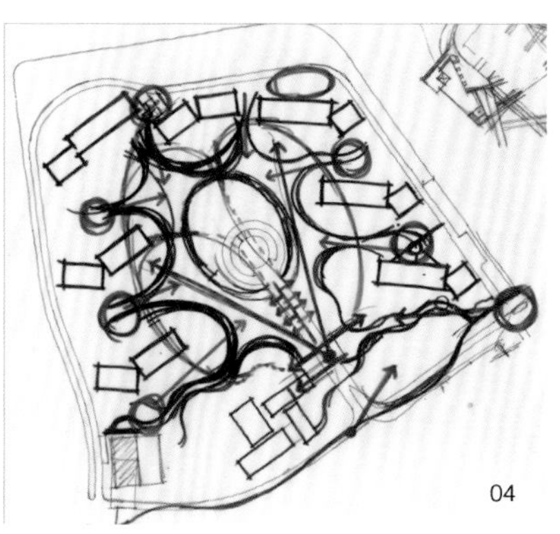
04

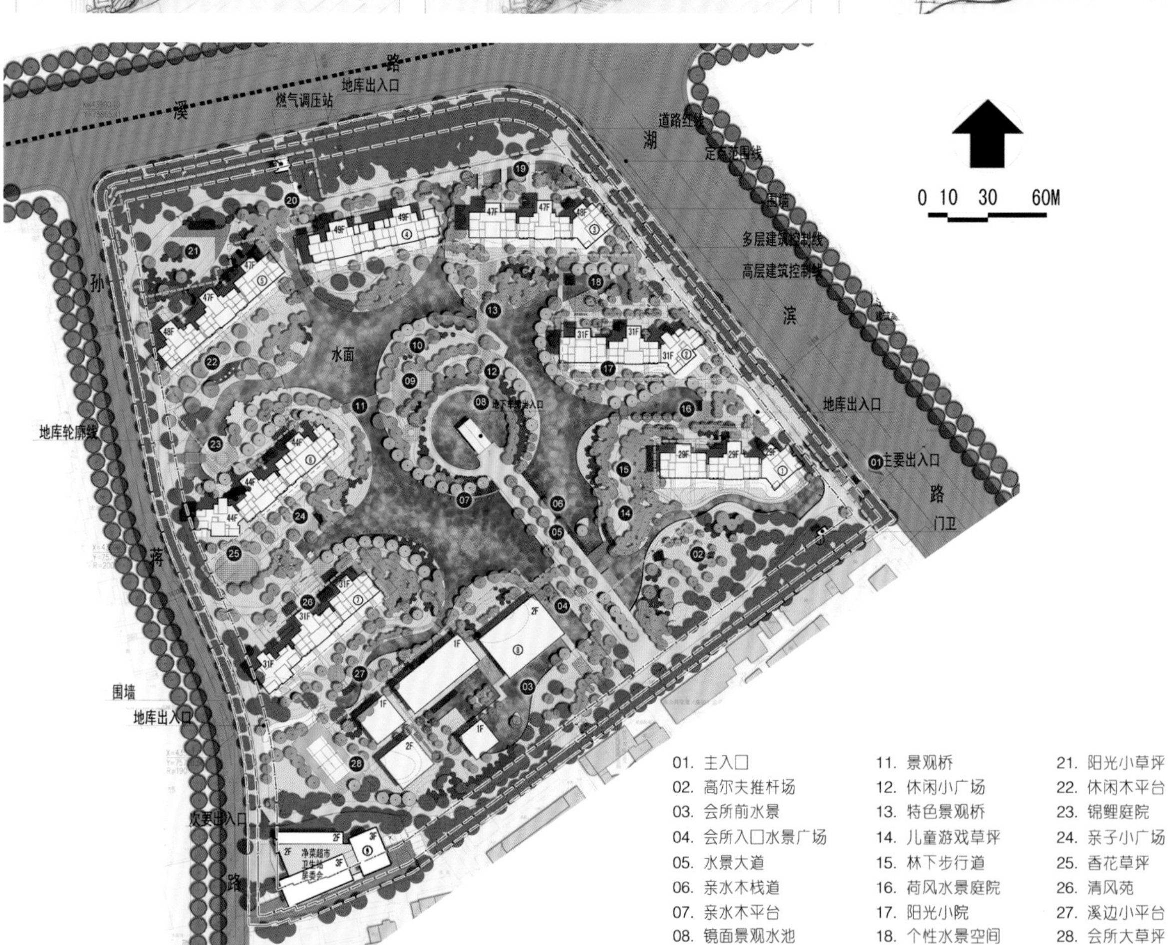

01. 主入口
02. 高尔夫推杆场
03. 会所前水景
04. 会所入口水景广场
05. 水景大道
06. 亲水木栈道
07. 亲水木平台
08. 镜面景观水池
09. 多功能小剧场
10. 多功能阳光草坪
11. 景观桥
12. 休闲小广场
13. 特色景观桥
14. 儿童游戏草坪
15. 林下步行道
16. 荷风水景庭院
17. 阳光小院
18. 个性水景空间
19. 宅前水景带
20. 水景院落
21. 阳光小草坪
22. 休闲木平台
23. 锦鲤庭院
24. 亲子小广场
25. 香花草坪
26. 清风苑
27. 溪边小平台
28. 会所大草坪

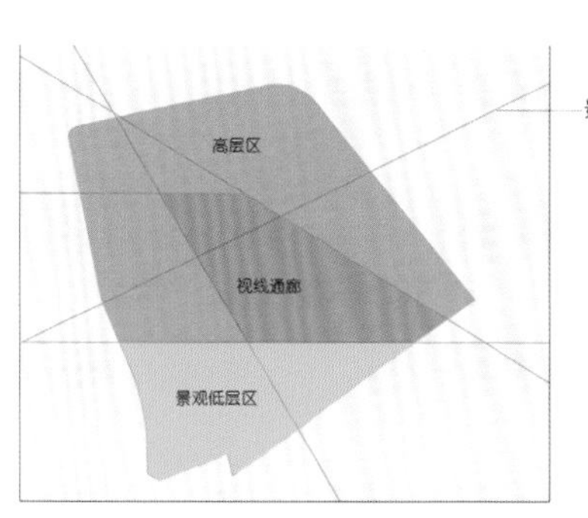

价值分区

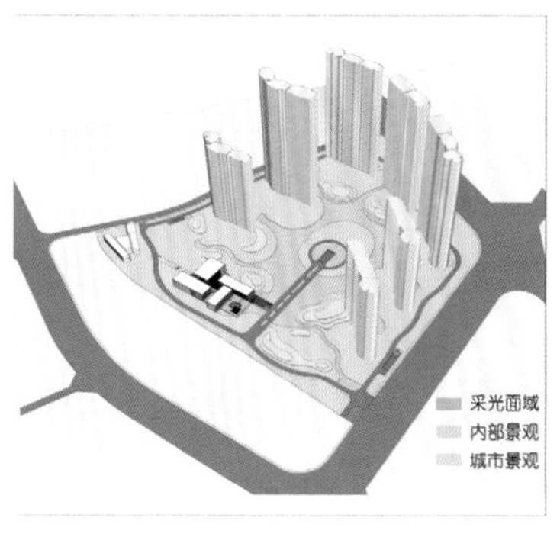

景观朝向

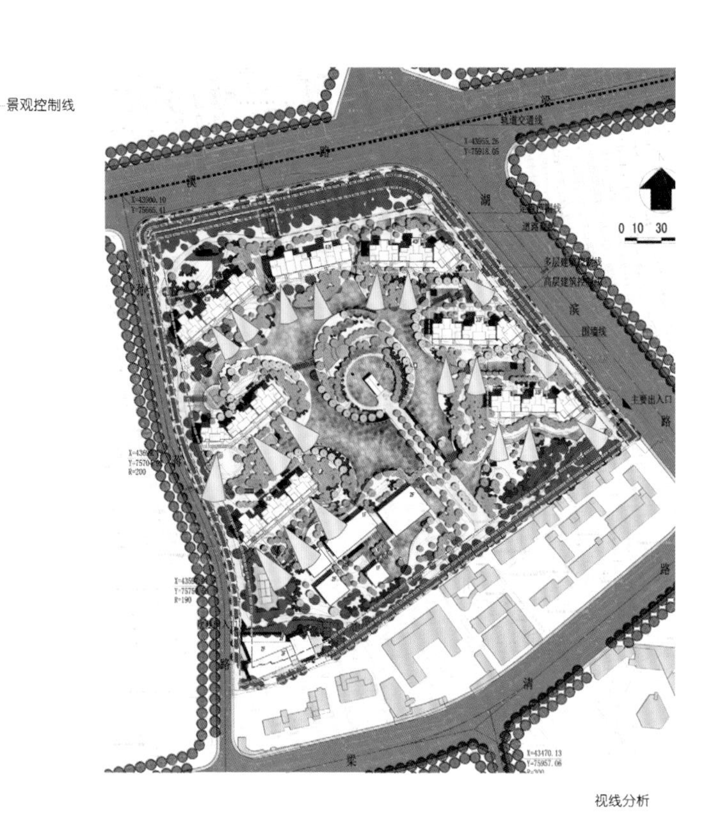

视线分析

利用视线排他性的原则，对高层住宅排列方式进行组合。并对高层别墅的户型属性给予明确定义，户型具备独特性和唯一性

资源梳理

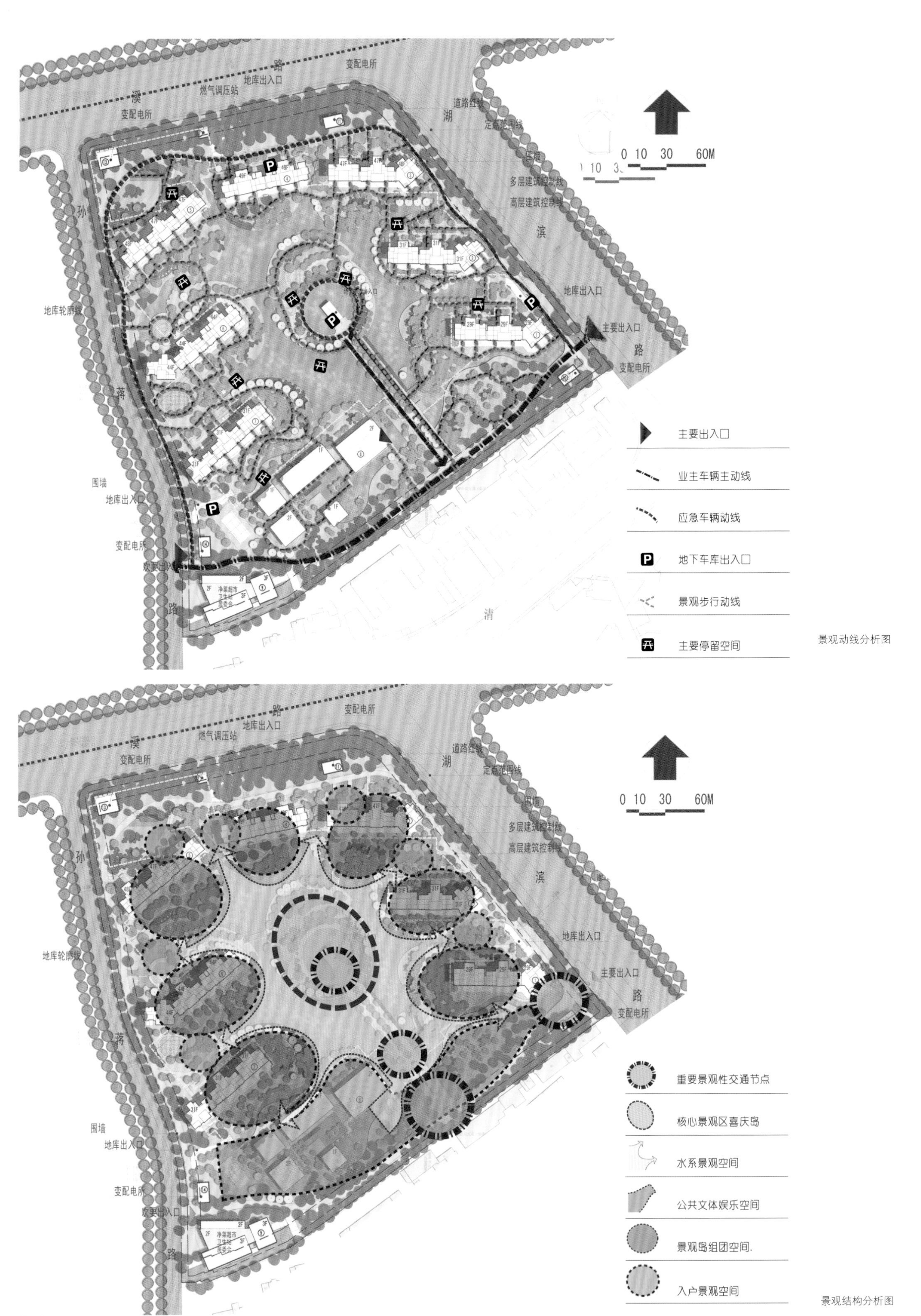

景观动线分析图

景观结构分析图

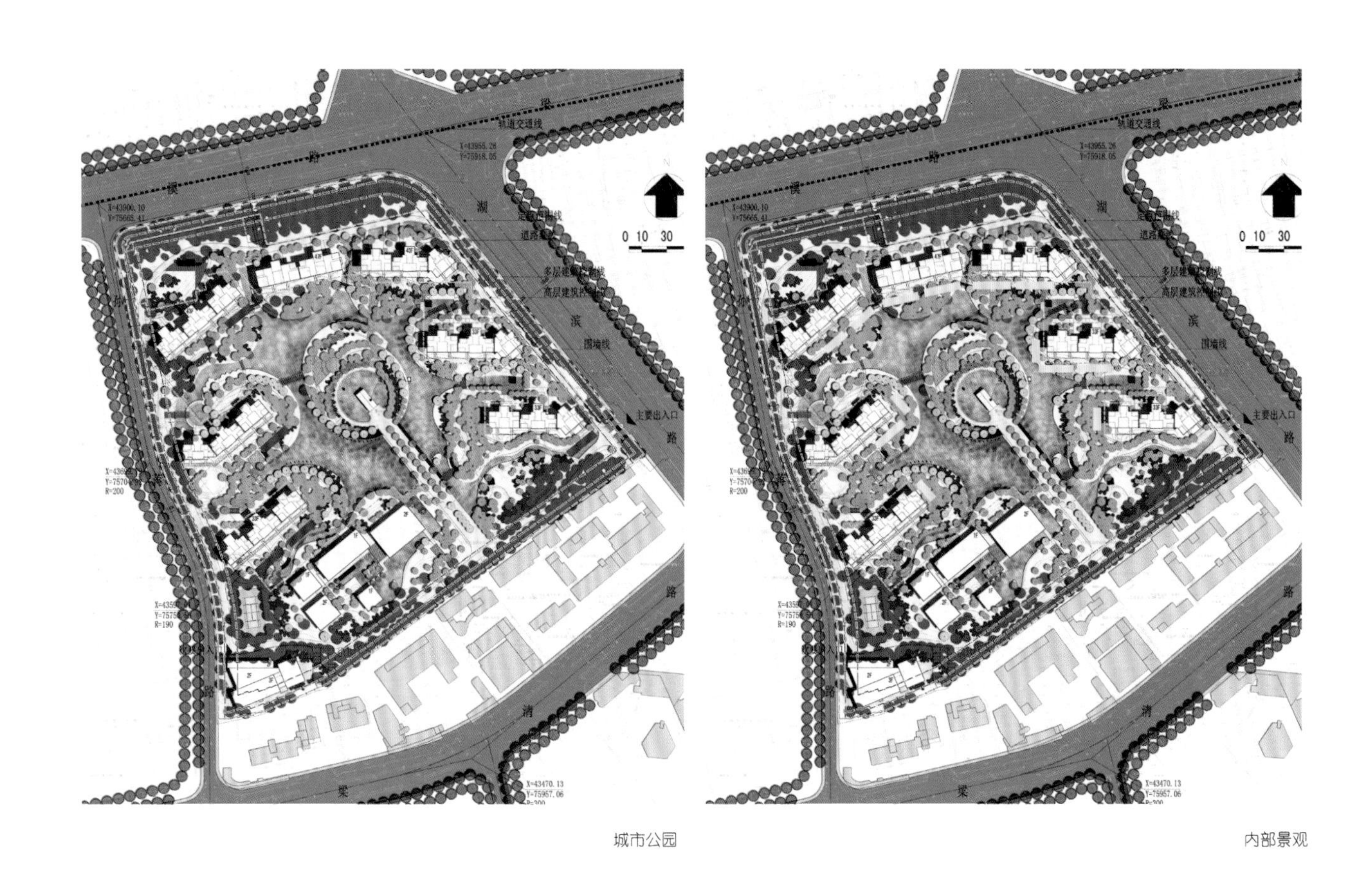

城市公园　　内部景观

在房间功能布置时，根据不同的功能需求布置房间，需要采光、日照的，面向日照方向，需要观景的面对景观界面，或兼而有之。形成每个房间自己独有的空间感受，与环境相互“呼吸”，在几个体量之间传递信息和实体的交流。在住区之间，我们设置了一个喜庆岛，在这里私密和公共、工作和休闲，乃至艺术和生活的界限被艺术轻松地消除了。

景观界面规划构成

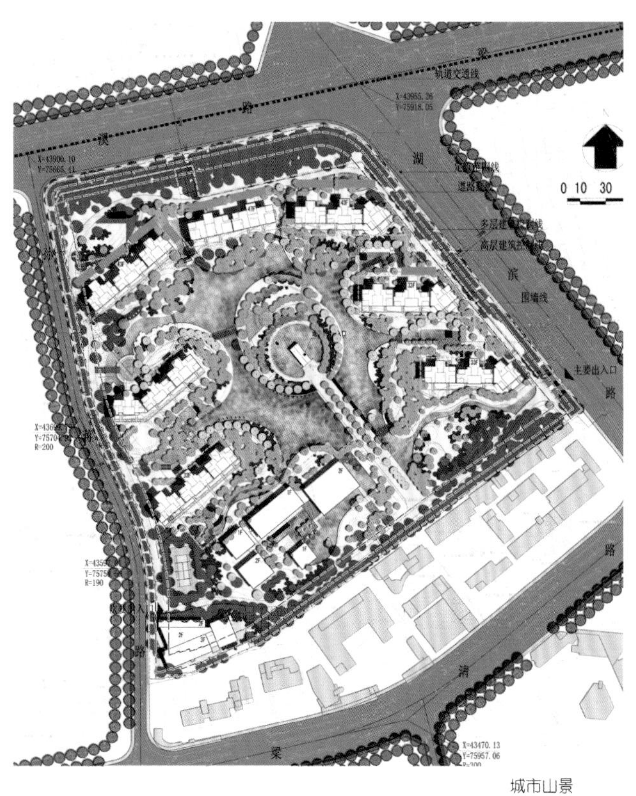

城市山景

北边的锡山、惠山是无锡的至高点，自然的天际线和山麓的纹理映入眼前。

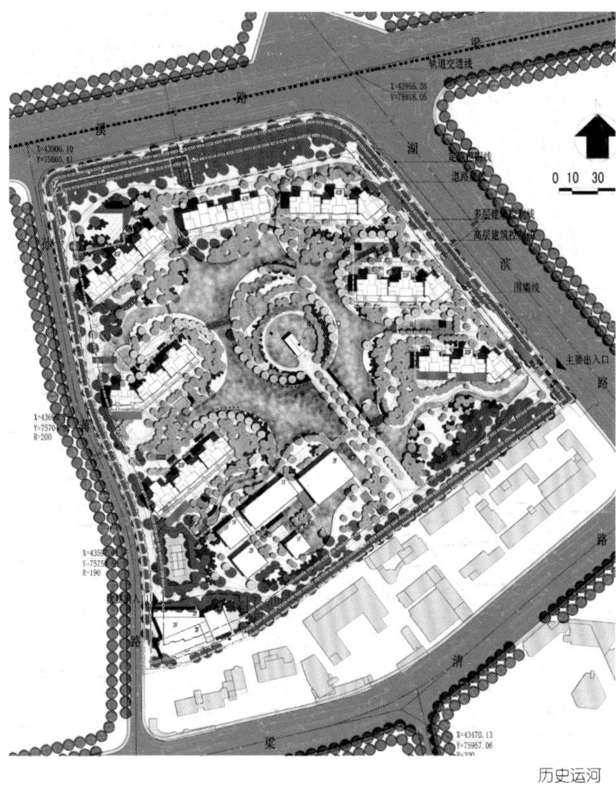

历史运河

任何多余的设计，在这历史遗产中都是无力的，直接面对历史，也许是最好的诠释。

设计通过设立自由、流动的布局来解决系统之间的冲突。根据场地周围景观，依次划分景观级别，建筑群紧紧围绕景观面展开，直接呼应周围的环境，从而形成自然的、各具特色的个体空间和建筑群体。这些大空间的组团由内部巴洛克式喜庆岛联系起来，建筑退居一旁，在都市中游戏三昧。

景观界面规划构成

上海华润置地上海滩花园9-1地块

项目地点：上海董家渡地区
开发商：华润置地（上海）有限公司
占地面积：33 600 m²
容积率：3.1

项目位于外滩南面1 500 m，黄浦江西岸（距江边200 m），世博会北面2 000 m。辐射3 km范围，包括外滩、陆家嘴、南京东路、淮海公园新天地四个主要商业商务中心。同时，还包括豫园、十六铺滨水码头和世博会三个文化旅游中心，是不可多得的绝版滨江地段。项目总占地面积33 600 m²，南起紫霞路，北至毛家园路，东临中山南路，西至外廊家桥街。

项目定位为外滩滨江豪宅。建筑整体形象考虑浦西外滩的延续。外立面设计为新古典风格，全部塔楼及裙房外立面均采用石材，具有较好的可识别性，大气稳重和经典意义的豪宅富贵感。

根据前期规划，小区划分为东、西两区。其中，东区局部地下一层打开作为下沉广场，以人工化的硬质景观为主；西区以自然绿化的软质景观为主，局部设置小品、水景等。

从空间围合形态上，注意到人在不同空间场所中的心理体验与感受的变化，不仅注重小区内外不同方位角度的观景效果，还考虑不同建筑室内的观景效果，以使不同位置的住户都有良好的景观视野。

华润置地　董家渡9-1#地块景观工程　总平面图

上海中海瀛台

项目地点：上海徐汇区
发展商：上海新海汇房产有限公司
建筑设计：上海天华建筑设计有限公司
占地面积：190 000 m^2
总建筑面积：320 000 m^2
容积率：1.48
绿化率：50%

中海瀛台是徐汇区唯一在建的滨江楼盘，也是全市稀缺的一线临江楼盘。该项目紧贴黄浦江，拥有600 m长沿江面，正对300 m超宽江面，270度双面观江。

中海瀛台项目总建筑面积320 000 m^2，综合容积率1.48。项目由多层、小高层、高层组成，规划有1 600余户。项目分南北两期开发，北区作为一期率先启动。南北两区之间依托一条延伸到滨江大道（政府规划）的商业内街衔接。

中海瀛台最大限度地考虑了景观的因素，吸取国际湾岸住宅的设计特征，用先进的技术结构加以改良和实现，开创性地使每一户都设有类地面的景观阳台，起居室最大开间达到5.4 m，最大层高达到3.2 m，最大景观阳台面积达到17.2 m^2，50%以上的住户拥有一梯一户的尊贵空间。

中海瀛台周边教育资源异常丰富，上中路幼儿园、上海小学、华东立功附属中学、上海中学、上海中学国际部、交大上中路校区、华东理工等名校聚集，从幼教到高校，业主子女尽可以在名校的熏陶下成长、成才。

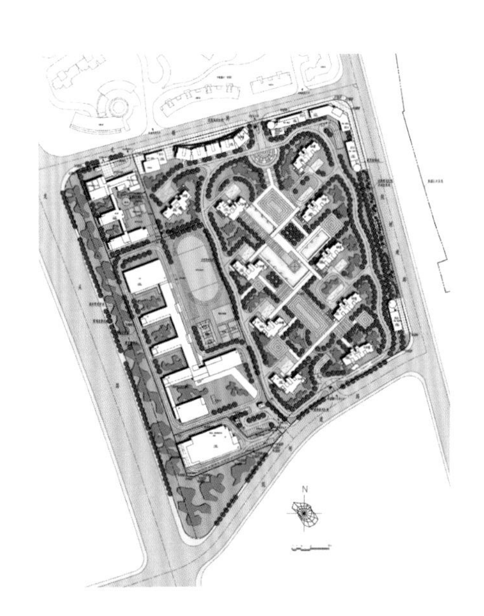

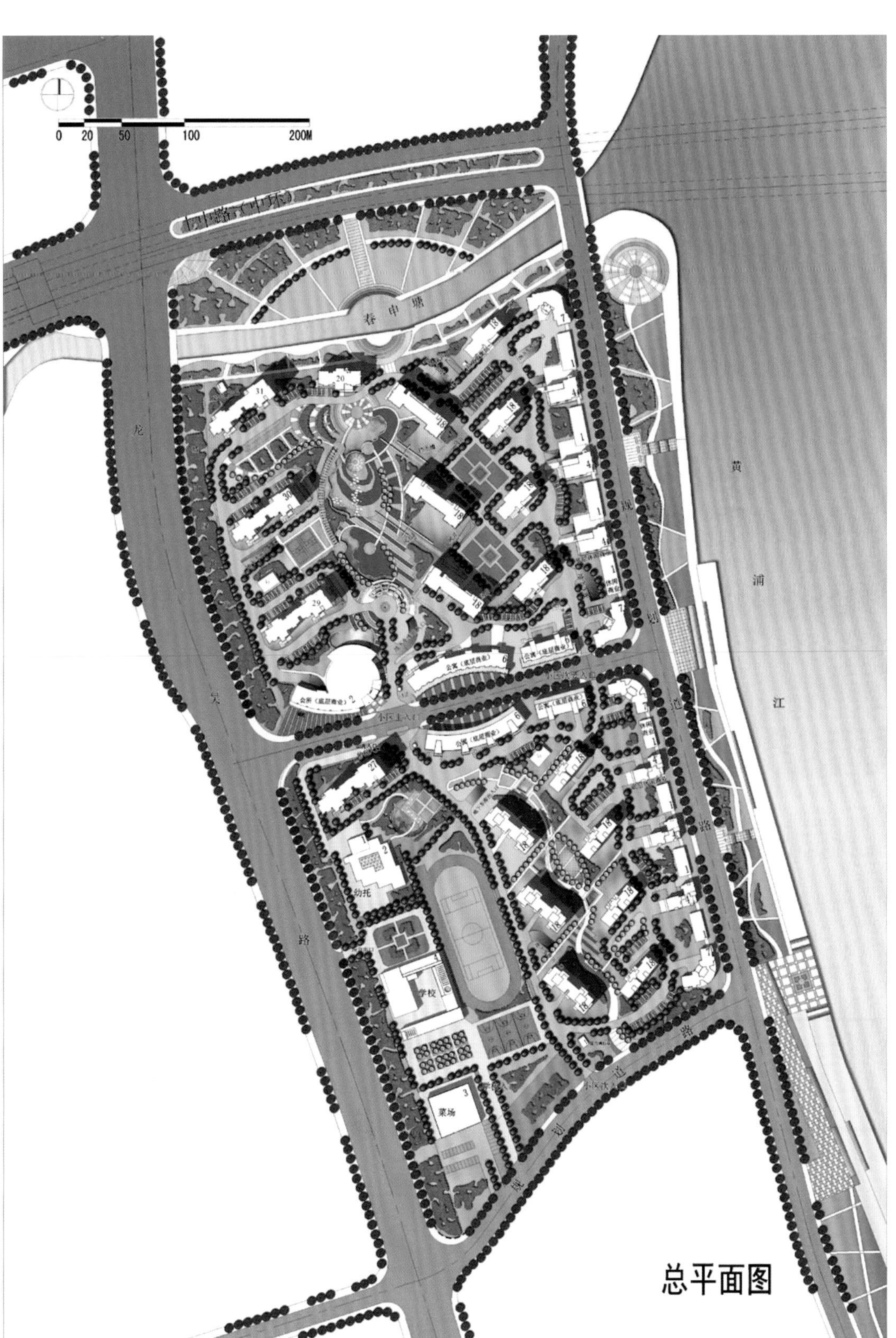

总平面图

上海中海万锦城

项目地点：上海市
开发商：上海锦港房地产发展有限公司
占地面积：68 246 m²
总建筑面积：206 330.25 m²

项目位于上海内环线以内，闸北区新客站北广场的东侧，属于闸北区新一轮旧区改造项目，B1、B2地块为写字楼、商业、商办、住宅综合用地项目，占地面积44 224 m²。地块东至长兴路，南至交通路，西至大统路，北至永兴路；距离上海城市中心人民广场3~4 km。

项目产品形态包括住宅、商业及办公项目。中海万锦城拥有四通八达的交通和成熟的配套，区域内有上海铁路新客站、上海长途客运总站等，距离三号线及二号线的上海火车站站约300 m，穿过地下通道前往地铁1号线上海火车站站也十分方便。

总平面图

成都中海·兰庭

项目地点：四川省成都市
开发商：中海兴业（成都）发展有限公司
占地面积：73 333 m^2
总建筑面积：350 000 m^2
容积率：4.20
绿化率：30%

中海·兰庭从规划之初，就提出了创意可变的营造思路，从居住、功能、创新、美学四方面精细考虑，实现美学主义与功能主义的完美契合。

中海·兰庭在产品设计上，设计师为减少空间死角，充分延展空间面积，利用大尺度空间设计出5.8 m双层挑高，极大地提高空间竖向的使用率，空间纵深延展。

中海·兰庭的产品以舒适人居为设计出发点，89~143 m^2的建筑面积可享124~163 m^2的使用面积。居者购买的是四房甚至五房的享受，却可以付出仅两房的价格，体味百变空间的乐趣，可谓物超所值。产品均位居项目核心位置，享受双面大间距、全景绿化的优质物业资源，无临街面，安静度及私密度得到有效保障。

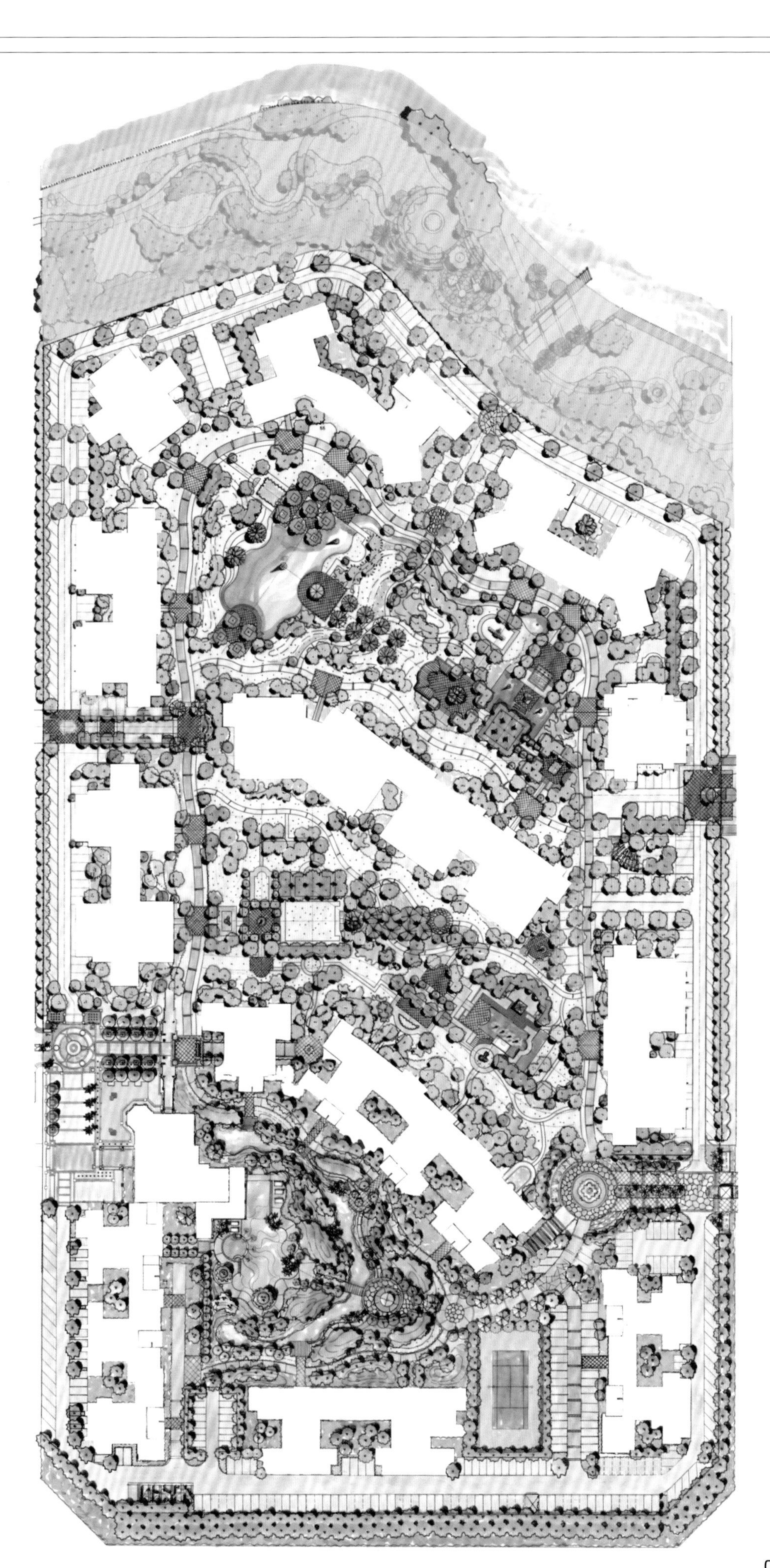

东莞中信森林湖香樟林

项目地点：广东省东莞市南城区
建筑设计：陈世民建筑设计事务所有限公司
占地面积：36 000 m²
总建筑面积：87 000 m²
容积率：1.98
绿化率：35%

香樟林为整个森林湖项目的第四期，建筑为临别墅区的高层住宅，延续森林湖一、二、三期西班牙建筑风格特点，全力打造一个充满西班牙浪漫典雅生活气息、高品质的时尚住宅小区。

香樟林总体规划充分利用周边景观资源，北面二期琥珀洲山顶绿化资源、东面二期别墅的第五立面及森林湖水景资源与小区景观自然过渡、相互渗透并融为一体。

项目体现传统西班牙建筑围合空间的特点，充分利用地形，建筑在用地范围内的环形布置，围合出小区内中心绿化庭院空间，强调小区整体共享的生活氛围和景观感受，营造出一个清新、宁静、优美的自然生态小区空间。住宅户型建筑面积为180～300 m²，均为一梯二户，每户均设有户内花园，并尽量做到户内公共活动空间及休息空间的视觉景观资源的最大化。

武汉金都汉宫

项目地点：湖北省武汉市武昌区
开发商：武汉市浙金都房地产开发有限公司
建筑/景观设计：新加坡雅科本建筑规划咨询顾问公司
占地面积：100 000 m^2
总建筑面积：300 000 m^2
容积率：2.18
绿化率：45%

金都汉宫项目地处武汉市一环线内，为武汉长江南岸一线临江片区。临江线近400 m，拥有武汉市最为美丽的江景资源，是不可多得的住宅项目。金都汉宫规划理念遵循三大重点：最大化地利用江景；以人为本，解决建筑朝向与江景的矛盾；创造生态的优美人居环境。

小区由八幢11~32层小高层、高层建筑组成，为了能把远景、江景引入到小区内，使更多的住户可以获得最佳的观江景视域，总体布局采用了半围合式布局，尽量把靠近长江的西面采用敞开式，营造400 m长的一线观江视域。在不影响朝向、日照的前提下，尽量把更多的房间布置在能观江景的一侧，使观江景的户数比例接近90%。

小区利用半围合起来的中间空地，营造占地面积5万m^2的高低错落、山丘起伏、小桥流水的大园林空间。并强调小区内外景观互融，不同层空间的三维立体景观绿化相融，高层每户均能远眺江景，近览小区园林景观。

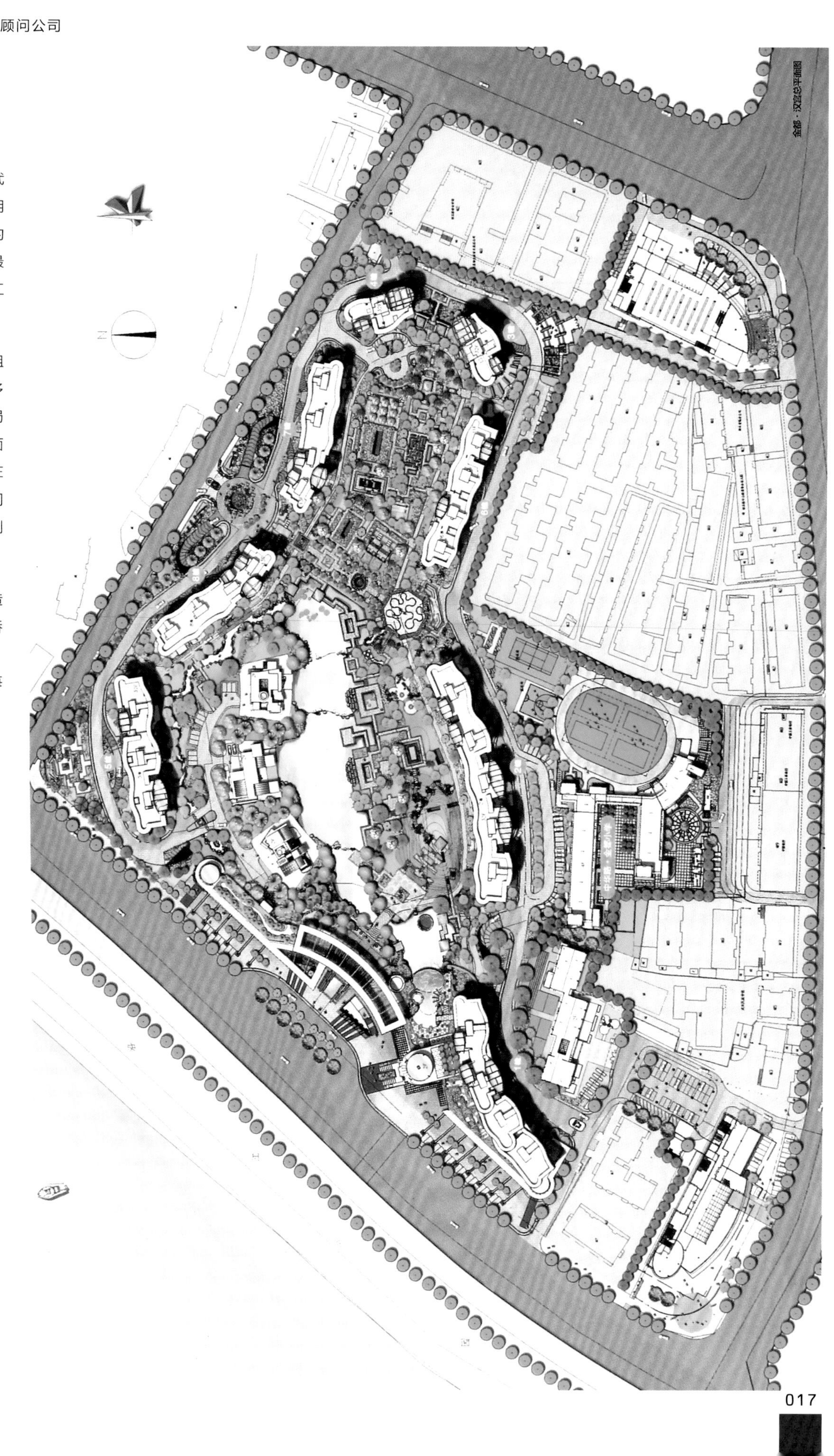

重庆华润二十四城

项目地点：重庆市九龙坡区
开发商：华润置地（重庆）有限公司
占地面积：700 901 m²
总建筑面积：1 916 000 m²
容积率：4.17
绿化率：50%

华润二十四城位于重庆市九龙坡区谢家湾的原建设厂厂址。项目总占地面积700 901 m²，规划建筑面积1 916 000 m²，其中住宅建筑面积1 600 000 m²，大型集中商业建筑面积246 000 m²。项目建成后，将是一个拥有6万居住人口，集万象购物中心、国际酒店、顶级写字楼、滨江高档住宅群于一体的城市中心大型居住区。

华润二十四城自然资源丰富，拥有超过1 000 m的长江水岸线，紧靠长江重庆段最宽的水域。在历史文化传承和保护方面，华润二十四城通过对地块内现有的人文、自然元素的归纳和整理，以现代技术和理念进行创新改造，通过保留、移植、叠加、重构、演绎五种方式，延续传统的城市风貌，使项目与周边的城市肌理和谐而又富有新意地共存。

N
25 75 125
50 100 150(M)
30F
27F
32F
29F

武汉福星惠誉福星城

项目地点：湖北省武汉市
开发商：福星惠誉房地产有限公司
建筑设计：上海新外建工程设计与顾问有限公司
占地面积：139 333 m²
总建筑面积：603 000 m²

项目位于江汉区，东临在建的站北广场，南临京广铁路线，西临常青路，北抵汉丹铁路线。占地面积139 333 m²，总建筑面积603 000 m²。它是汉口区域大规模旧改项目之一、福星第二大盘和汉口第五盘。

项目设计关注城市性、公共性、舒适性、人性化的社区空间的塑造；有意识地增加更多的公共空间，吸引人们有秩序地驻留。

根据地块位置不同，各地块功能如下：地块1为绿化景观；地块2、3、4、5为住宅小区；地块6为酒店式公寓。

在东西向的常青路上，创造出一个与项目规模匹配的南北呼应的大型城市生活广场，它集地标形象、商业休闲、交通集散等重要作用于一身，成为将几个地块紧密联系在一起的核心。

围绕此核心，高层、超高层住宅渐次展开，形成南北和东西两条强烈的轴线、四个大的居住组团；在基地周边干道路口附近布置超高层LOFT和酒店式公寓，以挺拔突出的形象作为地标，丰富城市的天际线。沿城市干道设置两层底商，直线与弧线界面相结合，小区主入口附近价值最高处设置复式街道，充分利用商业价值，同时增加城市空间的层次和趣味。会所作为整个地块的精神中心处于核心广场的南侧中央。其他公共配套设施，如幼儿园等散布于基地外围。

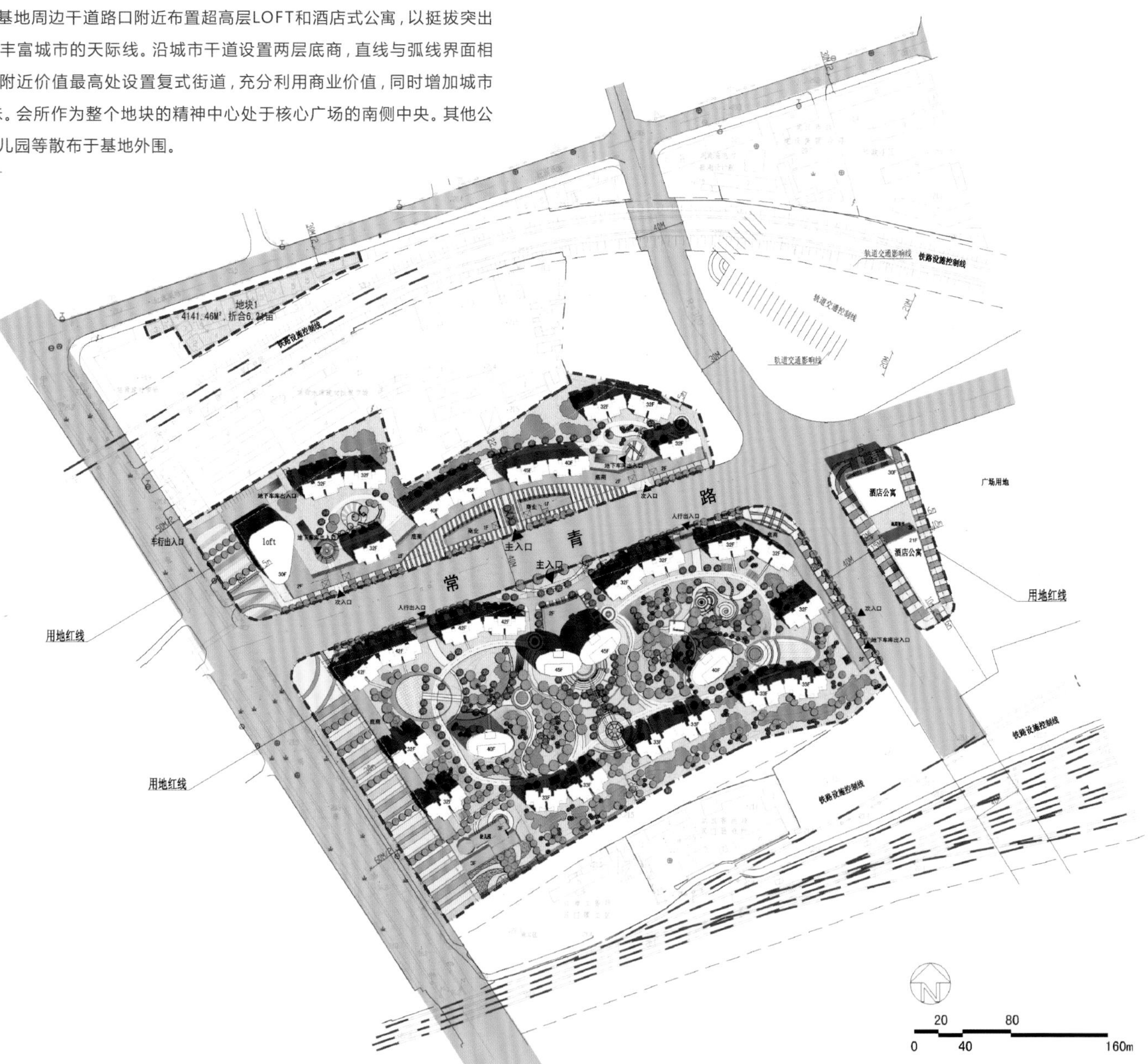

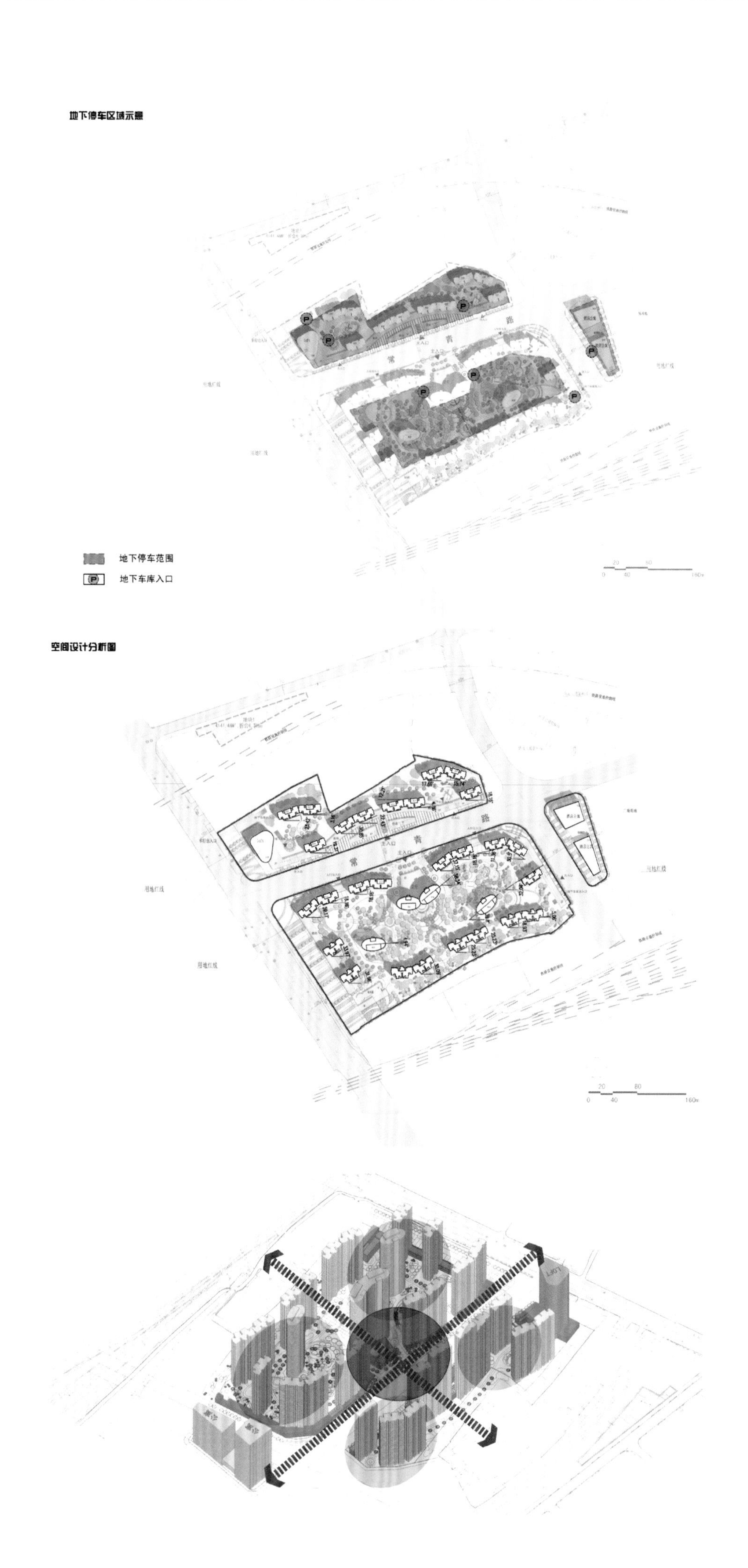
地下停车区域示意
常青路
地下停车范围
地下车库入口
空间设计分析图
常青路
0 20 40 80 160m

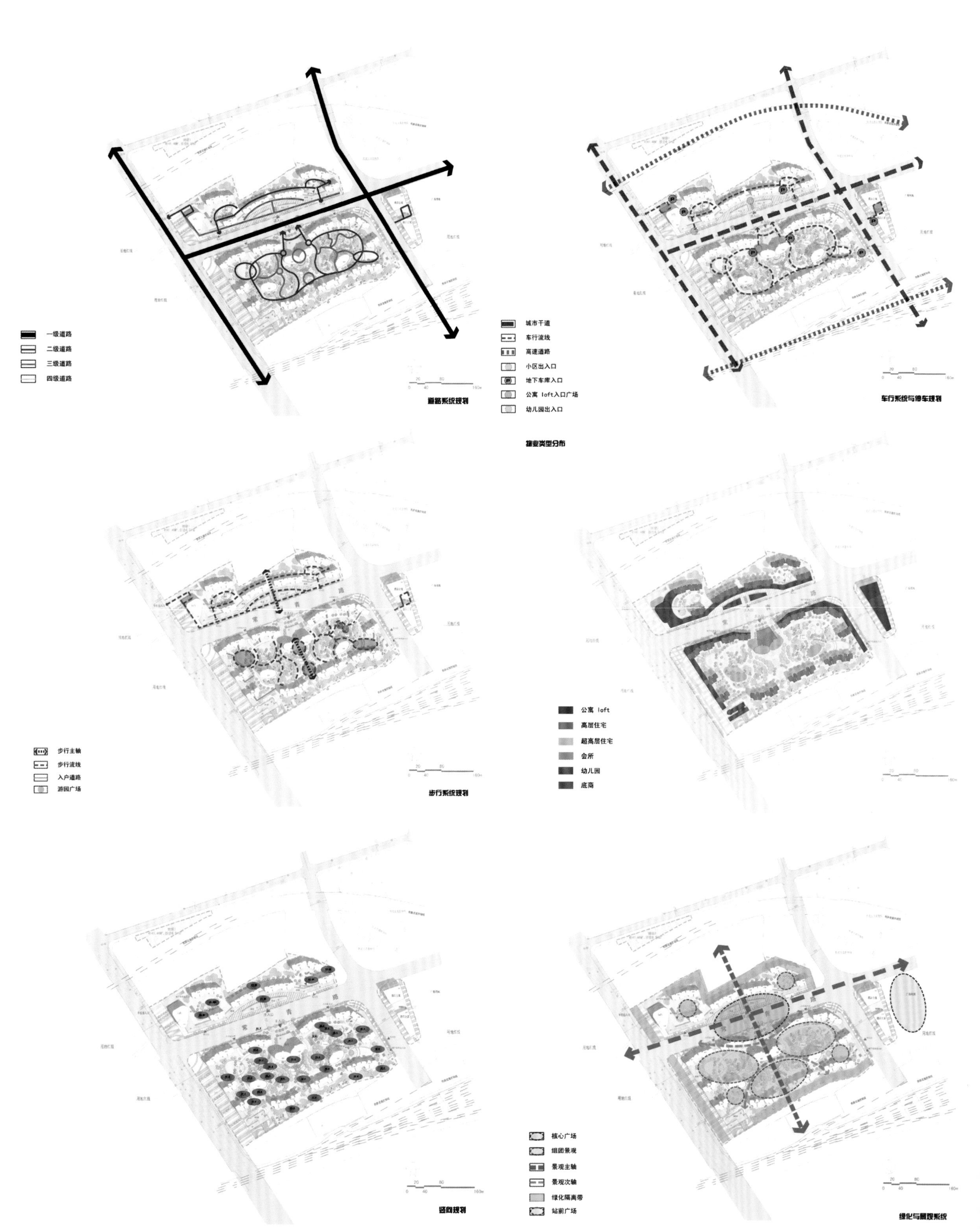
一级道路
二级道路
三级道路
四级道路
道路系统规划
城市干道
车行流线
高速道路
小区出入口
地下车库入口
公寓 loft入口广场
幼儿园出入口
车行系统与停车规划
物业类型分布
步行主轴
步行流线
入户道路
游园广场
步行系统规划
公寓 loft
高层住宅
超高层住宅
会所
幼儿园
底商
竖向规划
核心广场
组团景观
景观主轴
景观次轴
绿化隔离带
站前广场
绿化与景观系统

LOFT
公寓
公寓
中小户型住宅
公寓
大户型住宅
loft
商业
幼儿园
LOFT
公寓
公寓

LOFT
公寓
公寓

南京德基·紫金南苑（二期）

项目地点：江苏省南京市
开发商：南京凯丰经济开发有限公司
占地面积：48 895 m^2
总建筑面积：154 456 m^2
容积率：2.16
绿化率：55.3%

德基·紫金南苑位于南京东郊风景区——紫金山南麓玄武区长巷，地处中山陵景观中轴线上，西邻中山门明城墙，与月牙湖高尚社区相连；解放军理工大学工程兵学院、南京理工大学、南京农业大学等多所高校环拥四周，人文环境极佳；小区北面为纬六路，南临石门坎，东、西面为拟建32 m规划路，其南北方向分别与石门坎和纬六路相连。该项目（二期）包括十栋住宅楼、一个商业中心及地下车库。

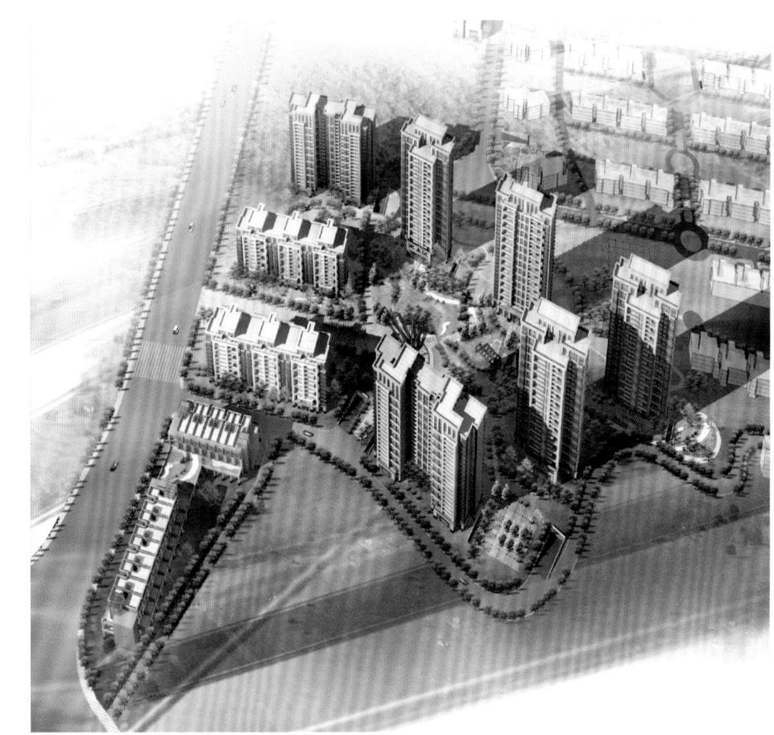

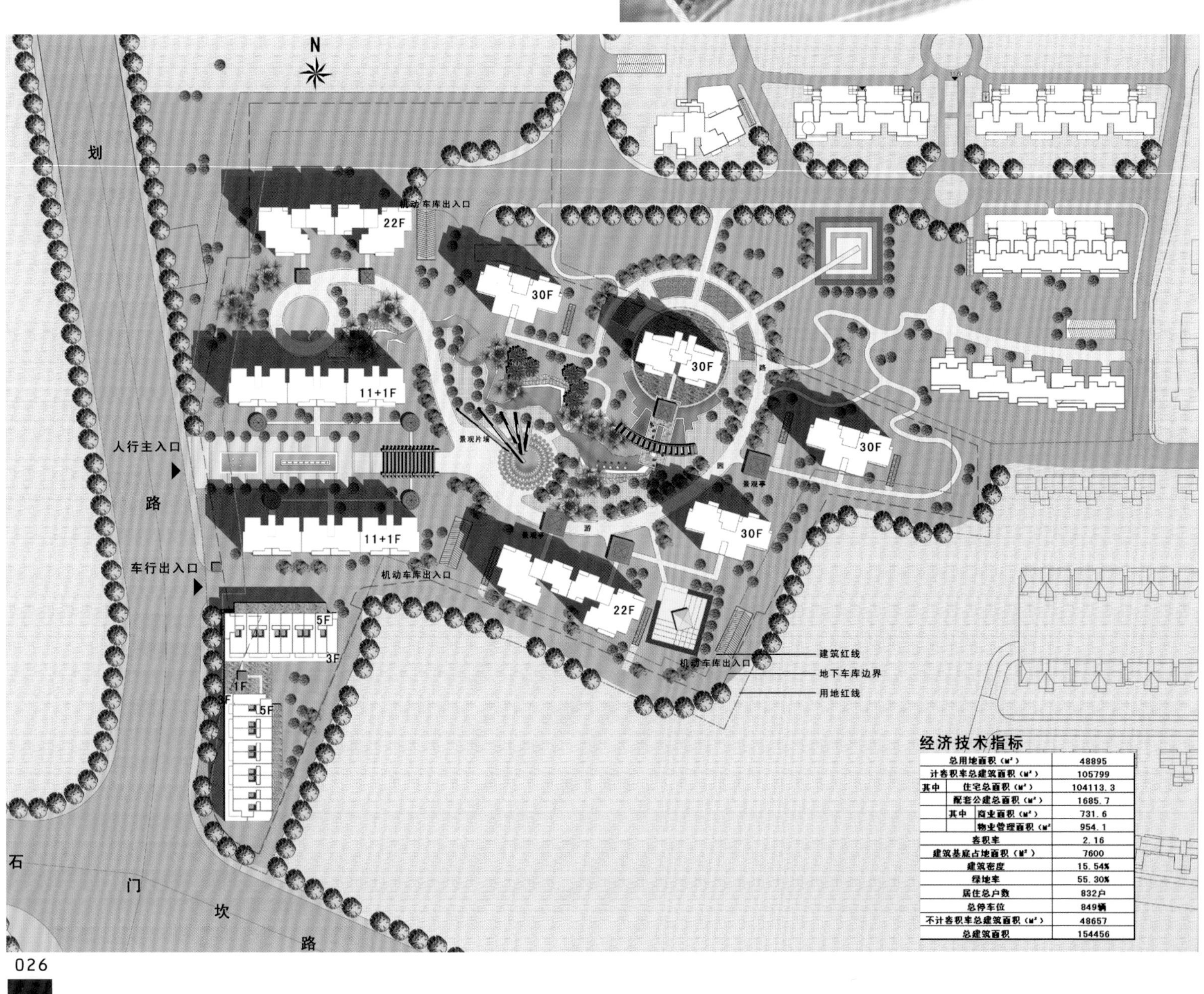

经济技术指标

总用地面积（M²）			48895
计容积率总建筑面积（M²）			105799
其中	住宅总面积（M²）		104113.3
	配套公建总面积（M²）		1685.7
	其中	商业面积（M²）	731.6
		物业管理面积（M²	954.1
容积率			2.16
建筑基底占地面积（M²）			7600
建筑密度			15.54%
绿地率			55.30%
居住总户数			832户
总停车位			849辆
不计容积率总建筑面积（M²）			48657
总建筑面积			154456

南京财富中心

项目地点：江苏省南京市
开发商：南京万厦集团
占地面积：16 300 m^2
总建筑面积：107 454 m^2

项目位于南京市主城区白下路与太平南路交会处，南临秦淮河。项目市场定位为一栋高档写字楼、一栋高档公寓。其中写字楼建筑面积约46 000 m^2，其余为公寓面积。公寓定位为高档酒店式住宅公寓，公寓每户建筑面积为150~300 m^2，主要面向"塔尖"消费人群。财富中心地下部分相互连通，共有两层，主要用于停车使用。另设有部分商业面积。

南京世贸滨江花园

项目地点：江苏省南京市
开发商：南京世茂房地产开发有限公司

南京世贸滨江花园位于秦淮河和长江交界处，拥有极佳的景观优势，江河美景交相辉映，创造人与自然完美结合的全新滨水生活。地形丰富多变，原生态江心洲、潜洲、河口公园绿色环绕，美不胜收。

社区内园林分三个景观区：半弧形的凡尔赛花神苑遍种名贵花木；俯视成弧形的霍塔迷宫则由修建成圆锥形的桧柏围合而成，满溢法式古典园林艺术氛围；布赫希表演广场不仅是业主休憩的好去处，也是烟火晚会的极佳舞台。

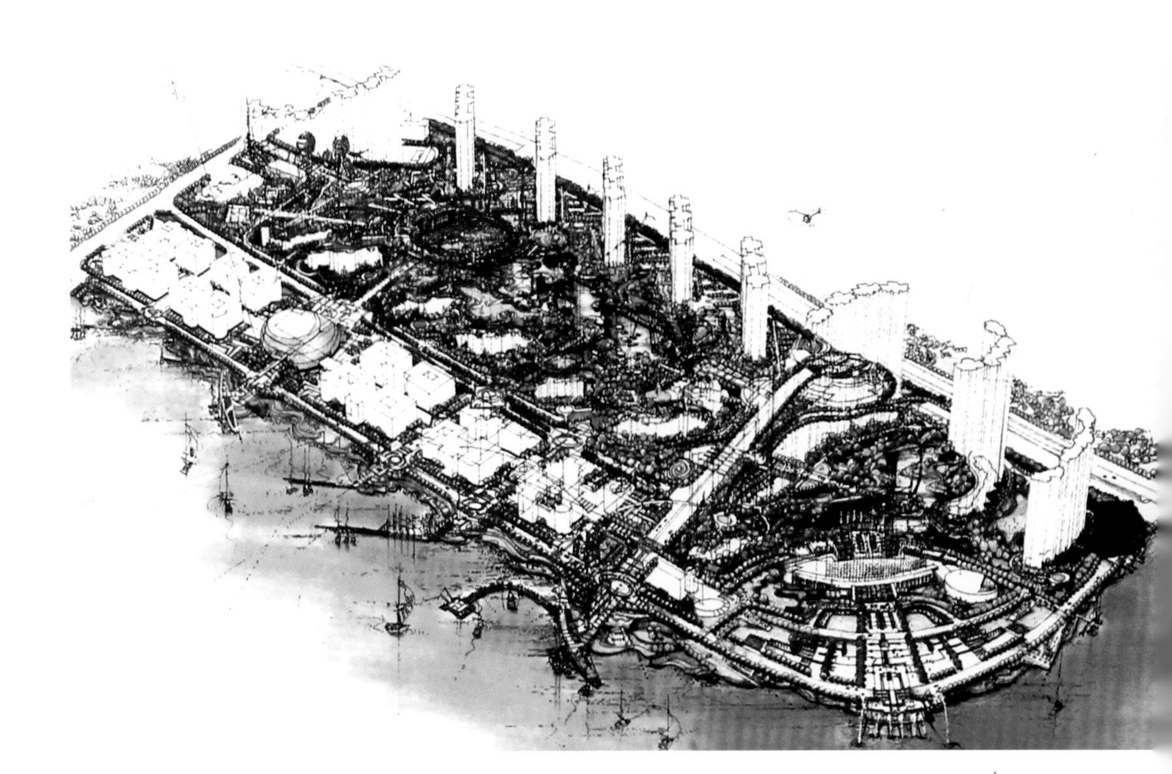

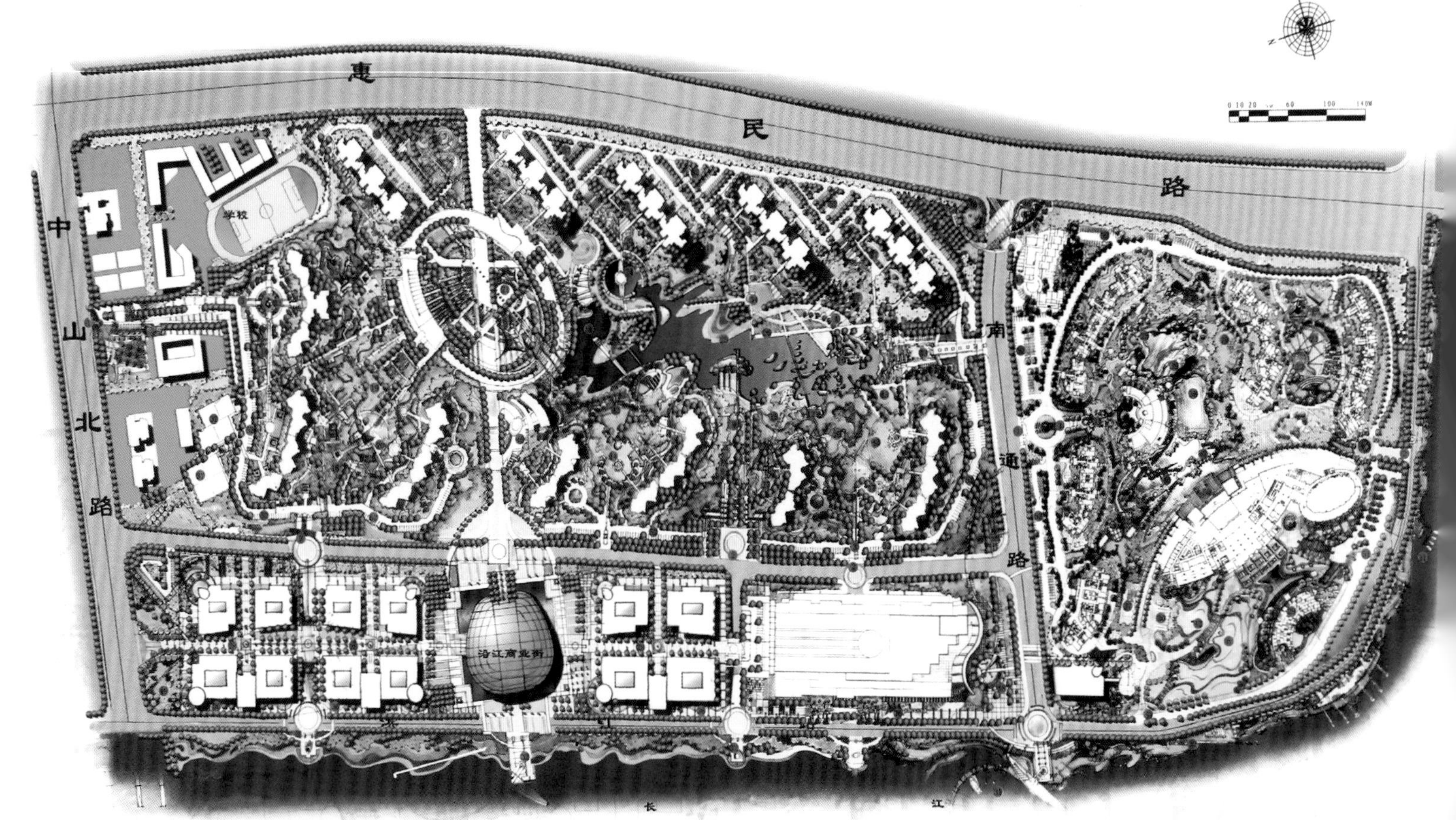

LEGEND:图 例

1. MAIN ENTRANCE/主入口
2. SECONDARY ENTRANCE/次入口
3. ARRIVAL PLAZA/广场入口
4. BOTANICAL GARDEN/植物园
5. MUSICAL AND GARDEN/音乐-艺术公园
6. SCULPTURE GARDEN/雕塑公园
7. LANDSCAPE HILLS W/WALKWAY/景观小山带行人道
8. BIRDS GARDEN/鸟园
9. BIRDS CAGE/鸟笼
10. FOG/MIST GARDEN/雾园
11. BAMBOO GARDEN/竹园
12. JUNGLE FOREST/丛林地带
13. MEDITATION GARDEN/静思园
14. FLORAL GARDEN/百花园
15. AROMA GARDEN/芬芳园
16. ORCHID GARDEN/兰花园
17. BBQ AREA/烧烤园
18. BOAT RIDE (POND)/划船区
19. ELDERLY ACTIVITY AREA/老年活动场
20. CHILDRENS PlAYGROUND/儿童活动场
21. COMMUNITY PLAZA/社区广场
22. TAI CHI AREA/太极拳区
23. NEIGHBORHOOD PLAZA/邻谊聚集广场
24. CHILDREN'S INTER-ACTIVE WATER PLAY/儿童互动嬉水场
25. SANDY BEACH/沙滩
26. BOARDWALK/木栈道
27. EVA/消防车通道
28. ELEVATED AVENVE/升高的人行道
29. CITIZEN'S PLAZA/市民广场
30. BUS PARKING/观光巴士车位
31. CETTY PIER/DECK/小码头
32. LAKESIDE PROMENADE/湖边悠闲步道
33. WATER FEATURE/水景
34. WEDDING CHAPEL/婚礼礼堂
35. TROPICAL GARDEN/LAKE/热带园/湖
36. COMMERCIAL AVENUE/商业街
37. TENNIS COUNT /网球场
38. LAP POOL/游泳池
39. LEISURE/WAVE POOL/休闲池
40. CARRIBEAN GARDEN/LAICEW/PIRATE SHIP' CAFÉ/海盗船咖啡吧
41. SAIE'S OFFICE/商业管理用房
42. HOTEL'S WEDDING GARDEN/酒店婚宴园
43. OPEN LAWN/开放草坪
44. CLUBHOUSE SWIMMING POOL/俱乐部游泳池
45. KINDENGARTEN/幼儿园
46. COMMUNITY PARK/社区公园
47. FEATURE TIMBER BRIDGE/特色木桥
48. COMMERCIAL PLAZA/商业广场
49. PEOPLES PARK/人民公园
50. HOTEL'S VIEW TERRACE酒店观光平台
51. HOTELS' ENTRANCE/EXIT/
52. PARKING AREAS/停车场

佛山三水恒达花园

项目地点：广东省佛山市
开发商：三水恒达地产
景观设计：广州市华誉景观工程设计有限公司
占地面积：100 000 m²

三水恒达花园的景观设计旨在创造一个"湖溪相绕的美丽家园"，体现浪漫、流动的设计风范，强调社区景观的均好性和空间的流动性，以自然、柔性的湖景为核心，使之贯穿整体并向建筑空间内部渗透，并赋予不同的内容，为周边的住宅楼住户营造了一道亮丽的风景线，从而提升住宅价值。步移景异带给人们梦一般的景观感受。场所设计、景观设计、功能设计上追求简洁、自然的现代景观设计理念，充分发挥水的亲和性，使小区生态环境融入自然美、艺术美和社会美，充满情趣。

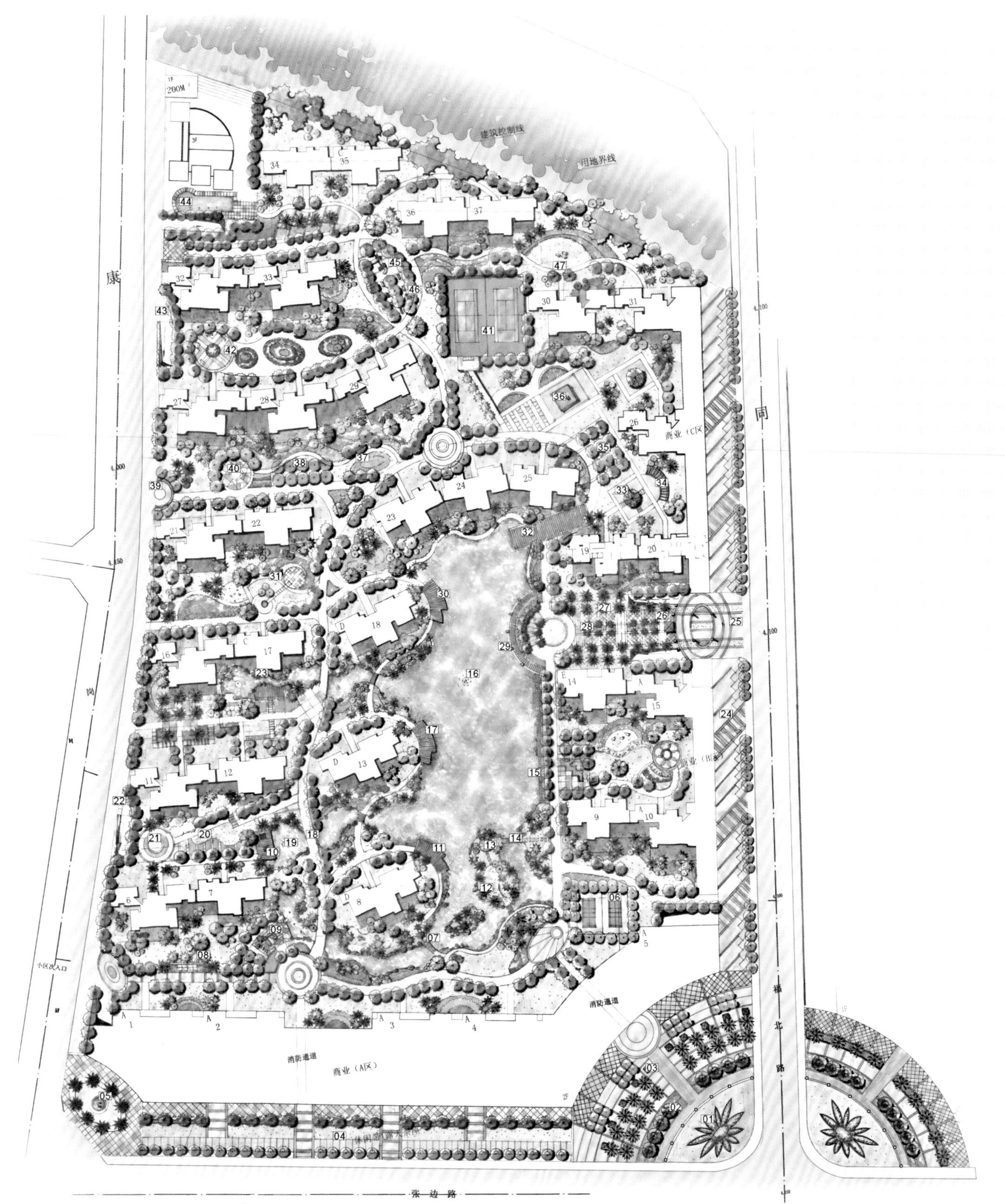

西安华俯御园

项目地点：陕西省西安咸阳世纪大道
开发商：西安沃都置业有限公司
景观设计：美国EDSK易顿国际设计集团（中国）有限公司
主设计师：廖石荣、孙立辉
占地面积：98 552 m²
总建筑面积：140 000 m²
绿化率：53.7%

华府御园位于世纪西路以西，渭明路以东，规划总用地98 552 m²，作为世纪大道西侧的品质栖息楼盘，设计的灵感源自王羲之的《兰亭集序》、承晋兰亭之遗韵，传中华人文之精髓，使住区成为现代都市中和谐人居的典范。

项目为中式新古典主义风格的住区园林，设计中结合当代住区的功能要求，继承和发扬中国传统山水园林造园手法，创造具有民族风格的当代住区园林。整体以南北中轴线（中央水系）为中心进行布局，主题广场与主要景点穿插其间，形成一个完整的景观体系。布局上水系蜿蜒曲折，山水相融交错。水流边各景观节点设置喷水景墙、亲水平台等向心性较强的大型水景，构成景观设计的高潮，成为人们驻足停留、休息交流的场所。

车行道和步行道尽量分开，做到人车分流，不仅可以减少机动车对住户的干扰，还有利于保持中央绿化的完整性。强调区内景观与户主的密切关系，创造出静谧、无噪声无灰尘干扰的景观环境。

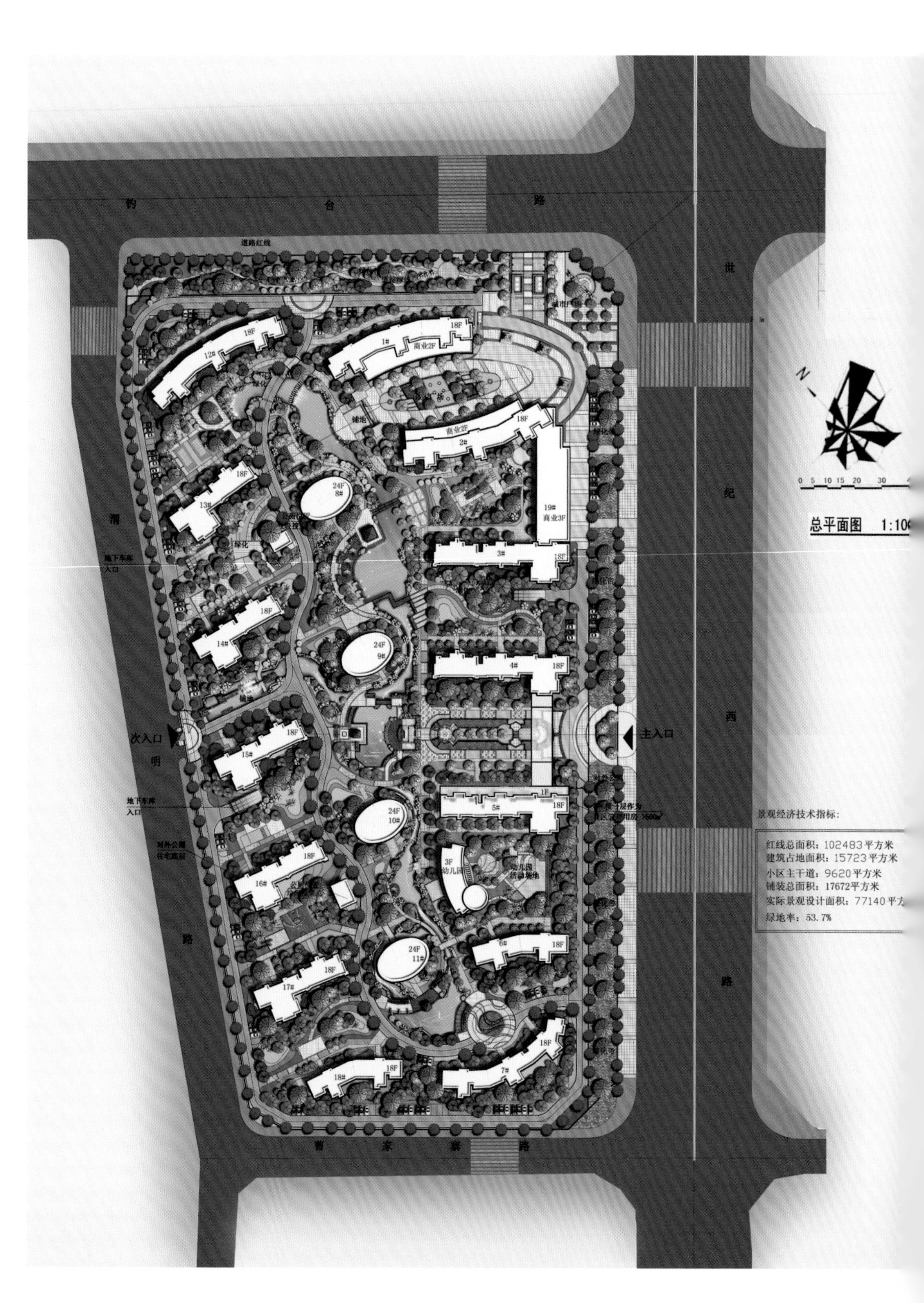

上海财富海景花园

项目地点：上海市张杨路北侧
开发商：上海至诚房地产开发有限公司
建筑设计：泛太平洋设计集团有限公司（加拿大）
占地面积：46 600 m^2
总建筑面积：163 141 m^2

项目位于上海市黄浦江畔，其北面为繁荣的陆家嘴金融贸易区和外滩风光带，主要为高层居住建筑及商业建筑。

根据基地的特点和规划要求，方案总体布局把建筑分为A、B、C、D、E五幢点式高层住宅，安排于基地四周，以获得良好的景观和空间效果；同时利用其间隙布置了水池、广场以及绿化空间。设计采用了线与面的组合方式，结合江岸形态，在江边分散布置了船坞、广场、绿化带等景观，既扩大了整个小区的绿化空间，又优化了浦江沿岸风光。五座高层均获得眺望黄浦江和陆家嘴金融贸易区的绝好视角。

设计充分利用住宅屋顶作为空中花园，既丰富了建筑形态，又避免了高层超高层建筑使用者难以亲近土地的缺点，增加了更具有亲切感的公共空间。其次充分利用黄浦江这一资源，把区内水景与之联系起来，布置曲线水域，使居住区整体环境融于周边大环境之中。

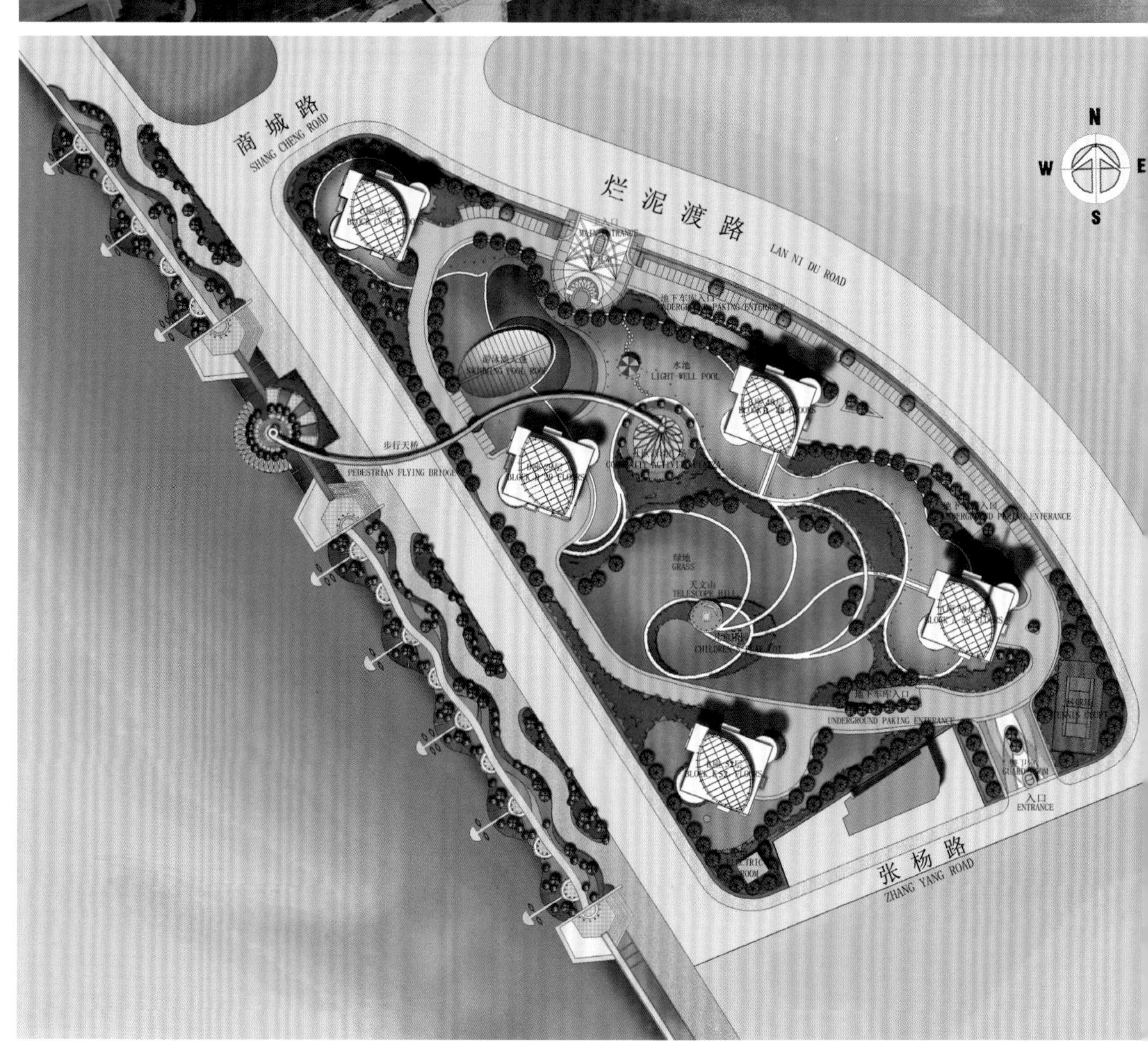

清远凯景

项目地点：广东省清远市
开发商：凯景地产集团
景观设计：广州山水比德景观设计有限公司
占地面积：32 379.68 m^2
总建筑面积：252 269.55 m^2
绿化率：40.02%

项目位于清远市清城区政府旁，项目一线临北江，江面宽约1 000 m。项目用地32 379.68 m^2，总建筑面积252 269.55 m^2，拟建10栋32~46层的高层。此项目无论是单价还是总价，都是清远的地王，目标为打造清远最高端的项目。建筑风格为现代、时尚、简洁；园林为东南亚风格。项目内设置会所，是高端的餐饮、室内恒温泳池、健身运动、SPA等高档休闲场所。

榆林元驰世纪城

项目地点：陕西榆林市
开发商：陕西元驰置地有限公司
占地面积：133 333 m^2
总建筑面积：250 000 m^2

项目得天独厚，处于榆林市政府重点规划的高新技术开发区和新城区交界处，隔210国道与榆林中学相望，城市绿化带横贯东西。项目为133 333 m^2亲水社区，总建筑面积250 000 m^2，涵盖住宅、公寓、花园洋房、风情商业街区等高档物业。元驰世纪城倡导自然与人、建筑与环境的和谐共生，将水景和希腊神话逼真地移进榆林古城，首倡向心式布局，使户户见景，家家与自然共处。

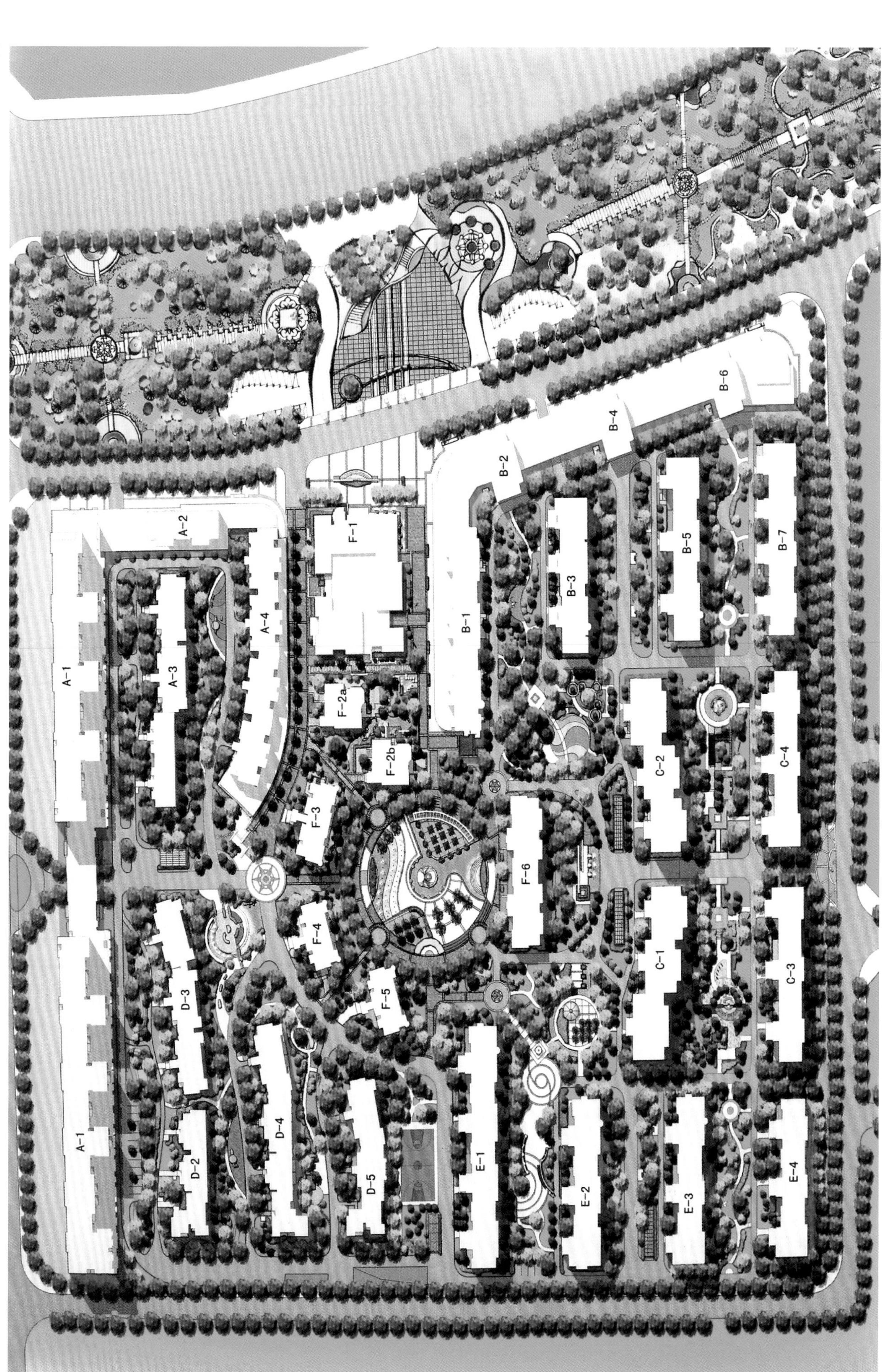

深圳百仕达乐湖

项目地点：广东省深圳市
开发商：百仕达地产有限公司

百仕达乐湖整个地块东至爱国路，西临东乐路，南侧为太宁路，具有得天独厚的地理优势和景观资源，交通四通八达，既可享受现代都市的繁华、热闹，又可领略自然带来的美好、宁静。项目是一个集休闲购物、文化娱乐、特色餐饮、体育健身、酒店办公楼等多功能于一体的建筑综合体。项目由四栋高层组成，三室和四室是主力户型。户型方正实用，通透性好，景观丰富，私密性强，建筑整体外形巧妙地蕴涵“鲤鱼跳龙门”之意。

深圳蝴蝶谷

项目地点：广东省深圳福田区
开发商：深圳市博厚实业有限公司
占地面积：4 160 m^2
总建筑面积：25 022 m^2
容积率：3.99
绿化率：20%

蝴蝶谷建筑外形线条不拘一格，三面为全景花园，让完整的美景无阻隔侵入视觉。户型坐北朝南，户户南北通透，单户各自拥有园林。每户建筑面积为210～405 m^2，户户独园，做到真正的空中别院。180度的环型花园布局，园林穿插于内，分离客饭厅与起居空间，自然分隔动静区域，保持空间独立、互不干扰。

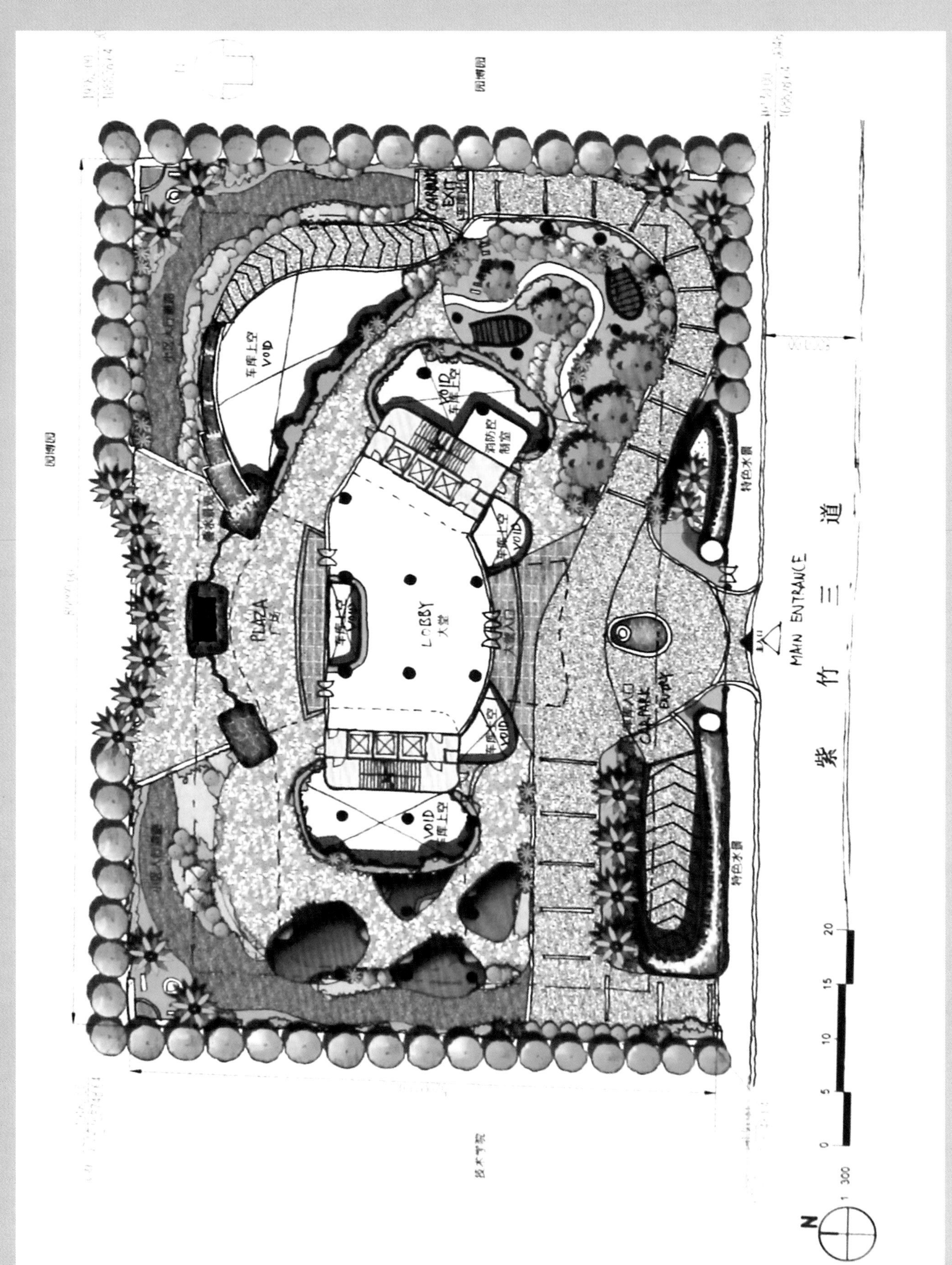

北京2008奥运会媒体村

项目地点：北京北五环
开发商：北京北辰实业集团公司
建筑设计：北京中联环建文建筑设计有限公司
占地面积：101 000 m²
总建筑面积：460 000 m²

北京2008奥运会媒体村位于北五环外，奥运主场馆及奥运森林公园的东北方向，紧临奥运森林公园，距奥运主场馆及奥运新闻中心约5 km，车程5～10分钟。往来于媒体村的车辆主要使用安立路。

北京2008奥运会媒体村是北辰实业公司开发的超大型居住社区——“北辰绿色家园”项目的一部分，居于整个居住区的东北部分。“北辰绿色家园”居住区总建设用地规模为870 000m²，地上总占面积约1 800 000 m²。奥运媒体村总建设用地101 000m²，地上总建筑面积460 000m²。用地东侧为城市主干道北苑路，用地西侧为另一条城市主干道安立路。

北京2008奥运会媒体村由南侧C4区和北侧D2区两部分组成。C4区东侧为北苑路，南侧为红军营南路，北侧隔西坡子路与北侧D2区相对，西侧为水景绿化带。全区成长条形，南北长约700 m，东西宽约100 m。建筑由七座高塔、一座板楼以及相连的裙房组成，塔楼29～32层，高95 m；板楼11层，高37.8 m，裙房2～3层，另有地下室3层。D2区东侧为北苑路，西侧为安立路辅路，南侧为西坡子路，北侧为西坡子北路。

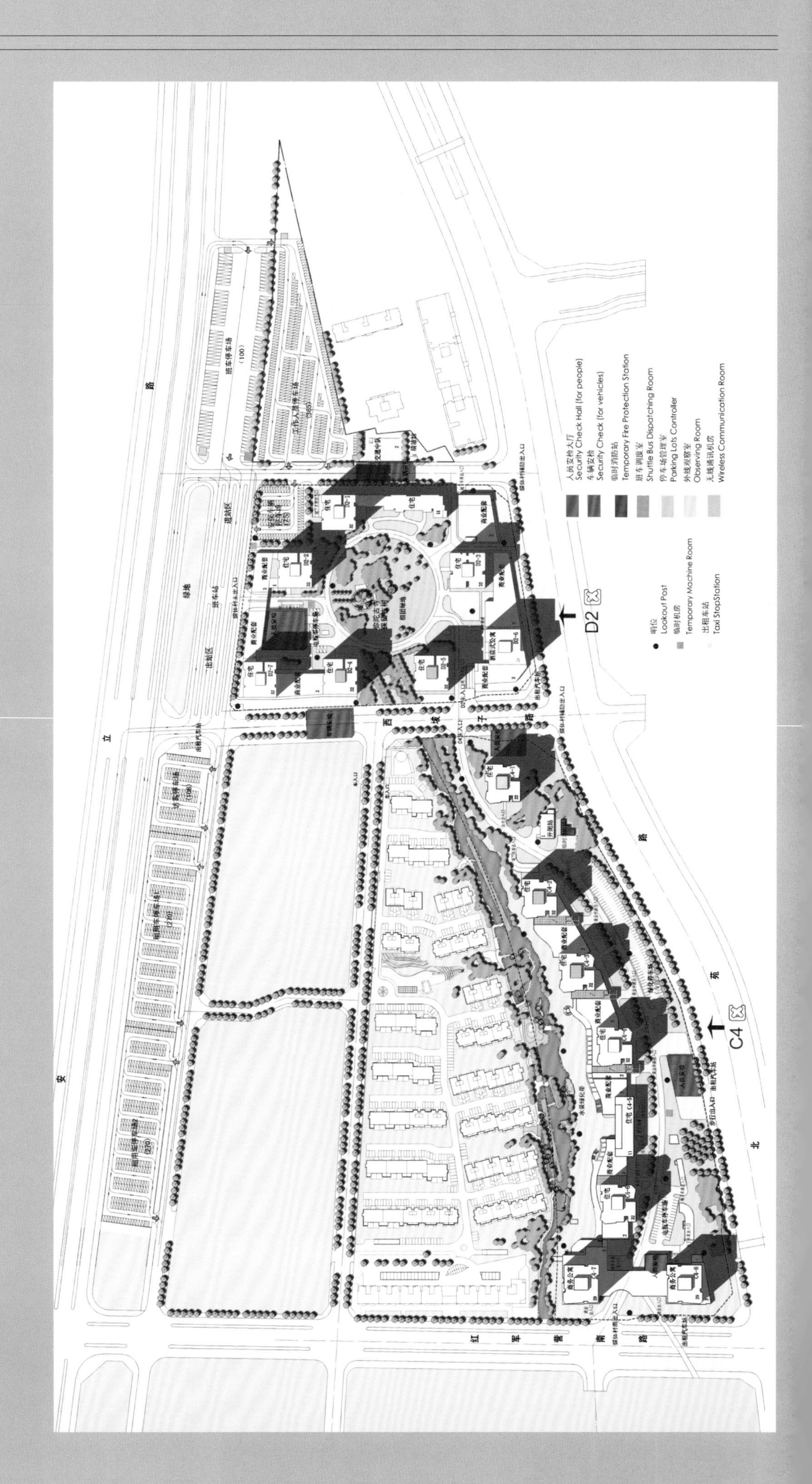

珠海御景国际花园

项目地点：广东省珠海市
开发商：珠海恒晟房地产开发有限公司
占地面积：45 509 m^2
总建筑面积：219 000 m^2

御景国际花园整体的规划布局采用“半围合”加点式的排布方式，最高31层点式的布局最大限度地拓宽了楼与楼之间的距离。小区由六栋高层住宅、一栋休闲配套中心以及南北两端少量商铺组成，分三排南北向布局，户型的分布大部分以朝南为主。户型的排布主要为：以两梯四户的“品”型排布及两梯四户的“蝶”型排布为主，再配合部分两梯三户及两梯两户的排布。

重庆珠江太阳城

项目地点：重庆市
开发商：重庆珠江实业有限公司
占地面积：225 000 m²
总建筑面积：1 000 000 m²

珠江太阳城位于江北滨江路刘家台路段，地处重庆CBD，毗邻解放碑和观音桥商业中心，总占地面积225 000m²，总建筑面积1 000 000m²，规划居住人口1.8万，综合容积率3.86；是由37幢中高层住宅及商业建筑群组成的大型复合滨江社区。

在整体规划中，珠江太阳城的建筑布局以点线结合的方式，对地形进行合理整治，以做到开合有度、高低错落，形成建筑与环境相结合的生活社区；社区内部空间形态丰富多样，结合环境又具有可识别性，各组团结合地形，形成围合，沿街空间形态各异，避免单调；结合地形设计的退台式中央绿化休闲广场是进行活动、锻炼、游戏、休憩的主要场所；广场内以林木、草坪为主要的环境构成元素，构筑起伏平缓的景观带，点缀各种花卉、树木、卵石等成为社区天然雕饰的风景。

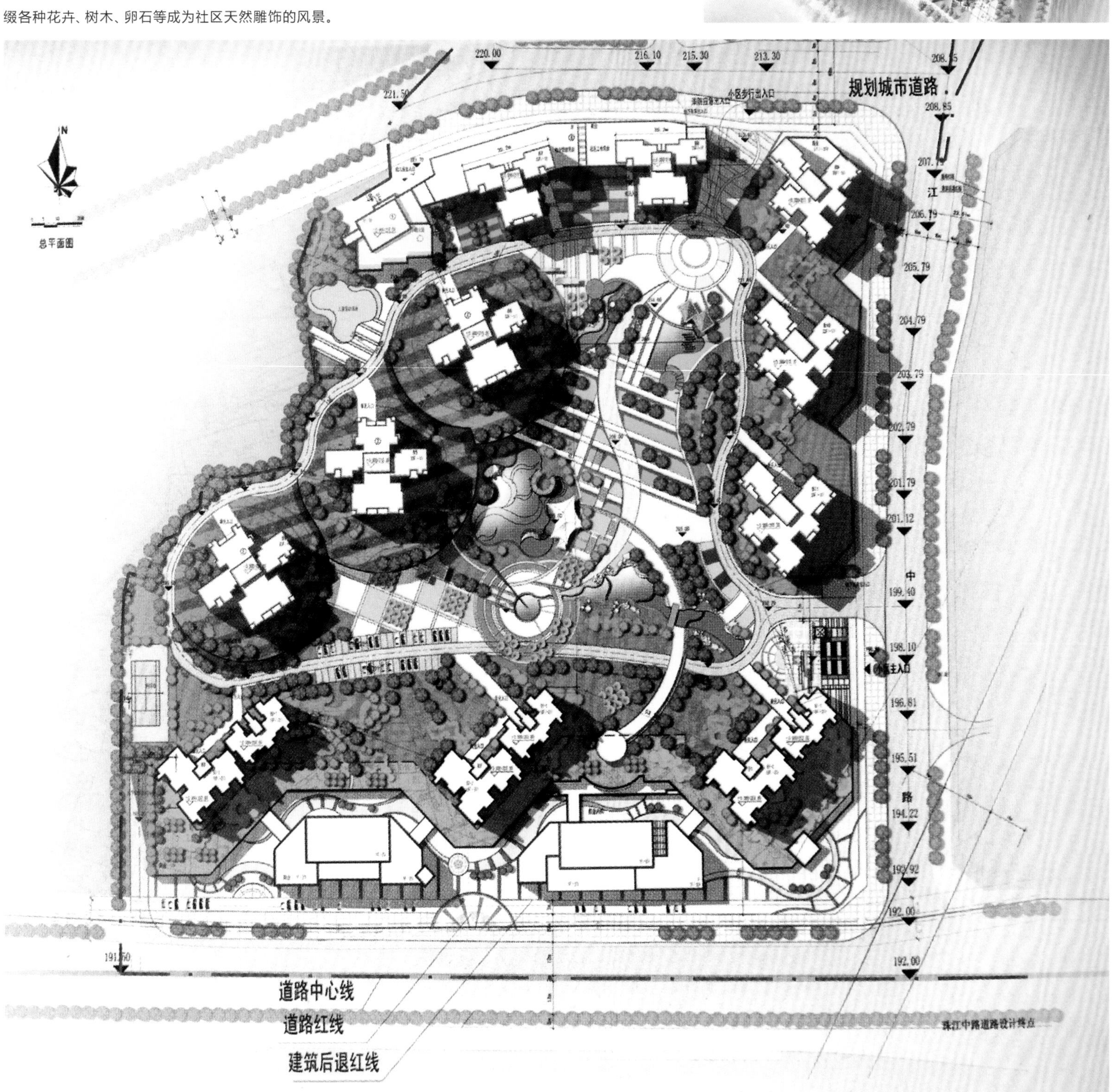

上海古北国际广场

项目地点：上海市古北新区
开发商：上海古北京宸置业发展有限公司
建筑设计：泛太平洋设计集团有限公司（加拿大）
占地面积：35 700 m^2
总建筑面积：115 100 m^2

上海古北国际广场的环境设计方案大胆提出“都市山庄”的设计构思，大量地以堆土造山、植草、种树、开渠理水为主，意在营造一块清新宜人、舒适的“山乡水景”。

基地内由15栋高层住宅组成。整体布局强调人性化、富于变化、流线生动、自然的居住空间。在总体布局上遵循详细规划中南北两排的建筑走向大趋势，中间一排建筑与北面一排围合为较为宁静的空间，而南面一排以公寓、商业服务、会所等外向与半外向空间外部环境进行过渡与衔接，并在中央花园大道处布置一缓坡的步行通道。

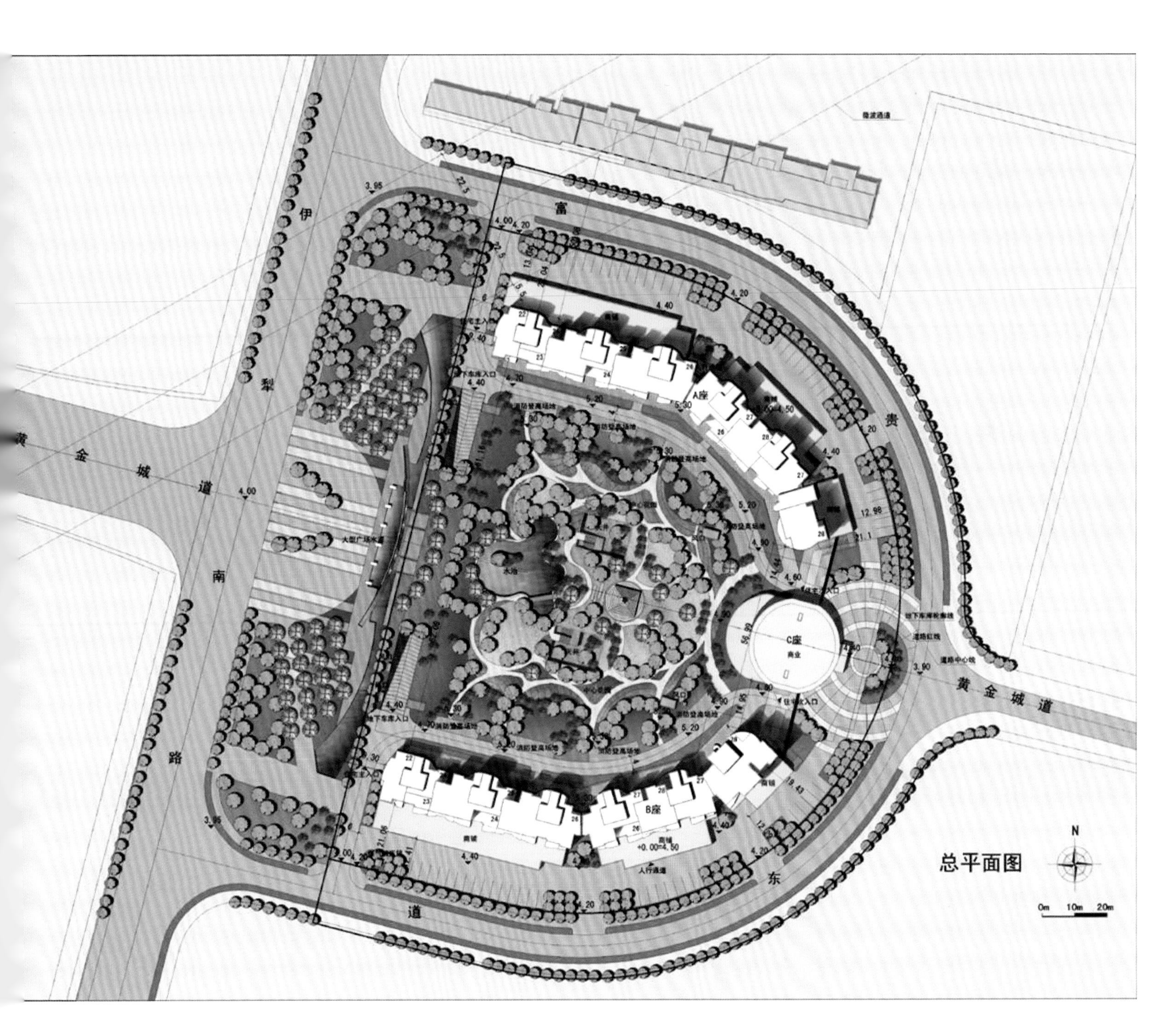

总平面图

秦皇岛远洋海世纪

项目地点：河北省秦皇岛市
开发商：远洋地产
建筑设计：陈世民建筑师事务所有限公司
占地面积：1423 932 m^2
建筑面积：3300 000 m^2

远洋海世纪位于秦皇岛河北大街西段“东西白塔岭”片区，距西海岸直线距离900 m，距市区核心仅4 km，地块滨海临河，占地面积约142.4万 m^2，整体社区规划为330万 m^2，项目整合城市核心最优文体资源、打造国际顶尖高端生活配套，是引领秦皇岛乃至环渤海区域的国际化滨海都市大盘。

远洋海世纪呈现Art Deco、学院派、新古典、现代主义等多元风格建筑组成世界建筑景观群，集合城市豪宅、高档公寓、写字楼、休闲娱乐中心等都市功能，打造一个集都市现代优越居住，又滨海休闲度假的高品质、超复合的滨海新城；功能齐，配套全，远洋海世纪在规划完美居住社区的同时，充分考虑居住其中的业主的各种生活功能和配套功能。

商业
18F
14F
12F
24F
商业
3F
30F
幼儿园
老人院
商业 3F
影剧院
商业 5F
办公公寓
30F
办公公寓
18F
商业 5F
商业 5F
商业 2F
商业

珠海招商花园城

项目地点：广东省珠海市
开发商：招商地产
建筑设计：华森建筑与工程设计顾问有限公司
占地面积：180 000 m²
建筑面积：420 000 m²

招商花园城位于珠海市西北前山区翠微西路和翠前路交会处，用地北面为翠微花园，东面的翠前路路面从北到南逐渐降低；南面隔翠微西路与泰然花园相望，东面可眺望山景；西南正在修建轻轨，交通便捷。项目占地面积180 000 m²，总建筑面积420 000 m²，由13栋16~24层住宅及商业裙房组成。住宅楼下设一层地下室，地下室局部为人防地下室。项目分三期开发建设完成。

招商花园城以现代简约的新加坡风情为设计理念。小区内有10 000 m²的超大中心花园，楼距为120 m宽。两梯两户、两梯四户，南北通透，户型设计合理实用。小区外围有面积为12 000 m²的综合商业购物中心。

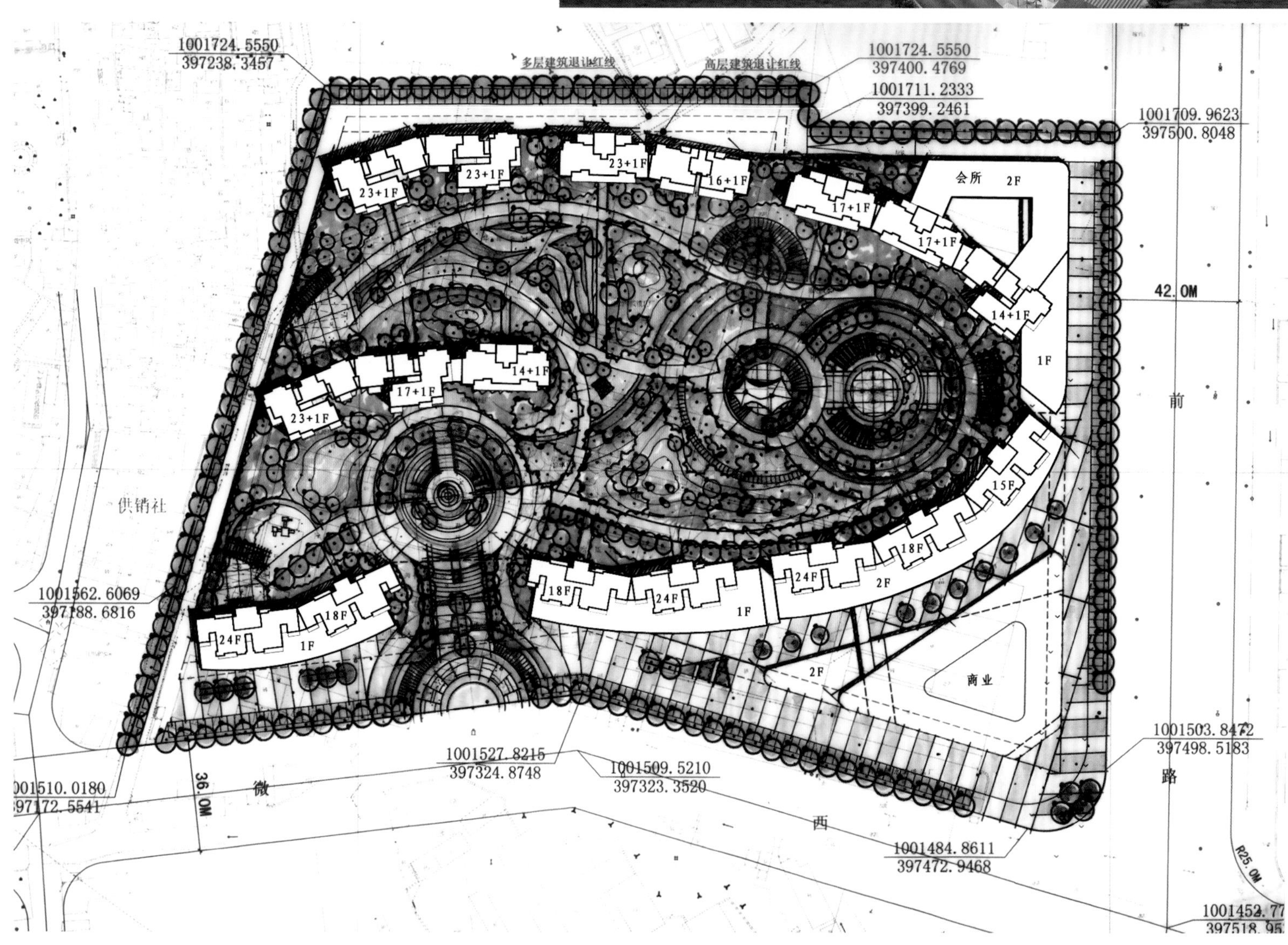

珠江帝景苑

项目地点：广东省广州市
建筑设计：贝尔高林国际（香港）有限公司
占地面积：650 000 m^2
容积率：1.34
绿化率：30%

珠江帝景苑位于广州新城市中轴线与广州横轴珠江交会处、城市绿化生态轴线的核心区域，是占地面积650 000 m^2的超大型欧陆经典生活社区。项目左邻面积为110 000m^2的中轴线广场——赤岗塔广场、观光塔，右邻广交会新址琶州会展中心，与CBD珠江新城中央广场、海心沙市民广场隔江相望。

项目三面环水，北傍珠江，东邻黄埔涌，坐享2 km沿江翠堤，拥览市区最开阔壮丽的江景。小区拥有十大欧式经典庭院，25 000 m^2的中央湖景区，还拥有广州首个超大型酒店式豪华会所，占地面积逾30 000 m^2，会所设施齐备完善，包括大型室内恒温泳池、中西餐厅、健身房、艺术展廊、商务中心、康体设施等。社区特设多条屋村巴士，并有地铁及数条公交车途经小区，畅通市内各繁华路段，出入便捷。

广州富力院士庭

项目地点：广东省广州市天河区
开发商：富力地产
规划/建筑设计：广州市住宅建筑设计院有限公司
景观设计：广州市普邦园林配套工程有限公司
占地面积：53 906 m^2
总建筑面积：205 184 m^2
容积率：3.23
绿化率：50%

富力院士庭坐落在广州市天河区东莞庄路72号，占地面积53 906 m^2，总建筑面积205 184m^2，绿化率50%，容积率3.23。项目定位为区内的高档产品，针对天河区的白领和高知识人群。

设计以孔子的教学主张“学”、“思”、“习”、“行”作为构思主题，将四个教育主张融入到不同庭园的空间及景观的营造之中，通过富有生活情趣的雕塑、景墙等点景，形成“求索庭园”、“思考庭园”、“知新庭园”、“修身广场”、“涵虚明鉴”五个景点。全园以水景为主组织空间，布置溪流、喷水、跌水、溪泳池等形态各异的水景序列。以植物为主进行造景，通过园林布置与建筑主体的现代感有效地结合起来，深层次地演绎着现代中式的韵味。

项目配备二层半高的会所，总建面积1 500m^2，主要功能包括棋牌室、练舞室、乒乓球室及休闲书吧等，能基本满足业主日常生活休闲需要。此外，小区还有泳池及约23 000 m^{2}的商业配套。

户户视野开阔，通风采光良好，独立景观支持；带私家空中花园，尽显气派；户户南北对流，18层高低密度洋房，天河北罕见；房间方正实用，客厅宽敞，功能分区合理；豪华精装，能令消费者免去二次装修的麻烦，令居住更舒适，生活品质更高，舒适生活一步到位；两房至四房户型选择多，能满足不同年龄阶段和家庭结构的市场需求。

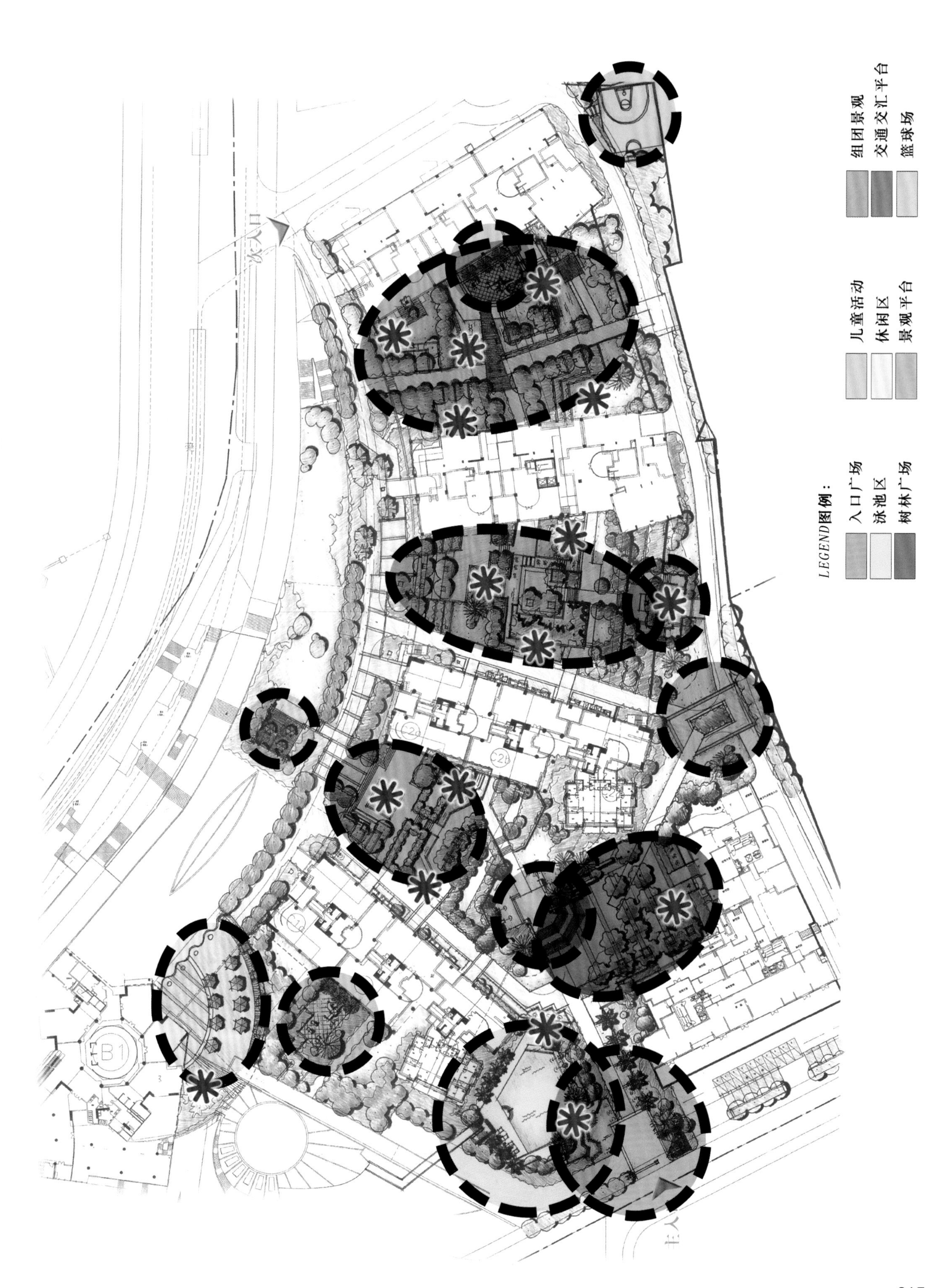
LEGEND图例：
入口广场
泳池区
树林广场
儿童活动
休闲区
景观平台
组团景观
交通交汇平台
篮球场
次入口
B1

佛山团东港口路

项目地点：广东省佛山市
开发商：佛山市团东房地产开发有限公司
占地面积：52 385 m^2
总建筑面积：172 794 m^2

项目位于佛山市禅城区港口路与江湄路交会处，总占地52 385 m^2，总建筑面积172 794 m^2。项目分二期开发，由5栋17层小高层和13栋21~27层高层欧陆新古典风格电梯洋房组成。项目地属佛山城南全新规划的东平新城之中心区域，周边规划配套齐全，名校、体育馆、文化中心、博物馆、星级酒店群等市政重点建筑物与之呼应。

项目采用南北向板式住宅平行布局，由四排住宅和三个中心庭院组成。人行主出入口设在项目东侧（港口路）中间位置，既可以方便人流，又与入口两侧建筑形成南北对称的主入口广场。港口路西侧为25 m宽的城市绿化带，为项目周边主要城市道路，项目沿港口路城市绿化带均不设裙房，形成通透、开阔的空间效果，有利于创造良好的城市空间环境。

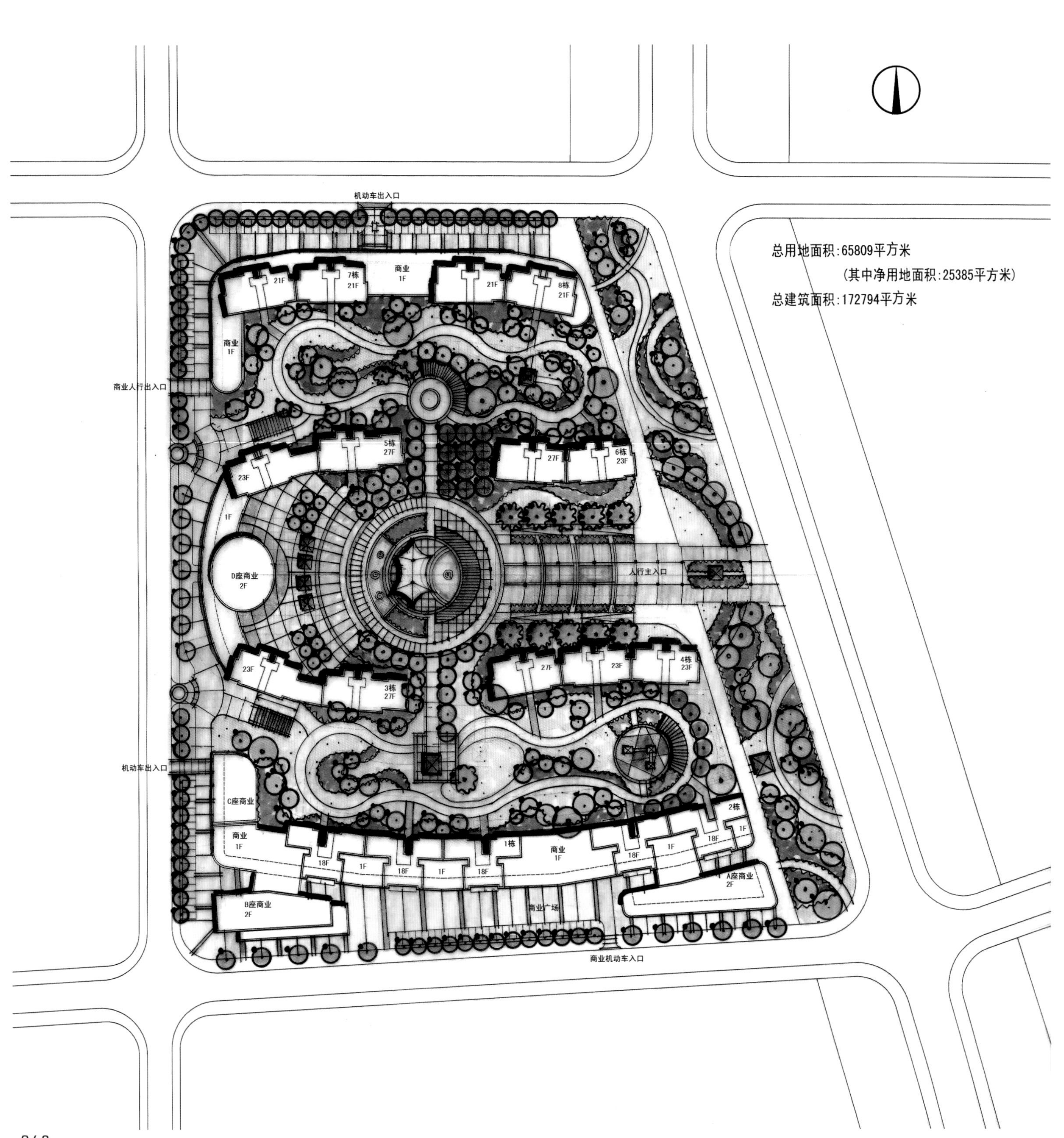

杭州滨江29#地

项目地点：浙江省杭州市
开发商：杭州钱江房地产开发有限公司
建筑设计：华森建筑与工程设计顾问有限公司
占地面积：92 897 m^2
总建筑面积：324 000 m^2

杭州滨江29#地位于杭州市高新（滨江）区，地块北靠钱塘江，西至火炬大道，南临滨盛路，东依小区规划道，总用地面积92 897 m^2，将建成为以高层景观住宅为主的现代高档住宅区。该地块地理优势绝佳，正北可眺望凤凰山、玉皇山，山峦群叠；西面钱塘江大桥、六和塔触手可及；东面复兴大桥（钱江四桥），恢弘气势，尽在眼帘；南面与高新（滨江）区公建中心仅一路之隔。项目的六幢高层建筑分布于小区中央景观之内，以高低参差的植物与蜿蜒曲折的水景穿插其中，实现户户观景的舒适性和江景社区价值感的完美契合。

佛山丽日玫瑰·名城

项目地点：广东省佛山市
开发商：丽日集团
占地面积：220 000 m^2
总建筑面积：500 000 m^2

丽日玫瑰·名城位于魁奇路北侧，其社区庞大，按大型组团式而建，设有商业中心、多功能社区会所等，倡导"全新人居时代"的居住理念。该项目将热情浓烈的南太平洋风情引入小区，用自由、时尚的设计手法，使环境与建筑风格协调一致，从而提倡一种充满活力的生活方式；坚持"自然和谐，生态优先"的原则，以自然风景式布局营造和谐的绿色人居环境；以水景为中心，营造形态丰富、动静结合的景光序列；突出现代典雅及简约的风格，色线的运用恰到好处之余亦能体现出项目人文社区的气度。

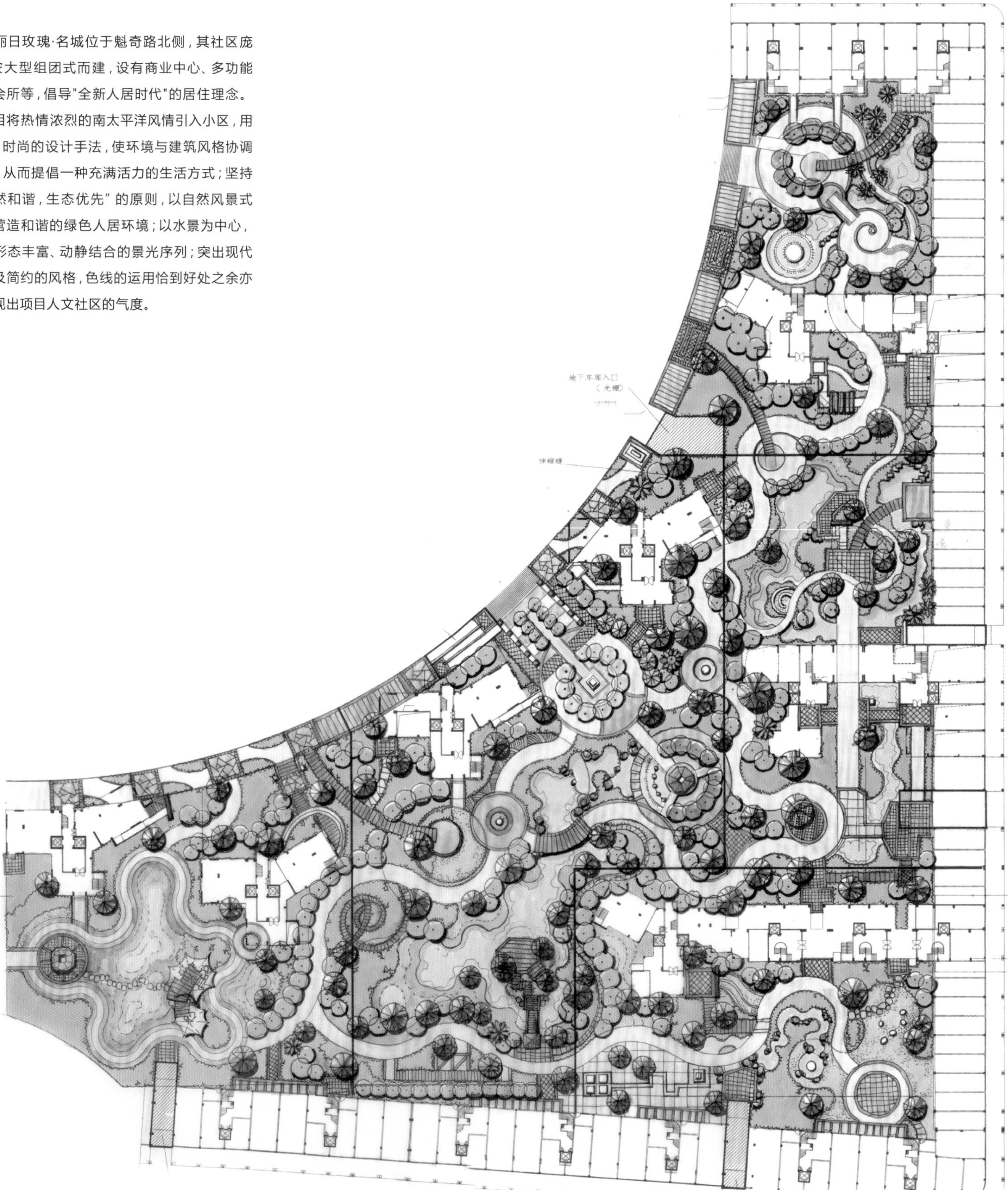

鸟瞰图

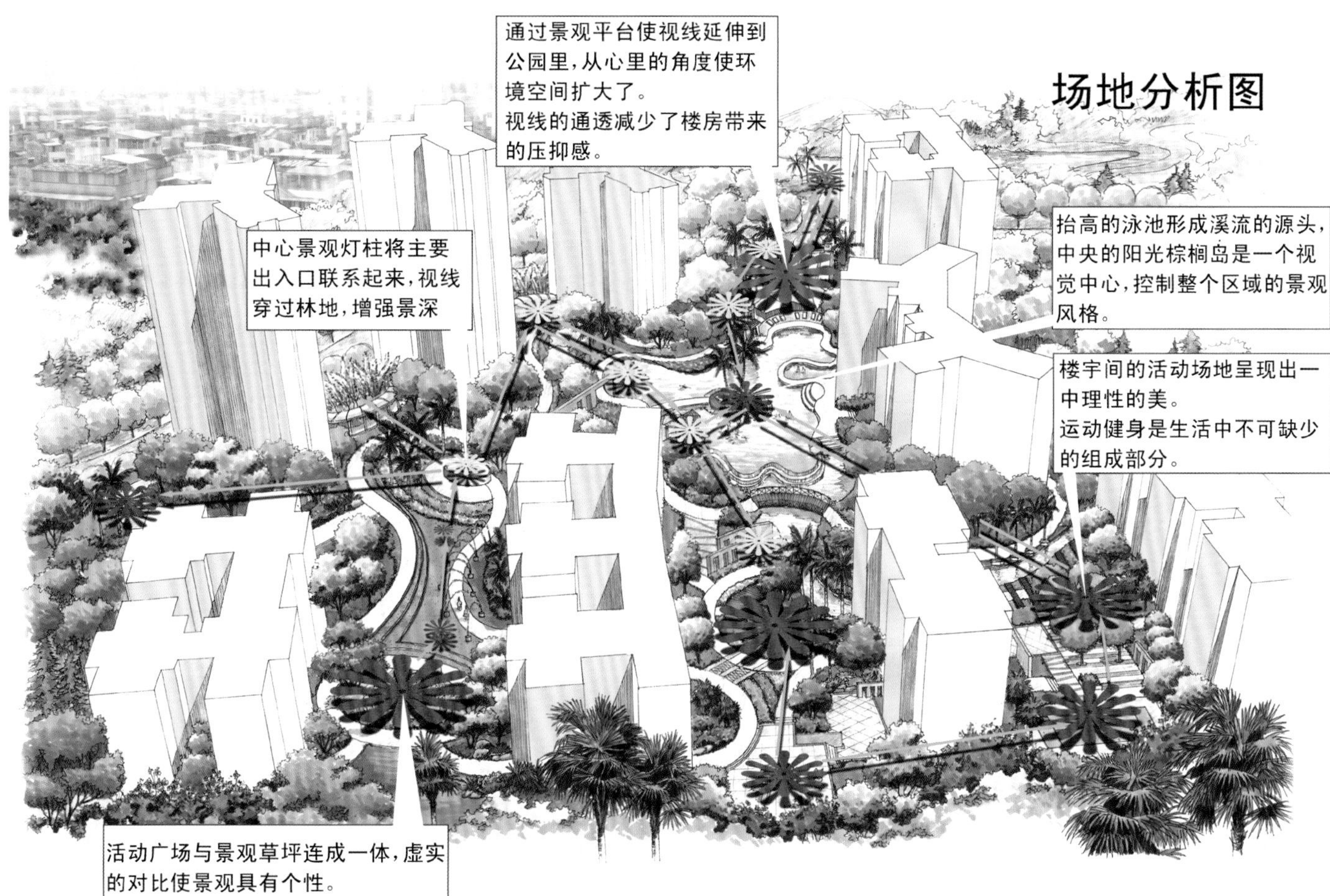
场地分析图
通过景观平台使视线延伸到公园里，从心里的角度使环境空间扩大了。
视线的通透减少了楼房带来的压抑感。
中心景观灯柱将主要出入口联系起来，视线穿过林地，增强景深
抬高的泳池形成溪流的源头，中央的阳光棕榈岛是一个视觉中心，控制整个区域的景观风格。
楼宇间的活动场地呈现出一中理性的美。
运动健身是生活中不可缺少的组成部分。
活动广场与景观草坪连成一体，虚实的对比使景观具有个性。
草坪上的跳泉使环境充满趣味。
在草坪上充分享受阳光与空气，体验一种自由的气息。

大连华润·海中国

项目地点：辽宁省大连经济技术开发区
开发商：华润（大连）房地产有限公司
建筑设计：香港吕元祥建筑师事务所
中建国际设计顾问有限公司
URBANUS都市实践建筑事务所
占地面积：456 000 m²
总建筑面积：1 310 000 m²
容积率：2.87
绿化率：45%

华润·海中国分七期九年开发，全部落成后能为约12 000个家庭提供舒适优越的居住空间。其中一期建筑面积约220 000m²，每户建筑面积88~260 m²，由小高层和高层住宅组成。

华润·海中国坐落于大连经济技术开发区，拥有南向一线无遮挡海景，旁依童牛岭自然风景区、高尔夫球场、网球场等众多的体育文化休闲设施。面前的滨海路直接连通国家5A级风景区——金石滩旅游区。依托身边金马路商圈的成熟配套资源，尽享开发区日益完善的便利生活。

华润·海中国汇聚业界著名的规划、建筑、设计、景观公司合作建设，志在为大连开发区树立先进的临海居住社区标杆。高品质多配置的住宅，齐全的商业、体育、休闲娱乐设施，得天独厚的自然环境，将为东三省及东北亚的有识之士提供完美的一线海景宜居生态社区。

意向规划图，最终以政府审批为准

深圳布吉华浩源（四期）

项目地点：广东省深圳市布吉镇
开发商：深圳市华浩源投资有限公司
建筑设计：华森建筑与设计顾问有限公司
设计师：邱慧康、范纯青、许晓强、孙亮
总建筑面积：80 035.31 m^2

项目用地位于深圳市布吉街道办石芽岭生态居住区内，南邻科技园路（待建），东邻景芬路，北邻京九铁路线。基地呈带形地状；A区北边在红线内有一凹地，高差达15 m，规划将其建成一个以体育、休闲为主的生态公园。

设计尊重用地现状，使建筑与自然环境互相交融，与已建成的二、三期住宅遥相呼应，形成一体。小户型豪宅，保证每户均有良好的景观面，均带入户花园和三层高的观景阳台。地下车库不仅与住宅中庭有交错的竖向空间设计——生态车库，还把体育公园的设计概念贯穿到地下车库中去，这样由室外到地下车库，再由地下车库到住宅中庭，形成互相穿插的交错空间设计。

整个小区南低北高，利于常年主导风——东南风引入小区，从而创造良好的通风居住环境。建筑形体之间均有空中花园联系，有助于南北户型有良好的穿堂风。

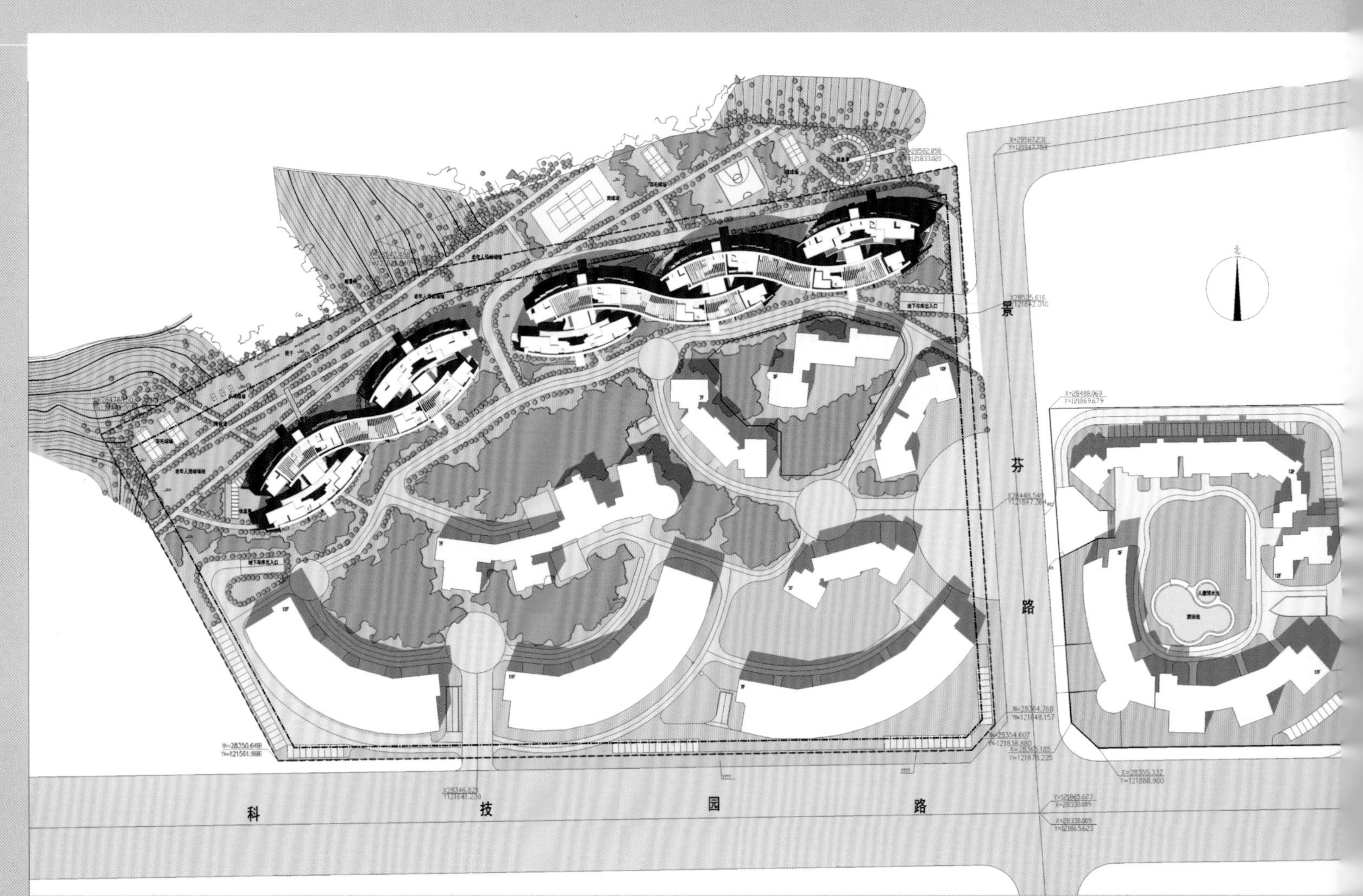

广州东山雅筑

项目地点：广东省广州市越秀区
开发商：广州市安厦房地产开发有限公司

东山雅筑位于广州市中心，项目所处的福今东路是东风东路、广州大道中、中山二路三大主干线的交会处，交通极为便利；附近不仅林立着育才小学、东风东路小学、培正、执信等名校，而且周边社区及商业配套成熟，四面民居多为省市机关宿舍，众多元素融会在一起构成了其独特的居住氛围及人文气息。

东山雅筑弧板式的规划设计，使户户不对望。下沉式会所游泳池与首层架空花园相互辉映的同时，形成一个立体园林；下跃式客厅、侧出阳台、三厅双套的设计表明东山雅筑为居住者重新制定一个居住空间的尺度及创造一个最理想的观景角度。

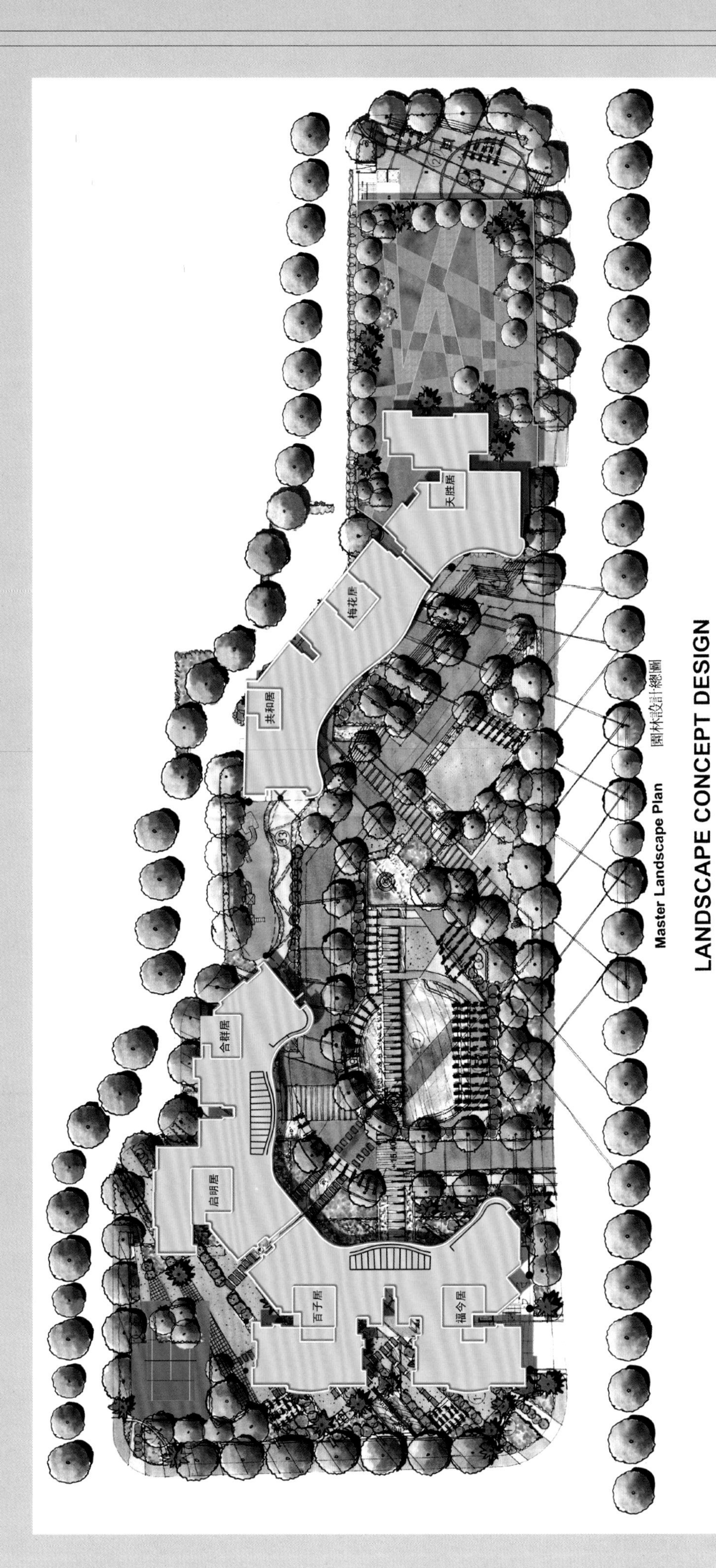

深圳乐湖

项目地点：广东省深圳市
建筑设计：中建国际（深圳）设计顾问有限公司
占地面积：40 786 m²
总建筑面积：228 089 m²
容积率：5.56
绿化率：38%

项目地块东至爱国路，西临东乐路，南侧为太宁路，具有得天独厚的地理优势和景观资源，交通四通八达，既可享受现代都市的繁华、热闹，又可领略自然带来的宁静，是最适合人居的建筑综合体。项目由4栋高层组成，三房和四房是主力户型，也有为数不多的稀缺两房。户型方正实用，通透性好，景观丰富，私密性强，建筑整体外形又巧妙蕴涵“鲤鱼跳龙门”之意。同时继承了红树西岸的国际先进智能化住宅经验，在小区内实现了先进的智能化管理。

杭州华润万象城悦府

项目地点：浙江省杭州钱江新城
开发商：华润新鸿基房地产（杭州）有限公司
总建筑面积：800 000 m²

万象城地处钱江新城核心区，占据城市最核心的资源：地铁、BRT……高效出行；公园、剧院……品质休闲；市民中心、学校、医院……配套尽享。超强的城市资源，丰富N种生活方式。

万象城规划总建筑面积800 000 m²（含地下），将形成以240 000 m²的"万象城购物中心"为核心，包括甲级写字楼、超五星级酒店（柏悦）、服务式公寓、高尚住宅（悦府）等多种物业形态为一体的国际高标准建筑群。其中，一期呈现的是240 000 m²的"万象城购物中心"以及约140 000 m²的超高层高尚住宅（悦府）。

万象城，作为杭州首个超大型国际形态都市综合体项目，无疑将呈现丰富多彩的高品质生活，为杭州这座城市带来更多的可能。

北京当代MOMA万国城

项目地点：北京市
开发商：北京当代鸿运房地产经营开发有限公司
设计师：斯蒂芬·霍尔
总建筑面积：220 000 m²

当代MOMA位于北京东直门迎宾国道北侧，拥有首都北京的地标优势，项目规划建筑面积22万 m²，其中住宅为13.5万 m²，配套商业面积达8.5万 m²，包括多厅艺术影院、画廊、图书馆等文化展览设施，还包括了精品酒店、国际幼儿园、顶级餐饮、顶级俱乐部及健身房、游泳池、网球馆等生活设施与体育休闲设施。

在规划设计中，当代MOMA更多考虑未来的城市生活模式，引入复合功能的概念，具有丰富的视觉空间，宜人的建筑尺度，亲切的社区环境，满足人们生活、工作、娱乐、教育、休闲、消费、邻里交往等方面的需求，充分挖掘城市空间价值，将城市空间从平面、竖向的联系进一步发展为立体的城市空间。

作为一个汇集精品商业与国际文化的社区，当代MOMA将营造出更加开放和谐、环境友好的国际化生活氛围。空中连廊串联起居住者大部分的休闲活动，艺术与建筑画廊、健身房、图书馆、餐厅与俱乐部等私人与公共空间的连接，取代了单调又乏味的包围方格给人的知觉，并为居民提供更多交往的机会。

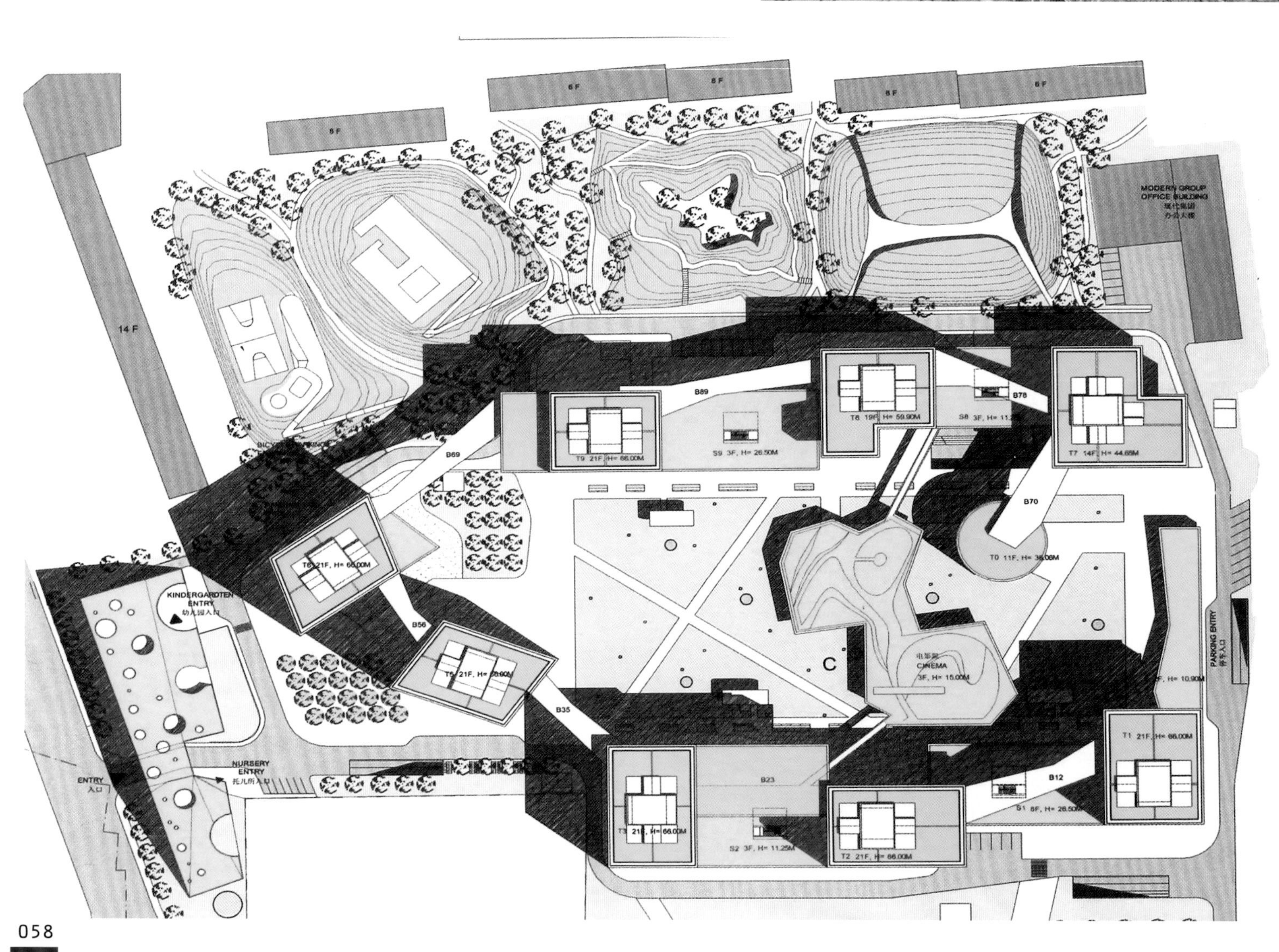

杭州钱江新城金基晓庐

项目地点：浙江省杭州市
开发商：杭州金基房地产开发有限公司
建筑设计：华森建筑与工程设计顾问有限公司
占地面积：78 000 m²
总建筑面积：294 000 m²

金基晓庐位于杭州CBD钱江新城的核心地段，临近钱塘江与京杭大运河交汇口，地处钱江路以南，椒江路以东，富春江路以北，和江干文体中心隔路相望。园区总占地面积78 000 m²，总建筑面积294 000 m²。由九栋27~33层的高层住宅、格调会所、大型地库等物业组成。

金基晓庐的空间组织完全根据人的生活规律来组织，打破了传统规划、建筑、景观等专业概念的束缚，从社区公共空间、半公共空间、半私密空间到私密空间递进，给人层层深入、明晰有序的感觉。总体布局对称、均衡而开放，并充分体现庭院的优美和贯通，最大限度地创造各栋住宅的均好性、景观视线和建筑的舒适尺度。总平面布局形似“莲花”，整个社区像花开般自然舒展。

杭州钱江新城 18#地块
18TH BLOCK OF QIANJIANG NEW CITY ,HANGZHOU
总平面图
SITEPLAN
SCALE: ----
基地：基地位于杭州钱江新城中央商务区东北第二个地块，西南依椒江路，东南临富春江路，西北靠钱江路，东北是临盘倚天.盛世钱塘。项目占地78234M2，基地东南面是视线开阔的江干文体中心。基地东侧对钱塘江有开口，所以东南角是可以直面江景的区域。

总平面

杭州宋都·新城国际

项目地点：浙江省杭州市
开发商：杭州宋都房地产集团有限公司
建筑设计：何显毅（中国）建筑工程师楼有限公司
占地面积：59 152 m²
总建筑面积：184 972 m²

项目位于江干区庆春东路、富春江路与钱江路交会处，由九幢高层和小高层、一幢综合办公楼组成。九座高层住宅形成特有的“∞”字形围合式布局，保证住宅的南北朝向，创造优越的日照条件与景观视野。户型主要有建筑面积为140 m²左右的三室两厅和建筑面积为180 m²左右的四室两厅，部分户型有入户花园、走入式飘窗和景观电梯。两梯两户格局，每套都南北通透。

规划总平

景观规划分析图

交通规划分析图

消防分析图

地块编号	绿地编号	绿地面积(m²)	备注	小计
A	①	640.052	宅旁绿地 (m²)	
	②	1939.912	宅旁绿地 (m²)	
	③	5575.991	集中绿地 (m²)	
	④	887.603	宅旁绿地 (m²)	
	⑤	362.521	宅旁绿地 (m²)	
	⑥	280.531	宅旁绿地 (m²)	
	⑦	475.898	宅旁绿地 (m²)	
	⑧	916.518	宅旁绿地 (m²)	11079.026
B	⑨	684.917	宅旁绿地 (m²)	
	⑩	4634.427	集中绿地 (m²)	
	⑪	983.929	宅旁绿地 (m²)	
	⑫	493.160	宅旁绿地 (m²)	6796.433
C	⑬	1628.982	宅旁绿地 (m²)	1628.982
D	⑭	1282.940	宅旁绿地 (m²)	1282.940
总计				23254.381

绿化分析图

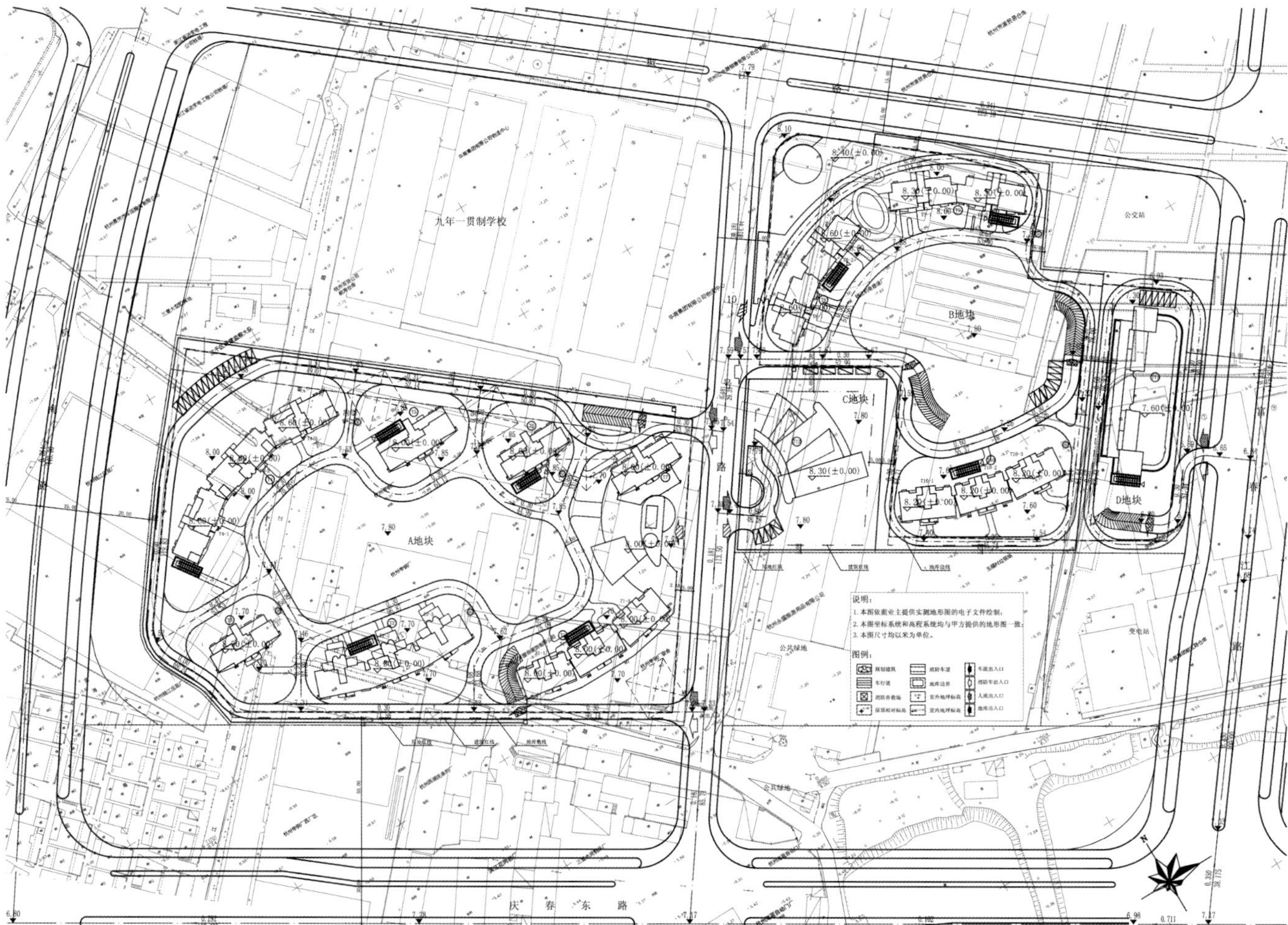

用地竖向规划图

珠海美丽湾凤凰海域

项目地点：广东省珠海情侣大道北
开发商：珠海国鼎集团有限公司
占地面积：19 826 m²
总建筑面积：53 870 m²
容积率：2.55
绿化率：41.3%

珠海美丽湾凤凰海域坐落于珠海城市金边情侣路上，北倚凤凰山国家森林公园，南望银坑半岛、香洲湾双湾海景。凤凰海域小区占地面积19 826 m²，总建筑面积53 870 m²，园林绿化面积达41.3%，由三栋31层高的挺拔建筑采用“合”式的布局方式，打造成东南亚风情园。其中31F为顶层复式，均为两梯两户。户型建筑面积以177~218 m²的三室和四室为主，是一个较纯粹的大户型社区，最大限度地实现“大开间、小进深”，所有房间均可览山观海。

杭州萧储11、12#地

项目地点：浙江省杭州萧山中心区
开发商：杭州顺发恒业地产
占地面积：135 429.48 m²
总建筑面积：445 529 m²

项目的十二栋高层住宅沿用地周边布置，通过形体围合形成中心花园，以创造小区内部的宜人环境；住宅建筑间彼此以曲线造型拼接相连，丰富庭院的视觉效果，增加空间的趣味性；通过曲线的调整及住宅单元间合理的错动，做到所有住宅基本正南北向布置，偏东不超过15度，偏西不超过10度，保证住宅的居住舒适度；在所围合花园日照较为充足及景观视线较好位置，规划加设底层Town House及底层别墅，以丰富住宅产品类型及提高小区品质。

商业布局遵守原步行街规划，并结合原规划利用商业形态围合形成商业中心广场，营造足够的商业气氛，商业主体以曲线顺应住宅走向布置，对较大的形体进行适当的分隔，以与住宅体量相呼应。

萧储（2005）11，12#地块总平面图　1:1000

合肥长江西路西园路

项目地点：安徽省合肥市
建筑设计：上海新外建工程设计与顾问有限公司
占地面积：23 160 m²
总建筑面积：154 360 m²
容积率：5.1

本规划基地位于安徽省合肥市中心区，属长江西路片区，南侧至屯溪路，东侧至国购广场，西侧至石邮宾馆。规划基地东西长约162 m，南北长约238 m，整个地块呈为不规则的长边形，总占地面积为23 160 m²。

项目的总体定位是倾力打造时尚消费型复合商业设施，集合娱乐、休闲餐饮各类零售业等多种业态。以时尚消费型符合商业为依托，以商业广场为核心，以休闲购物为主题，推崇现代城市生活的理念，融入富有地域特色的标志元素，提出"倾力打造时尚消费型符合商业设施"的全新商业、居住概念，旨在构建出一个高品优质、多元复合的现代大型商住综合社区。

设计核心目标是建设合肥市的主要商业中心，成为城市的重要形象展示窗口，力求商业区的区域性协调性和个体特色型的有机结合，与周边建设一起带动城市的发展。设计中引入了"时间性消费概念"的建筑模式。商场在商品构成上满足吃、喝、玩、购的一站式需求的同时，通过建筑空间、景观营造以及丰富多彩的演出活动，不断更新消费空间，一天天使消费者感到惊喜，让消费者甚至不以消费为目的地来到这里消磨时间。

在商业中心的设计中，着重考虑商业业态合理分布以及开放空间、购物娱乐流线的合理组织，充分考虑人的感受，设置更多可参与性景观和设施，提高商业区的活力。

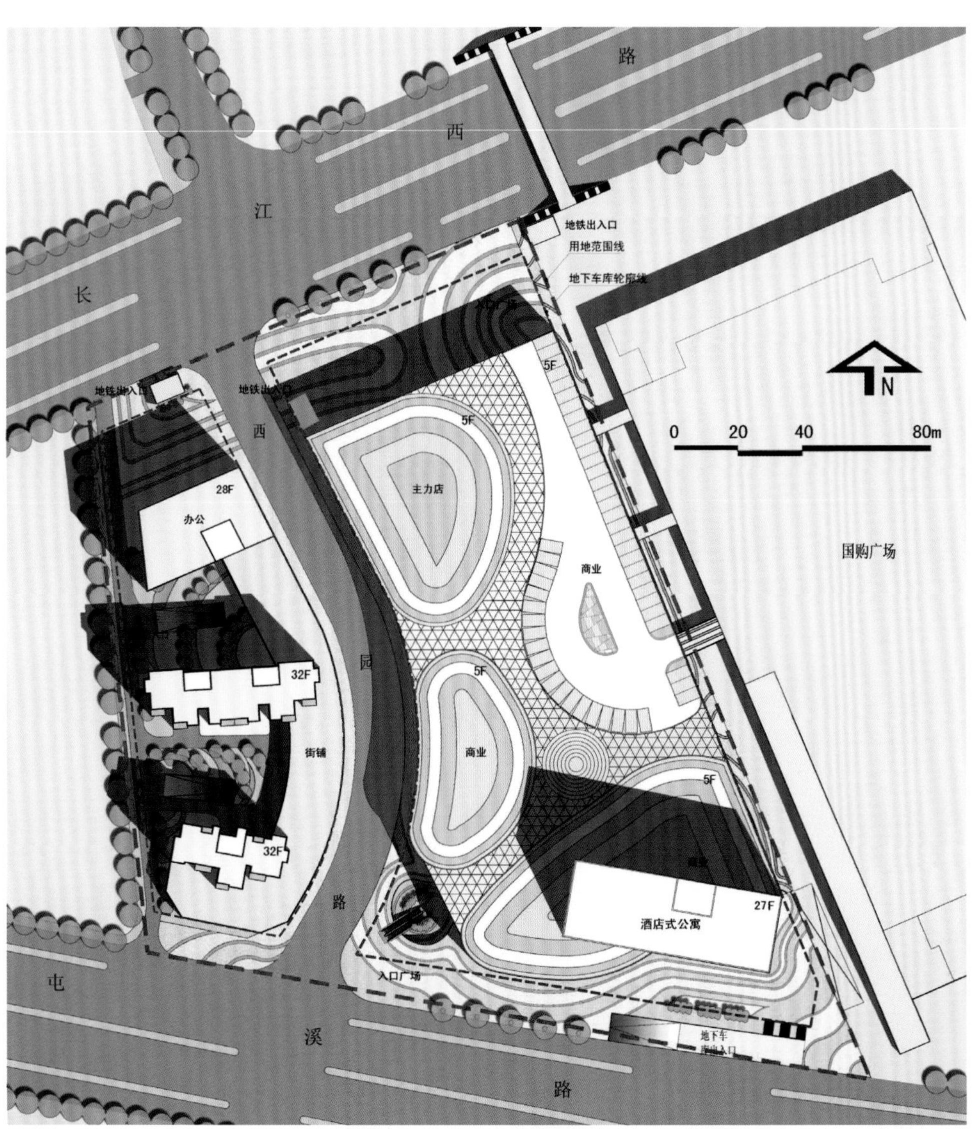

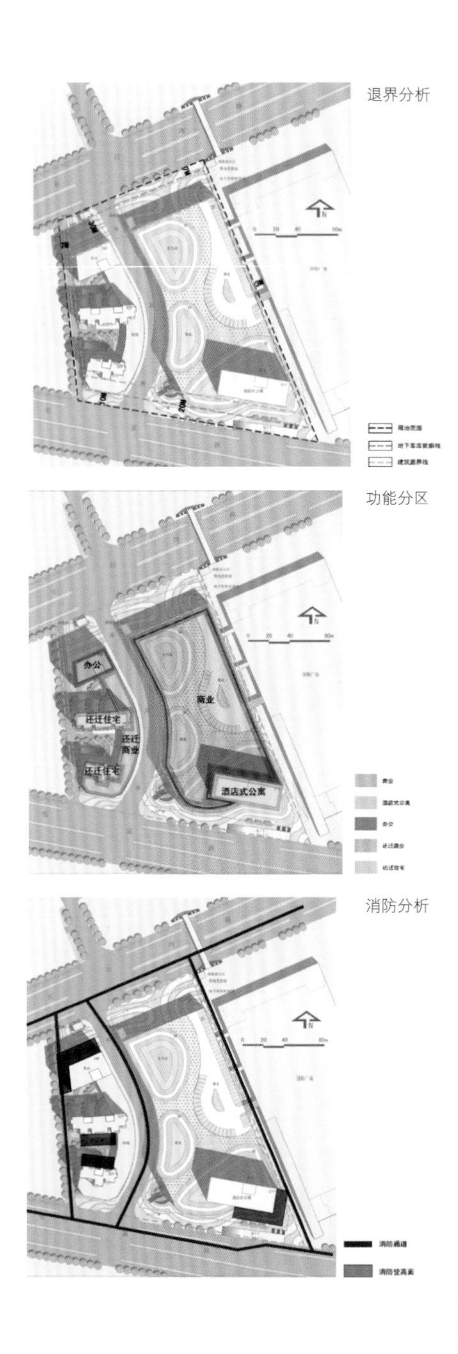

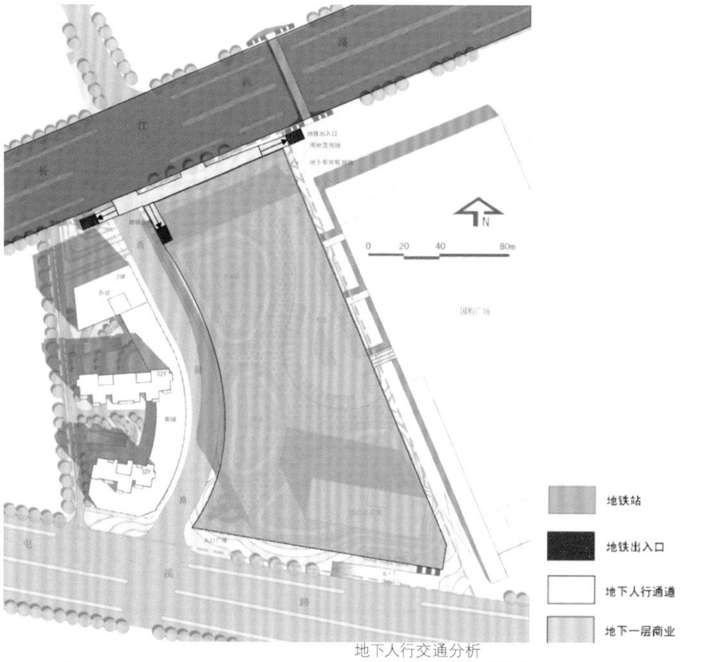

地铁站
地铁出入口
地下人行通道
地下一层商业

地下人行交通分析

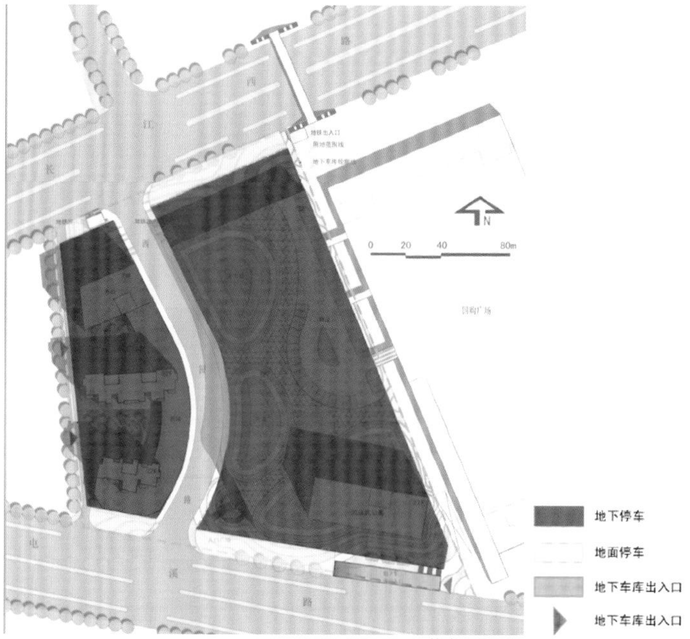

地下停车
地面停车
地下车库出入口
地下车库出入口

静态交通分析

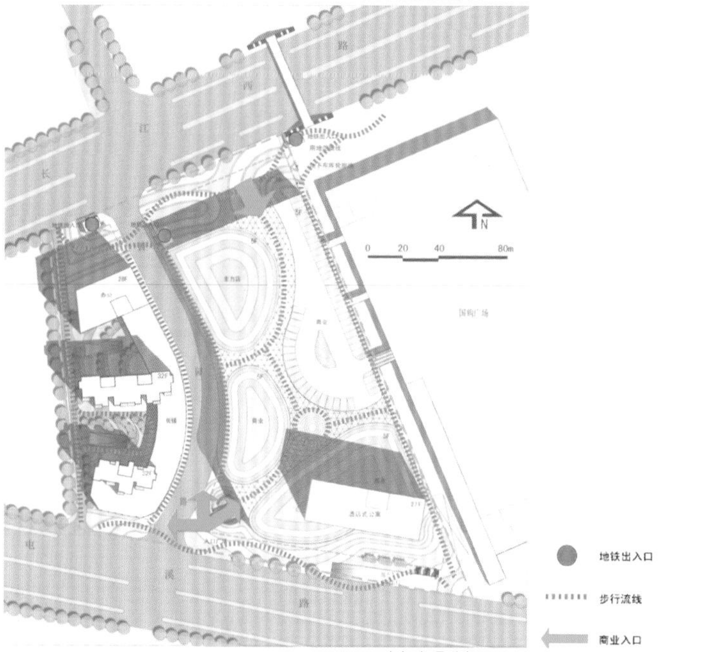

地铁出入口
步行流线
商业入口

步行交通分析

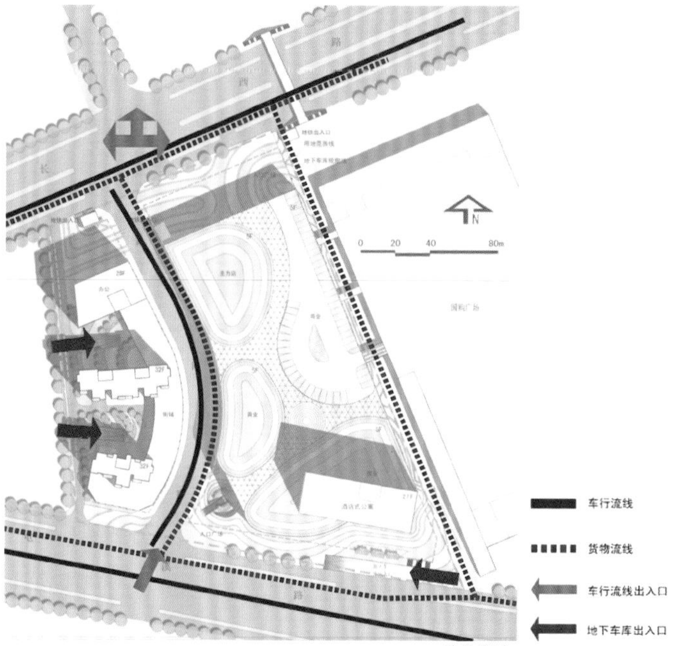

车行流线
货物流线
车行流线出入口
地下车库出入口

功能分区

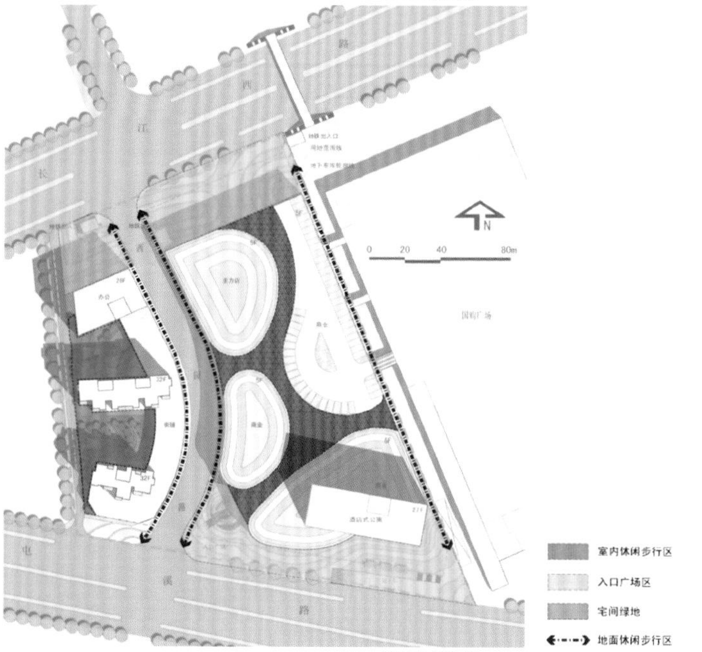

室内休闲步行区
入口广场区
宅间绿地
地面休闲步行区

景观功能分析

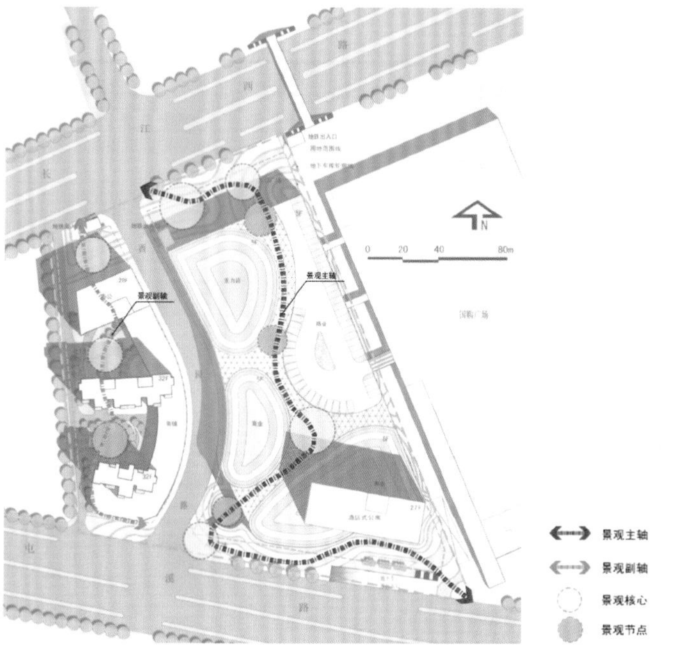

景观主轴
景观副轴
景观核心
景观节点

景观结构分析

杭州中浙太阳国际公寓

项目地点：浙江省杭州市
开发商：浙江中浙房地产开发公司
建筑设计：华森建筑与工程设计顾问有限公司
占地面积：50 000 m²
总建筑面积：197 000 m²

中浙太阳国际公寓位于钱塘江南岸，滨江高新技术开发区内，西临创业路和彩虹城，东南毗临国信嘉园，北面直接临江。项目在楼的底层设置了架空层，使小区更加通透，且和江景感觉开畅。架空层采用室外与底层绿化相结合，并布置休闲健身设施和精品商街，这些可以促进住户来往与交流。

小区内的配套有室内游泳池、网球场、咖啡馆、健身美容中心等，还有小区内的精品商业街提供洗衣、超市等便利服务。另外，在3号楼的一层，设计有一个大堂，设置有服务站；一层的夹层还设计了一个休闲吧，可供住户享用。

中浙太阳国际公寓在环境规划上的主题是都市中心的森林，三个围合的广场各自创造了三个庭院空间。中央花园以生态和自然为主，突出都市森林的感觉，园区中间是潺潺流动的小溪叠瀑和郁郁葱葱的高大乔木。这些内部配套加上景观规划，使人在日常生活中倍感到舒适。

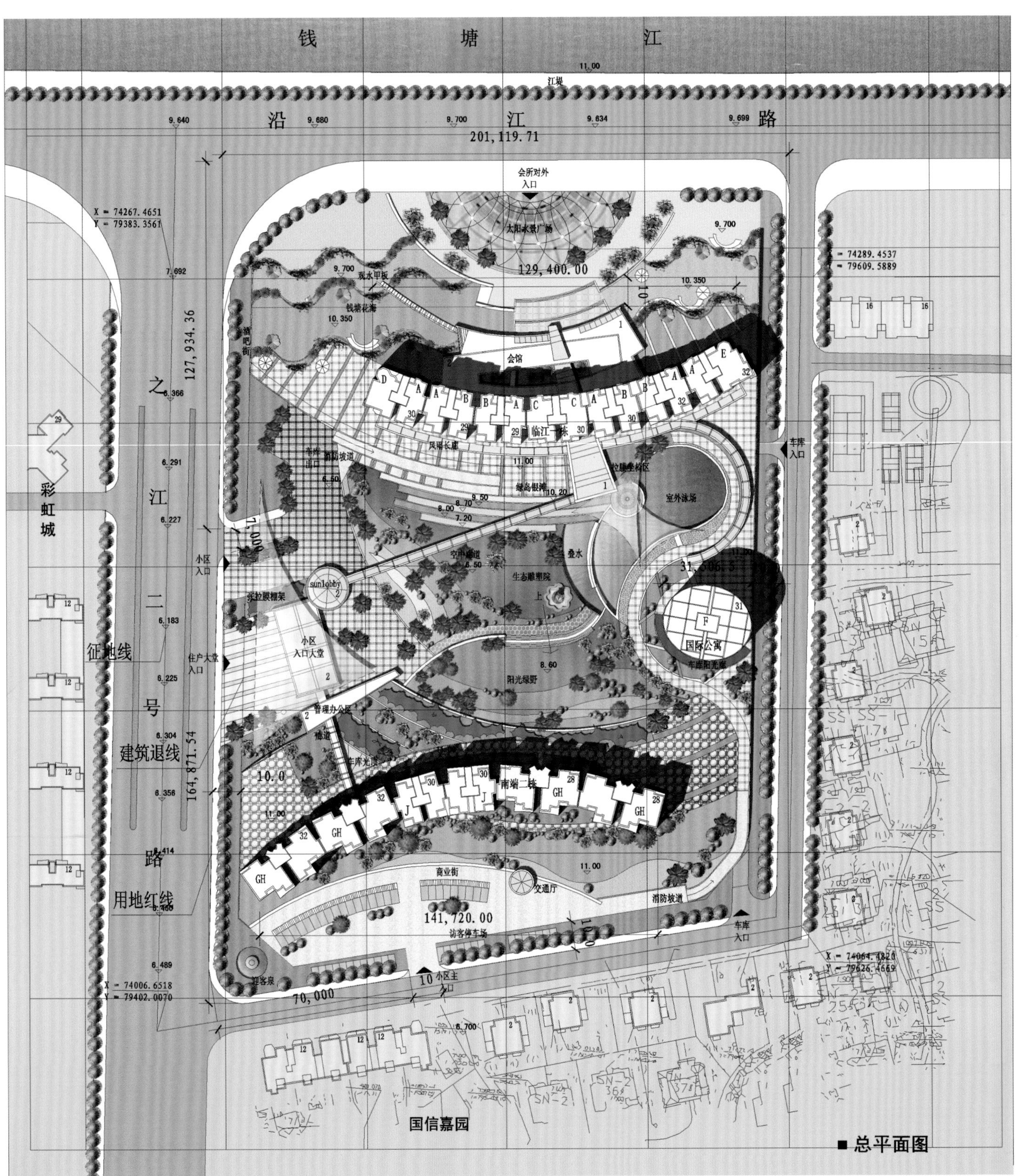

■ 总平面图

布吉英郡年华

项目地点：广东省深圳市龙岗区
开发商：宝实达置业发展（深圳）有限公司
景观设计：吉相合景观设计有限公司
建筑设计：美国X-urbern建筑设计公司
占地面积：55 611 m^2
总建筑面积：239 659 m^2
容积率：3.41
绿化率：70%

在布吉英郡年华，16栋建筑与山体同脉，围而不合地存在于社区之中。为保留山体原貌，建筑设计师将小区南边的山体合而为一，突出表现小区内外山体的融合和一体化，突显了健康、自然的人文开发理念。

布吉英郡年华项目包含住宅与商业两部分。两个商业广场位于地面水平层，住宅用建筑位于架空层上。设计用现代狮子的象征来反映英国的王者风范。这种象征以不同的方式贯穿于整个项目来体现。入口景墙特征是 副巨大的标识语，夜间有射灯映照。

与此同时，因为考虑到景观问题，设计师将建筑下方定为商业和架空层，既能够满足业主日常生活的需求，又开辟出了一块专属于业主的活动空间，与主园林交相呼应，并最大限度地保证每一户都能享受到开阔的视野。

借鉴国外成熟住区的管理模式，设计环形的景观环道节点，入口空间有序。同时，打通一条长180 m的街道，与深惠路相通，与喧哗相隔，打造从容独立的区域。

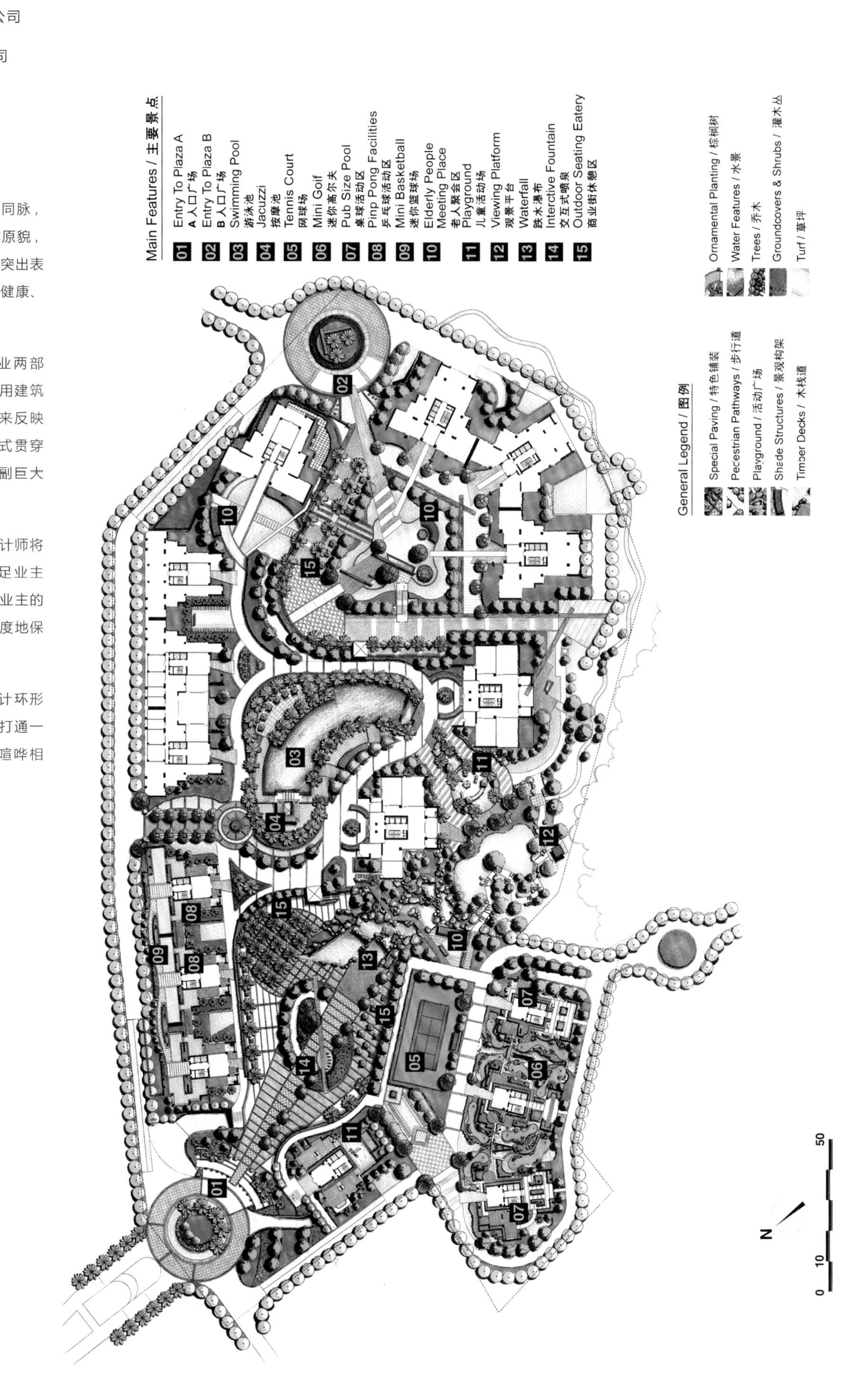

合肥金屿海岸

项目地点：安徽省合肥市
建筑/景观设计：美国EDSK易顿国际设计集团有限公司
设计师：孙立辉、孙丽丽、王杭东、金南斌
占地面积：82 017 m²

金屿海岸住宅小区位于合肥市经济技术开发区锦绣大道以北，云际路以南，清潭路以西，始信路以东。项目占地面积82 017 m²，处于开发区东南上风口方向，空气质量较好，且毗邻风景秀丽的南艳湖旅游度假区，地段交通方便，是居家生活、休闲的理想场所。

整个场地规划充分考虑了人车分流，景观处建筑群中心、主要行车道路处于建筑外围，动静区域分离，主入口处于南面、东面北面分别设计有次入口，有6处地下车库入口和5处非机动车道入口，拥有架空层区域。

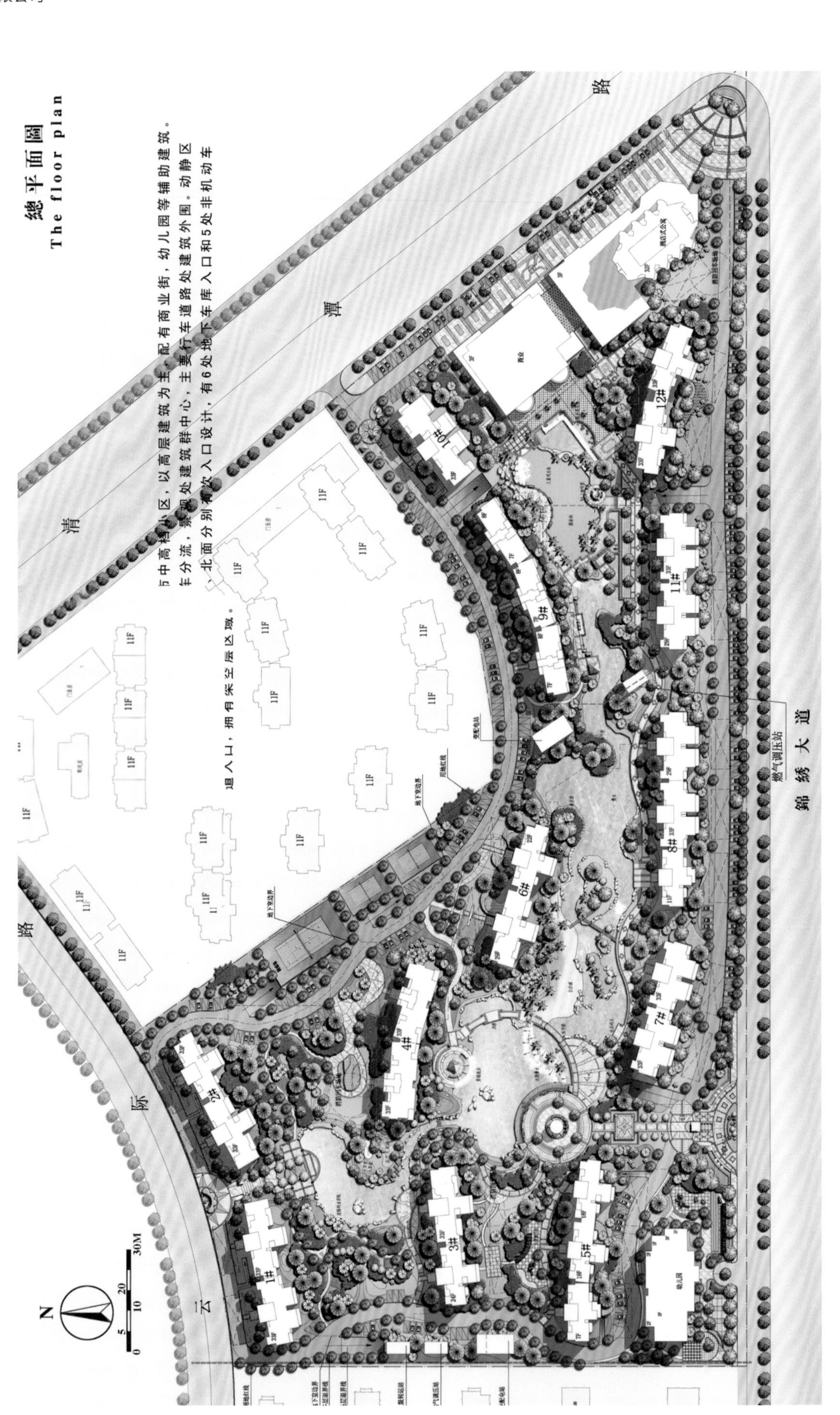

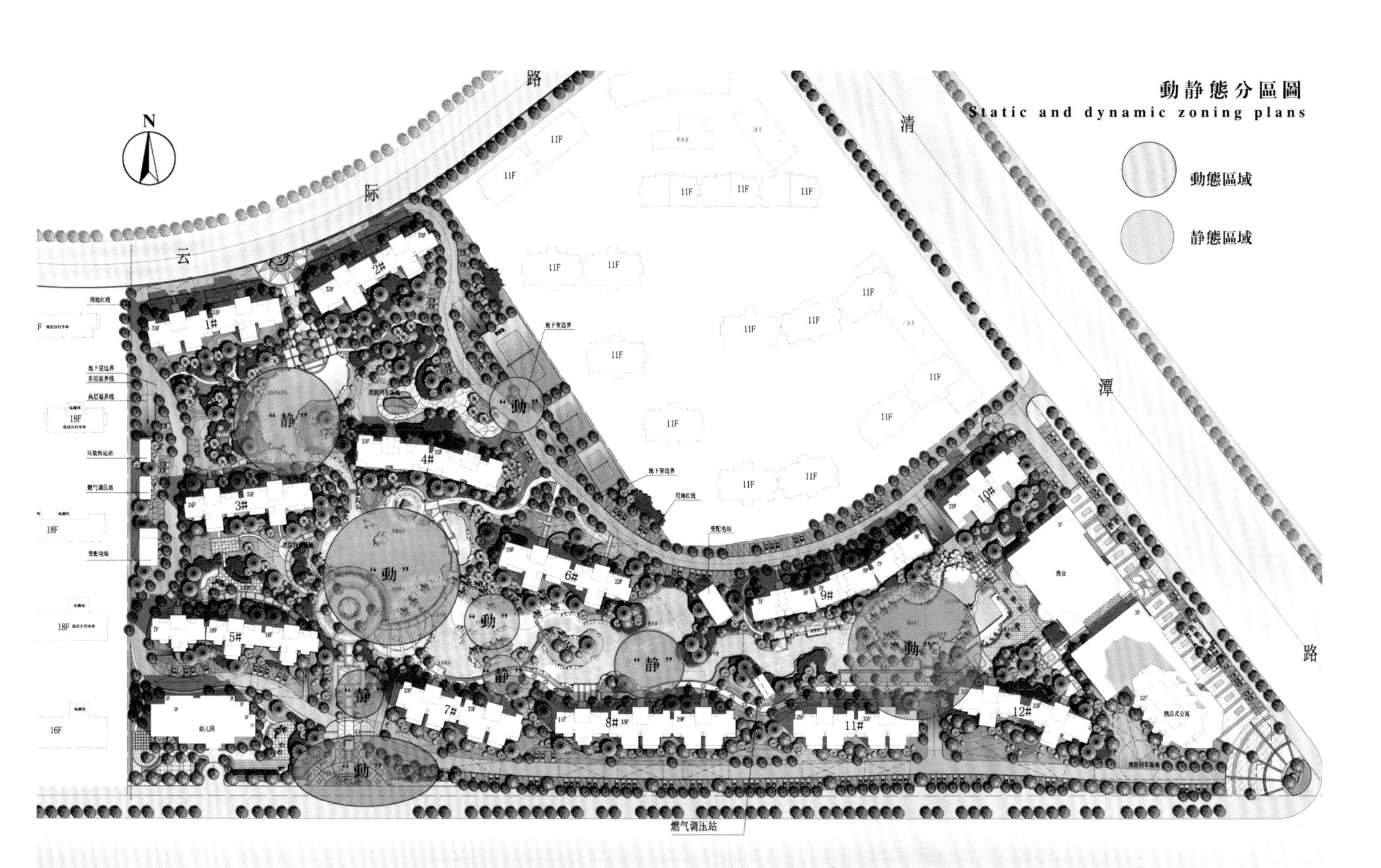
動靜態分區圖
Static and dynamic zoning plans
動態區域
靜態區域
"靜"
"動"
云
际
路
清
潭
路
燃气调压站

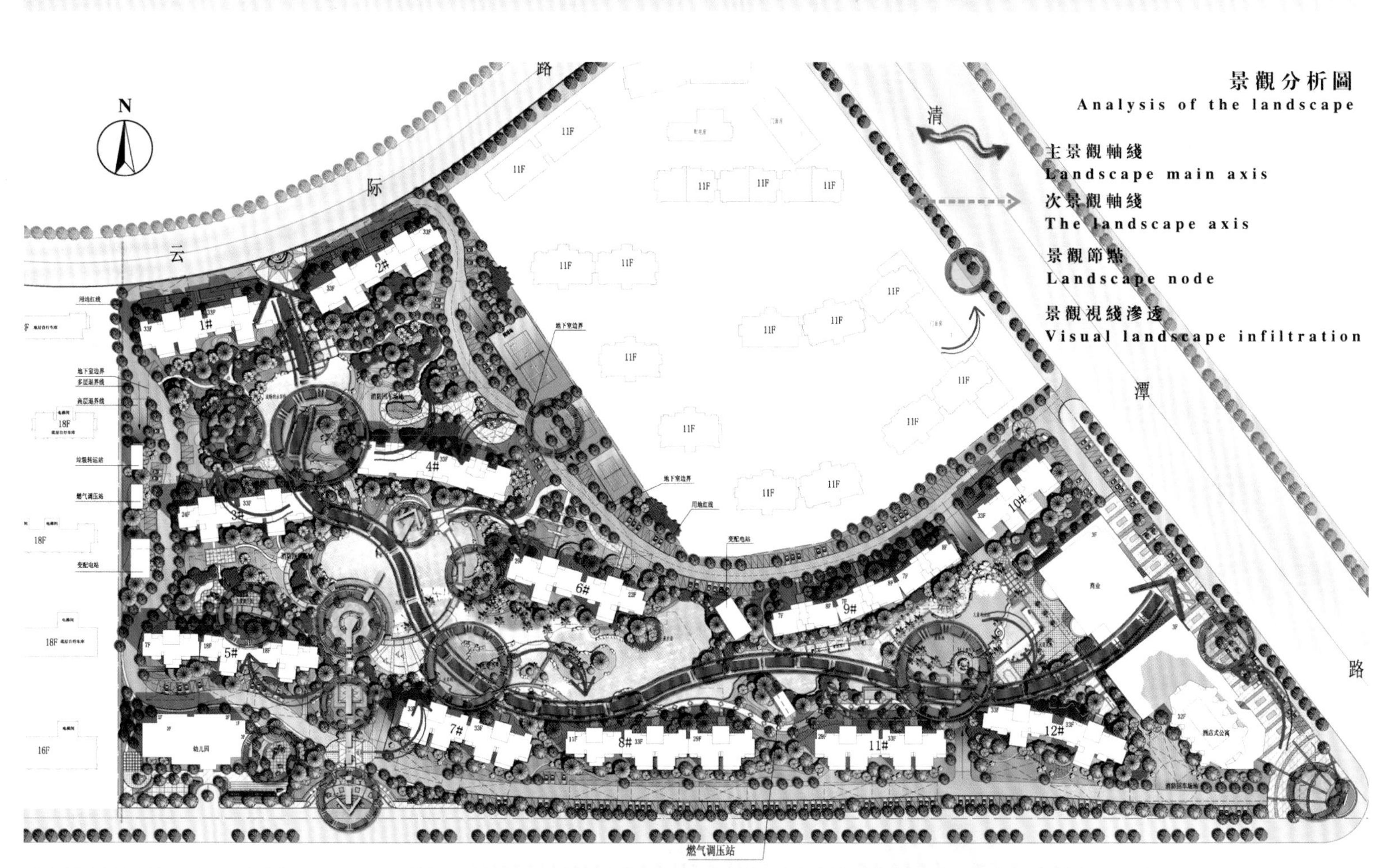
景觀分析圖
Analysis of the landscape
主景觀軸綫
Landscape main axis
次景觀軸綫
The landscape axis
景觀節點
Landscape node
景觀視綫滲透
Visual landscape infiltration
云
际
路
清
潭
路
燃气调压站

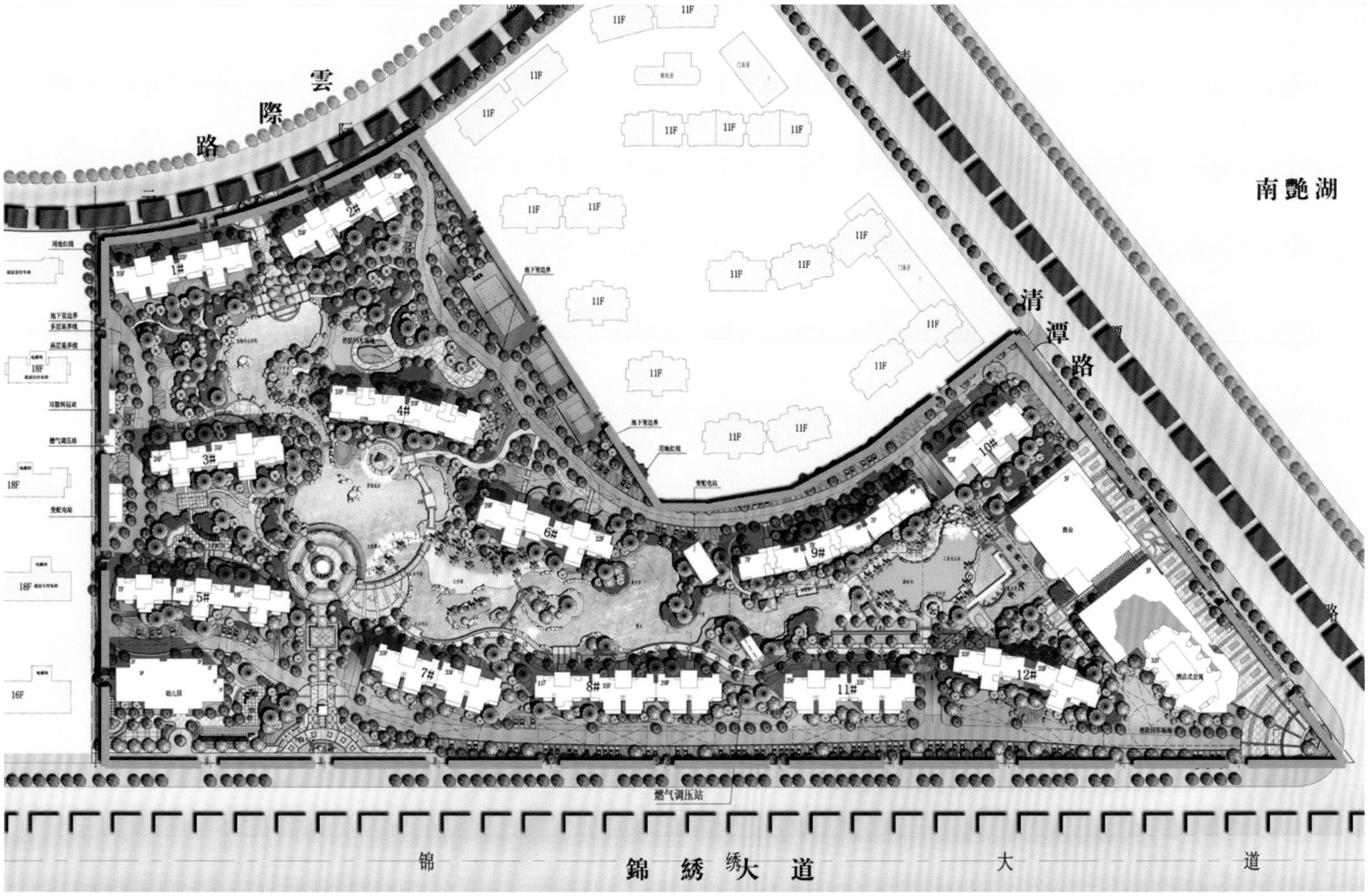

雲 際 路

南艷湖

清 潭 路

錦 綉 大 道

燃气调压站

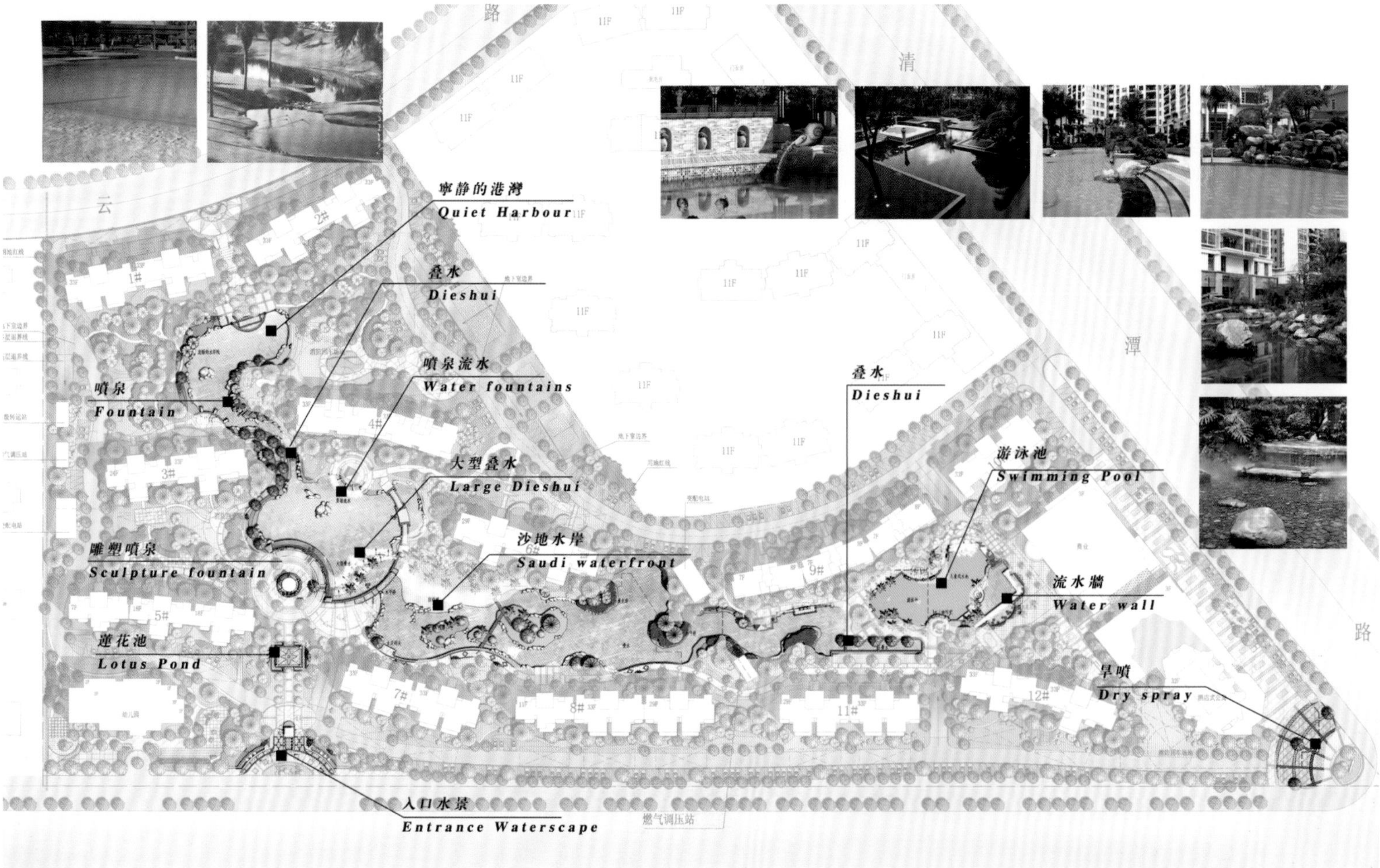

寧静的港灣
Quiet Harbour

叠水
Dieshui

噴泉
Fountain

噴泉流水
Water fountains

大型叠水
Large Dieshui

雕塑噴泉
Sculpture fountain

沙地水岸
Saudi waterfront

蓮花池
Lotus Pond

叠水
Dieshui

游泳池
Swimming Pool

流水牆
Water wall

旱噴
Dry spray

入口水景
Entrance Waterscape

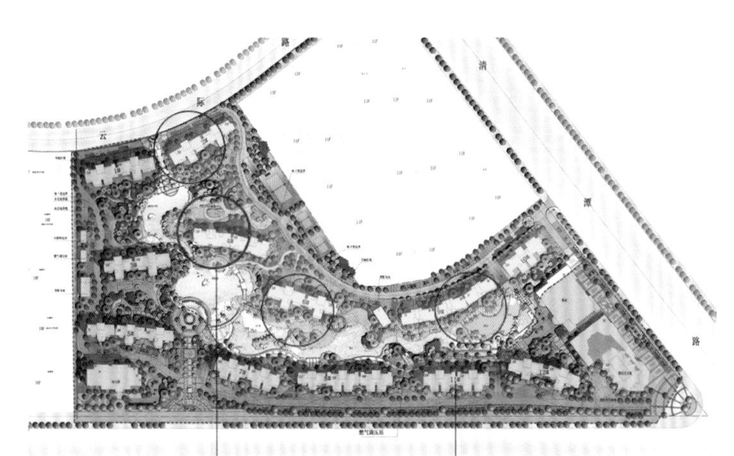

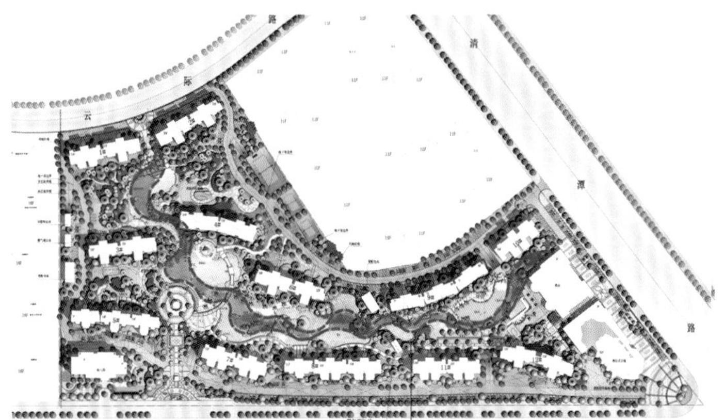

海島

社區的住宅在緑地及水系的包圍中，如同漂浮于海浪中的島嶼，彼此呼應，形成豐富的立體景觀。(形態的呼應)

海濱

社區南面建築環繞中庭水系，建築架空層與周圍景觀相互連接滲透，藺色的主題深入生活空間，可以如海岸之濱的居民般，盡情享受水的清涼，風的清新，陽光的燦爛……(小品、形態的表現)

海浪

蜿蜒的道路，連綿的水系，藍海在這里激蕩出層層波浪，將一棟棟住宅包圍在柔曼波濤之中，為社區增添了無數的樂趣和活力！(形態、主題内容體現)

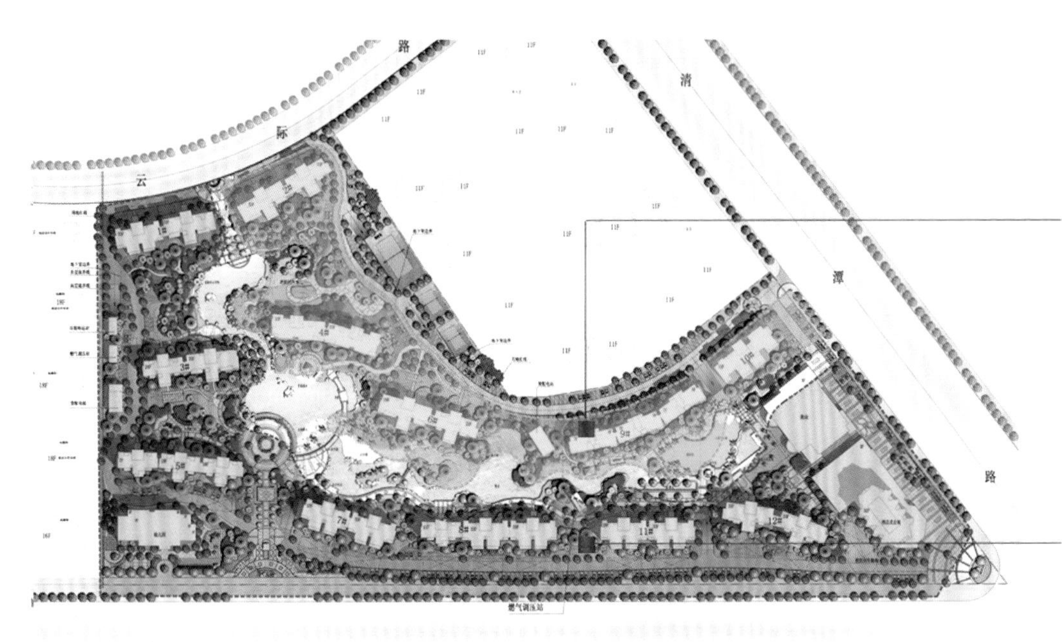

北區（海島形態的體現）

藺色的波濤，金色的沙灘，黑色的礁石，緑色的棕櫚，開啟獨享海灣的精品生活，營造温馨浪漫的地中海風情……

南區（海濱生活的體現）

實現海岸風情與居住生活空間的融合，通過在架空層對“海”的主題的集中體現，更主要的是將這一内容溶入活動空間，散步空間及視覺聽覺中，讓居民有生活于海岸之濱的心理感受！

中區（海浪形態的體現）

波濤般錯落起伏的林地，草坡及蜿蜒流動的水系在南北區中間迂回延伸，留下立體的景觀印記，將海浪的動態真實呈現！

北京石开·融景城

项目地点：北京市
开发商：北京石开房地产开发有限公司
规划设计：北京市建筑设计研究院
景观设计：北京源树景观规划设计有限公司

北京石开·融景城地处西长安街沿线，公共、轨道等多种交通四通八达，西五环、京原路、莲石路等多条城市主干线紧临项目。位于“CRD首都文化娱乐休闲区”南部中心区，未来区域前景看好。融景城分四期开发，一期为东侧四个楼，均为板楼，总共6万 m²约600套；二期项目为东北侧四个楼，均为板楼，总共7万 m²约700套；三期为西北侧七个楼和学校，面积12万 m²；四期为LOFT、办公楼及商业。

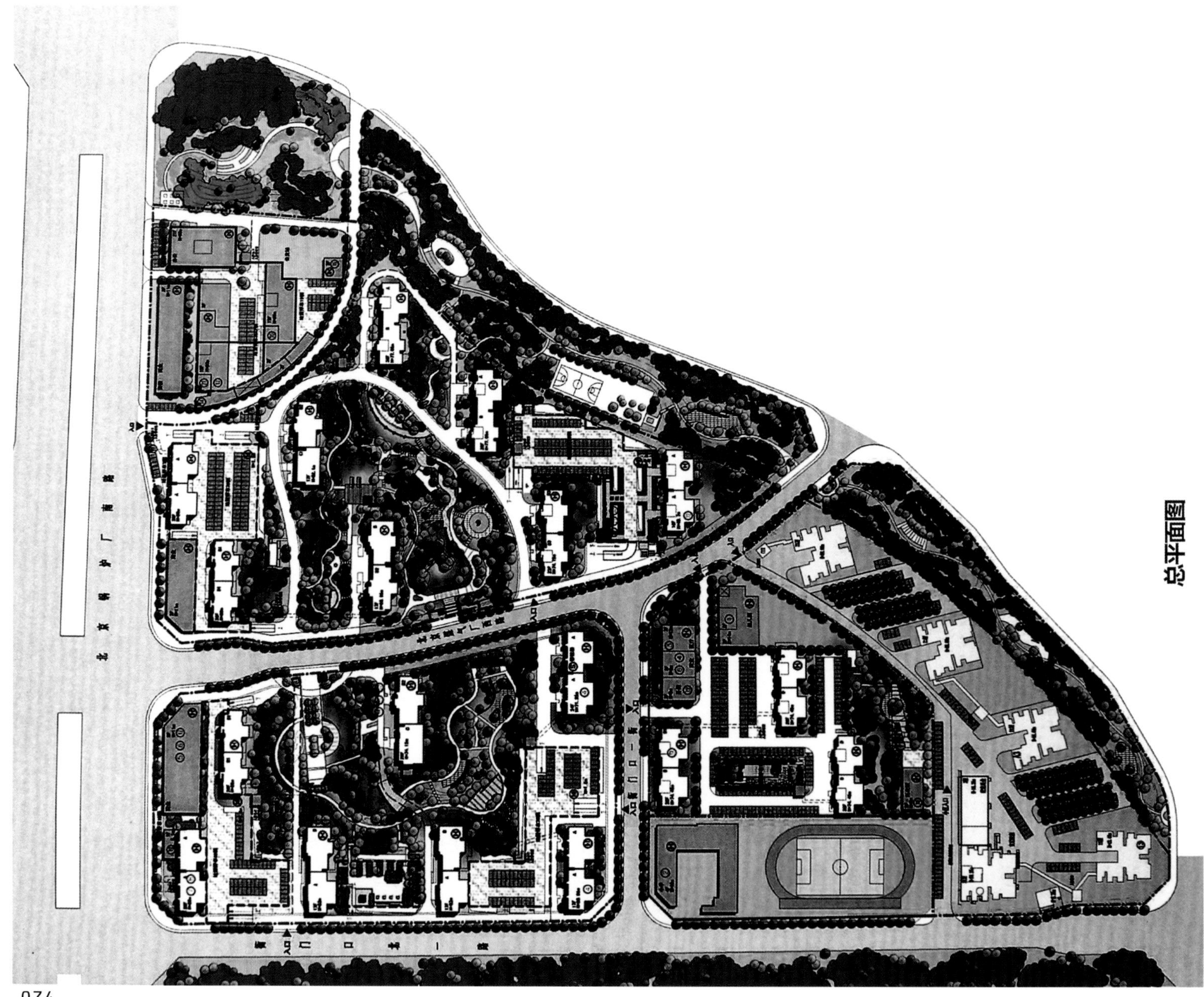

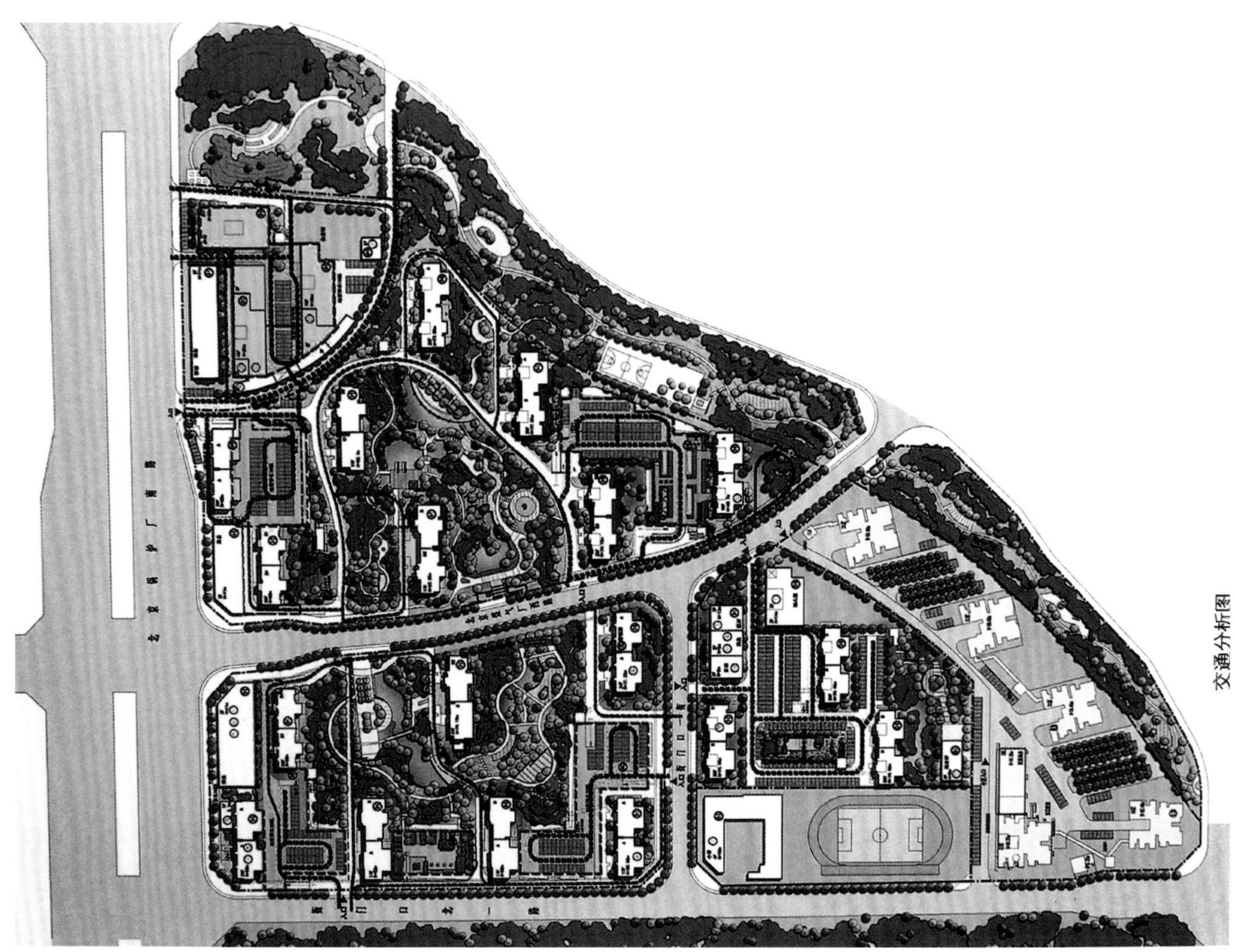
交通分析图

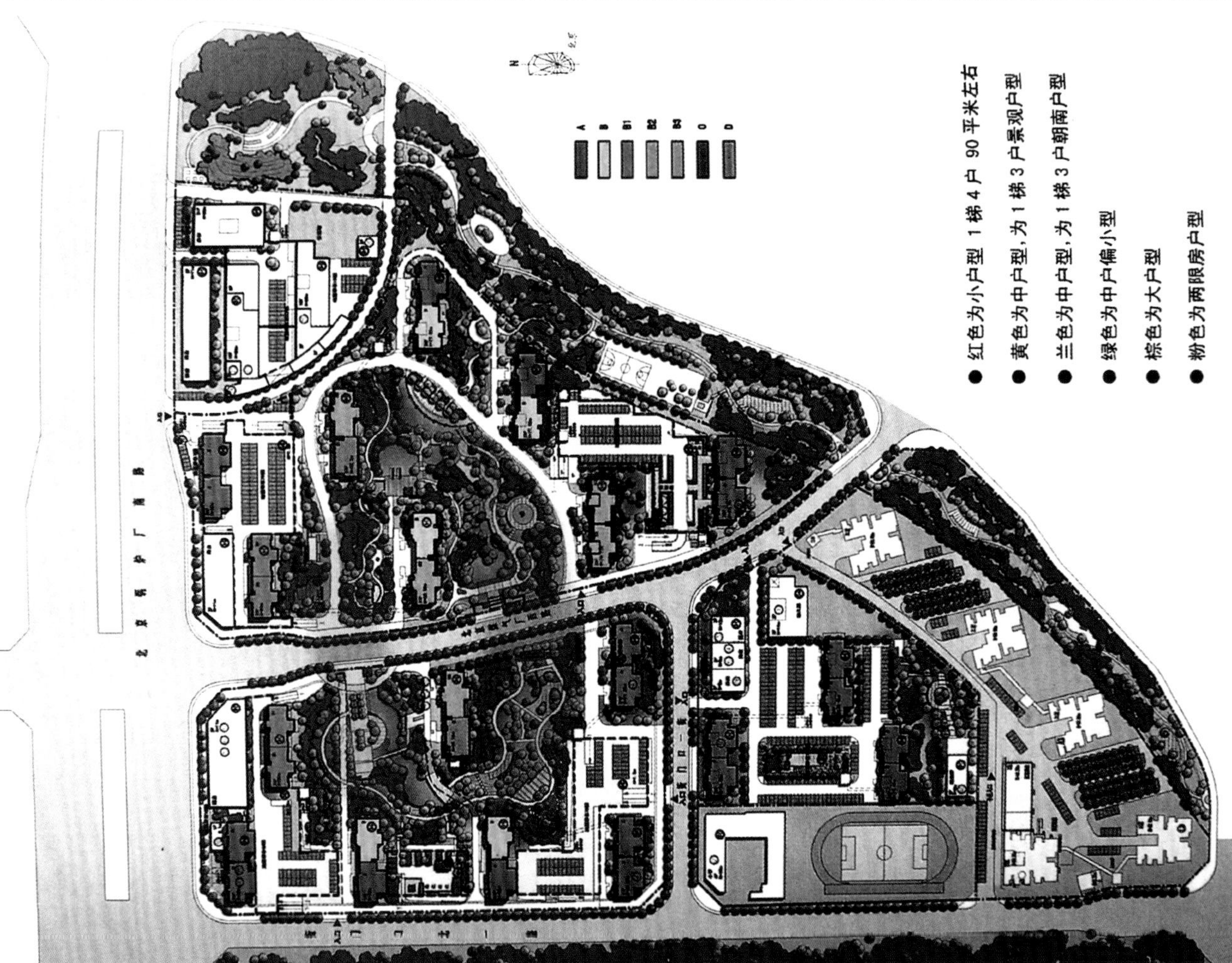
红色为小户型 1梯4户 90平米左右
黄色为中户型，为1梯3户景观户型
兰色为中户型，为1梯3户朝南户型
绿色为中户偏小型
棕色为大户型
粉色为两限房户型

长治企业总部基地

项目地点：山西省长治市
建筑设计：德国sic建筑设计有限责任公司
主设计师：史迪文（Stephan Klabbers）
占地面积：109 199 m^2
总建筑面积：221 261 m^2

长治企业总部基地位于长治市新区中心区域，北至太行西街，东至长北干线，西至规划红线，南至紫金路延长线。基地是新区纵横发展轴的交会点，具有良好的区域位置。

规划中在区内步行出入口两侧设置造型新颖的两栋高层商务楼和南苑的三栋板式住宅楼，构成该区的标志性建筑物。建筑布置巧妙利用山坡，结合地形变化，设置台阶、踏步、小径，考虑道路对景点设置，使该区有机地融在自然环境中。

东莞天利中央花园

项目地点：广东省东莞市
建筑设计：深圳天方建筑设计有限公司
主设计师：陈天大、梁志伟、胡晓枫、巫露珠、李强
占地面积：48 651.72 m^2
总建筑面积：256 950.75 m^2

项目位于东莞南城区宏伟六路，离北部的东莞市政府仅2 km，东南面紧邻南城体育公园，地形方正，地势平坦。项目拟建成综合办公、住宅和商业为一体的区域级配套中心；集居家、购物、休闲、餐饮消费中心为一体，体现多业态、多功能的现代生活综合体。巧妙的户型设计创造出各种赠送的面积空间，大小单元的合并提高了户型的灵活性，大户型的合理拆分满足政策要求，力求最大限度地适应东莞市场的需求。

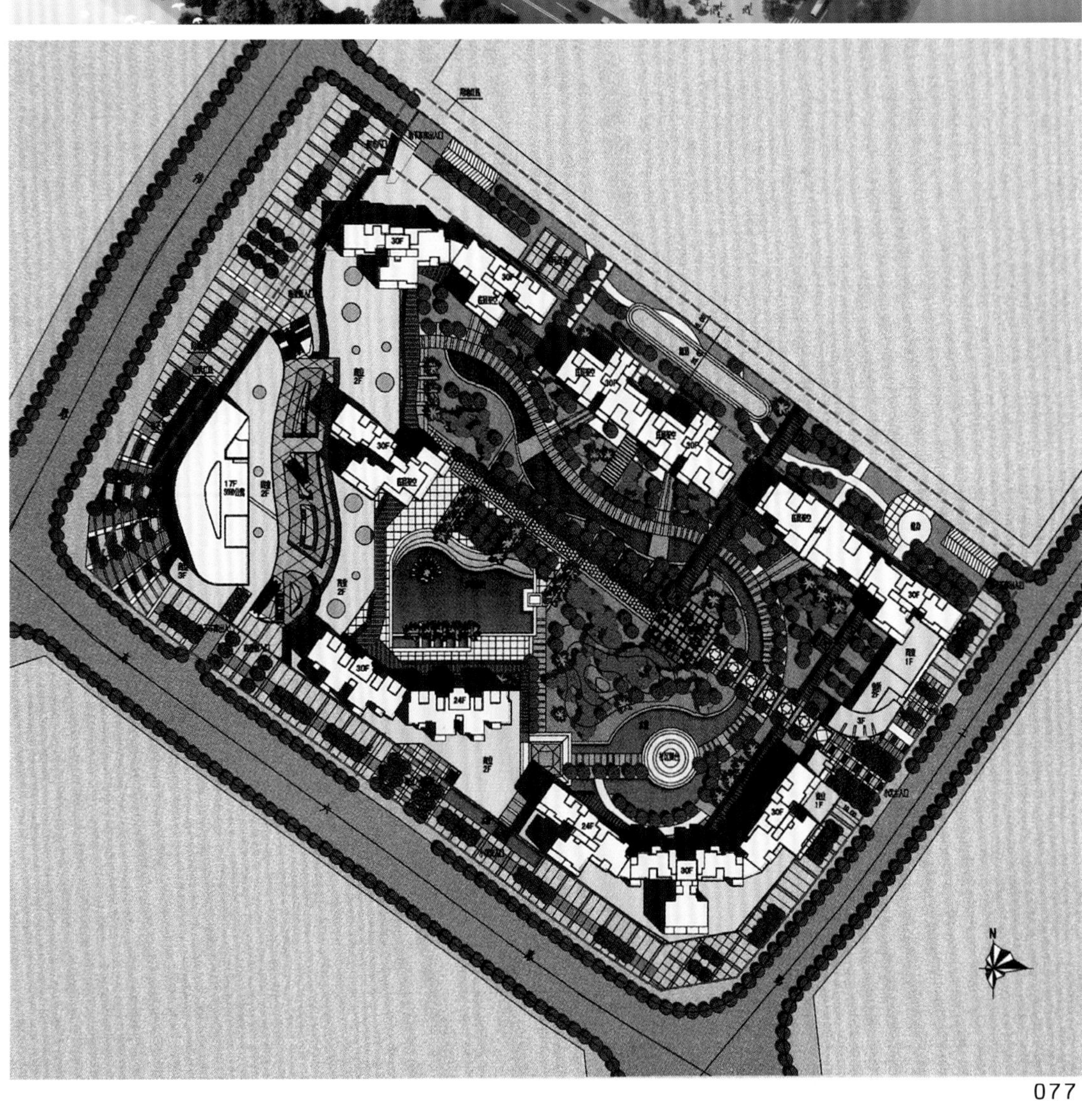

防城港汇阳

项目地点：广西壮族自治区防城港市
建筑设计：深圳天方建筑设计有限公司
主设计师：陈天大、梁志伟、胡晓枫、张美艳、巫露珠、李强
占地面积：50 182.93 m^2
总建筑面积：198 825.17 m^2

项目位于广西壮族自治区防城港市老城区南部，地处港区与老城区的结合部，东边是群星大道，西临防城江，具有绝佳的景观优势与自然资源。地形呈不规则状，地势南高北低。

规划上强调整个片区的整体性和有机性。在空间结构、功能结构、功能布局和交通体系四个方面与周边环境进行设计，形成互动型空间地带。灵活的布局、多元的户型配置能够适应各种市场需求，达到土地价值的最大化。

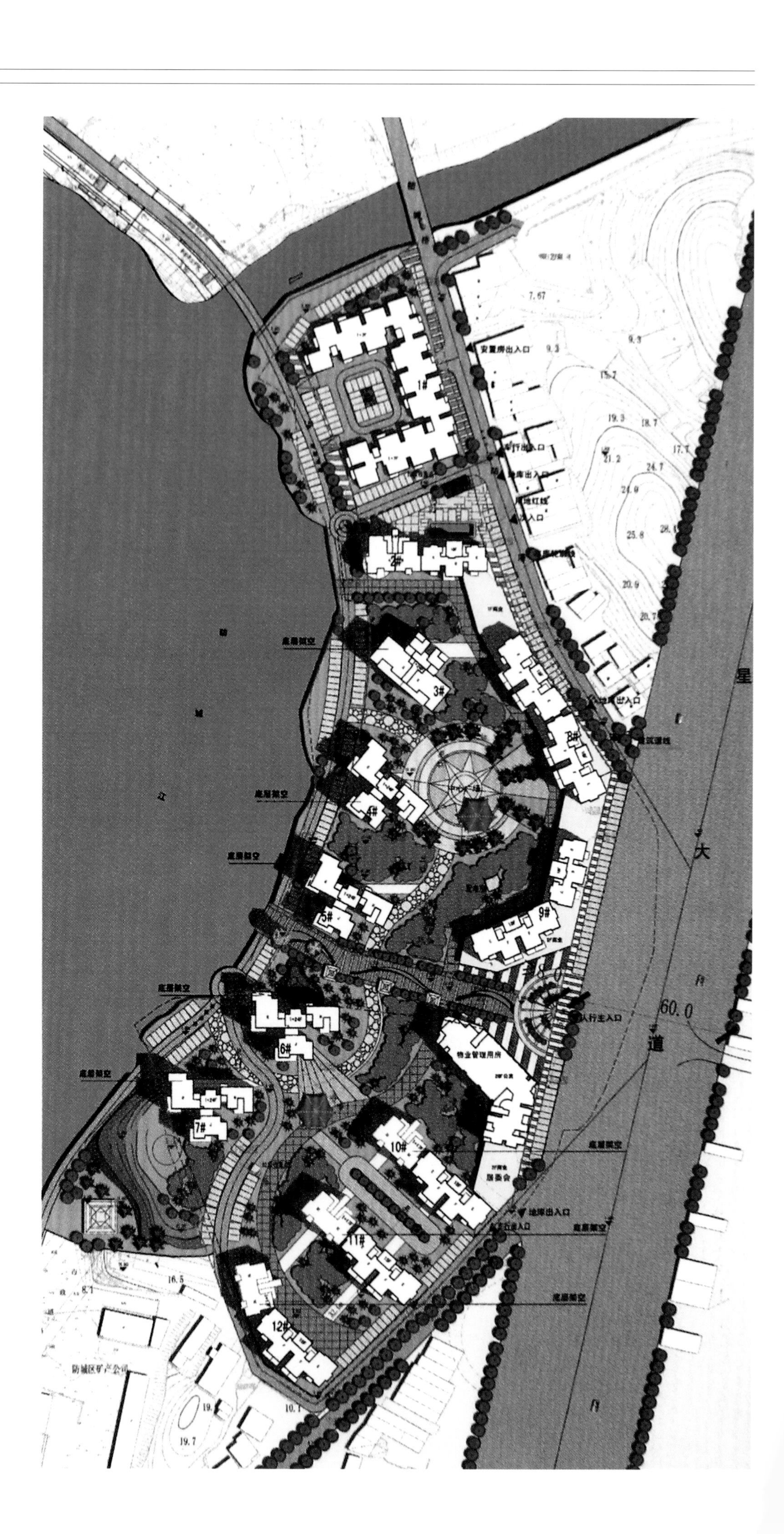

海口大英山

项目地点：海南省海口
开发商：北京国瑞房地产开发有限公司
建筑设计：中国建筑技术集团有限公司
主设计师：郭庆文、李文腾、谭喆
占地面积：174 000 m^2
总建筑面积：1 057 000 m^2
容积率：4.71
绿化率：35%

项目位于海口市大英山新城市中心区，该区域为海口市规划的CBD核心区。项目按照用地使用性质分为两大部分：北侧高档居住用地和南侧商务综合用地。

通过景观轴线和街心花园的设置，整个项目融合为一体，形成一个内向性的大社区，同时又注重相对独立的四个组团内部设施的完整性，以利于形成适当聚拢的邻里关系。引入水系和自然景观，深入社区内部，成为水面结合绿化的休闲空间。社区内部空间围合而不封闭，建筑与建筑之间各自相对独立，阳光、空气与视线可以从它们的空隙中穿过。街坊内部是充满阳光的花园、广场和步行街。

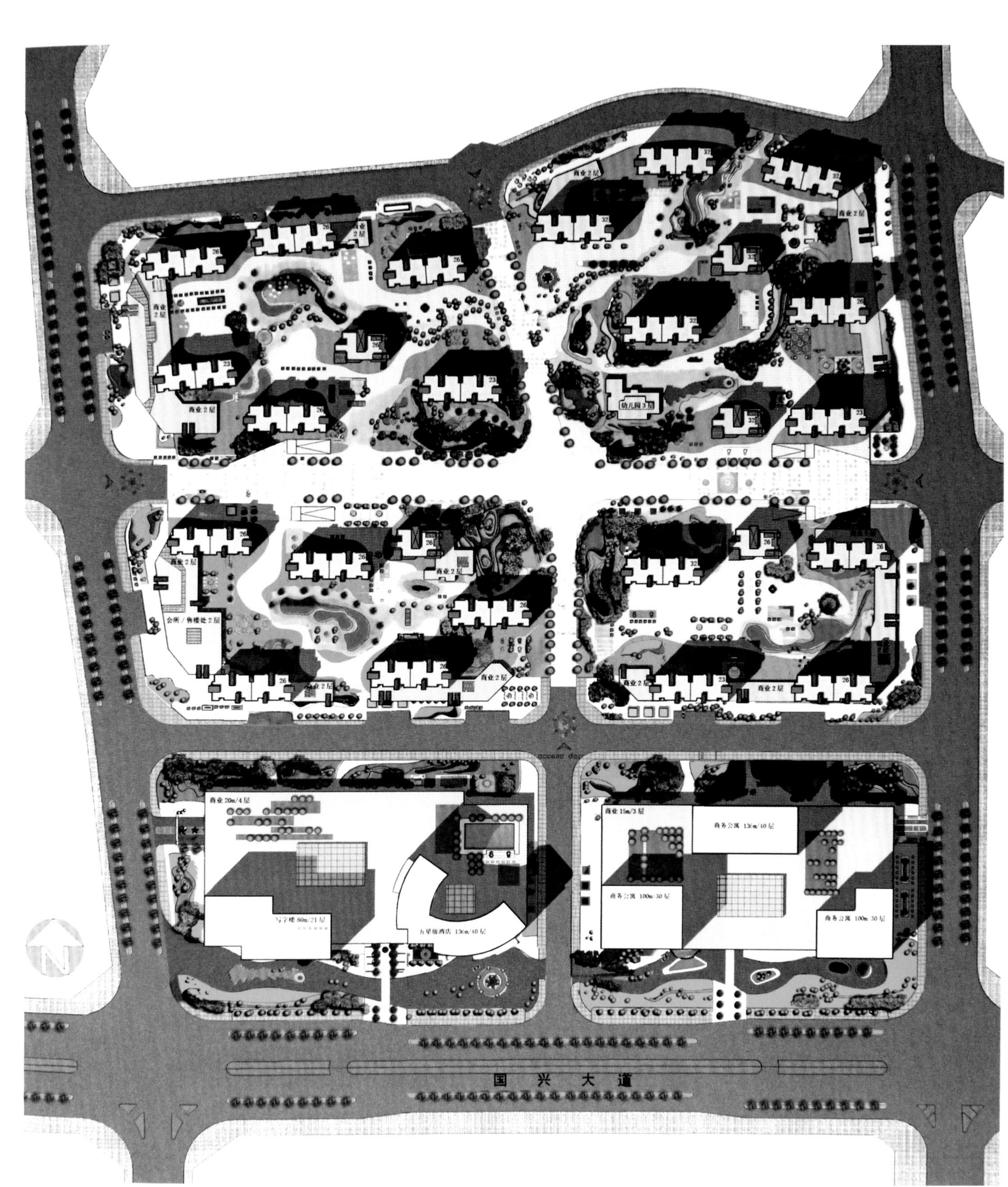

邯郸华信国际广场

项目地点：河北省邯郸市
规划/建筑设计：中国电子工程设计院
邯郸市规划设计院
主设计师：王营合、高瑞宏、李健
占地面积：457 000 m²
总建筑面积：1696 000 m²
容积率：3.06
绿化率：34.1%

项目位于邯郸市东环路与人民路交叉口的东南部，北临邯郸市经济技术开发区及京沈高速公路出入口，南临汽车东站。

规划设计沿东环路与人民路的城市绿化带，总长约1 200 m，宽30~50 m，把整个项目的公建用地全部连接起来，成为各项功能连接的一个纽带；S1~S4的大型商业建筑的屋顶作为基底，形成了一条空中酒吧街。利用原用地规划中的中部规划道路形成“十”形商业街；S1地块布置成为商务中心，主要布置了一栋双塔式星级酒店和三栋塔式高档写字楼，以酒店为制高点，形成全区的地标。将S5地块布置成金融中心，由8栋错落有致的塔楼组成；S6、S7、S8三个地块的居住区定义为高档住宅社区，规划以板式住宅为主，辅以部分塔式住宅，以取得空间及立面的变化。居住区以规划路为界分成南北两个组团。

临沂凯润花园

项目地点：山东省临沂市
开发商：临沂凯润置业
建筑设计：圣石建筑
占地面积：86 373 m²
总建筑面积：281 018 m²

凯润花园由15栋18~32层的建筑组成。其中住宅面积198 042 m²，商业18 938 m²，酒店式公寓30 160 m²，会所、幼儿园等配套公共建筑1 878 m²。项目分为三期开发，计划五年内开发完毕。届时一座具有现代风格，集高尚住宅、高档酒店公寓、购物中心为一体的江滨生态社区将呈现在人们眼前。

凯润花园倡导和遵循人性化、个性化的开发理念，不仅仅只是质量可靠、设计合理、环境优美的高档社区，更重要的是为广大市民搭建一个相互沟通、深化交流的精神平台，充分体现加强社会和谐的文化特征。凯润花园将以文化传承的新居住理念，打造出健康、舒适、现代、高尚的临沂“水岸亲情社区”。

东宁御庭苑

项目地点：黑龙江省东宁县
建筑设计：GN栖城
主设计师：刘应敏
占地面积：10 029 m²
总建筑面积：26 769 m²

项目位于东宁县，东临率宾路，北临宏源街路，南临工联街，场地平整，空气清新，交通便捷。项目拟建2幢高层住宅和低层商业，总建筑面积26 769 m²。

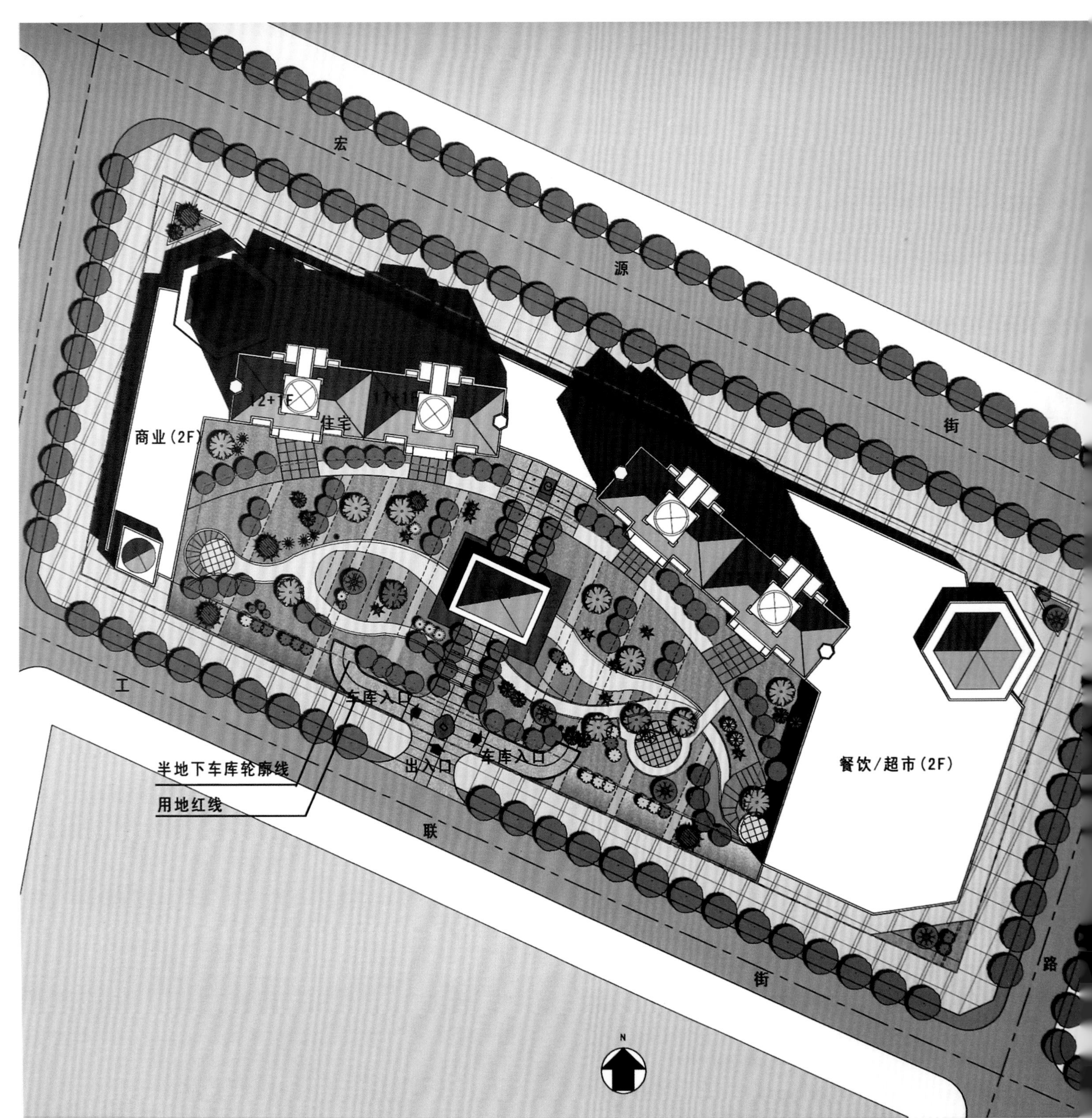

济南万达广场

项目地点：山东省济南市
开发商：大连万达集团
建筑设计：济南市规划设计研究院
主设计师：邵莉、王超、五福魁、秦道刚、郭月明
占地面积：276 000 m^2
总建筑面积：1 522 000 m^2
容积率：3.6
绿化率：33%

济南万达广场即魏家庄棚户区改造项目，位于济南旧城区的中心位置。规划地段东起顺河高架路，西至纬一路，南起经四路，北至经二路。规划地段区位条件优越，距济南火车站、大明湖、泉城广场均约1 000 m。东侧紧邻普利广场，西侧为商埠区，区域周边及内部商业氛围浓厚。

规划构建南北向中央特色风貌带，规划形成5个生活居住组团，塑造安静优美的居住环境，有利于组团独立管理、设施配置。居住开发住宅建筑以板式建筑为主，回迁安置住宅以点式建筑为主，建筑层数为14~34层，空间上体现高度感与秩序感。

规划通过对城市商业综合体组群建筑形态、建筑高度、建筑容量的控制，形成层次丰富、空间连续、开合有致的城市景观界面，展现浓郁的现代化气息的都市风貌。

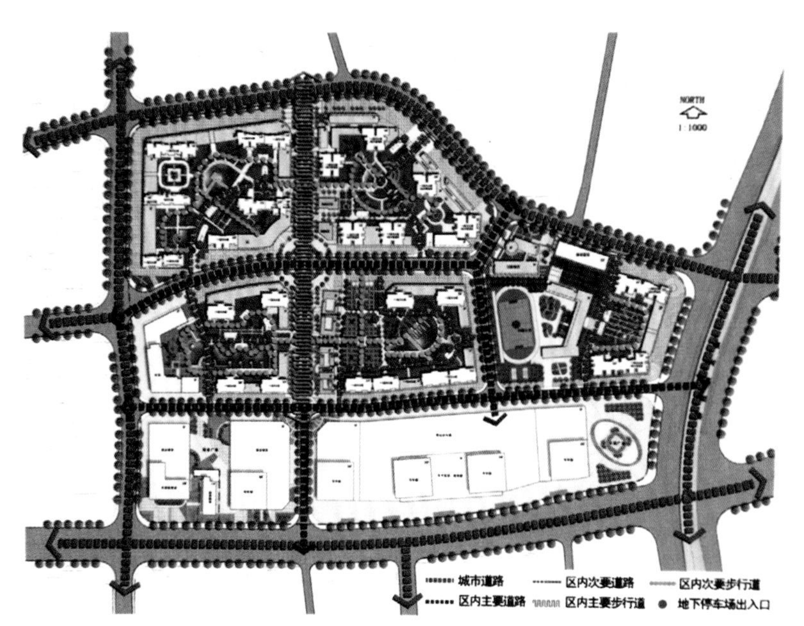

交通分析图

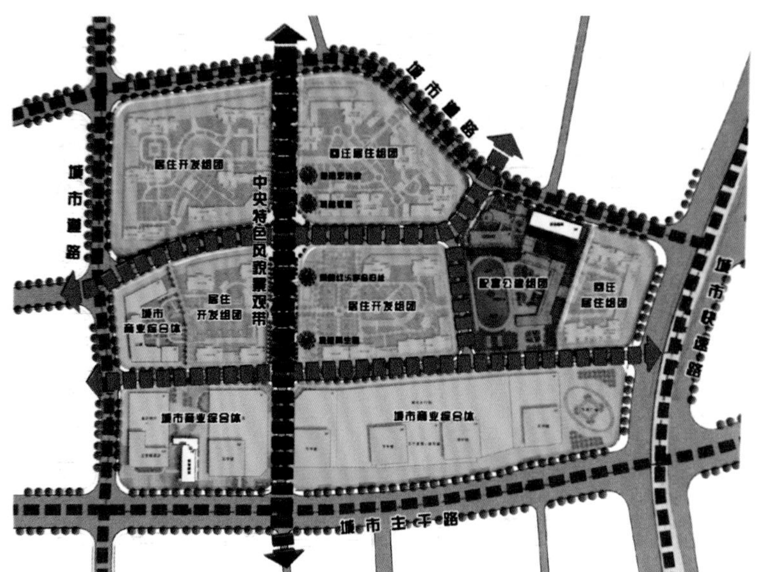

空间布局分析图

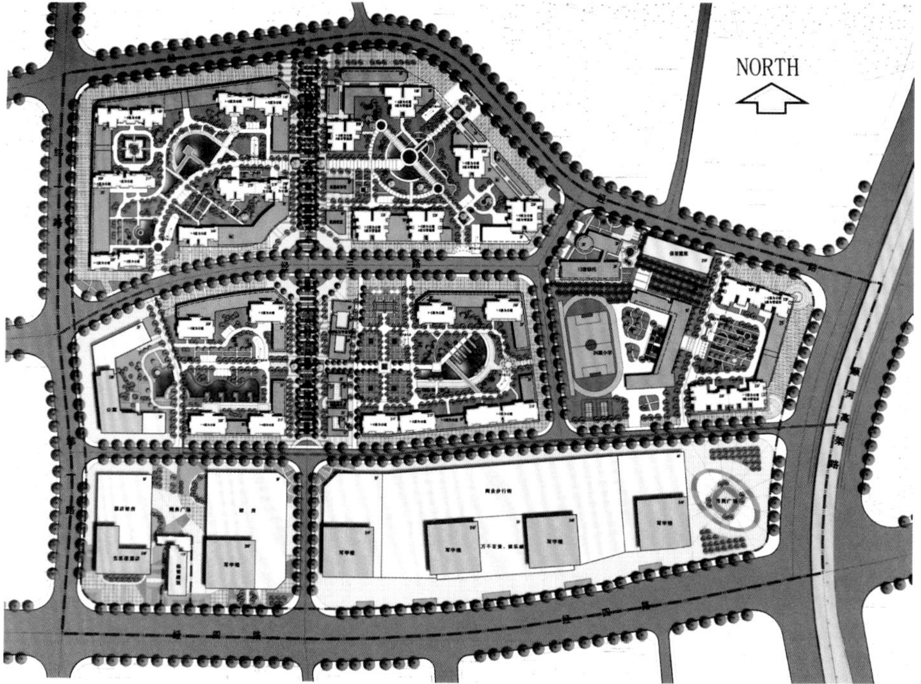

连云港东方之珠

项目地点：江苏省连云港市
建筑设计：厦门陆原建筑设计院
主设计师：黄亮
占地面积：45 830 m²
总建筑面积：77 465.01 m²
容积率：1.69
绿化率：35%

项目为总地块内的尾盘工程，需要在项目内平衡地块总指标，故在各方面均受到相当大的限制。方案在考虑到对地块内已建工程的补充、延续的同时，为强化项目的最终效果及项目的内在提升，在建筑户型、总平面布局、建筑外观、景观效果等各方面均加入了创新元素。

为改善地块内一期工程全为多层住宅的天际线平淡问题，在该项目中利用小高层、高层建筑的穿插布局，丰富地块内的错落关系，并把多层区与高层区的过渡调整为交错型的互补式带状布局。

该项目还着重关注了混居型社区的邻里人居环境，探讨高端客户群体与普通住户之间的资源共享与互动，在均好性方面得到最好的诠释。

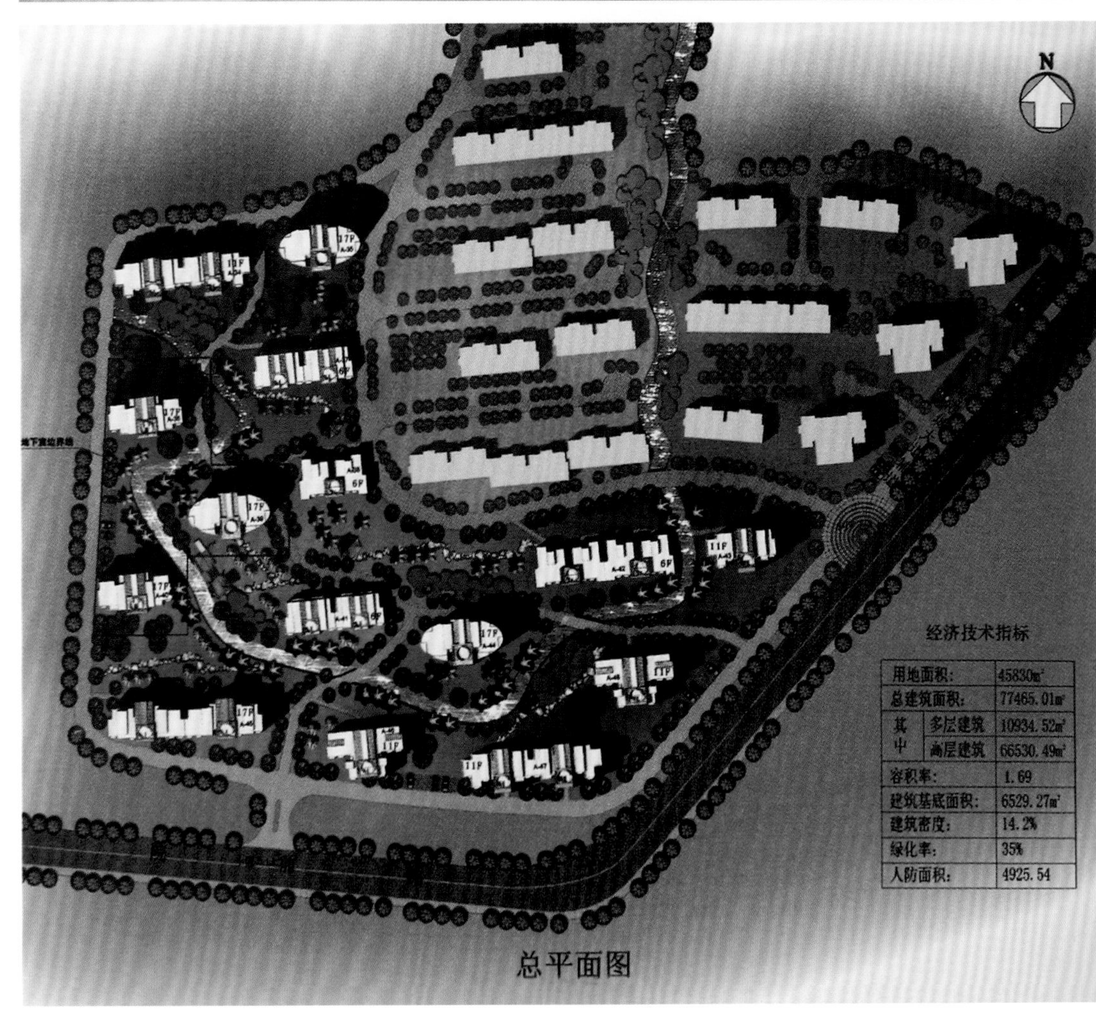

用地面积:		45830㎡
总建筑面积:		77465.01㎡
其中	多层建筑	10934.52㎡
	高层建筑	66530.49㎡
容积率:		1.69
建筑基底面积:		6529.27㎡
建筑密度:		14.2%
绿化率:		35%
人防面积:		4925.54

总平面图

天津水岸江南小户型高层住宅

项目地点：天津市梅江南生态社区
建筑设计：ZPLUS 普瑞思建筑规划设计咨询有限公司
占地面积：95 400 m^2
总建筑面积：103 000 m^2
容积率：1.09

水岸江南位于天津市梅江南居住区最南端的11号地，南侧为外环南路，此路与友谊南路及解放南路相连，外部交通便利，周围无遮挡，宜形成南低北高的总体布置，最大限度利用南向。该项目共设置七座高层建筑，中间三栋32层百米高层，顺势排开，与相邻基地上的天鹅湖项目相协调，构成了展翅欲飞的天鹅的另一单翅，在这一排百米高层的南北两侧各有两栋18层54 m高层，楼距舒展，交错排列，在采光、观景方面都很优越，达到了占地不多、环境却很优美的效果。

该项目以"全功能小户型"为亮点，使中小套型具有高舒适度的"精密设计"，引领着最新的住宅设计趋势。中小套型的设计难度，应该说要比大套型难得多，首先就是要控制"公摊"，研究最佳梯户比，优化"核心筒"和室外交通走廊的布局，将公摊面积减至最小，因为中小套型住宅内的1 m^2套内面积，绝对不是普通意义上的1 m^2，它对厅、室的舒适性，尺寸的优化，流线的改善都有作用，需要精打细算，挤出无效空间，尽量提高套内有效使用面积。

南昌滨江一号

项目地点：江西省南昌市
建筑设计：上海高辰建筑设计有限公司
占地面积：31 006.52 m²
总建筑面积：93 449.91 m²

项目通过对场地、日照、朝向、景观等各要素的平衡与权重，形成开放的布局形态，创造舒畅的居住视野。交通设计以"人车分行"为指导思想，形成不受机动车干扰的步行景观路线和便捷的车行线路。利用地下停车形成层次丰富的立体景观带。组织水体、绿化、通道和休息平台，使得这个空间好似户外的中庭——人们可以休息、可以活动，可以互为景观。

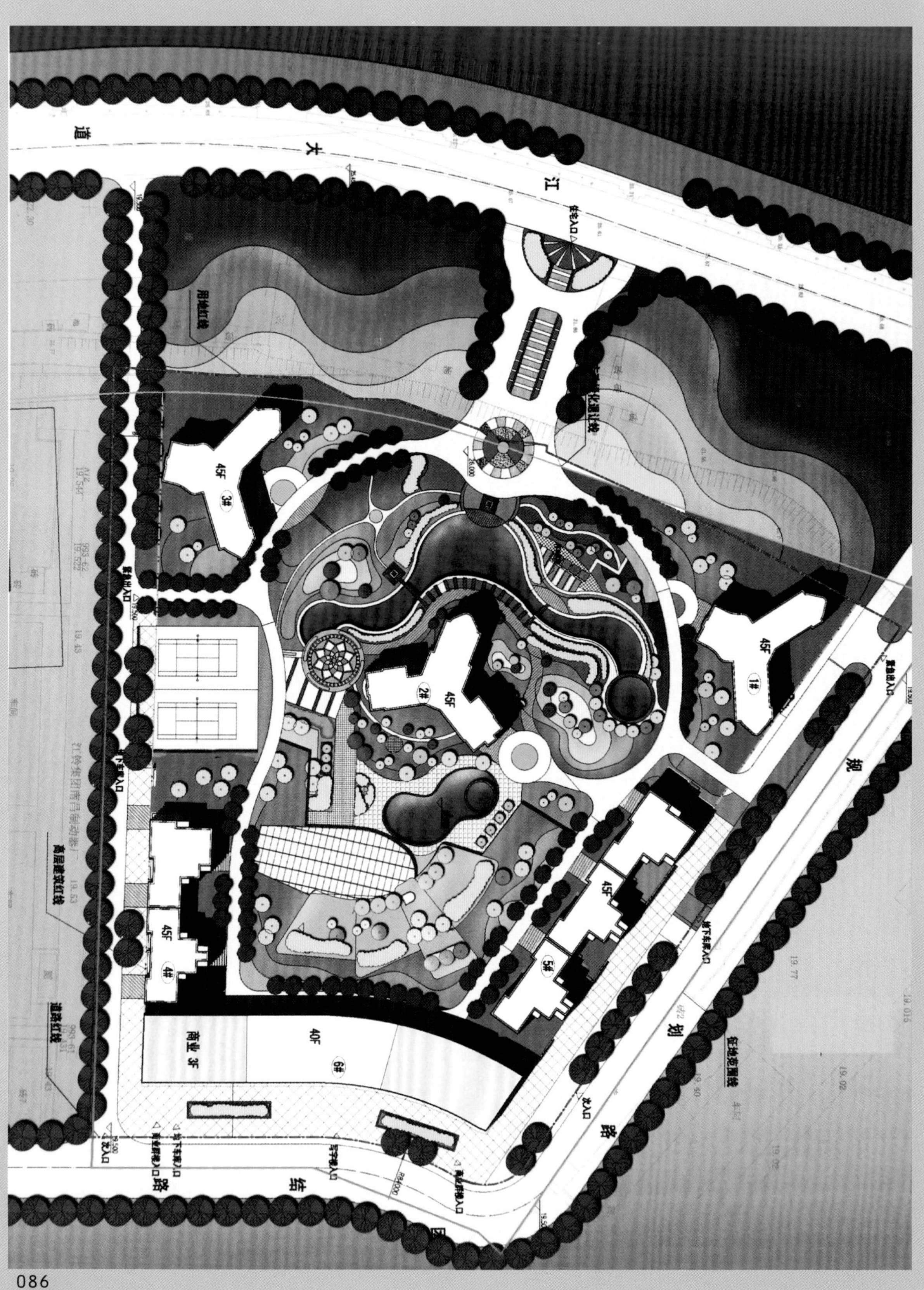

上海金外滩

项目地点：上海市
建筑设计：RIA日本都市建筑设计研究院
占地面积：32 460 m^2
总建筑面积：131 000 m^2

金外滩花园位于上海市复兴东路，中山南路口，有着得天独厚的人文历史与自然景观资源。整个商业空间被人工丘陵覆盖，它包含占据了住宅的一、二两层及基地的主要面空间，是有别于通常将商业设施设在基地外围的做法。覆土的建筑空间围绕基地周边形成面向小区中心的内庭，为人们塑造了安静休闲的居住环境。

上海三林城金谊河畔

项目地点：上海市
开发商：上海中房置业股份有限公司
占地面积：191 446 m^2
总建筑面积：216 923 m^2

三林城金谊河畔位于上海市成熟生活板块。周边医院、银行、学校、超市形成完备生活配套，中环线、轨道交通6号线、8号线、11号线，均有站点直达。三林城金谊河畔31万 m^{2}的综合社区规划，其中25万 m^{2}的住宅规划，6万 m^{2}的社区商业中心，社区东侧另配有7 400 m^{2}的幼儿园，1.7万 m^{2}的中学。整个小区逾60%的绿化营造都市中的绿洲，更有2.5万 m^{2}的集中绿地，与市政绿化带合为一体，形成完整的开放空间。

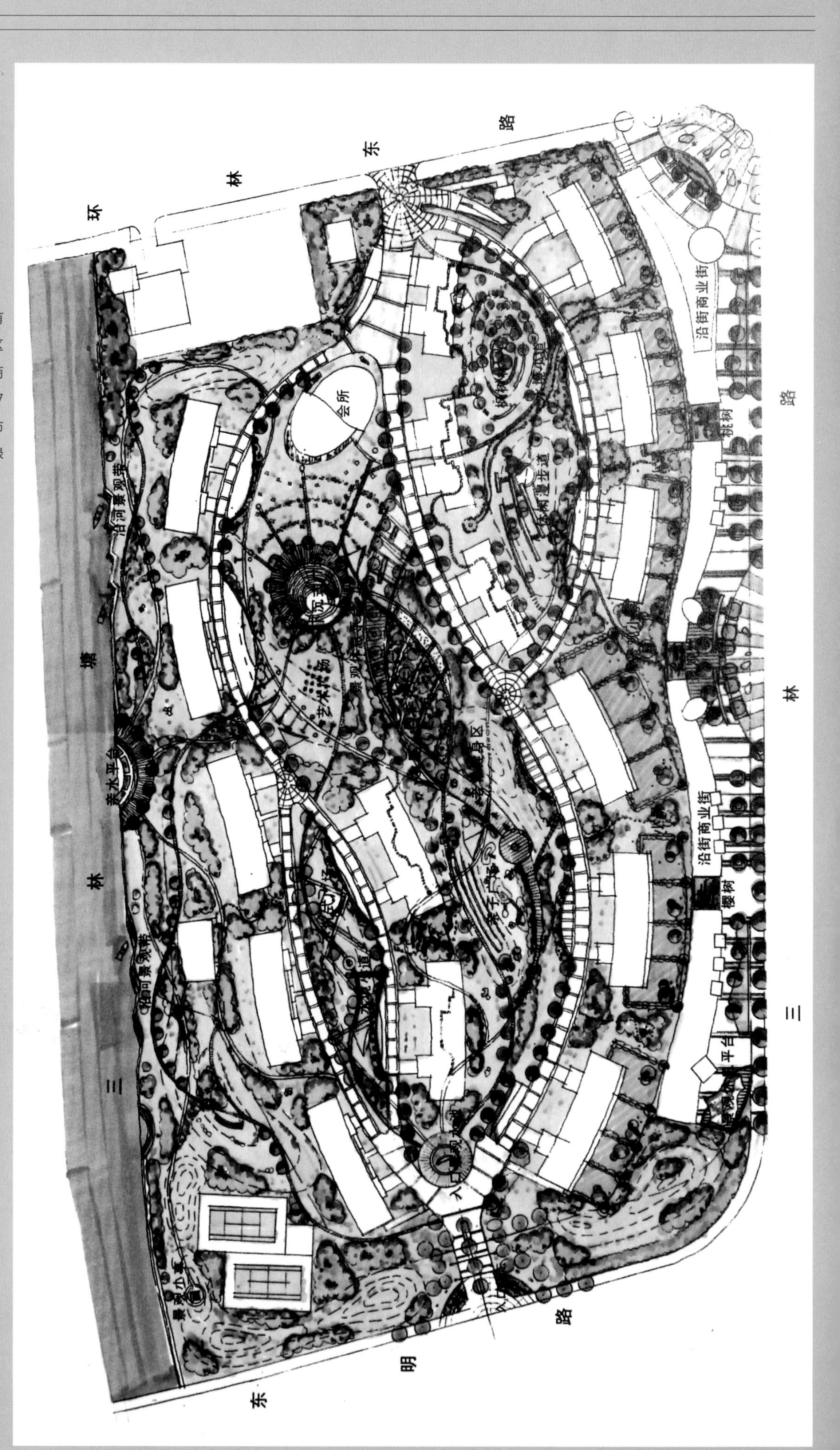

上海尚海湾

项目地点：上海市宛平南路
开发商：上海鑫泰房地产开发有限公司
建筑设计：上海创盟国际建筑设计有限公司
总建筑面积：621 000 m^2

该项目在以人为本的规划设计理念指导下，试图为寻求现代都市生活方式的人们创造一个高端、华美的居住环境。"简洁、典雅"是豪华型住宅的基本特点，设计概念中着重体现了自然环境中最基本的元素——水。飘落的水珠在平静的水面溅起层层涟漪，场地中建筑的构成则表达了这一概念。位于中心的开发空间即为整个项目的焦点——内湖，而周围的建筑、通道以及微地形则是一石激起千层浪。环绕中心内湖的曲线所形成的格局将绿地与住宅、商业酒店及办公楼紧密地联系在一起。

该住宅区规划为开发式社区。区内的景观及设施与城市街区共享。街区化的住宅小区体现上海传统的聚居方式，使现代与传统之间有一个有效的传承。

上海新湖明珠城（三期）

项目地点：上海普陀区东新路
开发商：上海新湖房地产开发有限公司
建筑设计：上海天华建筑设计有限公司
占地面积：101 200 m²
总建筑面积：415 700 m²
容积率：3.49
绿化率：35.1%

新湖明珠城（三期）是由上海新湖房地产开发有限公司开发的高标准住宅小区，地块呈梯形，基地面积101 200 m²，总建筑面积415 700 m²。小区规划由15栋17~33层高的高层住宅和两层的配套商业及会所组成。

规划打破传统组团式的概念，采用大组群方式，在满足日照、通风、景观要求的前提下，适当降低纯住宅用地的建筑密度来加大组群绿化面积。各住宅组群的形态和布局方式与总体规划相吻合，打破了普通行列式住宅呆板的空间格局，形成一个形式活泼多样、个性鲜明的住宅建筑群体。

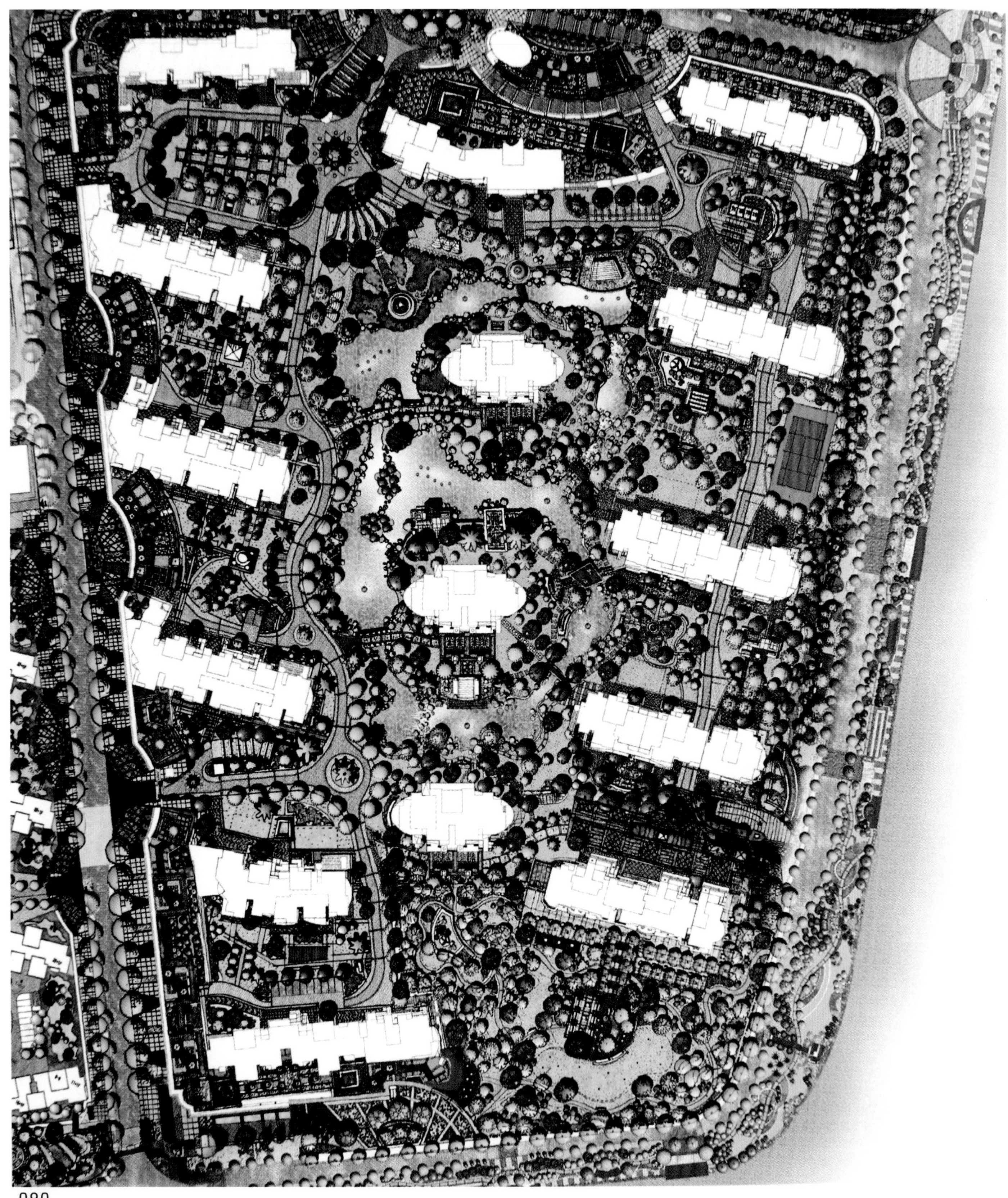

沈阳冠都生态城

项目地点：辽宁省沈阳市
建筑设计：福建清华建筑设计院有限公司
占地面积：1 104 960 m²
总建筑面积：2 518 285 m²

沈阳冠都生态城地处沈阳市北部，沈北新区南部，位于沈北新区中蒲河新城的生态商务核心区内。蒲河新城中心区由蒲河及其支流环绕而成，西到长大铁路，东部与棋盘山隔河相望，203国道穿境而过。该中心区地块路网结构为四纵二横，其中两条南北向的交通性城市主干道路将地块划分为东区、中区、西区。冠都生态城位于蒲河新城东区。

四平新加坡花园城

项目地点：吉林省四平市
建筑设计：GN栖城
主设计师：刘洋、陶玲

四平新加坡生态花园城是一项综合性城市基础设施开放项目，将借鉴新加坡城市建设的先进理念以及天津中新生态城的开放模式，遵循"生态优先、以人为本"的原则，以节水为核心，注重水资源的优化配置和循环利用，建立广泛的雨水收集、污水回用、生活垃圾分类及其综合处理系统，充分利用太阳能等可再生资源，打造一个生态优美、节能环保、社区和谐的宜居示范新城。

苏州大湖城邦

项目地点：江苏省苏州市
开发商：中新苏州工业园区置地有限公司
占地面积：539 700 m^2
总建筑面积：316 400 m^2

苏州大湖城邦位于双湖板块，南接南环高架出入口，北侧是苏州轻轨三号线的站台，交通便利，周边配套有水巷邻里、李公堤商业街。

该项目是一个集合了居住、商务和生态的新城市综合体，涵盖了别墅、公寓、SOHO、酒店式公寓及商业设施。项目充分考虑建筑的人性化设计和最佳的双湖观景角度，整体呈现南低北高的态势，并有丰富的外立面效果呈现。

上海汤臣豪园(二期)

项目地点:上海市张江高科技园区
建筑设计:上海众鑫建筑设计研究院
主设计师:王文君、吴佳、殷明
占地面积:134 713.8 m²

汤臣豪园(二期)位于上海市张江高科技园区内,北临祖冲之路、南至晨晖路、西靠藿香路、东接金科路。34幢多层和高层住宅楼、一个会所、一幢社区配套商业楼、7个地下车库,形成完整而丰富的居民生活小区。

小区强调空间层次,建筑布局中心区域为16层的高层住宅,东侧为8层的多层住宅,西侧配置12层的小高层住宅,南侧则配置15层的高层住宅,高低配置,错落中带有秩序。而栋与栋之间的南北栋距加大,形成大尺度的流畅空间,任阳光、空间及绿意在其中挥洒。小区会所近傍中心区域,中心区域设有大型绿地,往南延伸连通沿晨晖路边的带状公共绿地,往东、西连通各集中绿地,小区集中绿地面积约25 000 m²,营造阳光、绿地及小区的整体环境。小区西南侧设有4 000 m²的社区配套商业设施,可与相临地块的商业服务设施相互配套,成为居住区商业服务中心。

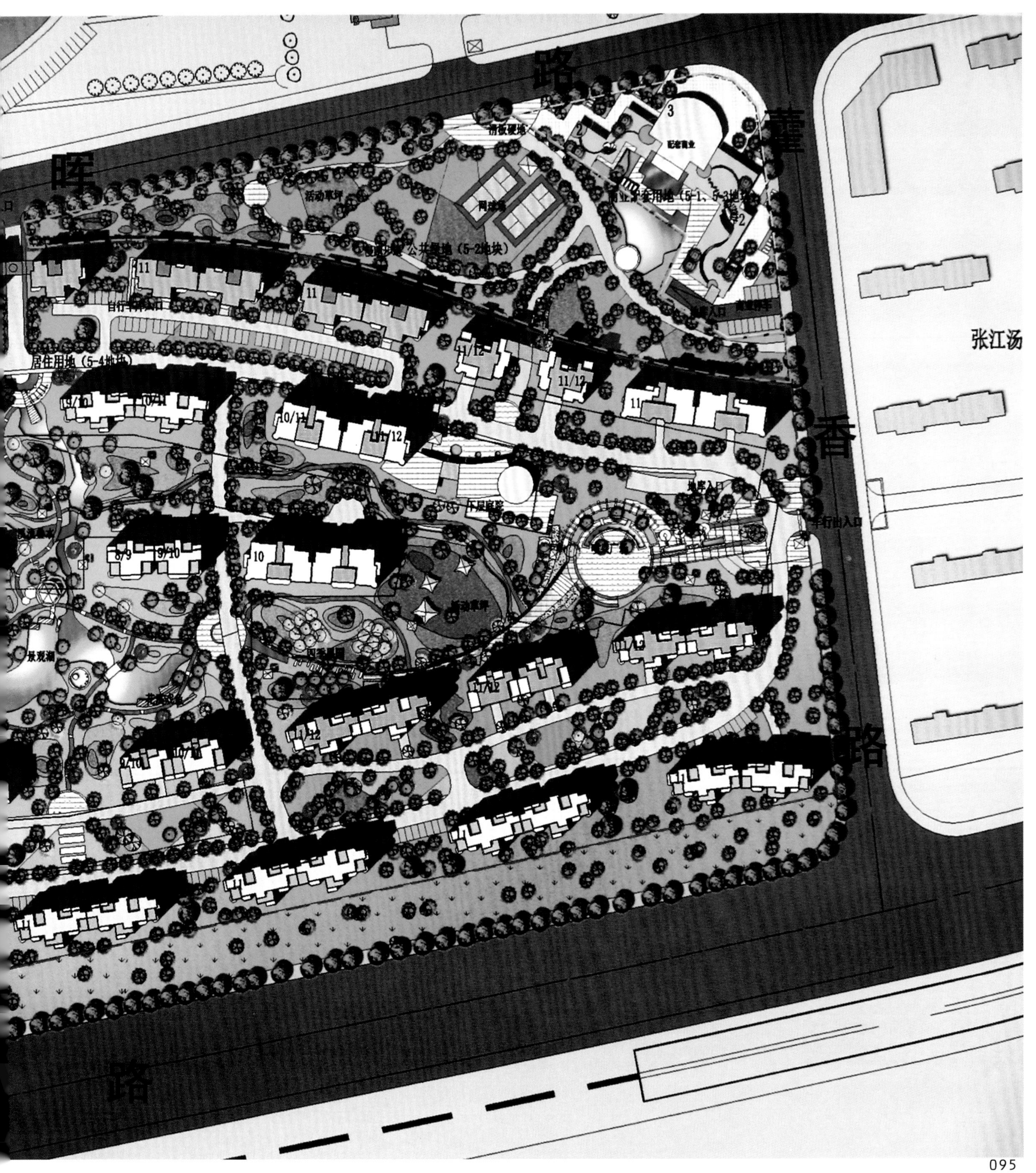
晖
路
蕫
香
路
张江汤
路
活动草坪
网球场
居住用地（5-4地块）
景观湖
四季果园
活动草坪
商业配套用地（5-1、5-3地块）

天津河畔星城

项目地点：天津市
建筑设计：天津市建筑设计院
主设计师：姚小琴、张微、苏子琪
占地面积：433 000 m²
总建筑面积：778 000 m²
容积率：1.95
绿化率：37.5%

项目位于天津市天津大道北侧，在海河中游地区规划范围内，北侧距海河约1.6 km，西侧距外环线约1 km。地块北侧临规划中的绿化景观带，南侧为天津大道百米绿化带，西侧临规划中的商业用地，东侧临规划中的商住混合用地。因此区域内交通便利，景观优越，地理位置得天独厚。

在总体布局上，公建区分为两部分，一部分为满足区内居民生活配套需求的非经营性公建，布置在两个地块之间的规划道路的两侧。另一部分为对外的经营性公建，布置在西侧地块的沿街处，既增加了对外经营性公建的交通便利，同时可以为沿天津大道面赢得更好的城市街景。西侧的公建与西侧的商业地块相对，形成良好的商业氛围。

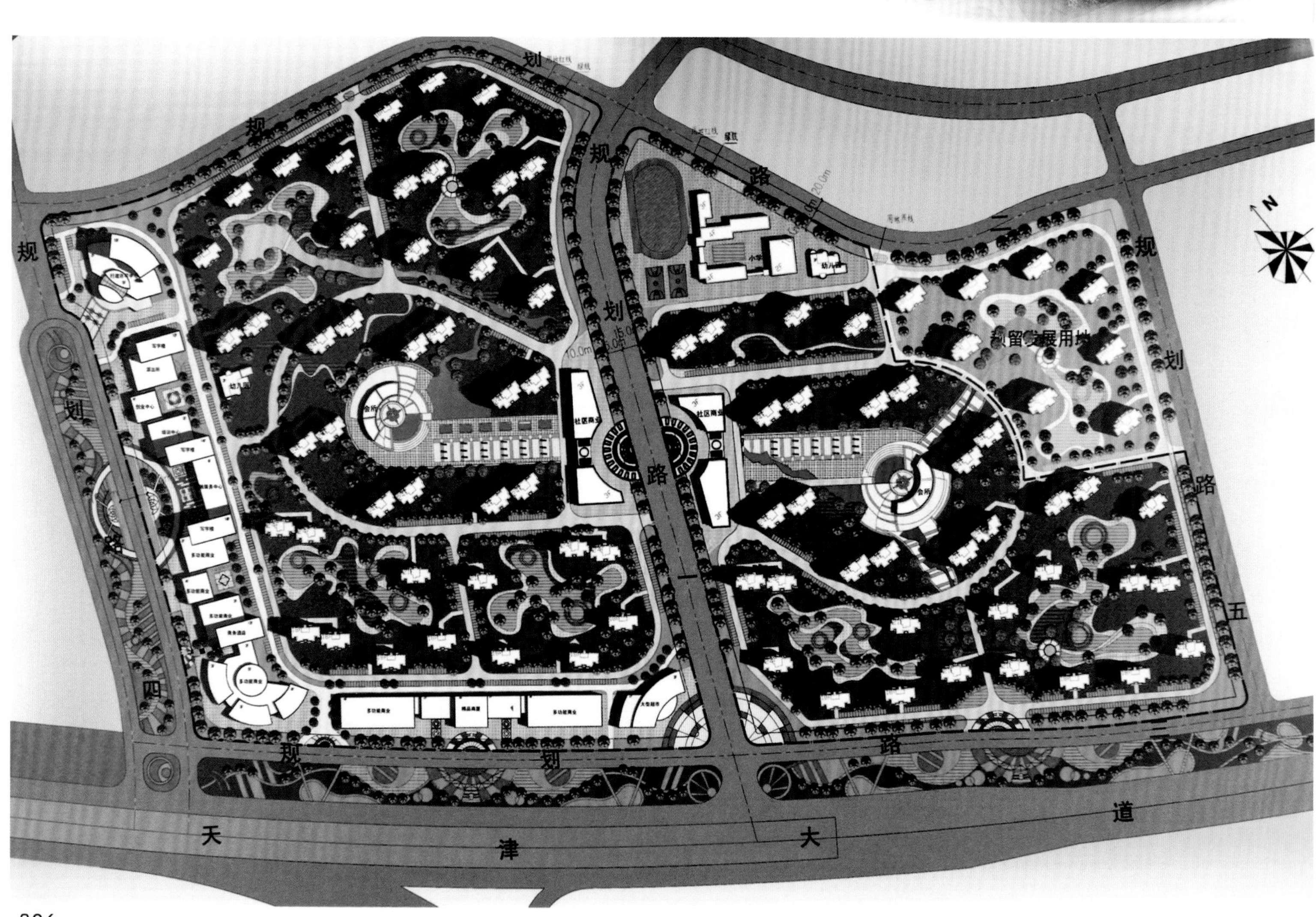

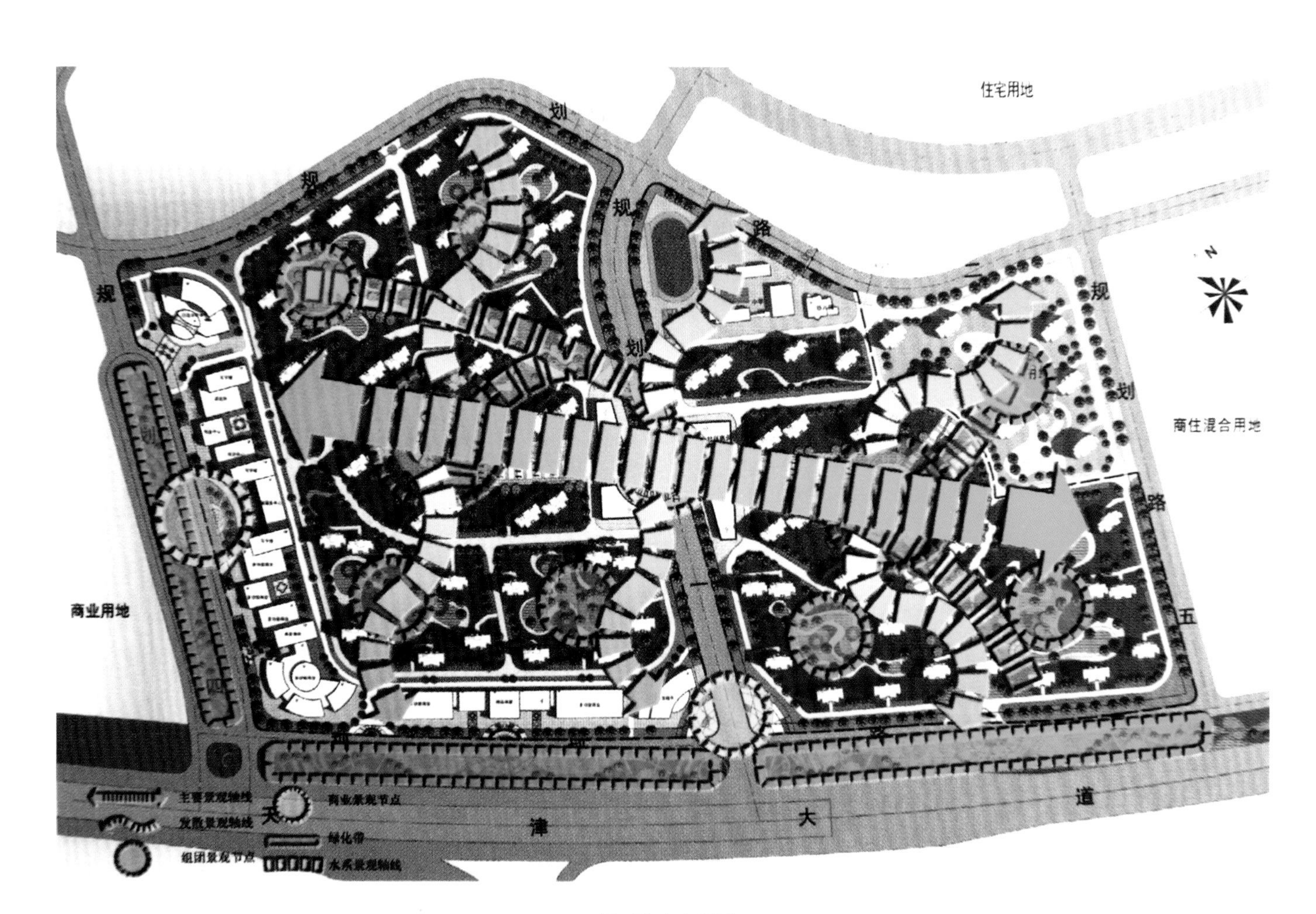
住宅用地
商住混合用地
商业用地
规划路
规划路
规划路五
天津大道
主要景观轴线
发散景观轴线
组团景观节点
商业景观节点
绿化带
水系景观轴线

景观分析图

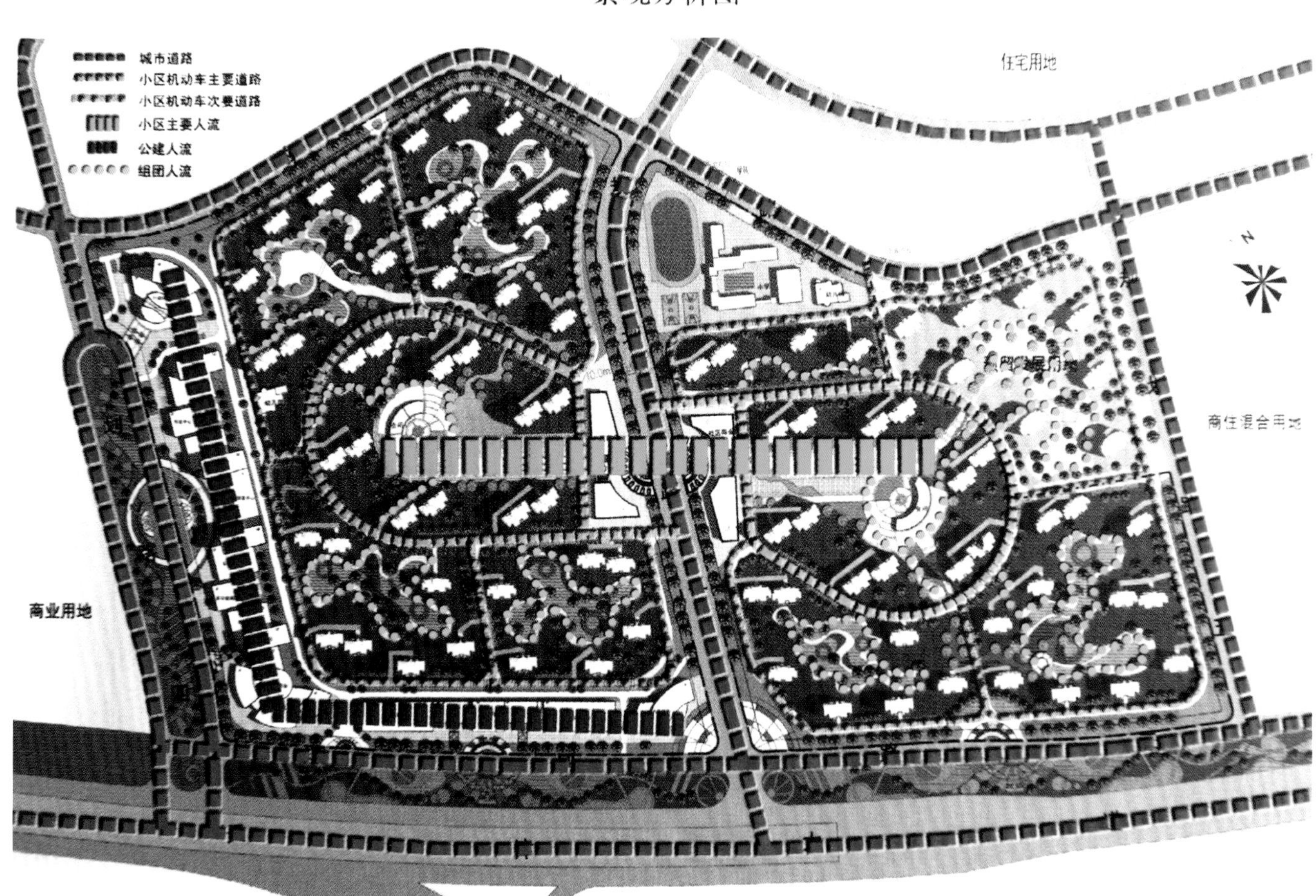
城市道路
小区机动车主要道路
小区机动车次要道路
小区主要人流
公建人流
组团人流
住宅用地
商住混合用地
商业用地

交通分析图

苏州雅戈尔未来城

项目地点：江苏省苏州工业园区
建筑设计：博创国际（加拿大）建筑设计事务所
主设计师：刘纲
占地面积：110 000 m²

雅戈尔未来城位于金鸡湖北岸，坐落于园区金鸡湖CBD北，由19幢小高层建筑环立而成。总建筑面积达50万 m²，计划分五期开发，集高层、小高层、多层、别墅、SOHO、商业等为一体。

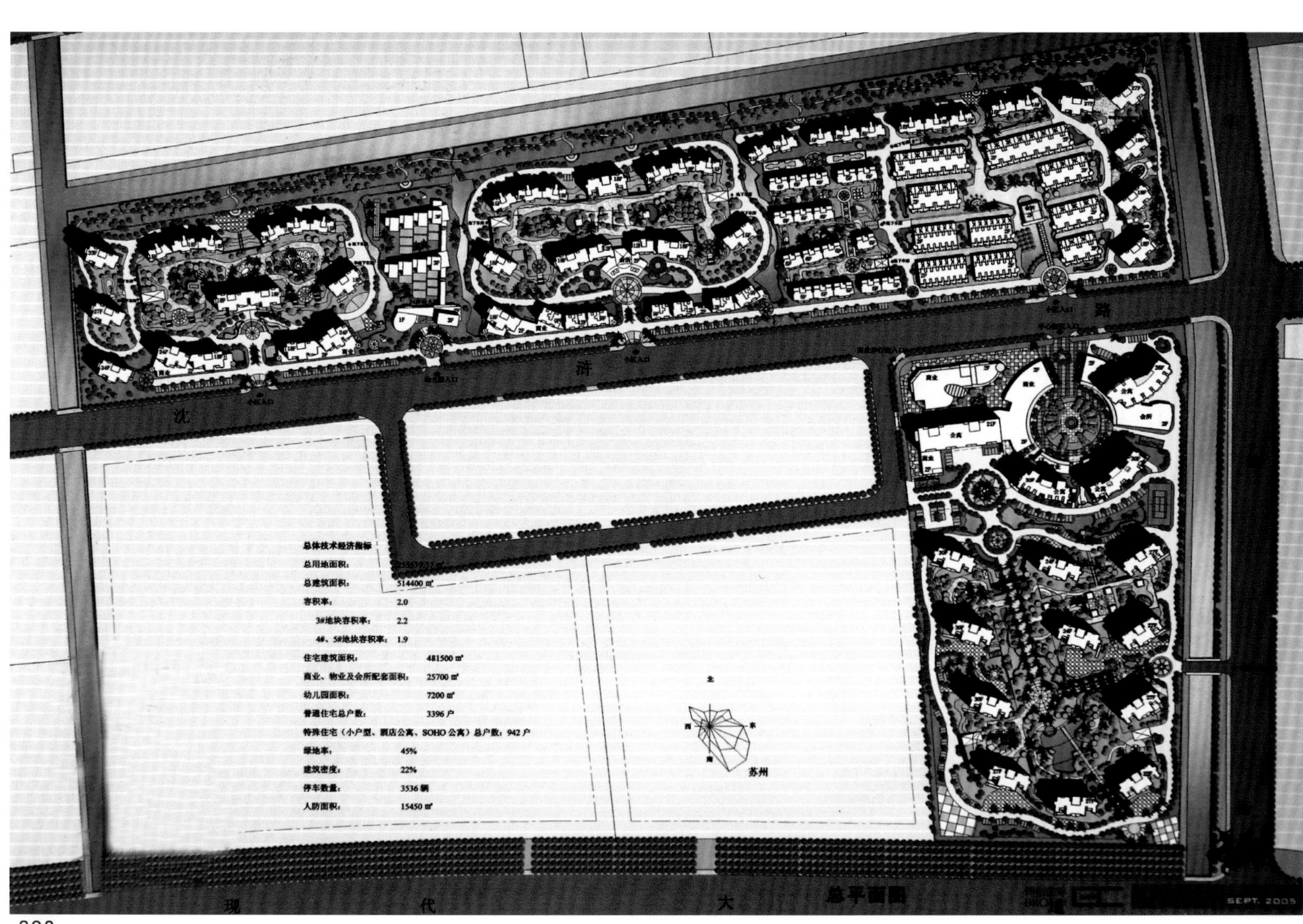

无锡第一国际

项目地点：江苏省无锡市
建筑设计：非元素建筑事务所
主设计师：苏治涛、张洵伟、顾冰、王娅
占地面积：82 287 m^2
总建筑面积：338 000 m^2

无锡第一国际商住开发小区位于无锡市新区，地块东临春华路；南临旺庄东路，与正在兴建的泰伯广场隔路相望；西临锡兴路，北靠60 m宽的城市快速干道新光路。

该项目三期规划设计范围为南北两端地块，合计建筑面积为20~25万 m^2。整体项目采用了典型古典欧式建筑风格的细节，营造出浓郁的欧陆风情。

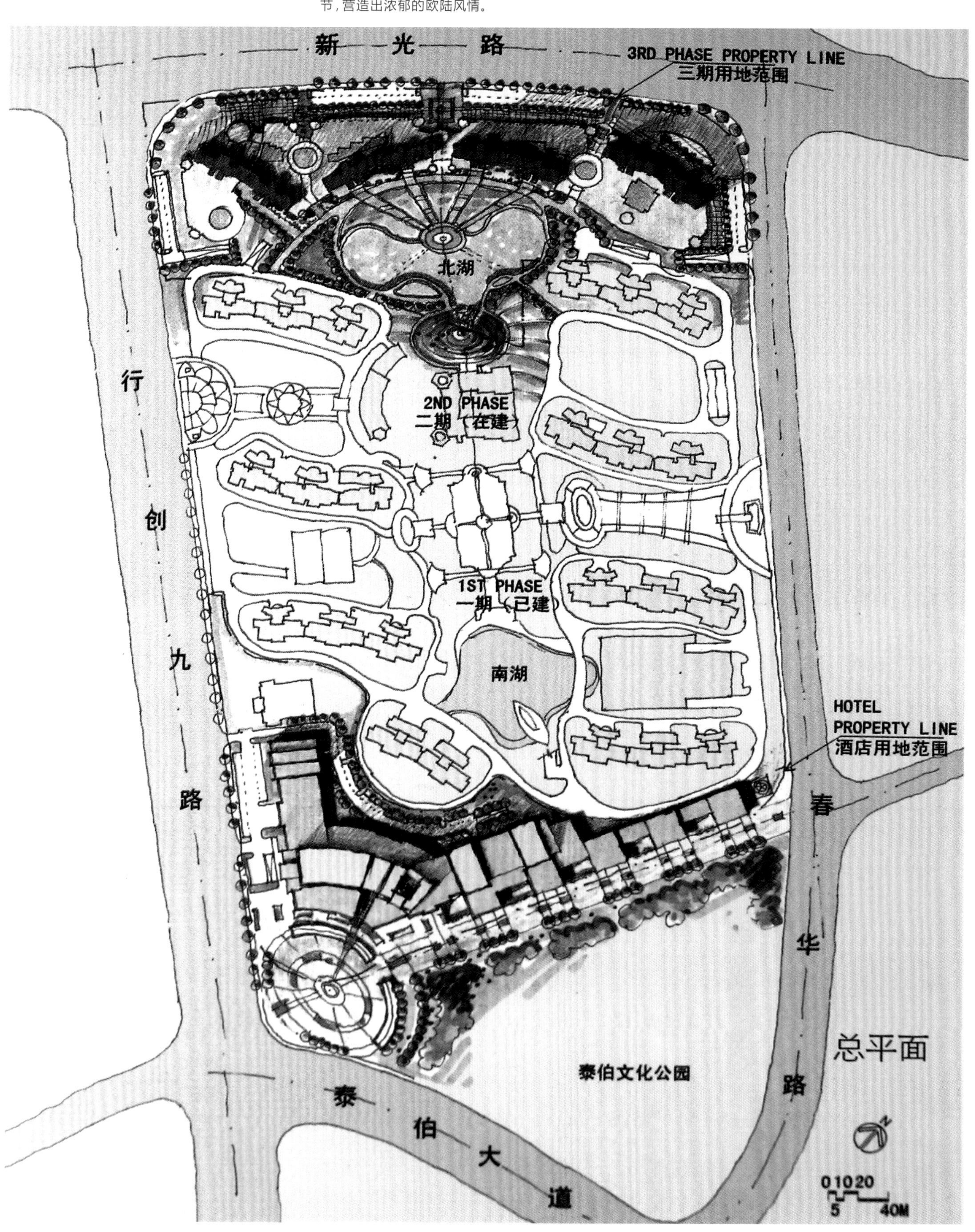

总平面

西安紫薇曲江意境

项目地点：陕西省西安市
规划/建筑设计：美国（深圳）开朴建筑咨询有限公司
占地面积：92 600 m²
总建筑面积：330 000 m²

紫薇曲江意境位于西安市芙蓉东路与寒窑路交会处东北侧，处于未来曲江扩区之中心地段，距南湖直线距离不足1 km，寒窑遗址公园400 m，5分钟车程直达曲江大道、曲江立交，地理位置优越。

紫薇曲江意境由16栋18~32层的宽景高层组成，设计建筑面积为40~220 m²的多元户型。项目设计汲取“美式学院派”与“乔治王朝”建筑风格精髓，以台地式宫廷园林景观营造多组团“趣谷”生活空间，将传统庭院的感觉带到高层住宅中，赠送超大空中花园，户型设计均为南北朝向，通风良好，社区呈现西部围合、东侧开放的空间意向，以点式、板式高层建筑形成错列式样的动态空间，并在建筑新技术方面注重太阳能等多种低碳节能技术的应用。

紫薇曲江意境规划有沿街商业及商业中心，共享大唐不夜城、新乐汇等生活配套，且内部规划高品质幼儿园。

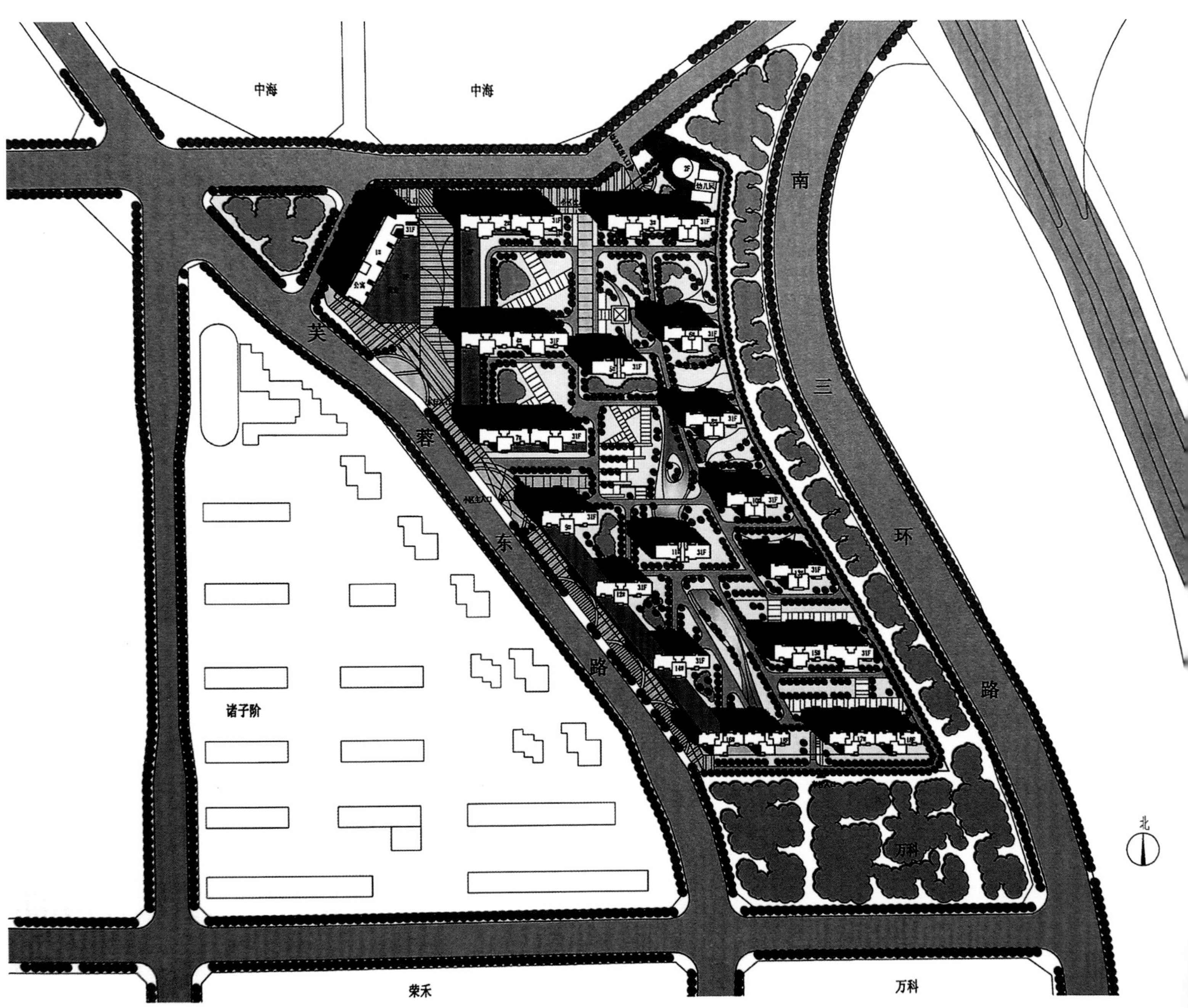

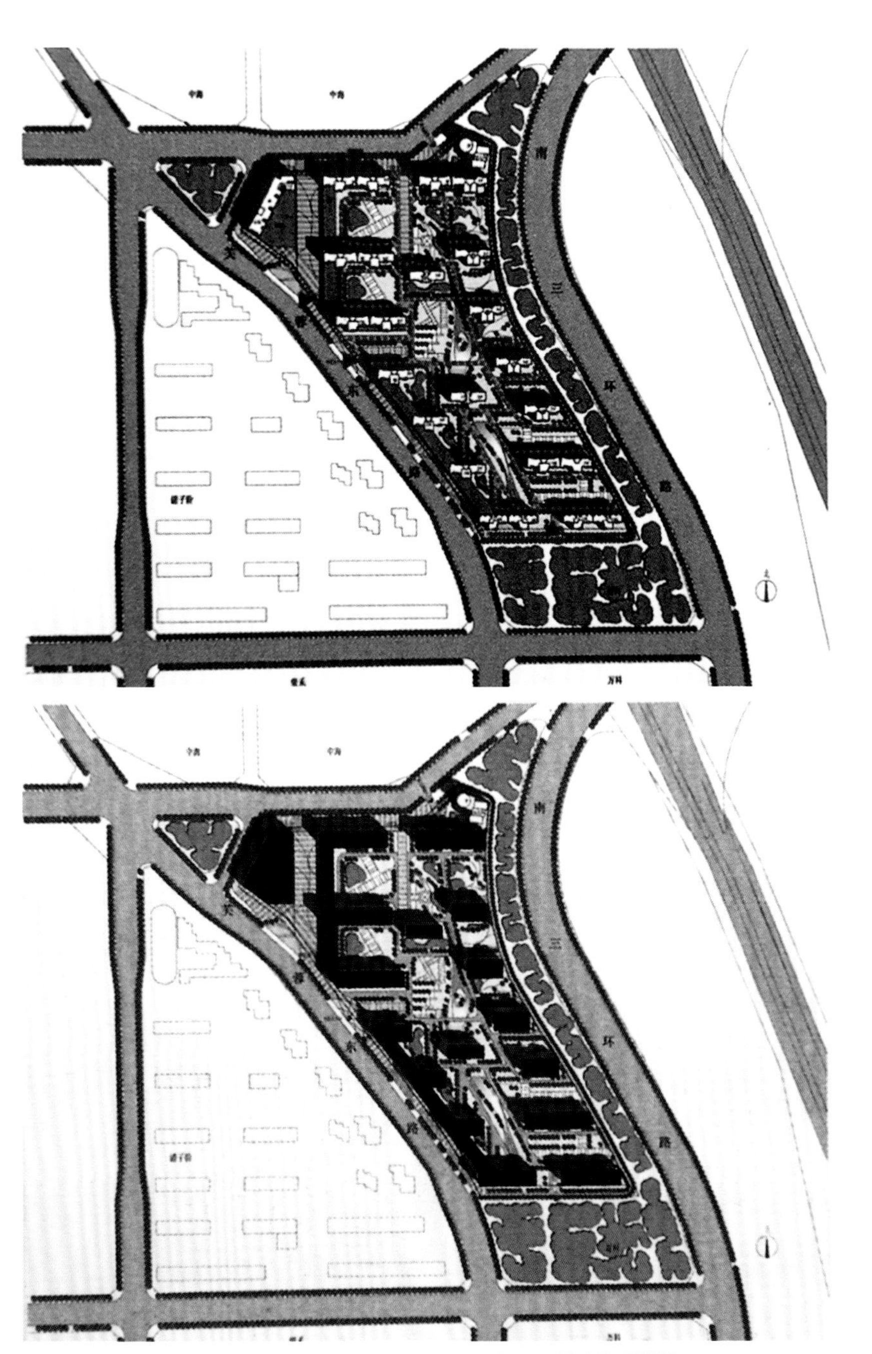

交通分析图

规划结构图

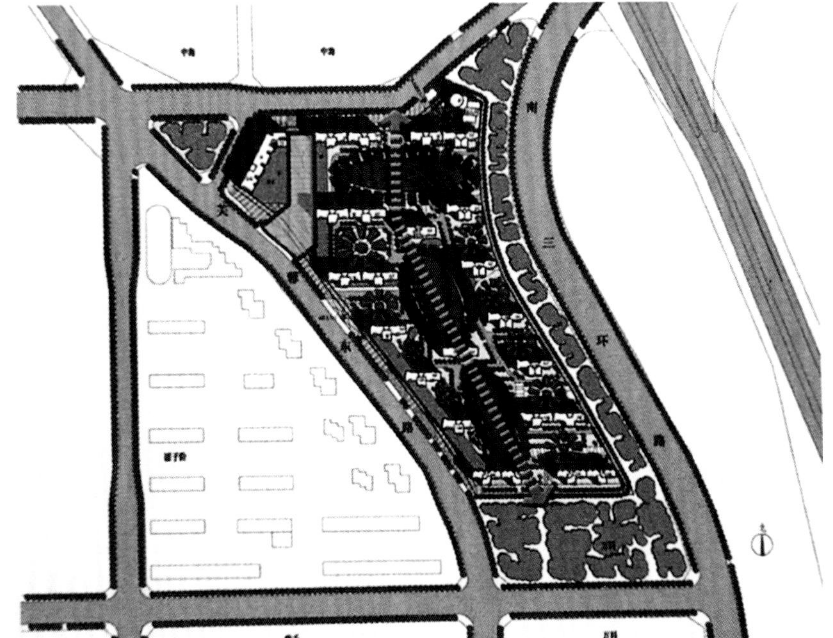

景观分析 图

乌鲁木齐新天润国际社区

项目地点：新疆维吾尔自治区乌鲁木齐市
开发商：新疆新天润房地产开发有限公司
建筑设计：北方—汉沙杨建筑工程设计有限公司深圳分公司
景观设计：理田国际（澳洲）建筑景观与室内设计有限公司
北方—汉沙杨建筑工程设计有限公司深圳分公司
占地面积：240 000 m^2
容积率：1.57
绿化率：43%

整个小区以植物堆坡造景、假山置石为主，以生态溪流贯穿各个入户口，通过木制小桥入户为特色。在整个设计中通过不同空间属性功能要求，充分体现法式古典两大园林体系风格：勒诺特尔（规整式园林）及法国自然风情园林。在主入口（半公共）景观轴线的处理上采用轴线对称式的空间处理手法，通过水轴及广场的设置，充分体现法国皇家园林的大气与尊贵。在宅间空间组团的处理上采用了自然式风情园林，结合自然的草坪开放空间，观景木平台、水景的设置，形成一处自然而又私密的活动场所，满足了不同年龄人群的休闲活动要求，突显法式自然花园景色。

双核心社区文化主题广场，通过大型主题雕塑、欧式柱廊及水景广场的设计，演绎欧洲广场文化同时，也满足了区内大型集会活动的功能活动空间要求。在小高层区底层每户都设计了面积较大的私家花园。私家花园采用独院设计，两侧筑高墙，前面采用通透的雕花栏杆、自动雕花大门，花园内种植花草树木，入口大门外设有特色喷泉，以体现业主尊贵的气度。

01：机动车主入口
02：机动车次入口
03：浅水木桥
04：亲水木平台
05：车库花架
06：特色花坛
07：入户木桥
08：特色水池
09：法式景观亭
10：儿童游乐场
11：交通岛
12：特色广场铺装
13：门卫岗亭
14：休憩小园
15：观景亭
16：主题小品
17：特色景观树
18：主题喷水雕塑
19：景观树阵
20：特色廊架
21：水景景墙
22：健身活动区
23：游园小径
24：休憩广场
25：特色拱架
26：入口花坛
27：休闲平台

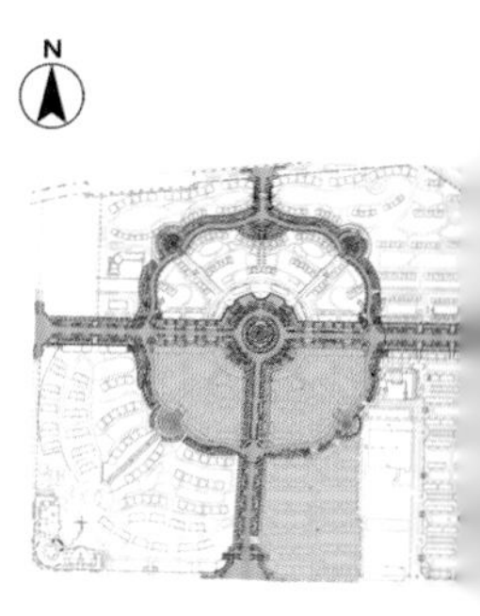

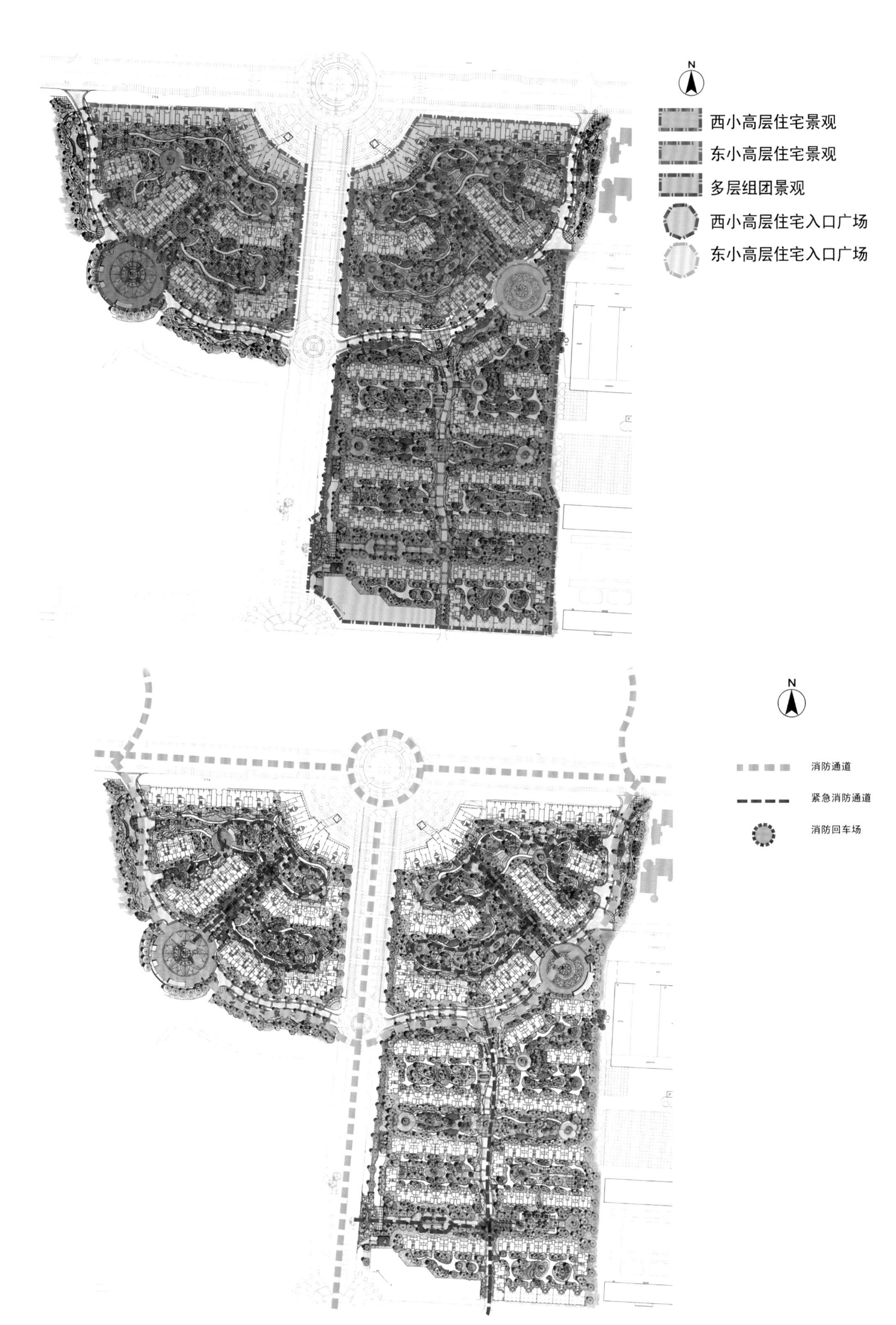
N
西小高层住宅景观
东小高层住宅景观
多层组团景观
西小高层住宅入口广场
东小高层住宅入口广场
N
消防通道
紧急消防通道
消防回车场

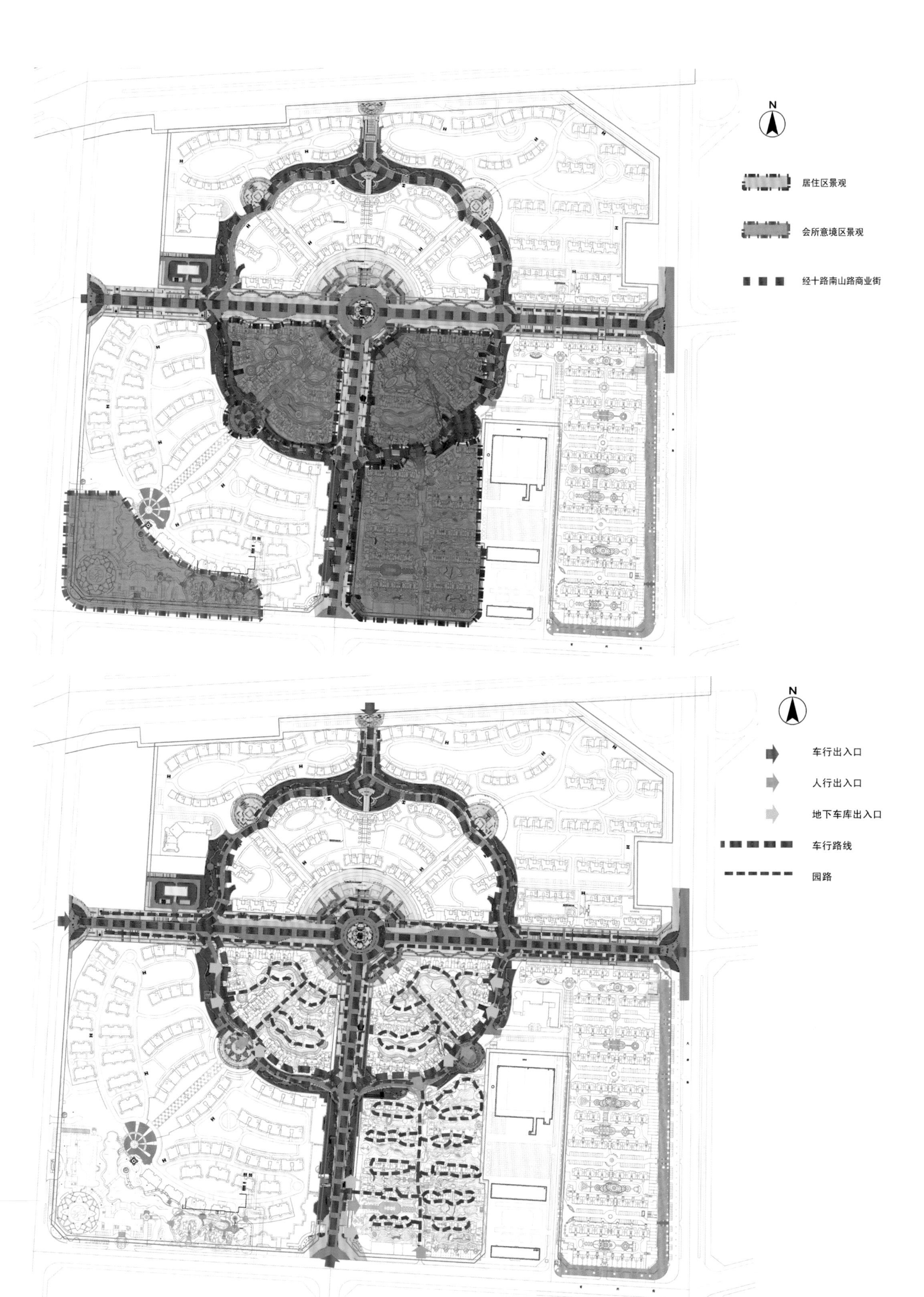
N
居住区景观
会所意境区景观
经十路南山路商业街
N
车行出入口
人行出入口
地下车库出入口
车行路线
园路

无锡惠山公园城

项目地点：江苏省无锡惠山
开发商：复地集团

项目地处惠山新城核心，毗邻惠山区行政中心；商业、医疗等生活配套环绕周边；交通便利，20余分钟直达市中心。无锡惠山公园城是一个集多层、小高层、高层、别墅等多种住宅形态，并结合综合商业区、便利商业街、幼儿园、托老院、会所等配套设施的50万 m²大型澳洲风情水岸式居住社区。

无锡惠山公园城坚持打造澳洲水岸风情社区，以独具匠心的设计理念、新颖时尚的建筑立面、舒适宜人的小区环境、品质优良的产品，将最纯正、最原味的澳洲建筑风格带到无锡，小区内独有1 800 m的自然清澈河道和面积为25 000 m²的绿色园林，让居住者能够享受阳光、自然清新、优雅恬淡的澳洲风情水岸公园生活。

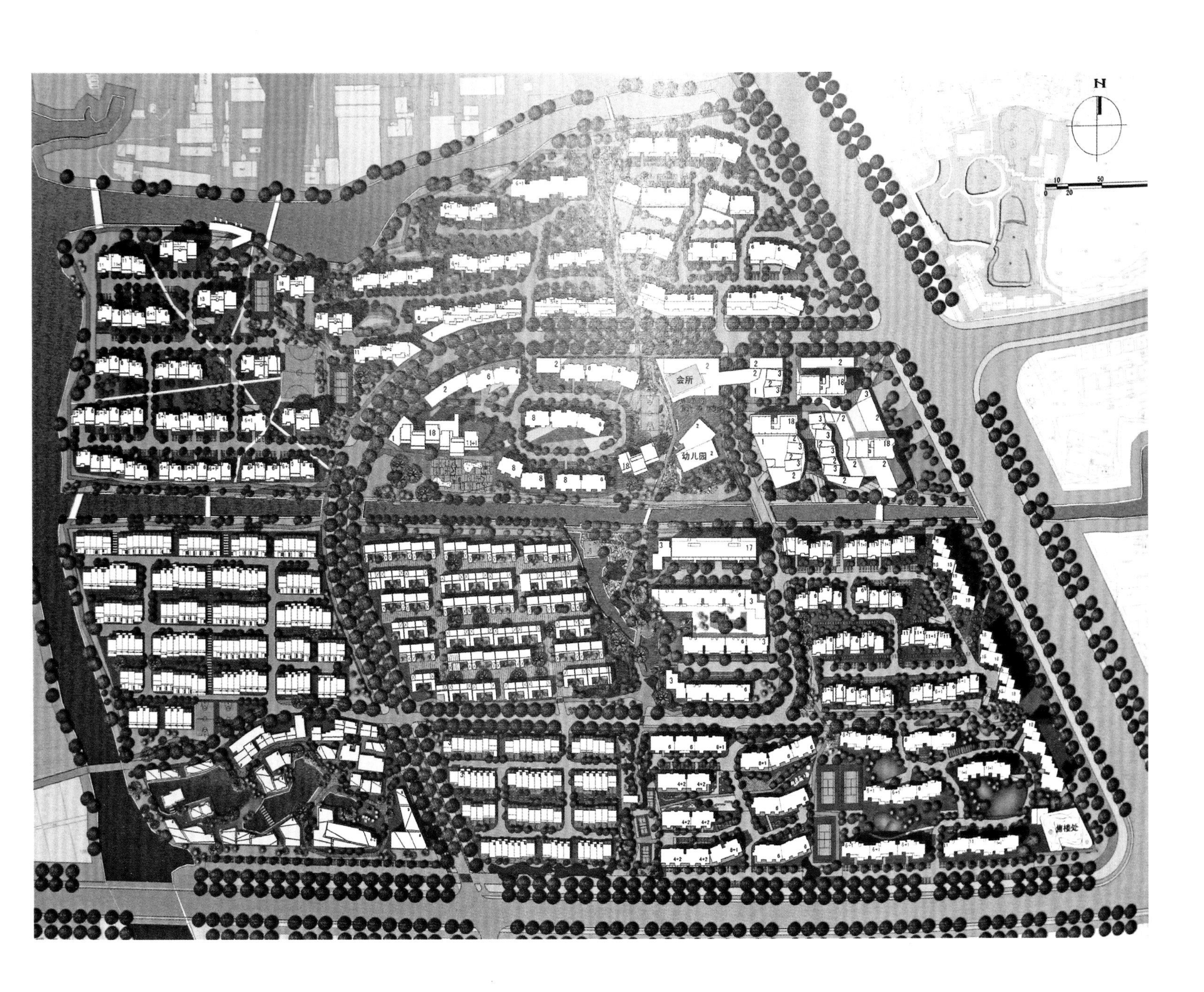

佛山中海·金沙湾

项目地点：广东省佛山市南海区
开发商：中海发展（佛山）有限公司
建筑设计：梁黄顾设计顾问（深圳）有限公司
景观设计：广州市普邦园林配套工程有限公司
占地面积：67 500 m^2
容积率：2.8
绿化率：38.7%

项目定位为国际化江畔生态社区，是目前中海地产在国内最大的住宅项目。项目坚持分区规划管理、动静分离、人车分流等基本原则，以及开敞式大堂、清风电梯间、阳光地库等设计成熟。在园林方面，将参照中海名都园林，并加入东南亚造园手法。户型以三室为主，有一部份是两室与四室单元。在项目内部配套方面，则有小学、幼儿园、800 m的风情商业街、运动休闲中心及商务休闲中心等。

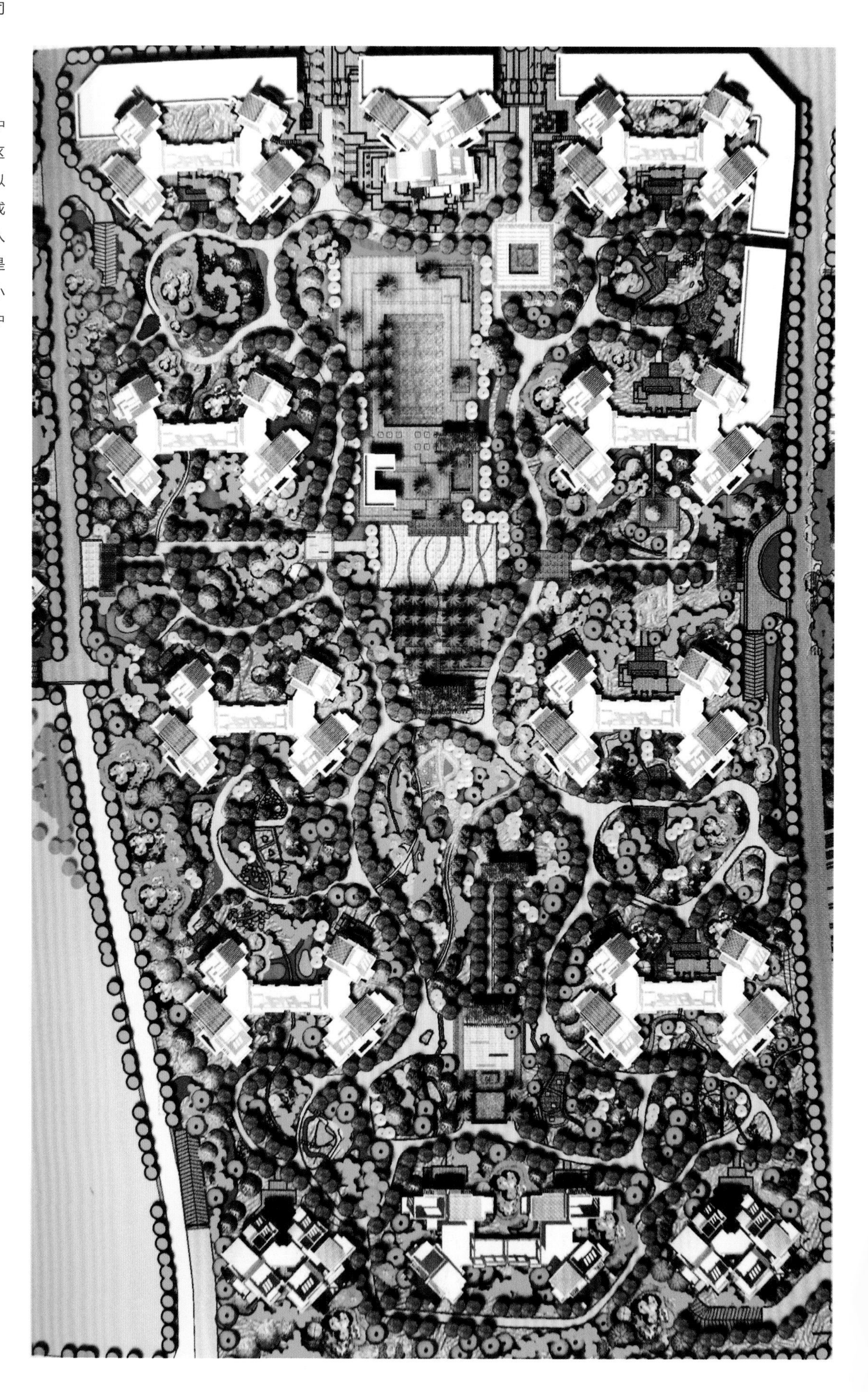

重庆珊瑚水岸

项目地点：重庆市南岸区
开发商：和记黄埔地产（重庆）有限公司
规划/建筑设计：陈世民建筑师事务所有限公司
占地面积：128 340 m^2
总建筑面积：460 000 m^2
容积率：4.86

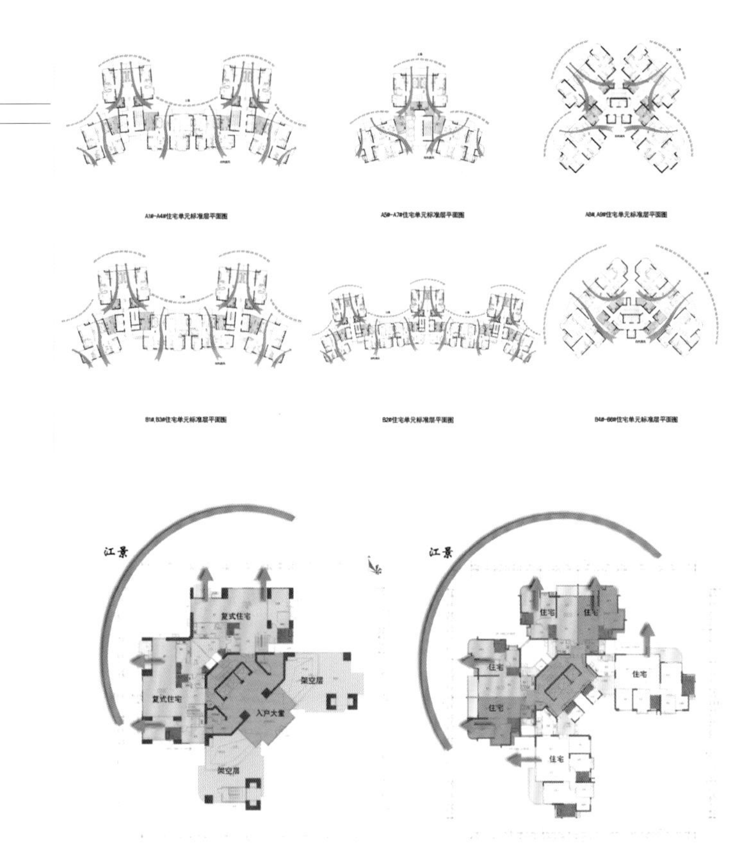

重庆珊瑚水岸项目处于南滨路之黄金地段，被城市道路宏声路所分割，自然形成东西两个区，北面为南滨路，往西北向可远观壮观的长江大桥，南面为规划城市道路并与在建住宅区阳光华庭相望，向南可远观南山，西南面为规划中的城市景观平台——彼堡城市阳台。该项目是重庆首个汇聚滨江豪宅、高端商业、国际园林于一体的大型综合山地项目。

珊瑚水岸住宅区由高层、超高层、Town House及LOFT等不同类型的豪华住宅产品组成，配有6万 m^2的大型商业城，悠闲的意大利园林，尊贵的豪华住客会所等设施尽显生活精彩，通过每个建筑语言细节凸显现代人追求精品生活的需求。整体规划充分利用自然地形及有效的土地和景观资源，把长江的浩瀚及南山的翠绿尽揽入户内，使每个房间都明亮通透，阳光充沛，让住户时刻置身于悠闲的度假氛围之中。

建设项目修建性详细规划综合技术经济指标一览表（B区）

项目	计量单位	数值	所占比重%
规划用地面积	M²	56,222	
居住用地	M²	32,622	
居住户（套）数	户（套）	786	
居住人数（每户按3.2人计算）	人	2,515	
总建筑面积	M²	187,259	100
1 住宅建筑面积	m²	128,366	68.55
1）高层，超高层建筑面积	m²	122,784	
2）TOWNHOUSE建筑面积	m²	2,315	
3）商务公寓建筑面积	m²	1,364	
2 公建建筑面积	m²	58,893	31.45
1）商业建筑面积	m²	24,116	12.88
2）会所建筑面积	m²	400	
4）居委会	m²	100	
5）社区保健站	m²	60	
6）公厕	m²	40	
7）垃圾站	m²	100	
8）地下建筑面积	m²	34,077	
其中 车库建筑面积	m²	30,581	
停车泊位	辆	864	
1）地面	辆	79	
2）地下	辆	785	
容积率		5.74	

建设项目修建性详细规划综合技术经济指标一览表（A区）

项目	计量单位	数值	所占比重(%)
规划用地面积	M²	72,090	
居住用地	M²	61,790	
居住户（套）数	户（套）	1,275	
居住人数（每户按3.2人计算）	人	4,080	
总建筑面积	M²	271,937	100
1 住宅建筑面积	m²	182,153	66.98
1）高层，超高层建筑面积	m²	173,837	
2）TOWNHOUSE建筑面积	m²	5,300	
3）商务公寓建筑面积	m²	3,016	
2 公建建筑面积	m²	89,784	32.02
1）商业建筑面积	m²	41,647	15.31
2）会所建筑面积	m²	3,600	
3）幼儿园建筑面积	m²	3,300	
4）居委会	m²	180	
5）社区保健站	m²	60	
6）物业管理用房	m²	460	
7）地下建筑面积	m²	40,537	
其中 车库建筑面积	m²	37,015	
停车泊位	辆	1,027	
1）地面	辆	108	
2）地下	辆	919	
容积率		4.40	

重庆融汇半岛（八期）

项目地点：重庆市巴南区
开发商：重庆融汇集团
景观设计：IDU（埃迪优）世界设计联盟联合业务中心
占地面积：48 746 m^2

项目的景观设计延续建筑的Art Deco风格，以现代主义的装饰符号表达其精神内涵。同时，延续建筑设计上的空间，即围合的大庭院与轴线空间。景观设计中以纯粹的树林和草坪为主，简洁大气，将古典空间进行现代的演绎。

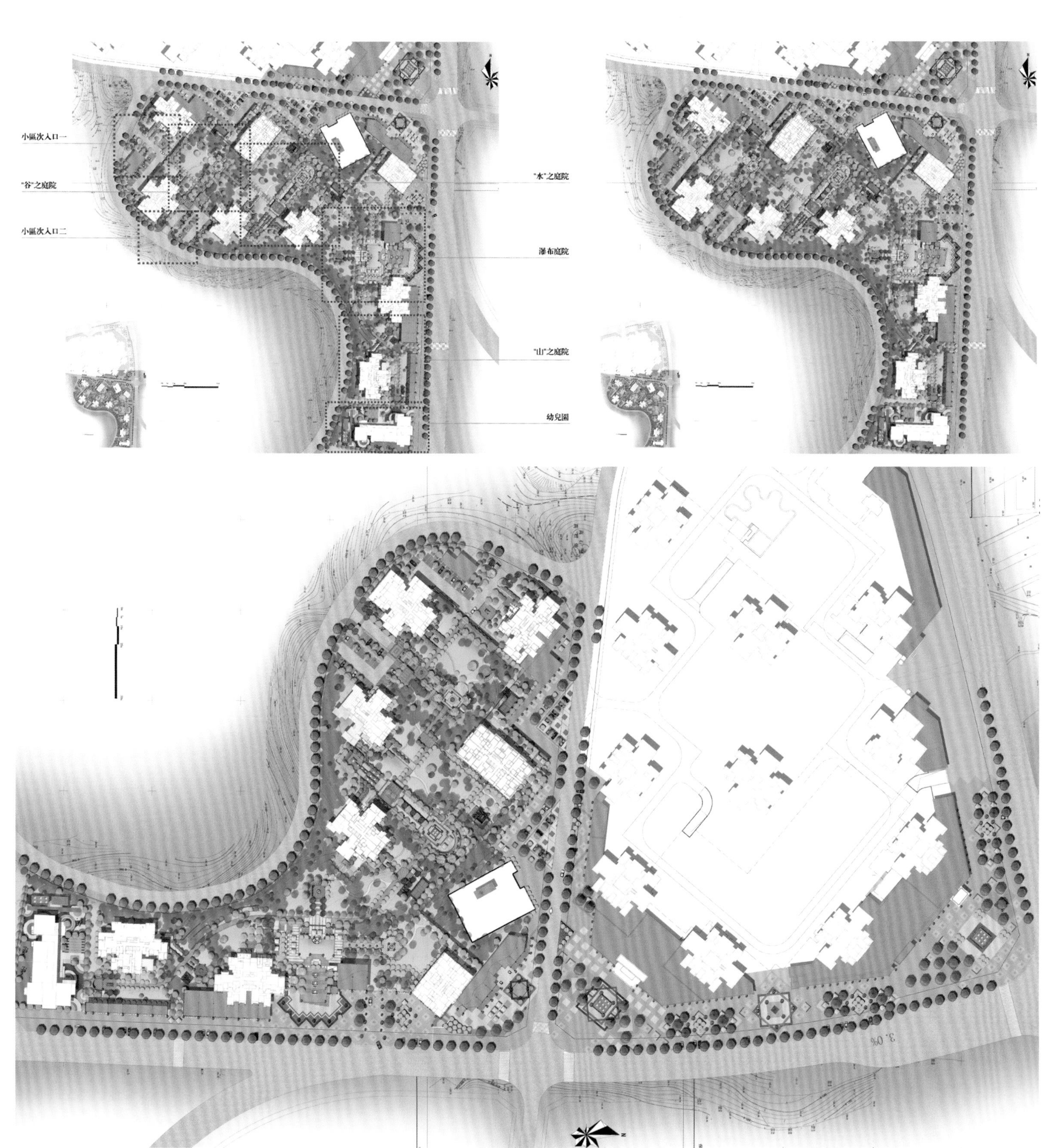

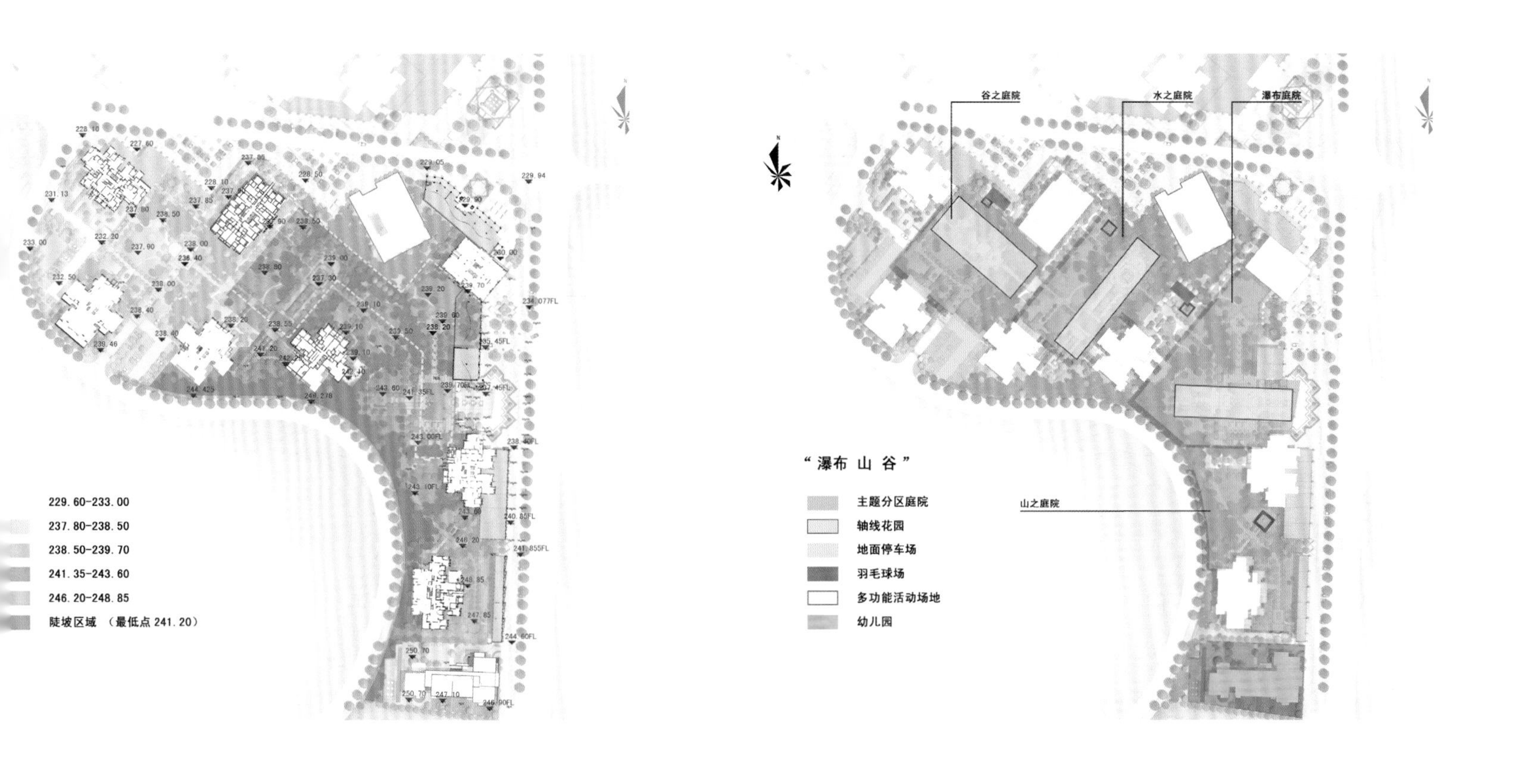
229.60-233.00
237.80-238.50
238.50-239.70
241.35-243.60
246.20-248.85
陡坡区域 （最低点 241.20）
谷之庭院
水之庭院
瀑布庭院
山之庭院
“瀑布 山 谷”
主题分区庭院
轴线花园
地面停车场
羽毛球场
多功能活动场地
幼儿园

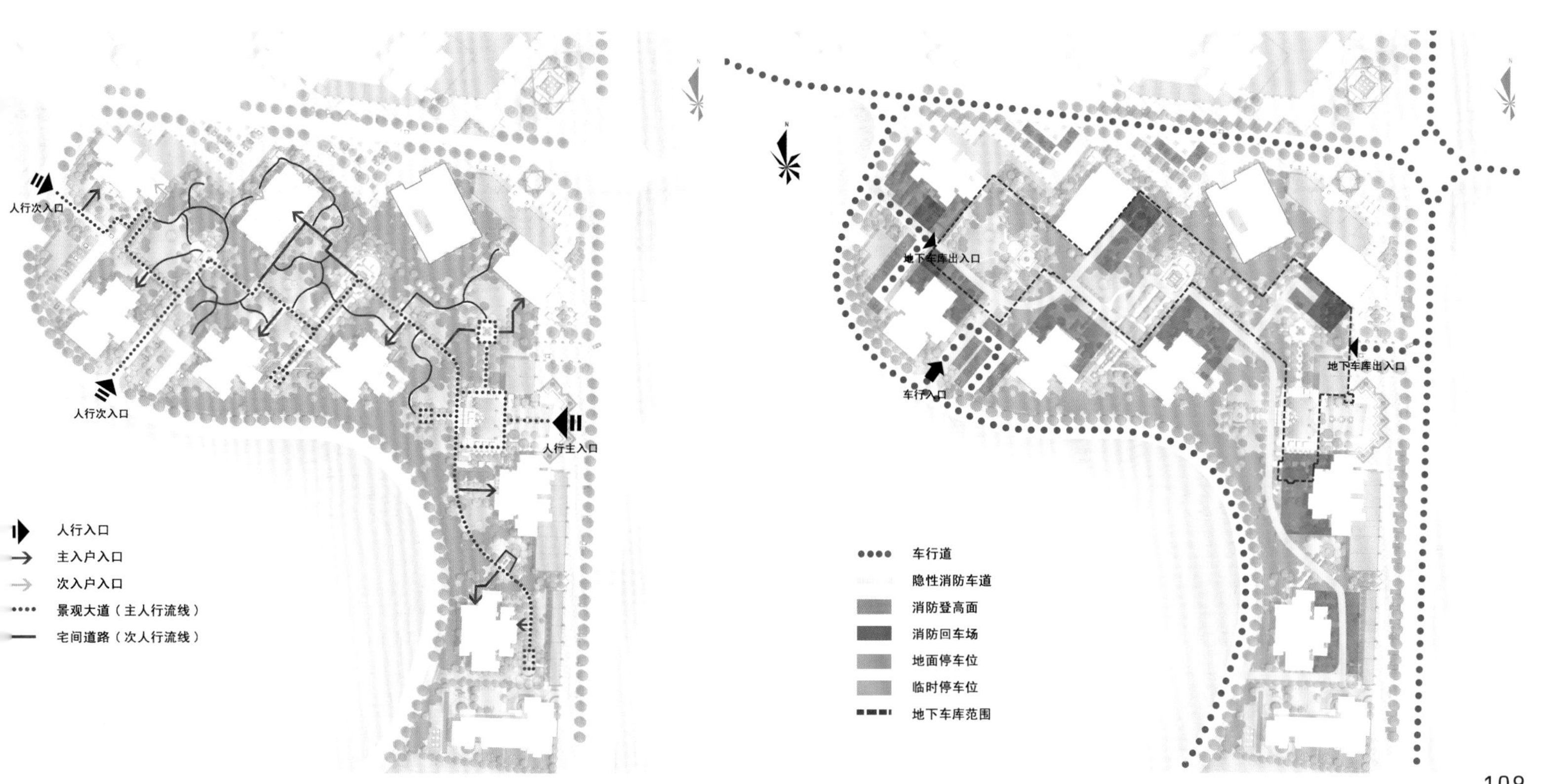
人行次入口
人行次入口
人行主入口
人行入口
主入户入口
次入户入口
景观大道（主人行流线）
宅间道路（次人行流线）
地下车库出入口
地下车库出入口
车行入口
车行道
隐性消防车道
消防登高面
消防回车场
地面停车位
临时停车位
地下车库范围

天津老城厢1#与7#

项目地点：天津市
规划设计：澳洲澳欣亚国际设计公司
占地面积：102 217.1 m²
总建筑面积：446 008 m²
容积率：4.35
绿化率：26%

老城厢是天津多元文化的重要组成部分和源头，代表着天津的历史和传统地域文化。处于新老城北部交接地带的1#与7#地块，是新老城区的黏合剂，成为一体化发展在北部的关键区域。

1#地块位于北马路和鼓楼文化街的交叉口，是最重要的中轴门户之一，规划在交叉口处设计两栋板式高层，成一定角度排列，中间用连接体相接，犹如大门的造型，隐喻着新区的发展将带领历史悠久的老城厢走向灿烂的未来。在中轴线上设计一个现代感十足的雕塑，作为老城厢北侧门户标志。

规划设计与建筑设计具有弹性，将地块内布置得张弛有度，整体景观流线呈"S"形，两个门户所在的高层就犹如弹簧的两端，契入到城市的肌理中。整体区域松紧分布，合理流畅，集中舒缓的绿地与高密度的商务高层完美地结合在一起。

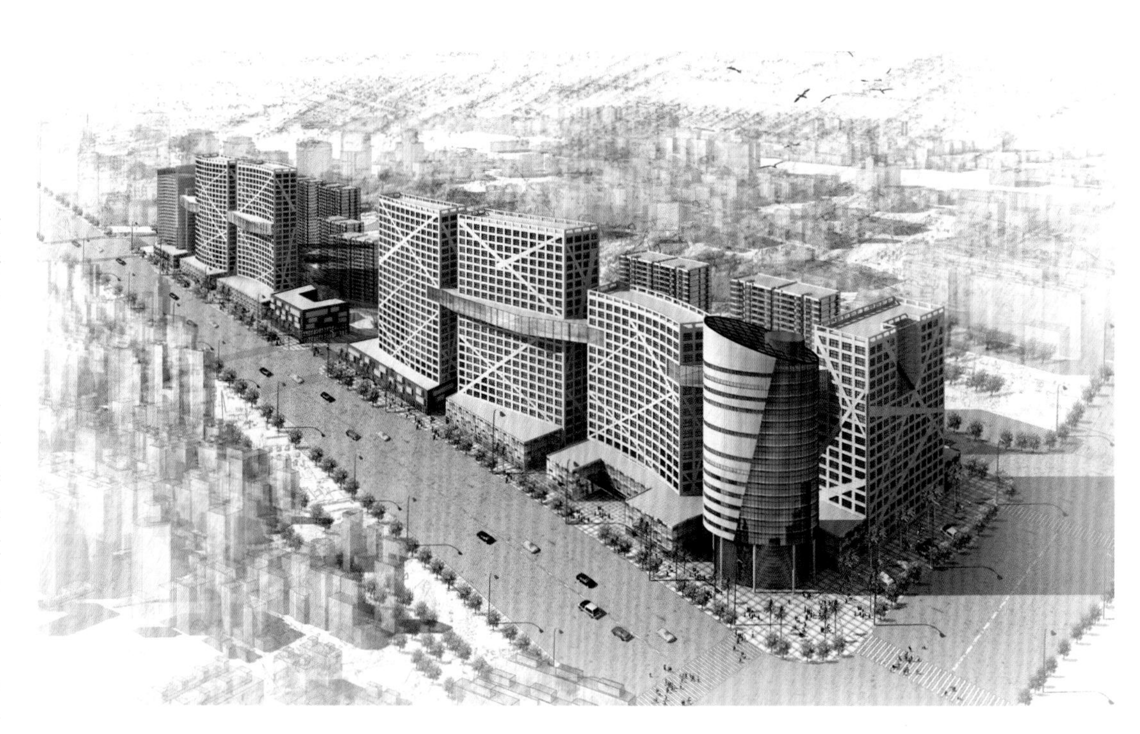

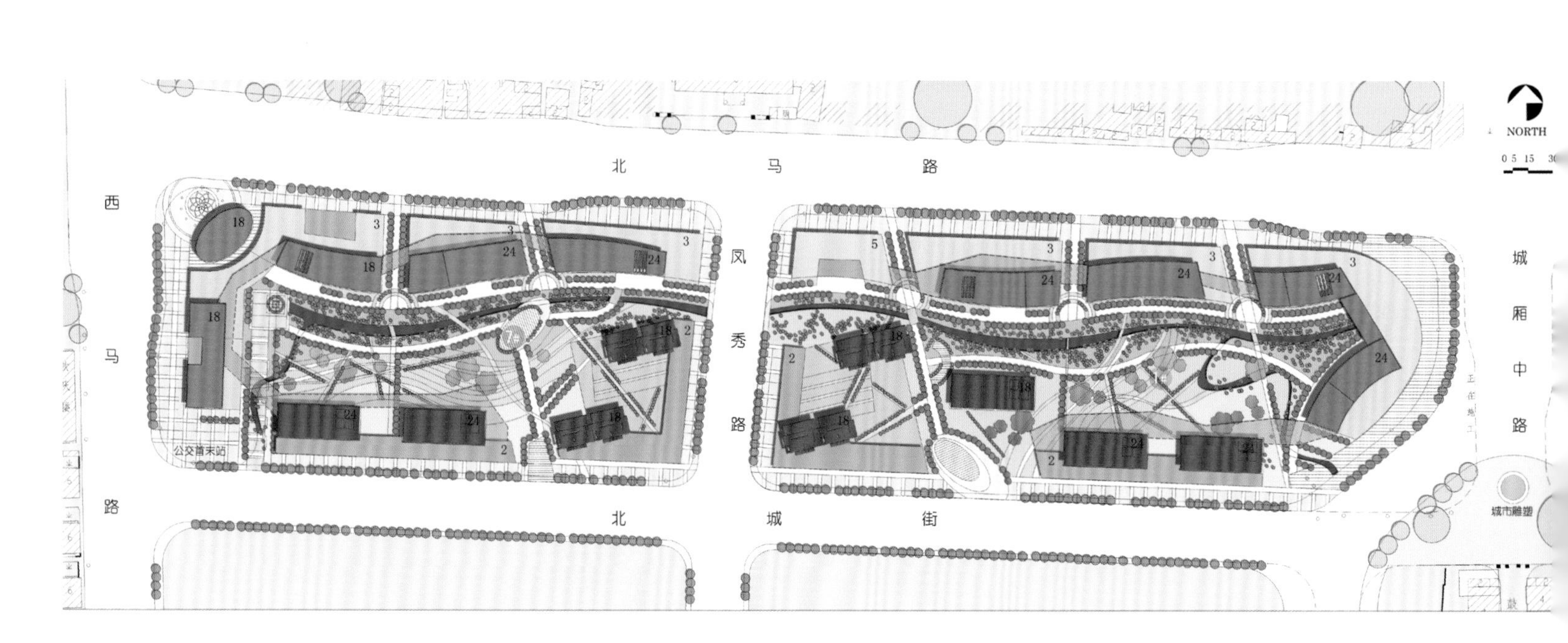

主要经济技术指标			
		7#地块	1#地块
规划总用地		46793.7 平方米	55423.4 平方米
地上总建筑面积		209349 平方米	236659 平方米
其中	居住部分	64680 平方米	82960 平方米
	非经营性配套		5338 平方米
	公共设施部分	144469 平方米	146361 平方米
	市政设施	200 平方米	2000 平方米
容积率：		4.48	4.27
建筑密度：		26%	26.5%
其中	居住	30%	28%
	办公	24%	25%
绿地率：		25.05%	26%
其中	居住	30%	30%
	办公	23.8%	24%

1# 地块
- 商业及写字楼、办公公寓（SOHO）组团
- 住宅组团

7# 地块
- 大型办公及商业组团
- 住宅组团

- 空中开放社区
- 小区配套公建

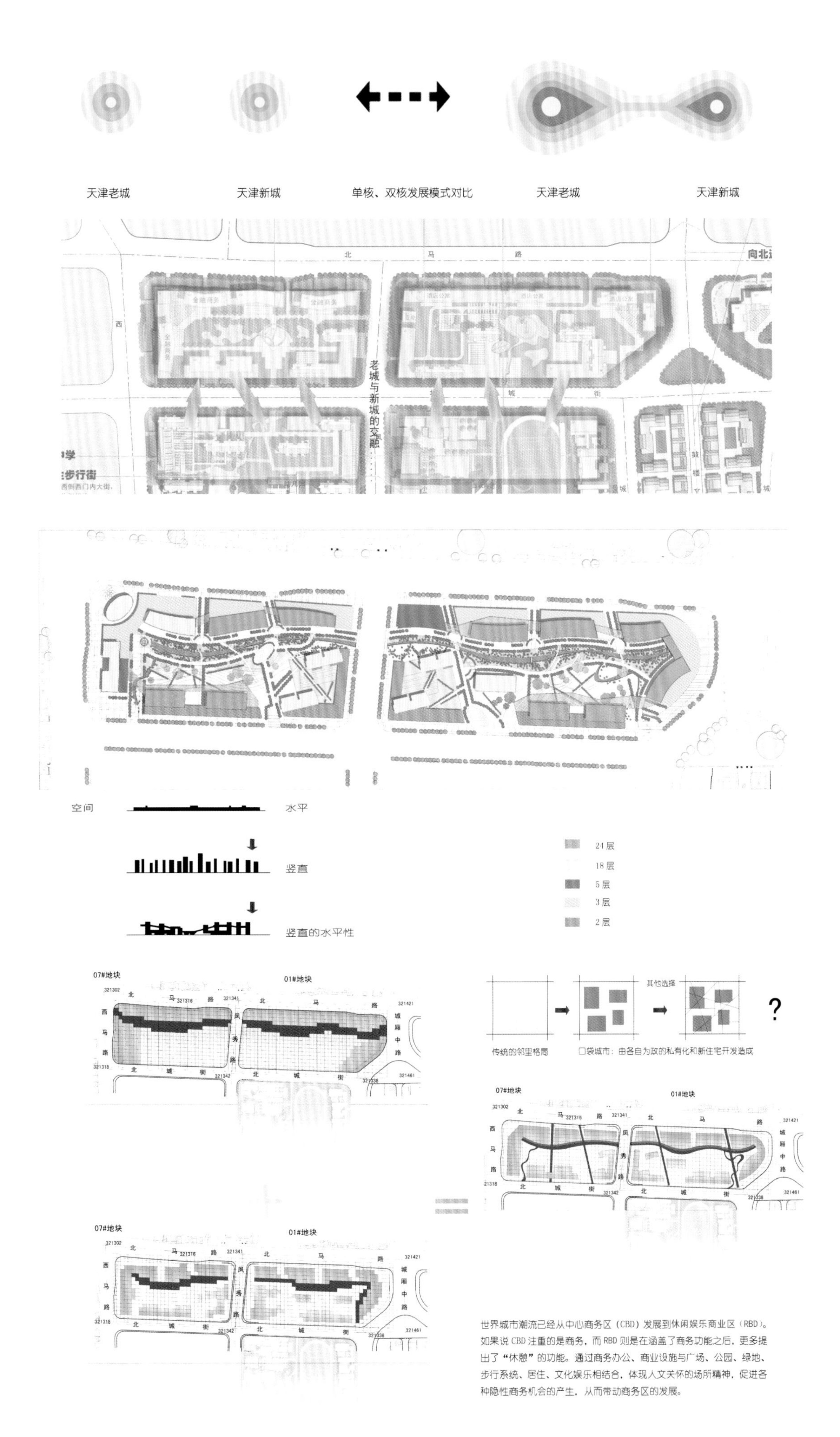

世界城市潮流已经从中心商务区（CBD）发展到休闲娱乐商业区（RBD）。如果说CBD注重的是商务，而RBD则是在涵盖了商务功能之后，更多提出了"休憩"的功能。通过商务办公、商业设施与广场、公园、绿地、步行系统、居住、文化娱乐相结合，体现人文关怀的场所精神，促进各种隐性商务机会的产生，从而带动商务区的发展。

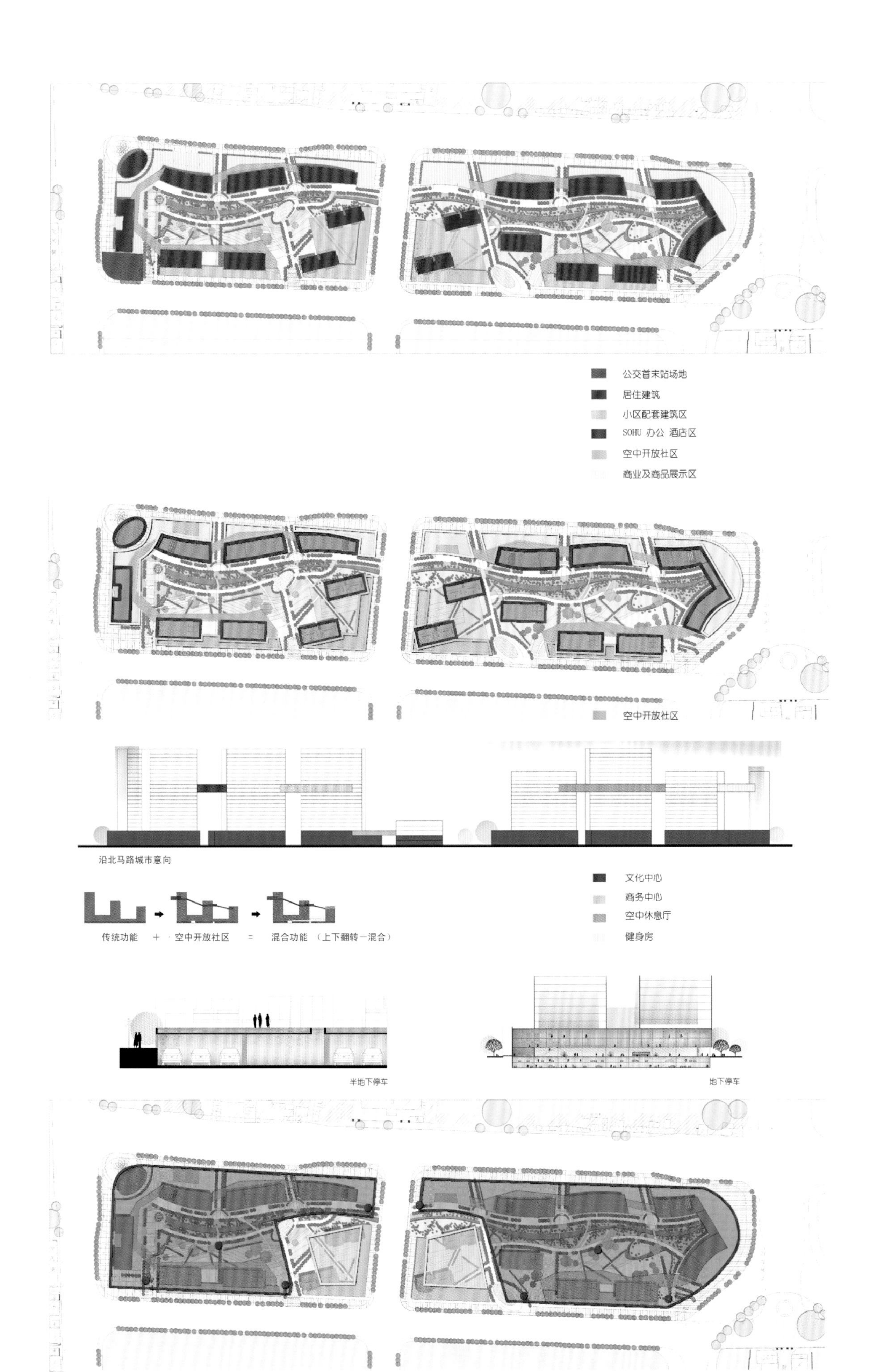
公交首末站场地
居住建筑
小区配套建筑区
SOHU 办公 酒店区
空中开放社区
商业及商品展示区
空中开放社区
沿北马路城市意向
传统功能 + 空中开放社区 = 混合功能（上下翻转一混合）
文化中心
商务中心
空中休息厅
健身房
半地下停车
地下停车
地下车库范围（两层地下车库）
地下车库出入口（邻近道路）
半地下开发范围

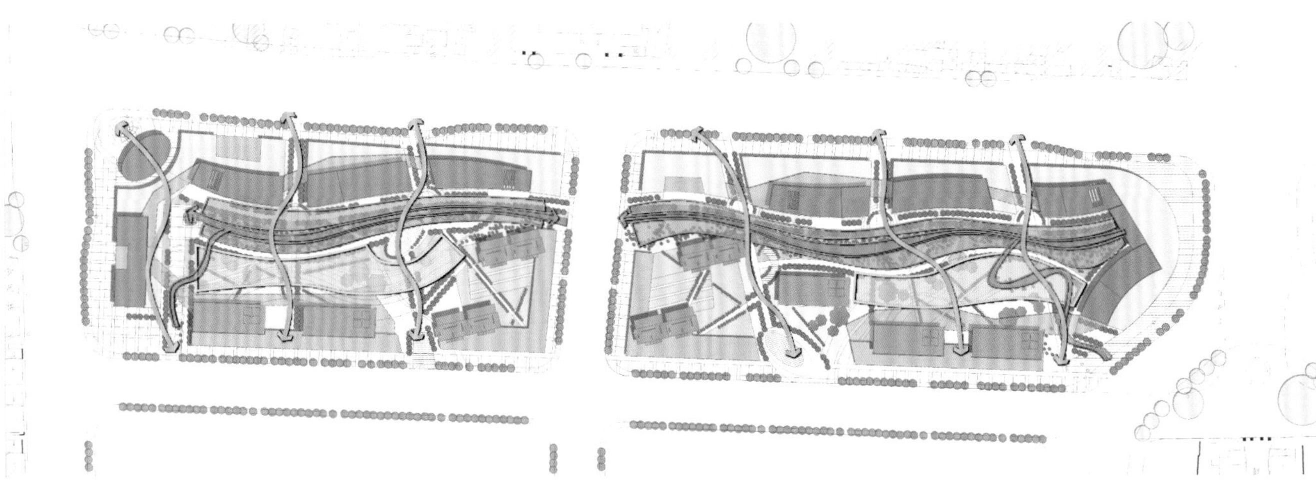

规划从生态学的角度对地块进行静态分层，形成河谷，山脉，丛林的景观斑块，建筑犹如植物生长在其中。

(水系) ——河谷

(坡状绿地) ——山地

(沿河中央绿地) ——丛林

生态景观气场

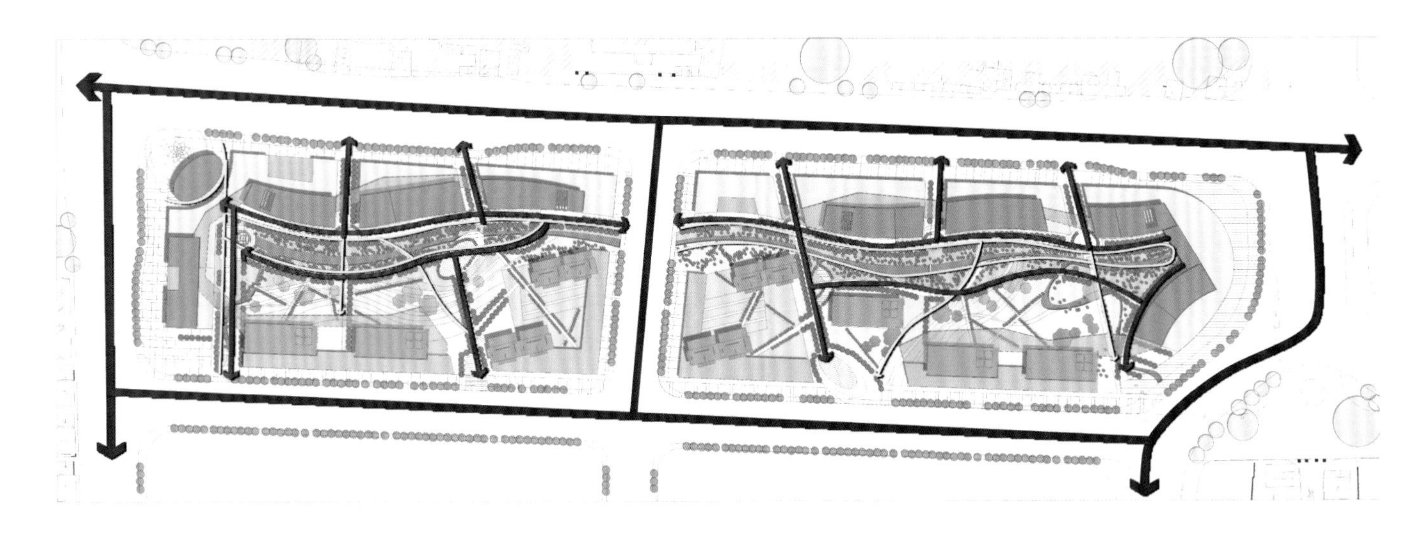

规划车行道

非机动车交通

外围城市道路

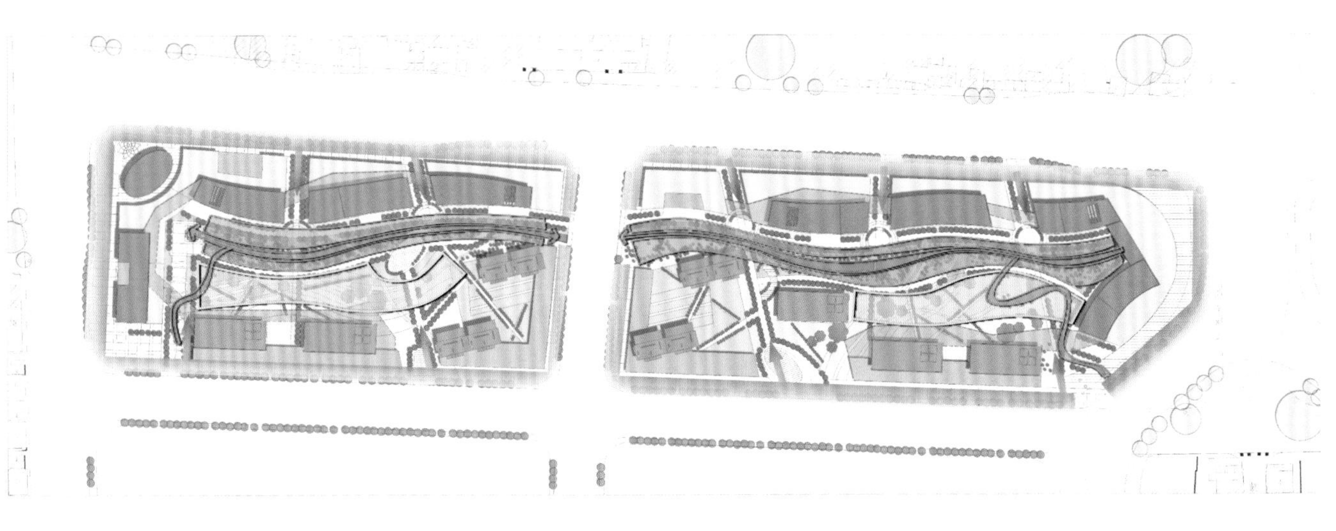

城市景观带

景观水系

坡状绿地

沿河中央绿地

兖州龙桥西片区规划

项目地点：山东省兖州中心城区中部
开发商：兖州市规划局
规划/建筑/景观设计：澳洲澳欣亚国际设计公司
占地面积：335 000 m²
总建筑面积：555 200 m²
容积率：1.66
绿化率：46.6%

项目位于兖州中心城区的中部、城市主要发展轴线之上，由建设路向西连接新城区，向东连接老城区。距离规划的新城区市级行政文化商务中心、老城区市级商业中心均约2 km。其北侧有防灾指挥中心、南临九州路、西有金融街扬州路、东有新石铁路及河流。建设路、九州路、扬州路均为城市主干道，基地拥有优良的交通区位。府后路商业街将基地划分为南北两块。基地南临轨道交通预留线九州路段，交通极其方便。

功能结构规划是该项目规划设计的核心内容，主要解决地块的功能布局、空间组织等基本问题。通过对兖州发展趋势的分析研究，及对基地各系统的深入了解，形成了"两心、三核、三轴、四区"整体结构框架。规划整体布局较为自由，建筑及内部路网布局舒展流畅，与周边环境及地方文化氛围相统一的前提下，力图创造空间层次丰富、功能完备的人居环境。开放空间、居住区组团绿化、基地东侧滨水绿化带、道路沿街绿化带由城市道路及居住区道路连成系统，从整体上提升人居环境品质。

一期鸟瞰图

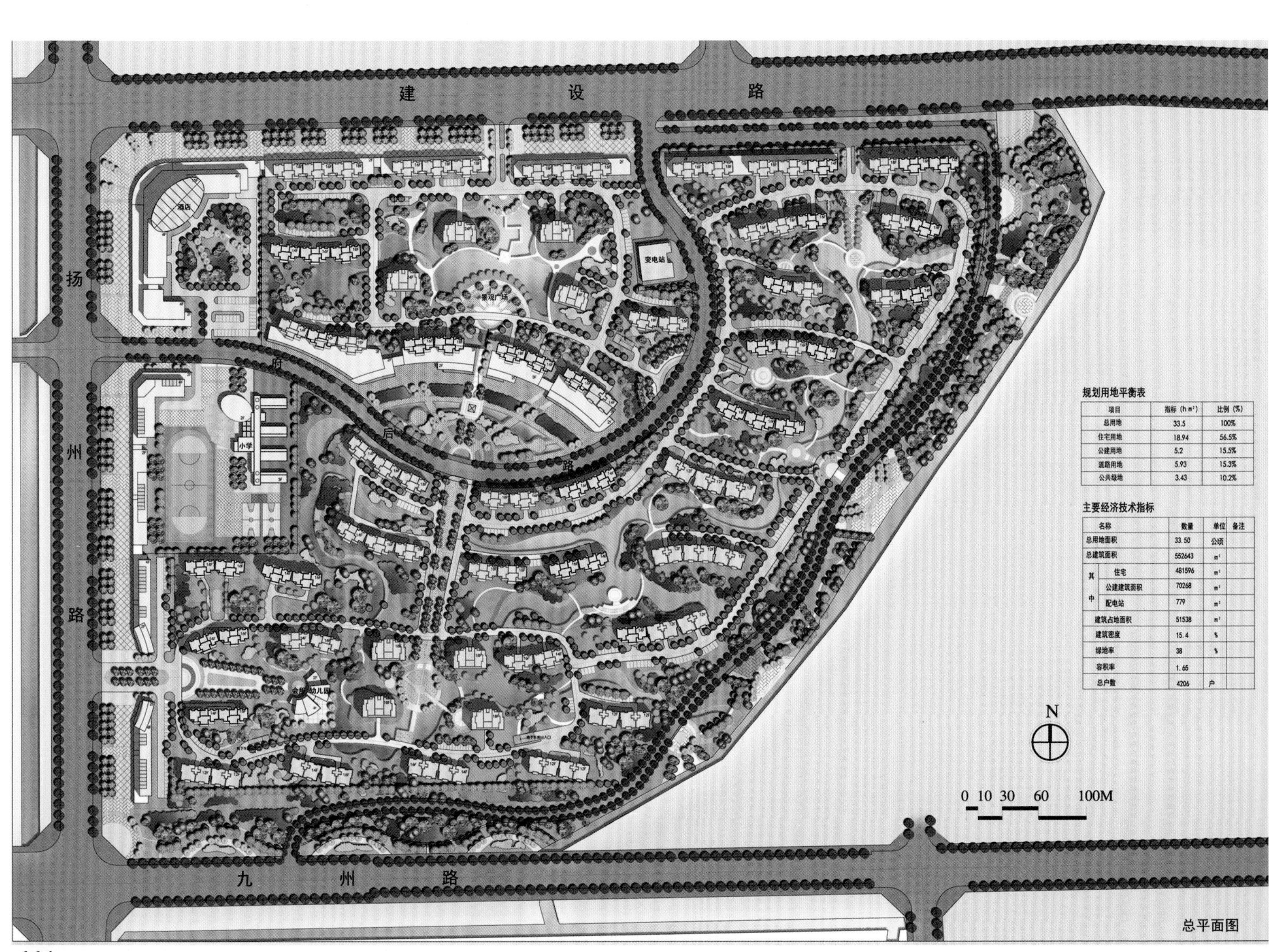

规划用地平衡表

项目	指标（h m²）	比例（%）
总用地	33.5	100%
住宅用地	18.94	56.5%
公建用地	5.2	15.5%
道路用地	5.93	15.3%
公共绿地	3.43	10.2%

主要经济技术指标

名称		数量	单位	备注
总用地面积		33.50	公顷	
总建筑面积		552643	m²	
其中	住宅	481596	m²	
	公建建筑面积	70268	m²	
	配电站	779	m²	
建筑占地面积		51538	m²	
建筑密度		15.4	%	
绿地率		38	%	
容积率		1.65		
总户数		4206	户	

总平面图

休闲娱乐核心区 鸟瞰图

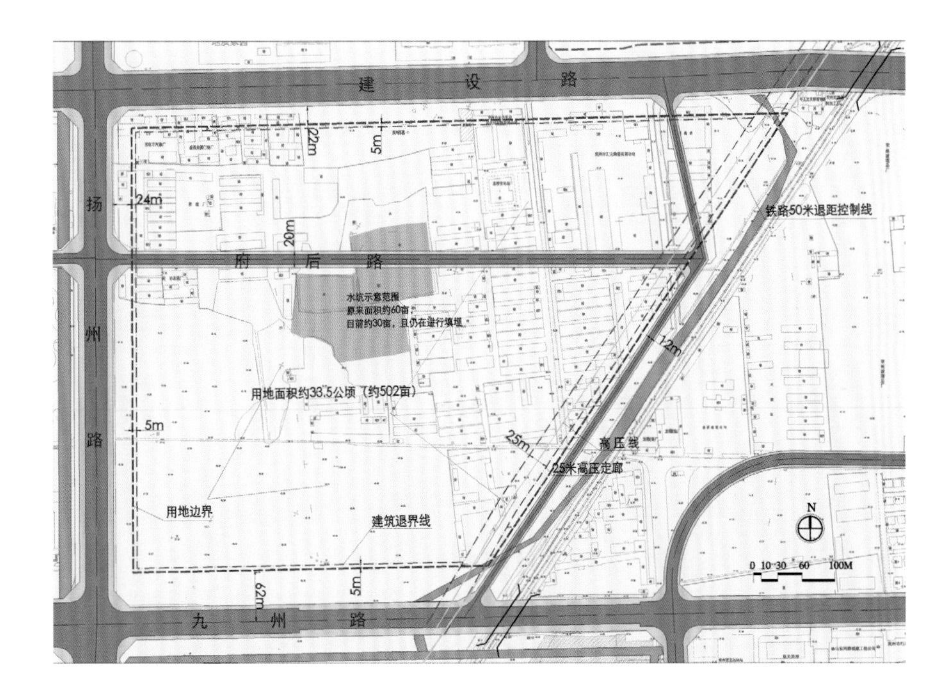
建 设 路
扬 州 路
府 后 路
九 州 路
24m
22m
5m
20m
铁路50米退距控制线
水坑示意范围
原来面积约60亩，
目前约30亩，且仍在进行填埋
用地面积约33.5公顷（约502亩）
12m
25m
高压线
25米高压走廊
用地边界
建筑退界线
62m
N
0 10 30 60 100M

建 设
扬 州 路
府 后 路
九 州 路

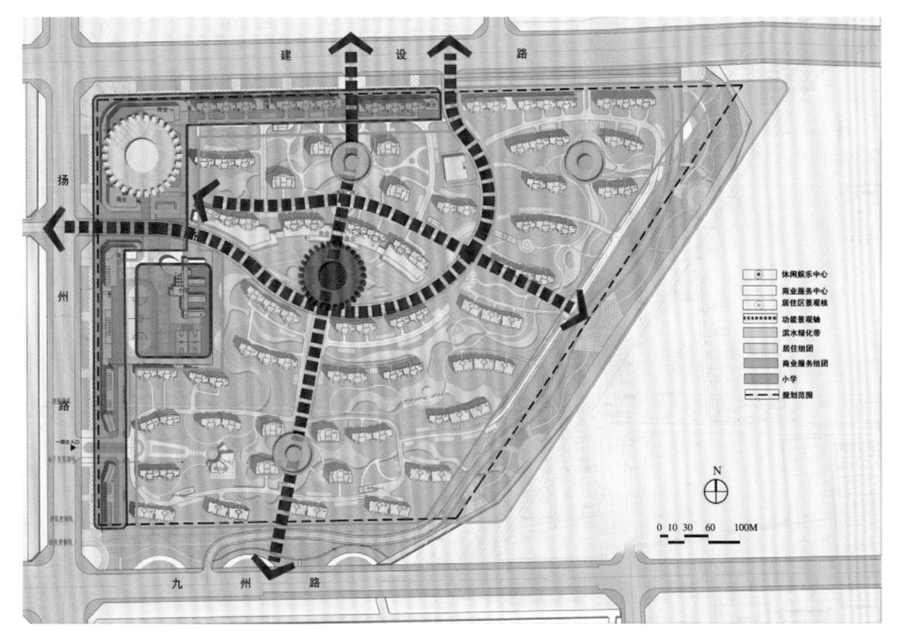
建 设 路
扬 州 路
九 州 路
休闲娱乐中心
商业服务中心
居住区景观核
功能景观轴
滨水绿化带
居住组团
商业服务组团
小学
规划范围
N
0 10 30 60 100M

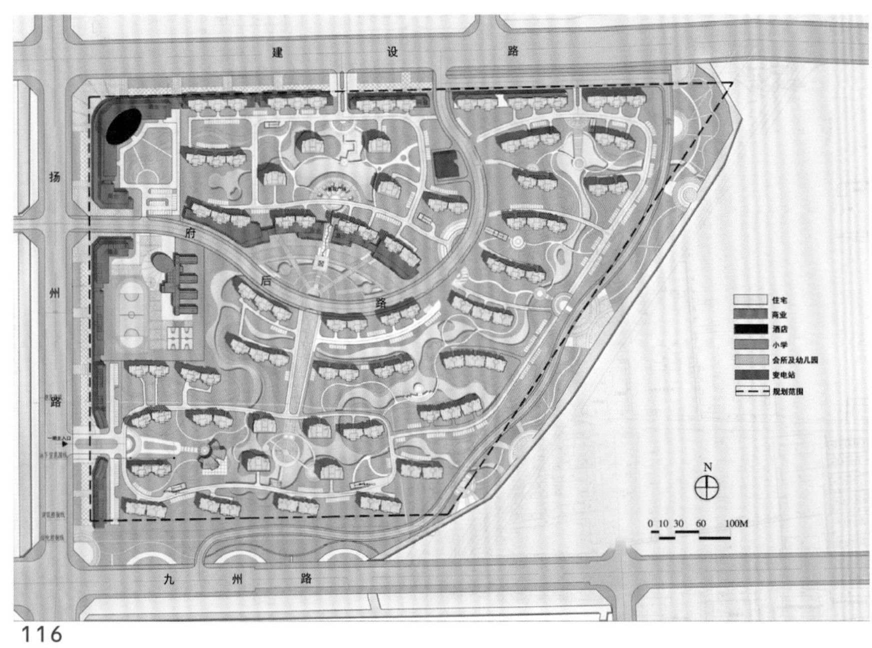
建 设 路
扬 州 路
府 后 路
九 州 路
住宅
商业
酒店
小学
会所及幼儿园
变电站
规划范围
N
0 10 30 60 100M

建 设
扬 州 路
府 后 路
九 州 路

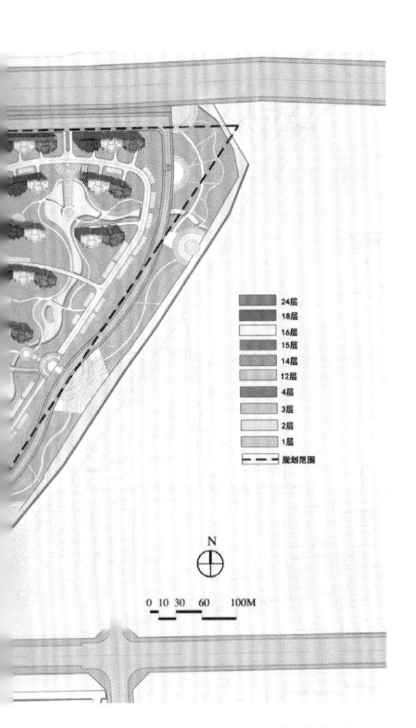

24层
18层
16层
15层
14层
12层
4层
3层
2层
1层
规划范围
N
0 10 30 60 100M

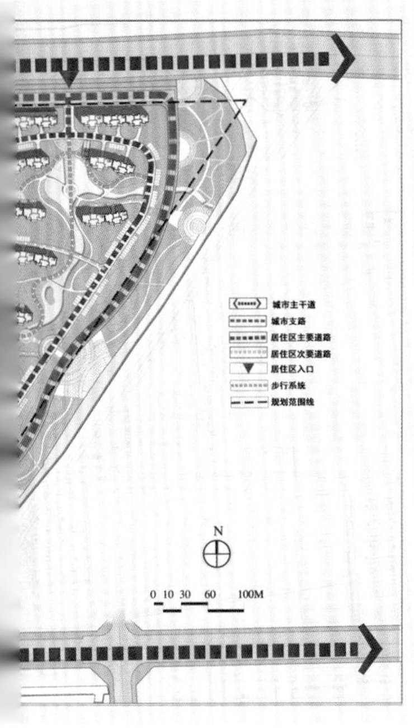

城市主干道
城市支路
居住区主要道路
居住区次要道路
居住区入口
步行系统
规划范围线
N
0 10 30 60 100M

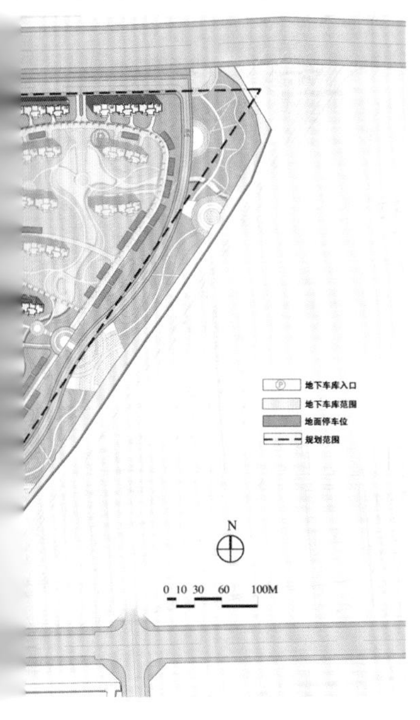

地下车库入口
地下车库范围
地面停车位
规划范围
N
0 10 30 60 100M

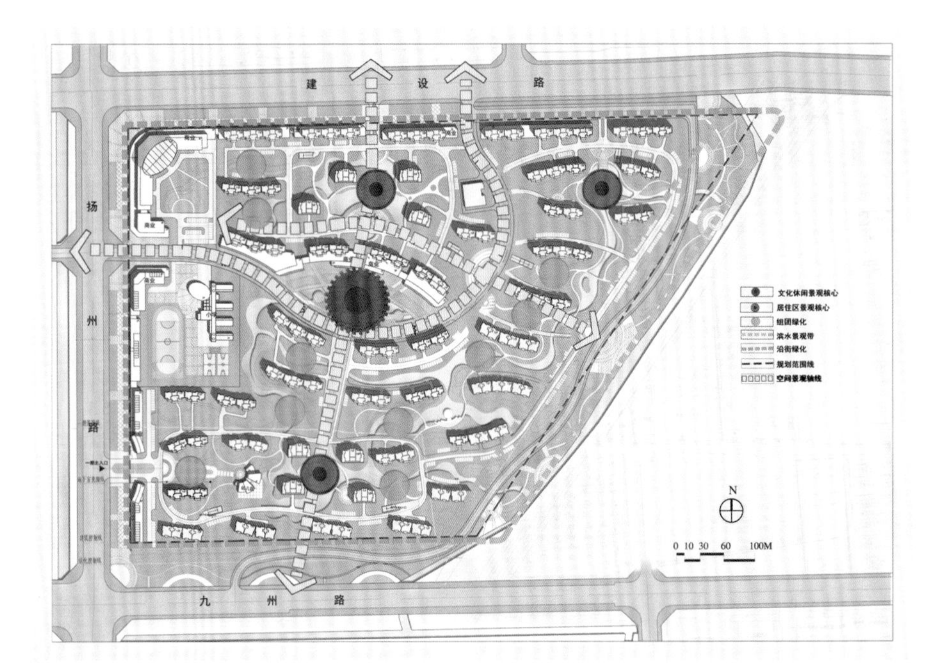

建 设 路
扬 州 路
九 州 路
文化休闲景观核心
居住区景观核心
组团绿化
滨水景观带
沿街绿化
规划范围线
空间景观轴线
N
0 10 30 60 100M

建 设 路
扬 州 路
九 州 路
居住界面
商业界面
商住界面
混合界面
规划范围
N
0 10 30 60 100M

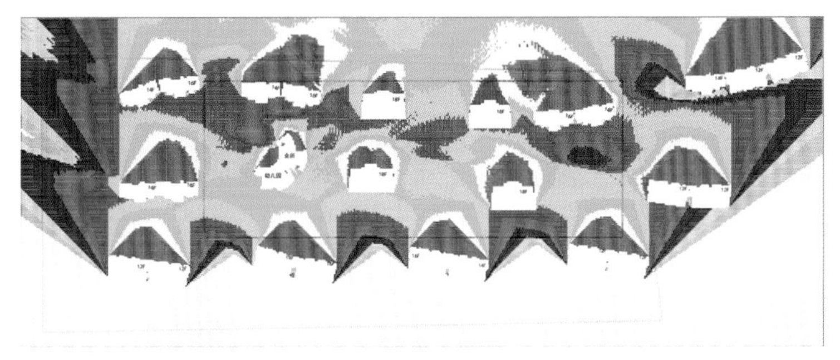

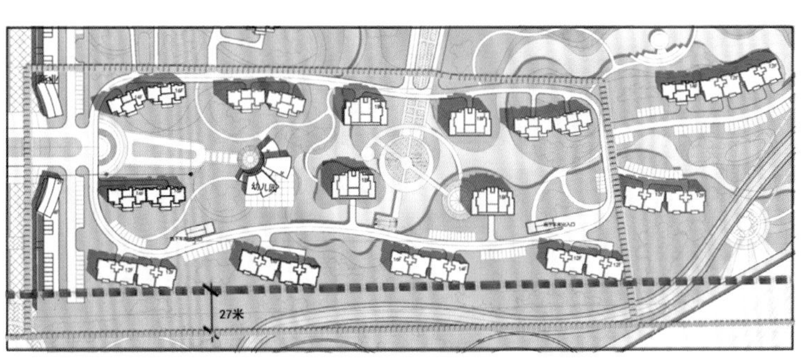

27米
一期范围线
建筑控制线
绿化控制线

兖州秀水公园

项目地点：山东省兖州新城区
开发商：兖州市规划局
规划/建筑/景观设计：澳洲澳欣亚国际设计公司
占地面积：13 015 m²
总建筑面积：113 973.8 m²
容积率：2.19
绿化率：30%

秀水公园北侧片区位于兖州新老城区的交界处，拥有良好的交通区位条件。充分利用现有基地条件，并进行适度改造与重整，使居住环境的营建尽可能地贴近自然，将原本有可能对开发建设不利的因素转变为引人注目的亮点，树立城市居住社区"生态"、"雅居"的整体环境形象，这便是在房产开发过程中最为重要的"自然"的概念，即一种经过人工处理了的、优化的、与居住紧密结合的自然环境。

根据规划设计要求，协调住宅区内外部的环境与景观形象，合理确定住宅的布局。立足于城市地段的特征，合理分配绿化景观资源，以保证区内不同住宅之间，以及小区与城市道路之间的均衡。作为新世纪的建设工程，规划设计应具有一定的超前性、先导性，达到高起点、高标准。在细致调查、分析基地周边房产开发项目与地块周边地区发展潜力乃至整个城市房产开发建设现状基础之上，提出地块开发的环境定位。充分利用开发建设基地内有绿化、近水的特点，结合住宅建筑设计与环境规划设计，创造独具特色的居住环境，以与自然水体的良好亲近关系作为环境亮点。

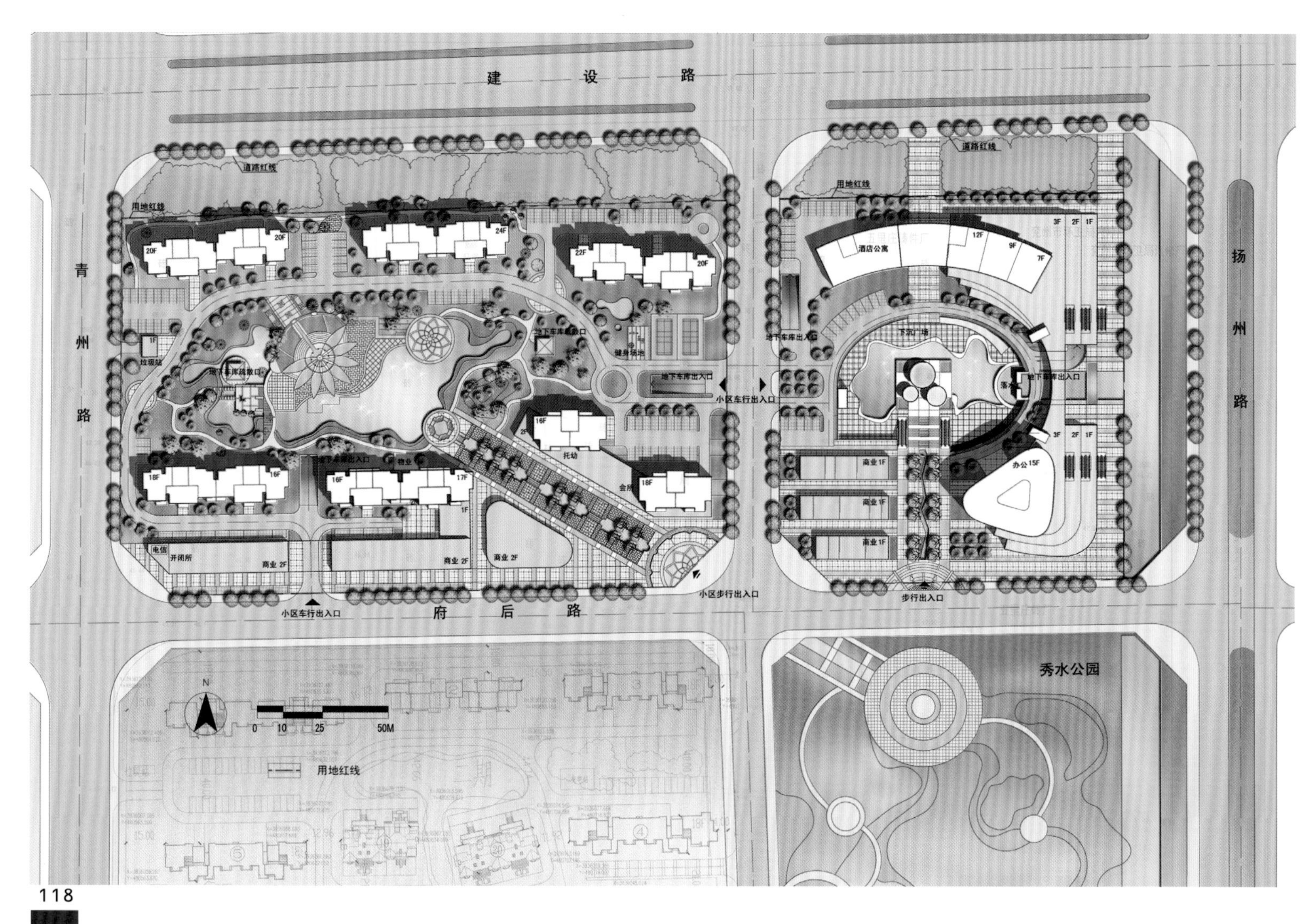

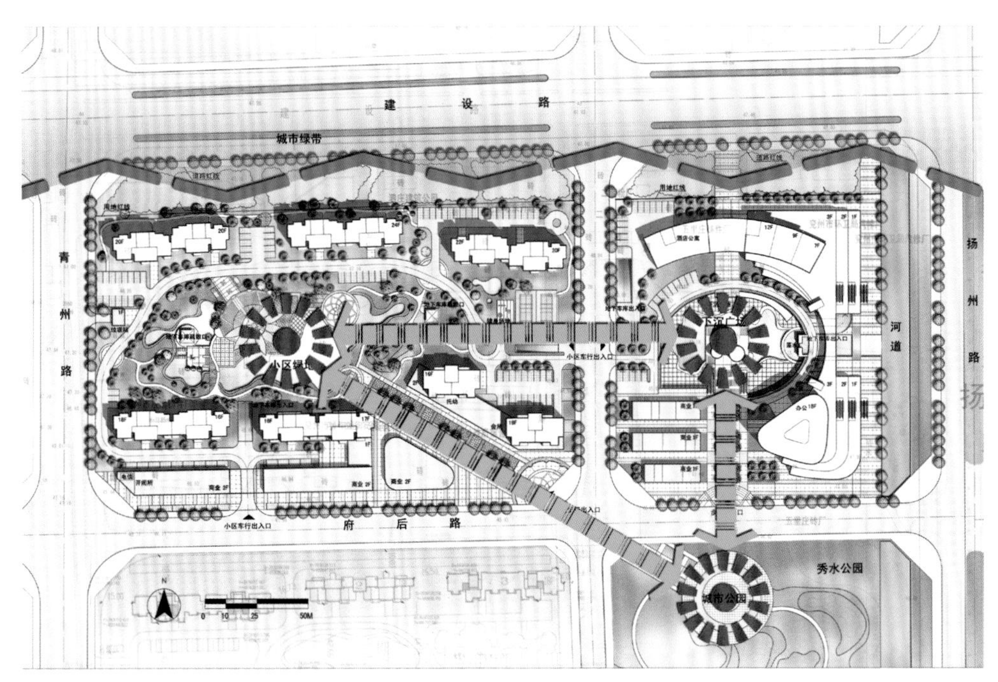

图例

景观节点

景观轴线

景观界面

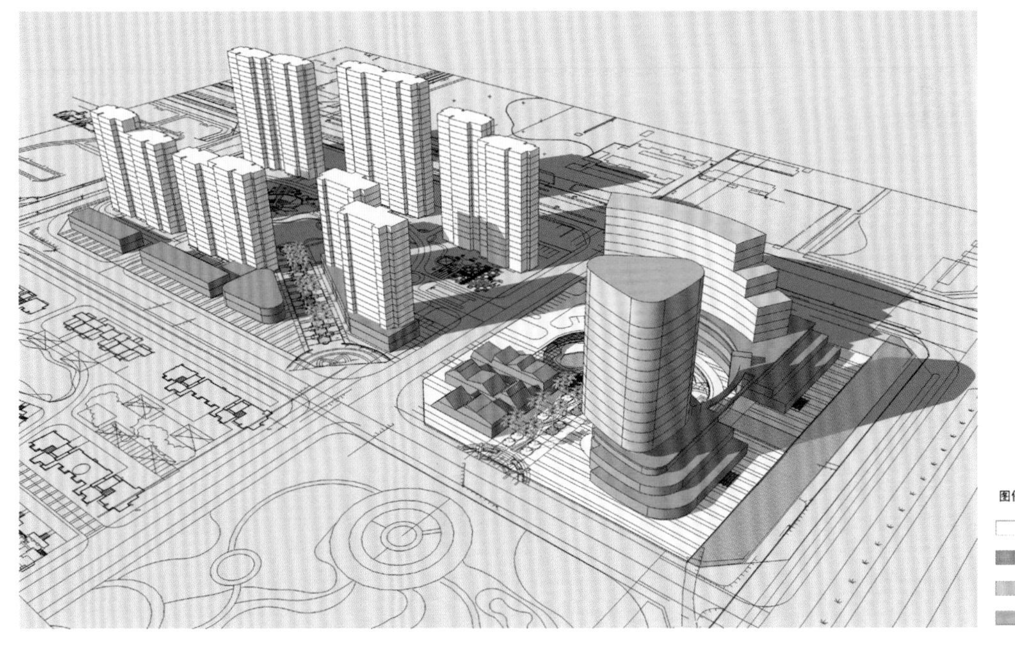

图例

住宅

商业

酒店式公寓

办公

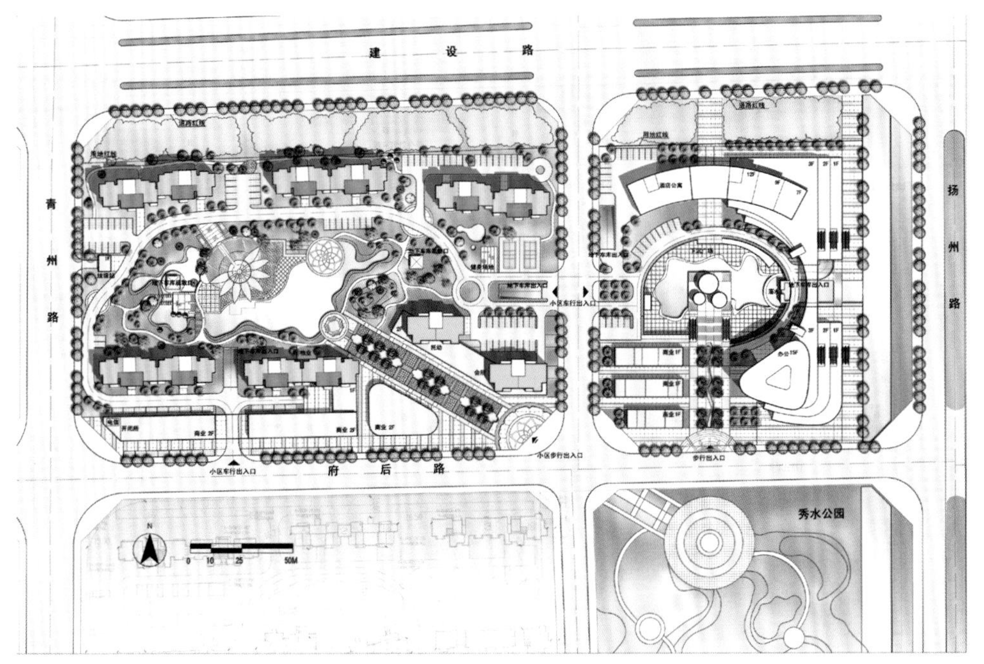

图例

户型A, 138.1平米

户型B, 114.6平米

户型C, 183.1平米

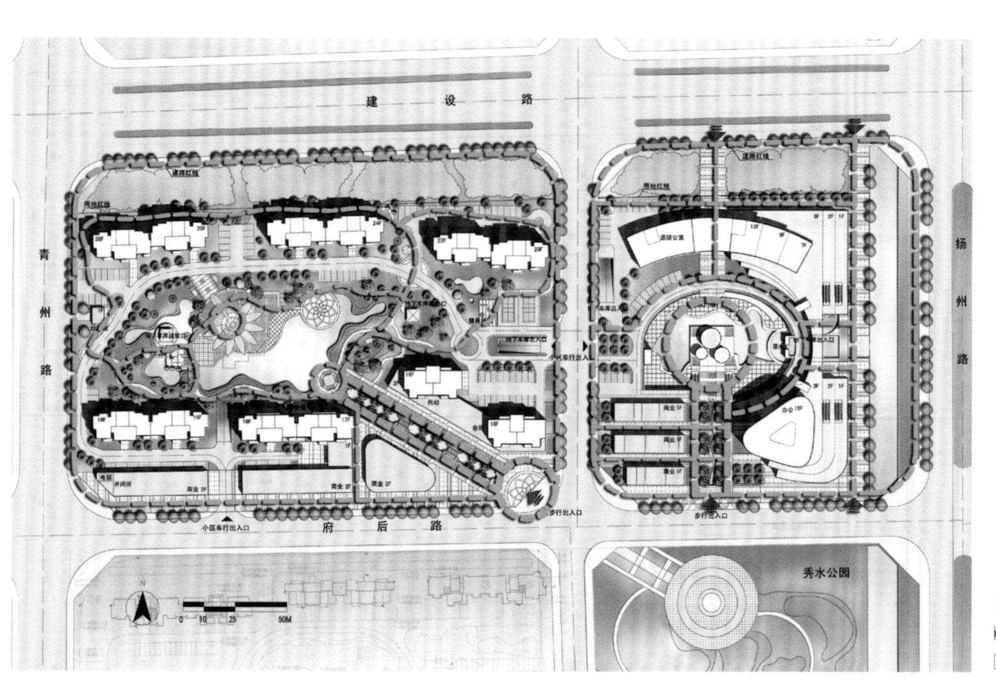

图例

步行流线

步行出入口

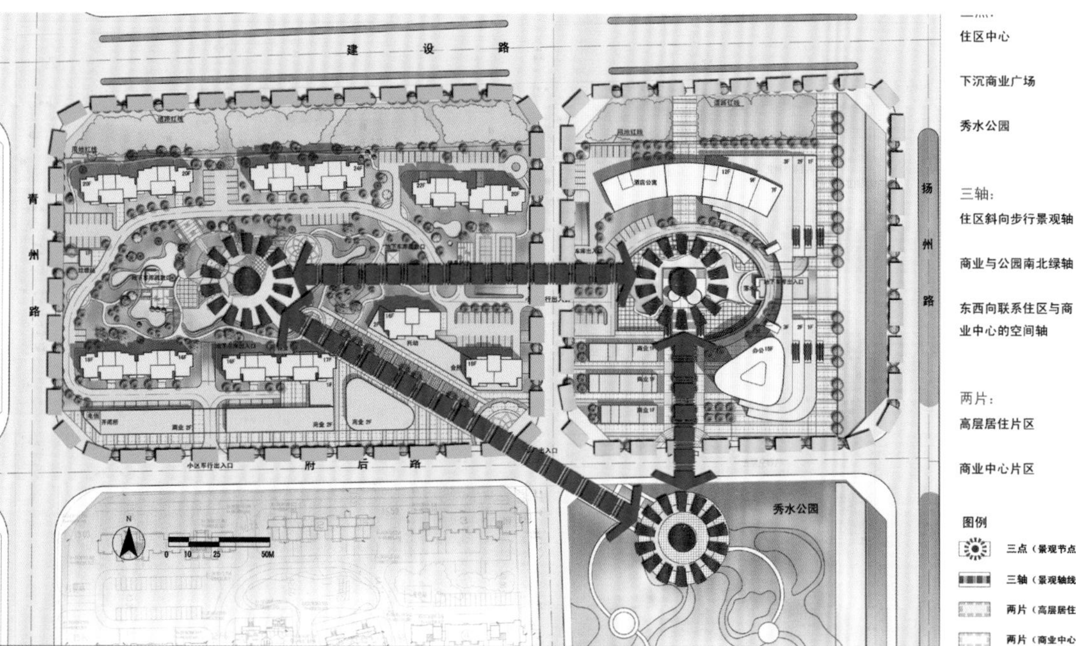

三点：

住区中心

下沉商业广场

秀水公园

三轴：

住区斜向步行景观轴

商业与公园南北绿轴

东西向联系住区与商业中心的空间轴

两片：

高层居住片区

商业中心片区

图例

三点（景观节点）

三轴（景观轴线）

两片（高层居住片区）

两片（商业中心片区）

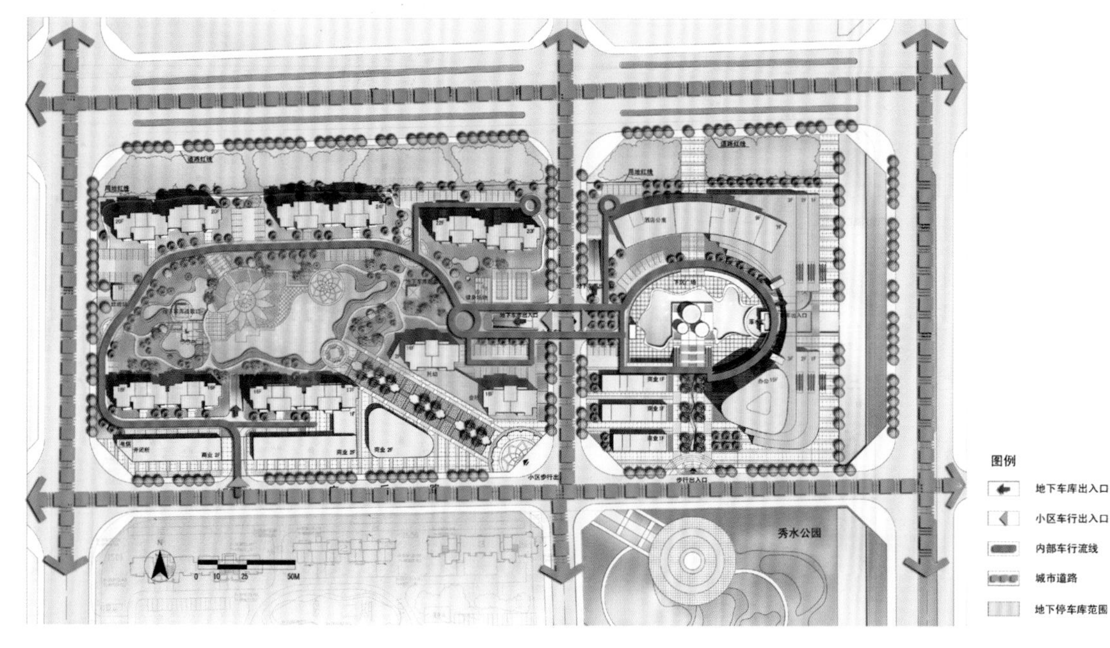

图例

地下车库出入口

小区车行出入口

内部车行流线

城市道路

地下停车库范围

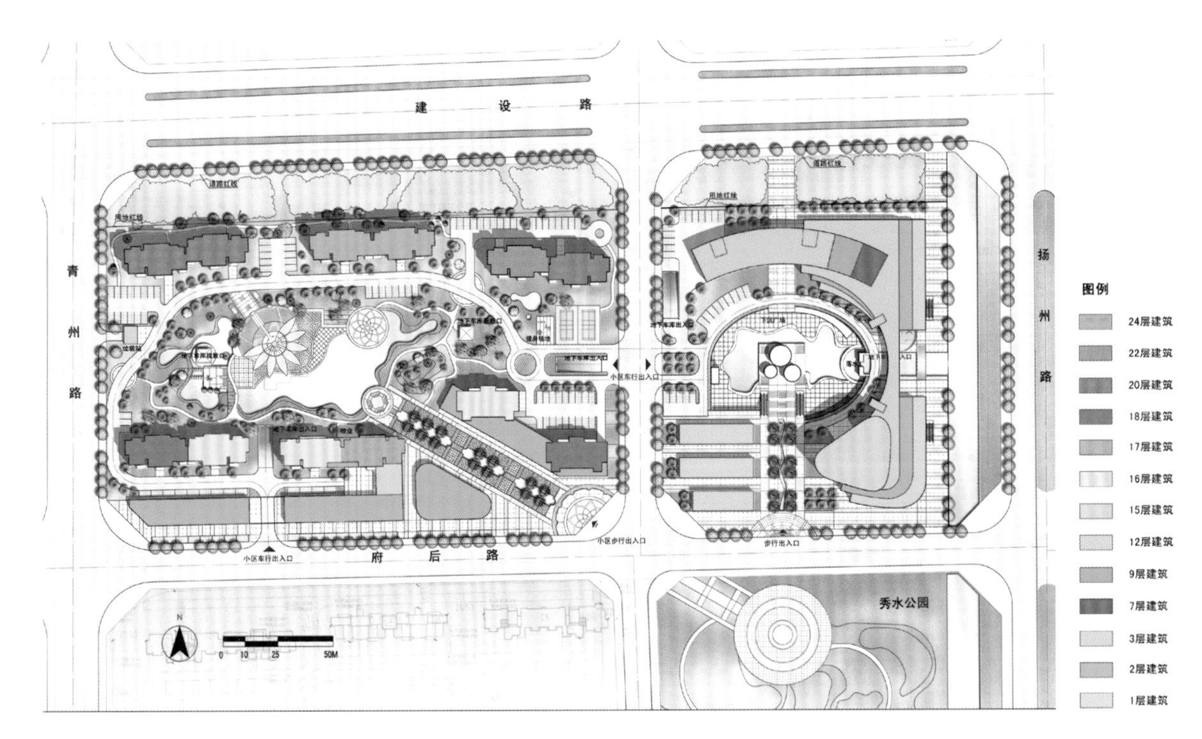

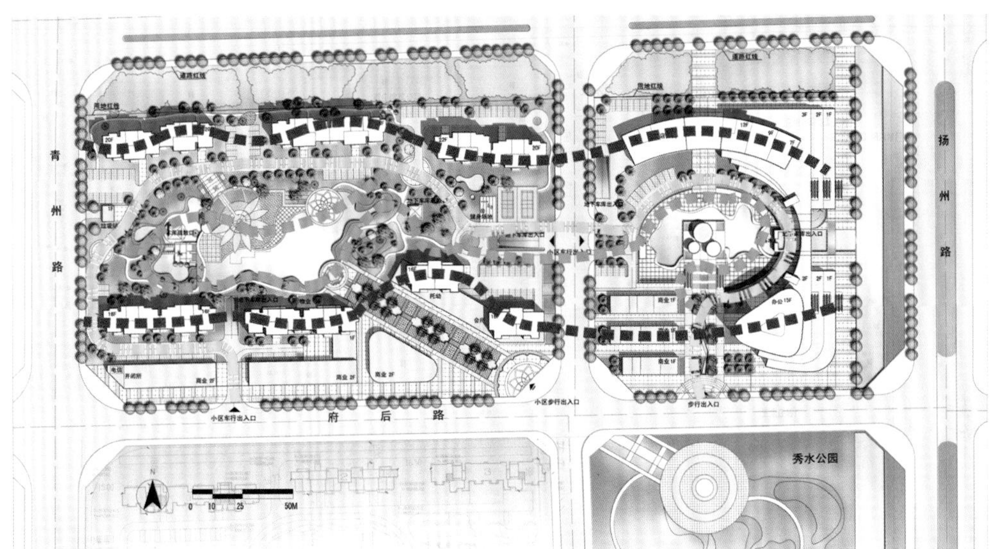

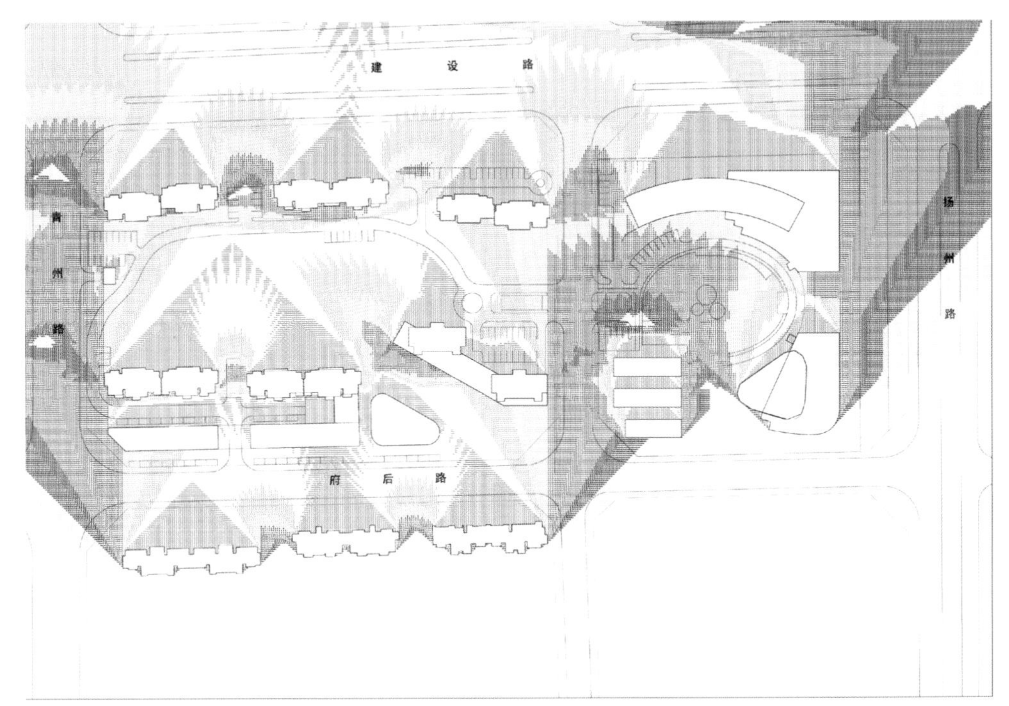

本日照分析采用天正建筑软件计算：

国标《城市居住区规划设计规范》GB50180-93；

兖州市纬度：北纬35.33度；

有效日照时间段为：8：30—16：30；

单位小时水平测试面高度为1.2米，网格边长为3.00米。

分析结果：

根据规范及中国建筑气候区划图，兖州市属于寒冷气候区，依据住宅建筑日照标准应满足：大寒日不少于3小时的满窗日照标准。

经软件计算，本方案符合日照要求。

图例

- 大寒日日照0小时
- 大寒日日照1小时
- 大寒日日照2小时
- 大寒日日照3小时
- 大寒日日照4小时
- 大寒日日照5小时
- 大寒日日照6小时
- 大寒日日照7小时

广州光大花园（H区）

项目地点：广东省广州市海珠区
建筑设计：翰华建筑设计有限公司

地块位于广州市海珠区工业大道北西侧，金沙路南侧。项目分为两大板块，分别为住宅区及商业区。住宅区由七栋34层住宅组成，基本呈扇形对称布置。项目以大户型为主，局部为特大户型。商业区地下一层层高5.6 m，地上三层层高均为5.1 m。商业内街的塑造，有助于商业界面的再扩大，使得一线商业铺面的有效面积进一步增加，建筑本身所包含的商业价值从而得以增长。地下空间合理利用基地高差，创造最经济的利用空间，并且采用部分采光天井改善地库环境。

广州花都雅景湾

项目地点：广东省广州花都区新华镇
开发商：广州市恒升房地产公司
建筑设计：广州瀚华建筑设计有限公司

雅景湾楼距开阔，两梯3到4户，绝大部分单位南北对流。小区内6层住宅楼距在30 m以上，其中一楼及顶层均带花园；而高层住宅户户面对800 m宽的湖面和湖对岸的山顶公园，户户有近40 m^2的私家入户空中花园，并配备观光电梯。

此楼盘的配套比较齐全，有会所、康体中心和中英文幼儿园等。第一期的设计理念是低密度和高品位、绿色和环保。首先推出3万 m^2的建筑面积，大约有200套，大多为120 m^2或以上的3室。

杭州世贸丽晶城

项目地点：浙江省杭州黄龙世贸区域
开发商：浙江火炬置业发展有限公司
建筑设计：华森建筑与工程设计顾问有限公司
占地面积：82 605 m^2
总建筑面积：146 218 m^2
容积率：2.01
绿化率：35%

项目基地南临天目山路，西临教工路，北接文三路，东接浙大西溪校区，与著名的西湖风景区及宝石栖霞山脉不远，并与杭城标志性的建筑群浙江世贸中心、黄龙体育中心形成三足鼎立，具有极其优越的区位环境。

以"珠联璧合"的弧形大板楼，整合了多栋公建之间的松散关系，形成坦荡大气的广场尺度与交相辉映的建筑形态，使公建群具有强烈的视觉冲击力与穿透力。

以"城市绿洲"为软性自然绿篱，有机地化解了公建与住宅之间的环境冲突，彰显了工作、生活两相宜的地块特质。

以"大隐于市"的文人生活哲理，有机地融合了自然环境与都市环境，演绎出宁静而致远的都市田园。

以"多义空间"为体系，以三款House、三款花园、三款阳台为元素，将健康理念引入住宅设计，使"修身养性"渗入到生活空间。

户型景观的均好性、户型空间的整合性、户型房间的可调性，以及节能、节地与环保措施，均形成项目设计的显著亮点。立面造型采用新古典风格，力求塑造出"百年学府，书香门第"的文化建筑形象，给人以尊贵典雅的雕琢美感。

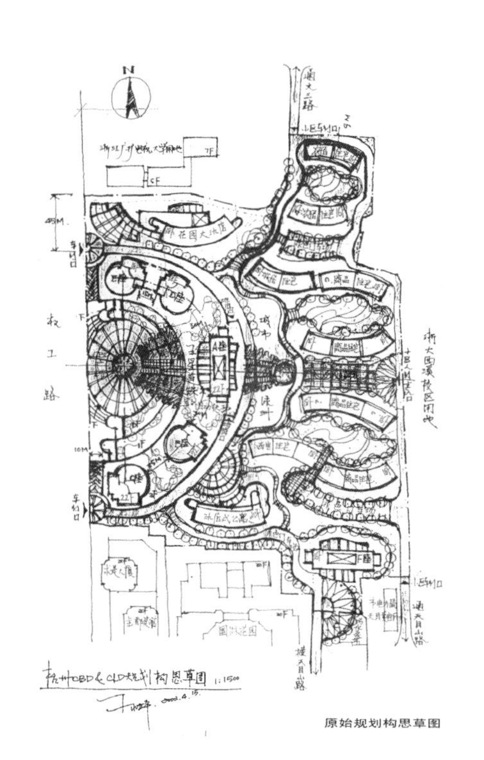

原始规划构思草图

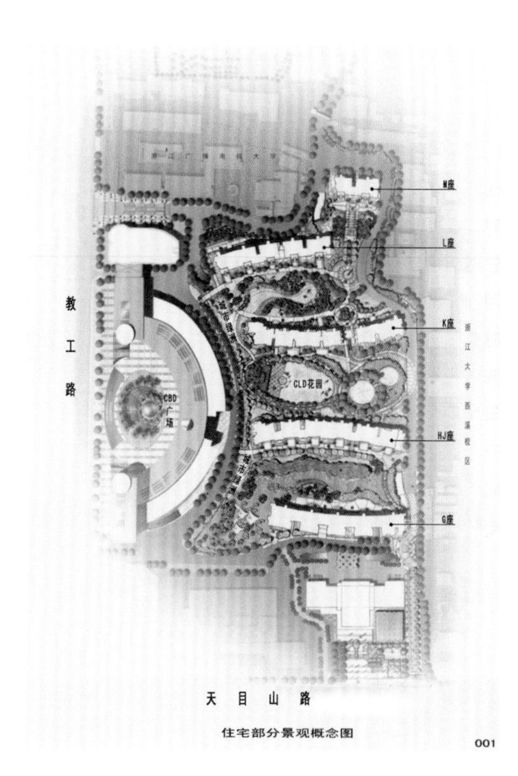

住宅部分景观概念图

总体规划平面图

总体规划鸟瞰图

■ 杭州世贸丽晶城，地处杭城高档商务圈——黄龙世贸区域，占地120余亩，由地上24多万M^2的商务办公和12多万M^2的商品住宅组成。基地南临天目山路，西临教工路，北接文三路，东接浙大西溪校区，与著名的西湖风景区及宝石栖霞山脉不远，并与杭城标志性的建筑群浙江世贸中心、黄龙体育中心形成三足鼎立，具有极其优越的区位环境。本工程住宅部分已于2005年底全部通过验收。

三亚金中海

项目地点：海南省三亚市
开发商：三亚金中海国际置业投资集团有限公司
占地面积：46 346 m²
总建筑面积：102 000 m²

三亚金中海位于海南省三亚市三亚湾核心地段，与绵延18 km的海岸线近在咫尺，交通便利，周边配套齐全，依山傍海，风景秀丽。项目总建筑面积达108 000 m²，定位于以度假、休闲、养身为一体的世界级滨海社区，规划有高层海景公寓和少量珍稀海景别墅两类产品。四栋流线型高层公寓呈花瓣状向外发散状态，最大限度地平衡与拓展景观视野，户户观海、温泉入户，人性化设计，布局合理，户型有一室一厅、两室一厅、两室两厅、三室两厅，以及空中270度观海空中别墅等数十种。

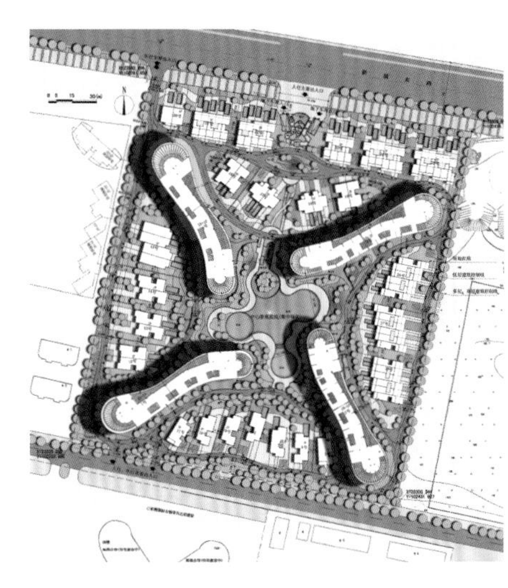

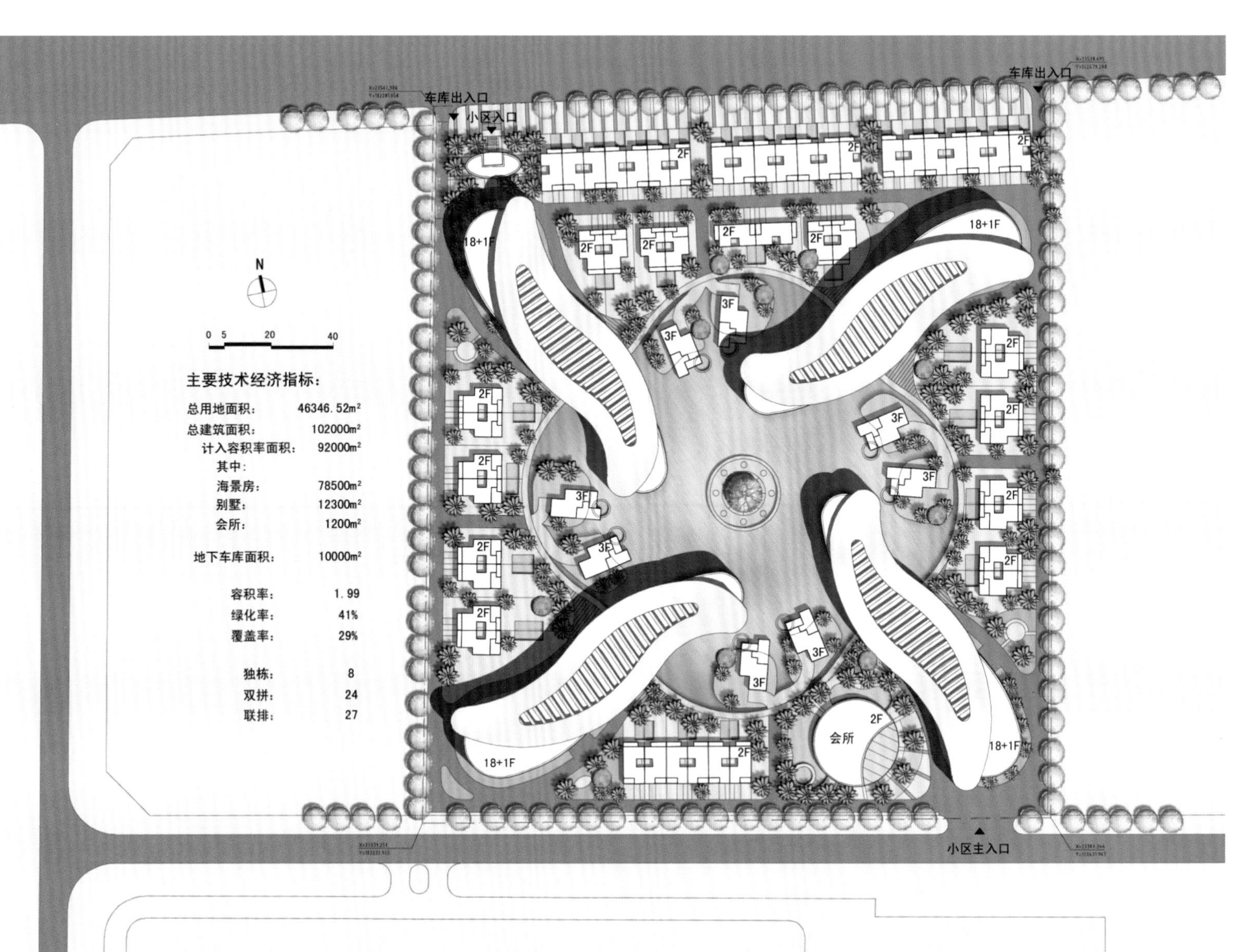

中山时代白朗峰

项目地点：广东省中山市西区
建筑设计：广州瀚华建筑设计有限公司
占地面积：17 118 m^2
总建筑面积：115 352 m^2

时代白朗峰是为拥有不菲身价与国际化视野，对奢华艺术拥有不凡鉴赏能力的高端人群倾力打造的景观豪宅。

贯彻了时代地产一向倡导的“高尚生活与人居生活相互融合”的生活艺术家定位，1 km长的架空层长廊均特邀名家定制雕塑和挂画，宛如私家美术展馆。项目采用了世邦魏理仕卓越的酒店式配套与服务，以打造中山乃至华南地区独有的极致豪宅生活模式。

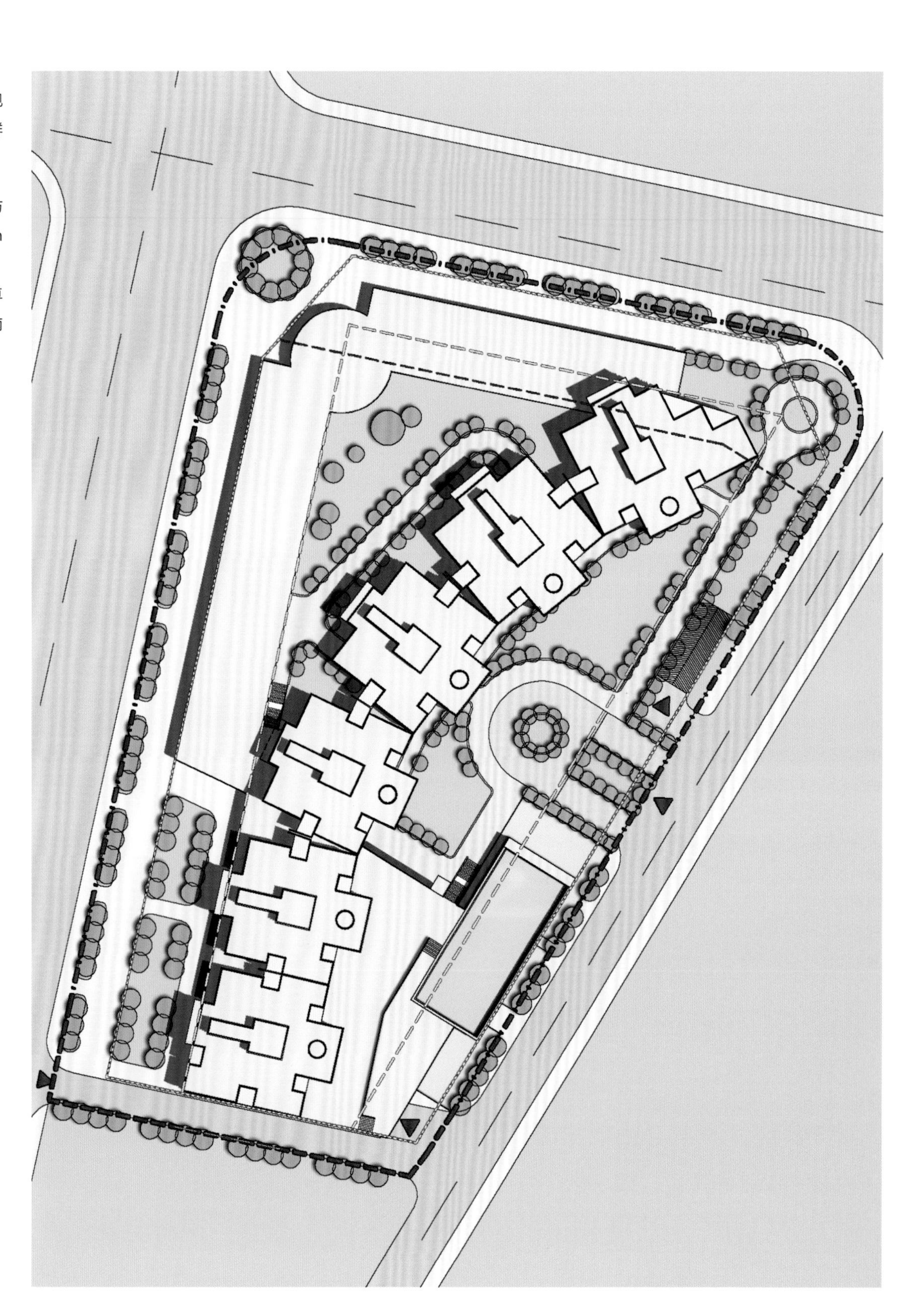

广州锦绣香江山水华府(二期)

项目地点：广东省广州市番禺区
开发商：广州番禺锦江房地产有限公司
规划/建筑设计：广东省城乡规划设计研究院
景观设计：广州市彩风环境景观设计有限公司
主设计师：杜玲
设计人员：肖毅强、Roman Mayer、陈坚、朱念慈、孙毅、伍兆聪、朱仕亮、郑从日
占地面积：77 800 m^2

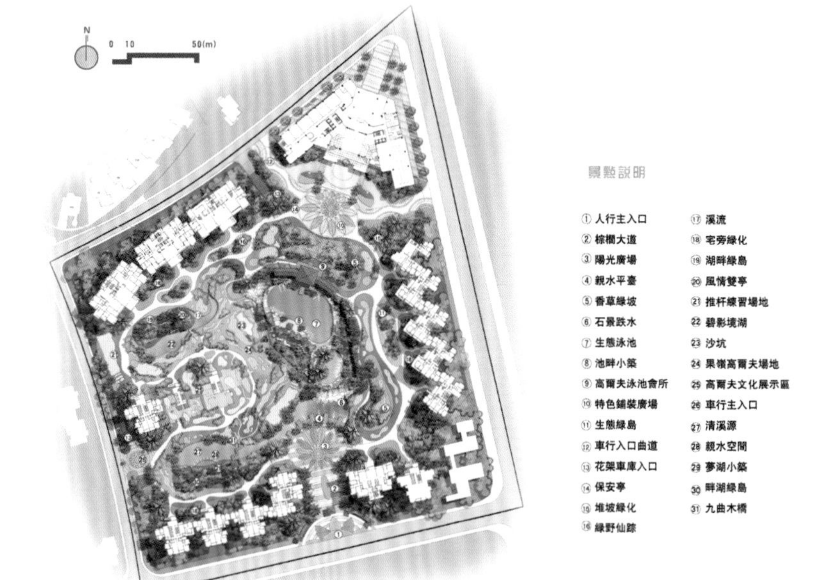

锦绣香江花园位于广州市番禺区，是以别墅和多层公寓为主的超大型住宅区。本项目山水华府位于锦绣香江花园南部，是新开发的高层高尚住宅小区，设计结合建筑俊朗的外形，创造既有高贵气质，又有生态自然气息，充满异域风情的亚热带滨水园林景观。

景观设计从小区南面主入口的大型水景广场为起点，泳池、自然溪流、水雾喷泉的景观节点空间依次展开，其间通过景观亭、林荫花架、景观桥、浅滩、湖心小岛等元素，引领视线的同时组织交通路径，再适当穿插小型高尔夫球场、儿童游乐场、网球场等各类活动场地，结合四周建筑相得益彰，构成整体园区的空间格局。

主入口主体景观是由几条笔直硬朗的主线一气呵成地勾勒出的大气凛然的中轴对称水景。第一段是自上而下五层跌水，掩映在一片花丛中，不动声色地拾级流下，水面静静漾开，倒映出上面渐次排开的中东海枣，头顶的蓝天白云和一旁的建筑也蕴散在这片亦动亦静的水中。从景观桥过去，以方形稳重敦厚的灯柱为界，作为第一段静态跌水的延伸和完善，是热闹澎湃的喷泉跌水，两边各七尊造型优雅的陶罐喷泉与源源不断沿紧凑跌级坠入池中的水花交相辉映，演绎一曲欢快的二重奏。这一动一静水景塑造出一个灵动空间，构成入口的主旋律。

天津富力梅江湾

项目地点：天津市
建筑设计：天津普瑞思建筑设计规划咨询有限公司

梅江湾位于天津市紫金山路起始点，外环线以内，是卫南洼地带中距离市中心最近的一个项目。项目规划总占地面积为427万 m²，其中规划居住用地93万 m²，商业金融用地57万 m²，风景区用地194万 m²，其中水资源面积为126万 m²，公园用地为83万 m²。梅江湾项目开发共分五期，该住宅项目是天津的高端住宅项目。

中心绿化区
入口绿化区
绿化集中区
局部绿化区
3F
18F
32F
7号楼
6号楼
3号楼
2号楼
5号楼
1号楼
4号楼
变电室1F
配套公建2F
2F
地下室边界线
用地红线
环
岛
西
路
水面

3F
18F
32F
7号楼
6号楼
3号楼
2号楼
5号楼
1号楼
4号楼
变电室1F
配套公建2F
2F
地下室边界线
用地红线
环
岛
西
路
水面

高层建筑主要观景线
中高层建筑主要观景线
主要水景线
3F
18F
32F
7号楼
6号楼
3号楼
2号楼
5号楼
1号楼
4号楼
变电室1F
配套公建2F
2F
地下室边界线
用地红线
环
岛
西
路
水面

高层住宅建筑
中高层住宅建筑
1－2层配套用房
变电室
3F
18F
32F
7号楼
6号楼
3号楼
2号楼
5号楼
1号楼
4号楼
变电室1F
配套公建2F
2F
地下室边界线
用地红线
环
岛
西
路
水面

青岛银海一号

项目地点：山东省青岛市
开发商：中海兴业地产青岛公司
规划设计：梁黄顾设计顾问（深圳）有限公司
建筑设计：青岛北洋建筑设计有限公司
景观设计：贝尔高林国际（香港）有限公司
占地面积：58 134 m²
总建筑面积：238 032 m²
容积率：3.247
绿化率：40.5%

项目基地位于市南、市北、崂山三区交界处，青岛市东部区域，北临四横三纵快速路之一的银川路，东隔支路宁德路与浮山森林公园相望，南距市南中心区3 km，处于青岛城市的黄金地段，周边均为中、高档住宅社区。

规划将建筑主要以一个单元和两个单元的弧形拼接方式，沿地块的东西向分别展开，呈相互联系的流线布局，主要分为两条“带状”建筑布局形式，形成围合的庭院空间，从而使中心景观空间更为开阔，并最大限度地保留东侧观看山景的景观绿轴及远处的观海视野。

住宅建筑沿银川路尽量回避主要界面面对城市道路，一方面回避了噪声污染对社区居民的影响，使其拥有更为宁静与生态的生活空间，使更多的住户享有最大限度的景观资源；另一方面沿银川路可以透过建筑空隙看到远处的山景，满足了城市空间的通透性要求。

幼儿园设置于社区西侧住宅建筑下，属辅建用房，入口与住宅分别设置，并且在幼儿园的南侧拥有较大面积的活动场地，可供幼儿园使用。

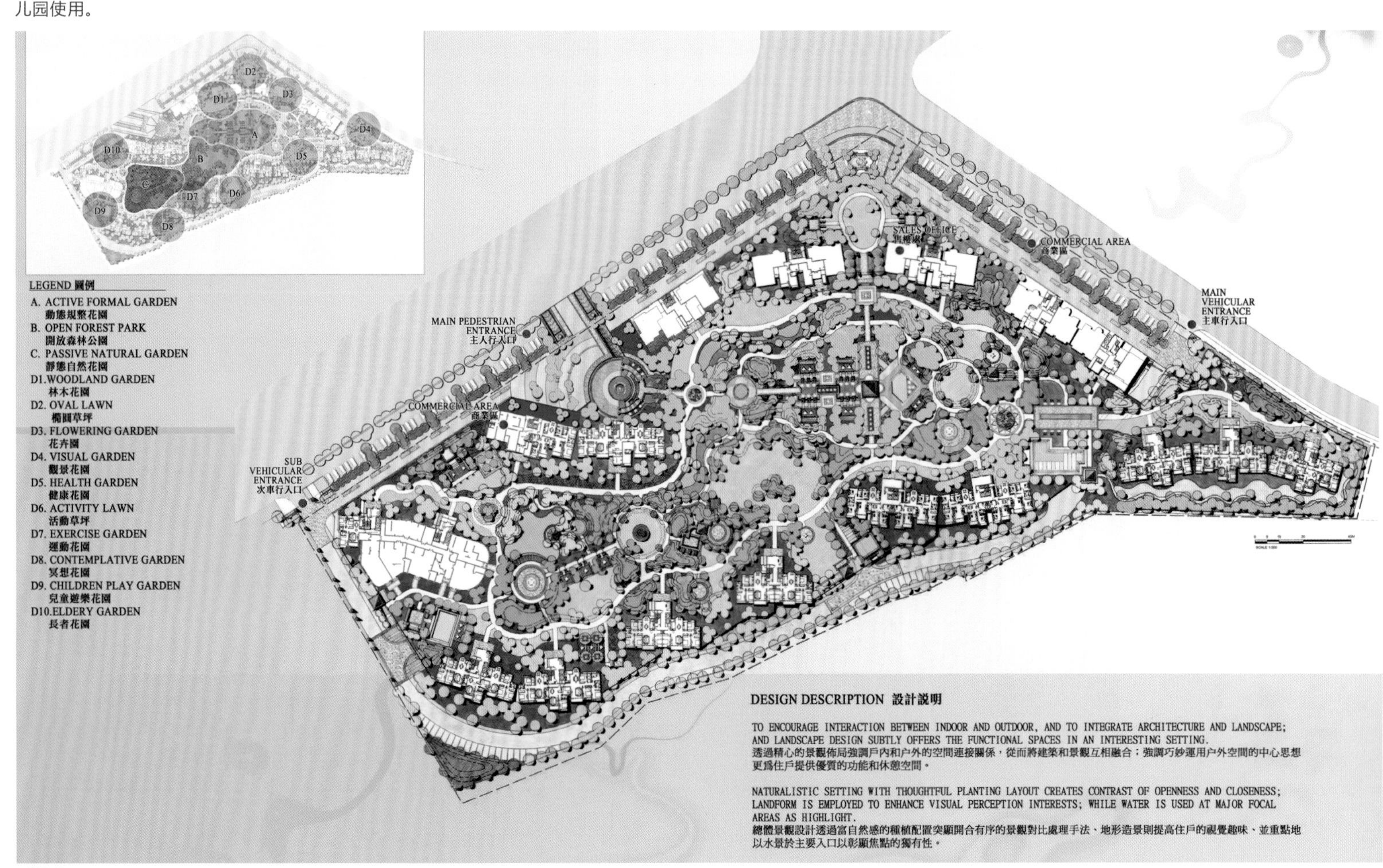

深圳华联城市山林

项目地点：广东省深圳市南山区
建筑设计：华森建筑与工程设计顾问有限公司
占地面积：83 534.70 m²
总建筑面积：13 225.86 m²
容积率：2.60

本项目用地位于深圳市南山区南山大道与内环路交会处南面的大南山坡地上。西临荔庭苑住宅小区，南接荔林公园，南望大南山公园，东临规划中的一所小学，往东南为汇宾广场和南粤山庄，北面紧临内环路。整个地块处在大南山麓伸展的平台之上，南高北低，自然地势，坡度和缓。

规划在景观、环境最好的位置设计大户型，在临内环路的环境不佳位置设计小户型，最大的户型均能同时享受大南山景观及庭园景观。这样的布局有利于楼盘之后的销售，为项目带来最高的效益。

规划出45 m宽的弧形视觉通廊，沟通了南山大道和南侧的荔林公园，形成了在交叉路口可以直接远眺大南山的独特景观，明确地表达了该楼盘的绿色生态主题。该视觉通廊也形成了住宅园林向南山的开口，吸纳来自南山的清新气息，达到让住宅区融入自然的生态主题。

无锡天安曼哈顿

项目地点：江苏省无锡市
景观设计：安道（香港）景观与建筑设计有限公司
占地面积：5 990 m²
总建筑面积：143 760 m²

建筑的规划布局为天安曼哈顿的景观设计留下了充分的空间和铺垫。1、2、3号楼南北将近5 m的高差，中心景观将近140 m的楼间距及东面的骂蠡港都决定了该小区的空间是一个安在公园里的家。

全园一共分五个区域，主入口区、台地区、中心湖景区、滨河景观带及商业景观区。景观设计中将草地、树木、湖泊、溪流、跌水、沙地等景观元素精心塑造和搭配，形成层次丰富、虚实相间的空间关系和自然生态的景观系统。

整个社区围绕着中心的湖景展开，水引导着人们进入这个高雅的空间。树阵、木平台、蔚蓝的水景，这便是主入口的会所庭院区。接着是一条长廊、一个探入湖中的亭以及一片作为视觉终点的水杉林。是终点也是起点，水在这里与果岭构成了中心景观区域。漫步道、湖中岛、起伏的果岭、错落有致的植物、具有Arc Deco特色的雕塑小品构成了中心景观区域。大面积穿插的湖面更是活跃了这一画面。再往东面沿着骂蠡港的滨河景观带，将自然种植高大的乔木林，以绿化的方式作为整个东西向轴线的结束。南面地势高差形成景观台地，景观台地区的设计围绕着中心果岭区展开。跌水、层次鲜明的植被、丰富多变的高差，最后这一切在建筑周边以精美的庭院作为收边。

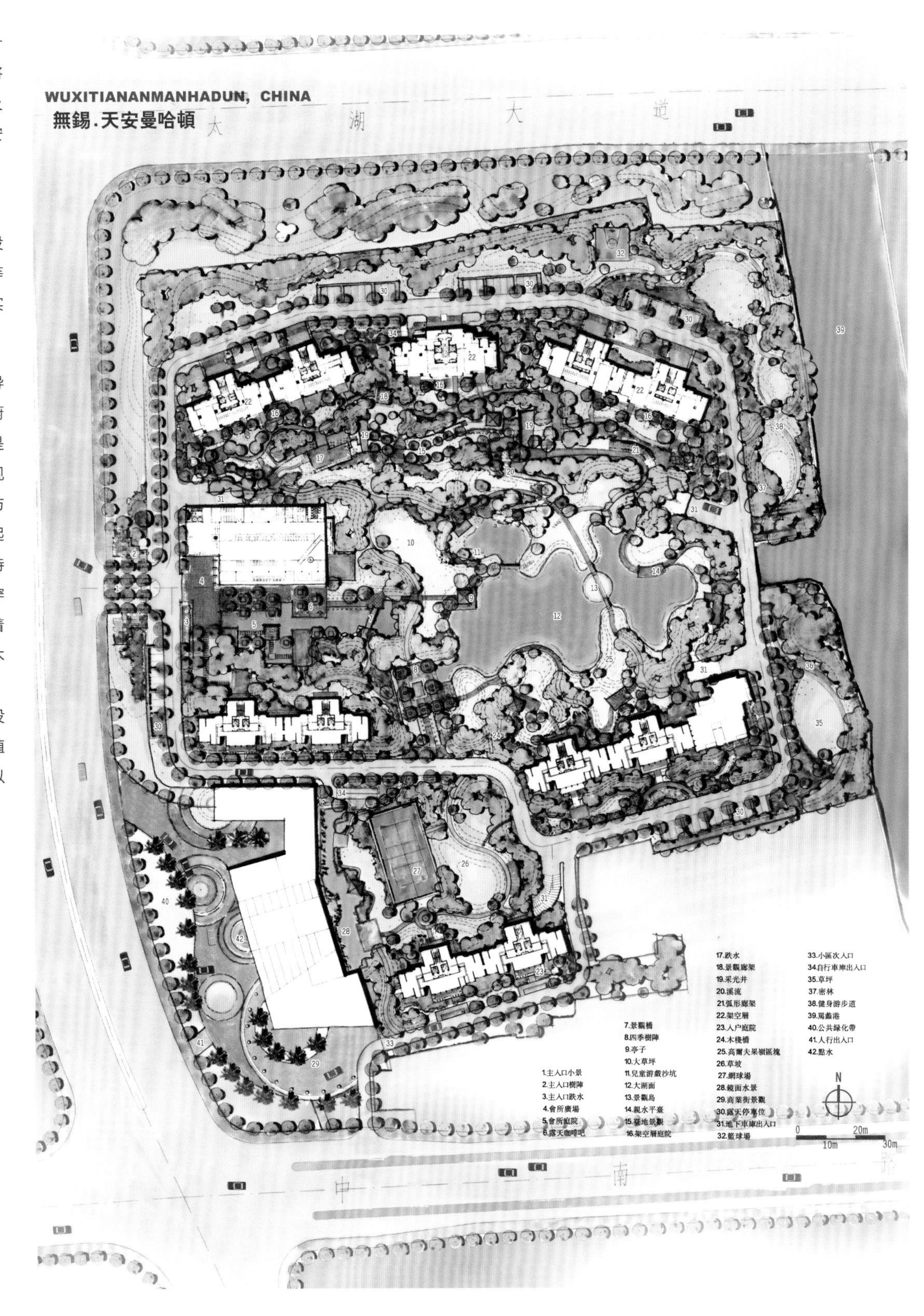

常州新城首府

项目地点：江苏省常州市
景观设计：香港阿特森泛华建筑规划与景观设计有限公司

小区的建筑形式为欧洲新古典主义风格，遵循中轴对称的构图原则，并通过细部及屋顶层次的设计，增加空间的细节和活力，且建筑体量给人以厚重、尊崇的感觉。本地块有一条规划道路穿过，将地块分为居住区与商业区两部分，结合现代居住人群的生活方式与自身感受，我们的景观设计在居住区采用新古典主义风格，而在商业街部分则采用现代的处理手法。

居住区位于社区北部，设计由一条自然水系为中心，把优美的"内河"曲线作为绿化主轴线，在居住区内以大量的植物营造自然清新的氛围，沿水岸布置亲水平台、滨水步道等景观节点，中心点缀观景广场，为居者提供悠闲的生活感受。

会所位于社区南部，是传递归属感与身份感的场所。紧临商业步行街，设计体现熙熙攘攘的欧洲商业街景象，是彰显人文价值的小型精品步行街，强调人们在街区内随意地漫步、休闲、交流、购物。

整体设计以居住者的完美舒适度为前提，创造宜人的社区环境，将优秀的生活理念，时尚的生活品质带入新世纪常州市民的生活，形成本居住区独特的生活文化。

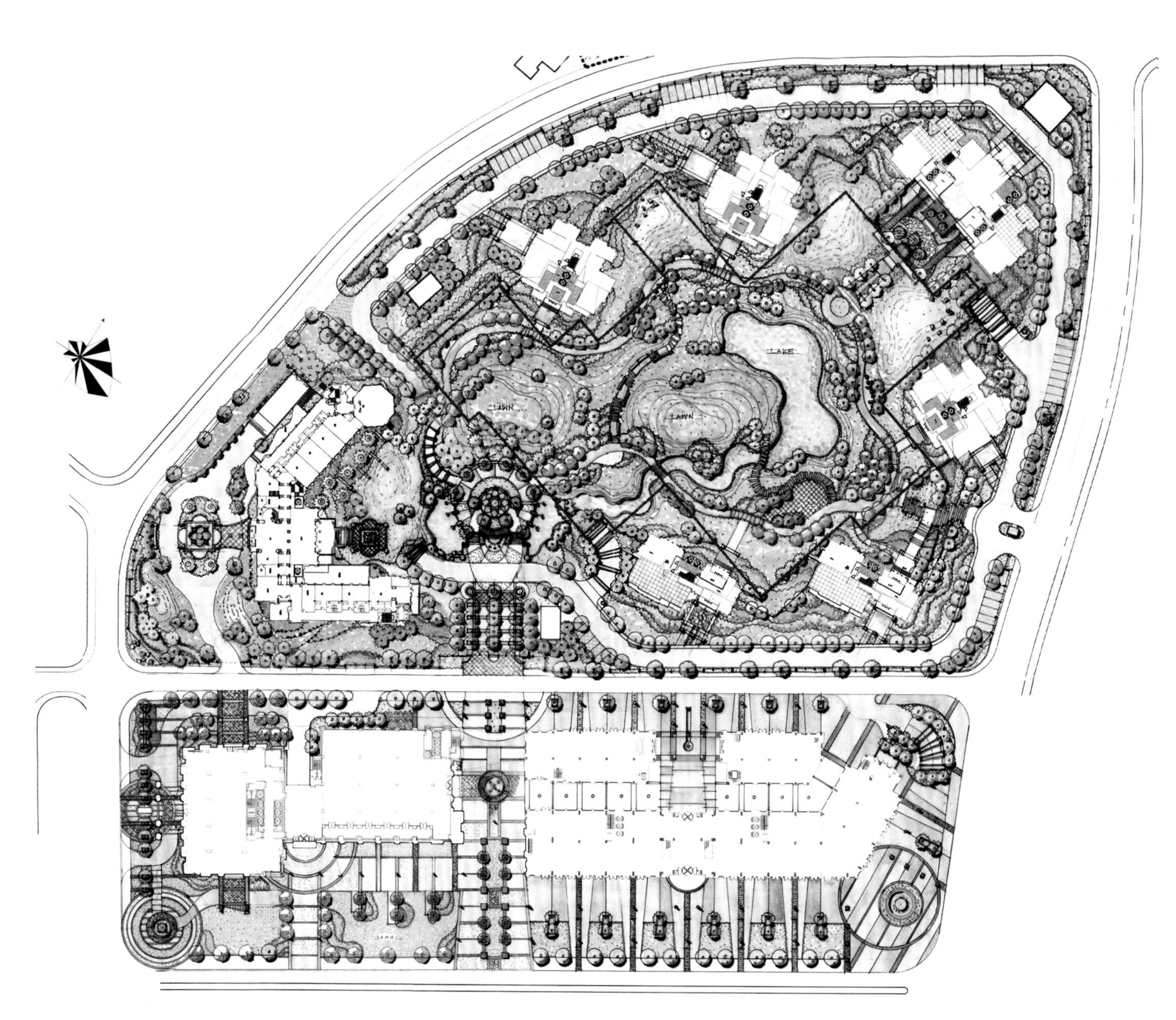

深圳市招商澜园

项目地点：广东省深圳市宝安区观澜镇
开发商：深圳招商房地产有限公司
建筑设计：AECOM中国区建筑设计
占地面积：92 820.78 m^2
总建筑面积：293 742.27 m^2

招商澜园工程由深圳市招商房地产有限公司投资兴建，位于宝安区观澜镇大和路西侧，观澜河以东，竹园路以北，毗邻梅观高速及机荷高速公路。工程由13栋高层住宅及1栋幼儿园共14栋建筑组成。建筑物下设2个1层的地下室，即南区地下室与北区地下室，地下室用作地下车库、设备用房以及平战结合的人防地下室（北区）。

用地中部设置16 m宽的东、西向小区路，将地块划分为南、北两个区域，北区用地相对规整，布置两排12~26层点式住宅，东侧沿大河路布置26层公共租赁住宅，公共租赁住宅西侧设置2 500 m^2的室外活动场所。南区结合地形，布置四排12~26层点式高层住宅，东侧用地相对独立，布置幼儿园。并沿大和路及小区路两侧设置1~2层商业及小区配套建筑。

人行主要出入口设于贯穿用地的16 m宽小区路上（与人行出入口分设），两个车行出入口相距大于150 m。南北区均设环形消防车道，利用后退红线距离在车行道两旁设置景观停车带。

北区设有一个中心带状花园，南区除了设有1个中心花园，还设有5个院落窨，增加景观的层次性。南北区景观通过公共入口广场联系，结合架空花园、屋顶花园，整个空间连贯统一。

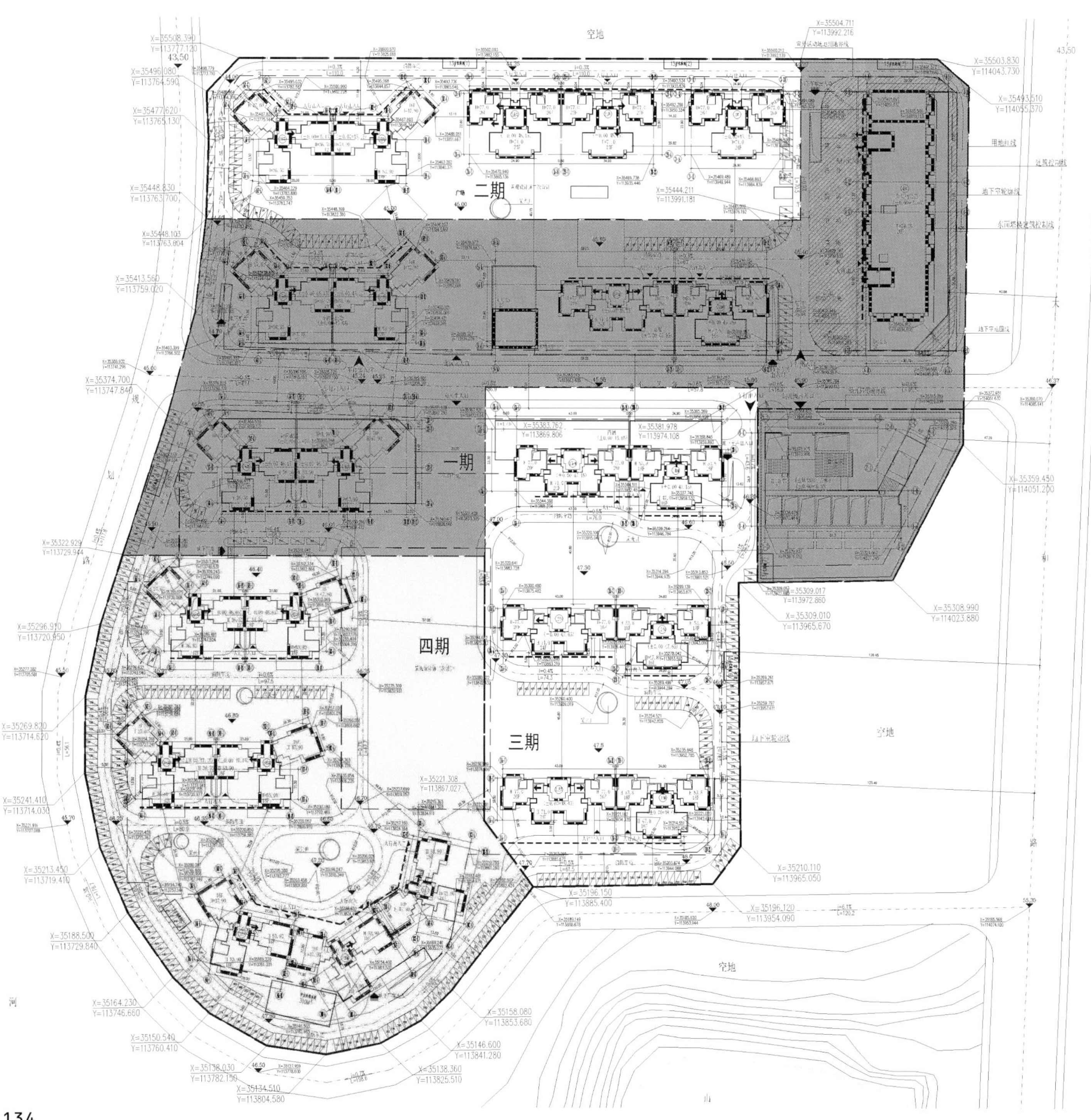

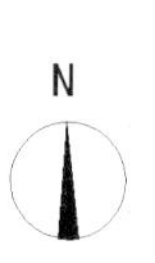

重庆东和院

项目地点：重庆市渝北区红叶路
建筑设计：广州瀚华建筑设计有限公司
占地面积：23 912 m^2
总建筑面积：99 709 m^2

东和院小区以“公园品质”作为对整体环境的要求，表达“人与环境共生共享”的理念，并从历史文脉中汲取灵感，营造高雅的整体文化氛围，突显人文气质。高层住宅平面设计方正规整，可兼容不同的家庭模式和生活方式。别墅住宅强调“院”在建筑中的作用，种种院落形式体现着中国传统建筑当中“内向”型的空间特色，也是中国风水学说中“藏风”、“聚气”等理论的实践。

建筑造型通过空间、色彩、光影、质感的对比变化，形成丰富且朴素的立面。色彩单纯而节制，以传统民居常用的白、灰和木门窗的赭红色为基本色系，带来强烈的中国建筑印象；而转角窗、宽大的景观阳台以及大面积玻璃窗的运用，又向人们传递出现代气息。

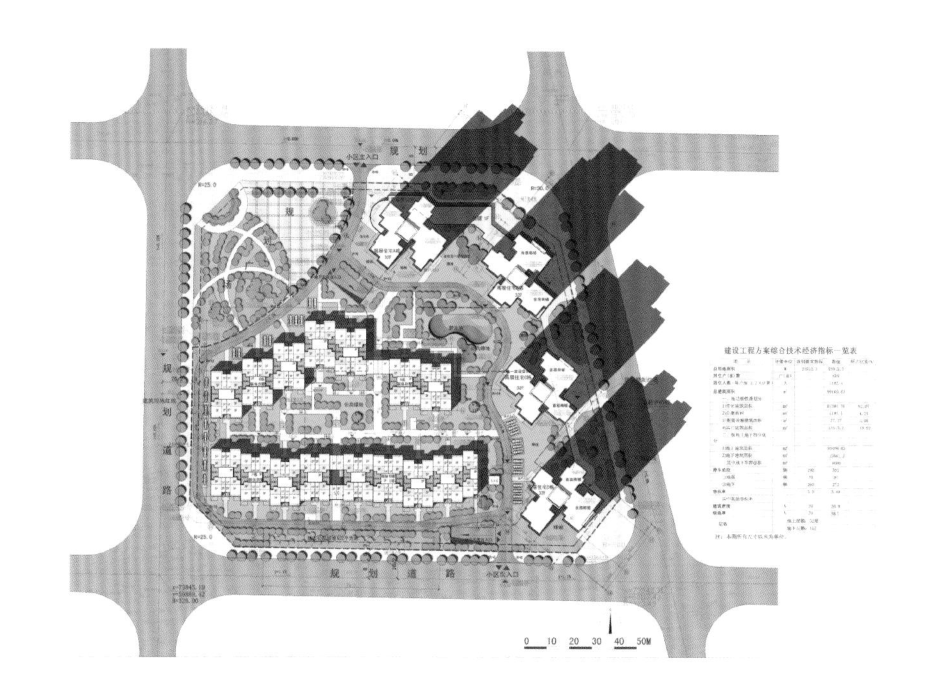

佛山海琴水岸

项目地点：广东省佛山市顺德区北滘镇
建筑设计：广州瀚华建筑设计有限公司
占地面积：125 692 m²
总建筑面积：413 260 m²

海琴水岸位于佛山市顺德区北滘镇，为大型高尚居住社区，分期进行建设。设计遵循“有机生成，顺应自然”的原则，根据地势抬高小区的绿化平台，以创造良好的小区景观，并利用竖向规划，令植物生态与建筑群体和谐共处。

在地块的南片布置15~18层高层住宅，建筑形体灵活多变，户型设计类型丰富，提高实用率，宜居性在设计过程中得到充分重视。住宅底层设架空层或私家花园，并设有宽敞的电梯大堂，彰显气派。公寓设计每户均有空中花园大平台，观景视线优良。建筑外观色彩明亮，造型典雅中带休闲味道，天然材料和现代流行材料搭配，呈现时尚简约风格。

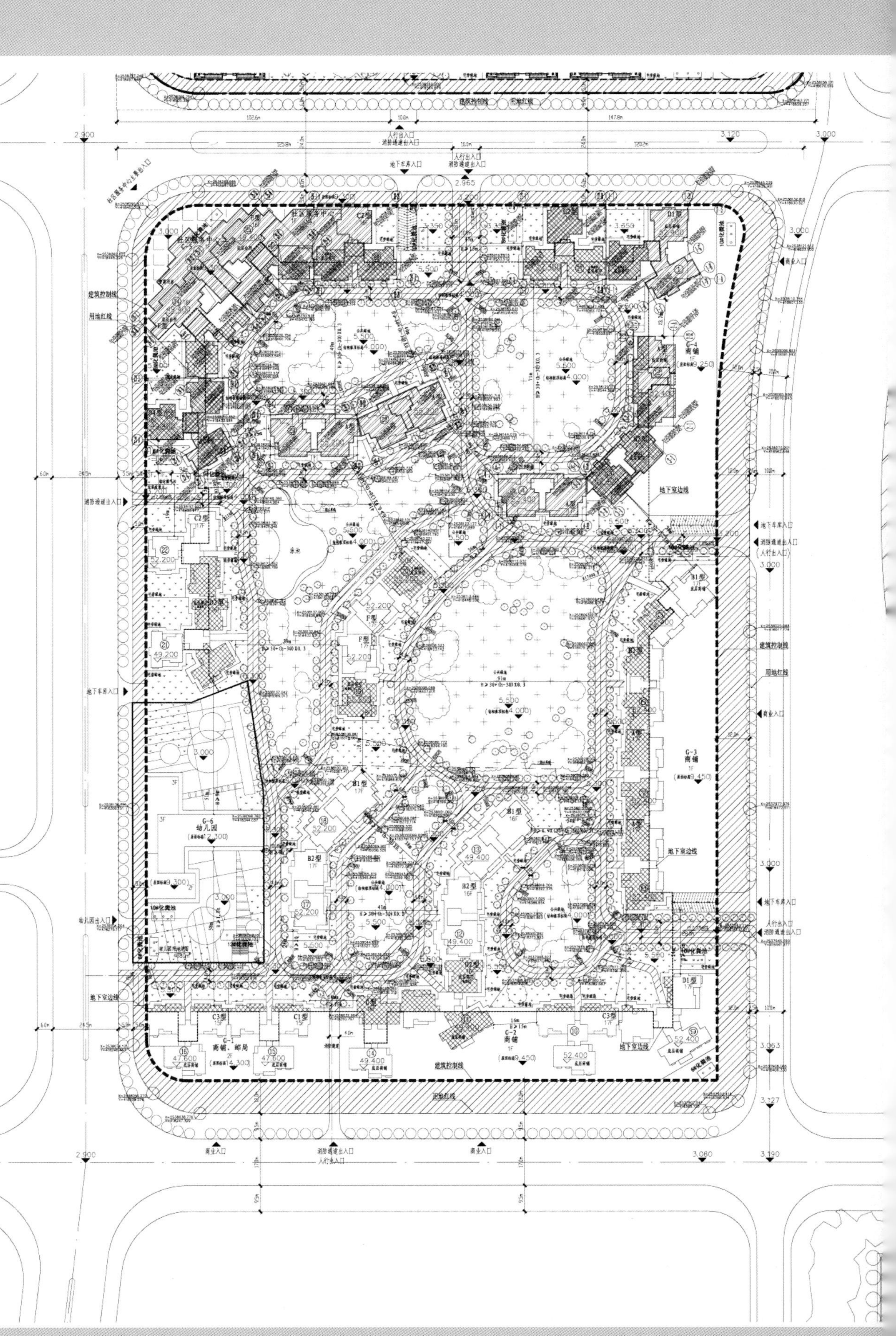

江阴城市客厅

项目地点：江苏省江阴市
建筑设计：广州瀚华筑设计有限公司
占地面积：509 254.4 m^2
总建筑面积：389 664.7 m^2

根据江阴城市现状，整体建筑与规划，在细节中处处强调领先观念。针对实际功能需求，建设低密度高容积率建筑，最大程度合理利用，对土地使用和建筑空间使用均进行优化设计。立足于项目可持续发展目标及江阴市民的活动互动需求，全力打造可与市民互动的公共场所，配合特色消费设施，带动地块的人气，促进项目的未来发展。

项目规划战略实现包括城市文化艺术新天地、企业未来概念会所群、超高层空中生态别墅、水岸观景活动平台、低碳生活示范花园、城市公共步行走廊、听山观水思远大平台、琴心湖有氧生态圈、百米彩虹音乐喷泉、湖滨创意商业空间十大创新功能。

佛山金名都

项目地点：广东省佛山市南海区里水镇
建筑设计：广州瀚华建筑设计有限公司
占地面积：171 868.8 m²
总建筑面积：162 829.44 m²

规划设计通过各种空间形态的碰撞与对话，引入亲切宜人的滨水小镇风情概念，塑造了一个休闲、生态、充满活力的现代化大型居住社区。

建筑形式采用简洁明快且极具文化品位的现代风格，结合虚实的空间对比达成有机的、雕塑性的生态建筑造型。通过运用现代建筑板材、玻璃及百叶等元素进行重组与穿插，结合现代建筑简洁造型，体形丰富却不烦琐，富有整体感。通过不同的材质应用及搭配，屋顶、入口处及竖向处理上，精致的细部构造在统一中获得变化。建筑外墙面以白色、咖啡色为主要基色，利用重复、节奏、韵律、变化等设计手法，形成强烈的肌理特征和秩序感，深与浅、虚与实、繁与简的强烈对比轮番营造一场精彩绝伦的视觉盛宴和优美的现代都市形象。

佛山明丰花园（一、二期）

项目地点：广东省惠州市
建筑设计：瀚华建筑设计有限公司
占地面积：110 667 m^2
总建筑面积：476 900 m^2

本案总体规划方案扩展了"人与自然和谐相处"这一设计概念，从整体环境设计入手逐渐展开，以明丽晓畅的建筑语汇构筑精巧的布局，整个项目和谐自然，望眼皆景。

造型设计上，秉承现代主义创作理念，还原建筑本身构成之美，将建筑的艺术表达和人性化的功能要求有机融合于一体，共同营造居住小区的高尚品质。建筑造型设计强调建筑的整体性原则，摒弃过多的装饰，以现代简约的设计手法处理细节。外墙主要部分采用蓝灰色面砖，衬以白色构架和局部橙色面砖，通过水平、垂直线条的穿插和色彩的对比，塑造出简洁挺拔、洗练大方的现代建筑形象。同时主墙面采用每隔六排浅蓝灰色面砖加贴一排深蓝灰色面砖的特殊处理手法，创造出了与众不同的细部层次和质感，从而使建筑更加耐人寻味，达到远观近望俱佳的人性化效果。

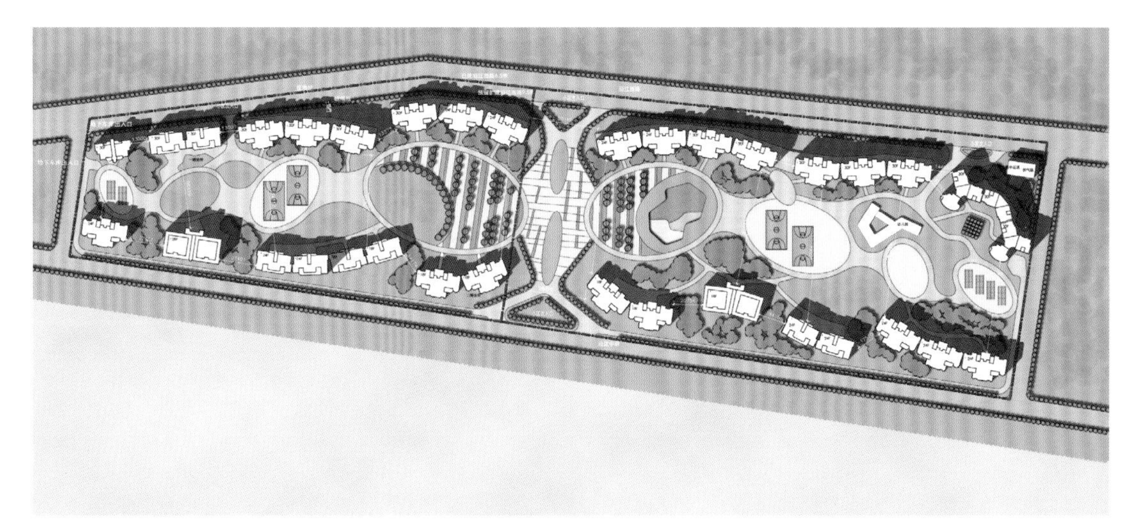

广州南沙滨海花园水晶湾（铂翠湾）

项目地点：广东省广州市南沙区南沙经济开发区环岛西路
建筑设计：广州瀚华建筑设计有限公司
占地面积：122 095 m^2
总建筑面积：123 548 m^2

南沙滨海花园（二期）——水晶湾高层住宅，位于广州市南沙区广隆管理区环岛西路西侧、寡涌南侧区域。周边环境安静、优美，设计上注重各栋户型对自然景色及小区大型园林绿化环境的利用，力争大部分住户都可以拥有优美的远景、园景及良好的朝向，以增强本小区的经济价值，适应市场的需求。其次在设计中，根据适用、经济、美观的原则，对住宅的平面尽量地完善，不浪费每寸面积。在结构布置方面也尽可能地不设结构转换层，建筑上部的柱位布置尽可能直接落到地下室而不影响车位的合理布置，为发展商节省建筑成本以提高市场竞争力。

昆明葡萄街区

项目地点：云南省昆明市盘龙区万华路
建筑设计：广州瀚华建筑设计有限公司
占地面积：26 099.02 m^2
总建筑面积：202 875 m^2

本项目为昆明小厂村城中村改造项目，其中，A1地块为回迁房建设用地。按照规定为了使建筑自身与周边建筑的日照指数能满足要求，设计时将建筑稍微扭转了角度（1-B栋旋转了较大的角度），使得建筑对周边的日照影响大大降低。项目由四栋建筑组成，塔楼高度130 m，高差在40 m左右，建筑天际线均衡中有变化，有利于营造完整的住区形象。也使得用地内空间舒展有序，为城市空间亮出更多的蓝天及阳光。

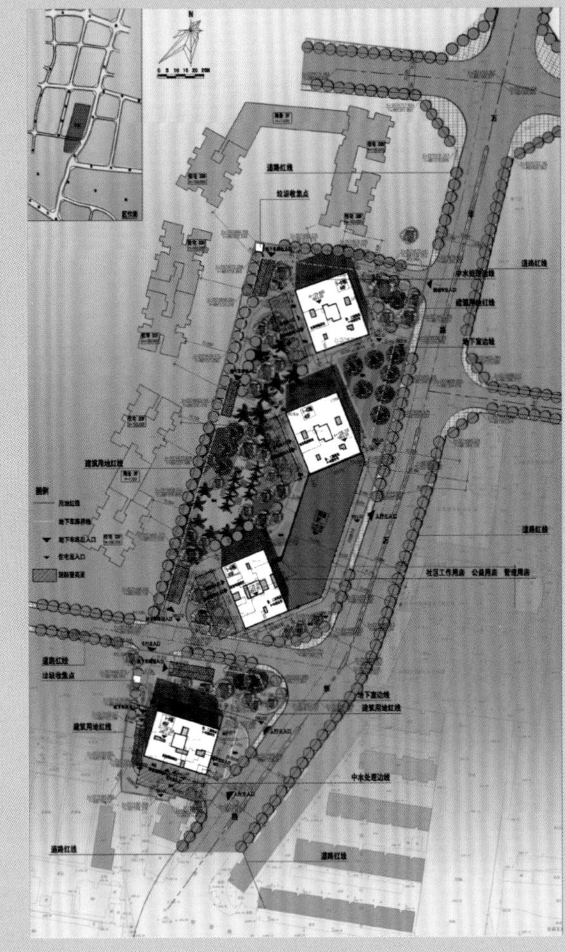

广州万科柏悦湾

项目地点：广东省广州市荔湾区桥中南路
建筑设计：广州瀚华建筑设计有限公司
占地面积：83 559 m²
总建筑面积：172 491 m²

本规划临近荔湾区中心，东、南面临珠江，具有良好的景观，北面为地铁五号线与六号线的交会地点，地理位置优越，周边的生活配套设施完善，交通便利。

规划布局上商业街沿东、西面市政路布置，人行主入口设于小区南面，穿过小区入口广场，进入住区园林，空间张驰有度。公共设施主要布置在小区北面及西面，一方面便于直接对外，减少对住户的干扰，另一方面减少了经营上的压力，充分利用好社区资源。景观规划上结合周边环境，致力于创造社区内部优良的景观，以具流动性的视觉走廊作为组织空间的骨架，充分利用江景，营造连绵不断、立体流动的景观体系，达到空间延伸的效果，并运用丰富的水景，动静结合，使建筑成为环境的主体并与环境交融渗透，相互映衬，以打造江岸优质的生活。

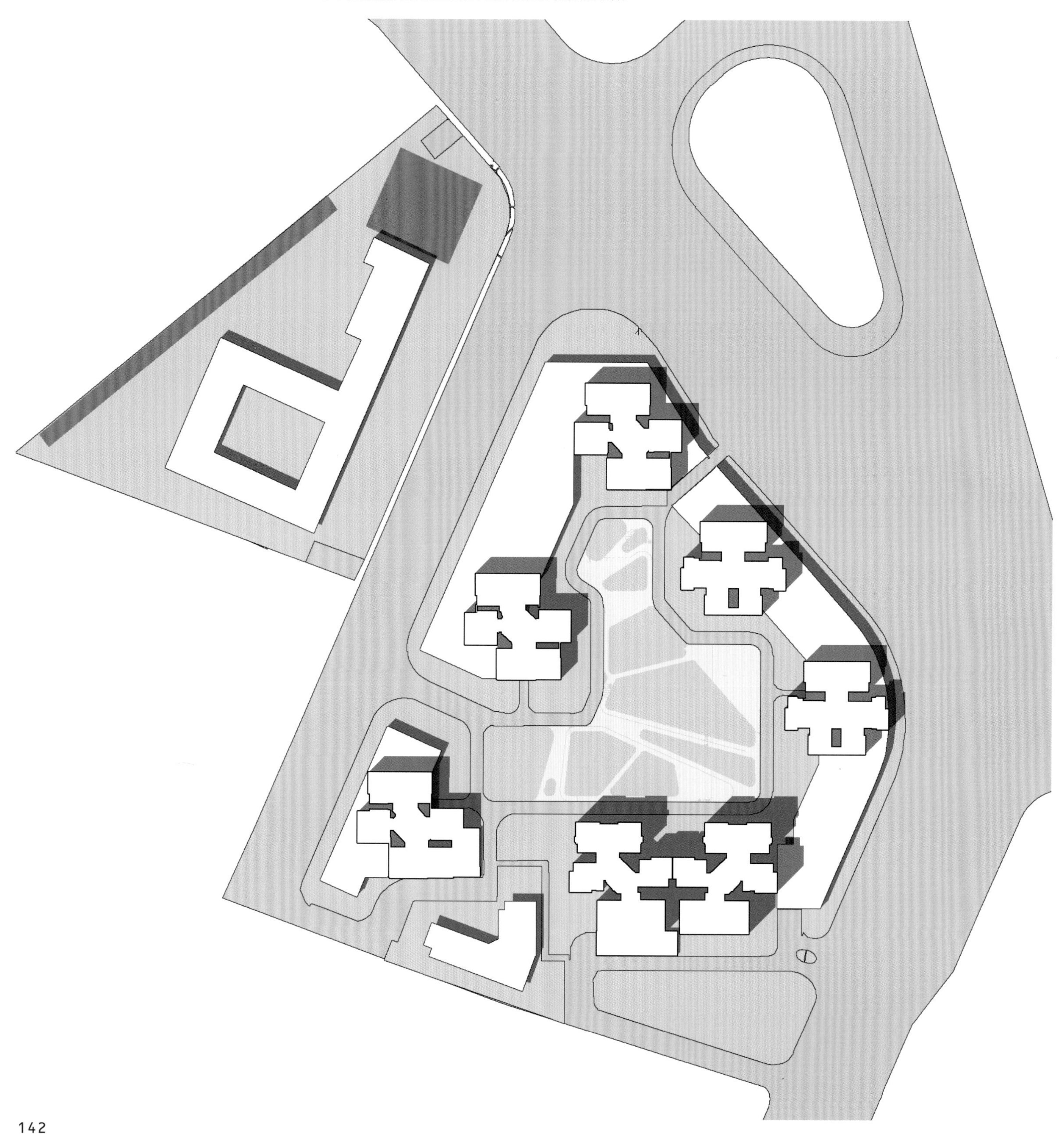

广州中海蓝湾

项目地点：广东省广州番禺区
开发商：中海发展（广州）有限公司
占地面积：28 000 m²
总建筑面积：100 000 m²

项目北面临珠江，东接苗圃，全板式造型。六栋独立式庭院住宅面江而建，二栋32层的全板式建筑呈L形，两梯两户，每一户都能看到江景。

六安明都丽水康城

项目地点：安徽省六安市
开发商：安徽华都苑置业有限公司
建筑设计：GN栖城国际
占地面积：62 162 m²
建筑面积：185 901 m²

丽水康城项目位于六安主城区中央地段，政务新区以北，沿郫河总干渠湾区而建，东沿梅山路，南临振华路，西到解放路以西，北面靠近龙河路，是六安中心城区最大的楼盘项目之一。丽水康城位居六安黄金地段，郫河湾区、超大规模、公园景观、完善配套，稀有的资源、完美的规划、高品质的建筑，将在六安市区中心构筑一个超大规模的精品社区，打造一个具有标杆典范意义的湾区华宅，建造一座美好的城市生活之城。

规划中引入生态设计理念，关注人与自然的和谐是生存之本。社区自身环境与周边自然环境的融合，人与自然环境的互动，突出一个典雅、安泰的居住意象，在"绿色和环保"成为世界性潮流的今天，通过整体布局和建筑单体的技术处理，使小区建筑和居民对自然界的阳光、风、绿化等具备更强的亲和力。该项目生态概念主要体现在户外景观设计、立体的绿化设计、自然通风、建筑的低能耗等各方面。集中的中央绿地提供了自然生态的可能性，犹如行走于园林中。

丽水康城的建筑类型主要以高层住宅为主，再结合多低层商业。建筑形态主要以传统城市的形态为设计基点，同时将现代人的生活方式加以融合，形成了拥有传统经典文化的现代城市空间，对传统作出了新的诠释。以新古典主义为主，简练、流畅，在细部处理上注意比例尺寸的推敲、材质的虚实结合、色彩的和谐搭配，让建筑极富时代特征。结合小区内的绿化景观，设计了凸窗和部分玻璃阳光室相呼应，使居住空间、环境空间相互渗透，内外交融。沿城市道路的商业及会所设施则采用古典主义和现代相结合、相协调的立面形式，面材高贵，色彩典雅，形成具有欧式风格建筑品位的现代商业氛围。

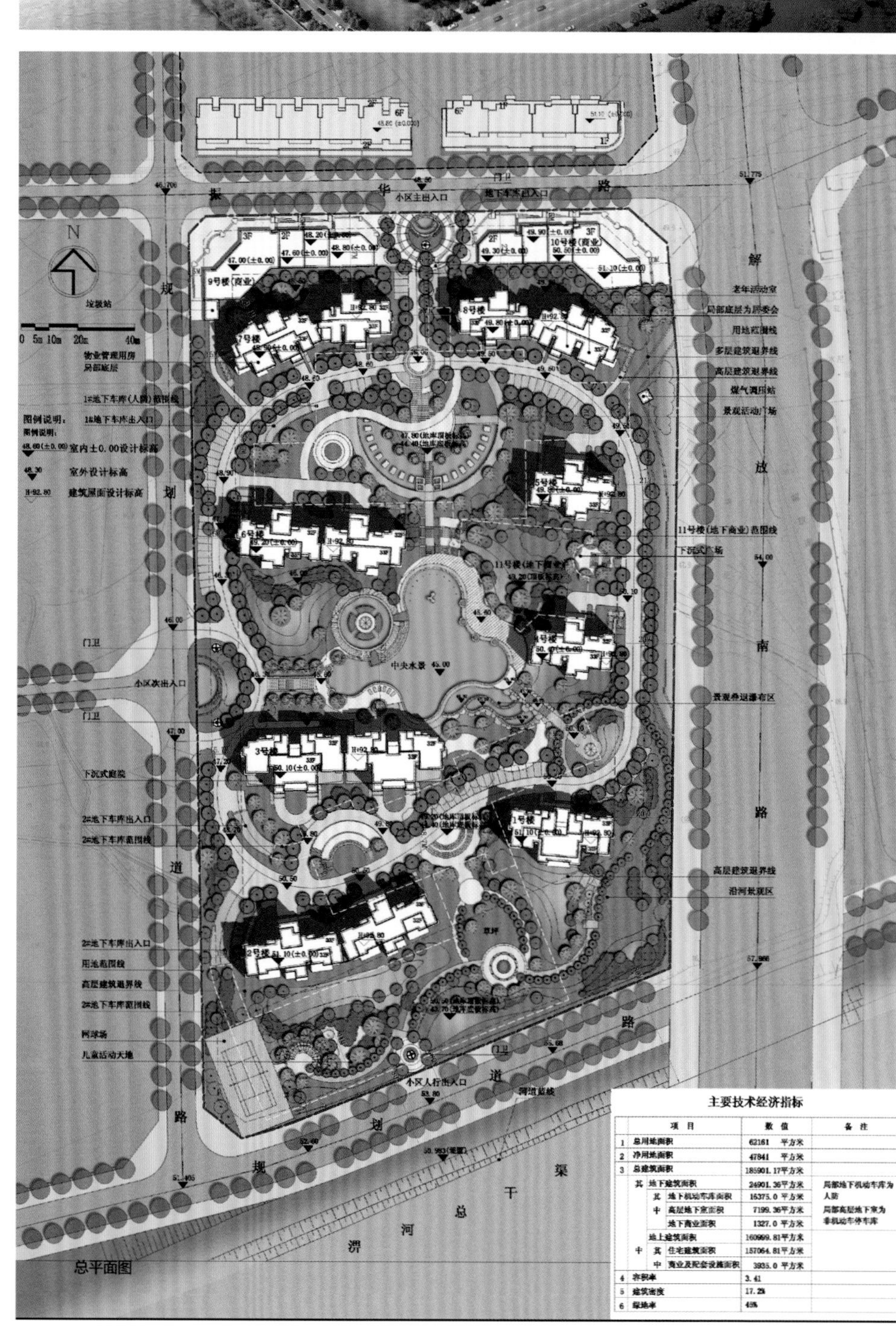

主要技术经济指标

	项目			数值	备注
1	总用地面积			62161 平方米	
2	净用地面积			47841 平方米	
3	总建筑面积			185901.17平方米	
	其中	地下建筑面积		24901.36平方米	
		其中	地下机动车库面积	16375.0 平方米	局部地下机动车库为人防
			高层地下室面积	7199.36平方米	局部高层地下室为非机动车停车库
			地下商业面积	1327.0 平方米	
		地上建筑面积		160999.81平方米	
		其中	住宅建筑面积	157064.81平方米	
			商业及配套设施面积	3935.0 平方米	
4	容积率			3.41	
5	建筑密度			17.2%	
6	绿地率			45%	

总平面图

上海外滩黄埔湾

项目地点：上海市
开发商：上海华浙外滩置业有限公司
规划/建筑设计：美国JWDA建筑设计事务所
占地面积：63 000 m^2
建筑面积：260 000 m^2

外滩黄埔湾项目位于上海外滩黄浦江边，南靠王家码头路，北至紫霞路，东西分别紧邻中山南路与南仓路，地理位置优越，景观良好。本基地位于中心景观绿化轴西侧，其东南角现存两组保护建筑，同中心广场的商业中心相呼应，本项目充分利用了周边优势资源：黄浦江的沿江景观，城市景观绿化轴及周边完善的公共配套设施。

在整体和谐的大社区中，采用小型组团式的方式，使住户能够感受到其属性与个性；组团之间的绿化空间与景观通道，使住户进一步体验这个世外桃源般的环境。利用景观，与建筑布局，为住户提供私密与半私密的室外空间，进一步突出高档楼盘的性格。房型设计均由经典十字型发展而成。通过对景设计形成视觉中心，合理展开公共与私密区域，北端为公共区域，北面客厅与餐厅一气呵成，厅外为观景大露台，并直接面向黄浦江景。西厨向餐厅开放与起居室间形成近13 m宽的开阔空间。南面多个居室直接向南，其中书房可灵活分隔或并入主卧室，或增加一个功能房间，满足各类客户不同需求，西侧客卧拥有一个南向凸窗。

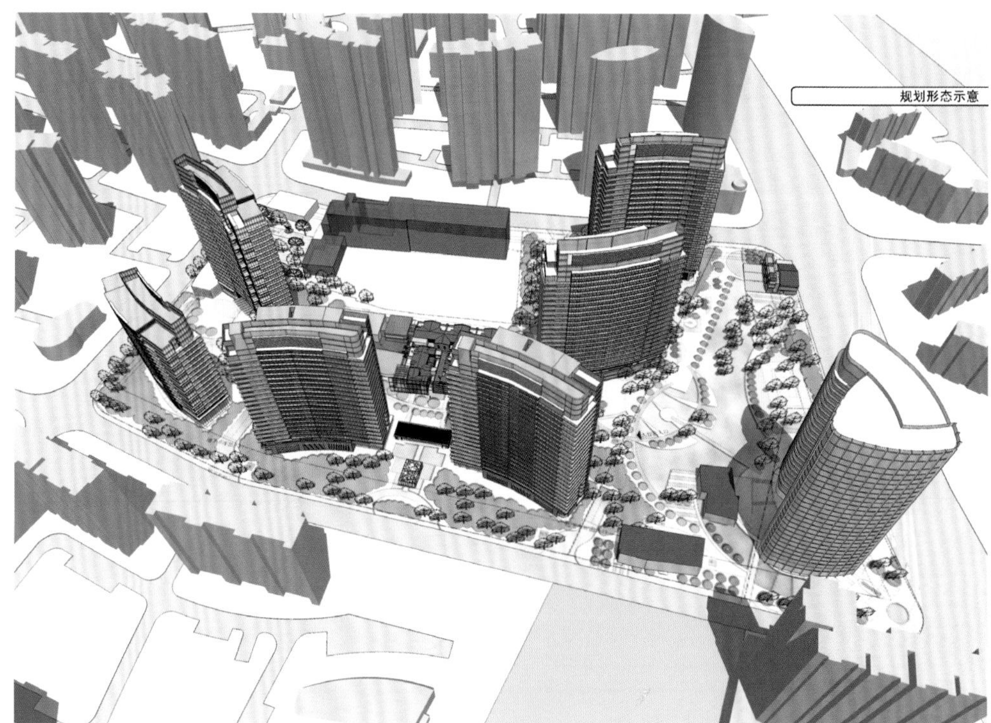

杭州东海水景城

项目地点：浙江省杭州市
开发商：杭州新东海置业有限公司
建筑设计：中国美术学院风景建筑设计研究院
占地面积：210 000 m^2
建筑面积：500 000 m^2

东海水景城位于杭州临平世纪大道以南、西安路以东，近邻迎宾大道和临丁路快速城市道路，离规划中的临平地铁站口800 m左右。项目总占地面积21万 m^2，总建筑面积为50万 m^2，其中项目一期位于社区的中心园区，建筑面积约10万 m^2，由六幢高层(18层)和三幢小高层(11层)组成，共388户，同时还建有会所和其他配套设施。一期组团作为整个灵魂所在，反映了水景城“现代、明快、精致”的建筑风格。

项目从人性化出发规划有多个组团，以领先的意识结合本区位特点，与外部环境相互融合，合理利用地块特性并创造出鲜明的结构形态，总体布局错落有致、和谐平衡；高层、小高层与Town house形成高低起伏的韵致形态，特别是几幢高层在户型设计上姿态各异，形成很好的城市轮廓线。 东海水景城提供了较多可供选择的户型种类，建筑面积为38~380 m^2，主力户型以三室二厅二卫为主，此外还设有“空中别墅”这一新的居住模式，能够满足不同的业主对于不同户型的要求。

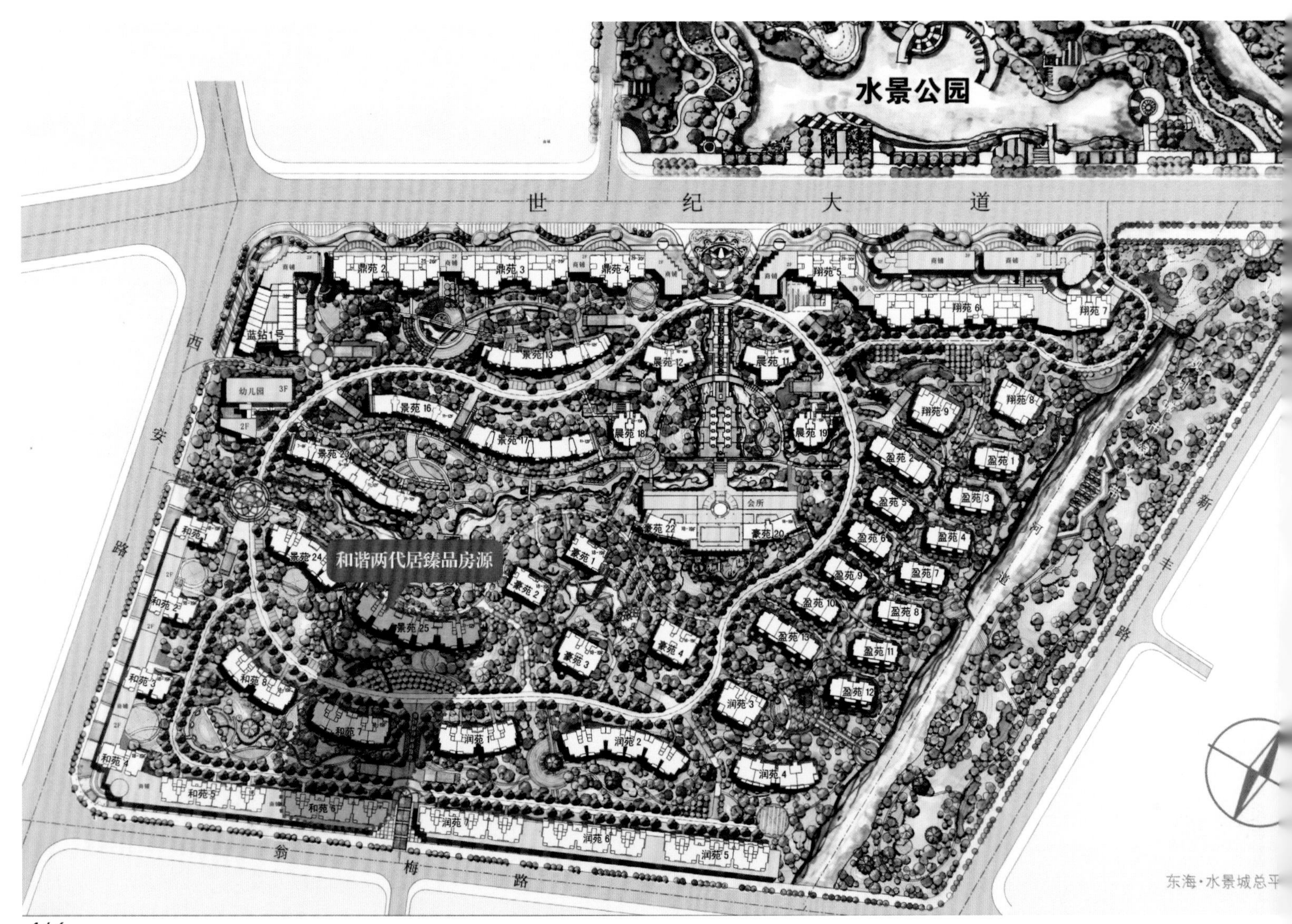

东海·水景城总平

珠海华发新城（六期）

项目地点：广东省珠海市
开发商：珠海华发实业股份有限公司
建筑设计：新加坡贝尔高林设计公司
占地面积：172 000 m^2
建筑面积：491 000 m^2

华发新城（六期）位于珠海市珠海大道东与明达路的交会处，整个项目地块的西边为南湾北路，华发新城六期总占地面积为17.2万 m^2，规划总建筑面积约49.1万 m^2，建成后可以满足约2 309户住户需求。是一个具有大型商业街、中小学、会所等相关生活配套的大型综合性居住社区。

华发新城是珠海一枝独秀的城中城，是一个可持续性、有鉴别性的高水平的居住区，华发新城（六期）在整个华发新城建筑风格的基础上，结合了现代规划与建筑思想、新加坡的经验、珠海的生活习惯及地块所在的地点、环境、地形上的特色而创作。

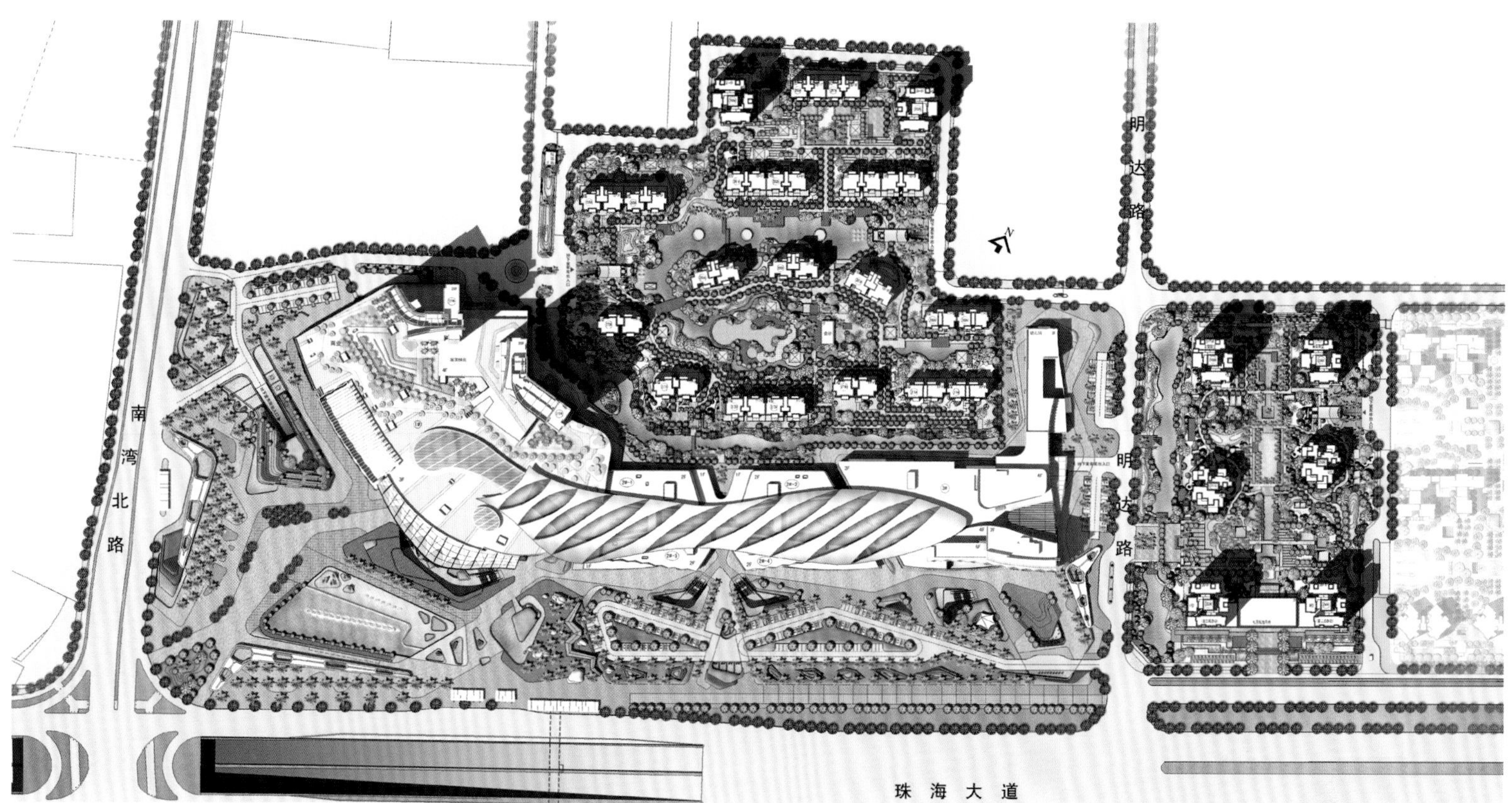

淳安绿城千岛湖度假公寓

项目地点：浙江省淳安县
开发商：绿城房地产集团有限公司
建筑设计：绿城东方设计院
景观设计：澳大利亚普利斯设计集团公司
占地面积：138 000 m^2
建筑面积：290 000 m^2

绿城千岛湖度假公寓位于淳安千岛湖镇东北部，是千岛湖景区内极具稀缺性的西、北、南三面临湖的优质地块。绿城千岛湖度假公寓占地面积13.8万 m^2，总建筑面积为29万 m^2，由八座高层建筑组成。整个度假建筑群更包括了度假配套区以及大面积的水上运动区，整合了游艇俱乐部等多项顶级度假设施，建成后将是华东地区，乃至全国首屈一指的世界级大型休闲度假物业集合体。

绿城千岛湖度假公寓完全以国际水准的高级度假胜地为标准，居住、休闲、娱乐配套，与天然湖面一体规划，形态多样，功能丰富。社区由一座五星级标准的绿城喜来登度假酒店与酒店公寓、两座高级度假公寓以及三座湖景公寓组成。整个度假区配备有大面积水上娱乐区与游艇俱乐部，以及超过40 000 m^2的大型休闲、娱乐、商业配套区与一条精致宜人的城市商业街区。

杭州康城国际

项目地点：浙江省杭州市
开发商：理想四维地产集团有限公司
建筑设计：北京中和建城建筑工程设计有限公司
占地面积：200 000 m^2
建筑面积：570 000 m^2

康城国际地处杭州副城临平南苑新区，康城国际占地面积约25万 m^2，分布于世纪大道两侧，紧临规划中的地铁一号线临平世纪大道站，规划总建筑面积近57万 m^2。康城国际园区以营造现代都市优雅精致的生活园境为蓝本，全力打造国际花园社区，为身处社会精英阶层的中产阶级营造宜人的生活国度。

项目的偶数层主力户型建筑面积大都在181 m^2左右，其中赠送面积大约15 m^2，含空中花园和飘窗；项目的奇数层的主力户型建筑面积为216.44 m^2，赠送面积大约19.3 m^2。同时A户型所设计的一层客厅与餐厅之间巧妙设计3步台阶，形成上下错层，使区域功能完全分区，且会见空间更加独立，尽显豪宅精髓。

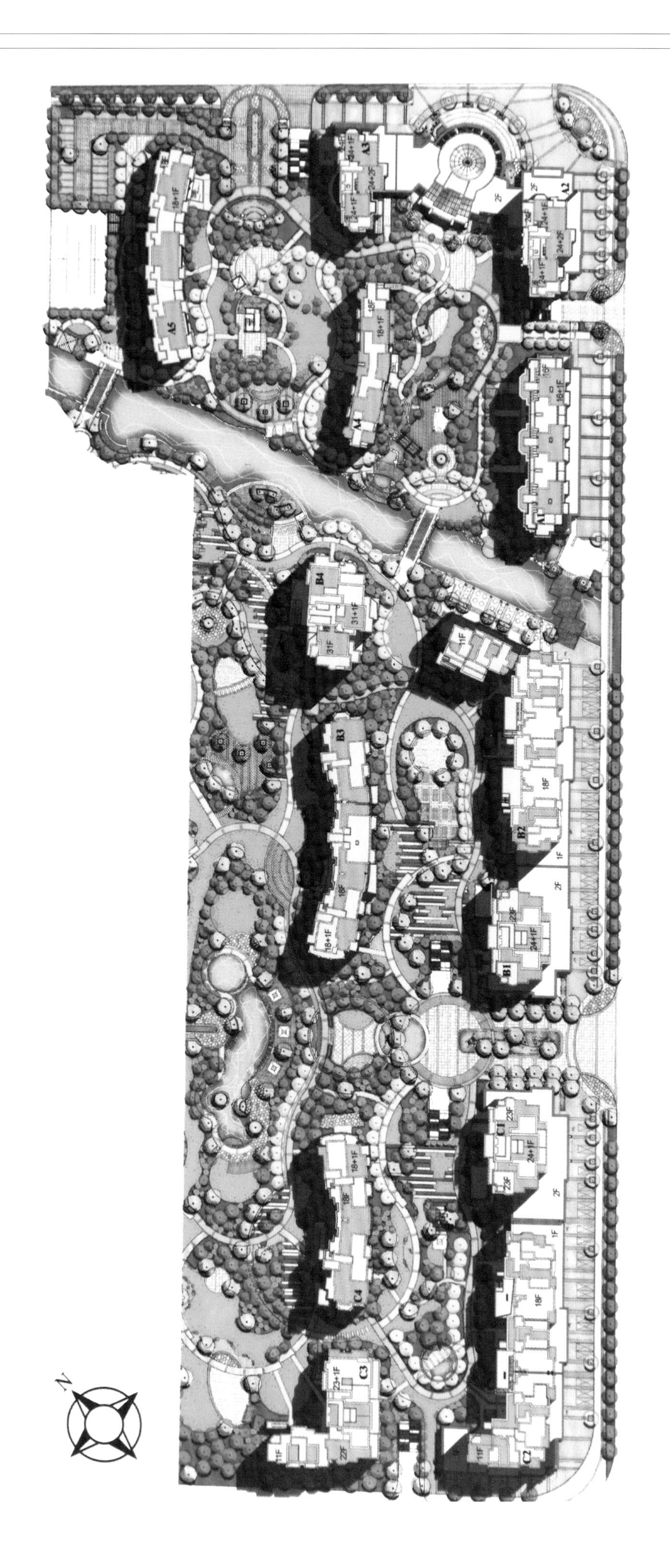

青岛小港湾

项目地点：山东省青岛市
开发商：和记黄埔地产（青岛）有限公司
青岛小港湾旅游开发建设有限公司
建筑设计：陈世民建筑师事务所有限公司
占地面积：386 206.7 m^2

青岛小港湾区域改造项目，由和记黄埔地产（青岛）有限公司和青岛小港湾旅游开发建设有限公司联合竞得，联合竞投总成交价为26.9亿元。根据规划，小港湾改造范围北至六号码头路，南至市北区行政区界，东至冠县路，西至海边围合区域，具体包括北起包头路、东至馆陶路、南到观城路的区域，总占地面积386 206.7 m^2。

改造后的小港及其周边地区规划突出旅游休闲特色，规划建设“一带、六区”：一带，即一个滨水公共开放空间带，主要布置特色公园、滨水广场等开放型公益设施；六区分别是滨水餐饮娱乐区、特色旅游服务区、港口服务区、水上娱乐区、商住区和历史风貌保护区。小港湾规划改造的理念是充分将小港湾的自然条件进行合理均衡利用，打造适合滨海旅游、特色餐饮、现代服务、休闲居住的新城区。

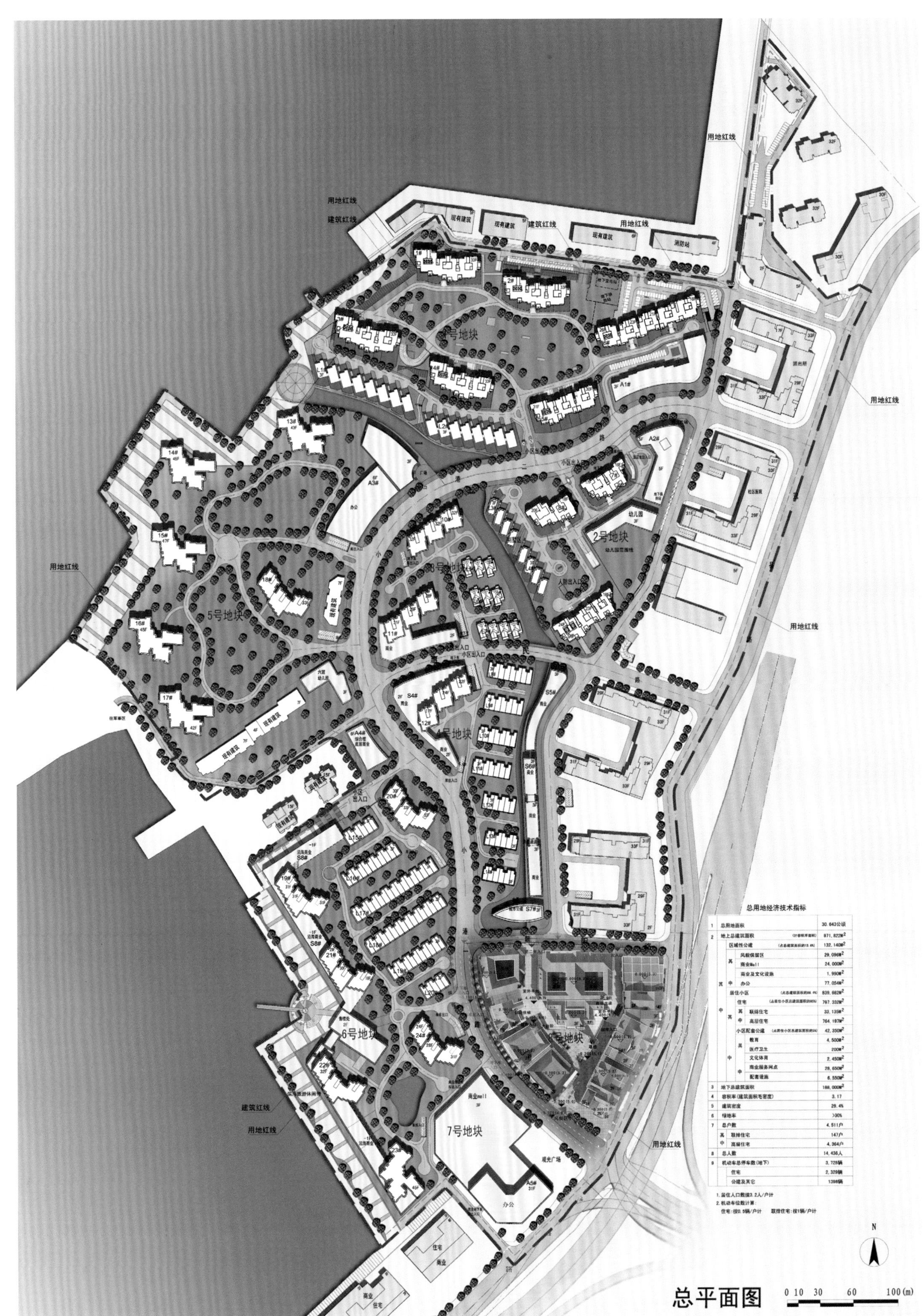

总用地经济技术指标

序号	项目	说明	指标
1	总用地面积		30.643公顷
2	地上总建筑面积	(计容积率面积)	971,822M²
	其中 区域性公建	(占总建筑面积的13.6%)	132,140M²
	其中 风貌保留区		29,096M²
	其中 商业Mall		24,000M²
	其中 商业及文化设施		1,990M²
	其中 办公		77,054M²
	其中 居住小区	(占总建筑面积的86.4%)	839,682M²
	其中 住宅	(占居住小区总建筑面积的95%)	797,332M²
	其中 联排住宅		33,135M²
	其中 高层住宅		764,197M²
	其中 小区配套公建	(占居住小区总建筑面积的5%)	42,350M²
	其中 教育		4,500M²
	其中 医疗卫生		200M²
	其中 文化体育		2,450M²
	其中 商业服务网点		28,650M²
	其中 配套设施		6,550M²
3	地下总建筑面积		188,000M²
4	容积率(建筑面积毛密度)		3.17
5	建筑密度		29.4%
6	绿地率		>30%
7	总户数		4,511户
	其中 联排住宅		147户
	其中 高层住宅		4,364户
8	总人数		14,436人
9	机动车总停车数(地下)		3,728辆
	住宅		2,329辆
	公建及其它		1398辆

1. 居住人口数按3.2人/户计
2. 机动车位数计算：
住宅：按0.5辆/户计　联排住宅：按1辆/户计

总平面图

上海贝尚湾

项目地点：上海市松江区九亭镇
开发商：上海总泉置业有限公司
建筑设计：上海天华建筑设计有限公司
占地面积：119 784 m²
建筑面积：195 752 m²

贝尚湾位于上海市松江区九亭镇，南接沪松公路，西至沪亭北路，北与九城湖滨、东与奥园接壤，总建筑面积近20万 m²，容积率1.65。一期近12万 m²，位于整个弯月形地块的月梢部分，其中约8万 m²高层公寓，约2万 m²景观别墅，超大景观幢距60~140 m；商业区4万 m²，包括酒店公寓、会所、泳池、河流、岛屿、绿地、景观。项目机能完善，配套全面。

基于对欧式风情居住生活的诠释，在空间上，项目着重建构开放空间——半开放空间——私密空间的层级体系。开放空间将是市民性和公共性的场所；半公共空间是服务于九亭镇地块及相邻社区的全体住户的共有场所；私密空间被阐述成为组团内部的、安静宜人的和小尺度的组团中心绿地。小区在满足规范和区内总体日照要求的前提下，以南北高中间低的层级关系，合理布置不同高度和不同功能的建筑群落，营造变化而富有层次感的立体空间。

全区总平面图

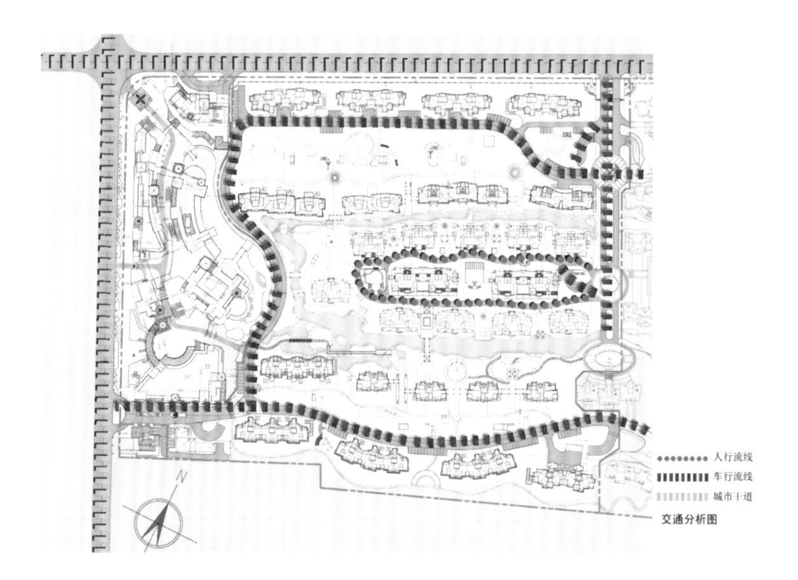

交通分析图

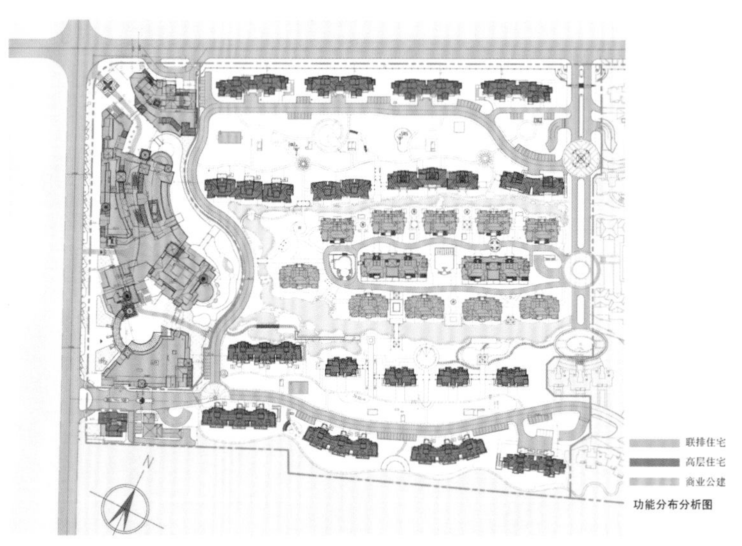

功能分布分析图

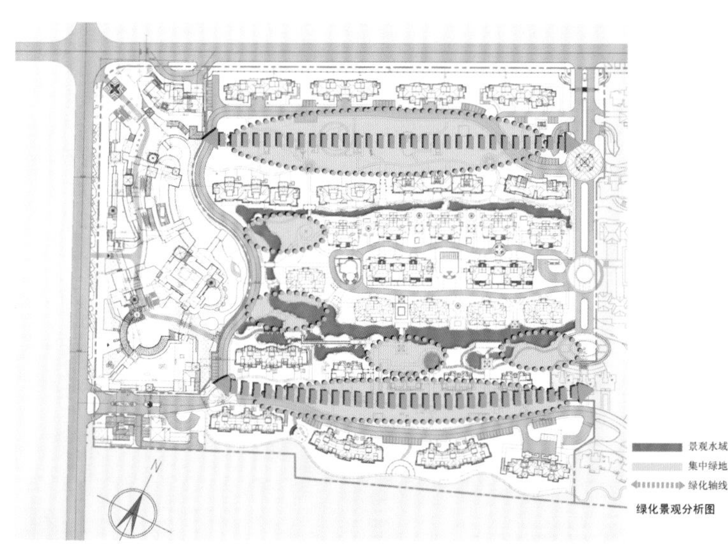

绿化景观分析图

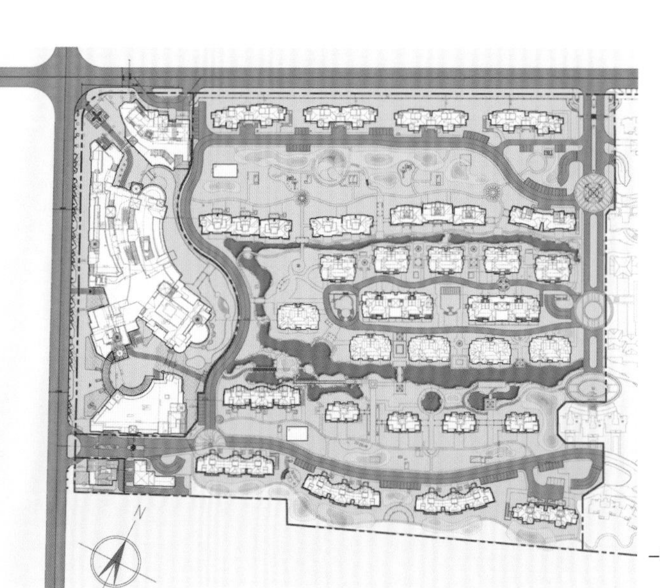
一期平面图

营口金泰城（二期）

项目地点：辽宁省营口市
建筑设计：北京享筑建筑设计咨询有限公司
　　　　　美国T-SQ工作室
占地面积：62 624.77 m²
建筑面积：140 906 m²

营口金泰城二期项目位于辽宁省营口市经济开发区（鲅鱼圈区）新区文德大道（金泰大道）北，与金泰城三期隔街相望。西临营口金泰城一期项目，北临二道河，东、南临平安大街。项目整体环境较好。在其项目的西侧有海景和高尔夫球场，其北侧紧邻二道河，有很好的河景资源，而且整个项目处于开发区的城南新区，是区域高档项目聚集地。

项目寻求以人性化的规划和建筑手法，来围塑本案高品质的居住环境。包括利用自然资源来提供通风、采光及取景的最佳效果，如各户的双层挑空阳台，结合小区花园和湖面景观，使室内外空间的延展流畅性达到最高。项目采用创新的西方开放式布局，高贵大方的外观设计，高级的表材和精致的景观，综合体现营口市的顶级高档建筑的品位。目标是拔高整个鲅鱼圈的社区价值，并带动整体居住品质的提高及经济成长的进步。

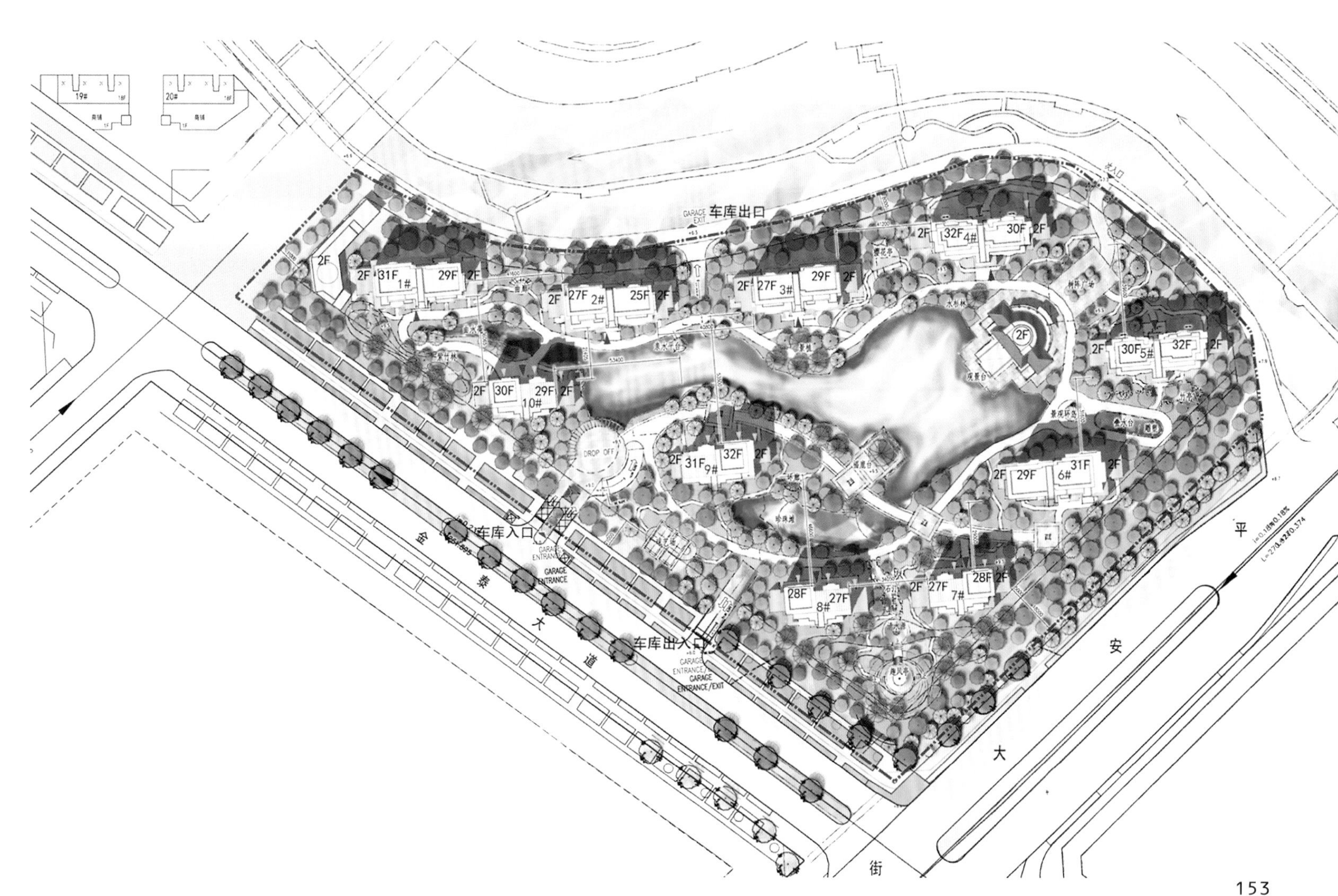

长沙湘府国际大都会

项目地址：湖南省长沙市
开 发 商：红星实业集团
　　　　　深圳德思勤投资咨询有限公司
建筑设计：陈世民建筑师事务所有限公司
总建筑面积：1 200 000 m²

项目位于湘府路与韶山路交叉口西北角，占地面积约30万 m²，距省政府2 km。该项目由红星实业集团与深圳德思勤投资咨询有限公司共同开发，拟建成集城市公园社区、商业、酒店、办公、休闲娱乐为一体的地标性城市综合体，适宜百货、家居、餐饮、酒吧、健身休闲、酒店管理等公司入驻。

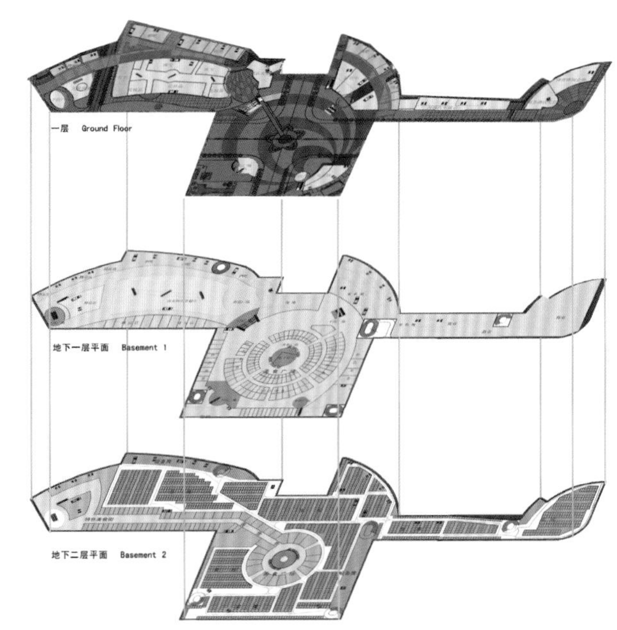

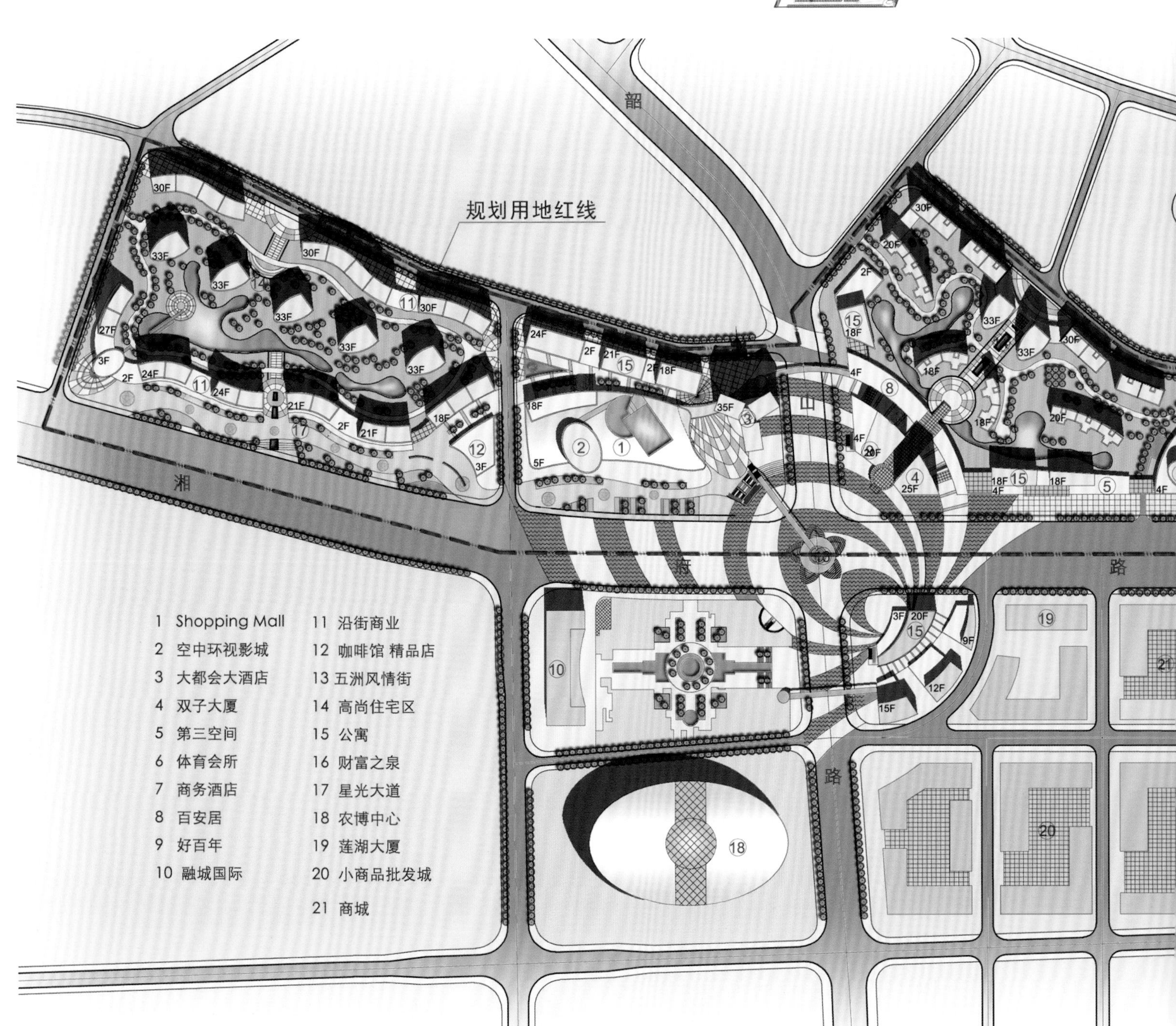

深圳淘金山花园

项目地点：广东省深圳市
开发商：深圳市金地利投资有限公司
建筑设计：深圳同济人建筑设计
占地面积：153 332 m²
建筑面积：490 230 m²

淘金山花园位于东湖水库居住区，沙湾路、东湖水库右侧，占地面积153 332.8 m²，总建筑面积490 230.76 m²，该项目位于环保区内，三面环山，一面环水，定位为高端物业，其中一期837户，容积率为2.5，建筑类型以高层、Town House以及独立别墅构成。

项目一期结合总体竖向规划设计，直接在现状地形上设置地下室，既保持了原有的生态环境，降低了基础造价，又可以提高庭院竖向标高，有利于住户在小区庭院内直接看到东湖水库的美景，实现了综合效益最大化。整个小区竖向布置，既满足功能及消防要求，又亲近自然。结合本地块优越的地理位置，住宅建筑设计体现了高档居住社区的品质。高层住宅采用两梯三户和三梯三户，平面采用大面积的景观阳台、入户花园、270度大凸窗、双套房设计，尽显豪宅的品位。

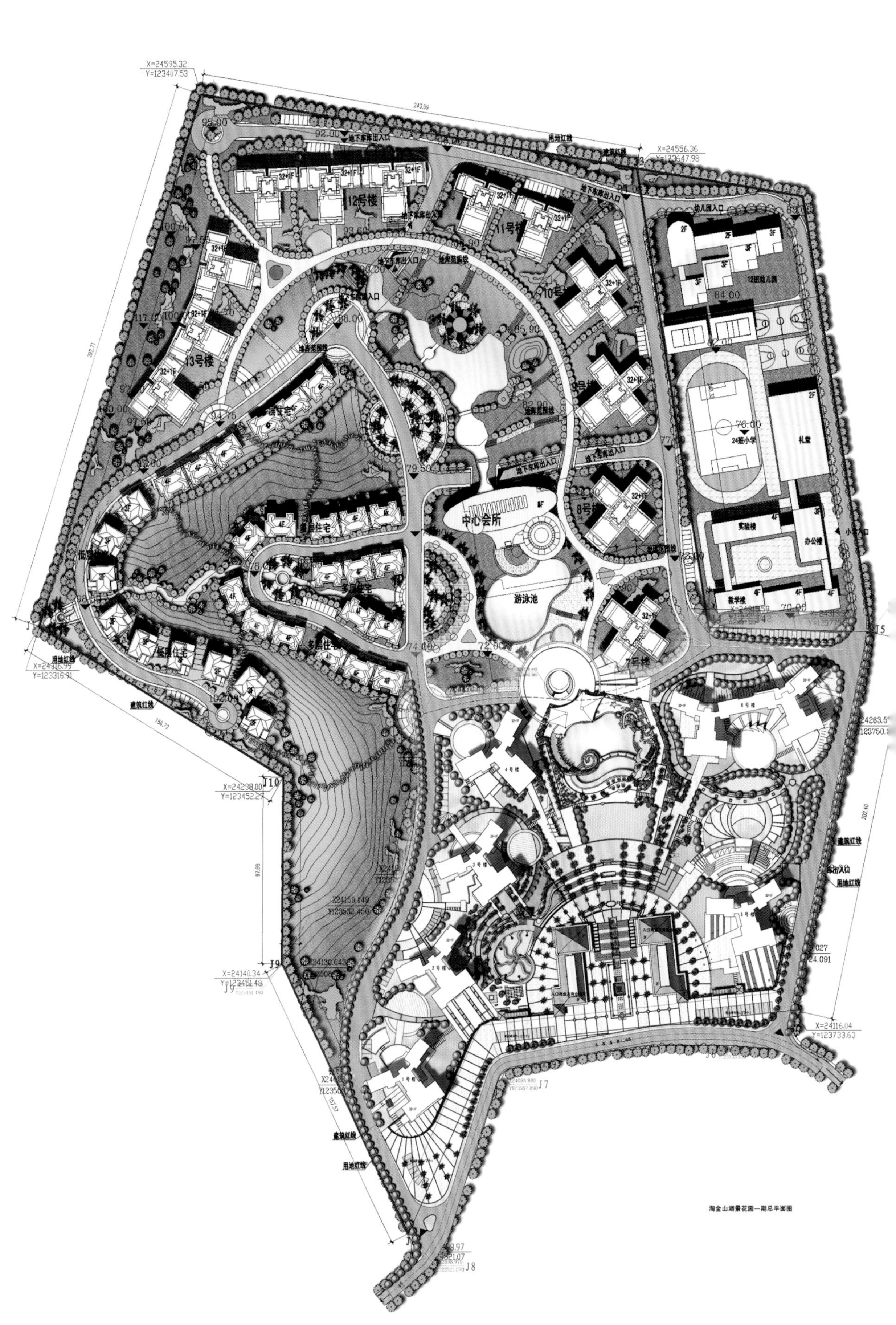

淘金山湖景花园一期总平面图

重庆泽科港城国际

项目地点：重庆渝北区
开发商：重庆泽科有限公司
景观设计：香港阿特森景观规划设计有限公司
占地面积：136 747.9 m^2
建筑面积： 700 000 m^2

泽科港城国际位于重庆渝北区未来发展的商务生活片区，是商业核心地带。泽科港城国际——重庆的中央公园，从美国的纽约中央公园借喻而来，这个美国后现代风格的公园，蕴藏着森林海的梦境，整个项目以“森林海”为设计主题展开，依照各个空间的形态，赋予“森林海”的特质。设计师有意将其规划打造成一个国际性的综合性城市复合体社区。项目内不仅拥有高层、洋房、别墅、公寓等等多种住宅业态，而且开发商还以未来性、前瞻性的眼光规划了以“街区式、邻里式、时尚化”为核心卖点的集中式商业中心。目前由16栋25层的高层建筑、17栋6~7层的花园洋房以及5栋4层的临湖叠拼别墅组合而成。

泽科港城国际是继泽科兴城之后，泽科地产推出的高端力作。近3万 m^2超大中庭花园打造立体生活空间。145 m超大的楼间距不仅保证了每户的室内采光，更是大大提高小区绿化面积，造就空港新城全景式超大视野，在重庆绝属首创。特有全赠送廊桥式户型设计，巧妙划分功能区间，确保室内空间豪华感与实用性兼备。绝版全架空层设计，随心设置水吧、健身房、儿童游乐场等个性志趣空间，前所未有的空中花园，令人有会所式体验。

景观方面，星光闪耀的广场配合周边商业的小矩阵树阵，入口大门热烈的涌泉水景配合现代简约的框架大门，为我们打开小区静谧的大门。中心广场到森林海之间是整个小区的中心地带，结合现场的高差关系，配合森林的意境，垂直的瀑布在“森林”里展现，以森林景墙为背景，波浪形灌木配合矩阵树木的森林，林间草地上的小木桥，森林空间的休憩座椅，森林里的小木屋，让人不禁觉得在这梦幻森林的风景独好。加上面积800 m^2浩瀚泳池，池边海螺吐水，花丛相依，海鸥停留在浅滩中，以海鸥、镜面水池作为设计元素，尽显艺术与优雅。

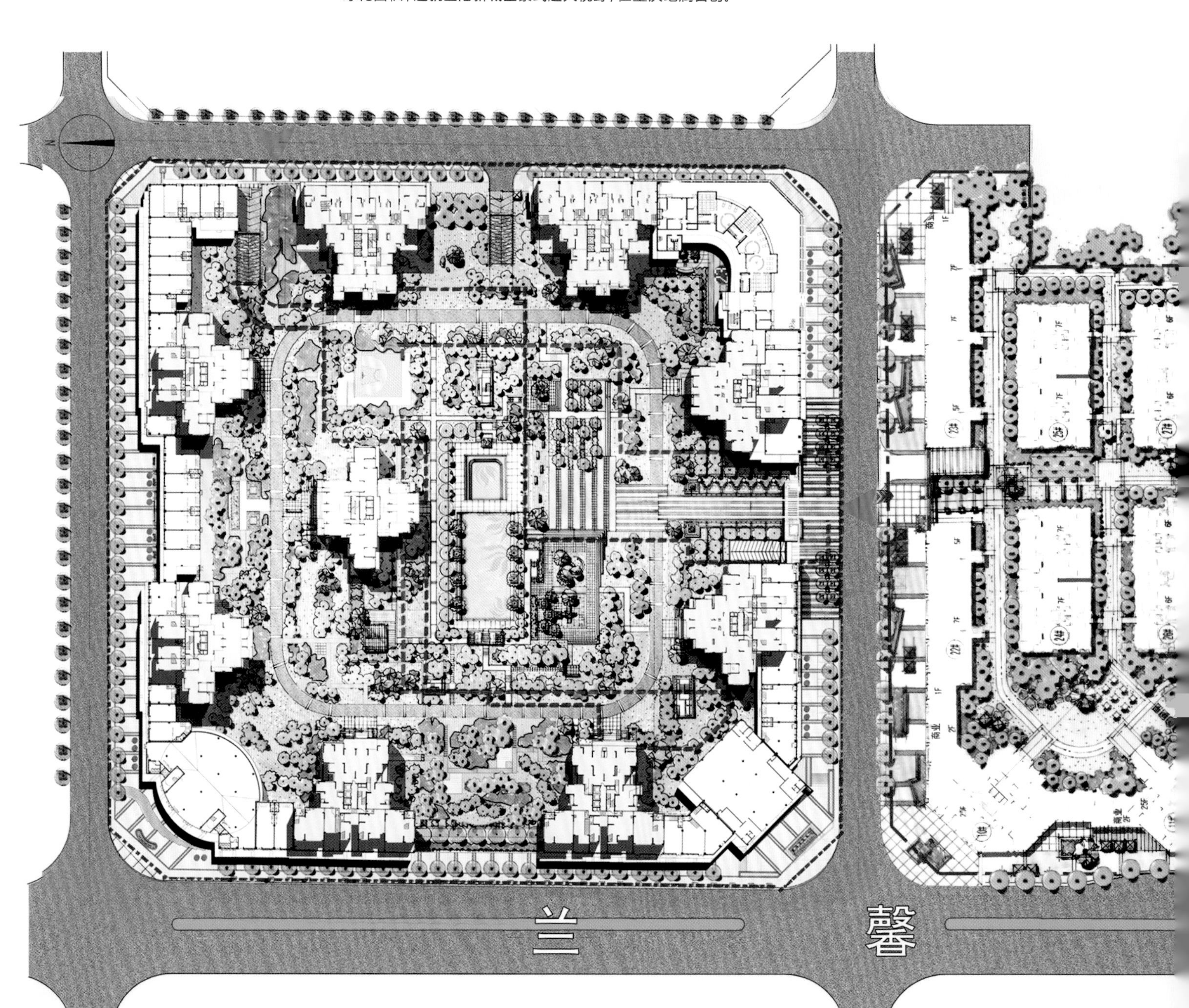

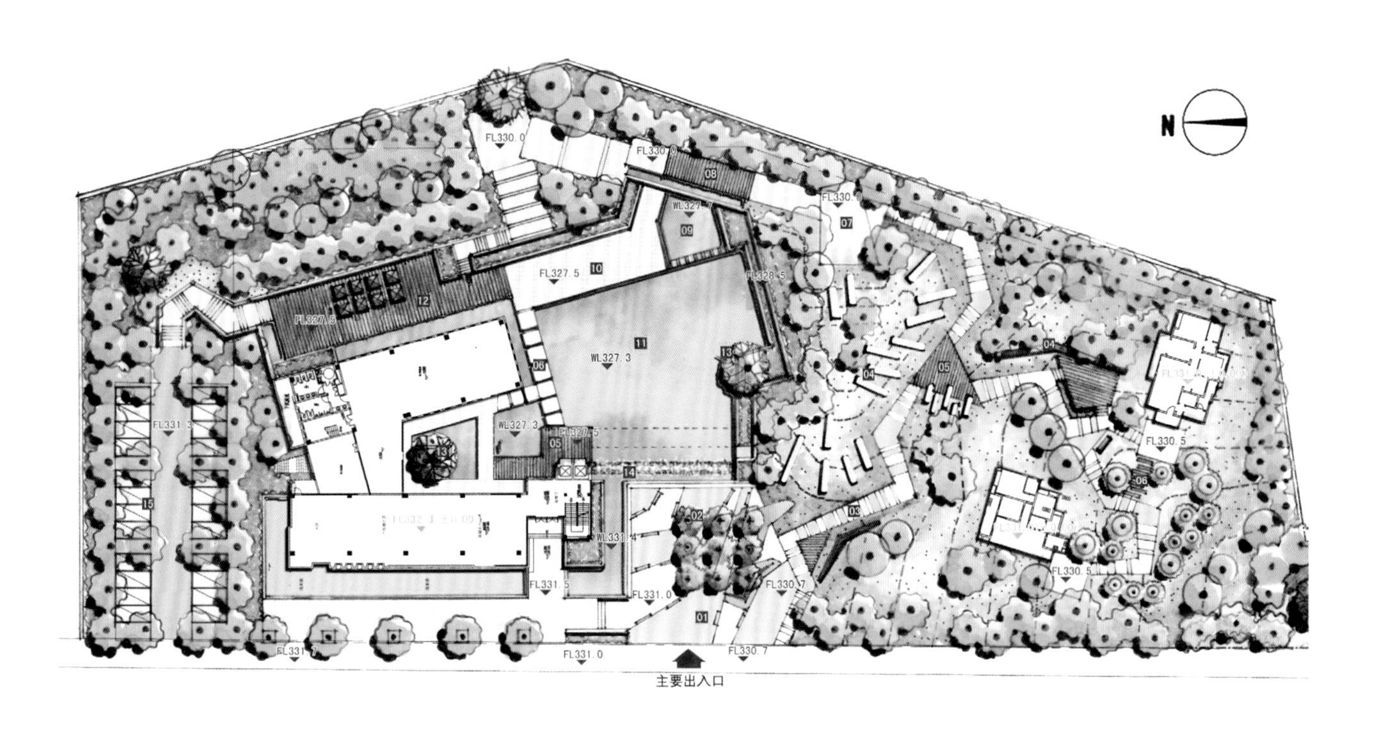
N
主要出入口

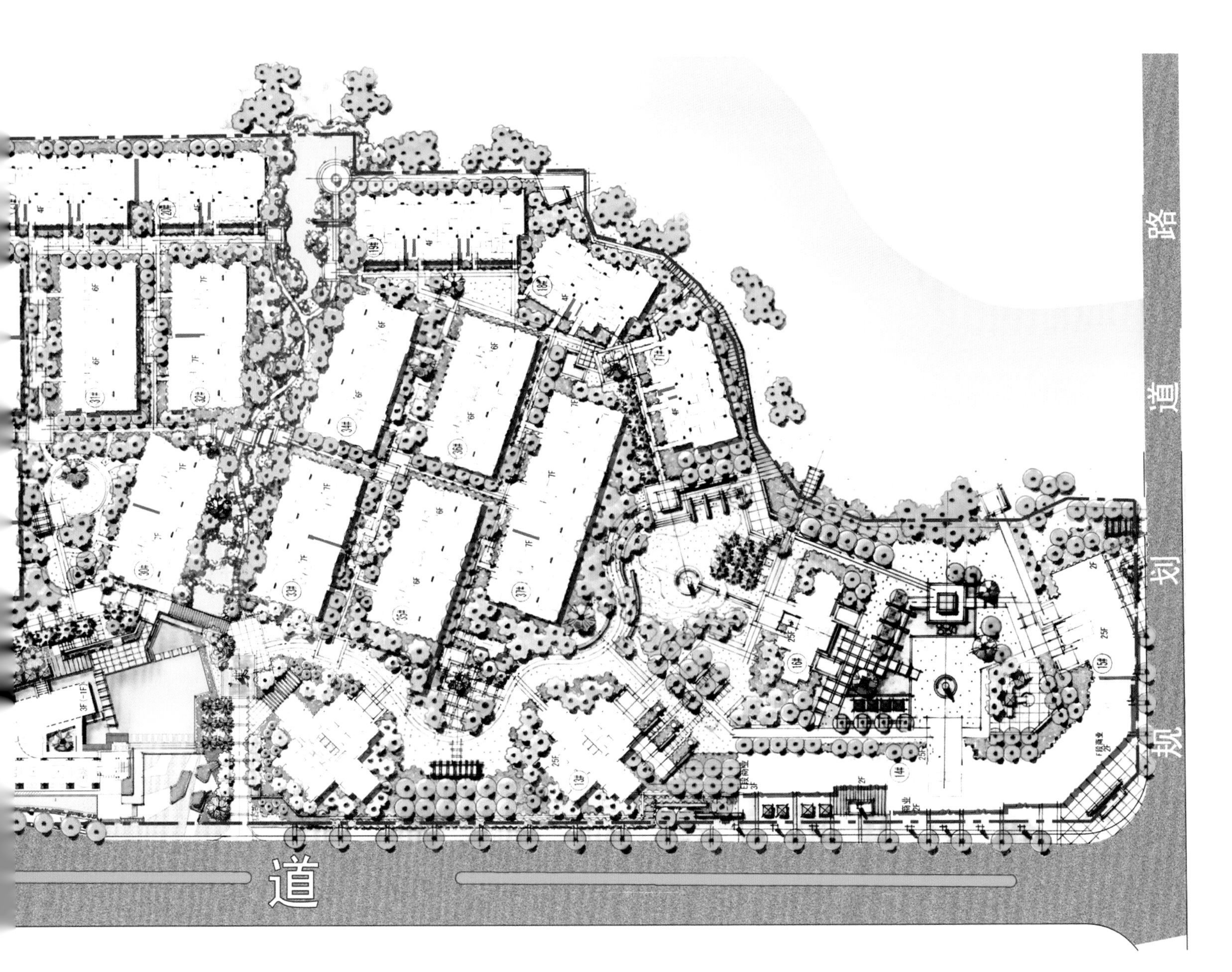
规划道路
道

南宁保利21世家

项目地点：广西壮族自治区南宁市
开发商：广西保利置业集团
景观设计：广州科美东篱（澳洲）建筑景观公司
占地面积：47 342 m²
建筑面积：147 689 m²

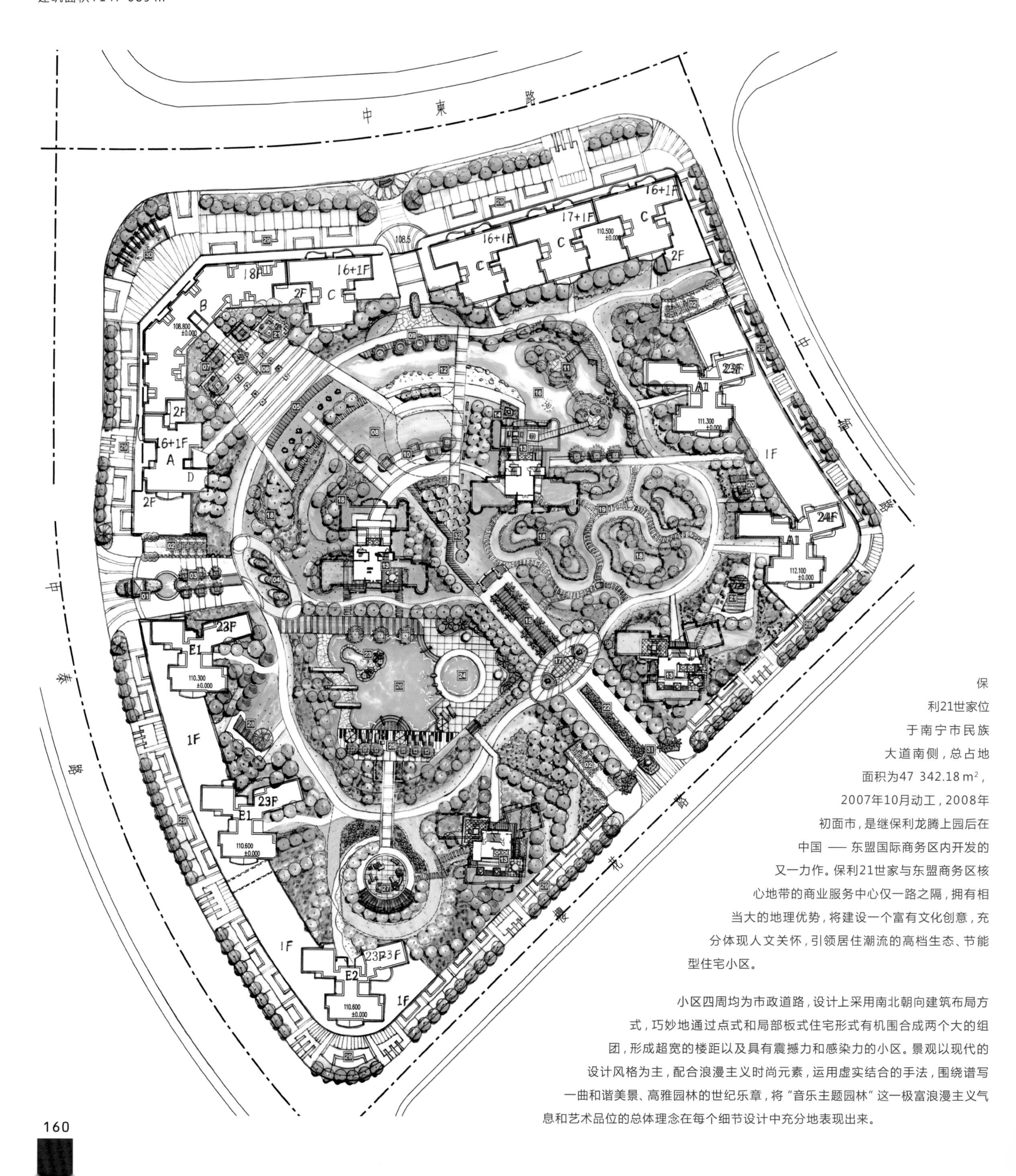

保利21世家位于南宁市民族大道南侧，总占地面积为47 342.18 m²，2007年10月动工，2008年初面市，是继保利龙腾上园后在中国 —— 东盟国际商务区内开发的又一力作。保利21世家与东盟商务区核心地带的商业服务中心仅一路之隔，拥有相当大的地理优势，将建设一个富有文化创意，充分体现人文关怀，引领居住潮流的高档生态、节能型住宅小区。

小区四周均为市政道路，设计上采用南北朝向建筑布局方式，巧妙地通过点式和局部板式住宅形式有机围合成两个大的组团，形成超宽的楼距以及具有震撼力和感染力的小区。景观以现代的设计风格为主，配合浪漫主义时尚元素，运用虚实结合的手法，围绕谱写一曲和谐美景、高雅园林的世纪乐章，将“音乐主题园林”这一极富浪漫主义气息和艺术品位的总体理念在每个细节设计中充分地表现出来。

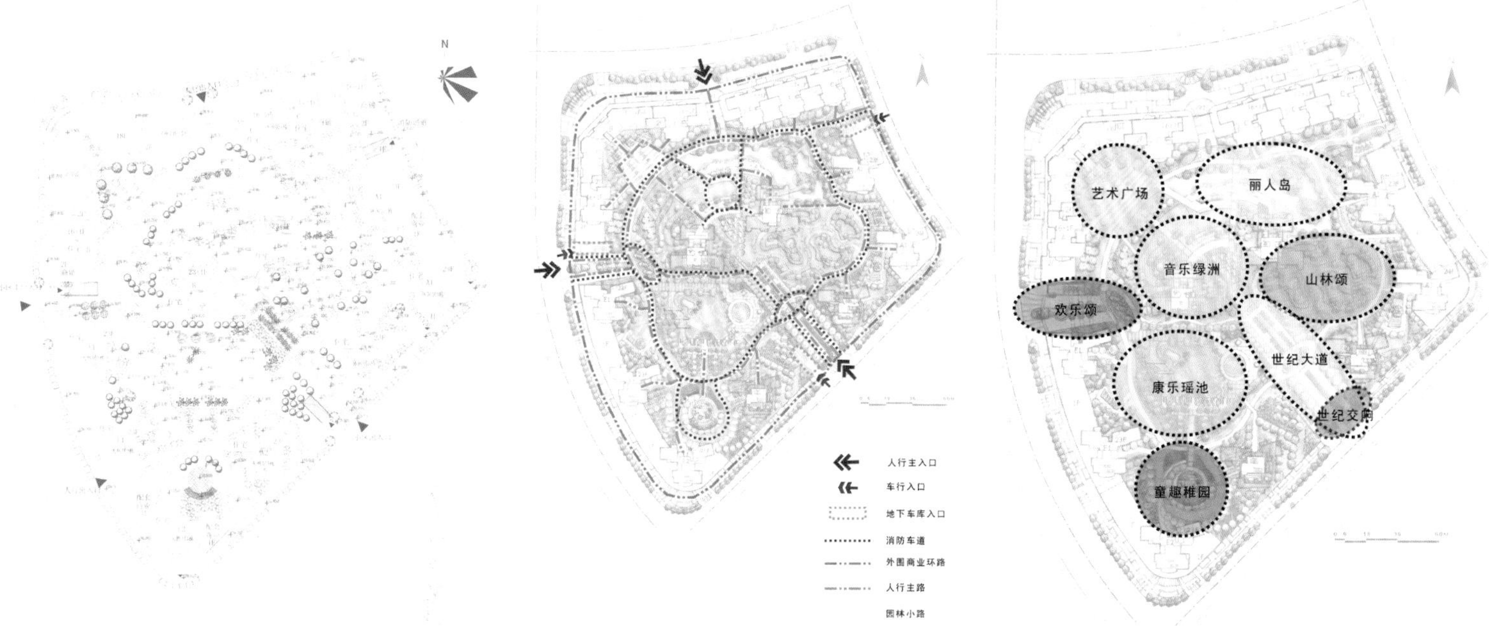
N
人行主入口
车行入口
地下车库入口
消防车道
外围商业环路
人行主路
园林小路
艺术广场
丽人岛
音乐绿洲
山林颂
欢乐颂
世纪大道
康乐瑶池
世纪交响
童趣稚园

HIGH-RISE RESIDENTIAL BUILDING

高层住宅

Curve	曲线	006-161
Broken line	折线	164-257
Straight line	直线	260-403
Integration	综合	406-431

Broken line

折线 164-257

深圳宝能太古新城

项目地点：广东省深圳市
开发商：宝能地产有限公司
占地面积：191 510 m²
总建筑面积：380 000 m²
容积率：3.5
绿化率：50%

宝能太古新城位于深圳南山后海湾核心位置。该区域东、南临深圳湾，北接南山区RBD中心，紧邻香港西部通道，是深圳最后一个大型滨海高档住宅区。宝能太古新城由17座高层组成，分南北二区，并由空中走廊连通南北。北区主力户型建筑面积为130～170 m²的三室四室、207～306 m²的四至五室及顶层复式；南区主力户型为40～89 m²的一至三室。

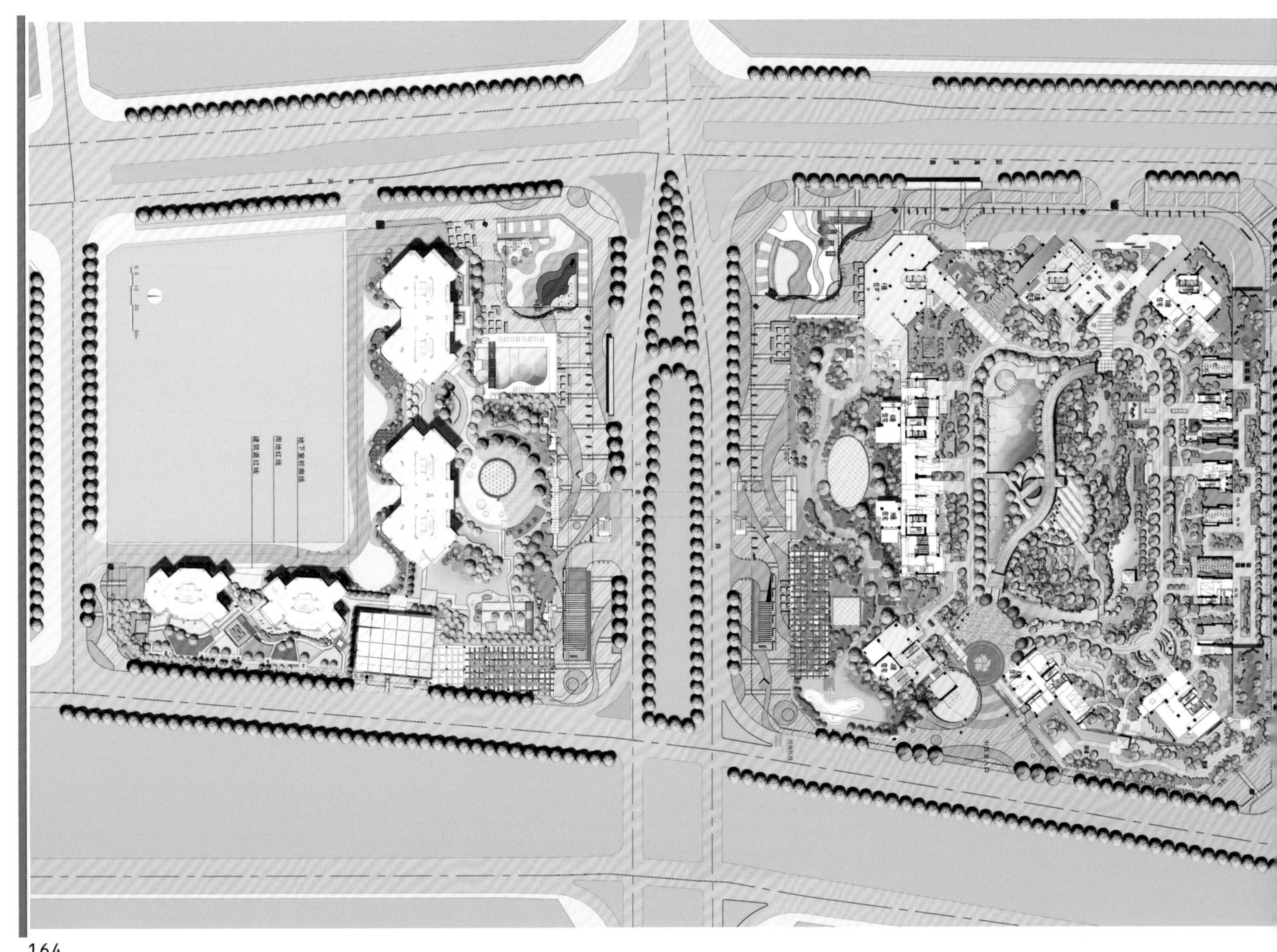

南京凯润金城

项目地点：江苏省南京市
景观设计：美国21世纪景观设计公司
占地面积：35 961 m^2
总建筑面积：210 000 m^2
容积率：2.90
绿化率：25%

凯润金城，坐落于历史文化名城南京CBD新街口地区，交通便利，商业氛围极佳。项目西临东山路，东侧为长江花园住宅小区，南接长江路，韩家巷将地块划分为南北两个片区。地块周边历史遗迹丰富，有与明洪武帝朱元璋有历史渊源的韩家巷，有原民国时期的中央国术馆，有南京教育学院即晓庄学院等。

项目采用历史与未来的碰撞语言，将商业与居住文化有机结合，考虑使用者文化层次较高的背景，在强调生态景观理念的基础上，运用时尚的景观语言，融合地域文化的同时，契入现代都市的人文气息与未来艺术语言，强化居者的归属感、安全感和认同感；有机整合景观的生态性、养生性、观赏性、体验性，并贯穿于整个规划设计过程中。“自然风景，抬头可见；历史意象，遍地可拾”，生态、健康的理念贯穿始终，结合特有的文化内涵，移步换景。

商业街采用未来主义的艺术手法，打造南京独特的时尚、艺术的商业空间环境。在居住社区中，力求营造一种自然、生态、和谐、富有人文气息的城市花园式景观空间。在商业区和居住区之间的韩家巷一侧辟出绿地，做成具有人文特征的韩家巷纪念游园，取意“1368”体现该地址的历史遗迹，突显韩家巷的文化价值，使它成为项目独特的亮点。

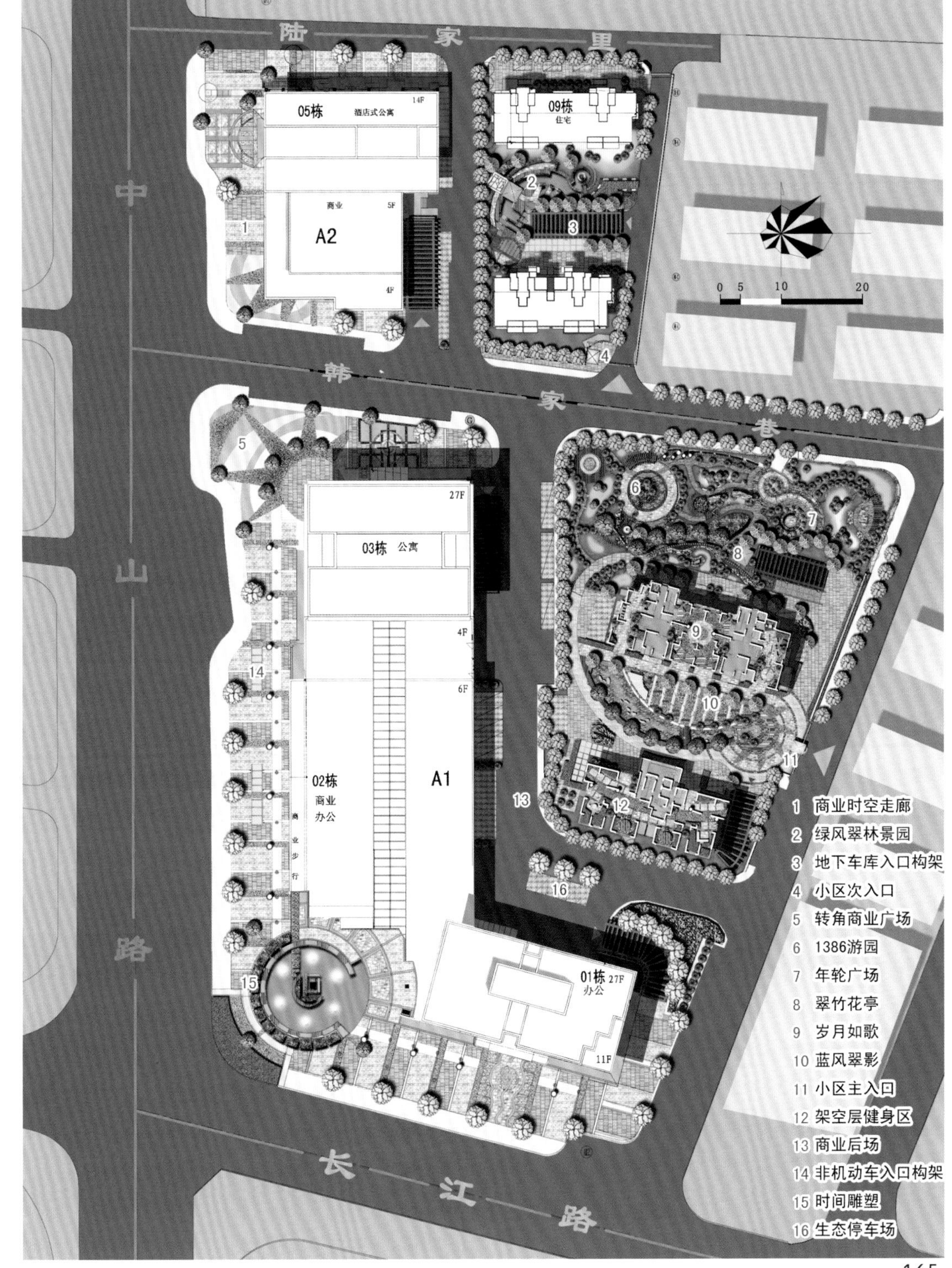

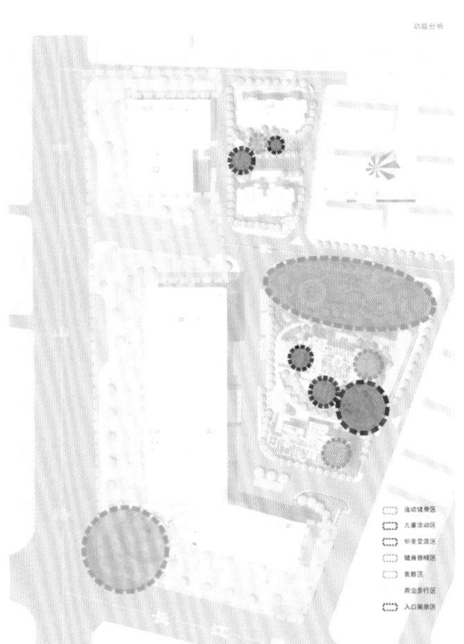

深圳横岗128工业区片区

项目地点：广东省深圳市
建筑设计：陈世民建筑师事务所有限公司
占地面积：100 700 m²
建筑面积：400 000 m²

深圳横岗128工业区片区为旧城改造项目，位于龙岗区横岗街道128工业区片区，地块东至埔夏路、南临深惠路、西接梧桐路、北以普安路为界。地块由牛始埔、埔夏、龙塘三个居民小组部分村民住宅用地组成，原地块内主要为村民楼及部分工业厂房、商铺等，目前该地块基本为裸地，尚有约20%建筑物待拆迁。该项目改造目标是发挥地区优势、优化产业结构、完善城市功能，通过用地置换、产业升级换代，将该片区建设为集商业、办公、休闲娱乐和居住于一体的配套设施完善、环境优美的现代城市社区。

N
多层建筑控制线
高层建筑控制线
路
用地红线
地下车库范围线
安
普
公交首末站
2F
地库出入口
29F
32F
商业
1F
人行次入口
埔
停车场
组团入口
±0.000
会所
泳池
社区活动场地
3000M²
文化活动室
社区中心
社区服务站
厦
高层多层建筑控制线
地库出入口
30F
公共开放空间
1333M²
新
惠
12班幼儿园
邮政储蓄所
商务公寓
商务公寓 26F
公共开放空间
2239M²
人行天桥
人行主入口
公共开放空间
2240M²
商务公寓
18F
33F
深
惠

绿城千岛湖碧水清风酒店

项目地点：浙江省杭州千岛湖镇
开发商：杭州千岛湖绿城投资置业有限公司
建筑面积：49 730 m^2

千岛湖素有“天下第一秀水”的美誉，作为全球度假胜地体系中的一颗新星，千岛湖正在以迪拜速度发展兴起。杭千高速的开通，已把千岛湖并入长三角4小时交通圈。建设中的沪杭高铁以及即将开建的杭黄高铁客运专线，把杭州、上海等大都市到千岛湖的距离分别缩短到惊人的约40分钟、约70分钟车程，实现千岛湖度假胜地与长三角商业核心圈的完美无缝链接。千岛湖碧水清风位于千岛湖风景区内，周边喜来登、希尔顿、洲际等10余家国际一流豪华酒店也将在未来三至五年内进驻千岛湖，千岛湖完全符合全球高端奢华度假物业体系的黄金准则，成为中国长三角乃至全球富人的最新度假胜地几成定局。

千岛湖碧水清风在建筑方面更多考虑的是如何取得与社区规划和场地特征之间的契合，如何处理好与已有建筑之间的关系，以及如何在统一的整体环境中表达自己的特质。建筑物自身的自我表达则“隐”在了后面，更多地采取一种谦逊而内敛的姿态表达出对整体氛围的尊重。在对表皮的细腻雕琢下，体量不再成为影响姿态的决定要素，精致感足以将16层的大物体消解掉。“湖景”不再是噱头，当建筑的每一个角落，客房自不必说，如泳池、空中内庭、空中会所等也成为推窗见景的主角时，似乎其他的一切都不重要了，因为人在其中的感受已成为评价她的核心标准。

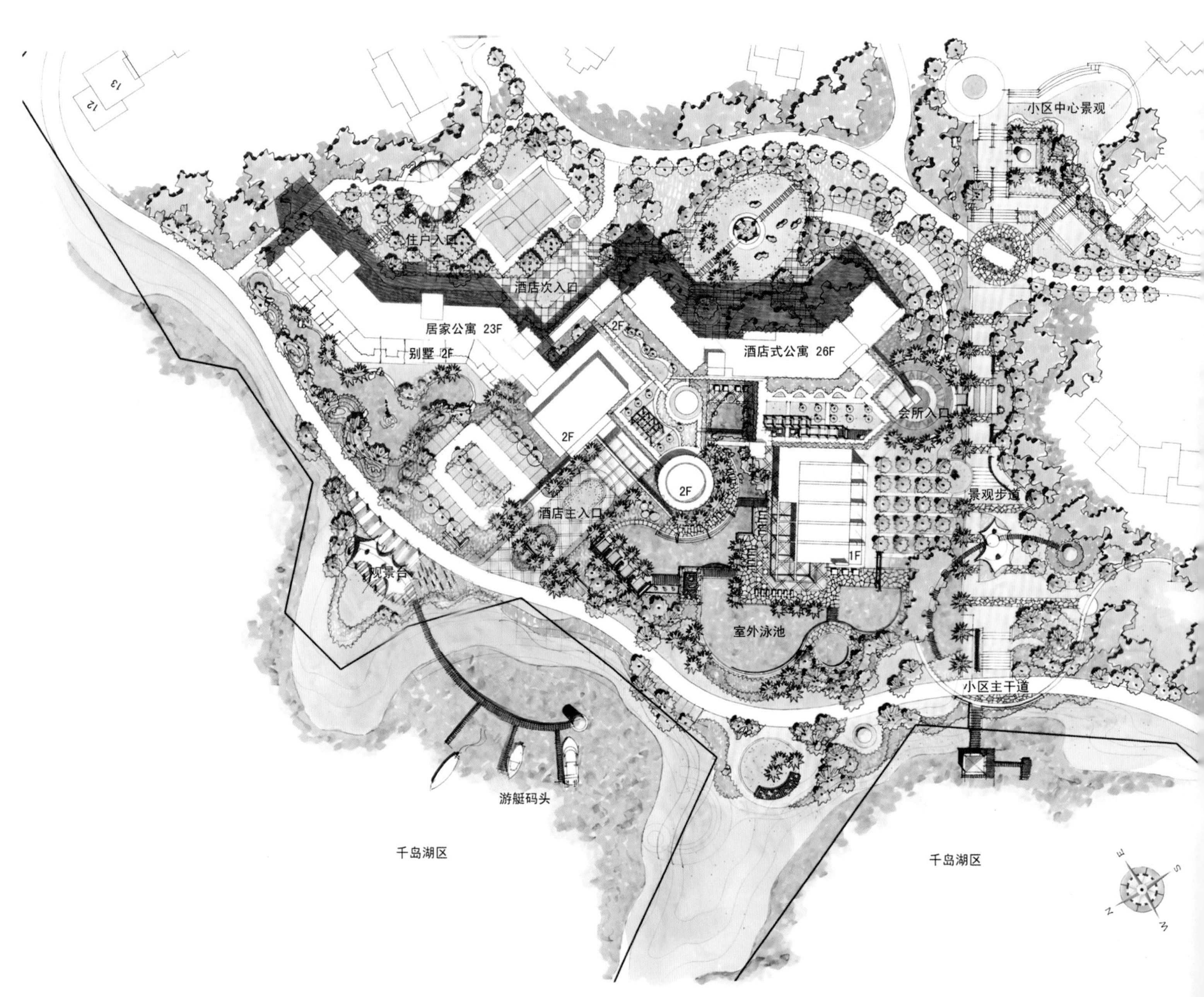

深圳花样年·花港

项目地点：广东省深圳市
开发商：深圳市花样年投资发展有限公司
占地面积：5 334 m^2
总建筑面积：26 779 m^2
容积率：4.2
绿化率：36%

项目位于世界大港——盐田港的后方陆域明珠大道与永安路交会处，项目占地面积5 334 m^2，总建筑面积26 779 m^2，建筑高度33层，是目前该区域标志性建筑。

项目定位为精品酒店式公寓，高层单位拟建酒店套房，作为后方陆域的酒店配套，便于短期租赁。中低层单位为精装修酒店式公寓，用于长期商住两用。产品兼顾功能性、尺度感和舒适性。单身公寓30 m^2，一室一厅42 m2，两室59 m^2，户型方正紧凑，实用性强。

香港珑玺

项目地点：香港

珑玺耸立于香港黄金地段——西南九龙区，物业临海而建，闪烁蓝海近在眼前，优越尊尚不言而喻，更被看着香港特区政府城市规划委员会“西南九龙分区计划大纲”下最后一幅临海住宅地皮，千金难求。项目临近西九龙文化区，是未来文化商业发展枢纽，散发无可比拟的尊贵气度，绝对是向往优越生活人士梦寐以求的理想居亭。

“珑玺”的命名，是取其玲珑剔透之意，象征项目俨如一件精雕细琢的宝玉屹立于西九海旁，同时呼应其姊妹项目“天玺”，取“玺”字尽显皇者气度之意。英文采用“Imperial Cullinan”为名，进一步突显其尊贵不凡，绝对是真正的贵族府邸。项目提供少于30个五室双套的“珑玺至尊”，而“珑玺大宅”则占整个项目的六分一，即约100个四室双套单位，面积1 600~1 700 m²。“珑玺”首批推100户将包含第1、2座的1 700 m²的“珑玺大宅”至1 900 m²5室的“珑玺至尊”。项目投资约5亿元打造约10万 m²会所连园林，并以“Club Vendome”命名，呼应巴黎金贵地段“Place Vendome”，当地汇聚顶尖珠宝品牌，正配合六星级私人会所提供的众多世界称羡配套设施，私人会所更特设区内独有尊享通道直达约23万 m²的海滨长廊及公共休憩空间。

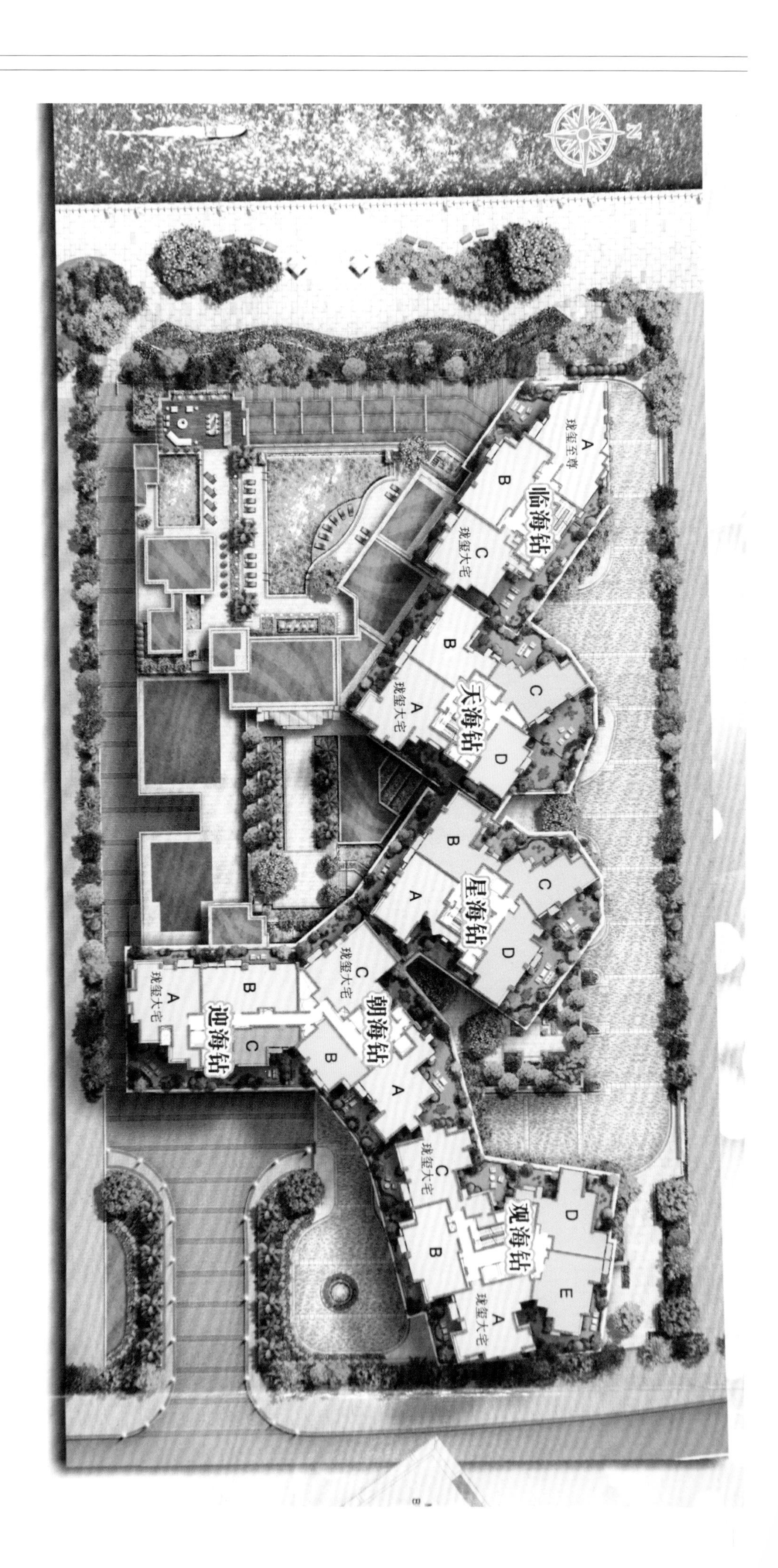

深圳新世界四季山水

项目地点：广东省深圳市
开发商：深圳市新世界房地产开发有限公司
建筑设计：柏涛咨询（深圳）有限公司
占地面积：39 000 m²
建筑面积：150 000 m²

新世界四季山水是深圳福田中心区周边大型山居物业，位于深圳市福田区梅林龙尾大道东侧，南开大学附中深圳分校以北。背靠绵延约50 km的塘朗山，南望莲花山公园、上梅林文体公园，西临特区内最大的市政公园梅林公园和梅林水库，享受梅林一村家乐福国美商圈配套。项目总占地面积约3.9万 m²，总建筑面积约15万 m²，计划分二期开发，其中一期占地面积近2万 m²，规划为五栋18~32层高层住宅，新古典现代建筑，150~260 m²纯大户设计，首创Z字形平面布局，极大丰富了景观面。入户花园、双层露台、景观阳台三重尊崇设计，可观小区水景园林。一期还设有配套幼儿园。

随着梅林公园和上下梅林文体公园三大社区公园的投入使用，特别是面积为6.2 km²的梅林山公园的规划成形，以及周边精品小区的开发，梅林作为深圳特区城市门户的形象正发生质的飞跃。新世界四季山水以面积为15万 m²的规模优势和一线山景资源进入市场。

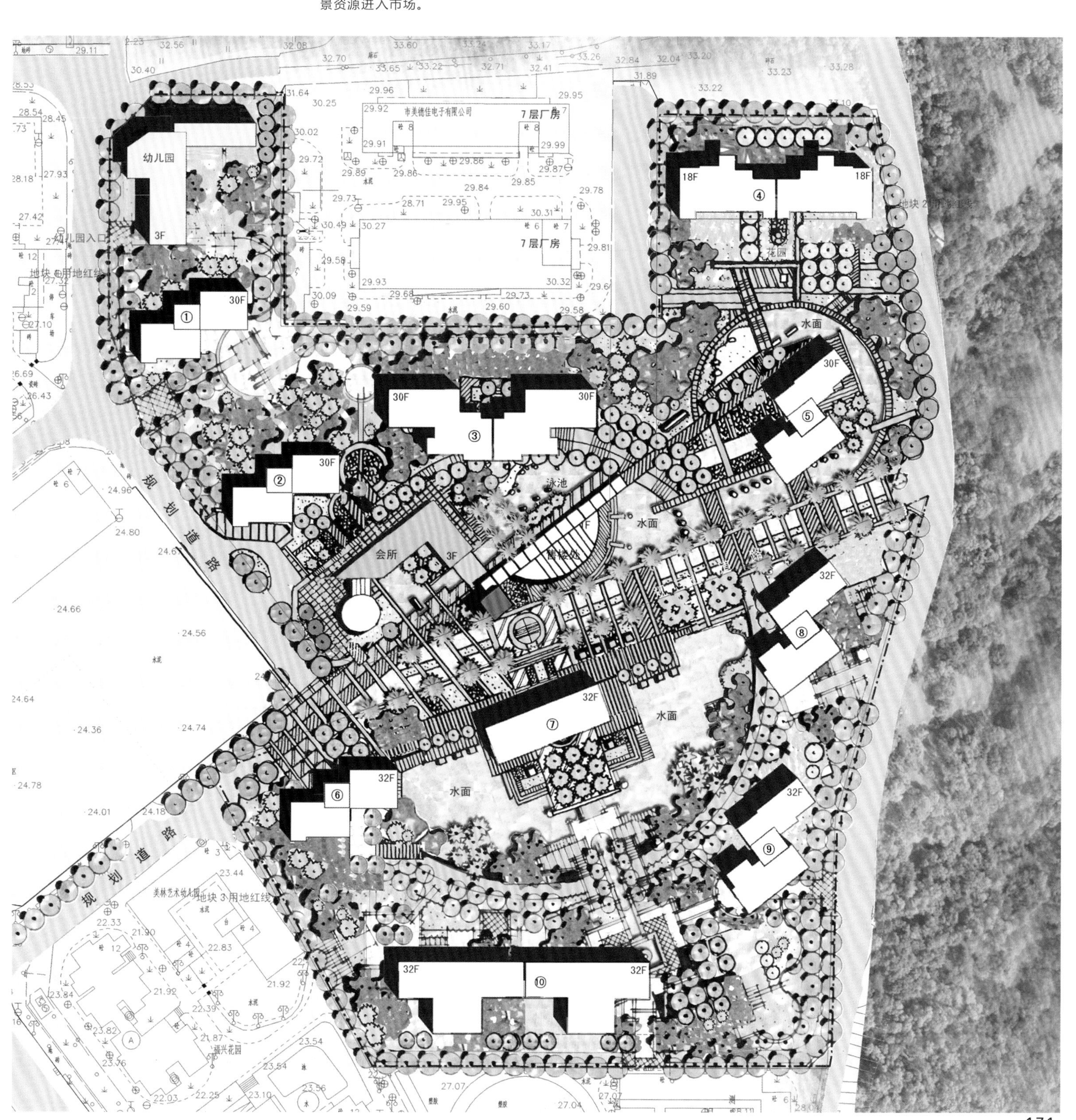

襄樊领秀中原

项目地点：湖北省襄樊市
开发商：湖北昌盛房地产开发有限公司
建筑设计：美国DF设计
占地面积：47 400 m^2
建筑面积：179 779 m^2

领秀中原位于湖北省襄樊市中原路和春园路交会的黄金地段，紧邻襄樊火车站和襄樊长途汽车站，总占地面积4.7万 m^2，总建筑面积近18万 m^2，是襄樊2006年公开的第一个大型房地产开发项目，其功能集住宅、写字楼、公寓和商业为一体。该项目的一期建设工程为纯住宅，二期为写字楼、公寓和商场。

总用地在大功能上可分为商业办公综合区(北部)和住宅区(南部)。而在用地形状的划分上可以分为北区、中区、南区三块地。项目处于春园路与中原路交叉口的位置，地块设计为商业、办公、住宅部分，而处于用地内相对偏里的地块设计为住宅用地，而住宅用地内配套相关的幼儿园、会所等功能。

项目住宅楼均为22层，低于办公楼，高于公寓式办公楼，容积率获得提高，建筑覆盖率降低，绿化率提高，使城市整体形象获得提升，建成后将成为整个片区的标志性建筑群。住宅区又分为两块，由一个瓶颈口相接，成为南北两块，住宅的朝向尽量指向正南北方向，由点式与板式住宅组合而成，尽量扩大园林的空间，同时保证更多的日照。住宅区的布局将会所和幼儿园合成一体，同时在有限的园林空间内设计了泳池、网球场、羽毛球场等各种空间，园林景观中的水系由南到北形成一个循环。

襄樊民发天地

项目地点：湖北省襄樊市
开发商：民发置业有限公司
建筑设计：美国DF设计
占地面积：100 000m²
建筑面积：320 000m²

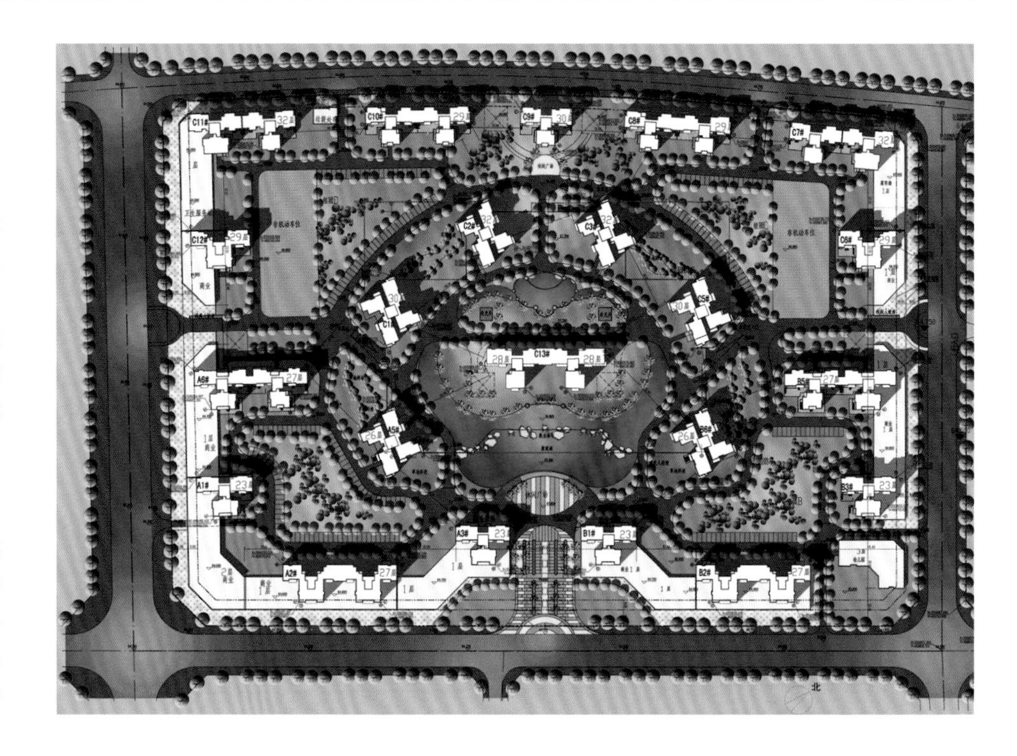

民发天地项目位于襄樊长虹路和邓城大道交会处，北靠邓城大道，西为长虹北路，南接华光住宅区，以东是襄樊五中的规划用地。项目住宅建筑面积约28万 m²，商业建筑面积约3万 m²，幼儿园建筑面积1 500 m²，住宅总户数近2 600户，绿化率高达38%。民发天地目前是襄樊规模最大的社区，由17栋现代简约风格的高层建筑组合而成，周边交通、教育、医疗、商贸、金融等配套设施较为完善。

项目用地呈不对称的梯形，商业沿几条主要道路展开布置，在西南角布置了一个商业主力店，其上有酒店式公寓两座，商业部分的内容虽然相对单一，但面积却比较大，为了改善造型当中的单调感，项目利用场地与建筑轴线之间的斜角，布置了若干个凹入的商业小广场，造型上也因此出现了很多变化，商业小广场可以形成很好的休闲购物人流驻留空间，住宅风格与商业风格统一，共同构成了商业住宅群震憾的城市昭示力。

三亚山水天域

项目地点：海南省三亚市
开发商：三亚昌达房地产有限公司
建筑设计：深圳市建筑设计研究总院有限公司
占地面积：47 095 m^2
建筑面积：183 286 m^2

山水天域位于三亚市迎宾路上，紧邻三亚河，西南面临月川桥和市政公园，北靠金鸡岭。本项目基地属新建城区，地势平坦，周边市政路已建成，地块近看三亚河，远眺南海，独瞰绝佳自然海景。

每栋建筑呈现折板形体，形成力量动感。建筑形体突出简洁明快、富有时代气息的现代风格。住宅外立面全为玻璃幕墙，简洁有力的建筑细部处理着重增加节奏的明快感，超越用户对传统住家的感受。竖向结合水平线角、飘板，于建筑外部形体产生丰富、细腻的阴影效果，减轻高层住宅的体量感。选用中性的建筑色彩，淡雅清新，平添浪漫气质。在争取海景的同时，为避免西晒，做了水平遮阳板与阳台相互错落，产生丰富的立面效果。

景观最大化，花园最大化，让最多住户享用优美的景观资源。结合基地紧邻三亚河、可远眺南海的优势，以景观为主导是为规划布局之出发点，外部借景与内部造景相互配合，绿色与水景为主题，充分构筑住宅社区内诗情画意的意境，为现代人营造一个高雅、宁静的生活氛围。

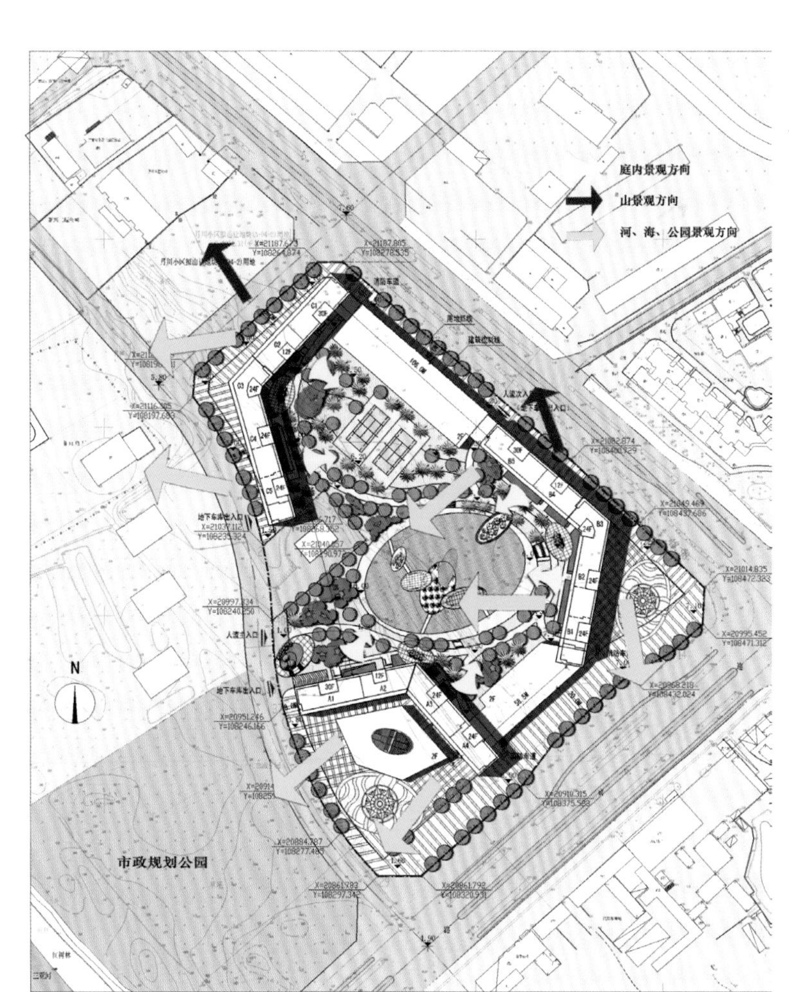
庭内景观方向
山景观方向
河、海、公园景观方向
市政规划公园
N

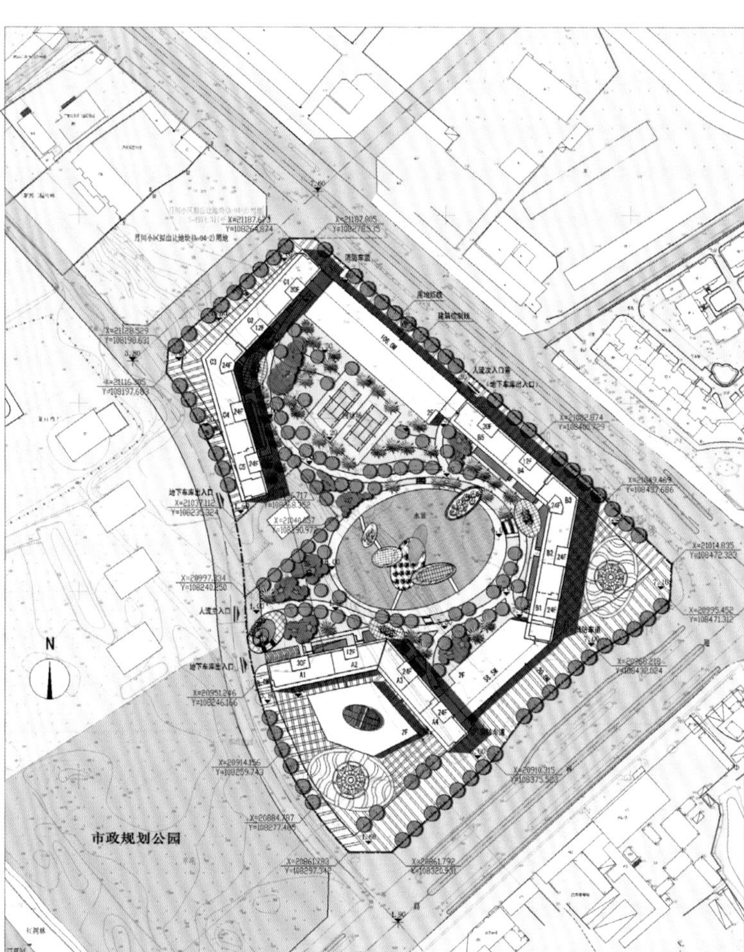
市政规划公园
N

架空车库出入口
次出入口
架空车库出入口
主出入口
市政规划公园
迎
宾

金鸡岭
次出入口
架空车库出入口
主出入口
城市空间节点
市政规划公园
月川桥

成都大邦第一城

项目地点：四川省成都市
开发商：四川大邦置业有限公司
建筑设计：四川中瀚建筑设计有限公司
占地面积：75 000 m²
建筑面积：260 000 m²

大邦第一城位于青白江青江中路288号，临近青白江汽车站，2、3、4、6路公交贯穿新老城区。项目建筑面积约26万 m²，绿化率达41.65%，容积率3.5。位于成都传统的春熙路商业圈的中心地带，特殊的地理位置决定了该建筑的性质以高档购物中心为主，集餐饮、娱乐、写字楼功能为一身的标志性商业综合体。

设计上充分合理地利用土地资源，以步行街引导人流，以广场和柱廊骑楼吸引人流，盘活每一寸商业面积。步行街、购物中心、写字楼之间人流相互穿插，大道带动整个基地的商机。商业流线简洁清晰，通过多个商业广场和斜跨地块的步行街设置，极大限度争取了商铺的临街面，大大提升了商业价值，且有效地规避了该地块道路窄小、拥挤的弊端。

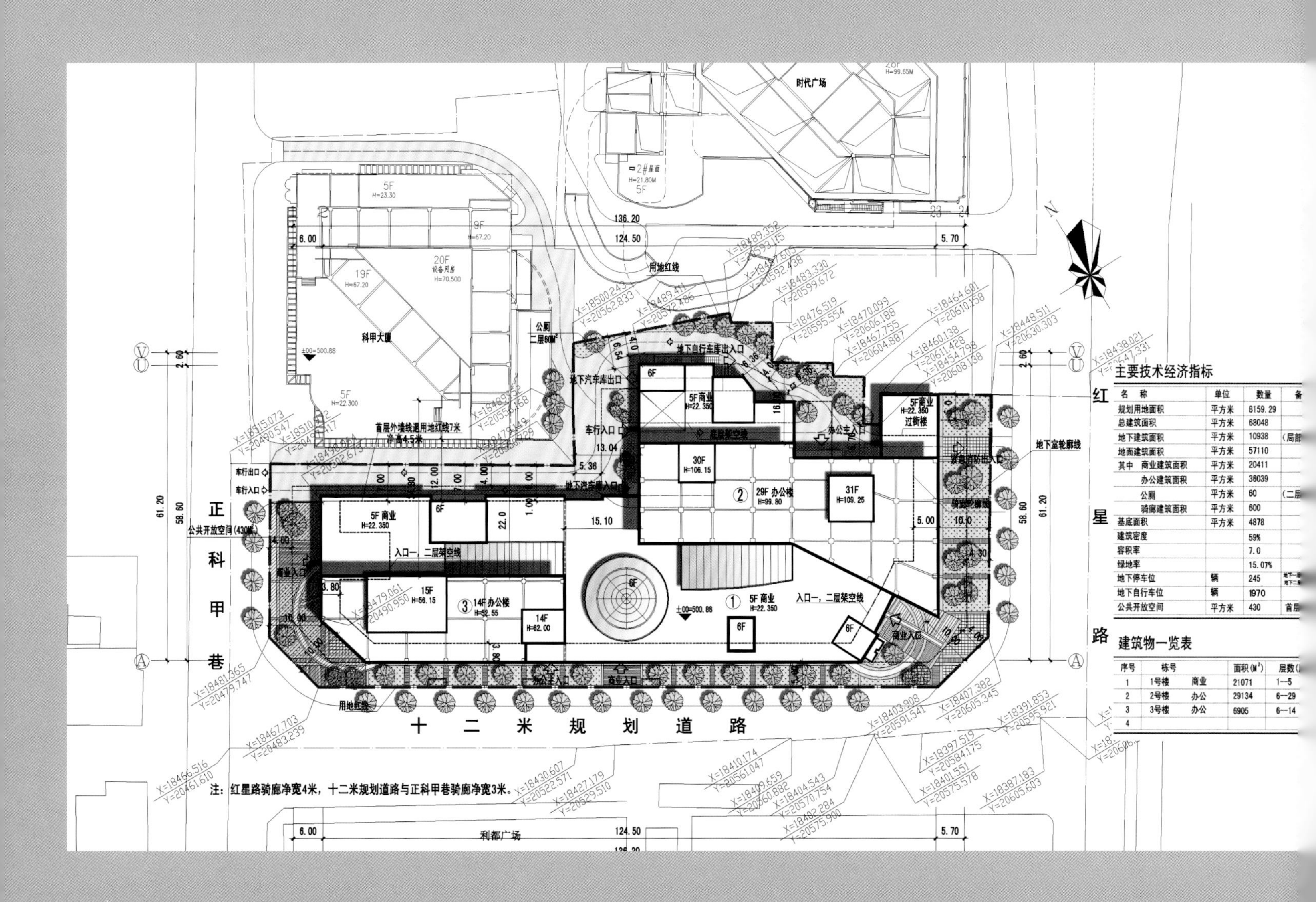

主要技术经济指标

名称		单位	数量	备
规划用地面积		平方米	8159.29	
总建筑面积		平方米	68048	
地下建筑面积		平方米	10938	(局部
地面建筑面积		平方米	57110	
其中	商业建筑面积	平方米	20411	
	办公建筑面积	平方米	36039	
	公厕	平方米	60	(二层
	骑廊建筑面积	平方米	600	
基底面积		平方米	4878	
建筑密度			59%	
容积率			7.0	
绿地率			15.07%	
地下停车位		辆	245	地下一 地下二
地下自行车位		辆	1970	
公共开放空间		平方米	430	首层

建筑物一览表

序号	栋号		面积(M²)	层数(
1	1号楼	商业	21071	1--5
2	2号楼	办公	29134	6--29
3	3号楼	办公	6905	6--14
4				

成都都城雅颂居

项目地点：四川省成都市
开发商：嘉里置业（成都）有限公司
建筑设计：山鼎国际有限公司(Cendes)
占地面积：46 000 m^2
建筑面积：200 000 m^2

都城雅颂居位于成都高新区荣华北路与府城大道交会处，占据国际城南大源生态居住区核心腹地，距新会展中心约2 km。项目总占地面积约14.2万 m^2，建筑面积约20万 m^2，整个项目规划由八栋22~26层精品住宅构成，每户建筑面积为90~180 m^2。

都城雅颂居项目周边各项配套设施齐全，有成都第七中学、国际美视学校等中小学，伊藤洋华堂旗舰店等综合商场，金苹果幼儿园等幼稚园，市一医院、宋庆龄国际医院、德国巴伐利亚国际医院、华西口腔医院、锐力医院等医院。同时还有面积约13.4万 m^2市政公园、约20万 m^2新益州公园、30 000 m^2湿地公园、天堂岛海洋乐园、极地海洋世界、天府歌剧院及成都大魔方演艺中心等周边配套设施，交通便捷，是一个高品质的豪华居住社区。

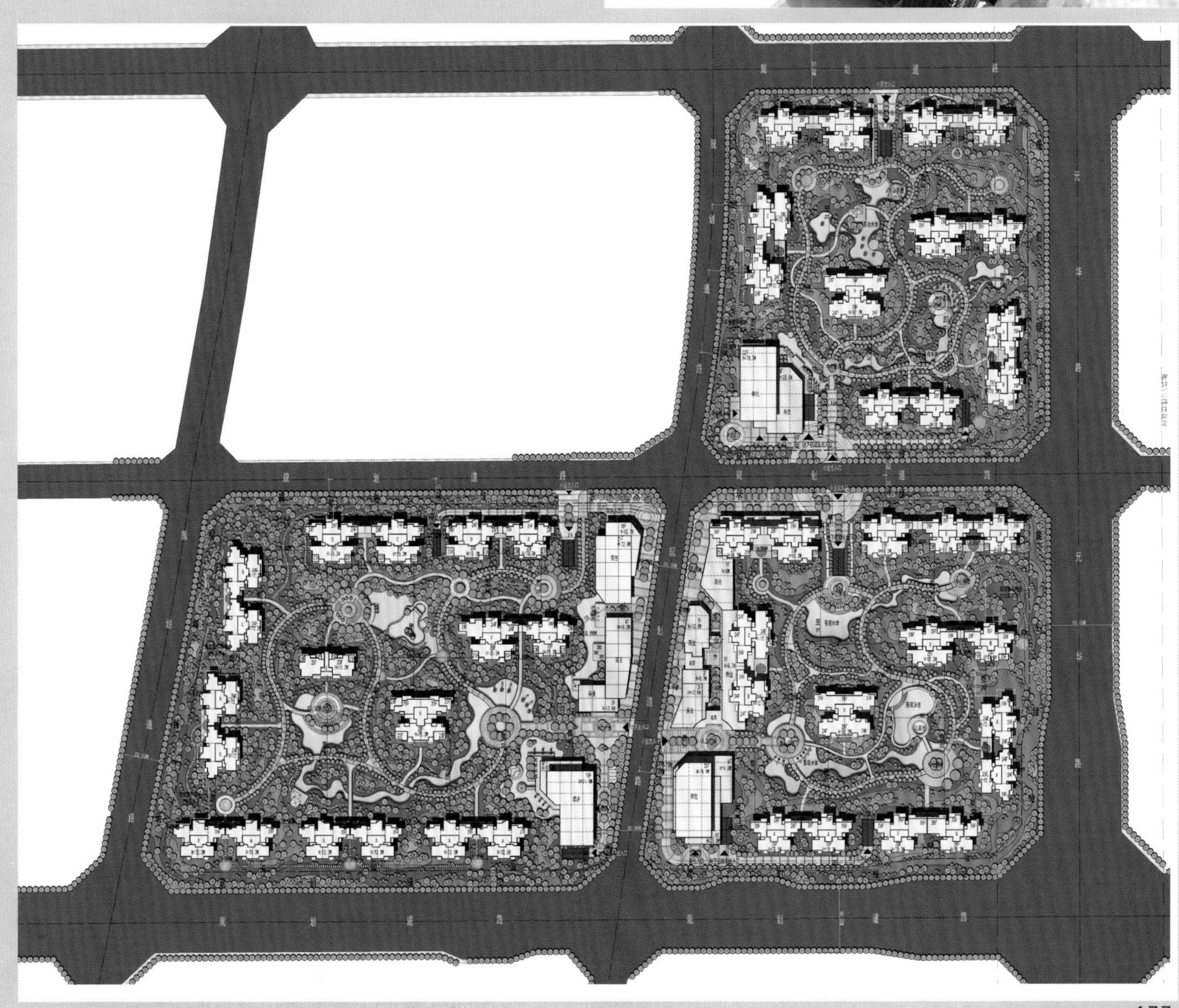

成都国嘉新视界

项目地点：四川省成都市
开发商：国嘉地产
建筑设计：山鼎国际有限公司（Cendes）
占地面积：12 900 m²
建筑面积：87 470 m²

国嘉新视界项目位于成都市中心城区，东大街和二环路交界处，为成都东部重要城市节点，交通及配套设施完善。该项目占地面积为1.29万 m²，容积率为5.5。以办公、住宅和底商为主，由于紧邻城市主干道，沿街立面趋于公建化设计，内部立面尊重项目本身的功能特征，具有现代主义风格设计思想。

新视界广场是国嘉地产成功开发时代广场后2008年全新打造的又一纯甲级写字楼。立面以简洁的几何造型和整体的幕墙结构彰显纯粹的顶级商务品质，与新鸿基相距320 m的国际金融中心隔街相望。新视界广场的130~250 m²自由组合的弹性办公空间、单层面积900 m²是大中型企业及品牌公司整层商务办公的最佳尺度。

建筑物一览表

编号	类别	地面建筑面积（平方米）	住宅建筑面积（平方米）	商业建筑面积（平方米）	户数
1#楼	商住楼	20262.6	18614.0	1648.6	300
2#楼	商住楼	29103.4	26548.8	2554.6	450
3#楼	综合楼	21597.0		1843.8	
合计		70963	45163	6047	750

总图说明：
1. 本图设计依据成都市建委对四川山鼎建筑工程设计咨询有限公司所作初步设计的批复。[2007]设字192号.
2. 本图尺寸单位均以米计.图中所建筑物定位尺寸为建筑物轴线尺寸.坐标为轴线交点坐标。
3. 高程为1956年黄海高程系，所注标高建筑物为±0.00的绝对标高，其余为道路、场地绝对标高。高度H，高层部分为室外地坪到主体屋面距离，多层部分为室外地坪到裙房女儿墙顶距离。
4. 本图环境部分内容仅为示意，具体另见环境设计。
5. 基地内紧急消防车道及登高操作场地范围内，景观设计不得设置乔木、高大灌木、凸出式景观小品，以满足消防车的碾压通行及扑救要求。

综合技术经济指标
一、规划总用地面积：
二、规划总建筑面积：
三、容积率：
四、建筑密度：
五、总绿地面积
六、绿地率：
七、机动车位：
八、非机动车位：
九、土地利用汇总表
日照分析结论：
1#楼
2#楼(一单元)
2#楼(二单元)
3#楼
市政公共绿地
东
大
街
二
环
路
规
划
道
路
北

总平面图　1:500

成都尚都

项目地点：四川省成都市
开发商：成都通生房地产有限公司
建筑设计：山鼎国际有限公司（Cendes）
建筑面积：104 000 m^2

成都尚都项目位于繁华的春熙路商圈，周边商城、写字楼林立，建筑造型和色彩上的设计手法反其道而行之，以传统的方式在细节处理上使本案明显有别于周边建筑，同时外立面注重整体效果。

项目注重于商业氛围的营造，广场空间、街道线性空间与建筑本身的结合，有效地引导人流进入商场且起到了调节大量人流的功能。建筑内部精心设计了一条商业流线，室内商业中庭不受室外环境影响而又可以享受阳光和景观，创造出更为舒适的以人流动线为设计重点的购物休闲环境。

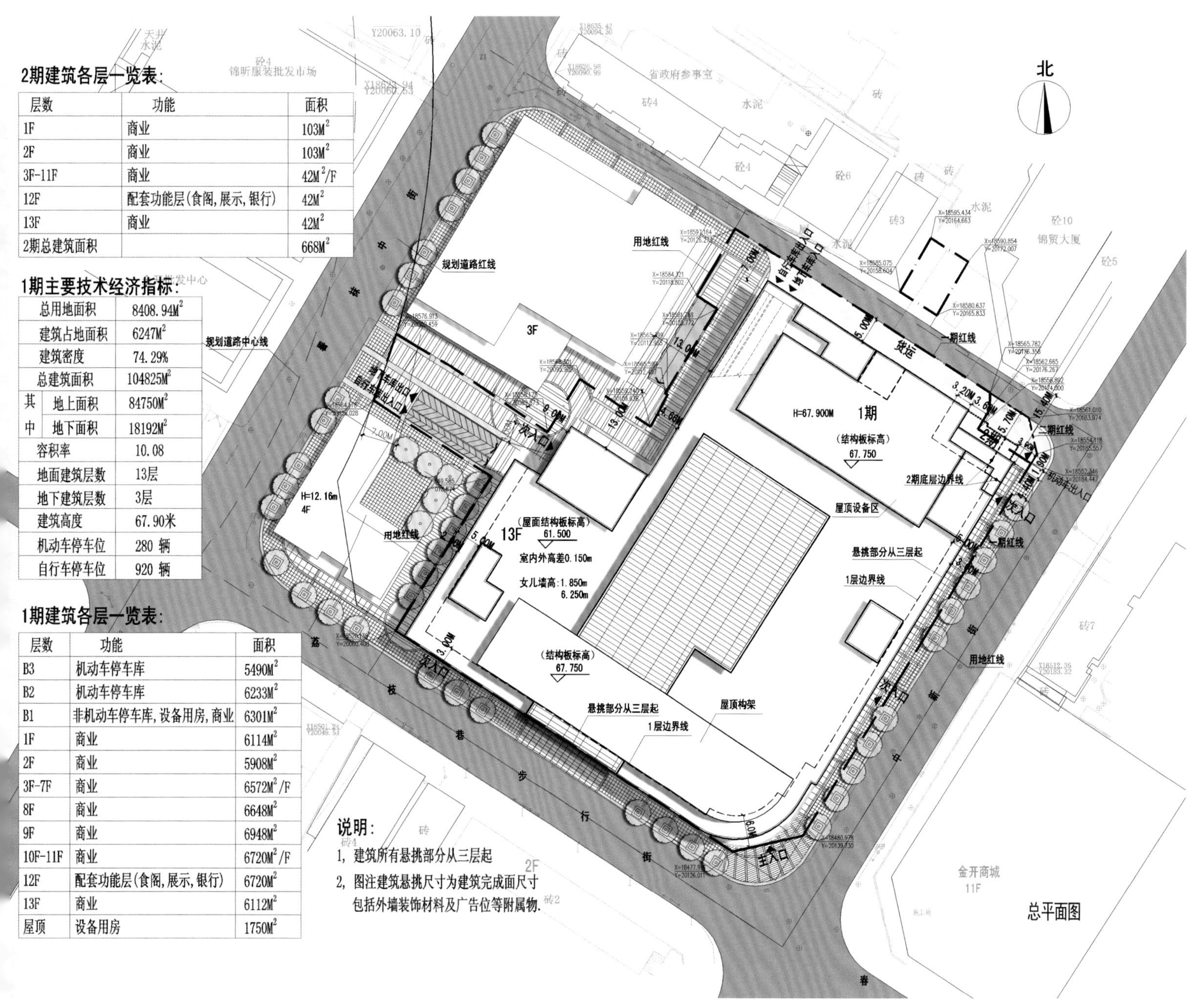

2期建筑各层一览表：

层数	功能	面积
1F	商业	103M²
2F	商业	103M²
3F-11F	商业	42M²/F
12F	配套功能层(食阁,展示,银行)	42M²
13F	商业	42M²
2期总建筑面积		668M²

1期主要技术经济指标：

指标		数值
总用地面积		8408.94M²
建筑占地面积		6247M²
建筑密度		74.29%
总建筑面积		104825M²
其中	地上面积	84750M²
	地下面积	18192M²
容积率		10.08
地面建筑层数		13层
地下建筑层数		3层
建筑高度		67.90米
机动车停车位		280 辆
自行车停车位		920 辆

1期建筑各层一览表：

层数	功能	面积
B3	机动车停车库	5490M²
B2	机动车停车库	6233M²
B1	非机动车停车库,设备用房,商业	6301M²
1F	商业	6114M²
2F	商业	5908M²
3F-7F	商业	6572M²/F
8F	商业	6648M²
9F	商业	6948M²
10F-11F	商业	6720M²/F
12F	配套功能层(食阁,展示,银行)	6720M²
13F	商业	6112M²
屋顶	设备用房	1750M²

总平面图

深圳港丽豪园

项目地点：广东省深圳市福田区
开发商：港丽实业（深圳）有限公司
建筑设计：雅科本规划建筑咨询顾问公司
　　　　　新加坡景致园林设计有限公司
占地面积：17 510 m^2
建筑面积：67 700 m^2

港丽豪园位于深圳福田区彩田路与滨河大道交会处，整个项目占地面积17 510 m^2，总建筑面积为67 700 m^2，周边交通便利，各项生活配套设施齐全。项目主体建筑为两栋39层塔楼，每栋塔楼的三面各采用不同高度错落排列，有80%以上的住户朝南，并尽量避开西晒。形成丰富的城市空间和变化的建筑天际轮廓线。

项目在不规则的狭长用地上充分考虑景观、朝向、噪声等综合影响，创造出以水为主题的庭院景观及丰富的空间形式。半开敞式的停车场与内庭院花园空间采用高差变化的处理办法，将空间相分隔，避免了对居民自由使用的中央庭院空间的交通干扰。位于小区中央的大型庭院景观，以水景为主题，并结合绿化、植物、景观、音乐水景、铺地、亭子等景观设施，在为居民直接提供环境享受的同时，创造出开敞的户外活动空间。

建筑的造型设计采用了21世纪现代风格的建筑设计手法，从而体现高尚住宅的高贵典雅。根据家庭私密性空间和起居室空间的组织结合建筑造型及材料的时代特点，创造了玻璃幕墙与建筑墙体。

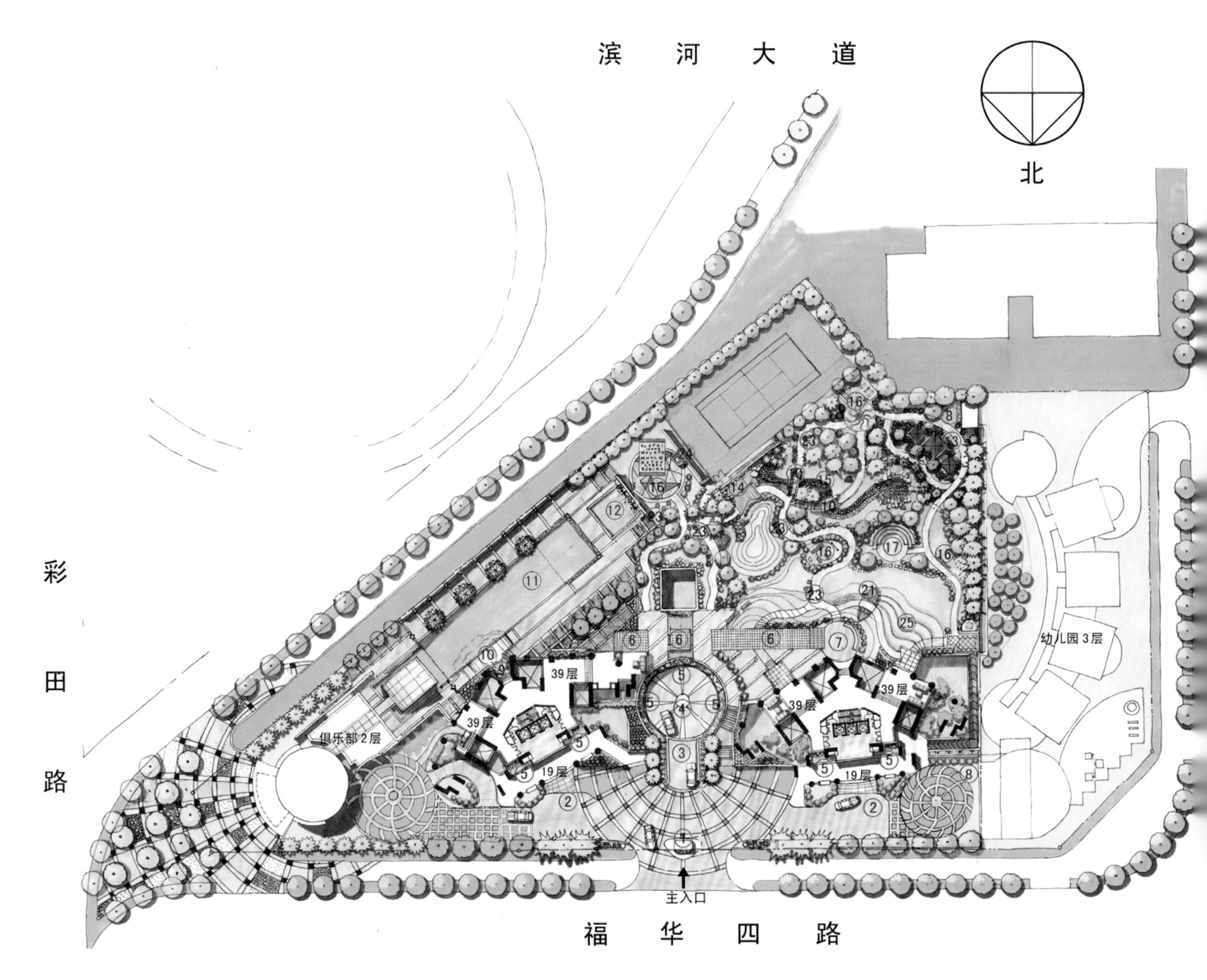

香港泓景台

项目地点：香港九龙长沙湾
开发商：长江实业

泓景台（Banyan Garden）是香港大型住宅，位于香港九龙长沙湾西九龙填海区，与升悦居、宇晴轩和碧海蓝天同时兴建，并合称“西九四小龙”。泓景台的发展商为长江实业，建筑面积为68~109 m^2。

泓景台包括七座40～49层的高层住宅塔楼，提供2 525个住宅单位，大部分住宅朝向内园或者朝向外海景。五层商场由停车场、幼稚园、社区综合食堂、会所和室外游泳池、儿童游乐场、平台大园林以及中央大绿洲组成。行人天桥毗邻楼宇，并一直延伸至地铁站。其建筑基于欧洲古典设计，也融合了现代的理念，每座大堂各以不同的欧陆城市为主题；意大利广场式设计全天候落客专用大堂，创造开放式视野。

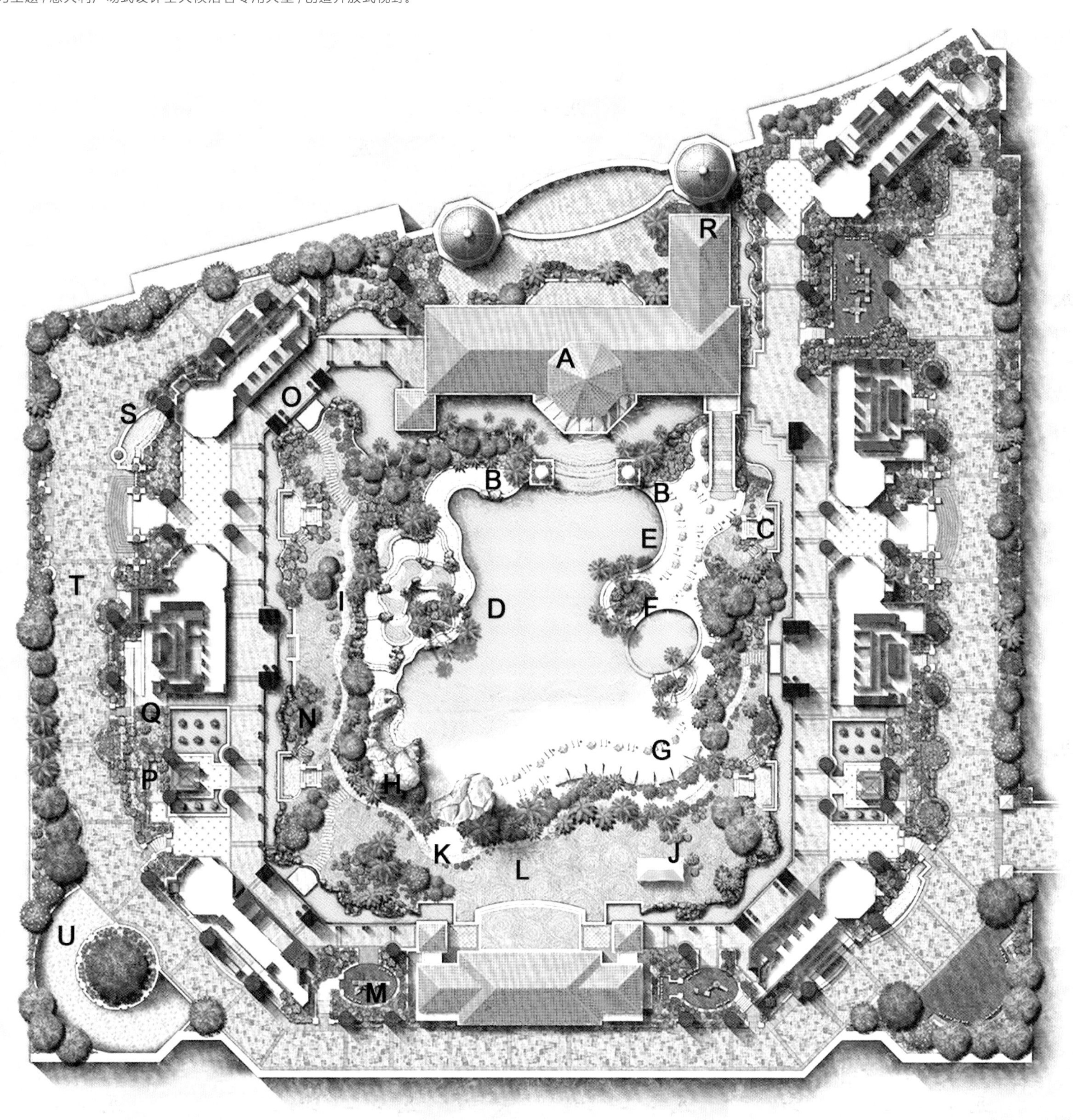

成都置信丽都花园丽府

项目地点：四川省成都市
开发商：成都万尔武侯地产开发有限公司
建筑设计：上海天华建筑设计有限公司
占地面积：39 808.5 m^2
建筑面积：218 280.00 m^2

置信丽都花园丽府傲立于成都城南二环路南四段丽都片区，左邻双楠、右接紫荆，打通双楠和紫荆的任督二脉，占据南富西贵交会的核心地段。项目一共分为两期开发，一期靠近九兴大道，占地面积约4万 m^2，二期占地面积约2.9万 m^2。规划由十栋16~18中高层建筑围合而成，总建筑面积约21万 m^2，综合容积率3.75，而住宅部分仅为3.0，建筑密度27%。

丽府的建筑设计风格沿用了Art Deco风格，即是欧式简约风格，她发源于法国，兴盛于美国，是世界建筑史上一个重要的风格流派。整个建筑立面趋于几何的挺拔竖向线条，强调对称、干净利落、大块渐成的风格，表达了一直追求的高贵感，摩登的形体又赋予细腻、精致的气质，代表了一种向上的欣欣向荣的力量。同时建筑立面还汲取了欧洲城堡的建筑元素，外墙粗线条的设计使建筑看上去更加挺拔；外凸飘窗的设计让立面更加丰富，立体感更强；顶楼跃层的设计丰富了天际线，使其更富有立体感，变化更加丰富。

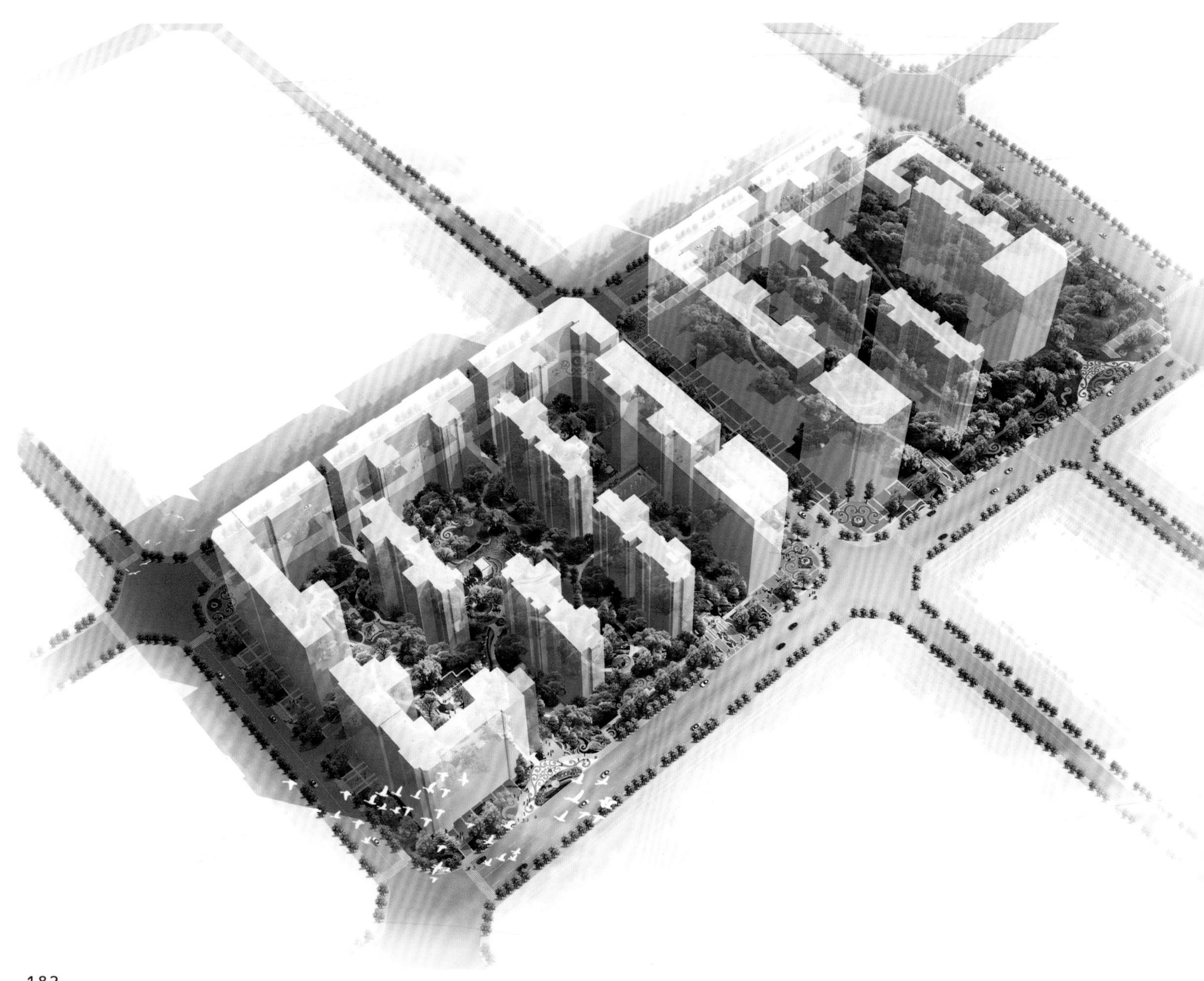

深圳中海龙岗奥体新城

项目地点：广东省深圳龙岗
开发商：中海地产
占地面积：118 799.42 m^2
建筑面积：372 320 m^2

中海龙岗奥体新城项目北临深圳二十九号公路，南临如意路，西临规划中的龙盐快速路，东面为规划中的城市次干道。总建筑面积为372 320 m^2，其中住宅面积357 320 m^2，商业面积15 000 m^2。项目将建成深圳市奥体新城以迎接2011年的世界大学生运动会的召开，用地南侧规划有高尔夫球场及体育学校，东南将建有运动会使用的场馆及配套酒店等，同时高交会馆也将移至此地，东侧为规划中的居住用地，西侧为永久生态保留绿地，未来几年内周边将形成完善的交通及公共服务体系。

项目整体采用简洁明快的风格，与整个奥体公园的风格相协调。整体形成几大分区，地面尺度采用运动的、多彩的颜色，给人以现代、时尚的感受。中低区采用温和的、中性的色调。高层区采用简洁的、直率的现代风格，体现出高品质楼盘的大气、豪华。小尺度的建筑体量与环境融为一体，实现了建筑与自然的和谐共生。

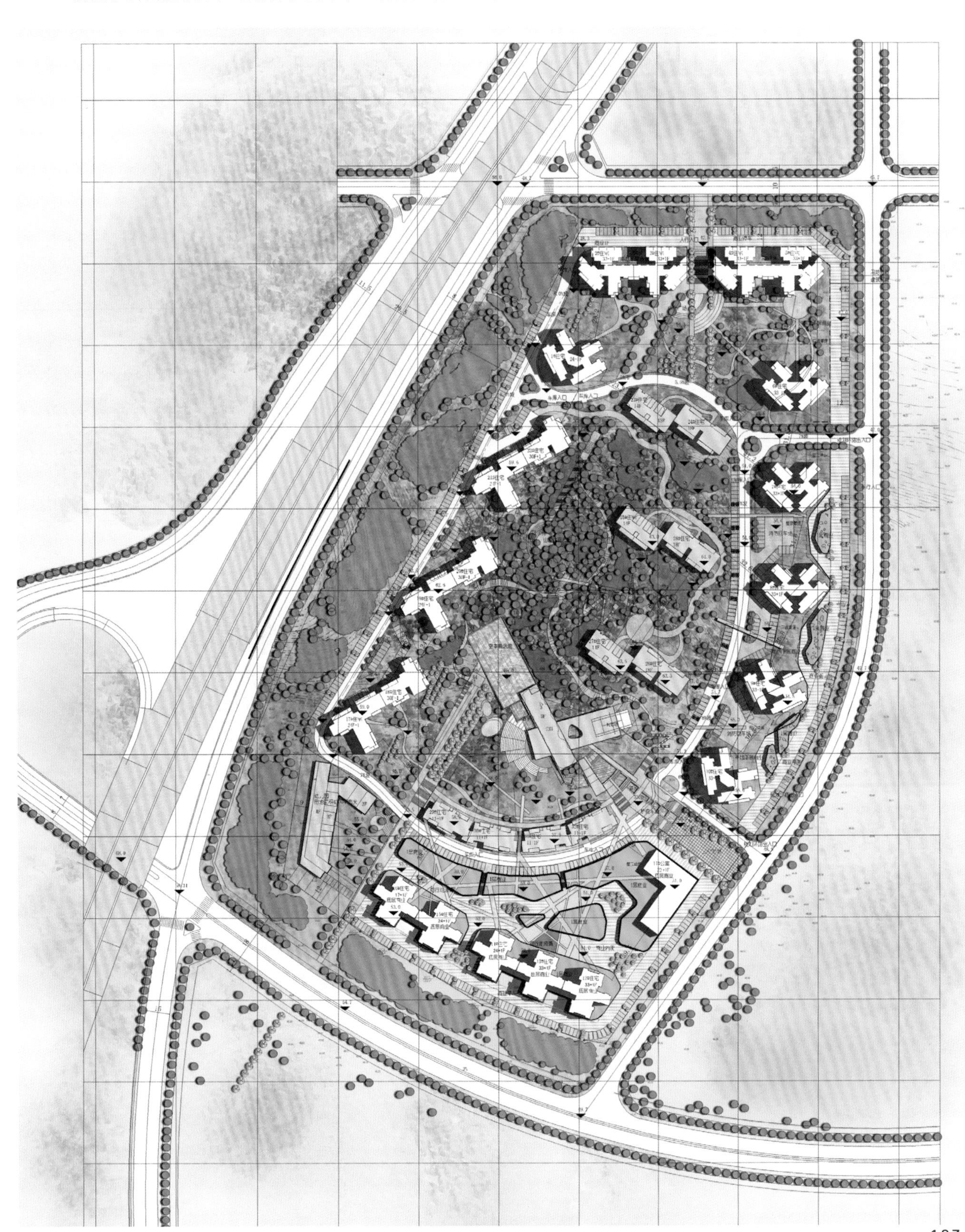

深圳中信红树湾

项目地点：广东省深圳市南山区
开发商：深圳中信红树湾房地产发展有限公司
景观设计：加拿大奥雅景观规划设计事务所
占地面积：124 000 m²

中信红树湾清晰而分明的规划为现代景观设计手法的运用提供了条件，景观依此极富肌理地生长。设计中让社区拥有大尺度的园林体验，恢复和挖掘"红树湾"本身名称中代表的良好生态环境的意义，在社区内设置人工湖，在湖边抽象再现了红树生长、鸟类栖息所需要的湿地。沿南北两边长达300 m的景观轴线，颇具形态的绿树形成了绿色走廊，空间自然地得到了延伸和统一。

整个园区延续自然淡雅的空间感受，追求高品位的审美意趣，坚持清晰明朗的软景设计。将大树、灌木、地形等各要素分层次组合，使各部位都能表达自身纯粹的美感。同时关注林下层次的设计，迎合岭南地区气候对植物群落的影响。

中信红树湾别墅庭院的设计中，沿袭总体设计风格，在配合岭南特色的基础之上，融汇国外现代设计手法，创造出了风格迥异、丰富多彩的庭院景观。分析岭南的气候特点，岭南生活大体上属于室外生活，设计从"将人与自然融为一体"的原则出发，营造出更多的具备人们活动的场所与空间。设计中利用地形，强调领域感，配合建筑风格的同时，将硬景与植物高度结合，形成层次丰富、功能多样、依照地域与建筑性格诞生的生态型、开放式、个性化的庭院景观作品。

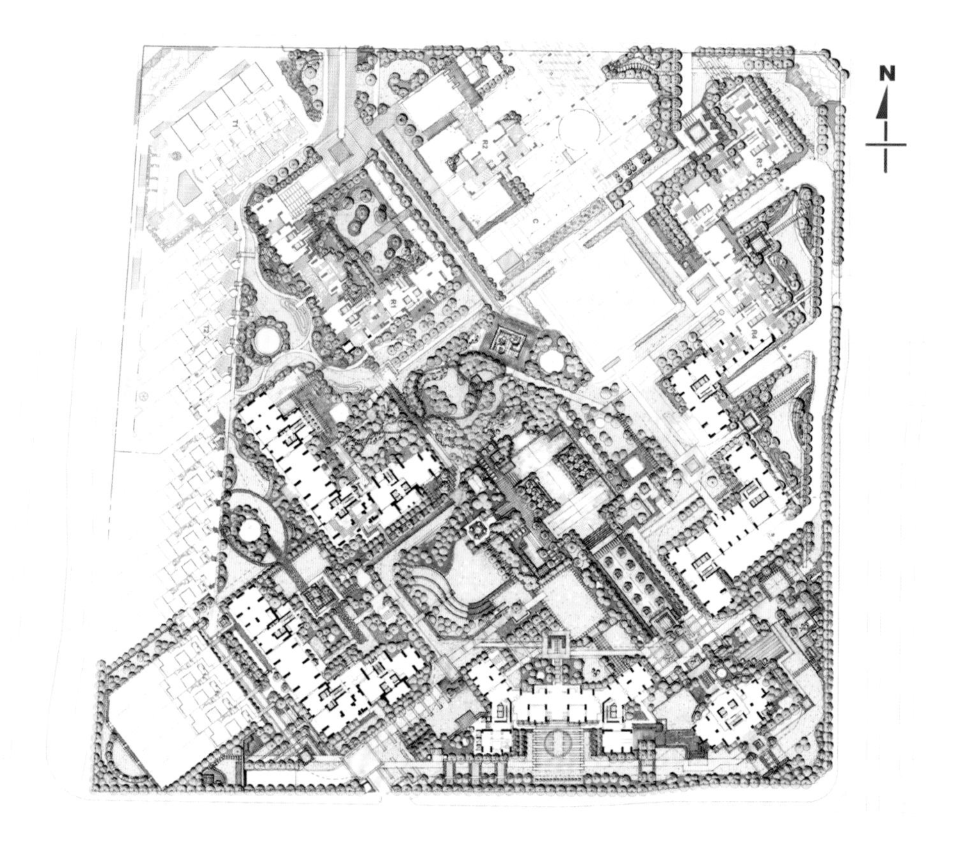

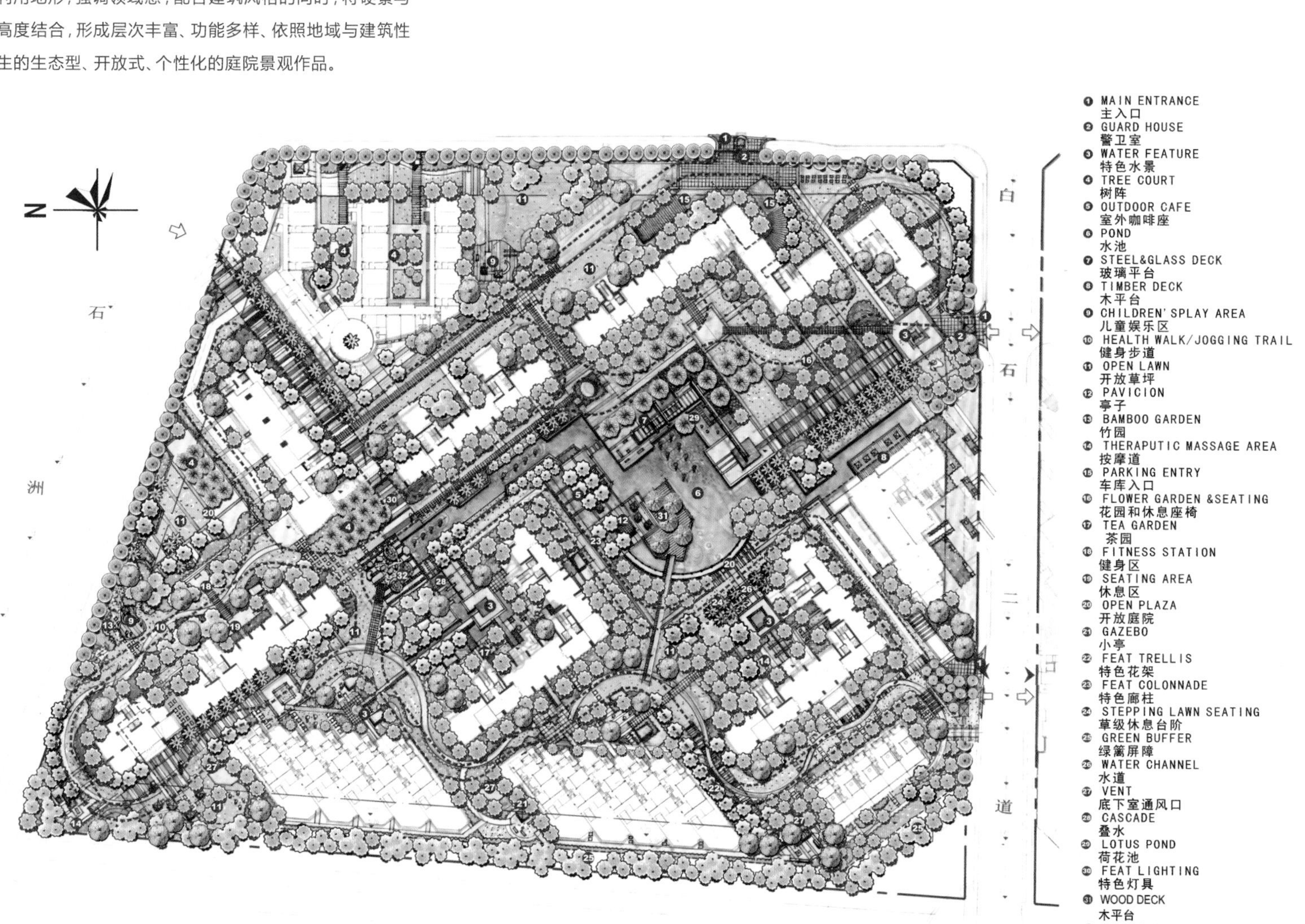

广州中信君庭

项目地点：广东省广州市
景观设计：贝尔高林国际（香港）有限公司

中信君庭是为了引领高阶层人群居住文化而设计的全新国际化高层住宅形式，在都市中心为高阶层人群提供超越别墅的全新享受。它结合了传统别墅与传统江景豪宅的优势，强调健康、景观、园林、艺术氛围以及人与环境的协调和沟通，实现了居住舒适性和社会价值认同的融合。

中信君庭位于珠江畔、滨江东，整体布局为坐北朝南，在迎着来水的方向作“逆水布阵”。道路系统与植物、小品、地形有机地结合，充分发挥道路的综合作用，形成内外的区隔，保证了独立性和私密性，营造出积极、有生气和趣味性的生活空间效果。

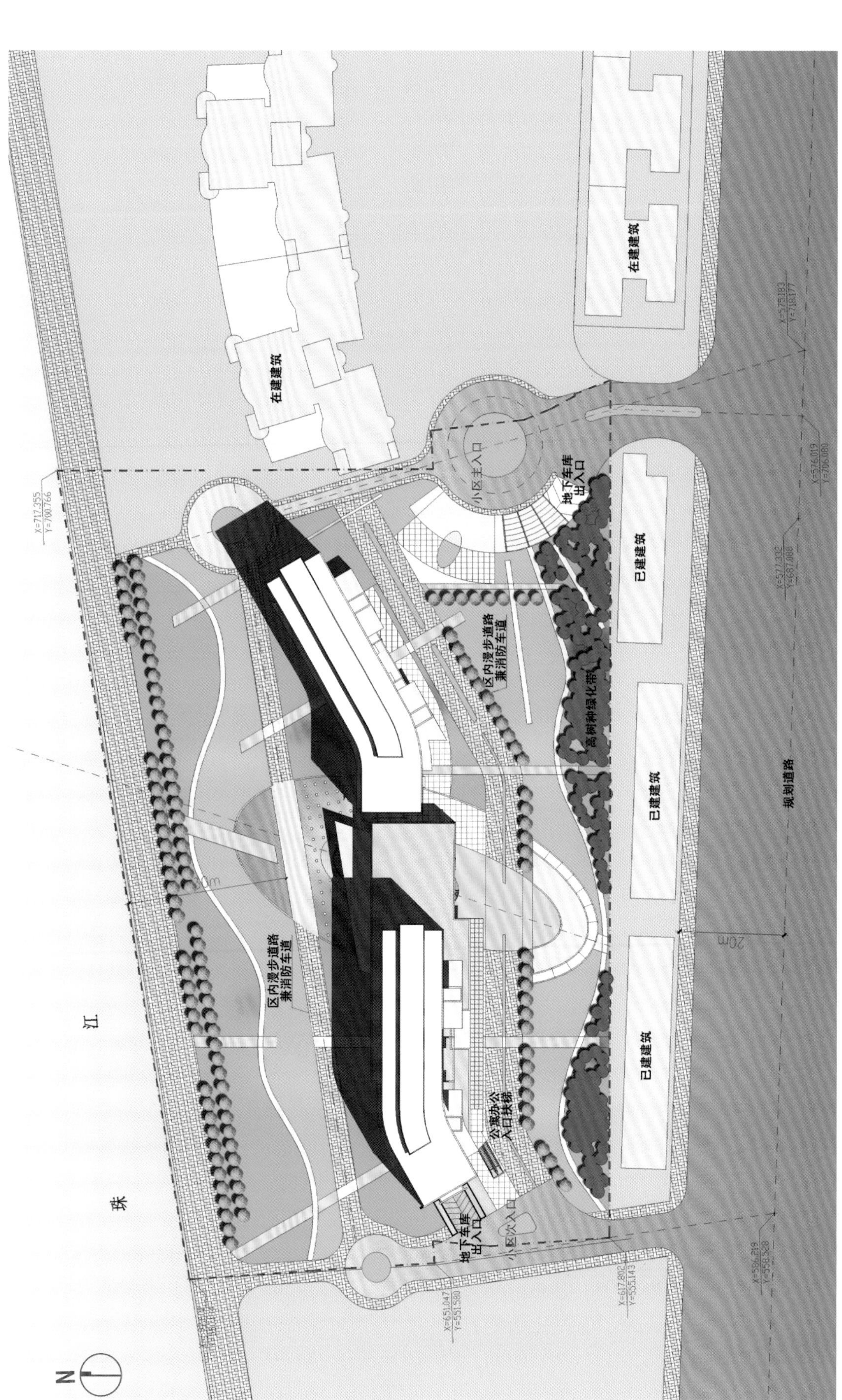

沈阳果舍添香

项目地点：辽宁省沈阳市
开发商：辽宁中地海外建设有限公司
景观设计：房木生景观设计（北京）有限公司
占地面积：15 625.6 m²
总建筑面积：58 579.25 m²
容积率：2.97
绿化率：23%

沈阳果舍添香的建筑景观定位为徽派风格，试图营造一种中式居住情景氛围。中国的经典园林，诸如苏州园林和北京皇家园林，是一种与建筑紧密融合共生的景观。身处其中，几乎分辨不出哪里是“建筑”，哪里是“景观”。而现代的建筑环境，特别是普通住区，由于容积率的需要，建筑的尺度已经很难与景观尺度形成平等对话和更不用说融合共生了。

景观设计是从景观如何与“建筑”融合共生的思考入手。设计师将景观中的“建筑”部分转化为景墙，景墙的隔与透参与了景观空间的围合与引导，并且出现了门、窗等建筑元素。这些建筑元素的出现，引导了设计师的设计思路转向对一些经典徽派空间的引用和转化，比如经典的宏村月沼、棠樾牌楼群，常见的祠堂公共空间、村口园林、村后风水林等，这些经典公共景观空间意象的引入，为景观设计的一气呵成提供了丰富的实在元素。

景墙以现代的形式出现，其平面的布置长长短短、开开合合，结合台阶的高低错落，形成了一系列建筑感极强的景观趣味空间。设计师在一堵长长的景墙铺垫中间，设计了一段折墙，既趣味性地提供了经典中国园林里边的“曲径通幽”氛围，又巧妙地利用这种特殊仪式性的空间，营造了有如祠堂般的神圣空间氛围。

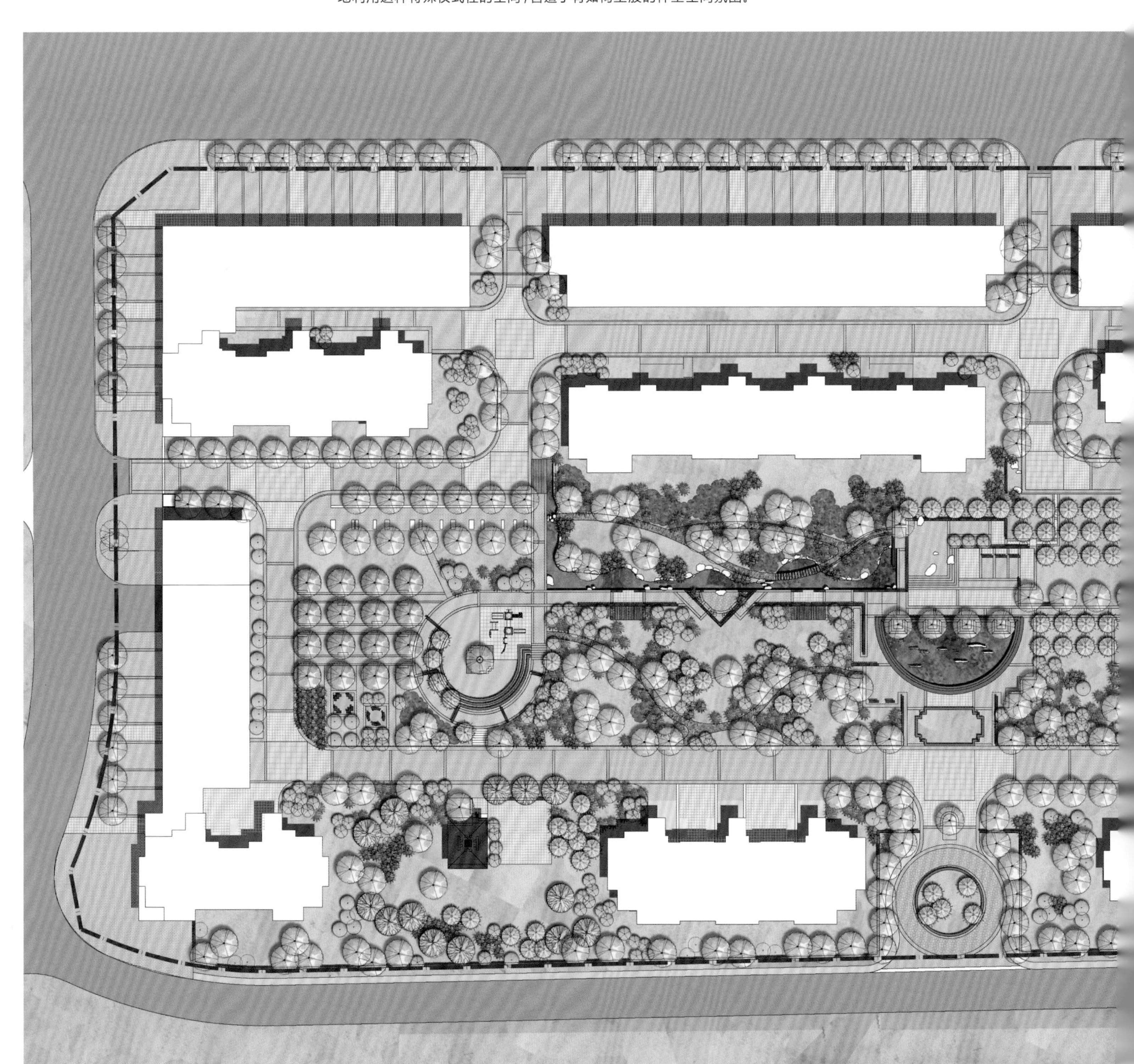

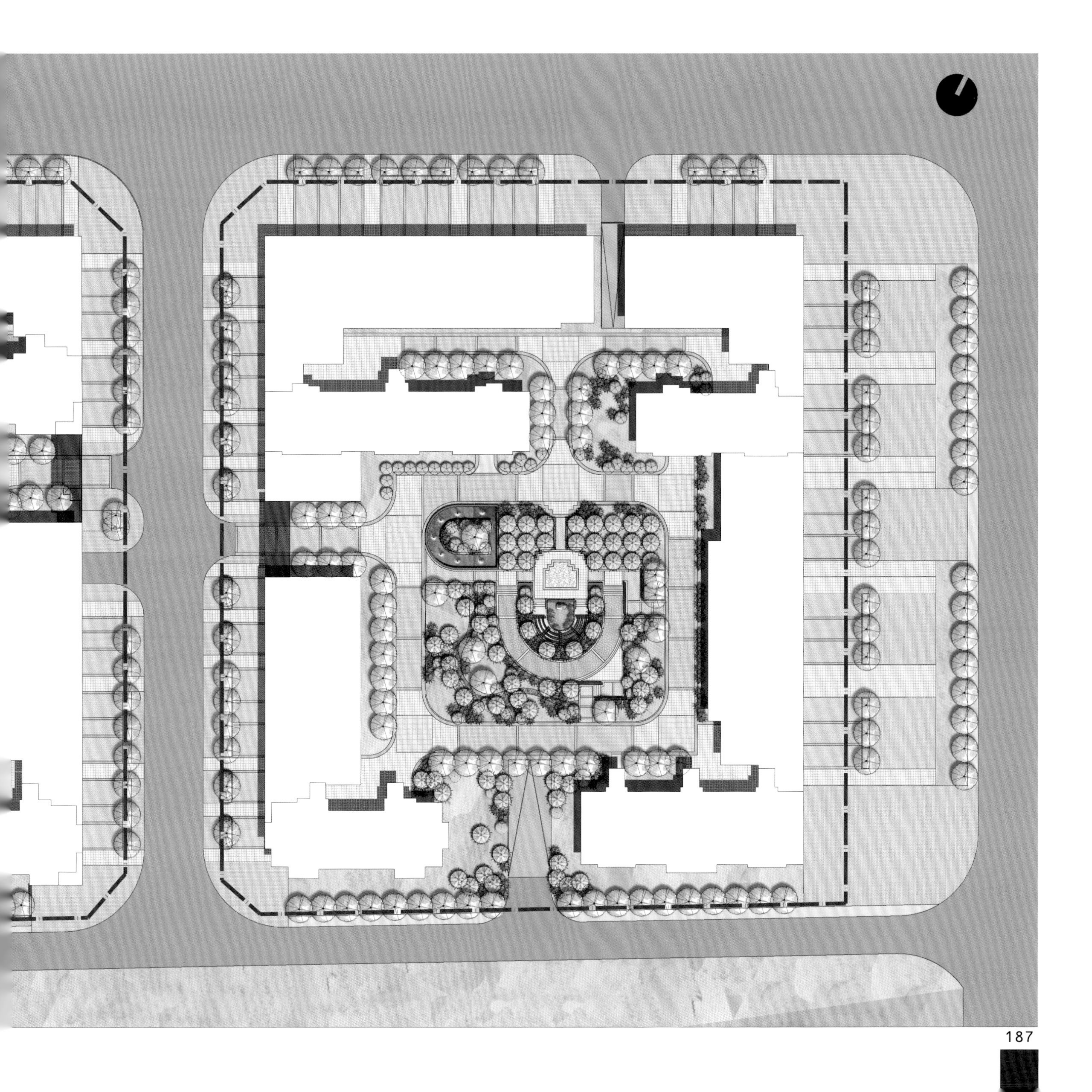

深圳大铲湾港区金港大厦

项目地点：广东省深圳市
开发商：深圳大铲湾港口投资发展有限公司
占地面积：39 497.45 m^2
总建筑面积：12 4045 m^2
容积率：2.38
绿化率：35.2%

整个大厦分为两个主体塔楼，一个裙房及裙房附属独立体量。这种组合从全方位多角度表现了港区标志性建筑的体量感。设计将建筑、广场、绿化与周边的环境构成了和谐的城市景观，使建筑和城市相互间的形态更为饱满和完整。通过空间组织，既保证了使用功能的合理，又形成整体的统一，共同形成视觉震撼，成为该地区重要标志。

基地东南角规划成为街角公园。裙房的局部架空使内院和绿化成为沿街的一个亮点。建筑主入口灰空间是建筑与港区道路之间的过渡。主体的组合型体量，使建筑本身就成为了港区景观的一部分。

主楼由北楼和西楼两个体量组成，其中西楼面朝大海，犹如一扇打开的巨门欢迎集装箱货轮入港。裙房与主楼相对脱离，形成一个层次丰富的半围合院落空间，架空形成的灰空间作为人们进入内院的入口，使大楼的内环境与外界视线上通透、空间上限定，以保证内院的半私密性。

北京博雅临湖轩

项目地点：北京市朝阳区
开发商：北京世纪润通房地产开发有限公司
建筑设计：北京市住宅建筑设计研究院有限公司
占地面积：61 306.62 m²

项目用地为北京朝阳区望京新兴产业区建筑地块，北靠北五环，南邻望京郊外环路，东临朝科开发区一号路，西临望京西一号路。北面有百米绿色隔离带，西侧有近4万m²的领养绿化，位置优越，交通便利，景观资源丰富，总规划占地面积为61 306.62 m²。

在建筑设计上，本项目的出发点是创造一个家庭亲和的理想家园。其居住形态非常适应青年人、中年人和老人的生活需求，强调建筑形式与用地环境的对话。本项目的主力楼型为"板式塔"，其结构为双塔制板，个别为三联板、独幢塔，这种建筑形式充分利用了场地的特点，加大了楼间距，扩大了公共广场，保证了中心绿地的完整性。大多数户型是南北通透，视野开阔，采光通风良好，充满人性关怀，户型均性好，建筑体态轻盈且错落有致。整个小区的建筑单体在满足日照间距要求的前提下，尽可能沿周边布置，从而形成大而通透的室外广场和公共绿地，充分考虑了安全隔离距离、防止视线干扰和通风、采光的要求。楼体组合也丰富多变，以建筑形态来定义小区主入口的迎宾广场，通过建筑围合形成中心花园。幼儿园设在南主入口广场西侧，最大程度地满足幼儿活动对采光通风的需求。

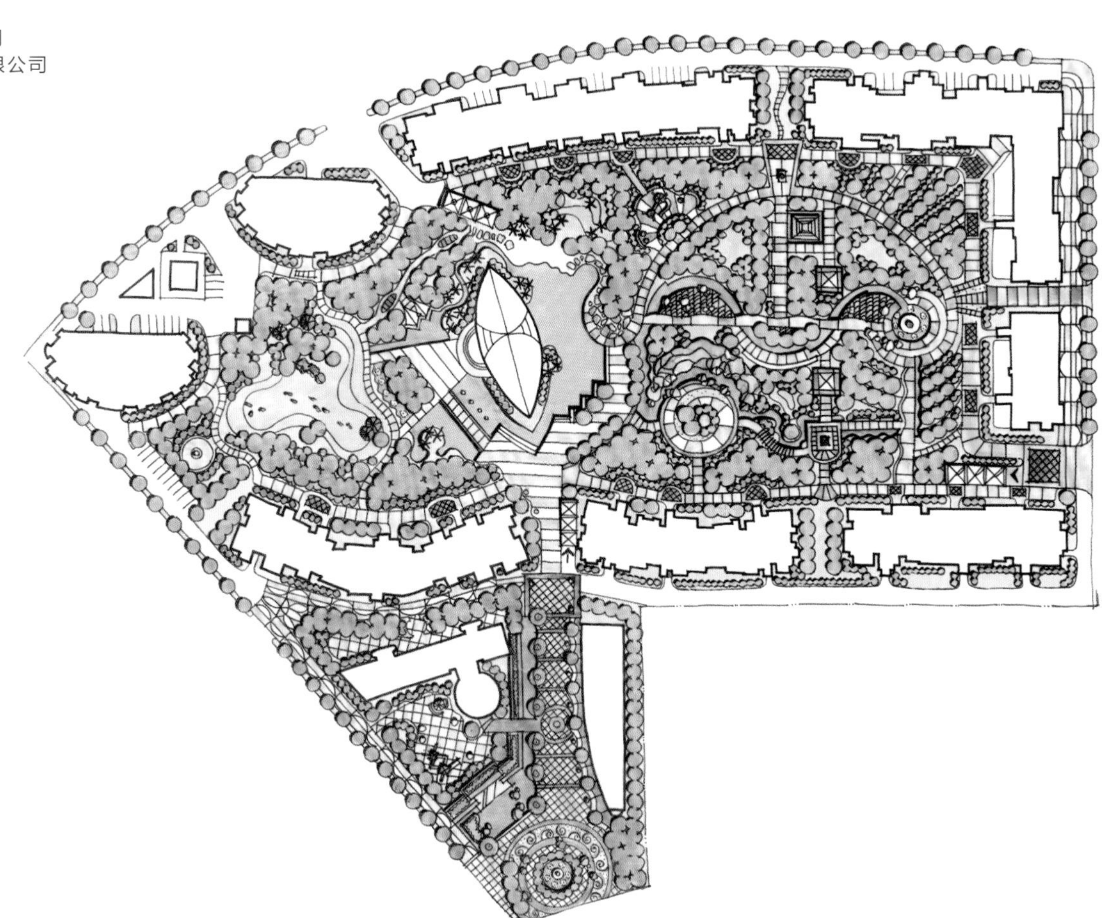

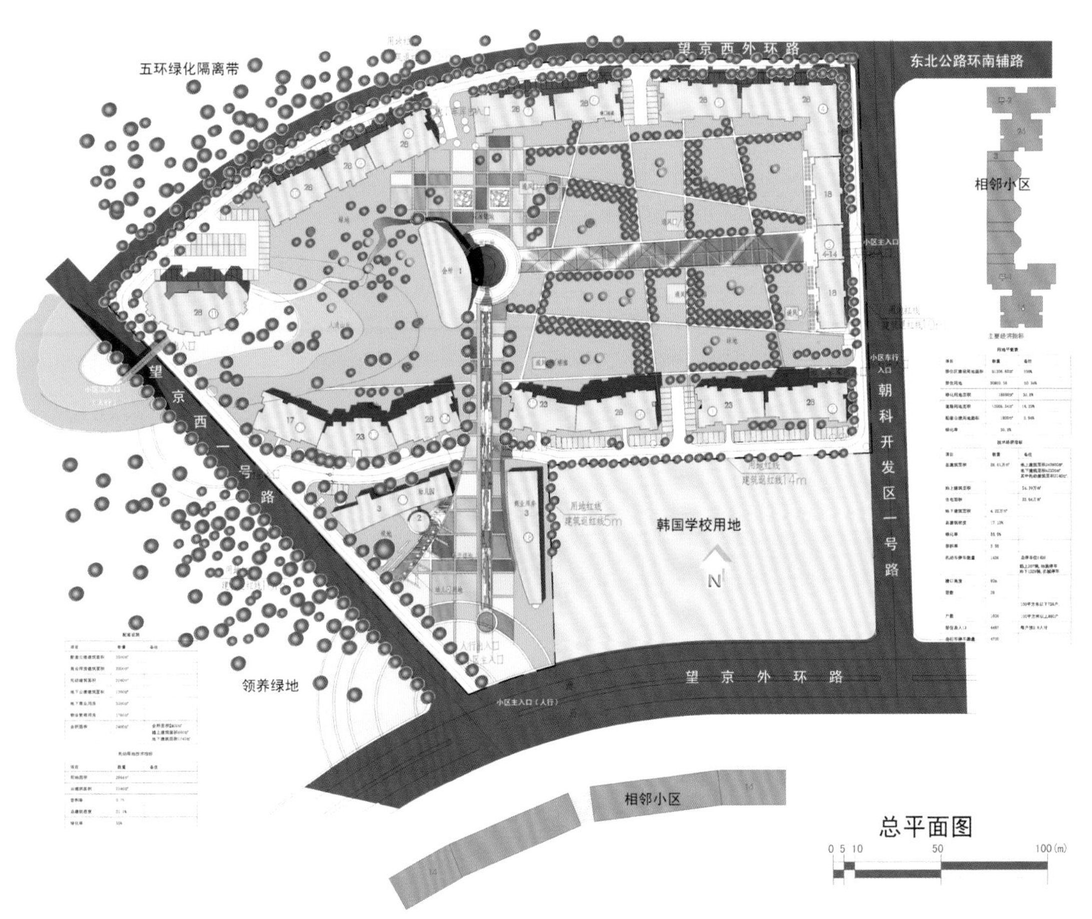

总平面图

深圳信义荔山公馆

项目地点：广东省深圳市
开发商：深圳市信义房地产开发有限公司
景观面积：68 000 m²

此项目地处深圳市发展快速的布吉区，鉴于现场地形及复杂的标高考虑，项目采用了东南亚热带景观风格来展开设计。

整项景观设计力图展现和营造出一种家庭般的归属感，无论是居住在这里的人们，还是行人游客都能亲身体会到这种感觉。因此，设计师巧妙地利用场地的地形标高以及宏伟大气的入口来仔细构思总图，采用简洁自然的设计手法，以求达到那种开阔且又引人入胜的感觉，使人们犹如置身于东南亚某个美丽的城市之中，流连于那种美景和温暖的氛围而久久不愿离开。

设计师将这项景观当作一件作品来精心雕琢，不放弃每一寸空间，力图制造出具有浓郁热带风情的景观效果，使各项景观在发挥它们功能作用的同时，也成为吸引人们目光的亮点。

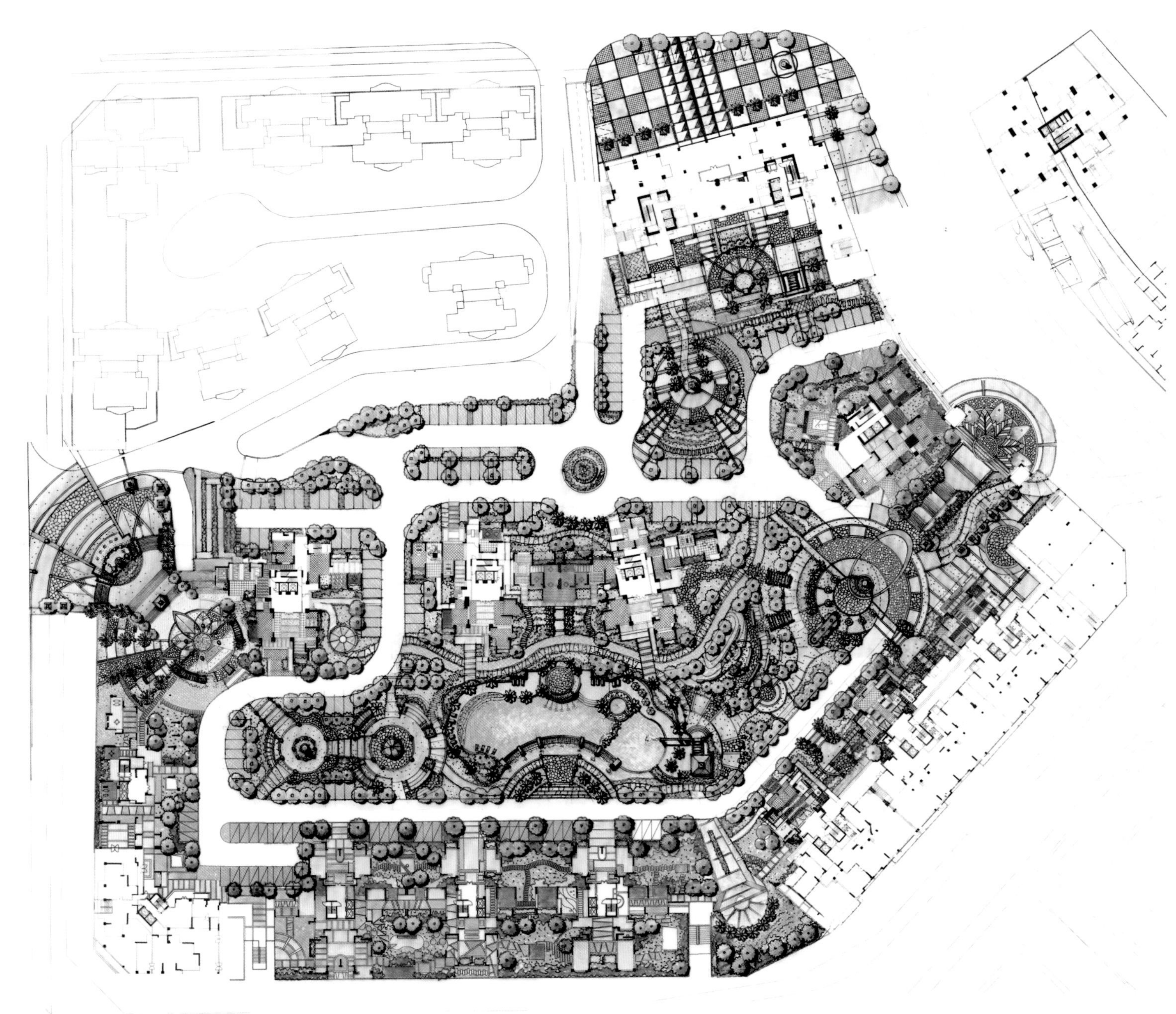

深圳花样年·花港

项目地点：广东省深圳市
开发商：深圳市花样年投资发展有限公司
占地面积：5 334 m²
总建筑面积：26 779 m²
容积率：4.2
绿化率：36%

项目位于世界大港——盐田港的后方陆域明珠大道与永安路交会处，项目占地面积5334 m²，总建筑面积26 779 m²，建筑高度33层，是目前该区域标志性建筑。

项目定位为精品酒店式公寓，高层单元拟建酒店套房，作为后方陆域的酒店配套，便于短期租赁。中低层单元为精装修酒店式公寓，用于长期商住两用。产品兼顾功能性、尺度感和舒适性。单身公寓建筑面积为30 m²，一室一厅42 m²，两室59 m²，户型方正紧凑，实用性强。

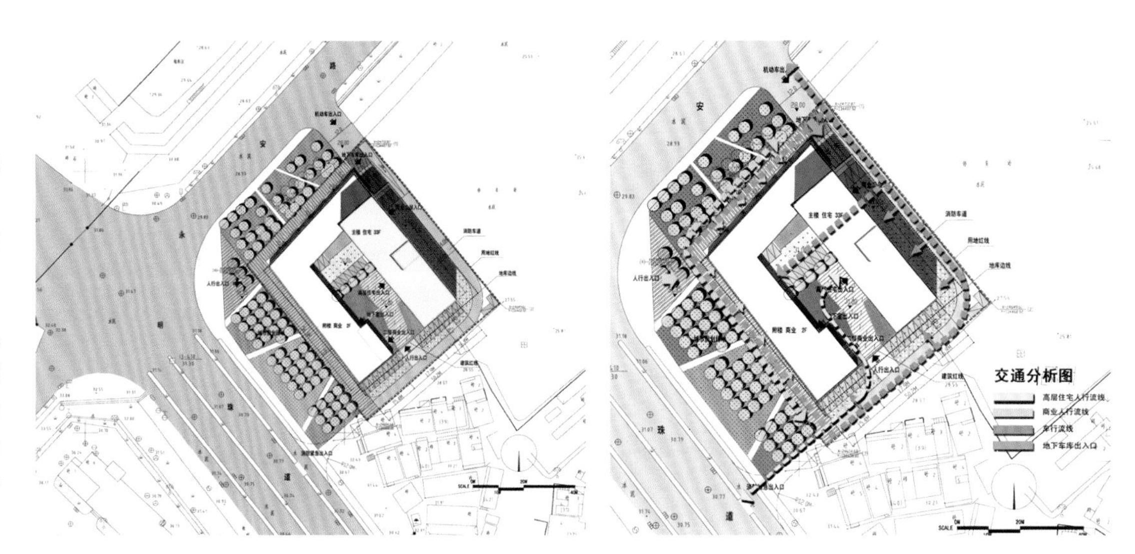

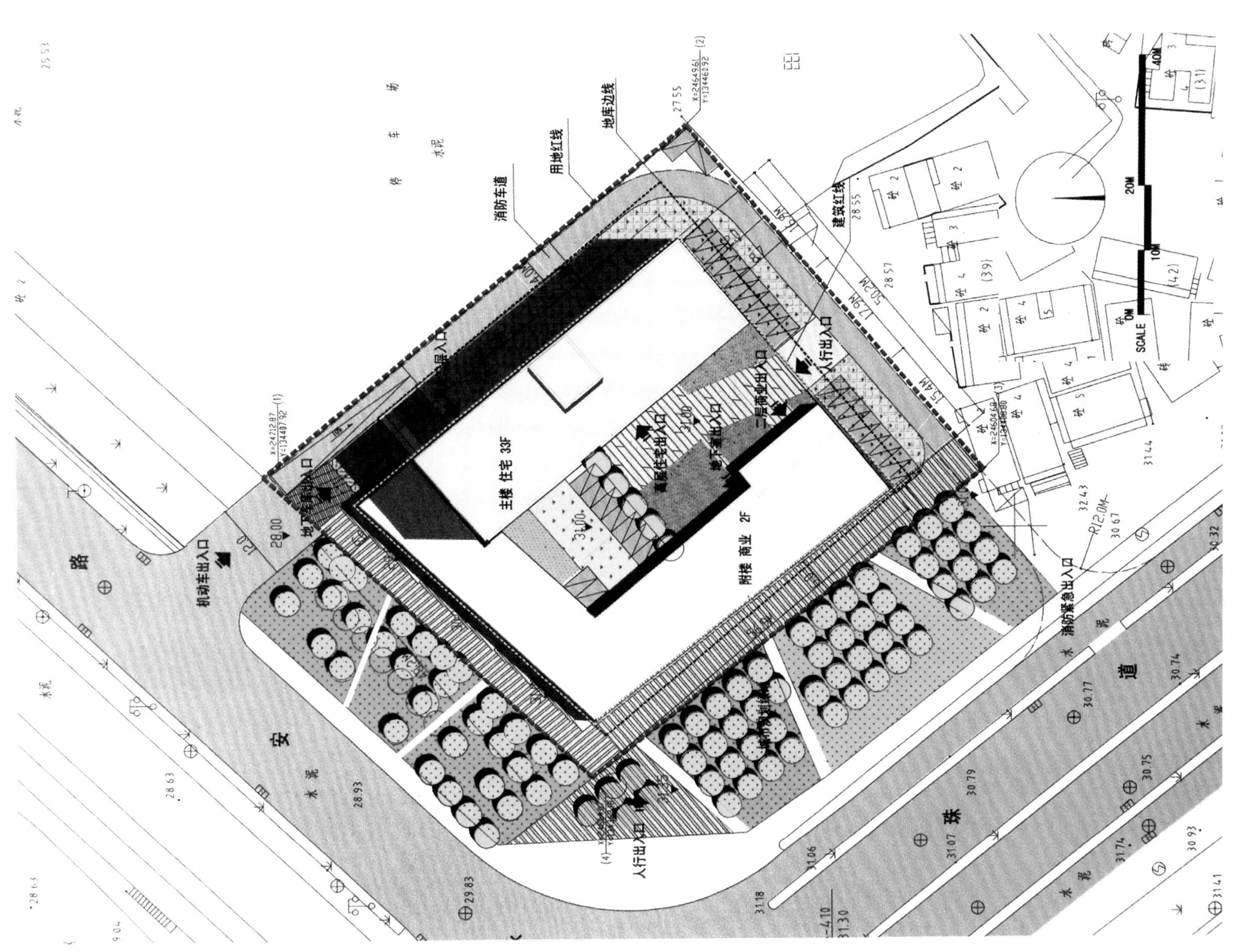

深圳振业第五公社

项目地点：广东省深圳市南山区
开发商：深圳市振业（集团）股份有限公司
景观设计：香港阿特森泛华建筑规划与景观设计有限公司
景观面积：16 000 m²

在此项目中，设计师创建了多种景观轴线，既有如仙女散花般的错落扩散，也有如飘带似的款款旋动。更为精彩的是，设计师将古老的岩石雕琢一番，将其置于花园最高处，独具匠心，与用现代手法精心制作的广场遥相辉映。

在设计过程中，设计师用不同的软景和硬景勾勒出空间布局的总体脉络，并长时间地保持整个体系的稳定，赋予各个分区灵活的使用功能；并使得许多具有对比性的事物在人们内心产生强烈的碰撞：景观轴线的曲线性与重叠性，材质的精与粗、雕塑感与纹理感，高台瀑布与潺潺溪流 …… 借助于这些令人心动的元素，营造成一座别具风味的新型花园。

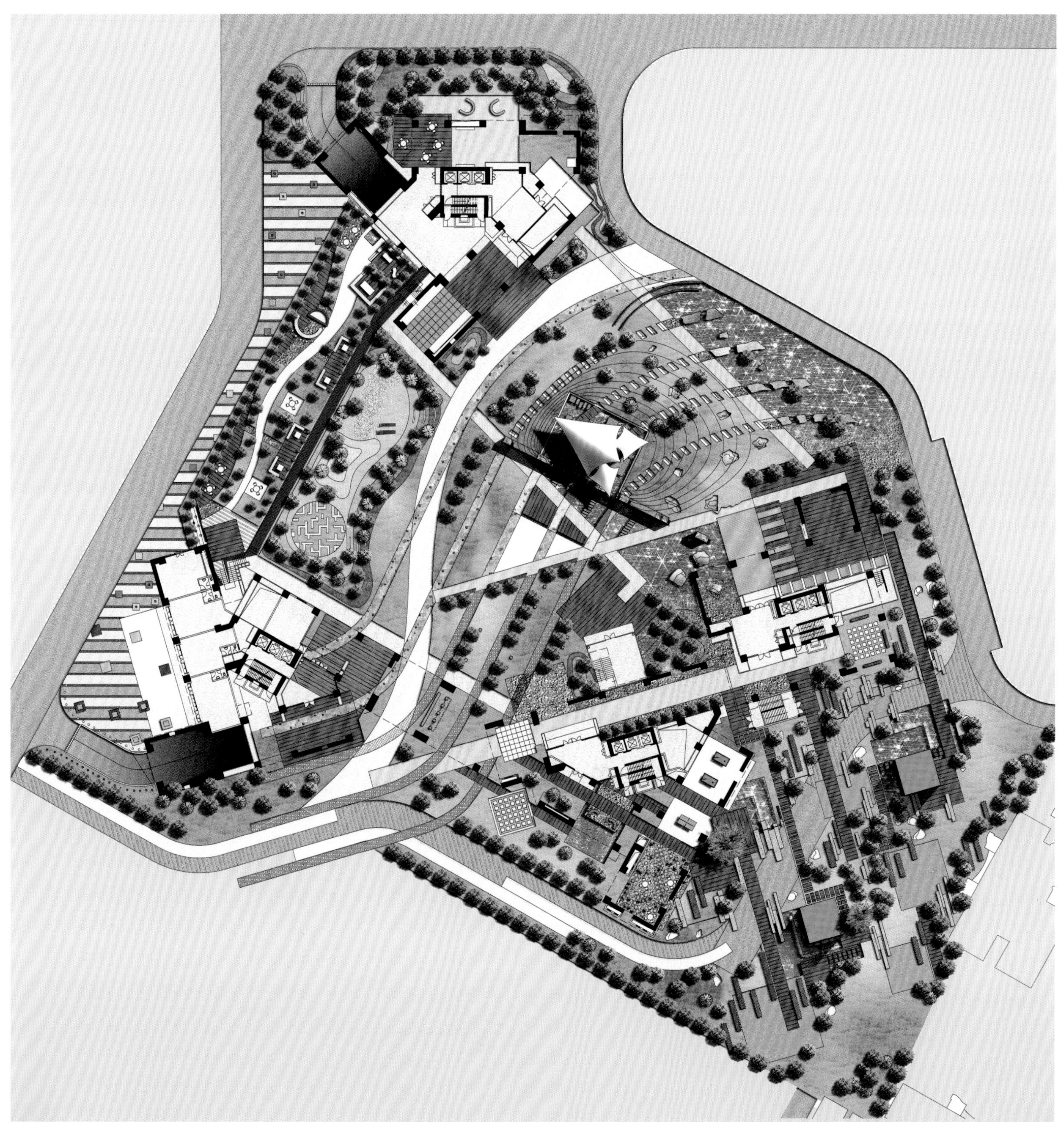

杭州德信泊林印象

项目地点：浙江省杭州市
开发商：浙江德润置业有限公司
建筑设计：杭州华正建筑设计院有限公司
景观设计：贝尔高林国际（香港）有限公司
占地面积：82 851 m^2
建筑面积：260 000 m^2

德信泊林印象位于杭州市九堡核心区，项目东至规划中的市政公园，南至九乔街及沿河绿地，西至兴安路，北至九恒路。是未来2~3年内九堡核心稀缺的规模住地。该区域是九堡目前配套最成熟的板块，拥有丰富的交通资源和教育资源：与地铁客运中心站直线距离仅约700 m，是与地铁客运中心距离最近的高尚住区，交通便捷；西南角为已建浙大幼儿园九欣分园，地块南侧为30班东城小学，北侧为规划36班小学、9班幼儿园等；与东面规划中的大型市政公园隔路相望，极大延伸了园区内部的景观空间。

项目总占地面积约8.3万 m^2，总建筑面积约26万 m^2，规划住宅约1 500户，恢弘体量为形成浓郁的居住氛围提供了可能。项目打造典雅的新古典主义建筑，景观设计聘请了香港贝尔高林进行精心设计，户型进行了适当的前瞻性创新，主力户型为90 m^2实用三室、130 m^2空中叠排、180 m^2品质四室。

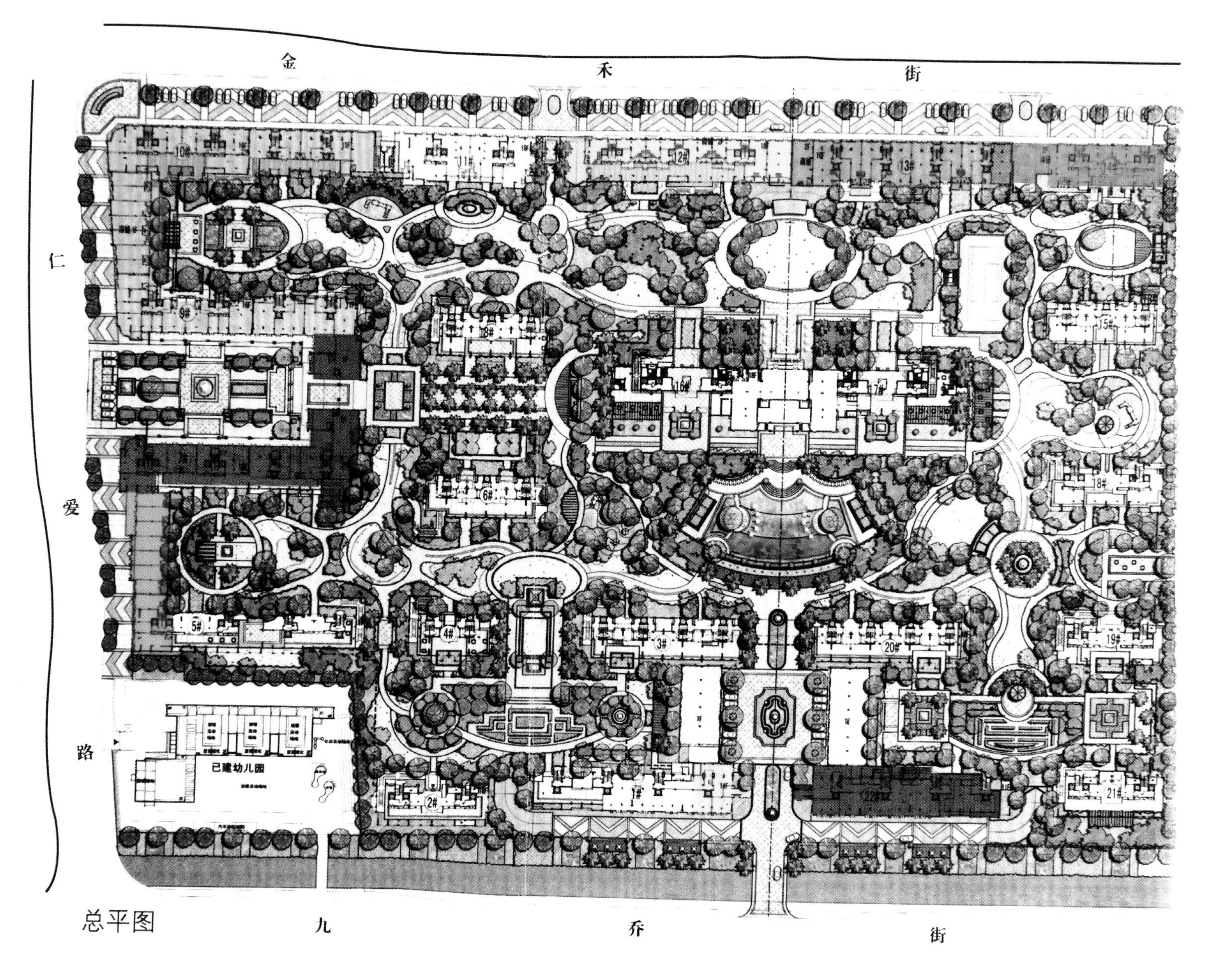

总平图

视点分析

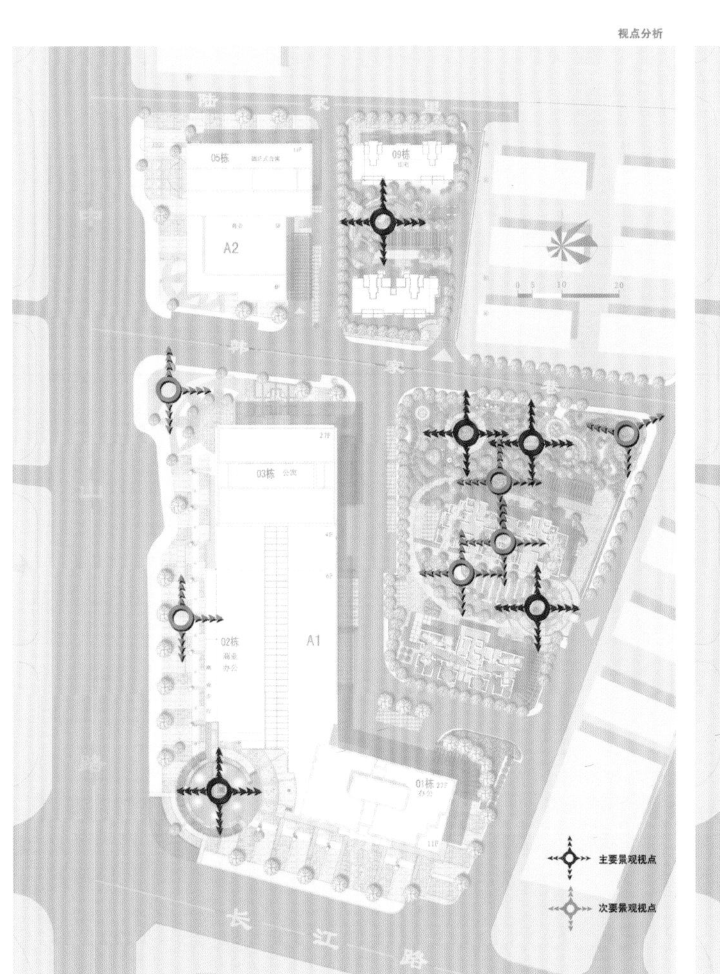

交通分析

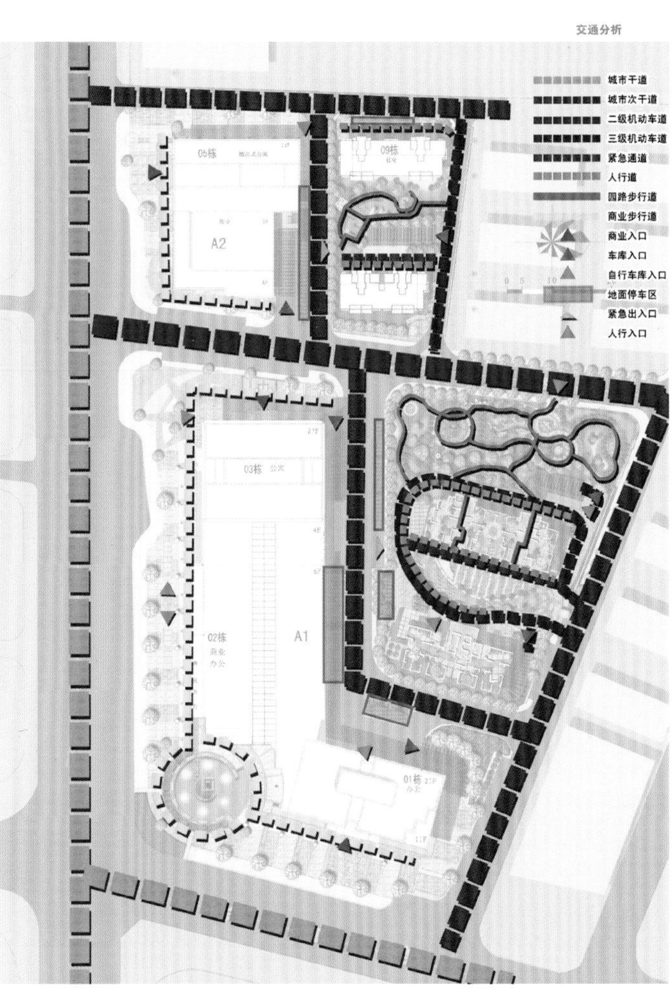

竖向设计

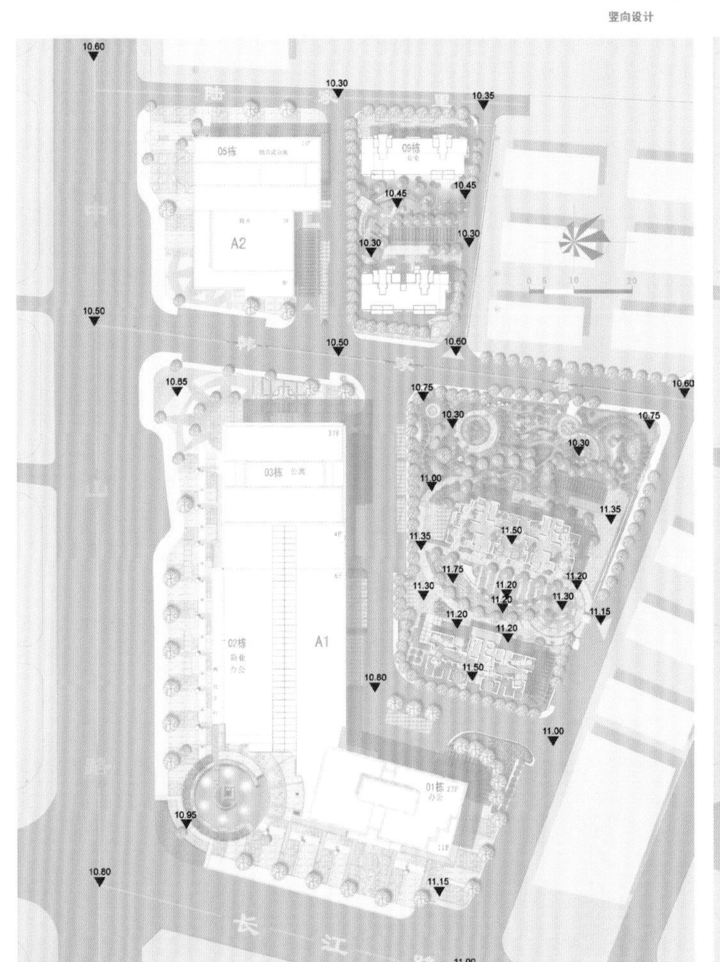

健身系统

景观结构分析

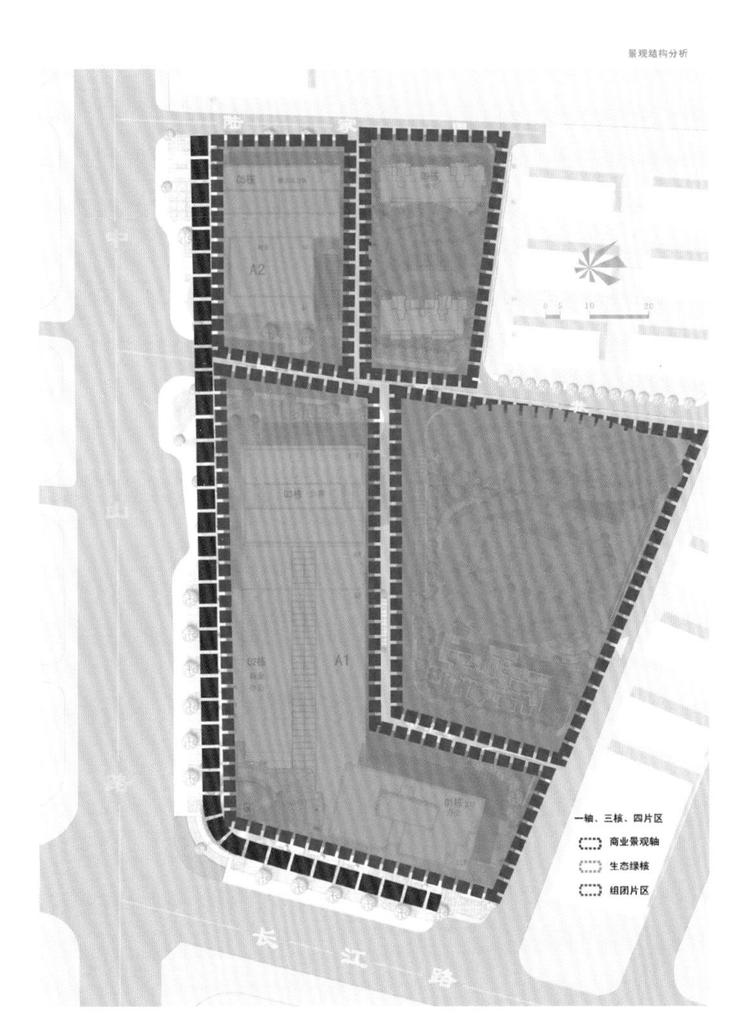

市政分析

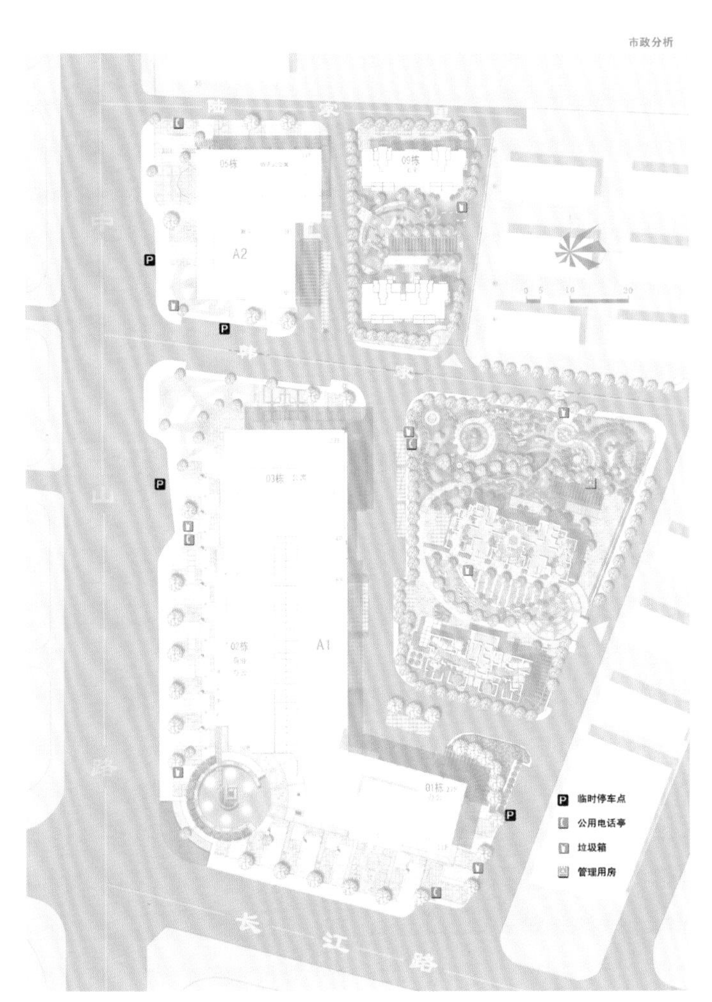

灯光设计

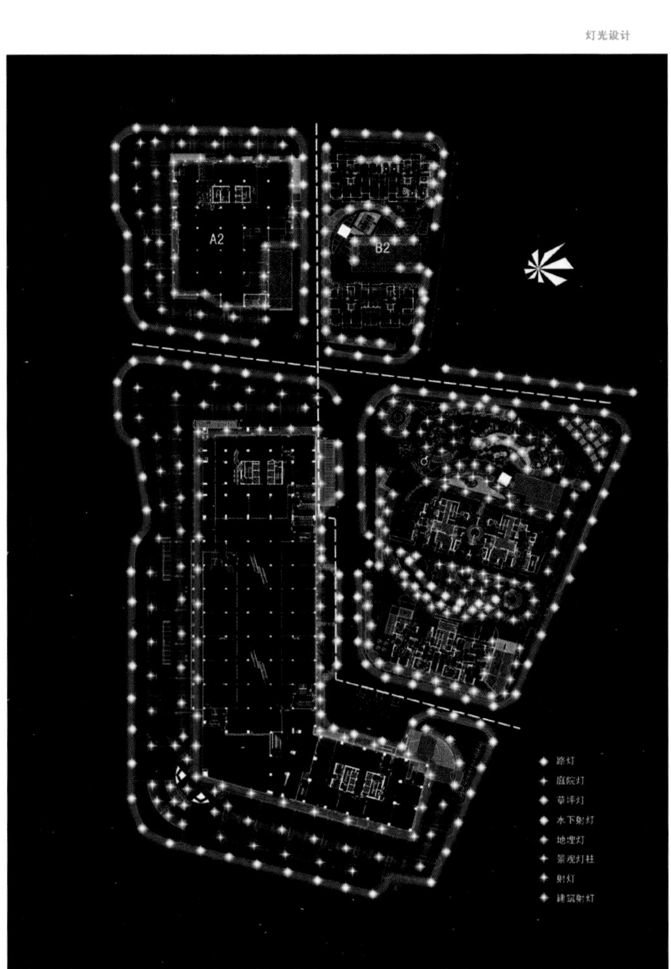

生态安全分析

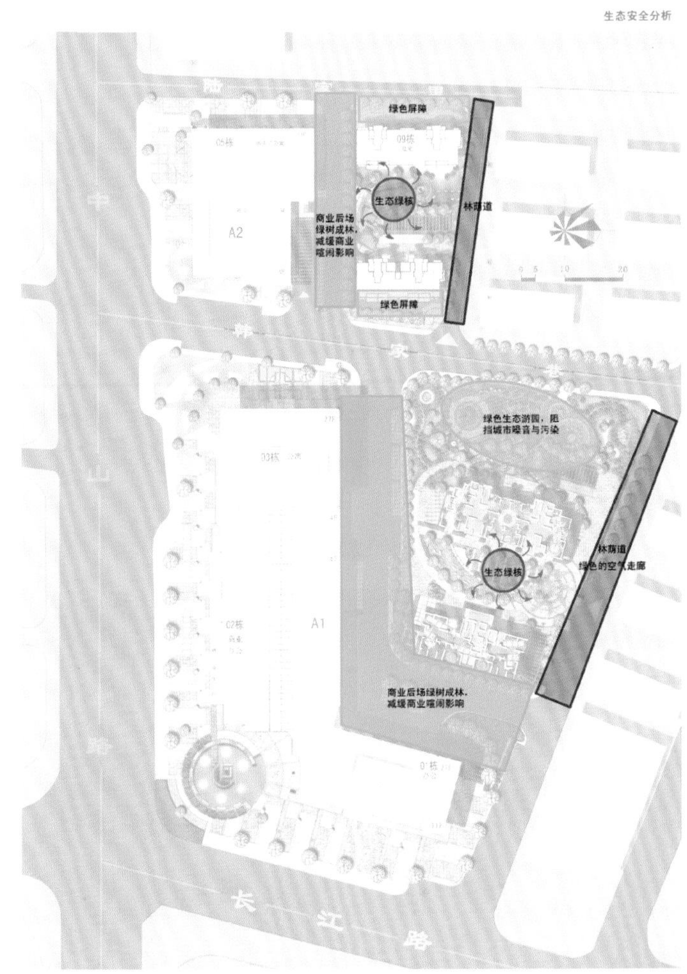

上海绿地峰汇广场

项目地点：上海市南汇区
建筑设计：日本M.A.O.一级建筑师事务所
占地面积：28 732 m²
总建筑面积：66 080 m²

项目位于上海市南汇区惠南镇，沪南公路南侧，城西路东侧，由一栋99 m高的LOFT办公楼、多栋LOFT公寓、1~3层商业以及地下车库组成。

向南沿两条空间轴线延伸，建筑为点，广场为面，小品、电话亭、座椅和铺地构成的景观线贯穿其间。街道的绿化带被赋予休闲功能，花坛、休息的座椅营造闲散的意境。穿行于商业街中，让人感叹这里的精致与时尚。各建筑入口采用不同的地面铺装以表现各自的特色，但均以花岗岩铺地为主，以保持整条街的统一连续。

公共设施的设计和布置是为了满足行人的需要，是必不可少的。公共设施沿步行街均匀布置，连续的服务设施充分体现了"以人为本"的设计理念。

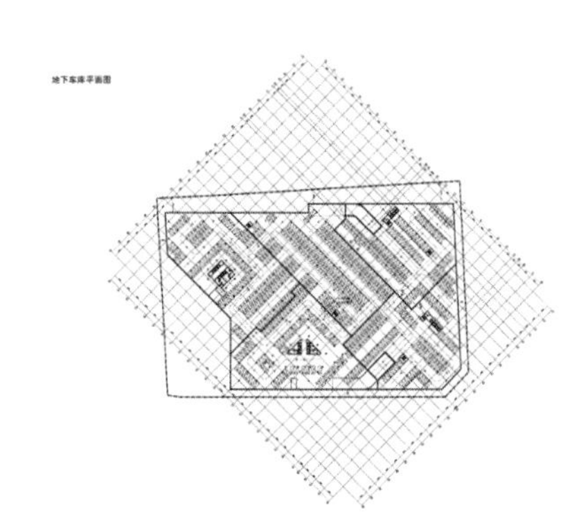

基地内部营造犹如河流般的共享空间。具有热闹的商业气氛和供人休憩的广场，增加办公和公寓的附加价值。

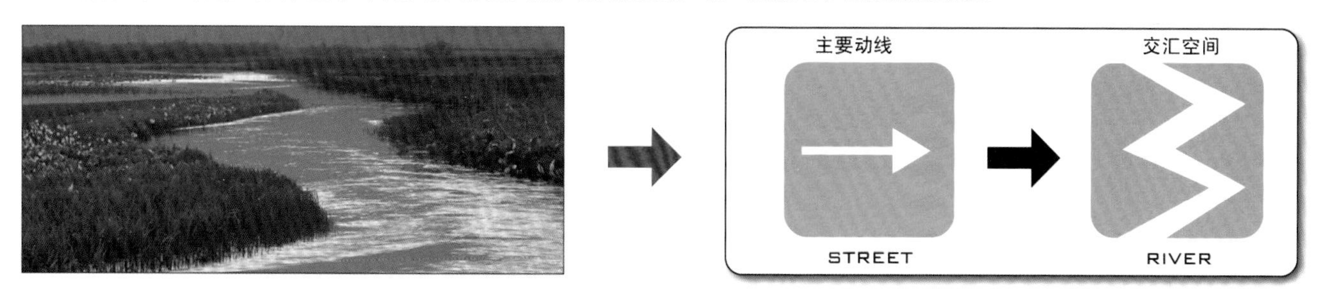

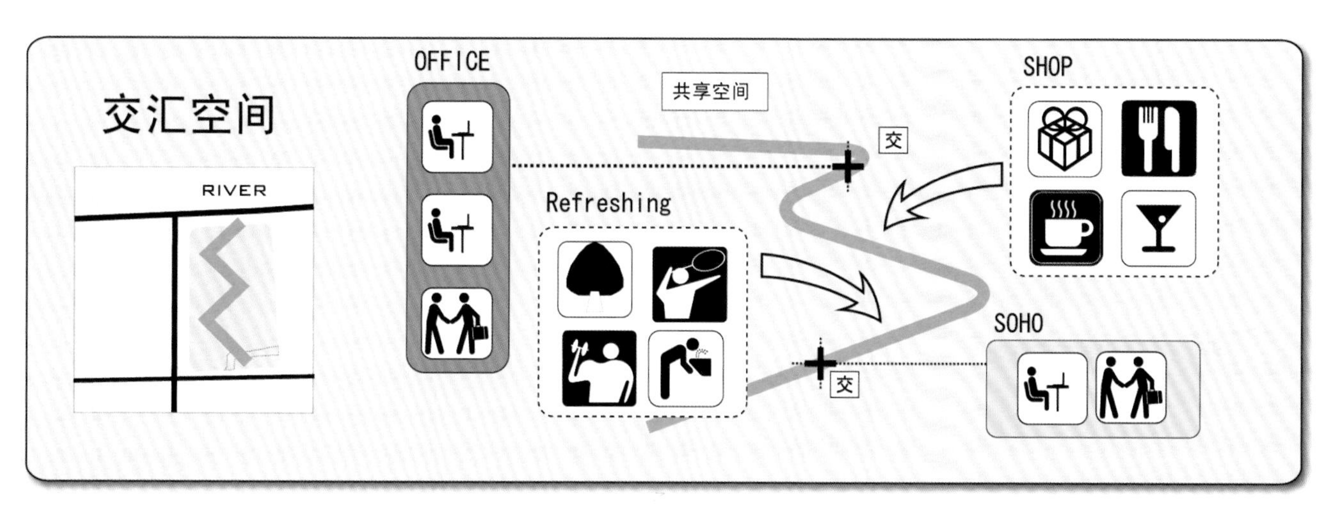

商业广场概念分析

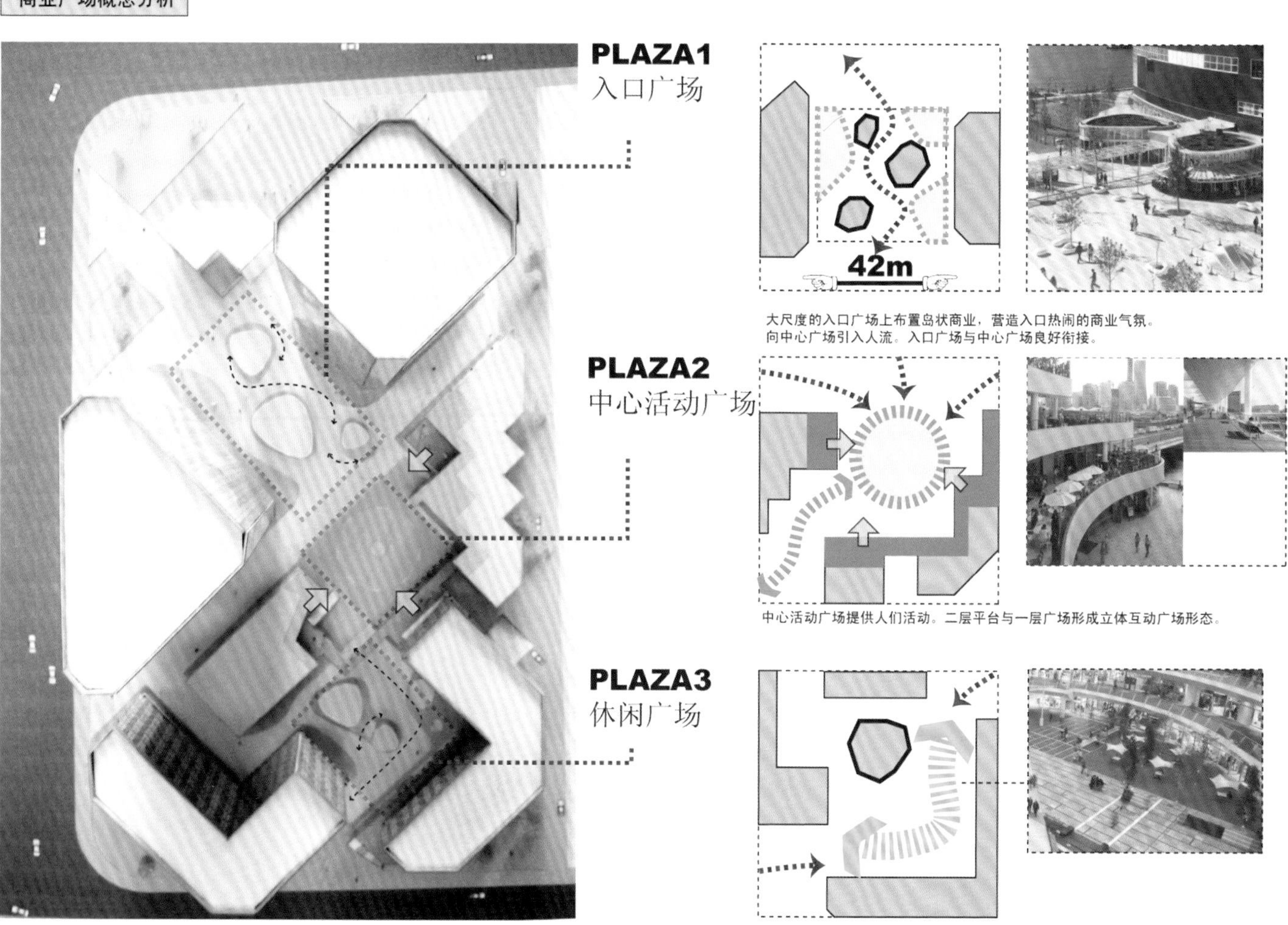

大尺度的入口广场上布置岛状商业，营造入口热闹的商业气氛。向中心广场引入人流。入口广场与中心广场良好衔接。

中心活动广场提供人们活动。二层平台与一层广场形成立体互动广场形态。

用地内部提供人们休息的广场，增加空间的趣味性也布置了岛状商业。同时通过岛状商业的布置形成了流畅的商业动线。

北京华润西堤红山

项目地点：北京市
开发商：华润置地

小区为半围合式规划设计，在保证整体性与私密性的同时，将更多的土地让给了绿化与园林，虽是高层却不见水泥森林的局促，高绿化面积反而带来开阔的视野。超大尺寸楼间距，使得社区能够敞开胸怀迎接阳光，保证了每户人家与景观和阳光的亲密接触。景观设计通过合理的总图布局与精细的施工配合，将社区中原有的数百棵30年以上树龄的原生大树全部保留，实现了社区生态的原生地貌保护，为人们提供了浓荫庇佑的庭园时光。

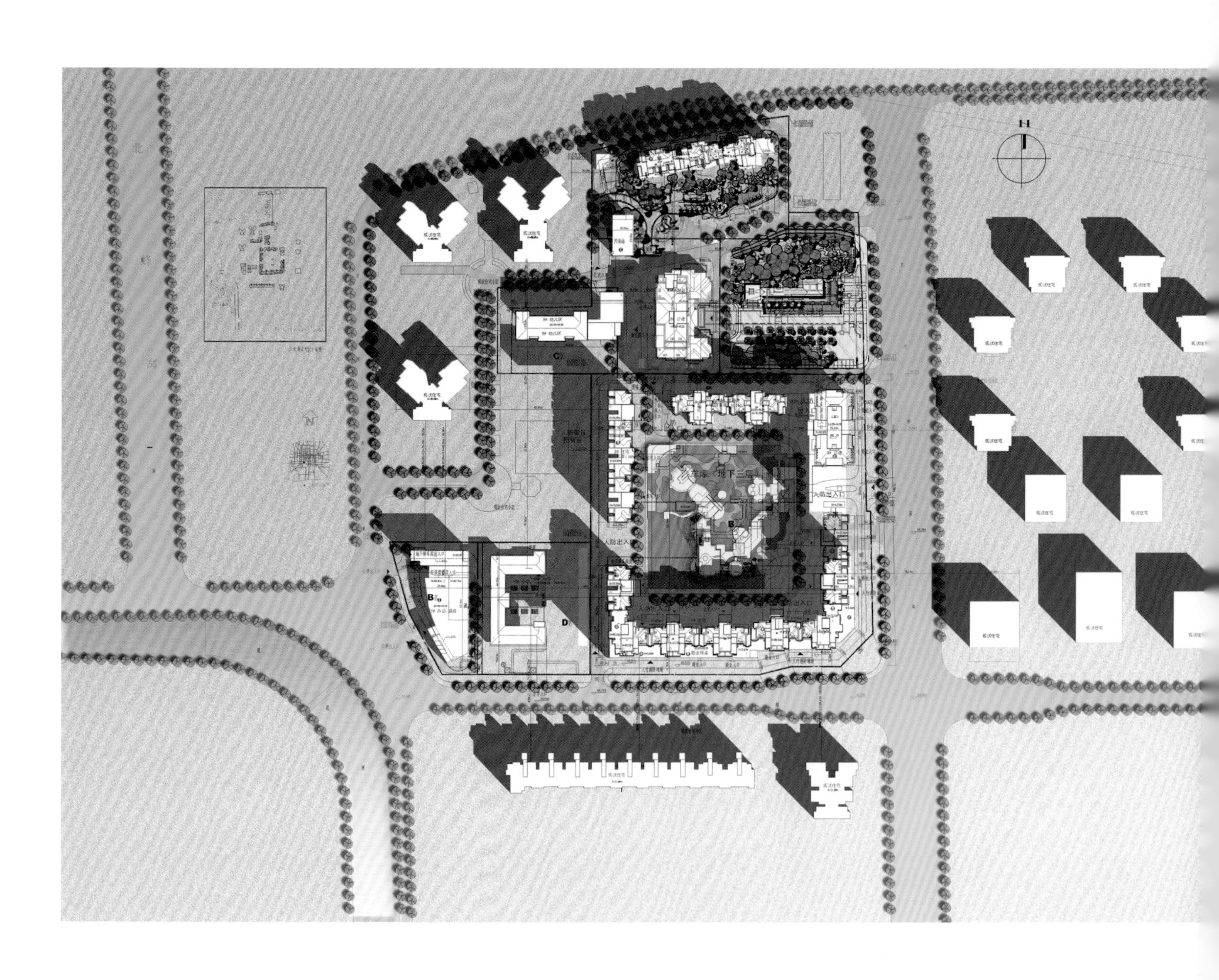

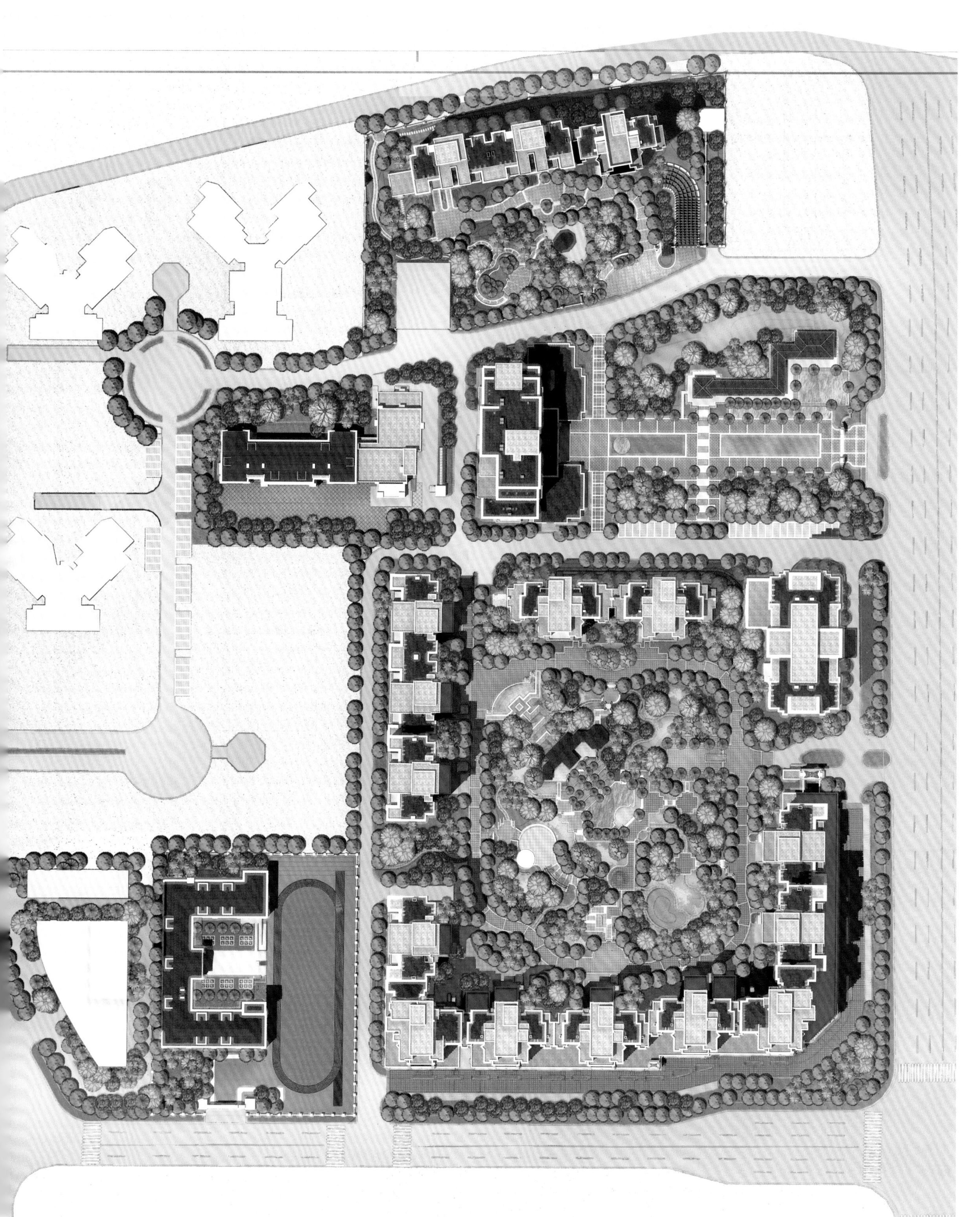

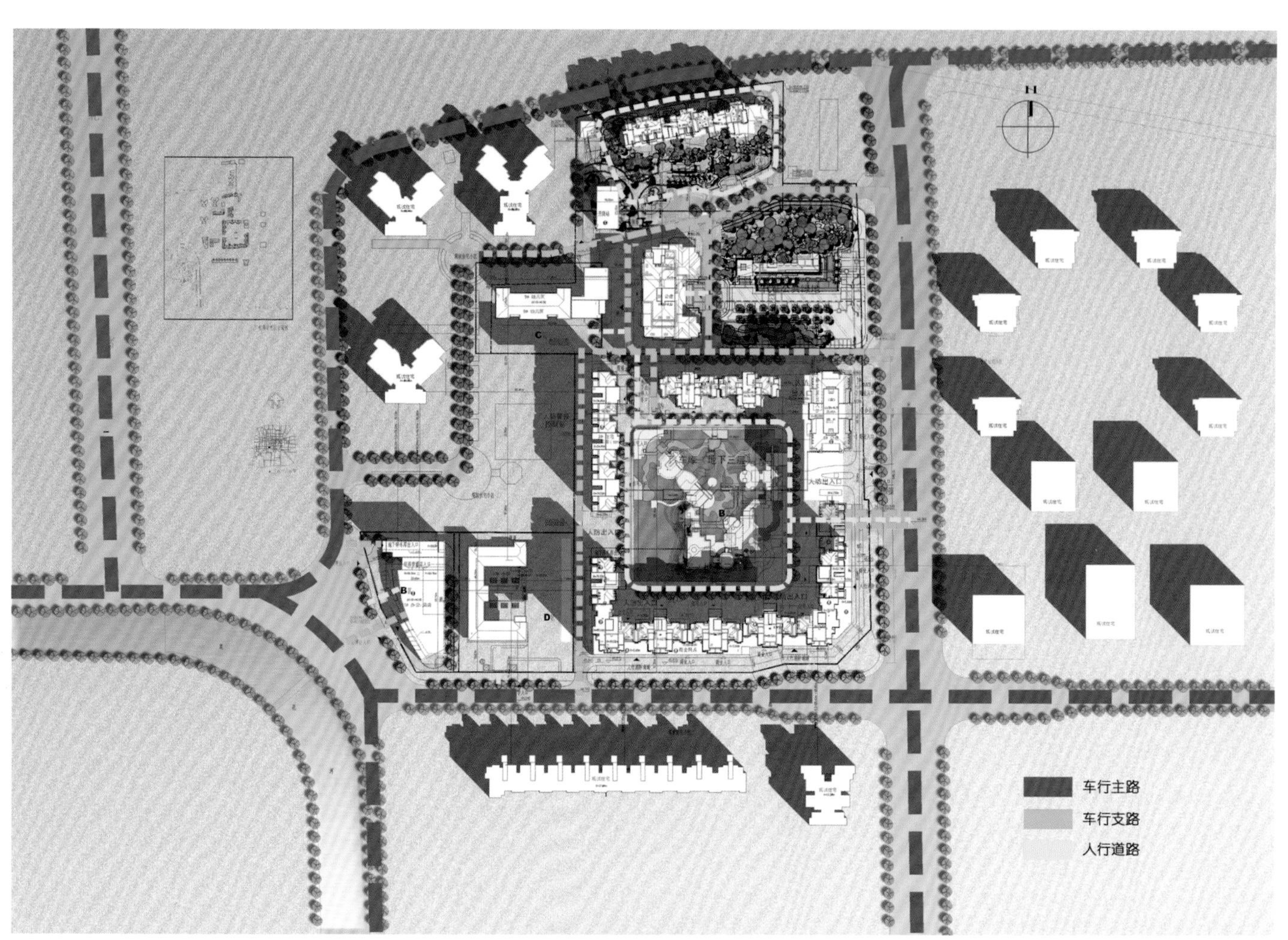
车行主路
车行支路
人行道路

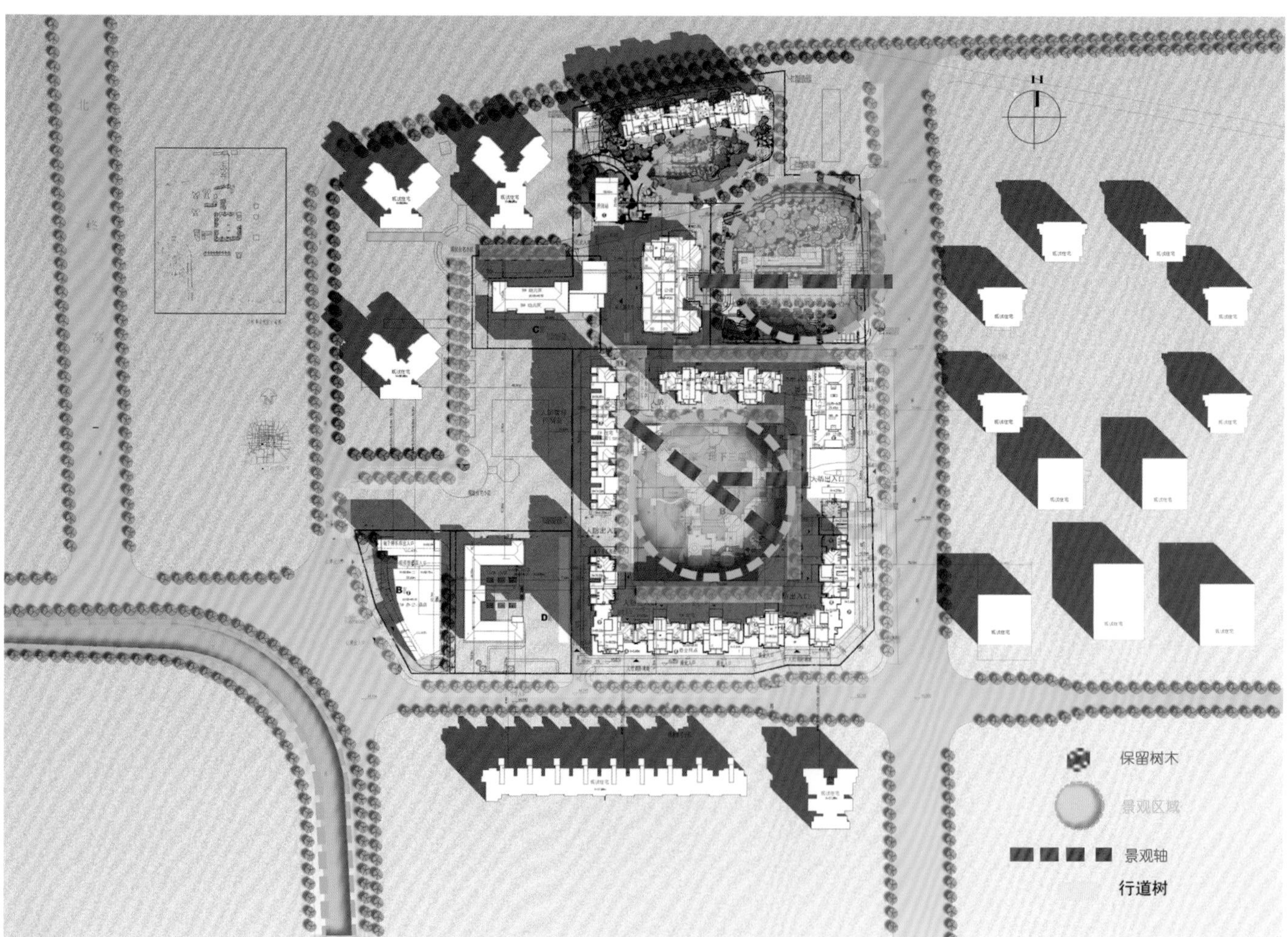
保留树木
景观区域
景观轴
行道树

赤峰新城区兴安街北燕山街南住宅小区

项目地点：内蒙古自治区赤峰市
建筑设计：加拿大宝佳国际建筑师有限公司
主设计师：袁照航、关瑞麟、庄会明、刘晓霞、徐纯静、张磊、刘欣岩、杨磊
占地面积：161 562m^2
总建筑面积：185 800m^2
容积率：2.0

项目的设计理念为：人与自然的和谐、良性循环发展以及高品质的低碳生活。

人与自然的和谐：科学的社区规划能够让社区内外的生态系统融为一体，保证连续的生态走廊，在社区内实现生物多样性，最大限度地减少对生态环境的破坏，让不同年龄的社区居民不出社区就能够接触自然，体验自然，热爱自然，在城市中实现人与人、人与自然的共生。

良性循环发展：绿色规划能够实现社区的可持续性发展，在交通规划中为步行人、骑车人创造更安全的出行环境，让非机动车使用者出行能够更方便，从而减少机动车的使用，鼓励可持续的出行模式。可持续的社区设计，可通过科学的材料使用和住宅平面的选择，节能节电，减少城市热岛效应。使用本地植被能够节约灌溉用水，避免由于植被异地迁移导致的原有生态系统的破坏和维护成本的增加。

高品质的低碳生活：一个良好的社区设计能够通过共享空间实现社区居民的良好互动，通过精心科学的规划设计提供社区的舒适度以减少疾病的发生机会，提高公众的健康水平。精心设计的景观不仅能提供良好的视觉体验，而且使社区更加和谐，让居民活得更有尊严。

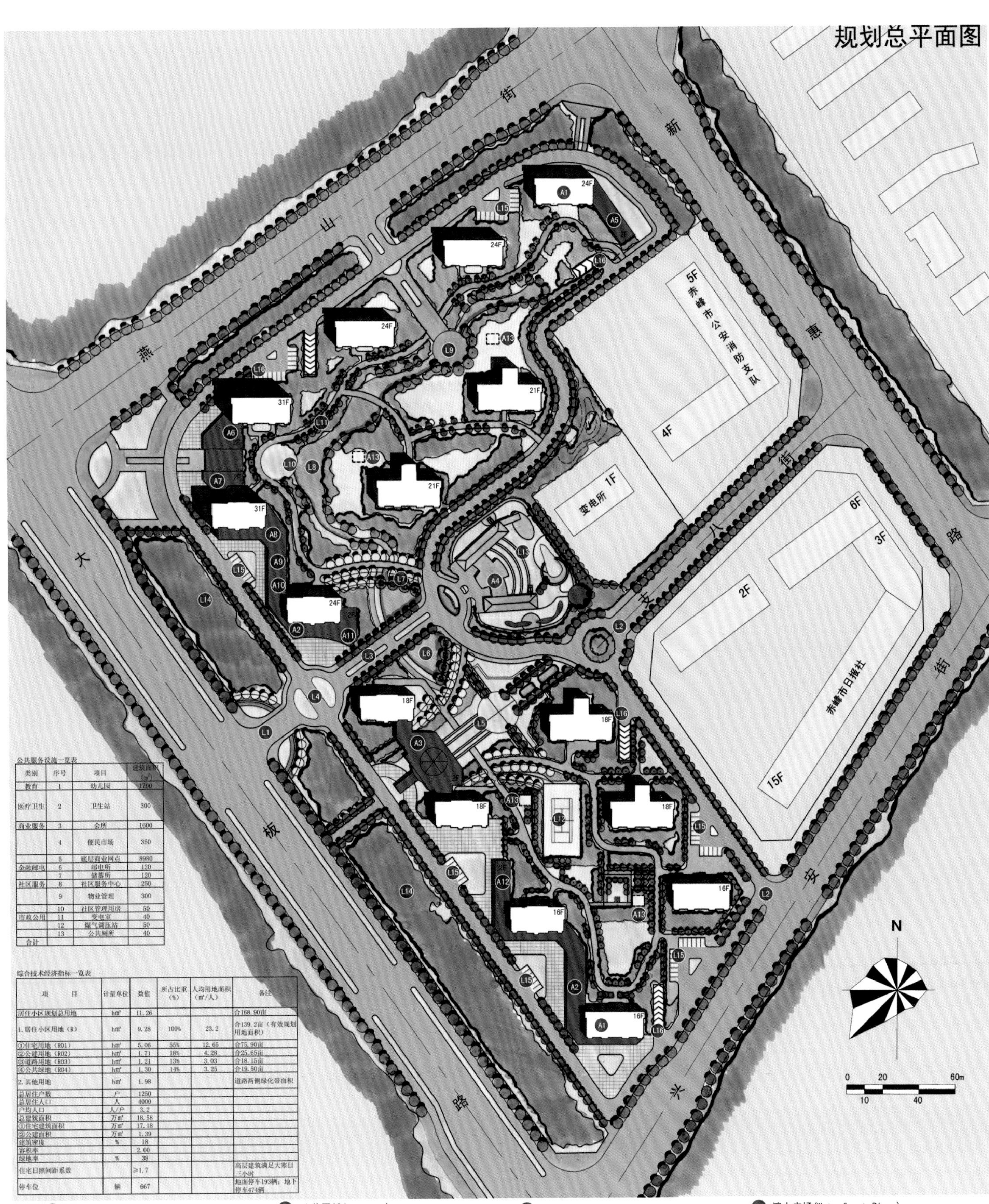

公共服务设施一览表

类别	序号	项目	建筑面积（m²）
教育	1	幼儿园	1700
医疗卫生	2	卫生站	300
商业服务	3	会所	1600
	4	便民市场	350
	5	底层商业网点	8980
金融邮电	6	邮电所	120
	7	储蓄所	120
社区服务	8	社区服务中心	250
	9	物业管理	300
	10	社区管理用房	50
市政公用	11	变电室	40
	12	煤气调压站	50
	13	公共厕所	40
合计			

综合技术经济指标一览表

项目	计量单位	数值	所占比重（%）	人均用地面积（m²/人）	备注
居住小区规划总用地	hm²	11.26			合168.90亩
1. 居住小区用地（R）	hm²	9.28	100%	23.2	合139.2亩（有效规划用地面积）
①住宅用地（R01）	hm²	5.06	55%	12.65	合75.90亩
②公建用地（R02）	hm²	1.71	18%	4.28	合25.65亩
③道路用地（R03）	hm²	1.21	13%	3.03	合18.15亩
④公共绿地（R04）	hm²	1.30	14%	3.25	合19.50亩
2. 其他用地	hm²	1.98			道路两侧绿化带面积
总居住户数	户	1250			
总居住人口	人	4000			
户均人口	人/户	3.2			
总建筑面积	万m²	18.58			
①住宅建筑面积	万m²	17.18			
②公建面积	万m²	1.39			
建筑密度	%	18			
容积率		2.00			
绿地率	%	38			
住宅日照间距系数		≥1.7			高层建筑满足大寒日三小时
停车位	辆	667			地面停车193辆；地下停车474辆

A1 住宅(Residential)
A2 底层商业(Commercial Podium)
A3 会所(Clubhouse)
A4 幼儿园(Kindergarden)
A5 物业管理(Management Office)
A6 便民市场(Market)
A7 储蓄所(Bank)
A8 邮电局(Post Office)
A9 公共厕所(Restroom)
A10 门卫(Gatehouse)
A11 社区服务中心(Community Service)
A12 变电室(ELEC.RM)
A13 现有建筑(Existing Bldg)
L1 社区主入口(Main Entry)
L2 社区次入口(Secondary Entry)
L3 中央景观大道(Promenade)
L4 特色交通绿岛(Traffic Island)
L5 会所轴线景观(View Corridor)
L6 中央水景(Central Waterscape)
L7 特色景观树阵(Treescape)
L8 景观水系(Waterscape)
L9 滨水广场(Waterfront Plaza)
L10 亲水平台(Deck)
L11 滨水步道(Riverwalk)
L12 露天网球场(Tennis Court)
L13 幼儿园景观(Kindergarden)
L14 市政绿化景观带(Urban Greenbelt)
L15 地面停车位(Vegetated Surface Parking)
L16 地下车库入口(Entry To Garage)

东莞明上居

项目地点：广东省东莞市
开发商：东莞市新世纪房地产开发有限公司
占地面积：105 500 m²
总建筑面积：230 000 m²

项目占地面积105 500 m²，属于中型社区，是城市核心区具有标识性的公寓豪宅，拥有四通八达的便利交通。项目共兴建24栋，包括3栋11层、4栋18层及17栋17层的商住小区。

项目规划以创建和谐社会为基本出发点，在塑造内部良好空间环境的同时，致力于协调规划区内外部关系，以期实现住区与城市、人与人、人与环境的和谐共生。同时，充分考虑区位优势，合理利用外部资源，尤其是北部体育公园的功能景观资源，加强项目内部与体育公园在功能、空间、景观上的联系，营造具有特色的小区形象。

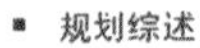

规划综述
布局特征
布局特征一：展现健康理念的1200米往返跑道

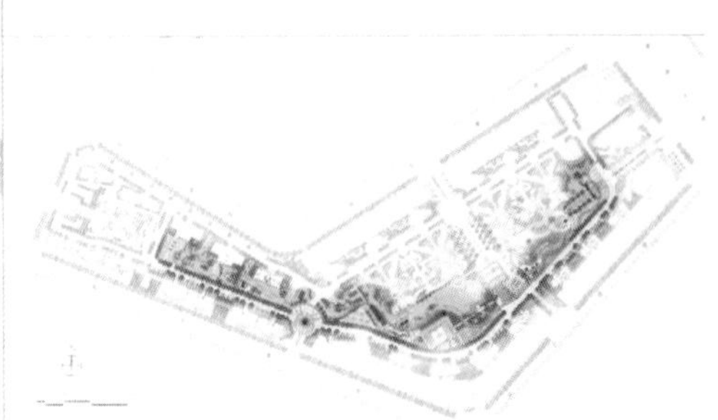

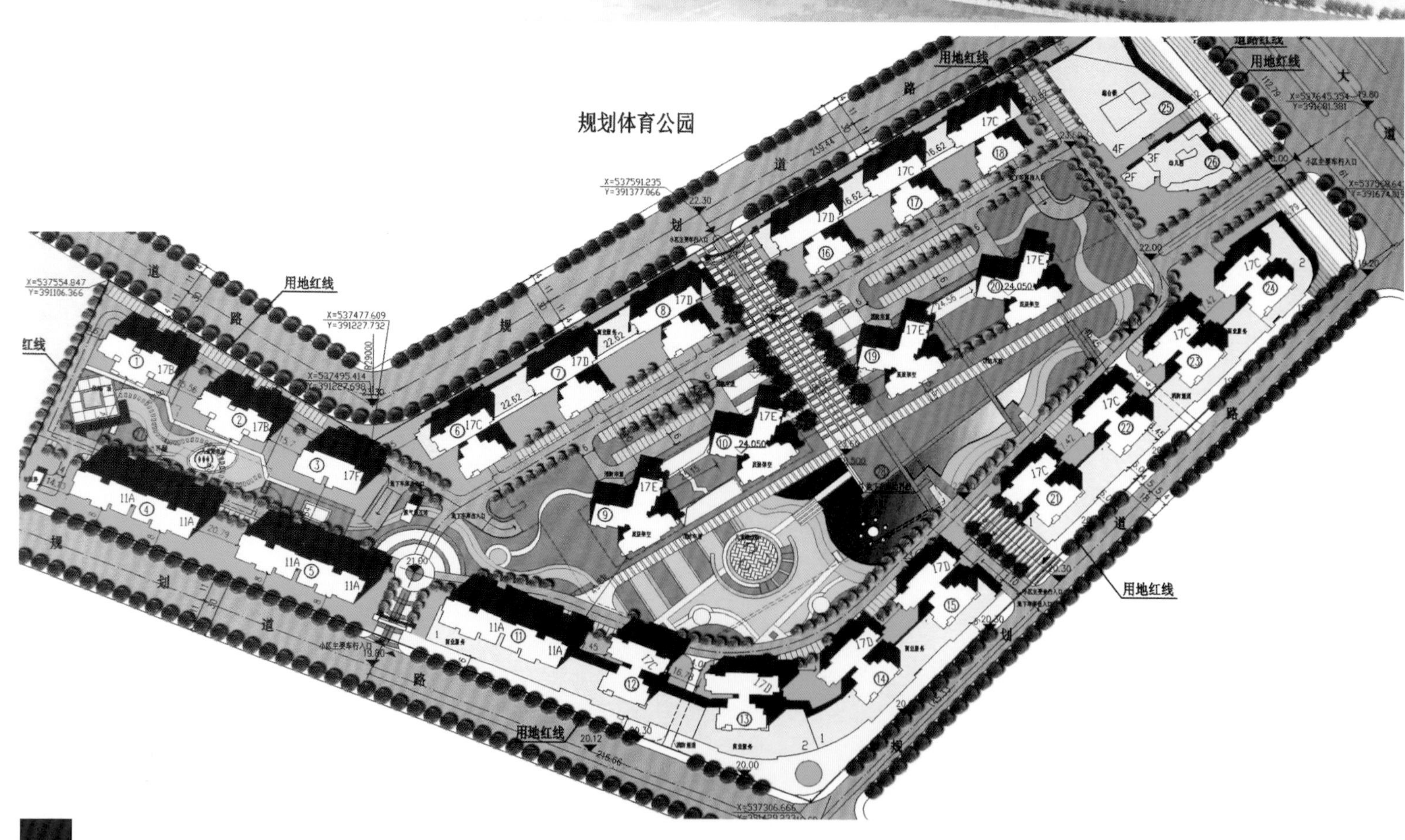

成都A区

项目地点：四川省成都市一环路
开发商：四川富临实业集团有限公司
景观设计：成都景虎景观设计有限公司
占地面积：37 014 m^2

项目位于成都市一环路南四段与高升桥路交会处，周边配套设施完善，交通便利，有极佳的居住氛围和人文环境。

成都A区倡导推行“国际级中央公园住区”的高尚理念，同时依照地域性的脉络营造国际化的园区景观体系，构成“一环、一带、八景”的环境框架。项目最大限度地把中央公园般的绿景空间引入社区，充分尊重其人文性与生态性。园区出入口的镜面水景、郁郁葱葱的小森林、悠游庭院、彩虹乐园、运动慢跑道等都预留在社区中，为忙碌紧张的人们，提供一个悠闲的场所、一个自然生态的景观花园。

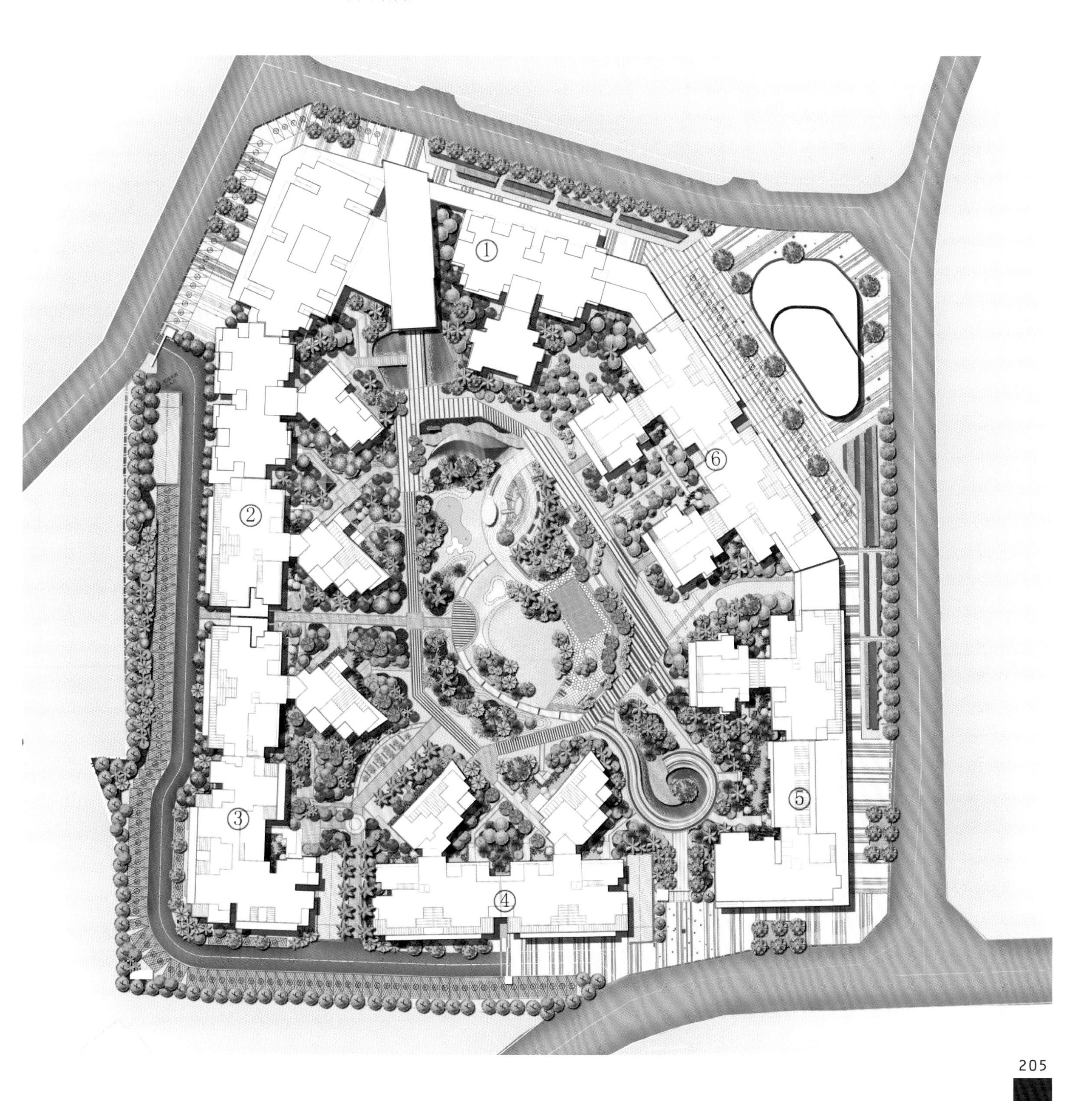

广州公园一号

项目地点：广东省广州市
景观设计：广州市格临赫比园境设计有限公司
占地面积：6 000 m²

公园一号总占地面积6 000 m²，东临天河公园，南望天河区府，旺中取静，与天河“市肺”——天河公园仅几步之隔，就如同独有“私家”后花园。公园一号定位为“城市中心区的精致东方禅意居所”，项目采用板状结构建筑，走中高档路线，每户建筑面积以130～150 m²和170～190 m²的中大户型为主，其中80%的户型可望天河公园园景。

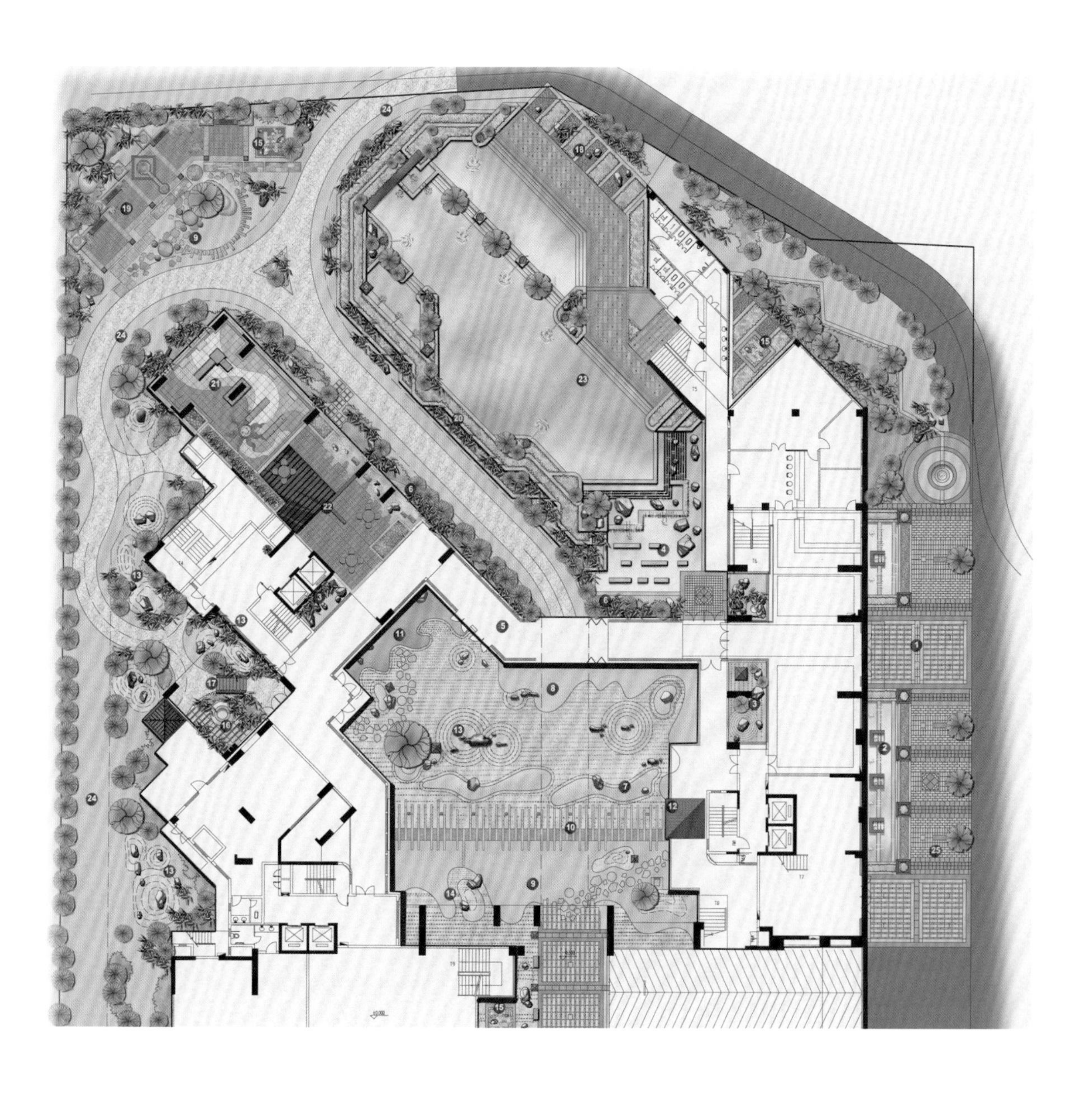

1. 主入口特色铺装
2. 标志跌水小品
3. 绿韵阁（玻璃包柱）
4. 映月潭（特色水景）
5. 风雨廊
6. 青竹林
7. 苔藓丘地（如水中岛）
8. 绿化旱地岸线
9. 阳光草坪
10. 石透廊
11. 磨石平台
12. 望月轩（休息亭）
13. 日式枯山水（标志景）
14. 月形沙洲
15. 旱喷石景
16. 无叶井
17. 弯月桥
18. 石景绿茵带
19. 林荫休闲广场（室外活动）
20. 跌级立体绿化
21. 亲子乐园（儿童活动区）
22. 架空茶吧
23. 游泳池
24. 隐性消防车道
25. 商业步行街

北京国瑞城

项目地点：北京市崇文区
开发商：北京国瑞兴业地产有限公司
占地面积：29 400 m^2
总建筑面积：230 000 m^2
容积率：7.8

项目位于崇外大街新世界商场对面，占地面积为29 400 m^2，北侧为哈德门饭店，南侧与搜秀影城相邻，东侧为规划城市道路。

在总平面规划中，采用大底盘裙房上布置五栋单体塔（板）楼的形式，充分利用土地资源，结合用地四周面临城市道路的优势，根据综合楼各功能及性质分散布置出入口，确保各种人流、车流既方便出入又互不干扰。同时，又最大限度地保证项目与现有过街通道、地铁5号钱及周边商业的地下连通，使人们足不出户便可方便进出周边所有商业和地铁交通系统。

在建筑单体设计和竖向交通设计中，商业、办公、公寓入口处有相对应的竖向交通系统，方便不同人流快捷地进出，互不干扰。在地下二层至地上三层的商业空间中设有2处采光中庭，并自然形成贯穿本项目南北方向的商业街，使平面巨大的商业区域享有自然采光，增加商业空间的层次和变化，适应多样化商业经营，提高了商业的有效利用率。

在立面设计中，充分考虑与周边环境中现有建筑的对比、协调、统一，采用新古典主义风格与现代化的设计手法，通过不同材料的有机组合形成既庄重大方又极有现代感的建筑综合体。

项目结合使用功能、节约造价、节能减排等要求，采取了大量的高技术含量的设计手段，如大跨度空心楼板、搭接柱、预应力体系、防漏电火灾自动报警系统、空调动态流量平衡阀系统、通风系统的热回收系统等。

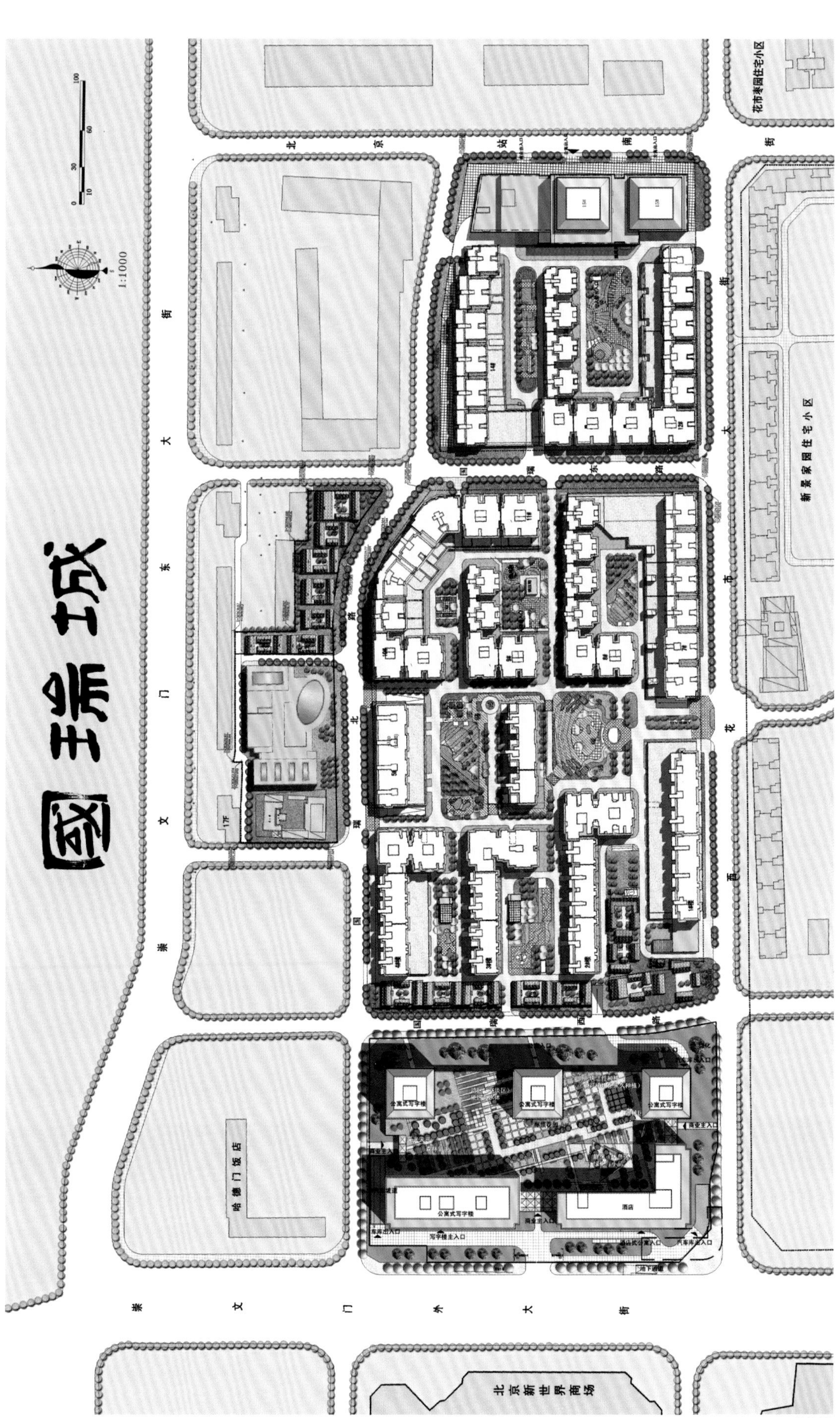

长沙万达广场

项目地点：湖南省长沙市
开发商：长沙万达广场投资有限公司
规划/建筑设计：上海新外建工程设计与顾问有限公司

项目地块位于湖南省长沙市开福区，湘江大道以东，五一大道以北，地块功能为商业和住宅，包括地上超高层住宅及底商、地上甲级写字楼和地下车库。

商业均为住宅底商，一层层高5.4 m，二层及三层层高3.9 m，为保证商业品质，住宅在考虑结构转换方面，不与住宅交接处的商业铺面开间基本为4.2 m，符合业主要求。在C地块，面向湘江大道的局部底商为售楼处，为不影响售楼处的先期施工，该处不设地下室。项目在D地块设计了一栋155 m高的甲级写字楼，标准层面积为1 500 m²。建筑造型新颖、典雅。

住宅位于项目的A、C地块，主力户型为250 m²的江景豪宅，为不影响商业，在底部采用了结构转换。C地块的部分住宅底部两层为架空层。为保证豪宅品质，所有住宅均设计2层挑空的入口大堂。

为满足机动车的停放要求，在A、C、D地块均设置地下两层停车库，层高3.9 m。车库均设3个双车道汽车出入口，出入口间距大于15 m，出入口净宽大于或等于7 m。

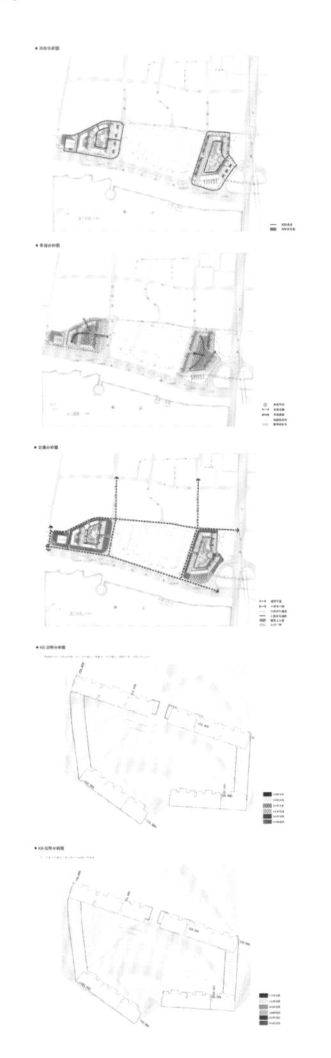

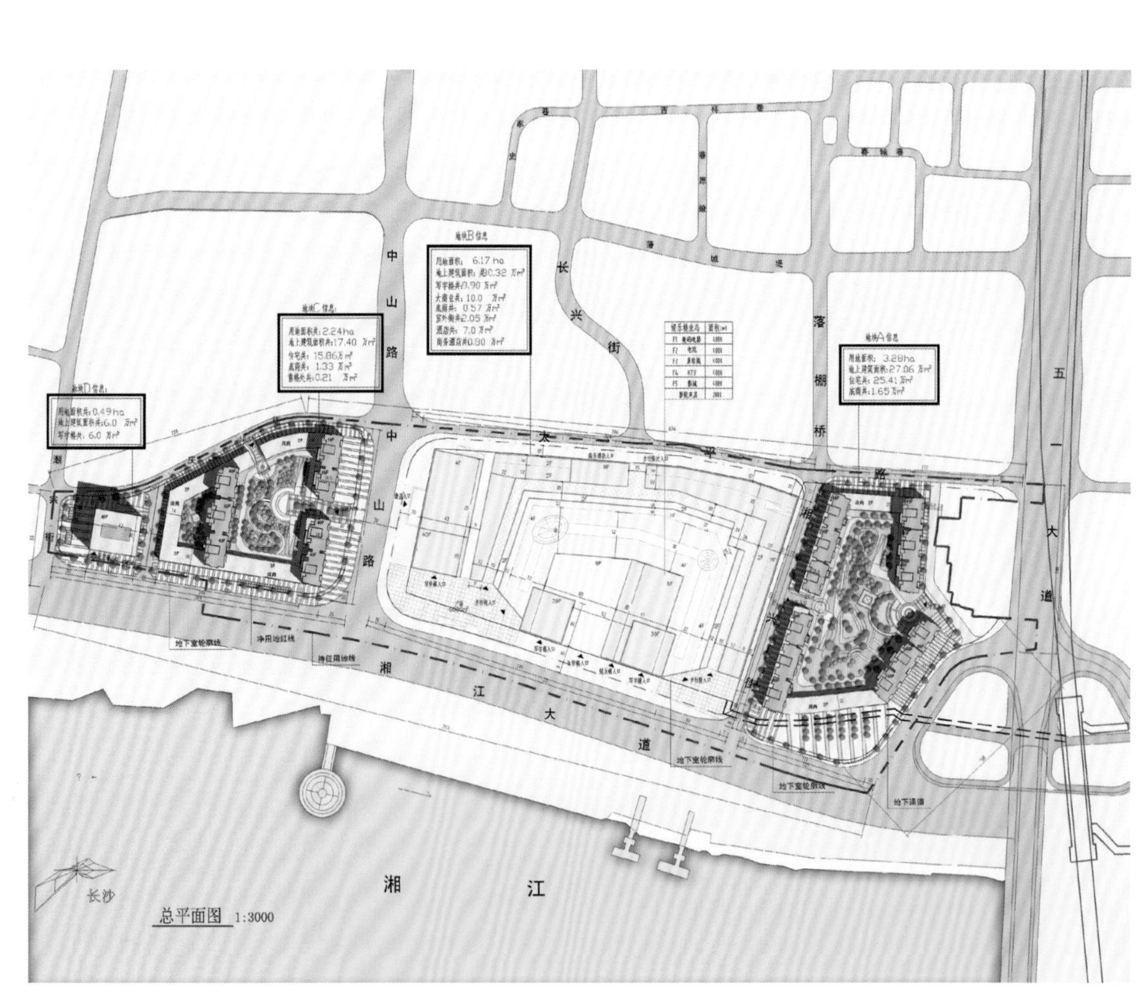

广州云山雅苑

项目地点：广东省广州市白云区
开发商：广州恒翔房地产开发有限公司
建筑设计：广州景森工程设计顾问公司
占地面积：30 770 m^2
总建筑面积：75 598 m^2
绿化率：36%

云山雅苑坐落在白云山下，有着得天独厚的地理优势，户型方正，是该区域少见的中高档楼盘。项目包括住宅666套，车位300个，面积为12 000 m^{2}的超大风情园林，300 m^{2}的休闲泳池，还有少量办公和商业项目。项目一层为地下室，地上建筑18层。其中，临街为商业裙楼，2~18层为住宅塔楼，共九栋住宅塔楼。

小区的景观设计参照楼盘的总体定位，融入细致精巧的设计与表达手法，构筑"布宜诺斯艾利斯风情"般的热带风情社区。建筑外立面以鲜艳夺目的红色为主调，园林设计配合建筑特点，创造出热情奔放的亚热带小区。

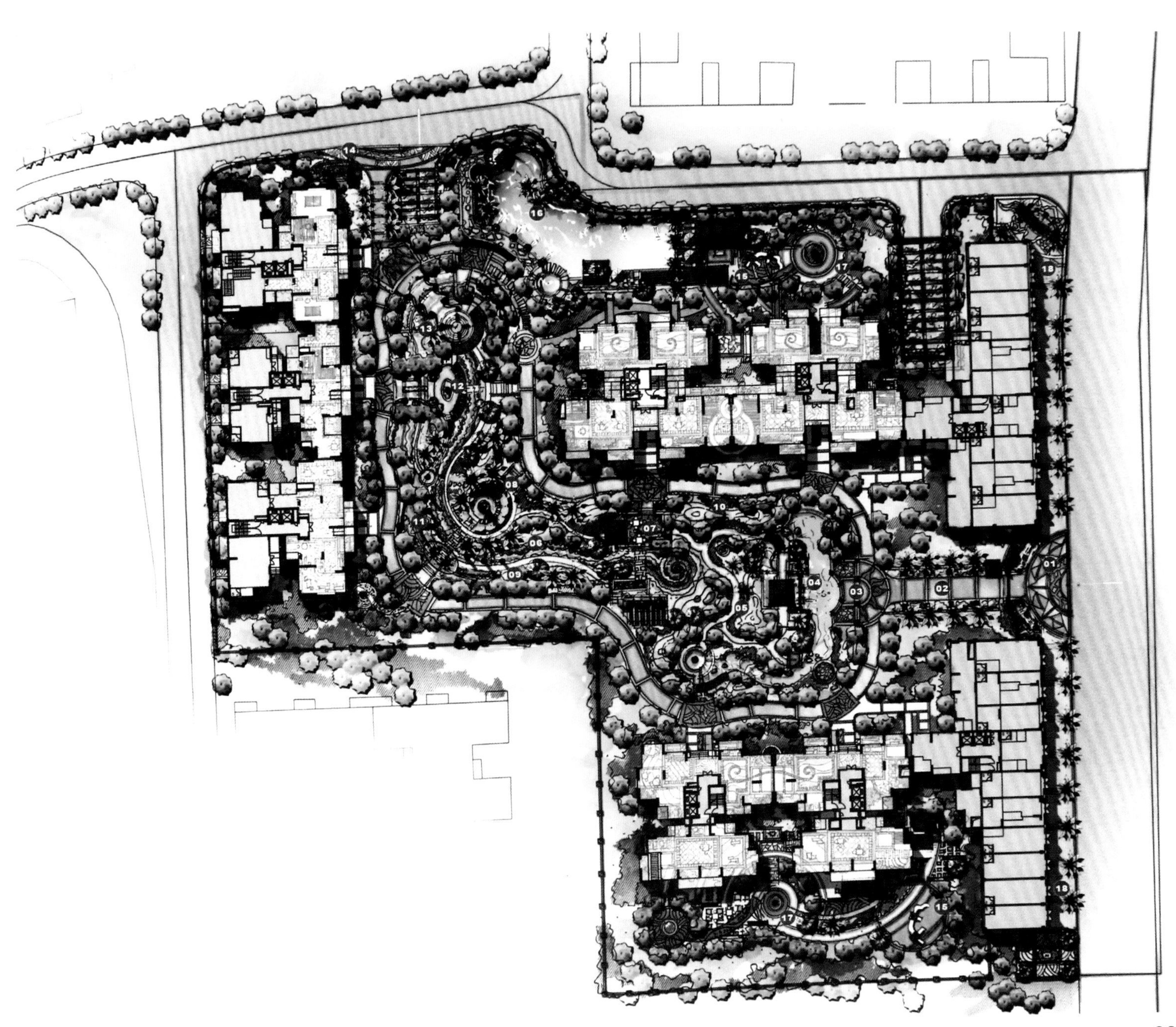

成都华润二十四城

项目地址：四川省成都市
规划/建筑设计：HOK设计公司
景观设计：加拿大奥雅景观规划设计事务所
占地面积：559 882 m²
总建筑面积：2 600 000 m²

华润二十四城北临新华大道延线双庆路，南临蜀都大道延线双桂路，两条大道均可直达市中心，项目周边公交体系完善，是成都市三环内迄今为止规模最大的都市综合体，开发完成后可为2万个家庭5～6万人提供舒适的生活空间。华润二十四城未来将在城市核心区域形成以万象城为核心，集甲级写字楼、星级酒店、中央公园、文化产业、优质教育资源和高档住宅为一体的大型都市综合体。

在总规划方案里，华润二十四城将成为这样一种区域：位于城市核心区域，有充足的配套设施并提供各种文化娱乐设施和休闲空间，融合商业、办公、居住、休闲等多种城市功能，各元素有机结合，并成为商业、商务、居住活动的焦点；具有开放性，除了支撑社区内生活需求外，更服务于整个城市；同时尊重并融合历史文脉，有着城市中罕见的大尺度绿化空间、完善的生态系统和人文气息；多元并包，能够保持互动和长久活力，不断发展，生生不息。

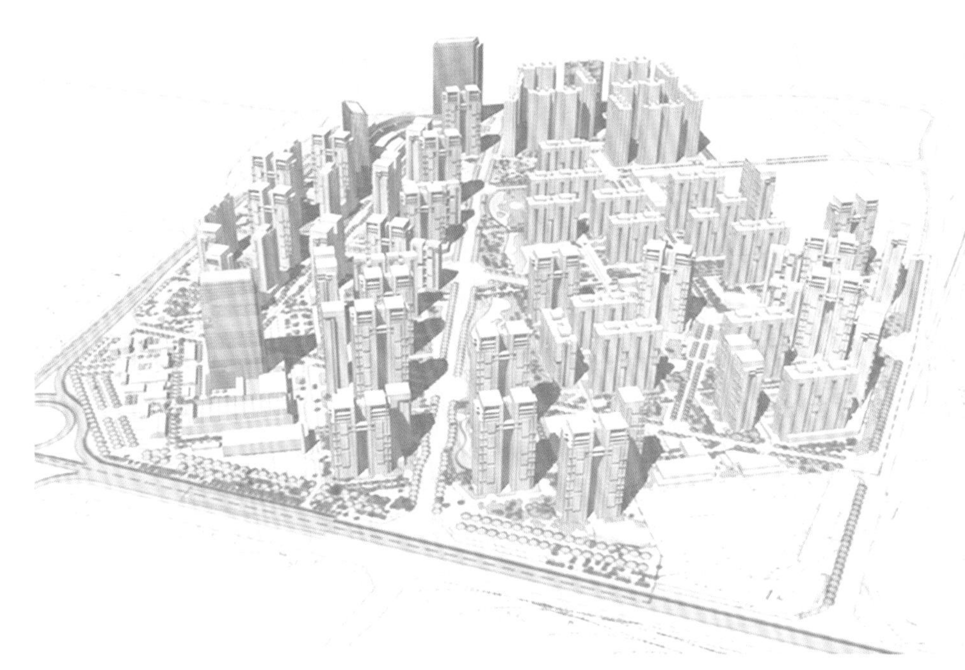

绿地系统规划总体思路

▲ 绿地系统规划总平面图

▲ 道路交通系统总平面图

▲ 开放空间系统总平面图

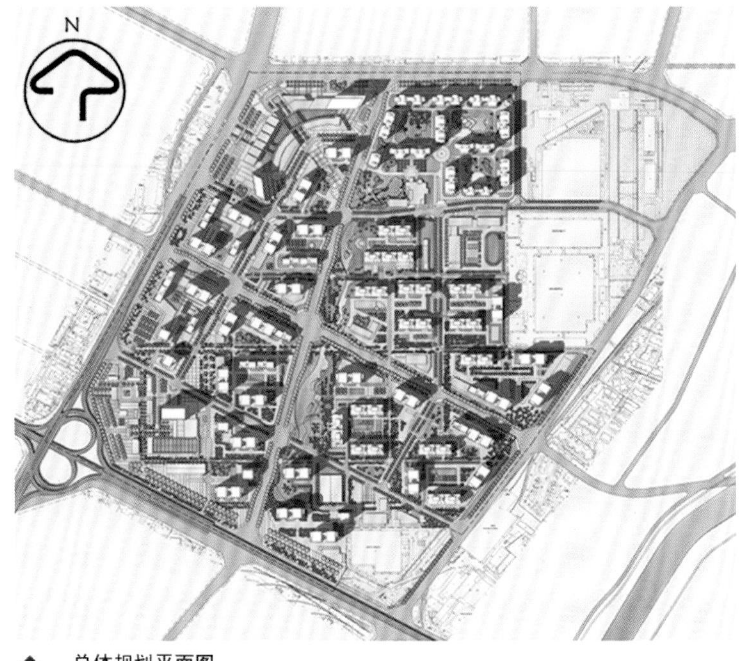

▲ 总体规划平面图

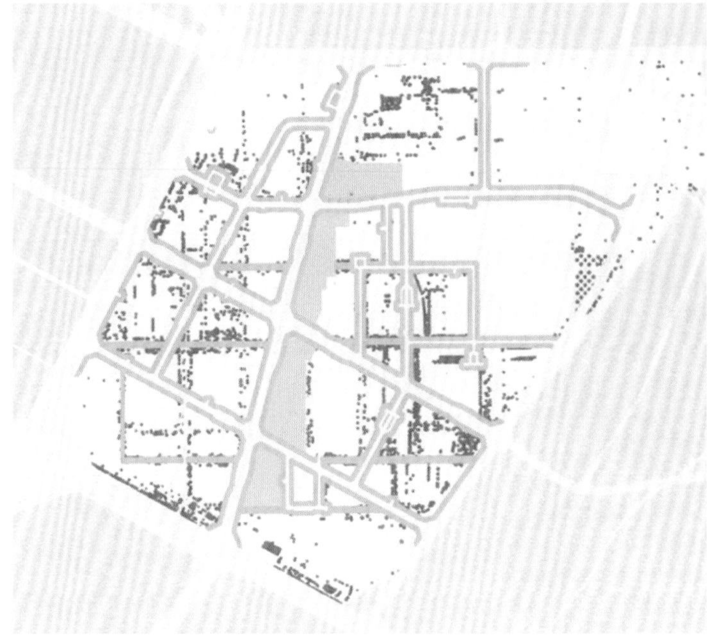

▲ 历史老树保护策略平面图

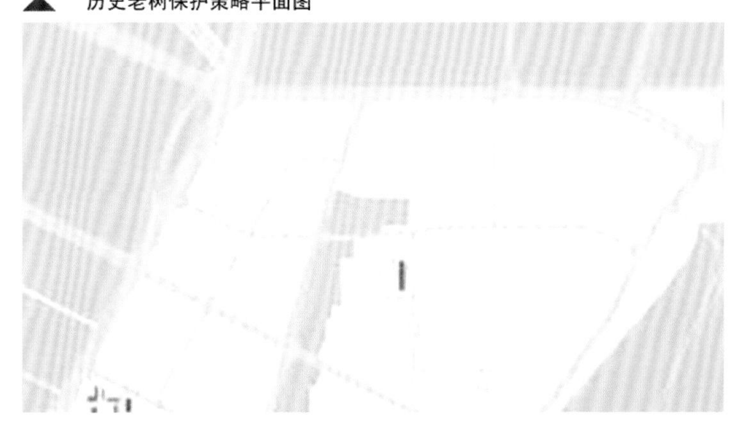

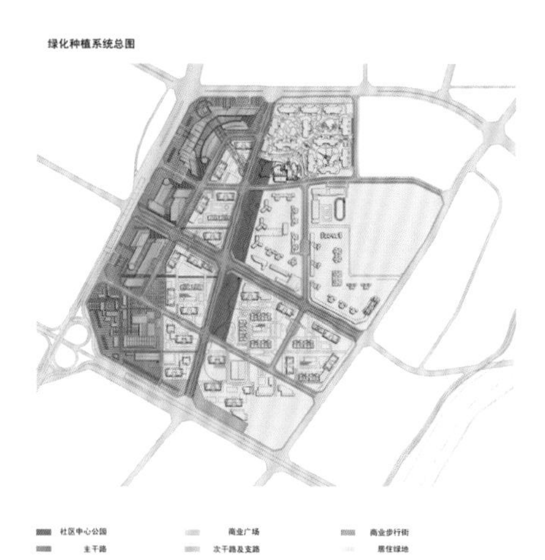

设计目标：

在总体规划思想的指导下，针对二十四城的不同功能空间提出指导性的种植原则和方法；对二十四城未来的开发和建设进行稳定可行的指导，将来形成植物品种多样、种植空间层次丰富、区域特点鲜明的大型居住区植物群落空间。

设计导则：

形成体系清晰、层次分明的绿化种植系统，以社区中心公园为核心，为人们提供面积大、形式多样的种植空间；辅以各类街旁绿地为次核心，散布于社区的各角落，为人们提供随处可及的绿色花园；以各级道路为轴线，形成生态宜人、阴凉舒适的出行空间。

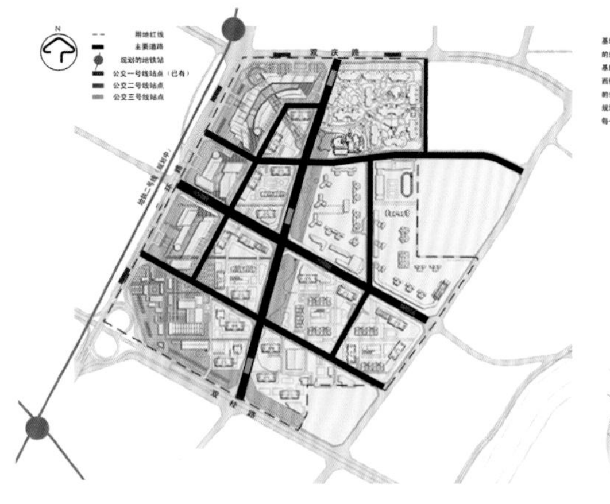

基地交通条件分析图

基地内各级交通道路，层次清晰，分工明确，各具与其功能相匹配的的规模尺度；整体路网与区外城市道路有序沟通连接。

基地交通环境便捷完善，主要体现在以下方面，首先，北侧双庆路与西侧二环路各具有两个现有的公交一号线站点，基地内还具备已规划的公交二号线及三号线的站点，共计六个，其次，基地的附近有两个规划的地铁站点，再者，由总体规划布置的完整的停车空间为基地内每一处场所的停车带来方便。

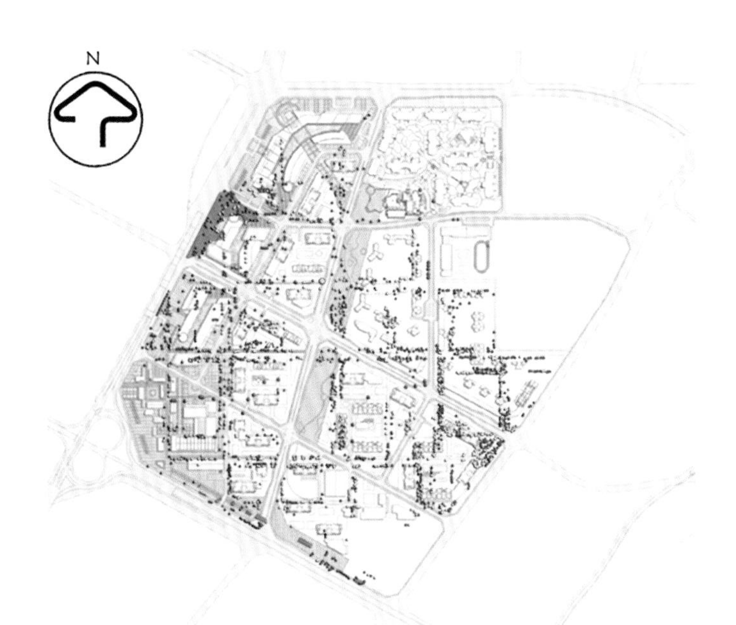

现状植被位置平面图

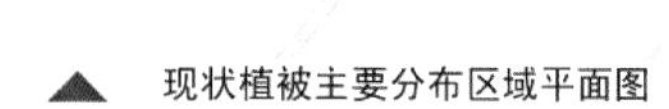

现状植被主要分布区域平面图

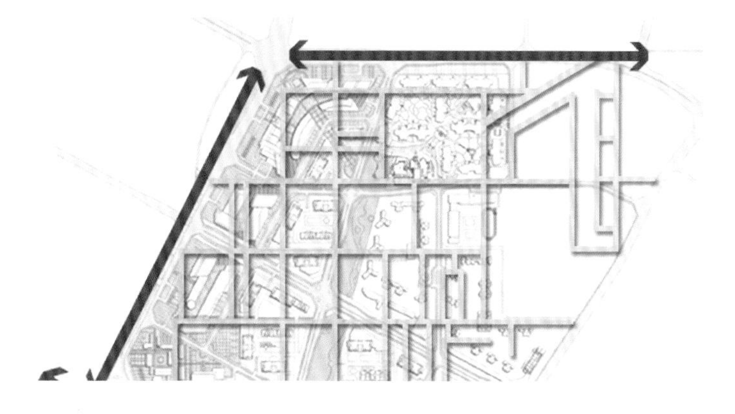

夜景灯光系统设计导则

该项目夜景灯光设计分为道路灯光设计、商业区灯光设计、种植灯光设计、水景灯光设计、保留建筑灯光设计五个分项。

设计目标：

1 体现以人为本的设计原则。在满足基本功能照明的基础上，夜景灯光应在公共空间给人群一种心理的安全感、舒适感和神秘感。在选择灯具和光源的时候都应充分地考虑这些问题。尽量避免灯光设计中眩光的产生，对色温的要求，我们希望以一种比较纯净的光色来表现园林丰富的内涵，充分表现光与影的艺术效果。

2 体现夜景灯光的区域特点。根据不同功能区域（居住区、商业区、公园绿地区等）的特点，通过对灯光色温、亮度的控制，和照明方式的变化，塑造各具特色的夜景效果。

3 体现绿色、环保、节能的目标。光照不应影响植物的生长周期，尽量减少光的浪费。选择较为合理的灯具以及科学的布光原理达到节能的目的。

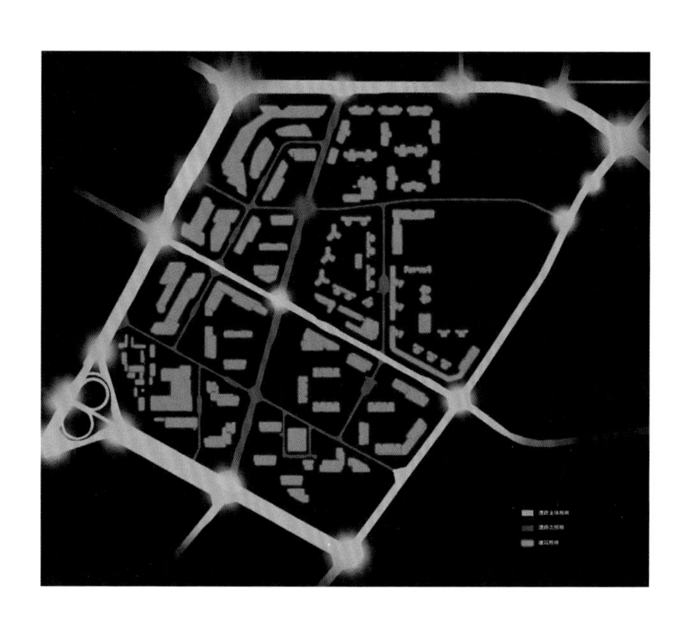

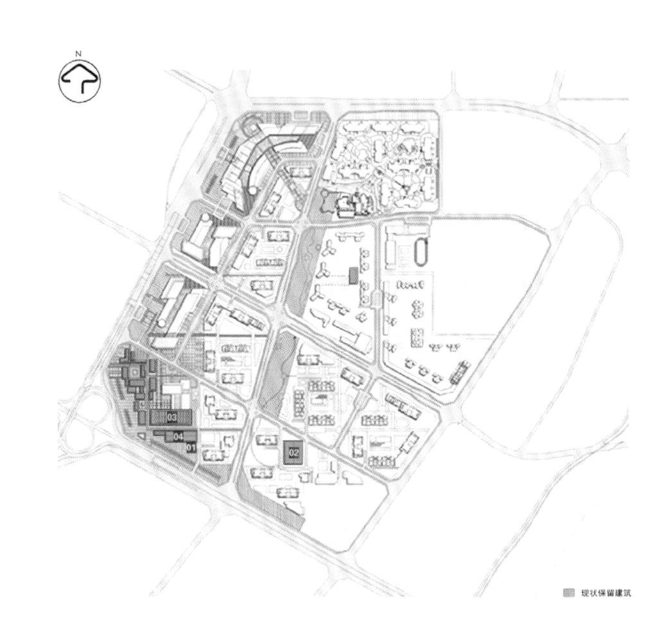

北京合生国际花园

项目地点：北京市朝阳区
开发商：合生创展北京地区公司
占地面积：50 800 m^2
总建筑面积：203 000 m^2

合生国际花园位于朝阳区国贸桥南600 m，东三环西侧，占地面积约5万 m^2，北面为500 m宽城市绿化带，与建外SOHO隔河相望，地块地段优越，交通便利，周围生活设施配套成熟，是非常理想的高档居住区。与国贸中心仅5分钟车程，紧邻繁华的国贸商圈。

建筑形式为围合式建筑，总平面遵循大合院式布局，由建筑体块的高低错落以及平面布局的退让围合，形成多样的总体布局。围合对称式的布局，体现了恢弘的气势，并形成约3万 m^2 的中庭私家园林。

小区内视野通透，户内的绿化与园林空间互相渗透。小区采用人车分流设计，充分考虑了北方地区寒冷的气候特点，在设计中合理组织空间，安排布局，使每户均能得到好的朝向及景观，而大量的明卫设计既保证了良好的通风，又保留了观景的功能。

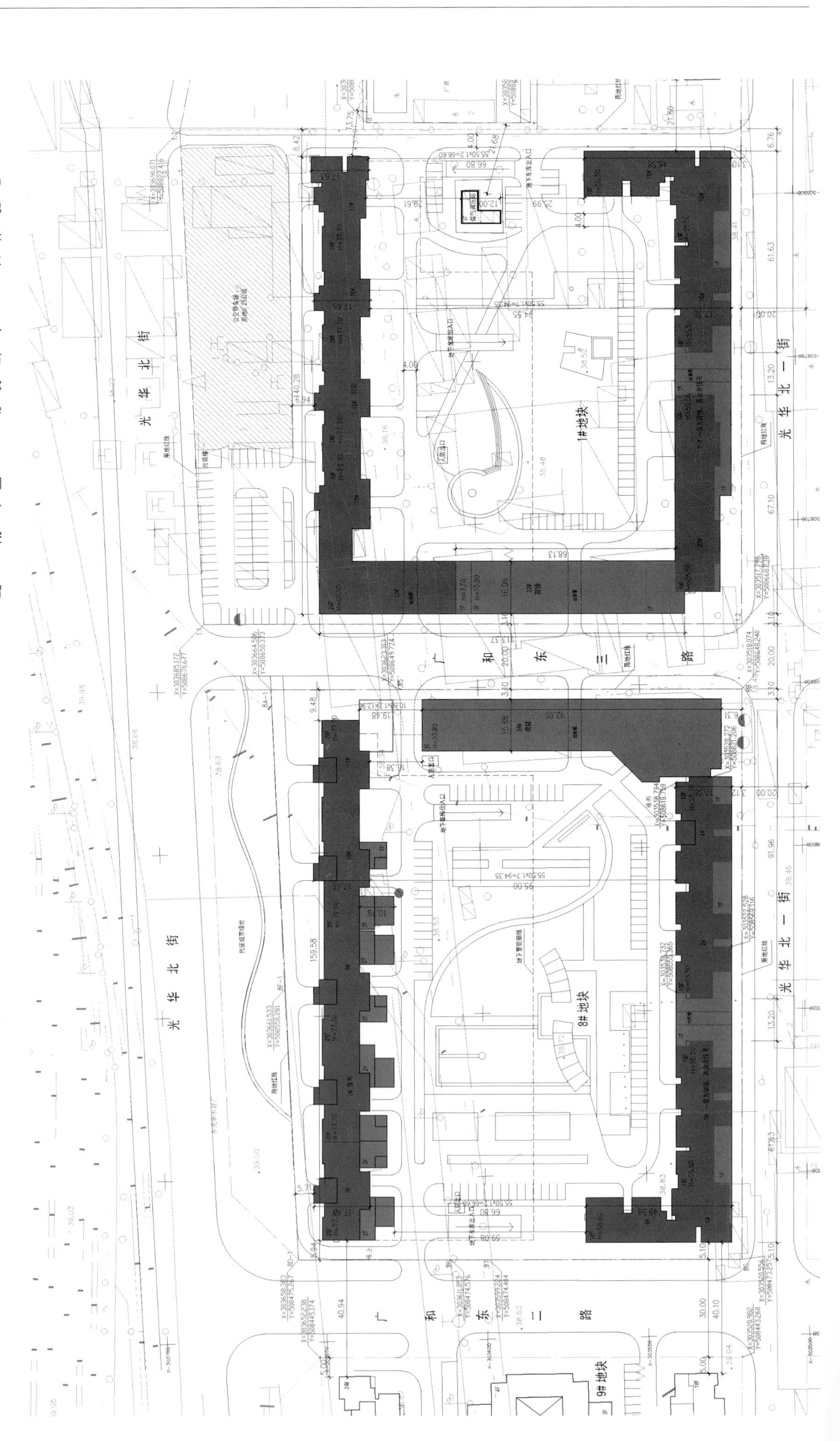

厦门君临宝邸

项目地点：福建省厦门市
开发商：浩利稳（厦门）房地产开发有限公司
建筑设计：杭州中宇建筑设计有限公司
占地面积：5 147.867 m^2
建筑面积：55 248.04 m^2

君临宝邸位于厦门炙手可热的核心地段——市府大道（白鹭洲路）与厦禾路交会处东侧，是一块无法复制的珍稀复合型板块。规划设计为地面31 层的高层住宅，地下两层车库，地上3层商场。户型约为100 m^2两室、160 m^2三室、250~350 m^2楼中楼。挑高10 m超大玻璃幕墙水晶大堂、尊贵住户电梯间之豪华精装修等都体现了泱泱大度纯港式名流生活的非凡与大气；特设豪华观景电梯，登高远眺，即可尽览白鹭洲广场风光无限的旖旎景致；纯港式风格之皇冠顶高居其上，充分体现纯港式建筑之神韵，将王者广阔胸襟彰显无遗。

建材以及智能化方面继承了纯港式名宅理念对细节的完美追求，楼盘内部配备了氟碳喷涂铝材、SKK弹性复层外墙涂料、夹膠钢化玻璃围栏、椭圆形不锈钢扶手、Low-E中空钢化玻璃、270度超大面宽观景凸窗以及全落地钢化玻璃封闭阳台，细节之处还赠送豪华入户子母门、户式指纹锁、户式中央空调配机、户式反冲洗滤水系统、户式直饮滤水系统、户式厨房生活垃圾处理系统、户式双向换新风系统、酒店式同层排水系统以及智能化门禁系统……

君临宝邸地块前瞻中山公园、万石山，俯瞰白鹭洲广场，周边环绕第一幼儿园、华侨幼儿园、公园小学、湖滨小学、实验小学、厦门一中、第六中学、第一医院等成熟的都市生活配套设施。周边高端楼盘云集，已逐渐形成“与贵为邻、以邻为贵”的高档核心生活区，紧邻最具有磁力的富人聚居区——禾祥西路与深厚文脉积淀的百家村，位于繁华与静谧之间，享受优雅名门生活只在转身之间。以追求完善构筑，鉴于最高审美之上，尽显纯港式名宅对于品位生活的极致追求，引领名流阶层优雅的生活态度，让居者品味一脉相承港式繁华生活盛宴。

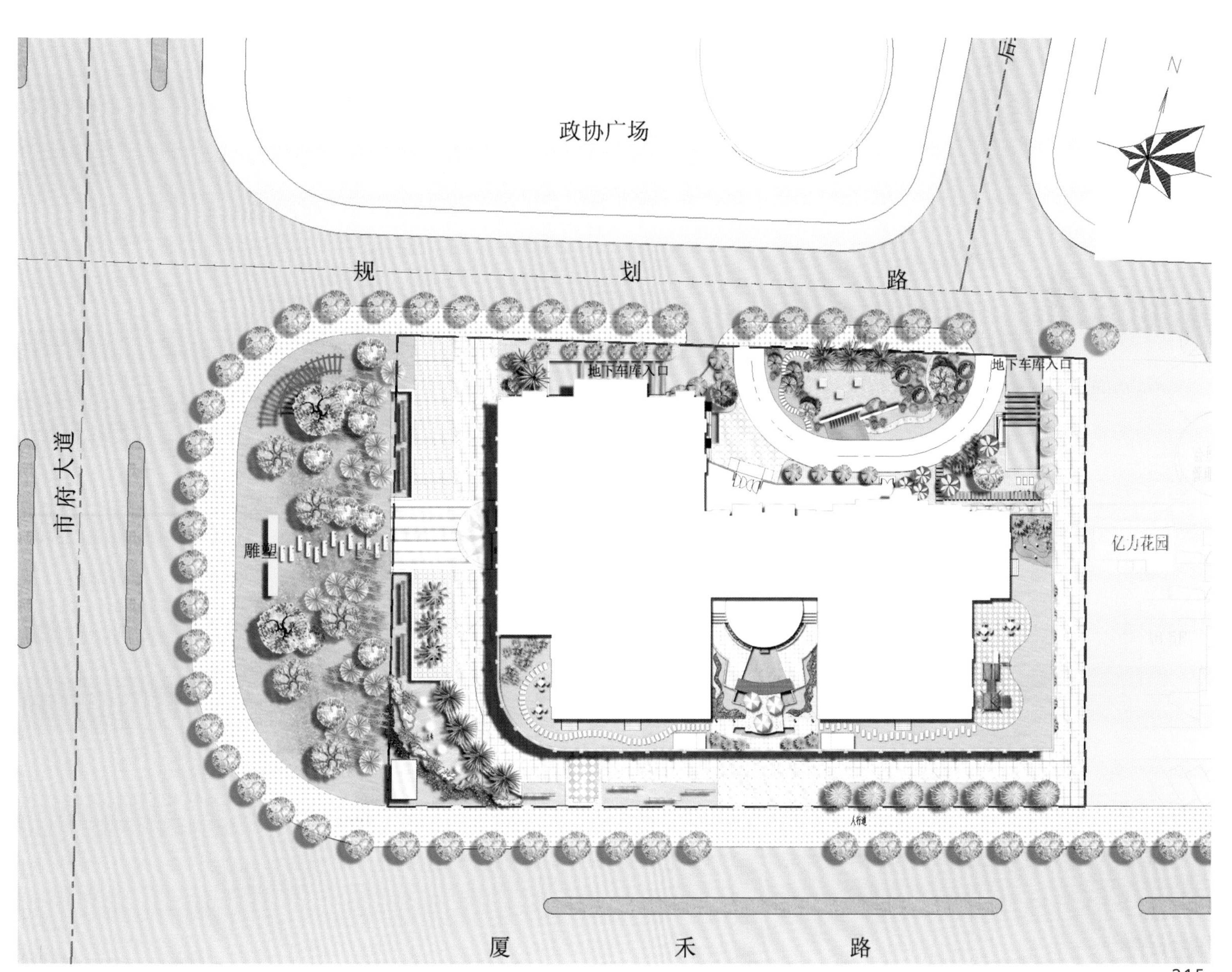

北京世嘉博客

项目地点：北京市
投资商：北京世嘉房地产开发有限公司
开发商：北京东旭发房地产开发有限公司
占地面积：30 244 m^2
总建筑面积：88 478 m^2

世嘉博客位于大兴区西红门镇，北接丰台区花乡，到达南三环仅有十几分钟车程。世嘉博客以小巧精致的小户型花厅洋房为主旋律。80 m^2的花厅洋房与众不同的品质优越感，属绝无仅有的首例。花厅的景致与小区内园林景观的紧密结合，酝酿出了别样的荷兰风情。建筑外立面简约、自然、时尚，以人为本，寓情于景，寓景于建筑，使自然、人、建筑三合一，在西红门一个新荷兰风格居住区风貌初绽，尽显华美。

面积为9 000 m^2的中庭花园，从日照、季节的变换等细节精心布置绿化景观、园林小品。中庭园林独特的"春、夏、秋、冬"四个园区的景观设计，使小区一年四季拥有不同景致变幻。另辅以运动慢跑道、小型的门球场，鲜明的层次感让每户居民享受与众不同的完美景致。

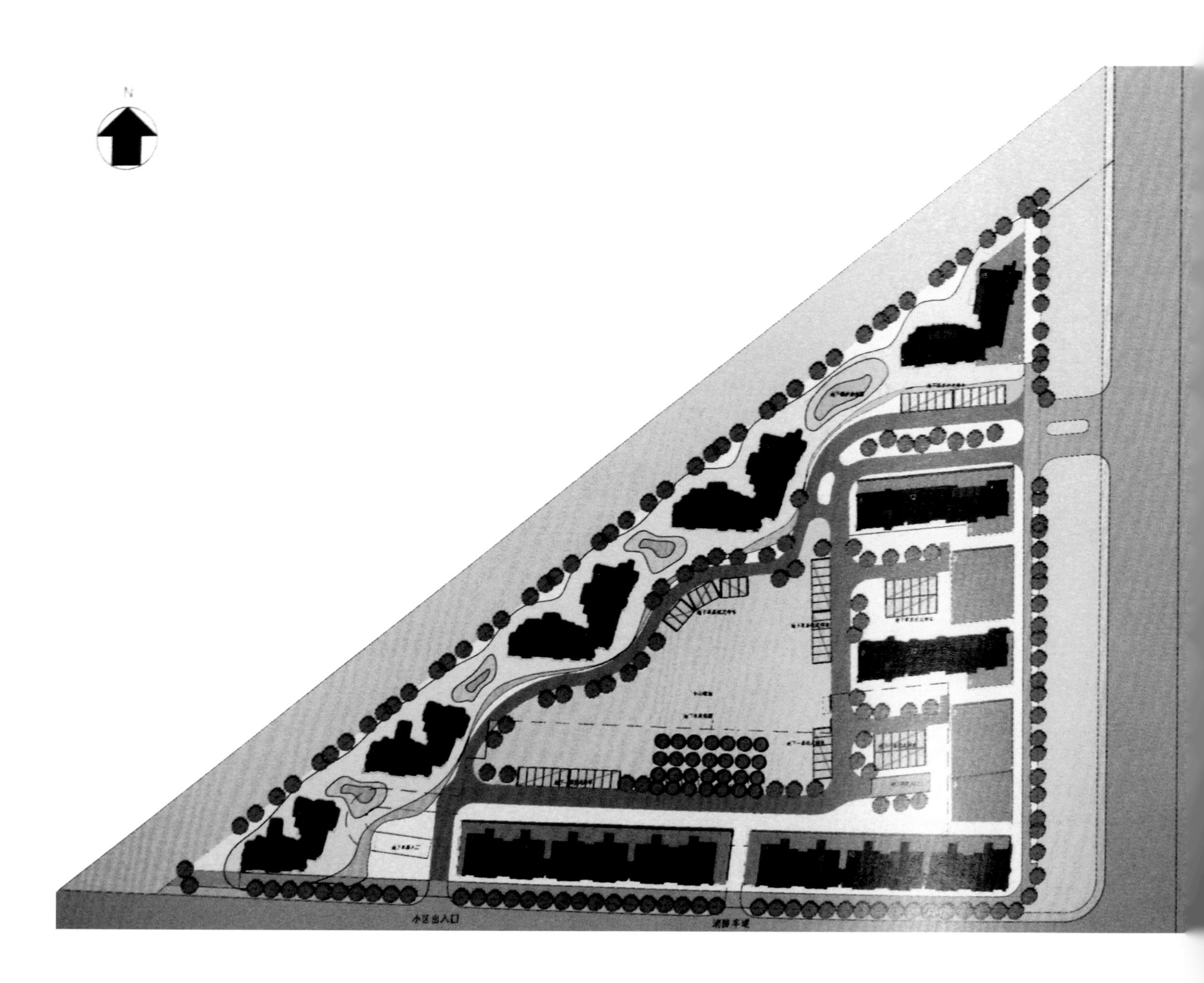

北京顺义沙峪商务公寓

项目地点：北京市
建筑设计：中建国际（深圳）设计顾问有限公司
占地面积：48 450 m^2
总建筑面积：87 950 m^2
容积率：2.2

北京顺义沙峪商务公寓位于北京市东北郊，该方案的规划与布局采用自然排列、半围合式的空间布局，体现了自由流动的群居形式。

常州上书房社区

项目地点：江苏省常州市
开发商：常州永红万嘉置业发展有限公司
总建筑面积：200 000 m²

常州上书房社区雄踞常州市钟楼区主城区，社区总建筑面积约20万 m²，主要建筑形态分为高层、小高层和低密度住宅，户型建筑面积为80~270 m²。项目距离南大街商业中心约2 000m，与荆川公园、唐荆川读书处隔路相望。

常州上书房社区的建筑，汲取中国建筑精华，仿古不复古，简约中式。项目总体风格定位为中国风，大气庄重，立面造型清新简约。中国风不仅仅是建筑产品形态的中式符号，而更多的是关注人们生活习惯的传统回归、园林景观的古典意境以及二者的有机结合。当住宅不只是为了居住，当一种空间可以取悦人的心灵时，建筑的生命力将生生不息，而上书房的确如此！

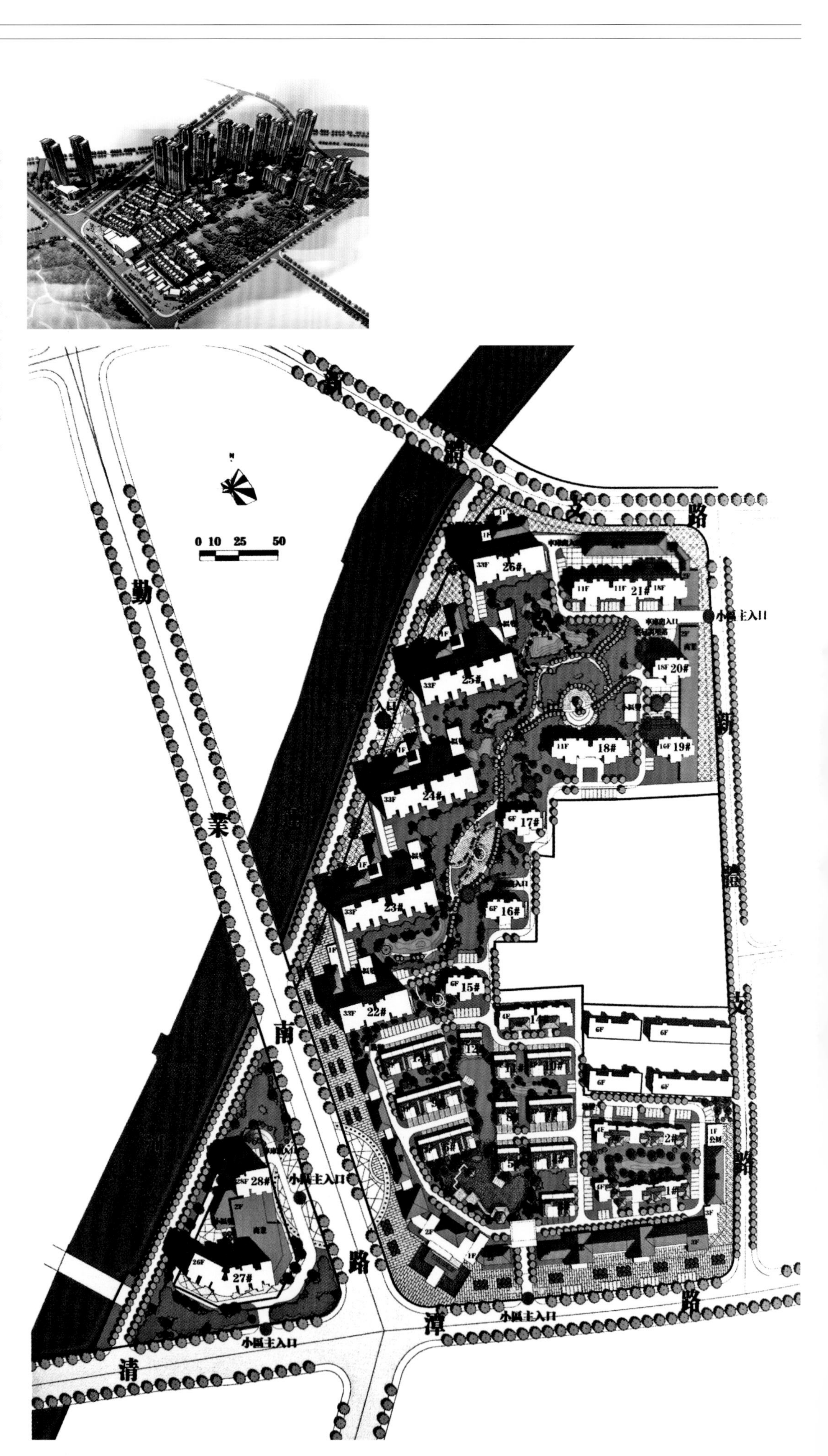

南京银城西堤国际

项目地点：江苏省南京市
开发商：南京银城房地产公司
占地面积：63 137 m^2
总建筑面积：121 174 m^2
容积率：1.7

项目位于河西新城区的奥体中心核心居住板块，紧邻CBD。地块东面为黄山路，南面为奥体大街，西面为庐山路，北面为梦都大街。项目是以小高层、高层为主的大型居住社区。作为未来城市副中心的大规模居住社区，项目有着丰富的水域资源，在整体规划上力图彰显国际居住理念，营造较浓的人文居住氛围，项目将被打造成为河西新城区具有国际休闲风情特色的中高档居住社区。项目被南北向的恒山路、东西向的牡丹江大街和新安江大街划分为六个组团。

西安莱安逸境

项目地点：陕西省西安市
开发商：莱安地产有限公司、陕西置地投资发展有限公司
规划设计：中建国际（深圳）设计顾问有限公司上海分公司
建筑设计：陕西恒瑞建筑设计工程有限公司
景观设计：普梵思洛（亚洲）景观规划设计事务所

莱安逸境项目位于唐延路北1号（群贤庄北邻）南二环与唐延路交会处高新区第一豪宅板块，坐拥高新CBD核心区。莱安逸境由6栋高层住宅和线性商街围合而成。莱安逸境采用社区“城市平台”的设计方案，使整个社区地坪比城市市政道路抬高3 m，彻底实现人车分流。莱安逸境社区配有恒温有氧泳池、国际健身会所、7 000 m²的下沉式情景广场、500 m的线性主题商业街、架空层泛会所、13 000 m²的大型超市、天幕艺术会所。

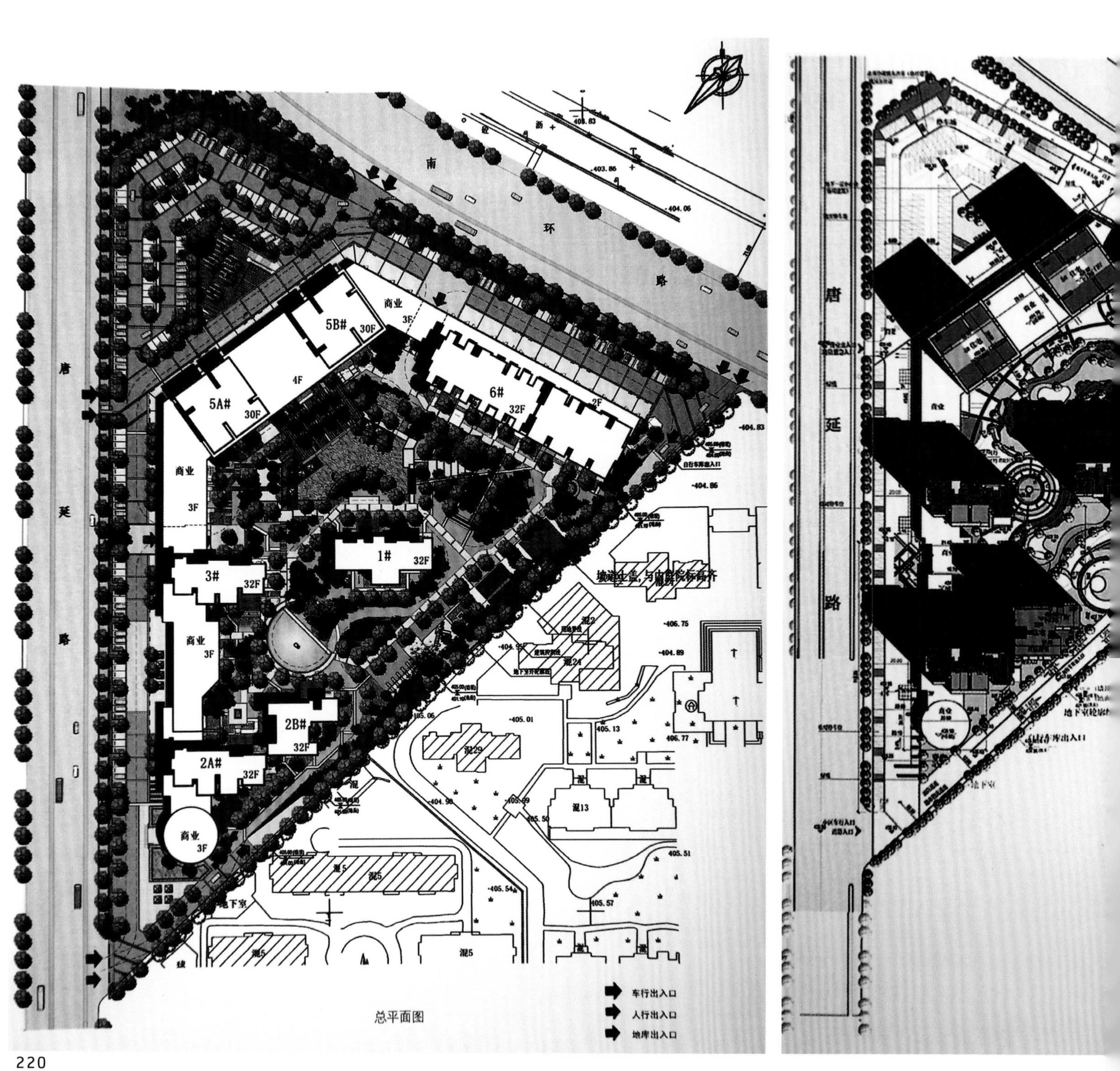

总平面图

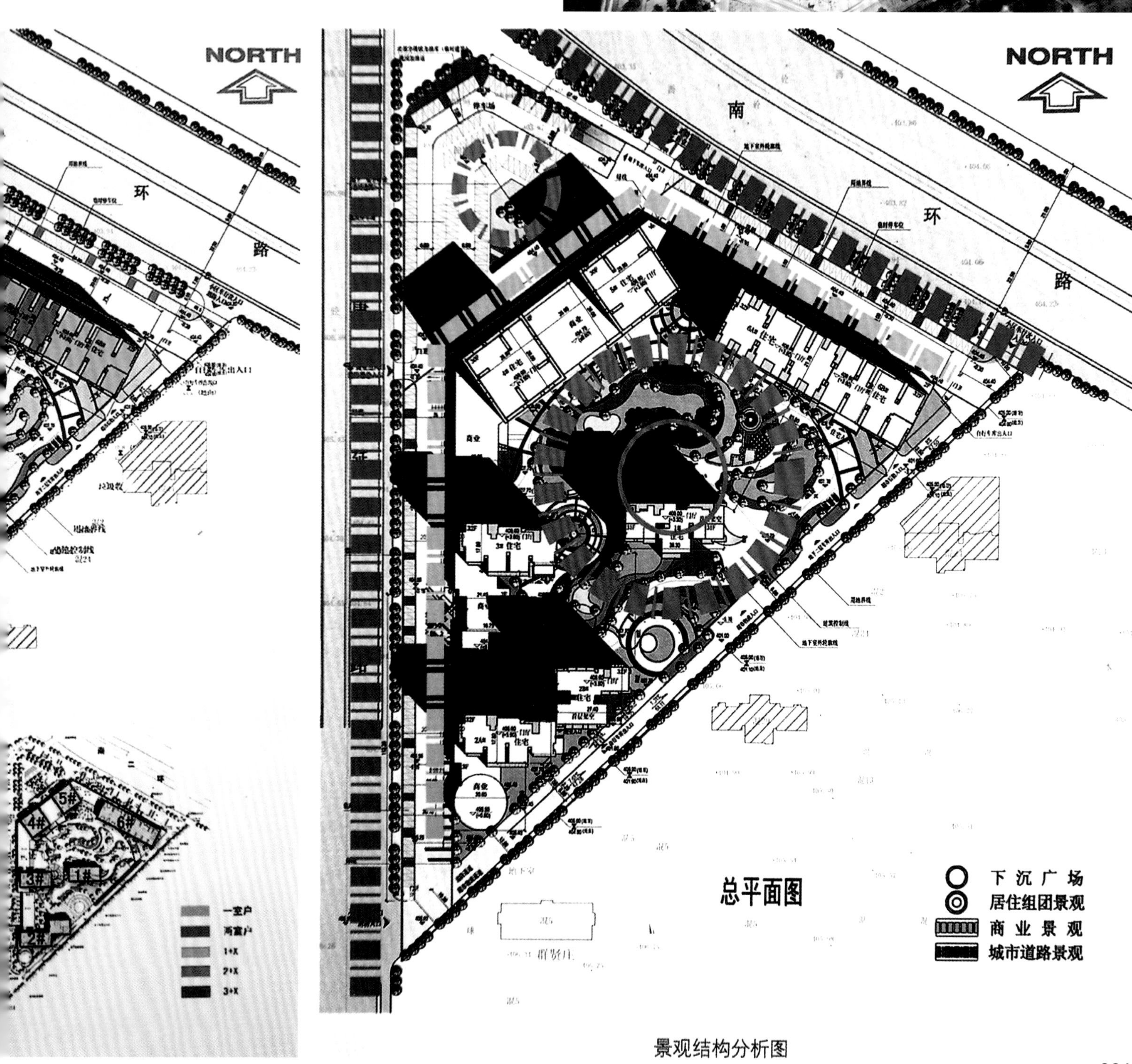
NORTH
环
路
NORTH
南
环
路
商业
总平面图
下沉广场
居住组团景观
商业景观
城市道路景观
一室户
两室户
1#
2#
3#
4#
5#
6#

景观结构分析图

湛江龙园

项目地点：广东省湛江市霞山新区
建筑设计：深圳中建西南建筑设计院
总建筑面积：160 000 m²

龙园地属湛江市霞山新区，紧邻绿塘河湿地公园，优美的环境无与伦比。设计充分利用坡地地势，打造山坡、山林、山水的建筑宝地。规划设计中住宅建筑沿用地周边布置，把稀缺的空间留在小区内部，形成超大的中央园林。建筑主面朝向正南、东南方向，以获得更多日照，并获得最佳的景观朝向，将绿塘河湿地公园的美丽景致尽收眼底。单体建筑平面精心定制，是集休闲、度假、居住等概念于一身的独创性平面，强调产品的稀缺性。设计引入入户花园和大挑绿化平台的设计，一是能更好地观景，二是把自然休闲引入生活之中，营造私有领域的自然氛围，体现“娱乐的是生活，放松的是身心”的设计理念。

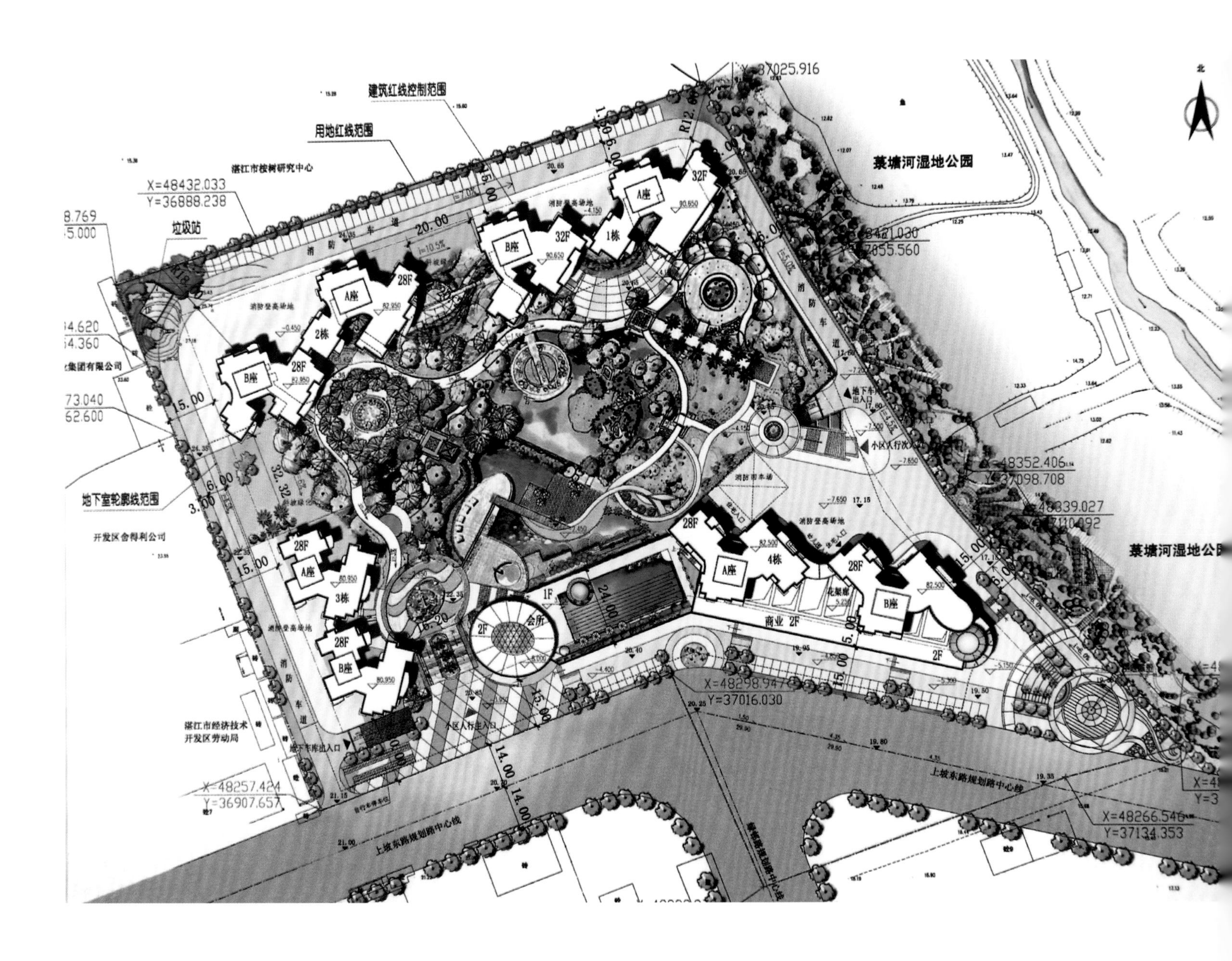

晋江中央公寓

项目地点：福建省晋江市
开发商：福建浔兴房地产
外立面设计：美国KLP建筑设计公司
主设计师：拉里·凯勒、张毅、朱伟强、蒋新斌
占地面积：4 097 m^2
总建筑面积：53 681.4 m^2

中央公寓项目位于晋江老城区繁华商业地段，为晋江旧城改造项目的一部分，具有高容积率、高密度的特点。项目定位为中小面积高档商务公寓。

项目地形为梯形，东临晋江最繁华的商业街泉安路，宽度为34 m，其余三面为狭窄的规划道路。南面为一高层办公楼，西面及北面为住宅小区。

建筑一至三层为商业裙房，四层架空，五层以上为公寓楼，公寓部分平面为"C"形，开口朝向西面较为安静的小区，建筑高度由南向北逐级跌落以减少对北面住宅小区的日照遮挡。商业主入口设于东面朝泉安路，住宅主入口设于南面靠泉安路一侧较为突出的位置，既避开商业街密集人流，又保持一定的视觉识别性。

东莞左庭右院

项目地点：广东省东莞市
建筑设计：北京中联环建文建筑设计有限公司
占地面积：36 235.38 m²
总建筑面积：135 874.89 m²

该项目位于东莞东城区黄旗山附近，地块西临石井路，与东莞市政府公务员宿舍区相邻；南临石井支路，与愉景花园相邻；北侧按控规要求拟建为市政停车场；东侧为东莞市级文物保护单位——宋皇姑赵玉女墓。

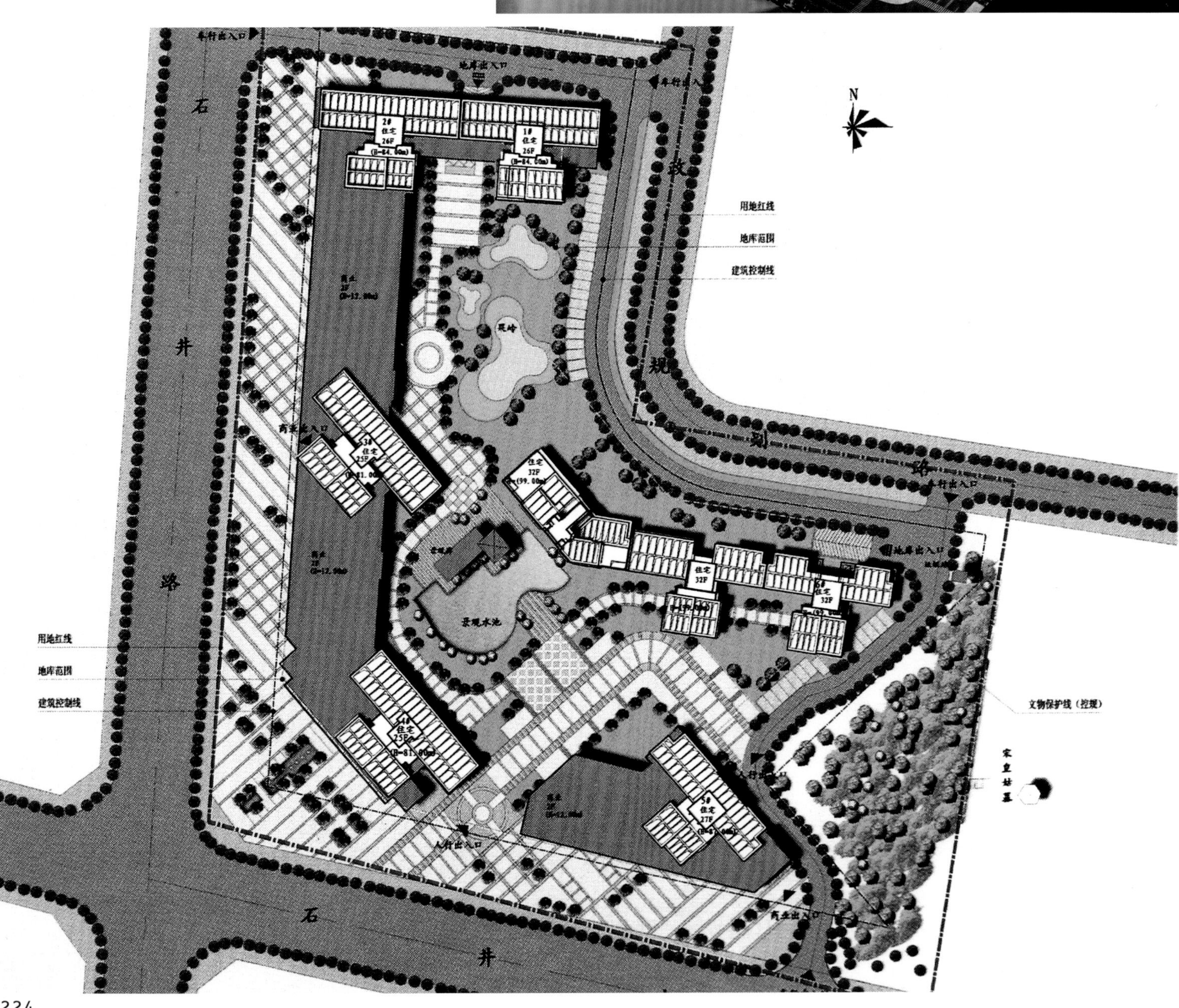

西安城市理想

项目地点：陕西省西安市
景观设计：IDU（埃迪优）世界设计联盟联合业务中心
占地面积：20 000 m^2

城市理想位于西安市太白南路与电子二路交会处东北角，属于西安高新区所辖电子城的核心区域，是一个集创新住宅、时尚公寓、精品商业、国际级商务酒店于一体的复合型社区。

景观设计的总体风格特征是时尚现代与生态自然的融合，细部风格特征体现亲切的人性化和多重角度的景观享受，整个小区的景观都在水波的柔和中展示自身的美。售楼部景观以两大亮点体现了独特的品位与格调，一是沿街成排栽植胸径20~30 cm的大树（国槐、银杏），隔离了城市主干道的干扰，同时非常有气势，让人对小区将来的景观有很多憧憬；二是在入口处、售楼部周围以镜面浅水围合，结合黑色陶罐，轻灵、空透、高雅，尤其是在少雨水的北方更是多了几分亲和力与生活的气息。

楼座前设有水景景观，大堂入户为栈道设计，不仅切合小区整体生态景观的概念，更融入了几分生活情趣，是设计中的一项创新。

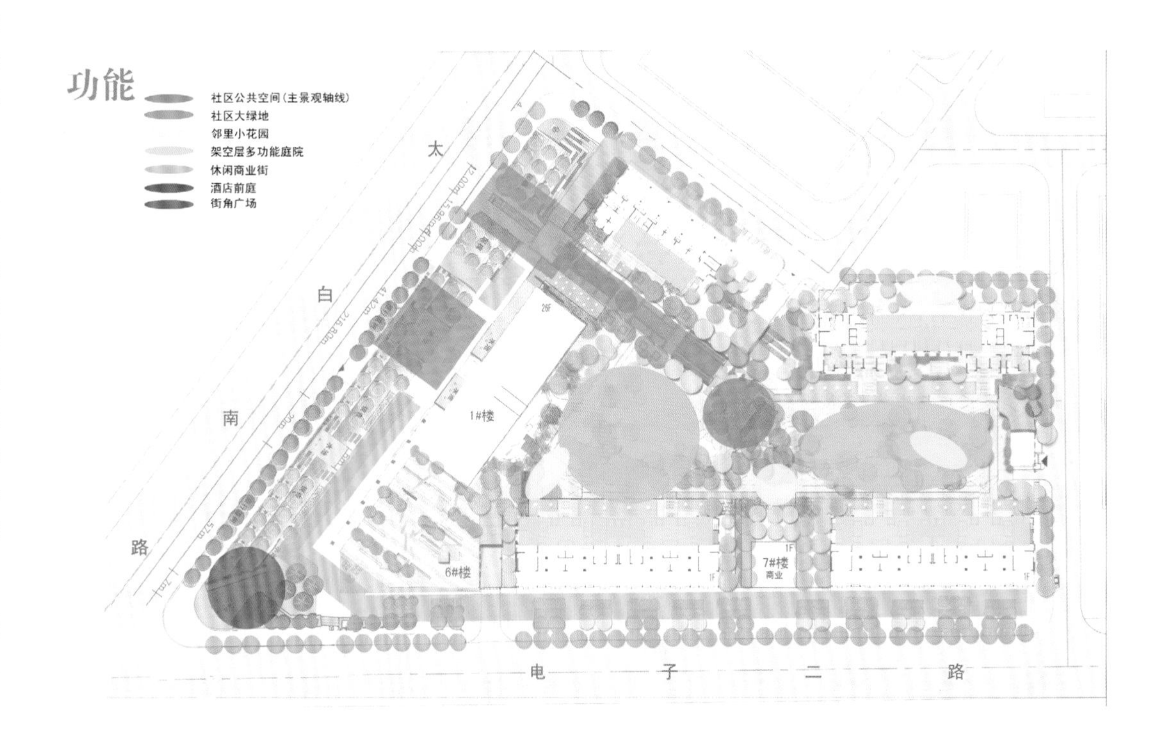

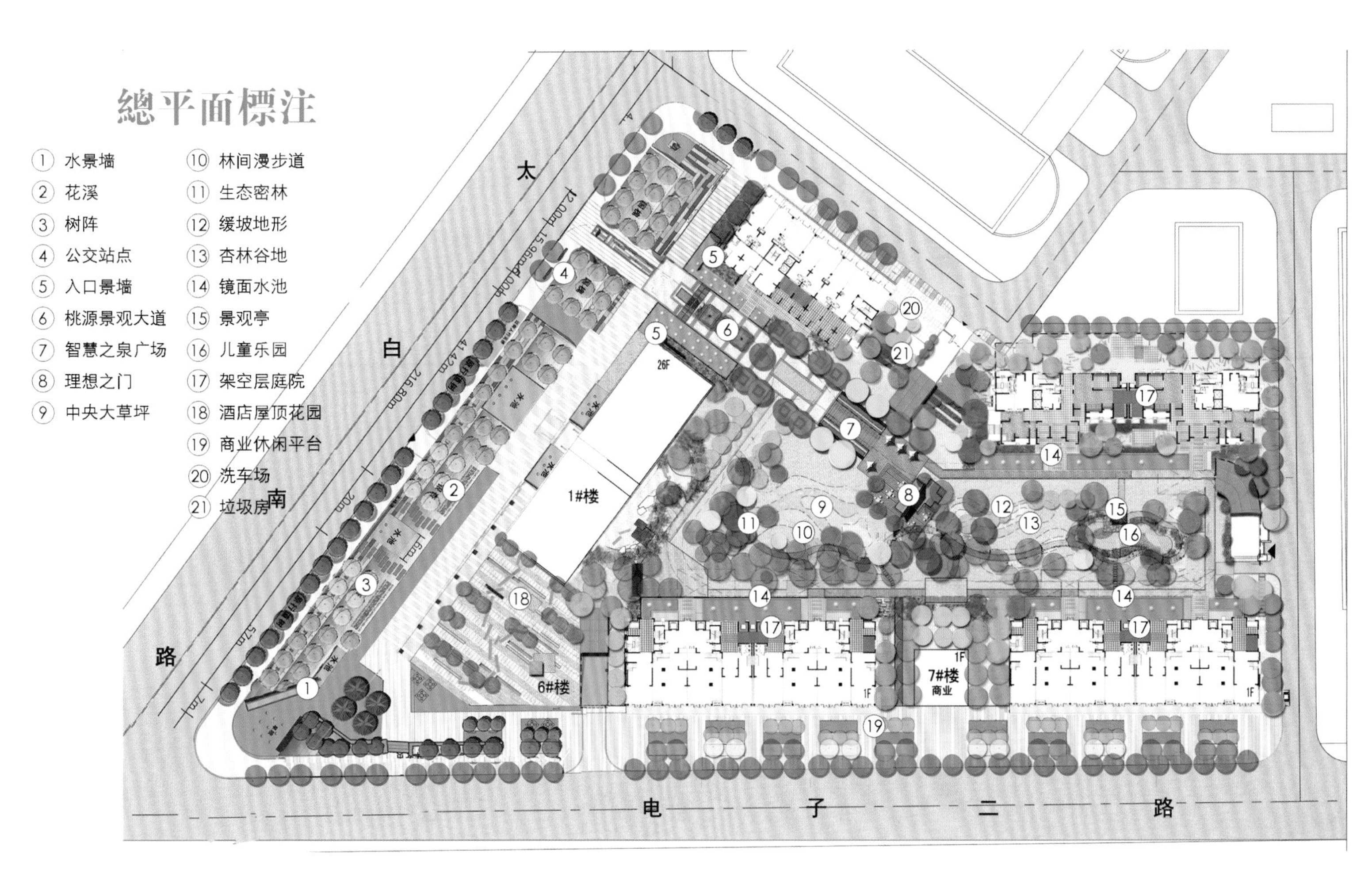

襄樊民发世界城（一期）

项目地点：湖北襄樊襄阳区汉津路
景观设计：IDU（埃迪优）世界设计联盟联合业务中心
占地面积：153 381 m^2
景观面积：108 227 m^2

项目将现代、生态的设计理念运用到景观设计当中，根据建筑布局，营造不同功能的景观空间，利用水景观的不同形态、特色，结合现代新的施工工艺，打造水景观风情，营造一种生态、时尚、诗意的栖居。

景观将新的理念融入设计之中，在纵向的轴线上设计动静结合的景观功能区，在主轴和中心组团上设计银杏大道、高台流水、桂香园、枫叶林、儿童乐园、紫薇廊等。

在四个组团的景观设计中，根据日照分析、植物特点等，结合襄樊特殊的地理气候，针对每个组团主题都分别设置了组团式的邻里交往、休憩、赏景、健身的景观空间，做到四个组团的均好性。

图例说明：

1 榉树广场
2 银杏大道
3 特色水景
4 岗亭
5 跌水广场
6 高台流水
7 桂香园
8 樱花园
9 银杏大道
10 人防出入口
11 休憩平台
12 樱花林
13 林溪水乡
14 健康步道
15 林荫广场
16 竹林小径
17 桂香广场
18 生态小溪
19 观景平台
20 儿童乐园
21 爱晚亭
22 银杏广场
23 网球场
24 阳光草坪
25 幼儿园
26 休闲平台
27 隐性消防通道
28 特色景墙
29 商业街
30 地下车库入口
31 排风口
32 健身广场

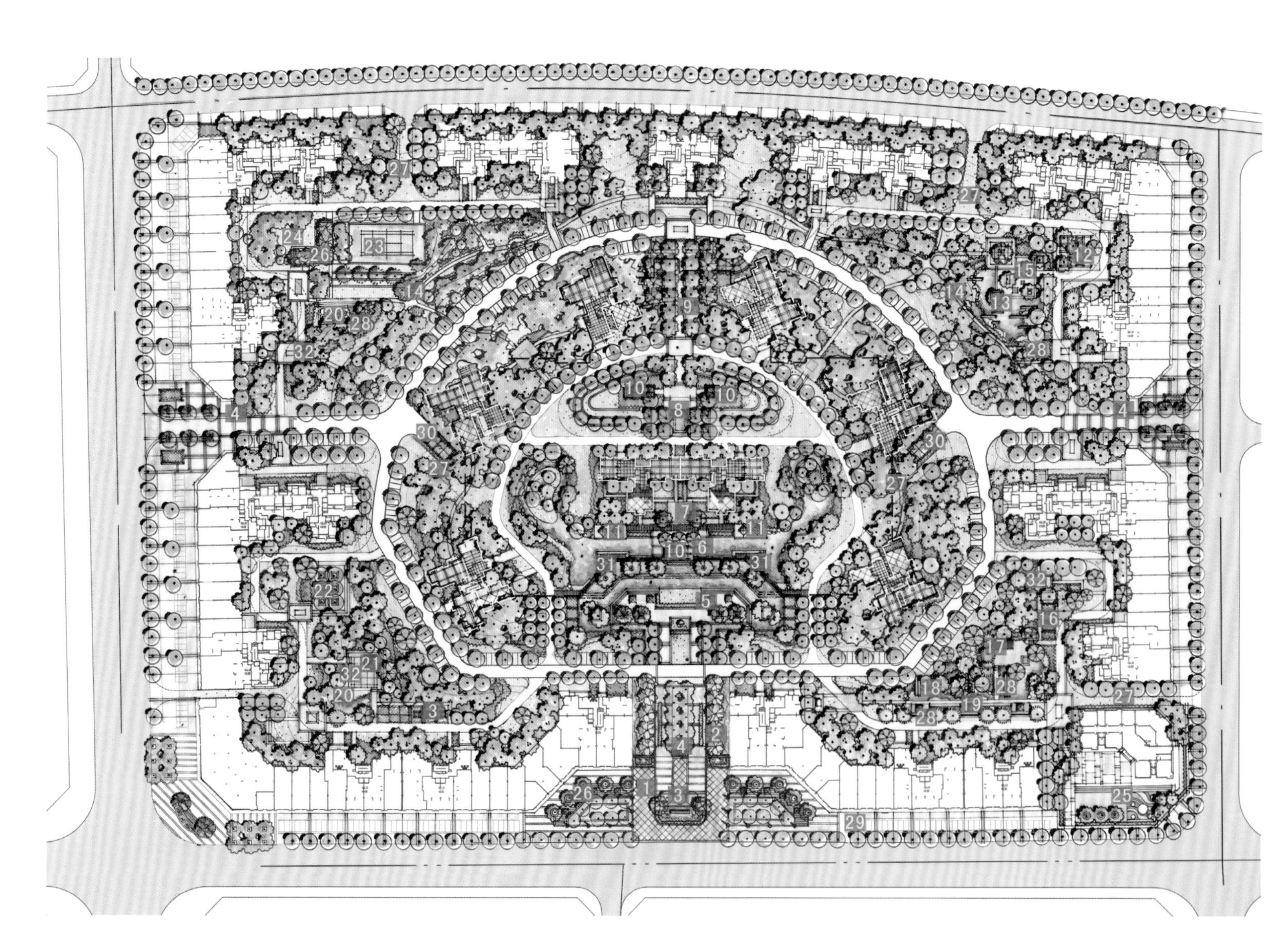

广州保利金沙洲

项目地点：广东省广州市
开发商：保利房地产（集团）股份有限公司
占地面积：260 000 m²
总建筑面积：900 000 m²

保利金沙洲B3701A02地块项目位于金沙洲北部彩滨北路上，东隔100 m宽的滨江公园远眺珠江上游江岸景色，西临面积470万 m²延绵2.5 km山脉的浔峰山天然“大氧吧”，在靠近项目北边临界处正在建“沉香岛大桥”直接接轨白云区，南端距保利西海岸1 km处为金沙洲大桥。

项目整体占地面积26万 m²，总建筑面积90万 m²，由四个地块组成，其中将建超高层江景洋房组团“领海”、舒适型洋房组团“星海”以及最北端地块的超高层洋房组团“御海”。 建筑为英伦都铎建筑风格。

重庆融汇半岛（五期）

项目地点：重庆巴南区
开发商：重庆融汇集团
景观设计：IDU（埃迪优）世界设计联盟联合业务中心
占地面积：67 000 m²

项目以“记忆·回归”为主题，对“文化回归”进行创新，16栋小高层及高层建筑在高阔地形之上依山就势、自然围合，创造出台地式的园林空间。高差丰富的现代园林空间框架，中式元素的意境贯穿其中。时尚简约的建筑立面突破传统民宅的黑白灰色调，穿插点缀褐色、红色，配以经过优化的中国建筑元素，在古典尺度与意向中运用现代材料和技术，创造别具一格的新中式建筑风格。

景观主题分析

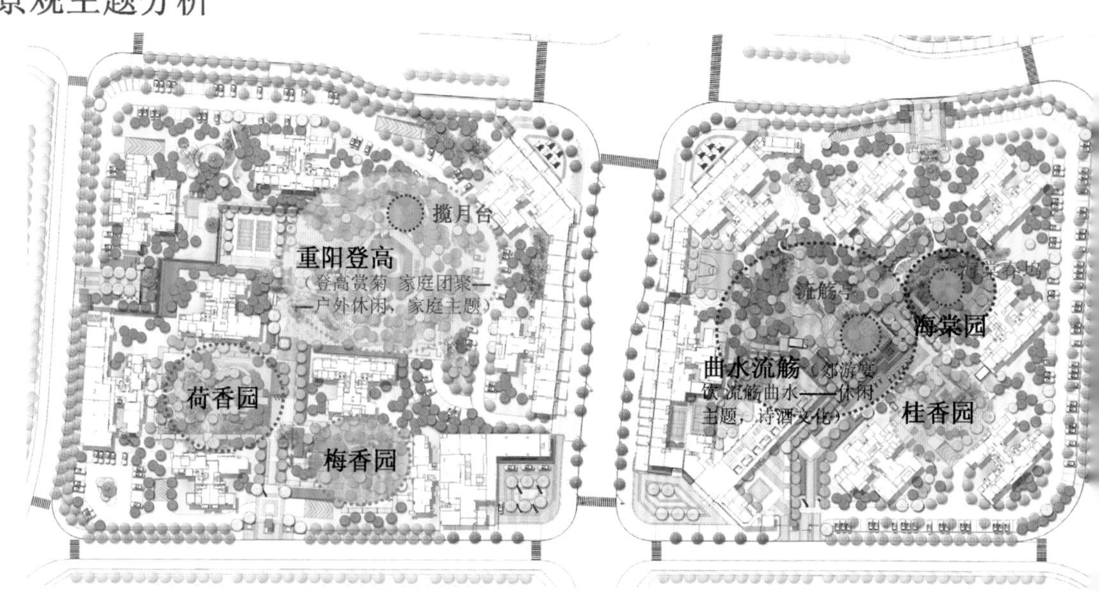

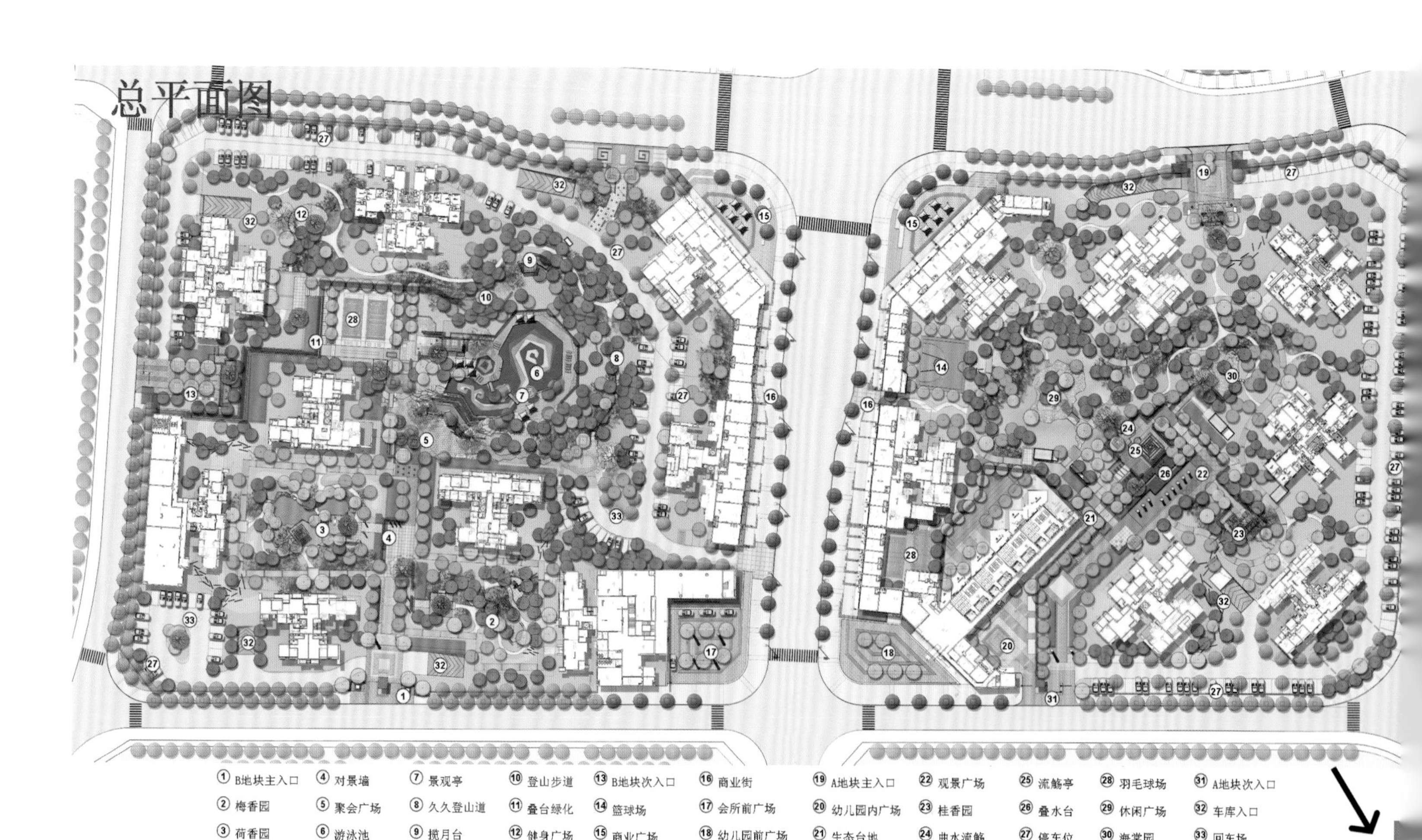

功能分析

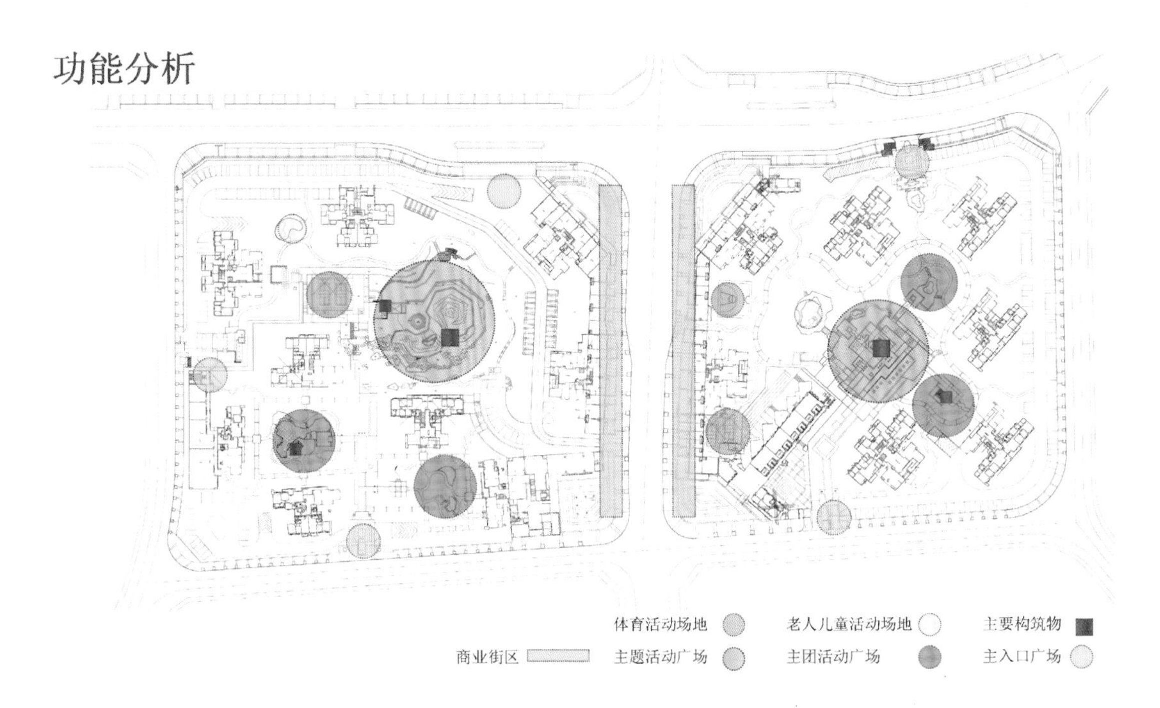

交通分析

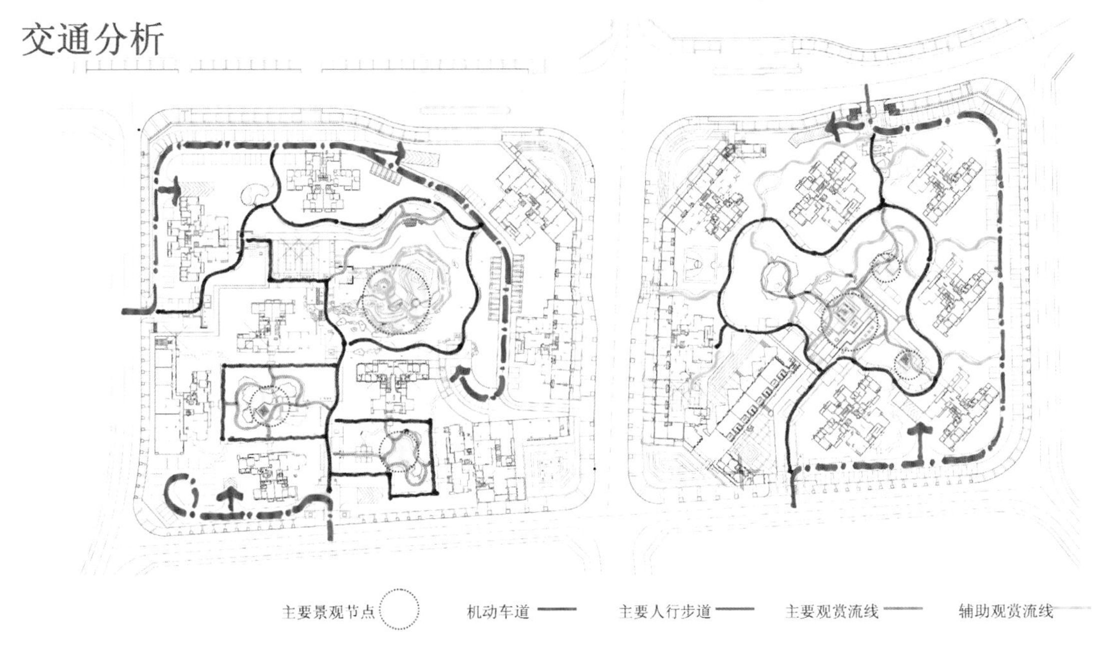

消防分析

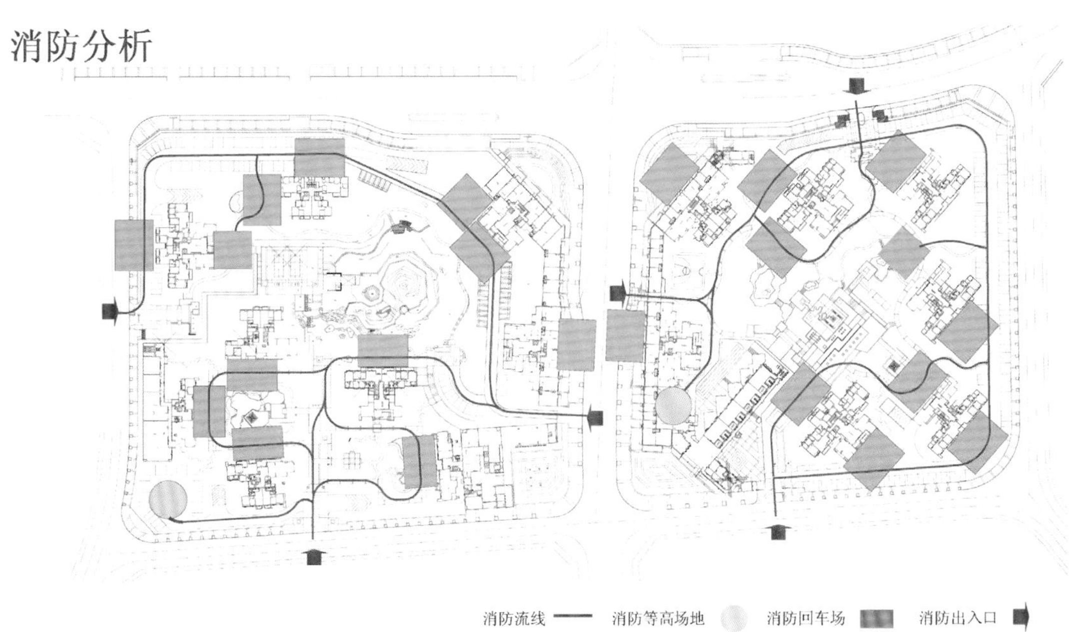

三亚金茂海景花园

项目地点：海南省三亚市大东海片区
建筑设计：华森建筑与工程设计顾问有限公司
占地面积：11 364.06 m²
总建筑面积：90 655.2 m²
容积率：7.1
绿化率：37.6%

项目基地近海，周边景观资源丰富，各朝向均可获取优美的景观。南侧与海湾紧紧相连，可俯瞰大东海；北可远眺三亚湾。依托城市滨海景观带，将成为三亚滨海走廊上的重要节点之一。

项目一、二层沿街布置两层通高骑楼商业，塑造宜人的购物氛围。三层为绿化架空层，空间通透开敞，主要设置住宅塔楼的各辅助空间和屋顶泳池、咖啡茶座等休闲会所设施。

住宅户型方正舒适，条件均好，平面紧凑，布局合理，主要套房均具有良好的景观及朝向。房间面积分配合理，功能完备，空间舒适。每户均具备甲板式大阳台或空中花园，体现滨海住宅特点，也符合滨海生活格调。

住宅立面的设计简洁、明快，以反映高层滨海住宅建筑特点为原则。风格简洁而不失变化，建筑风格富有当代滨海住宅特征。

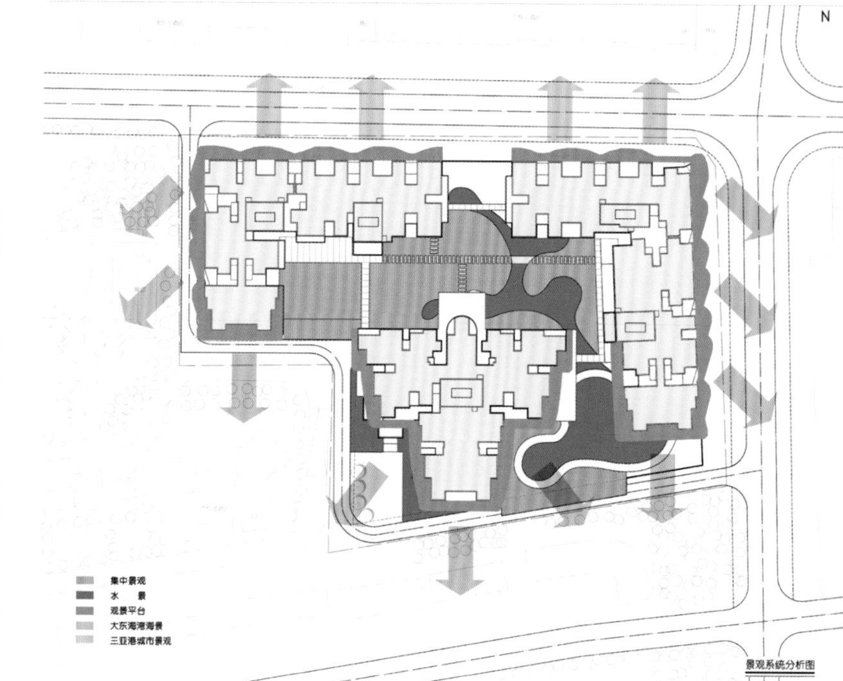

景观系统分析图

总平面图 1:600

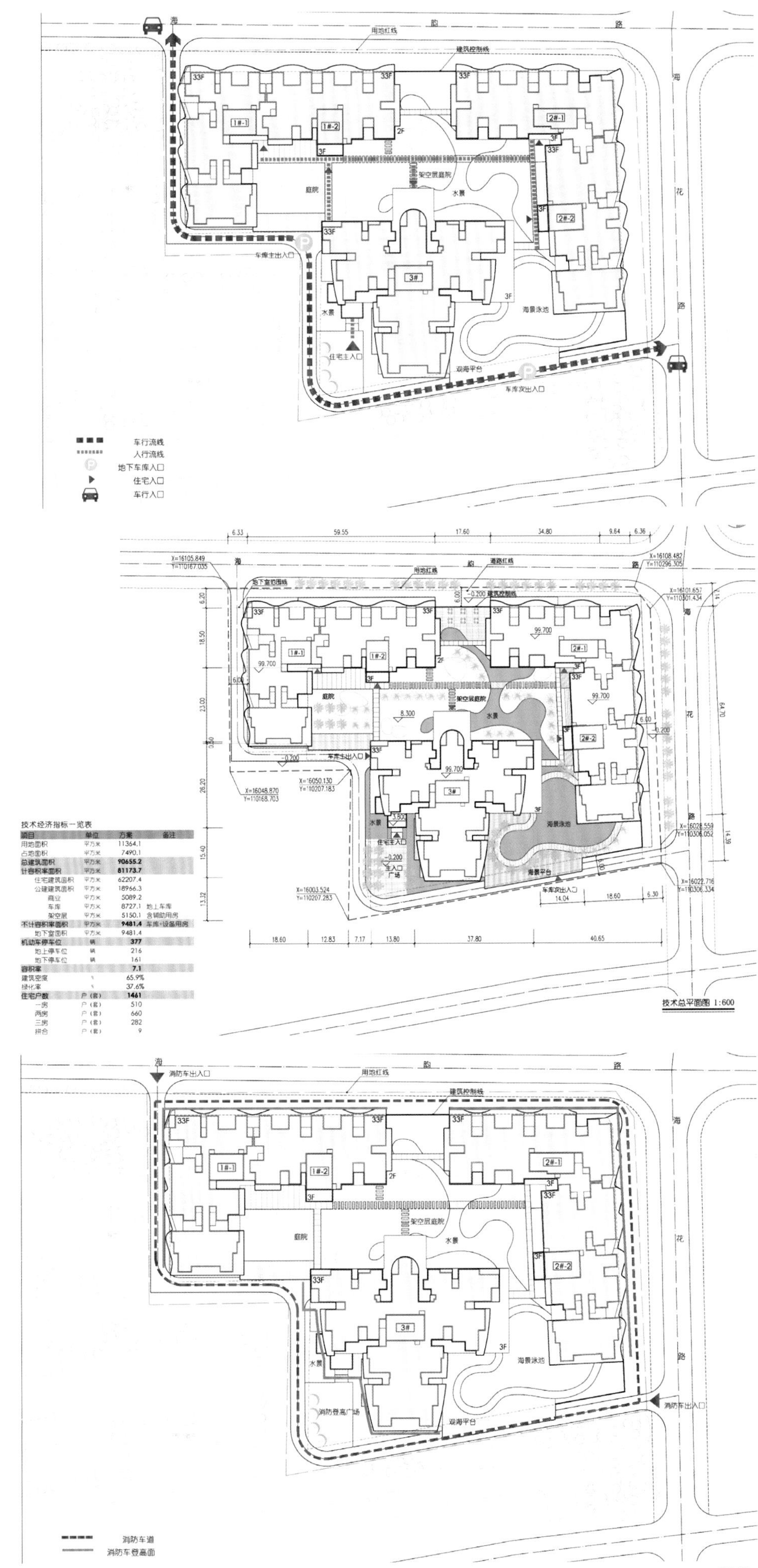

技术经济指标一览表

项目	单位	方案	备注
用地面积	平方米	11364.1	
占地面积	平方米	7490.1	
总建筑面积	平方米	**90655.2**	
计容积率面积	平方米	**81173.7**	
住宅建筑面积	平方米	62207.4	
公建建筑面积	平方米	18966.3	
商业	平方米	5089.2	
车库	平方米	8727.1	地上车库
架空层	平方米	5150.1	含辅助用房
不计容积率面积	平方米	**9481.4**	车库+设备用房
地下室面积	平方米	9481.4	
机动车停车位	辆	**377**	
地上停车位	辆	216	
地下停车位	辆	161	
容积率		**7.1**	
建筑密度	%	65.9%	
绿化率	%	37.6%	
住宅户数	户（套）	**1461**	
一房	户（套）	510	
两房	户（套）	660	
三房	户（套）	282	
拼合	户（套）	9	

上海尚海湾豪庭

项目地点：上海市徐汇区
发展商：上海恒盛地产
景观设计：广东美庭园林工程有限公司
占地面积：224 000 m²

尚海湾豪庭项目是超大规模的生活型城市综合体，由南块的滨江豪宅、凯宾斯基酒店及服务式公寓、5A超甲级写字楼和北块的大型地下商业、小户型公寓、一线滨江豪宅构成，且整个社区设定为开放式社区（无围墙社区），因此在设计过程中，必须考虑到南块住宅区景观与酒店、办公以及北块住宅之间的过渡与联系。

在水景园林景观设计中，运用“浅水、多层次水景”的概念，即在水景园林景观设计中通过高差变化、水量调节等手法，在不同区域、不同季节、不同时段形成变化丰富、多层次的水景。

游泳池布置在园区中心，除为小区业主提供环境优美的游泳健身场所外，还利用地形高差形成多级、多层次、多形态的水景系统。泳池东北角的咖啡平台与风雨廊有机结合，利用咖啡平台下部空间形成半下沉的更衣室。

入口空间打破传统入口的设计模式，把1、2、5栋间的空间设计成连接中心园区的水景广场，简约的造景元素使入口更加具有气势，以吻合该项目的定位以及整体设计风格。

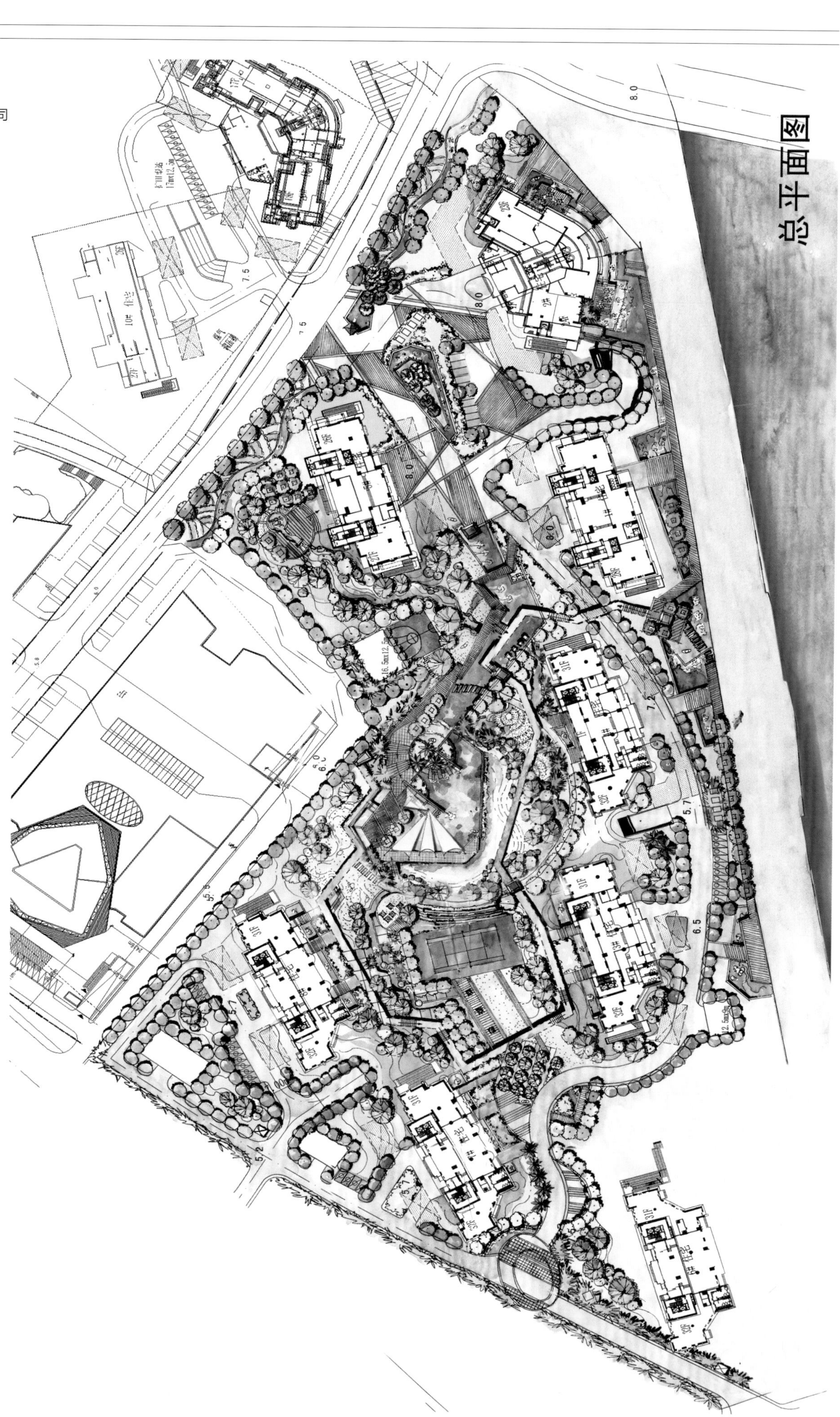

艺术

——不仅仅追求物质空间的舒适和视觉审美所带来的愉悦，把艺术通过黄金分割比例、地面的铺装材质、水景营造、雕塑、园林小品等表达出来，通过视觉、听觉、触觉等多种方式传递信息，让独特的人文环境不着痕迹地融入到住户的生活细节中，使园林具有了地域性、时代性和人文、历史内涵。

健康

——在中心园区设置了游泳池、篮球场、网球场、缓跑径等运动场所，把现代人追求健康生活的理念融入景观设计中。

深圳中海玫瑰园

项目地点：广东省深圳市
建筑设计：香港华艺设计顾问（深圳）有限公司
占地面积：37 591.61 m²
总建筑面积：139 713.57 m²
容积率：2.94
绿化率：30%

项目位于深圳市南山区前海路与港城路交会处西北角，占地面积37 591.61 m²，总建筑面积139 713.57 m²。主力户型为一室、二室、三室，具有空中露台、观景阳台、入户花园等功能，另外还设计了N+1空间，充分考虑了白领精英在不同时段的家庭需求。

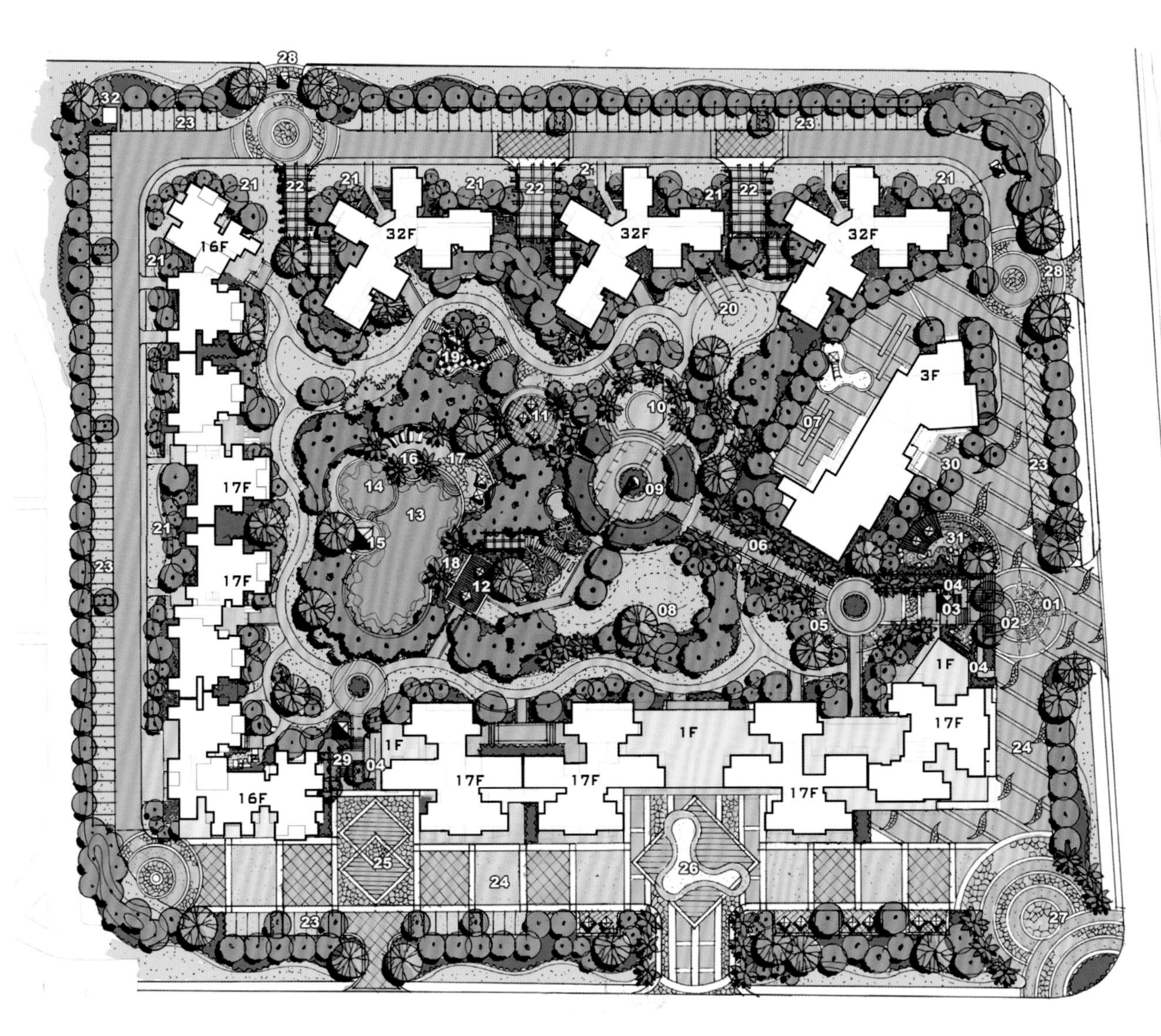

01 主入口太阳广场 /SUNNY SQUARE
02 主入口水景 /ENTRY WATER FEATURE
03 主入口岗亭 /GUARD HOUSE
04 残疾人坡道 /RAMP FOR DISABLED PERS
05 愉悦水景 /WATER FEATURE
06 主景观道 /MAIN WALKWAY
07 幼儿园后广场 /KINDERGARTEN BACK P
08 休闲草地 /RESTING LAWN
09 主题雕塑广场 /THEME SCULPTURE SQU
10 下沉表演广场 /SUNKEN PERFOMANCE S
11 观光平台 & 下沉式更衣室 /VIE
12 泳池旁休闲平台 /RESTING PLAZA
13 成年泳池 /SWIMMING POOL FOR ADULTS
14 儿童泳池 /SWIMMING POOL FOR CHILDR
15 池畔景观亭 /FEATURE PAVILION
16 按摩池 /MASSAGE POOL
17 池畔平台 /SWIMMING POOL DECK
18 跌水 /CASCADE
19 迷幻乐园 /MAGIC PARK
20 特色健身草坪 /OUTDOOR EXERCISE L
21 消防登高场地 /EVA AREA
22 地下停车场入口 /BASEMENT ENTRAN
23 停车场 /PAKING AREA
24 商业街 /COMMERCIAL STREET
25 次入口广场 /SECONDARY ENTRANCE PL
26 旱冰广场 /ROLLER SKATING SQUARE
27 商业街形象广场 /FEATURE PAVING
28 车行入口 /VEHICLE ENTRANCE
29 小区次入口 /SECONDARY ENTRANCE
30 售楼处入口 /RECEPTION HALL ENTRAN
31 售楼处休憩区 /RECEPTION HALL REST
32 垃圾存放处 /GARBAGE DEPOSITARY

总平面图
MASTER PLAN

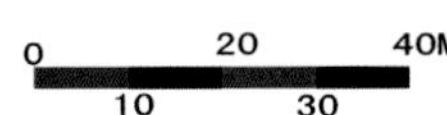

昆山博悦广场（二期）

项目地点：江苏省昆山市
开发单位：华清建设发展有限公司
设计单位：上海新外建工程设计与顾问有限公司
总建筑面积：77 876 m^2

博悦广场（二期）项目位于江苏省昆山市柏庐东侧、中华路北侧。在总体设计上，充分利用地形，合理组织各种人流、物流，内外交通简洁流畅，互不干扰。建筑与周围环境形成一个有机整体，以提高环境质量，为城市建设增彩添色。综合布置裙房、塔楼、道路和地面停车场等。按照规范及规划要求，控制建筑间距和建筑退界。

博悦广场（二期）规划沿柏庐东侧布置酒店式公寓，沿中华路北侧布置住宅；酒店式公寓（北塔楼）24层；住宅（南塔楼）32层，两部塔楼通过三层裙房连成一体；地面停车场设置在基地的西、南侧；分别在基地西侧柏庐路和南侧中华路城市道路上设置机动车出入口，基地东、北两侧有规划道路。

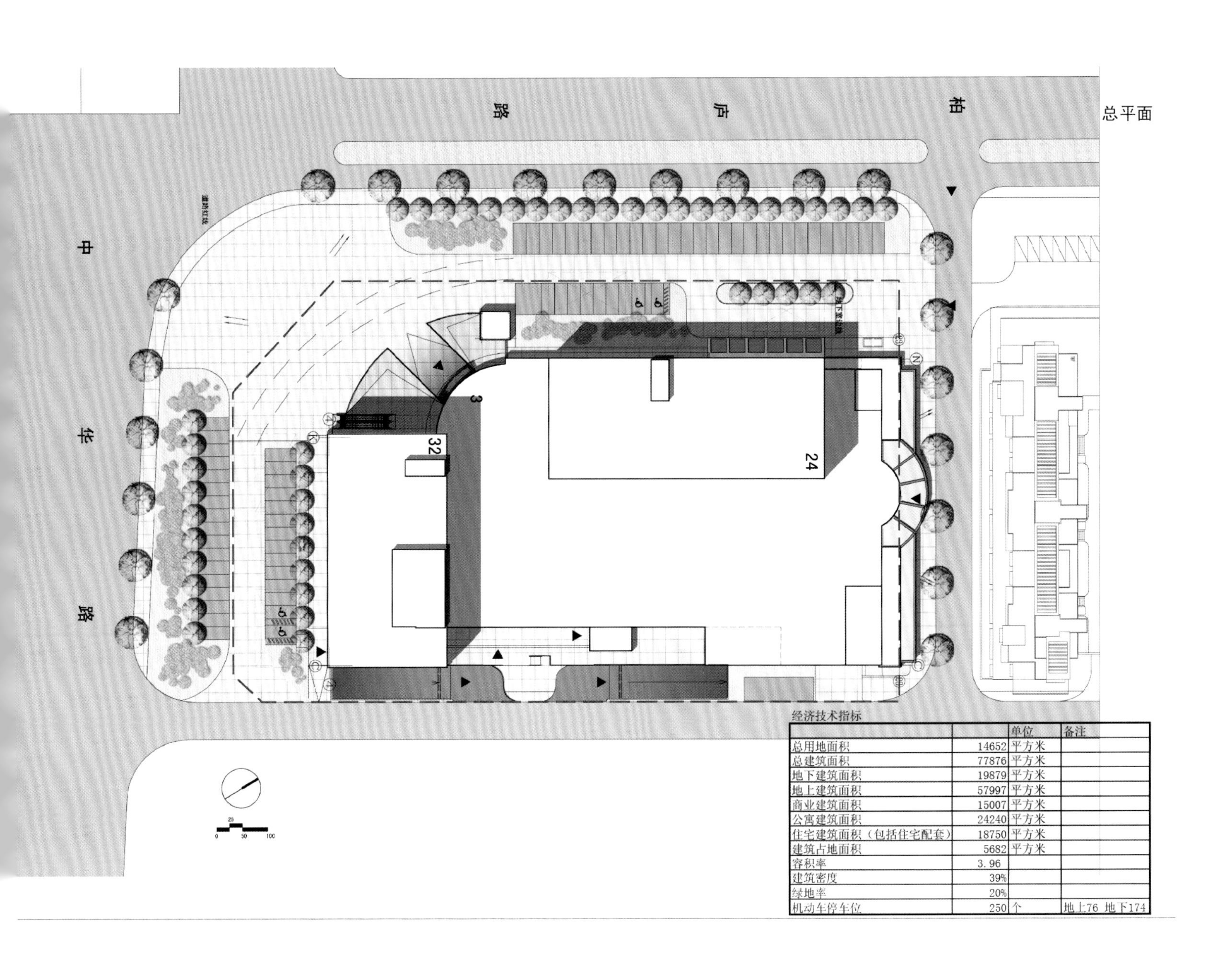

经济技术指标

		单位	备注
总用地面积	14652	平方米	
总建筑面积	77876	平方米	
地下建筑面积	19879	平方米	
地上建筑面积	57997	平方米	
商业建筑面积	15007	平方米	
公寓建筑面积	24240	平方米	
住宅建筑面积（包括住宅配套）	18750	平方米	
建筑占地面积	5682	平方米	
容积率	3.96		
建筑密度	39%		
绿地率	20%		
机动车停车位	250	个	地上76 地下174

佛山金沙湾西区

项目地点：广东省佛山市南海区
开发商：佛山市中海房地产发展有限公司
建筑设计：华森建筑与工程设计顾问有限公司

本区域地块方正，交通便捷，产品为十余栋高层住宅，并配有低层休闲商业中心、会所等。住宅一侧设有多家商业店面，以满足业主的日常消费需求，并且与休闲商业中心一起，构成时尚便捷的商业街。社区内绿树成荫，喷泉、花草相映成趣，悠然而舒适。住宅建筑的立面风格简约现代，充满时尚与动感，与社区和谐安逸的氛围相统一。

深圳水榭春天

项目地点：广东省深圳市
开发商：莱蒙房地产（深圳）有限公司
深圳市水榭花都房地产开发有限公司
建筑设计：香港华艺设计顾问（深圳）有限公司
景观设计：豪斯泰勒·张·思图德建筑设计咨询（上海）有限公司
占地面积：85 664 m^2
总建筑面积：294 309 m^2

设计力求突出其在城市次中心的重要地位，并兼顾整个项目的后续开发的可持续性，旨在为城市提供一个生态型的、具有自我调节能力的城市综合体，为居者创建一个生态宜居的城市家园。本项目内容较复杂，包含了大量的住宅与商业等功能。

通过对周边利弊条件的利用与回避，中高层沿人民路布置，减少了对城市的压迫感，并为小区内部创造了更为舒适安静的空间。同时，也有利于一期迅速开发。中高层与高层建筑分别形成两个尺度、形态不同的庭院，丰富了小区环境的层次感。穿越小区的区间路，以下沉式的方式设计，保证了小区内部环境的连续性和完整性。

住宅单体从规划上尽可能做到户户有景、户户朝阳，充分享受区内、区外的景观和阳光。本项目突出生态可持续性的主题。高层住宅以板点结合，营造出一个开放性的中心大庭院，而中高层与高层之间形成一个带形的庭院，中部与主入口和中心大庭院相对应贯通，使小区内的庭院空间相互融合，从而形成收放有致的空间层次。

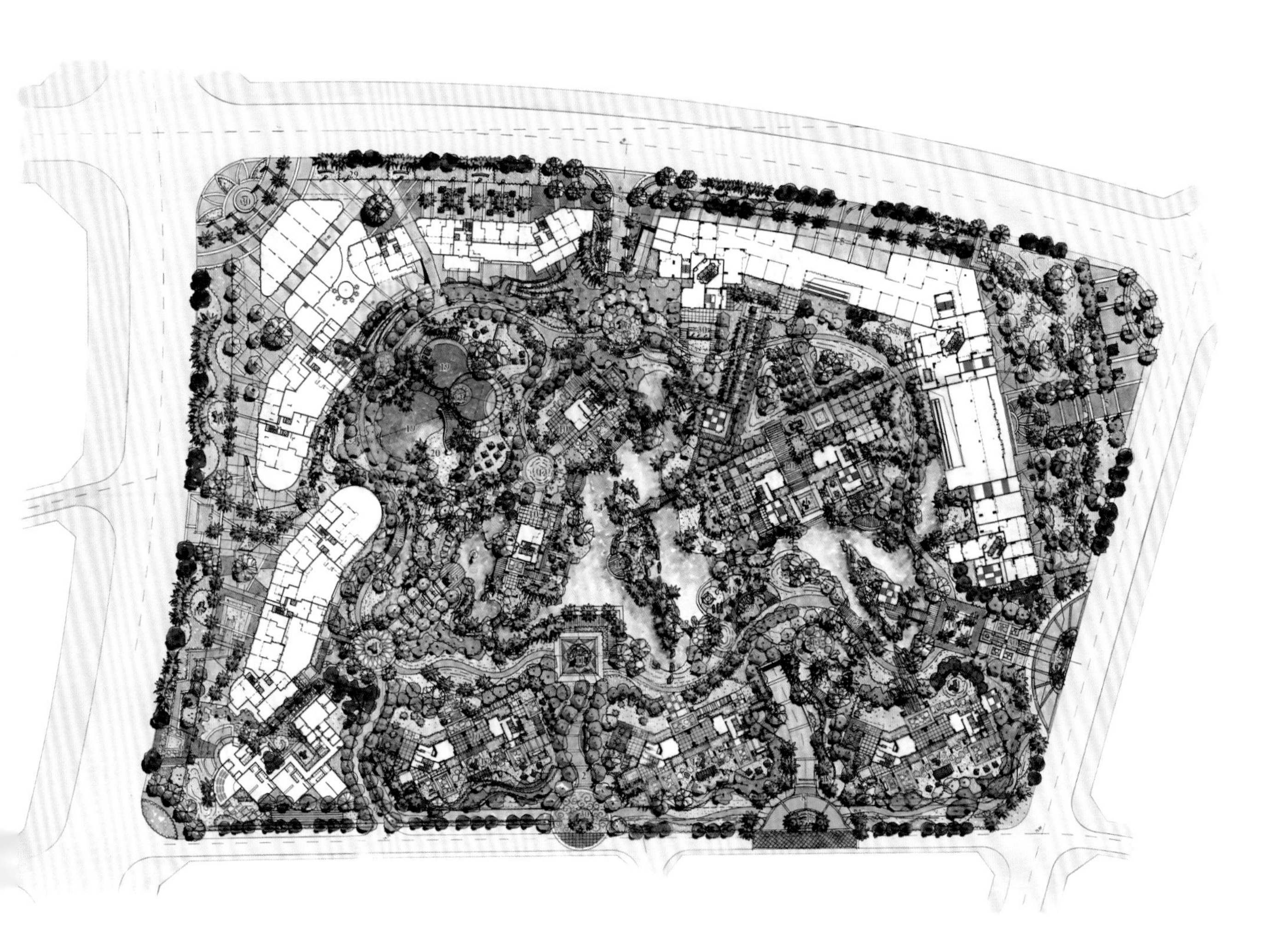

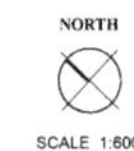

北京丽都水岸

项目地址：北京市朝阳区
开发商：北京太平洋城房地产开发有限公司
建筑设计：北京三磊建筑设计有限公司
美国LWA设计公司
美国EDSA
占地面积：131 300 m^2
总建筑面积：300 000 m^2
容积率：2.28
绿化率：30%

丽都水岸项目位于北京市朝阳区丽都商圈坝河北岸，故名“丽都水岸”。 项目规划建设用地面积131 300 m^2，总建筑面积300 000 m^2，使用功能为高级住宅、配套、办公及商业。

丽都水岸分为A、B两区，中间以市政路相隔，其中A区为高层公寓及办公楼，B区为多层及低层公寓。A区高层建筑群设计意向因水而成，以一致的弧线作为建筑主题，一气呵成，端庄典雅。B区则强调自身的认知性格，形成多样化的社区与城市景观。

项目北侧（邻将台西路）将会建设近30 000m^2的商业设施、商铺及商务写字楼。项目配备高档的商务休闲会所，设施齐全，充分满足业主的休闲、娱乐需求，并配有幼儿园、超市等配套设施，给业主的居住提供更加完善的服务。

小区内设有大面积的绿地，使环境与建筑和谐统一，力争做到开窗见绿，户户有景，使每一位居住于此的业主都能够充分地享受自然。

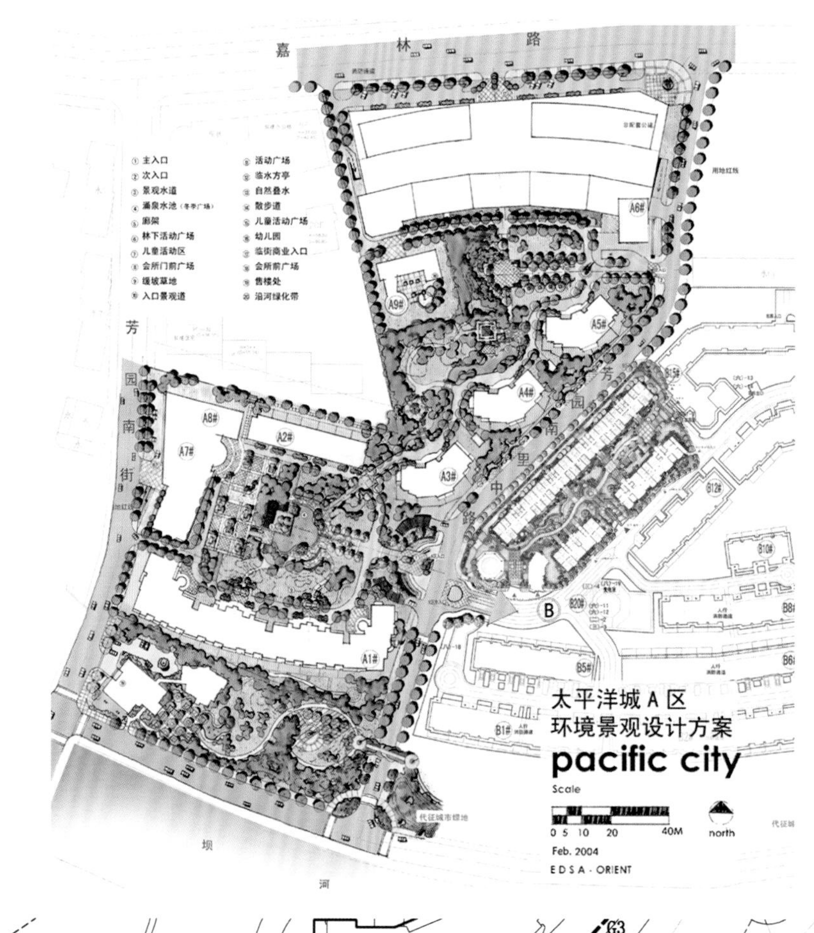

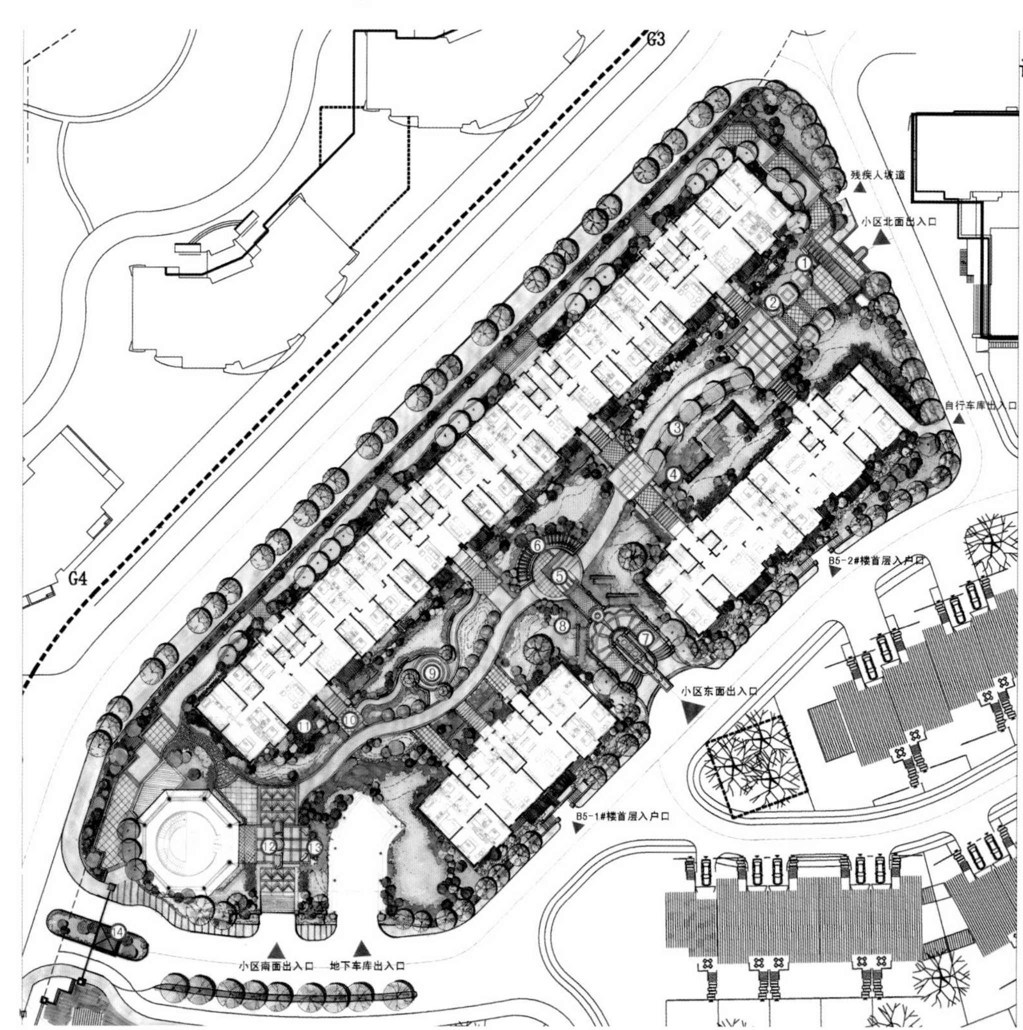

广州花城湾

项目地点：广东省广州市
开发商：中海发展（广州）有限公司
占地面积：33 000 m²
总建筑面积：230 000 m²

项目位于珠江新城花城大道与猎德路交会处西南方向，由十几栋高层住宅分两排围合而成，户型建筑面积为80～150 m²，以100～120 m²的三室为主，有少量两室和四室。楼盘东北望珠江公园，南隔猎德路可遥眺珠江水面。此外，该盘还有5万 m²的裙楼商业面积。

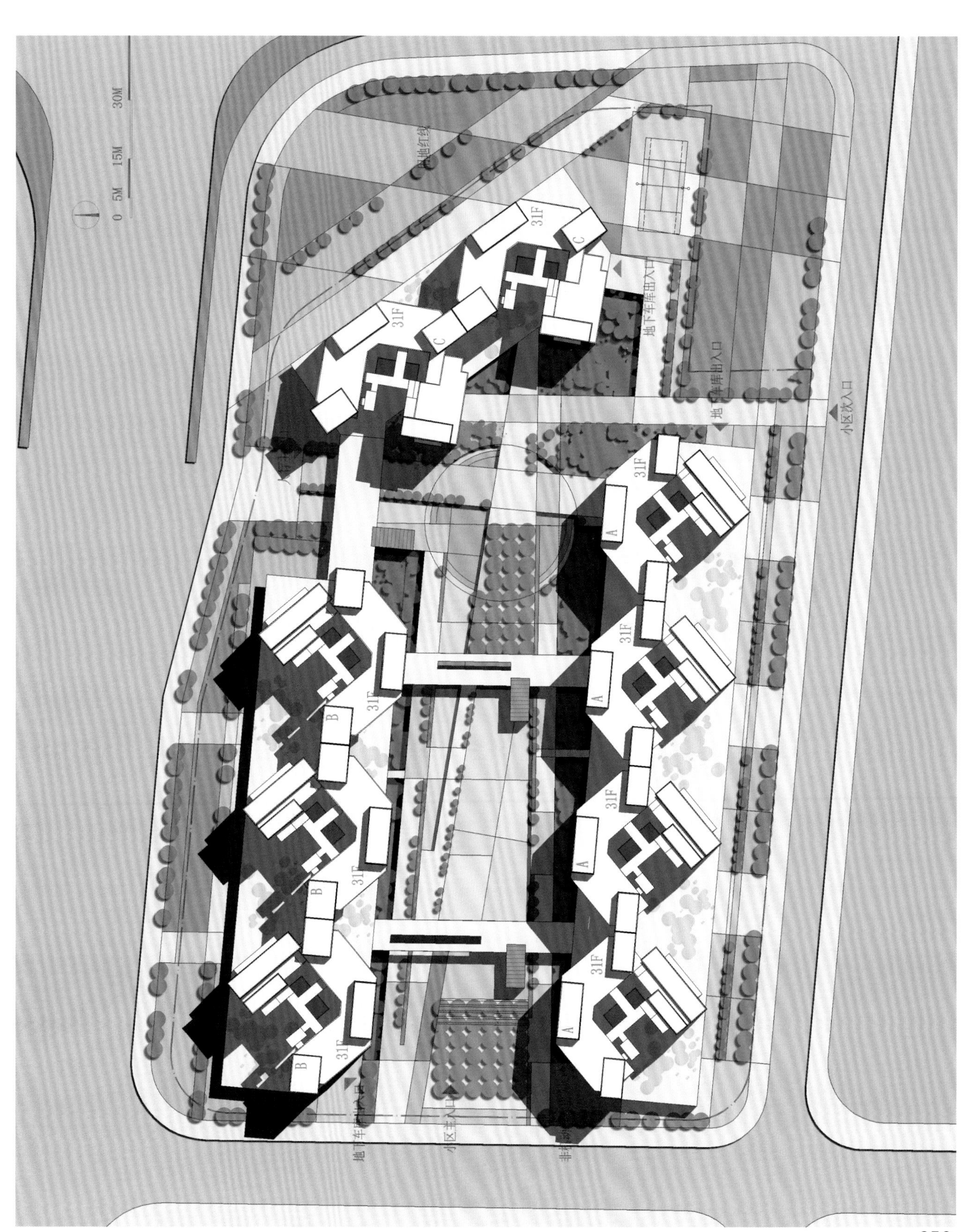

广州中海观园

项目地点：广东省广州市天河区珠江新城
建筑设计：广州筑设计有限公司
占地面积：18 096 m^2
总建筑面积：152 569 m^2

项目用地呈L形，紧邻珠江公园，设计时充分考虑了对园景及周边其他城市景观资源的利用，使每户都能有良好的朝向和视野。立面兼具古典风格与现代气息，采用经典的“三段式构图”，并通过垂直与水平线条的重复和对比、古典细节符号的运用，使其外观挺拔俊朗、气质内敛深沉又清秀文雅。灵活巧妙运用石材、玻璃及其在立面中的占有比例，既展现古典风格的稳重端庄，又带来具有现代气息的视觉冲击力。塔楼天际线丰富，两端拔高，呈现韵律美感。钢结构屋架的轻盈造型尽显时尚，又彰显大气高贵。五栋塔楼似合似分，恰似五个美妙动听的音符，统一而兼有变化。

广州力迅上筑

项目地点：广东省广州市珠江新城
建筑设计：广州筑设计有限公司
占地面积：27 452 m²
总建筑面积：110 727 m²

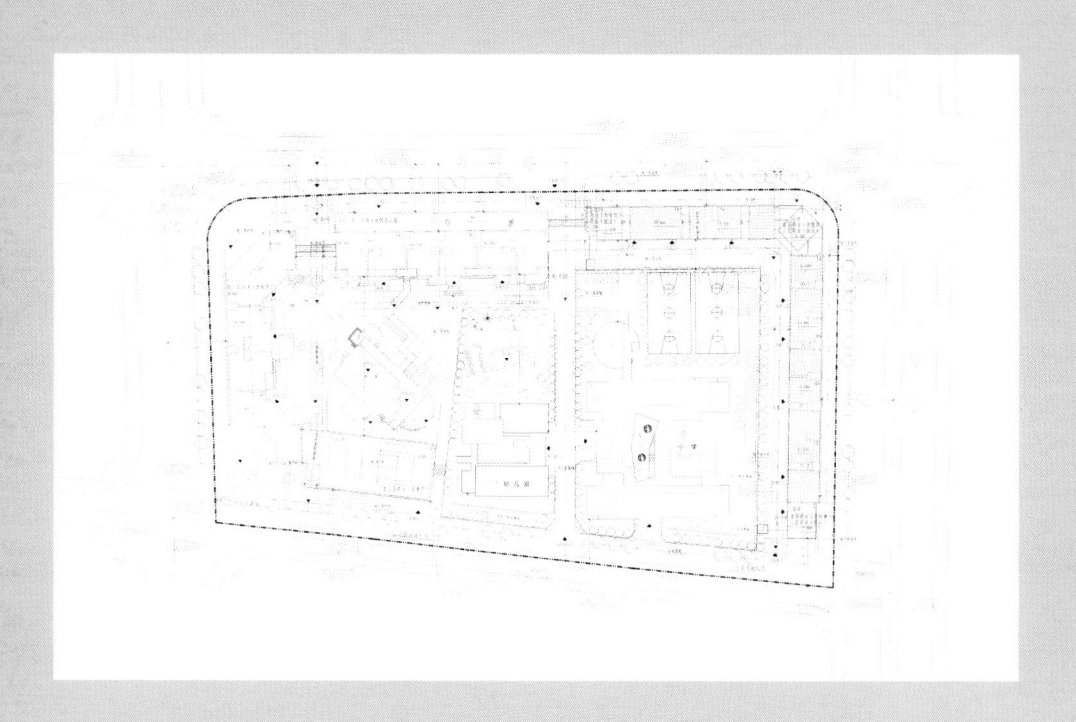

设计从整体环境入手逐渐展开，以对人居生活形态的理解为核心，创造人与空间和谐相适的所在。总体规划中西北高、东南低的布置，将东南风自然引入中心园区。中心园林采用立体园林概念布置，通过架空的露天泳池、悬挑的长廊，打破传统园林布局平板的概念。

户型设计上巧用心思。A、B、C栋均设有户内花园，并通过与相邻储藏间上下两层的左右置换，使花园层高达到3.8 m。D栋户型层高4.05 m，使客厅高度能满足大空间的要求，并利用住宅卧室仅需3 m的实际使用功能，在上下两层间形成局部2.1 m高的储藏空间。

小区建筑采用现代简约主义风格，采用大面积落地玻璃窗，通过架空层、凸窗、屋顶造型及横向饰线使建筑造型新颖独特，有强烈的立体感。黑白灰色调的立面在阳台和花园绿化的点缀下显得雅致而时尚。

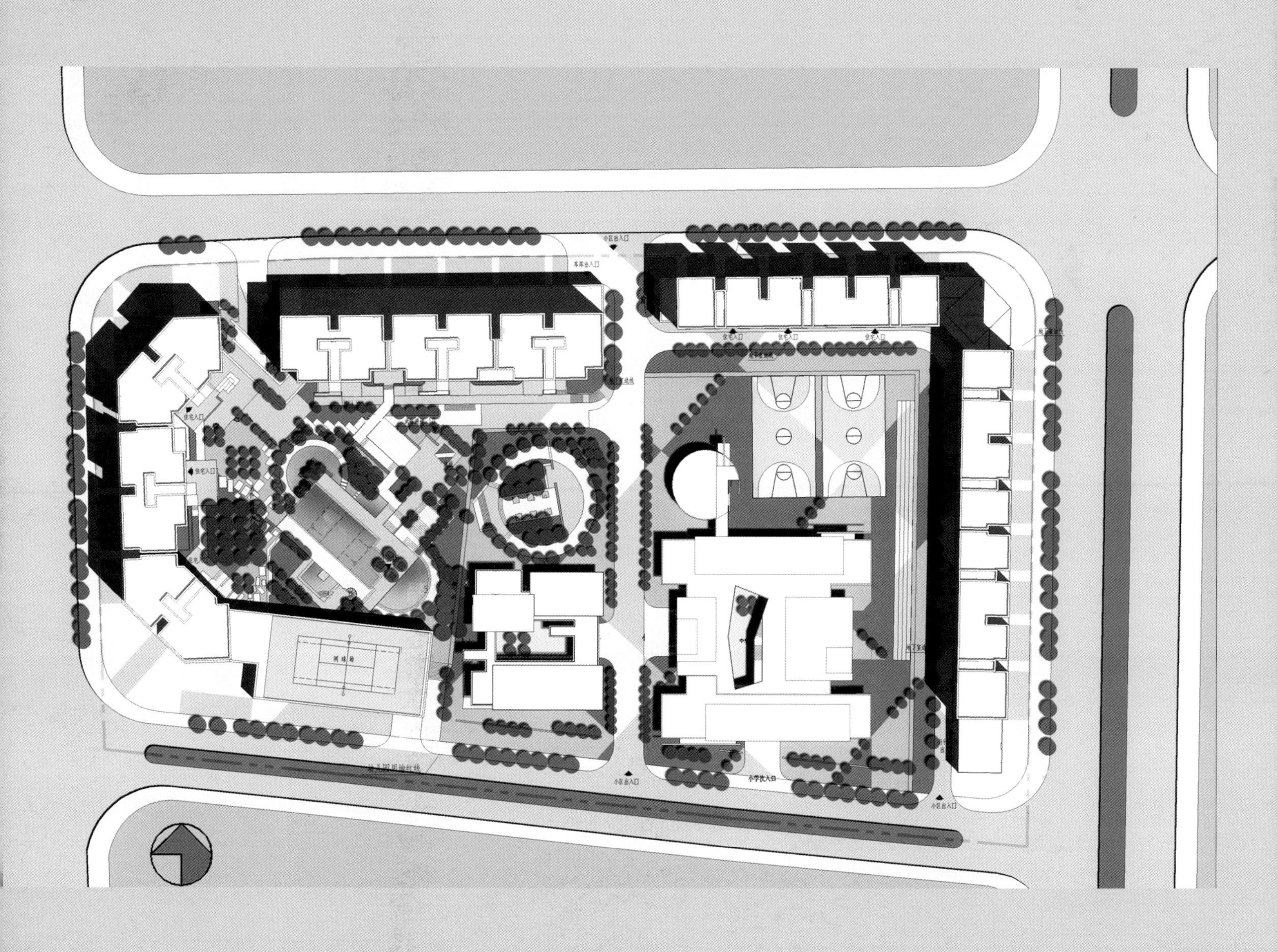

广州荔港南湾

项目地点：广东省广州市荔湾区南岸路67号
建筑设计：广州瀚华建筑设计有限公司
占地面积：110 869 m²
总建筑面积：685 409 m²

小区西临珠江，拥有优厚的景观资源。规划以15 m宽的林荫道将用地分成东西两区，并在其中段设置中心绿岛，组织东西区主要出入口。多层次绿化系统围绕中心绿岛层层展开，沿江为步行休闲道，设有人行景观入口。

西区总体布局呈双V字形，迎合宽阔的江景；东区高层住宅作南北朝向行列式布置。高层与超高层建筑单体以短板形式连接，达到高容积率、低密度的总体布局效果。

立面风格低调、温和而大气。单体设计引入"阳光电梯间"、"内凹式空中花园"、"入户花园"等手法，在内部形成良好气候和生态空间。错层复式户型均拥有1.5层高的客厅空间及半个夹层，尊贵感和实用性得到兼顾。

三水明珠

项目地点：广东省三水市
建筑设计：广州瀚华建筑设计有限公司
占地面积：118 898.6 m^2
总建筑面积：406 209.11 m^2

本项目在提高住宅品质、生态环保和注重细部等方面，充分展现精致设计，使之成为经济效益和生态效益平衡发展的绿色生态社区。

注重朝向和景观优先原则，体现高端住区的特色和以人为本的设计理念。建筑单体布置尽量满足朝向与景观的平衡要求，小区南侧望江面留出两个开口，通过此开口可以最大地利用江景和园景，以达到地块生态和景观资源的充分利用。

整体空间布局上按照一“轴”两“心”的规划，一“轴”即以主入口、会所、游泳池、楼王、幼儿园形成小区中心主轴线，统领整个小区。 两“心”即以矩形地块左右两侧住宅组团围合而成的中心花园为两“心”，创造出所有住户基本都能观景的空间。中心主轴布置点式住宅，促使左右两“心”联系起来，形成一个整体。

中山翠景

项目地点：广东省中山市翠景路
建筑设计：广州瀚华建筑设计有限公司
占地面积：96 856 m²
总建筑面积：300 674 m²

本项目由北区和东区两个地块组成。规划方案着重有效利用外部江景资源及区内绿化资源。北地块通过建筑体量围合出园林空间，并尝试引入地块西南侧的城市绿地景观。东地块南侧紧邻狮窖河，能同时坐观开阔江景和区内园林及公共绿地的景色。设计时在保证区内户型完全南北向布置的前提下，实现了景观利用的最大化。

北面地块外缘以实用的中小户型为主，中央园林周围则环绕大中户型；东面地块因拥有上佳江景资源，定位为中高端住宅，故以大户型为主。合理、丰富的户型配比使其面向的人群更加广泛。

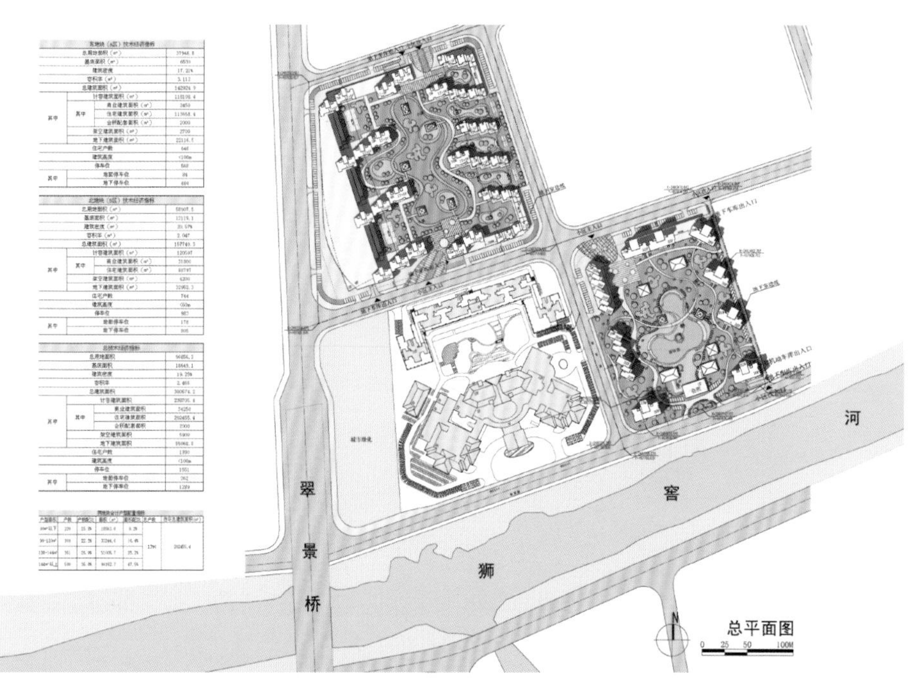

总平面图

中山星光礼寓

项目地点：广东省中山市岐关西路
建筑设计：广州瀚华建筑设计有限公司
占地面积：30 506 m^2
总建筑面积：130 350 m^2

本项目位于中山市市区，商业与居住氛围良好。总体规划方案扩展了“人与自然和谐为本”这一设计概念，从整体环境设计入手，达到望眼皆景的效果。九幢住宅楼呈环形布置在地块周围，住宅户型平面布局灵活，避免了刻板的感觉。大部分户型内设置观景绿化阳台，可促进人与自然的交流。绿化设计以中心水池为主，与环境小品、台阶、绿化草坡、内庭院绿化和地下车库采光天井相结合，辅以住户内空中绿化阳台及屋面平台绿化；丰富的层次带来优美的视觉享受。

外墙主要部分采用蓝灰和红灰色调结合，衬以白色构架，通过水平、垂直线条的穿插和色彩的对比，塑造出挺拔、简洁、稳重大方的现代建筑形象。

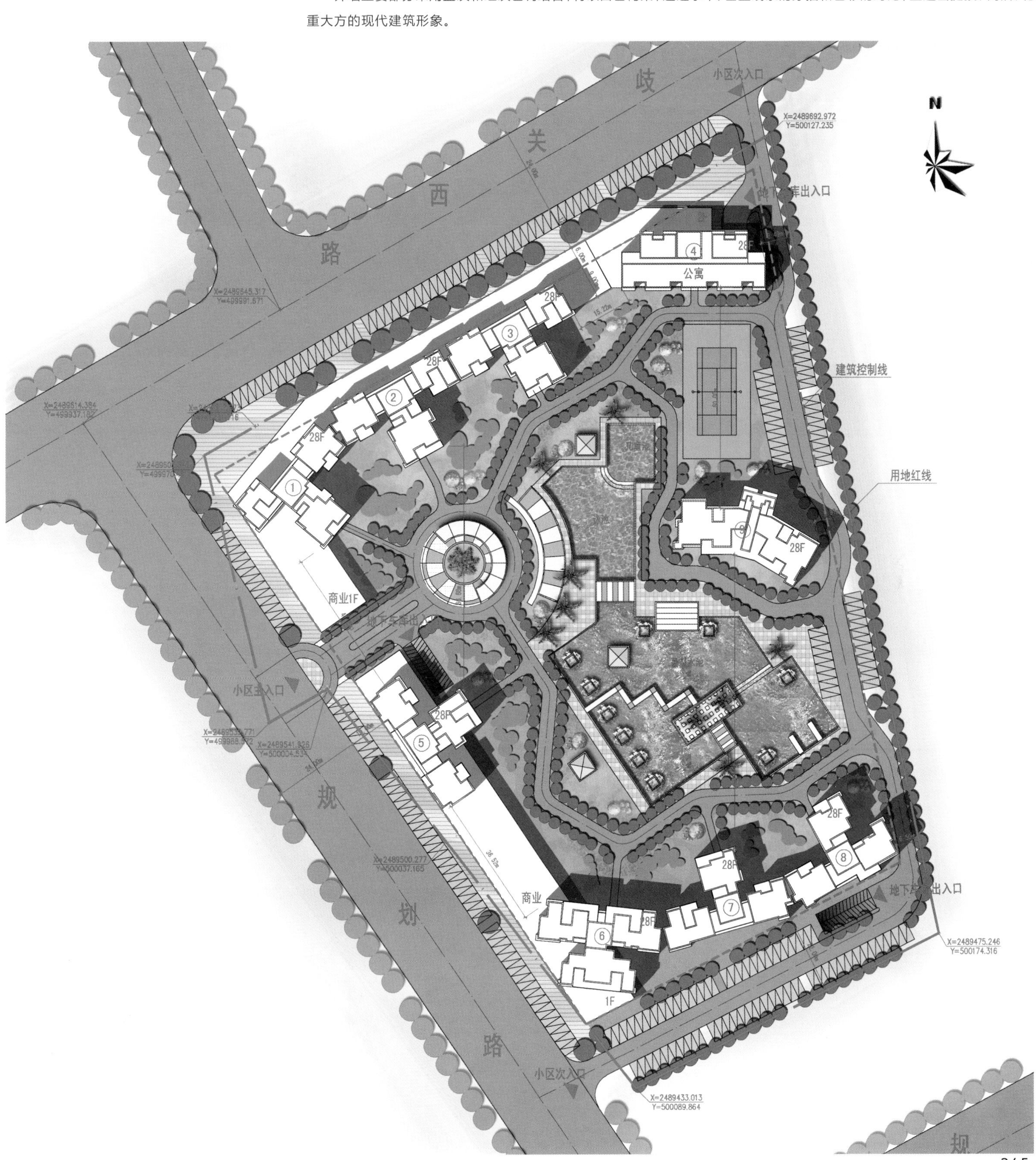

广州中信君庭

项目地点：广东省广州市
景观设计：贝尔高林国际（香港）有限公司

中信君庭是为了引领高阶层人群居住文化而设计的全新国际化高层住宅小区，在都市中心为高阶层人群提供超越别墅的全新享受。它结合了传统别墅与传统江景豪宅的优势，强调健康、景观、园林、艺术氛围以及人与环境的协调和沟通，实现了居住舒适性和社会价值认同的融合。

中信君庭位于珠江畔，滨江东，整体布局为坐北朝南，在迎着来水的方向作"逆水布阵"。道路系统与植物、小品、地形有机地结合，充分发挥道路的综合作用，形成内外的区隔，保证了独立性和私密性，营造出积极、有生气和趣味性的生活空间效果。

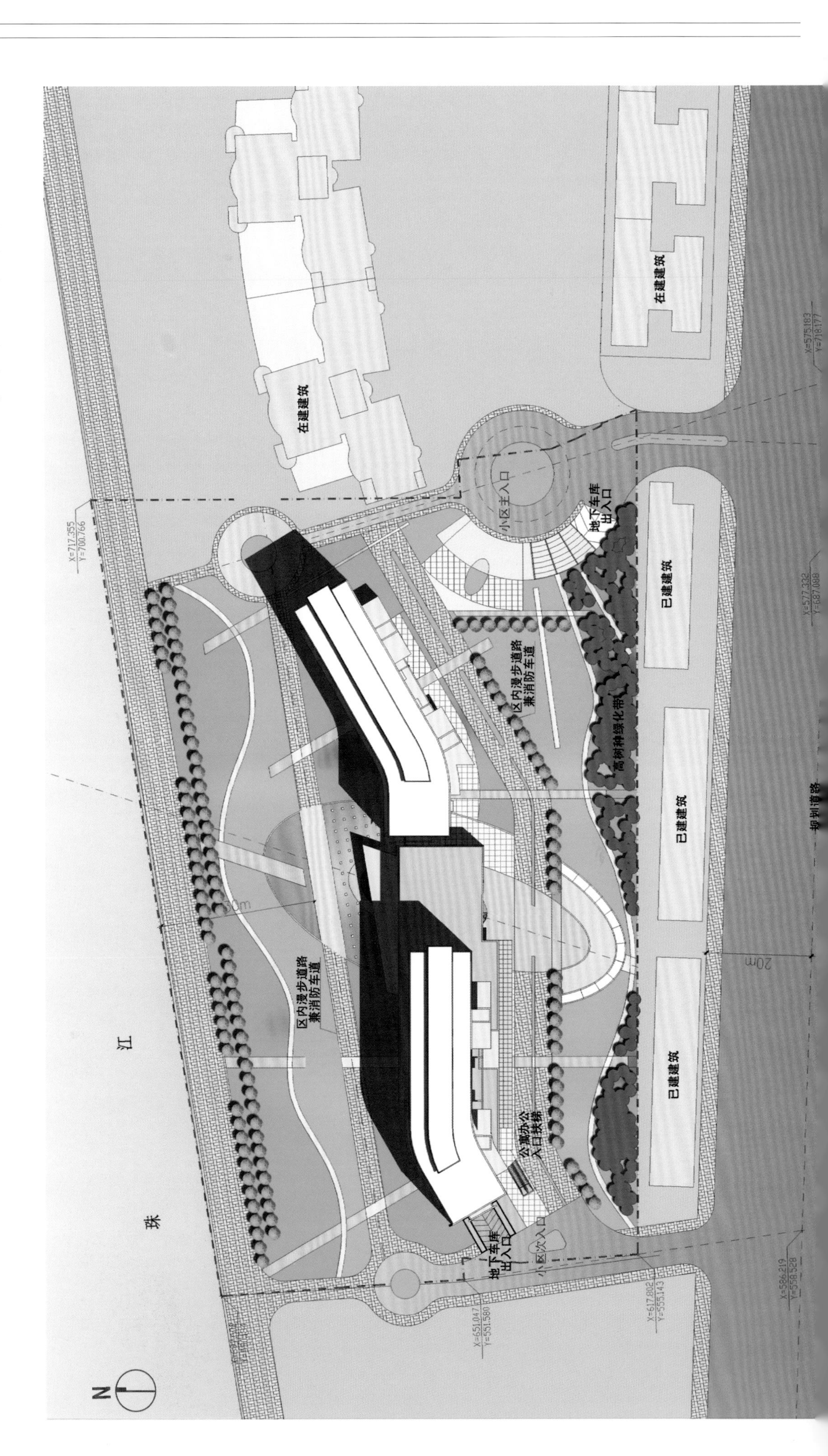

上海万里城5号

项目地点：上海市普陀区
开发商：上海市中环投资开发（集团）有限公司
建筑设计：上海浚源建筑设计有限公司
占地面积：94 900 m^2
总建筑面积：270 000 m^2

万里城5号地块位于上海市普陀区西北角，临近嘉定区。小区北侧为汶水路，南侧为交通路，新村路作为东西走向的交通干道贯穿整个小区，真华路为南北走向的交通干道。南临新村路，西侧紧邻15万 m^2城市绿化景观带，北至富水路，东临真华路。北部和西部被横港河包围，整个用地形成天然的半岛状。总用地面积约9.49万 m^2，总建筑面积27万 m^2。由6栋叠加别墅、11栋15～30层高层住宅及地下车库组成，是一个采用集中空调、高品质精装修的住宅小区。

万里小区东侧沿真华路设置不超过六层的联排别墅，形成了亲切宜人的沿街临水界面，是小区对外直接形象的展示。整个小区形成南低北高的天际线走势，而中央的天际线走向则是西高东低。景观带收头处的组群高度最高，它将成为整个万里城的地标。住宅楼中有4幢设有地下自行车库，邻近小区出入口，方便居民的出入，避免与小区车辆入口集中使用。所有住宅楼均与地下车库相通，居民使用时将更加便捷。

佛山兆阳

项目地点：广东省佛山市禅城区
开发商：佛山市兆阳房地产投资有限公司
建筑设计：广州市科美都市景观规划有限公司
占地面积：108 000 m^2
建筑面积：270 000 m^2

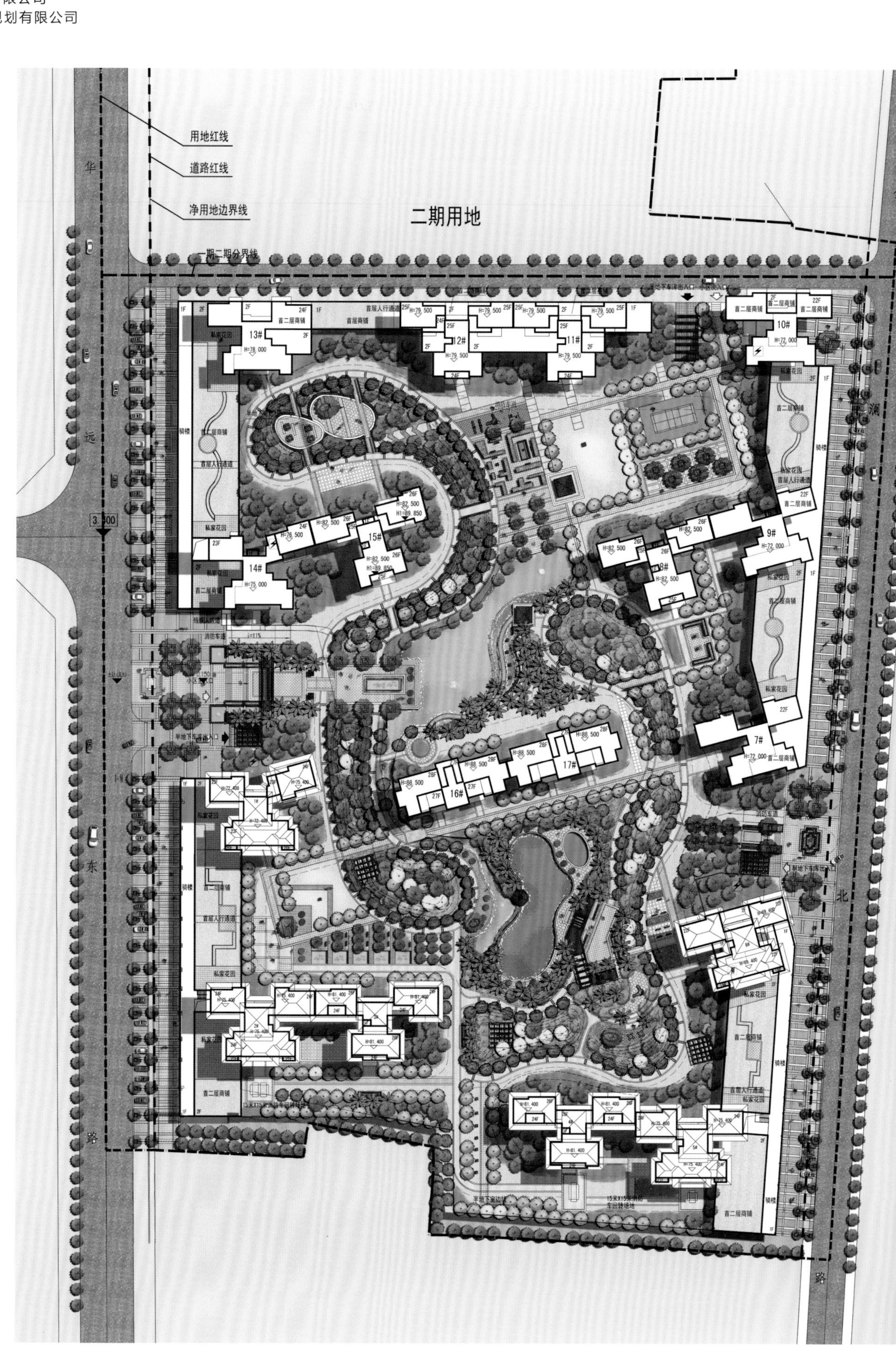

本项目位于佛山市禅城区城南核心的绿景路以南，华远东路东侧，交通便捷，服务设施配备完善。建筑产品以高层为主，总体采用围合式布局，具有强烈的领域感，规划布局上倾斜15度，打破了常规布局的呆板，为景观的个性营造上创造有利条件。但同时凌乱复杂的周边环境；景观均在地库顶板上，不利于景观的营造；周边成熟楼盘较多，因此，如何在满足客户消费需求的基础上赋予项目独特的个性，是一个严峻的挑战。

创造两条贯穿整个社区的生态的绿色林带，为项目带来可持续的景观享受；创造一条生态水系，和山脉打造成山水相依的规划格局；延续规划机理，创造自然与人工的交织，城市与绿洲的交响曲；创造一体化的景观空间，充分利用架空层与外环境的联系。“都市绿洲”的设计灵感来源于充满活力、希望和理想，轻松闲逸的户外生活方式，将繁茂的森林和自然秀丽的景观天地，带入现代的都市居住环境。居民犹如漫步森林，每天与绿色一同呼吸。“都市绿洲”的生活方式着重于户外居住氛围的营造，这一理念强烈地贯穿于整个景观设计之中。通过两条生态林带的组合贯通，使居民和来访者真正享受到这一轻松的户外生活方式。

从最基本的局部到细部元素的设计，现代都市居住和轻松休闲的绿洲生活方式在每一个细节中都体现得淋漓尽致。生态的热带植栽与传统型古典及设计的融合、与建筑的呼应，更展示了这一项目的独特风格。

成都万通红墙国际

项目地点：四川省成都市
开发商：成都万通时尚置业有限公司
建筑设计：北京博思堂建筑设计事务所
景观设计：广州市科美景观规划设计有限公司
占地面积：6 668 m²
建筑面积：70 835 m²

万通红墙国际项目位于成都市中心城区东城根下街。该地块东临东城根下街，南临过街楼街，北临城市规划道路。周边配套设施完善、交通便捷。项目将打造成为中高端的“市中心高品质、绿色生态住区”。物业形态包括精装住宅、精装40年产权公寓和底商。现代简约建筑风格，由两栋38层超高层商住楼、一栋34层商业楼组成区域内地标性建筑。

景观设计是本项目的难点，同时也是亮点之一，针对项目景观面积有限的特点，在充分利用绿化空间的同时，提出了“立体绿化”空间的设计理念，与万通集团推出的“基于绿色价值观、绿色行为方式和绿色产品的全面、系统的绿色公司战略体系”的理念相一致，得到了甲方的高度认可。在地下车库柱网上种植大型乔木，合理地构成整个项目的主要绿化空间骨架；同时利用地下车库出入口和建筑山墙，引入垂直绿化的设计；利用天台裙楼空间，通过新概念、新技术的应用，使空间的绿化率最大化。

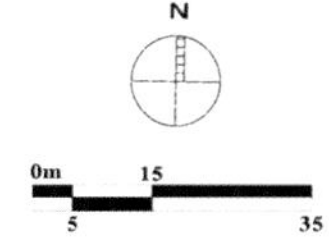

南宁荣和山水绿城

项目地点：广西壮族自治区南宁市
投资商：广西荣和集团
建筑设计：普梵思洛（亚洲）景观规划设计事务所
占地面积：250 000 m²

荣和南宁山水绿城项目地块位于广西南宁市明秀东路北侧，东接狮山公园办公区，西临明秀路北六里，北至皂角村，北湖路东三里穿地块中部区域而过。地块内现有南宁市建筑材料装饰市场、部分企事业单位办公区、宿舍和厂房以及虎丘、皂角两个城中村。虽然地块整体城市形象差，硬件配套水平较低，但该区域紧邻南宁城市主干道，东靠狮山公园，具有优越的区位和交通优势，发展空间很大。狮山公园良好的环境资源为该区打造高品质的居住生活环境奠定了基础，同时北湖路板块人口密度较大，市场供应少，且区域内居民对改善居住环境也有迫切需求，将进一步奠定项目在市场销售方面的良好基础。

针对本项目的实际情况，设计师大胆提出“法兰西咏叹调”的设计想法。法国是欧洲文明的摇篮，关于法国园林发展历程，大致可分为两个阶段，一是法国古典园林：古典园林以法国巴洛克式为代表，受到意大利文艺复兴文化及东方文明的影响，根植于法国宫廷贵族享乐主义基础上的巴洛克式园林，以其气势宏大的建筑、繁杂丰富的雕塑水景和层次变化的植物配置，谱写出一曲华丽的乐章；二是现代法式园林：随着全球保护生态环境的呼声日益高涨，在邻近德国的影响下，法国现代园林呈现出两种特别明显的风格特征。

荣和南宁山水绿城项目通过古典法式风情的引入，创造一个“景观环境自然和谐、建筑空间独具特色、社区氛围高贵典雅、生活品质格调高尚”的现代自然主义生态型国际人文社区，即集居住、商业、文化教育、办公、休闲娱乐为一体的综合社区，以打造南宁北湖板块人居新标准为目标，通过项目开发实现八大价值：生态价值、景观价值、商业价值、健康价值、旅游休闲价值、文化艺术价值、片区价值及潜力价值。

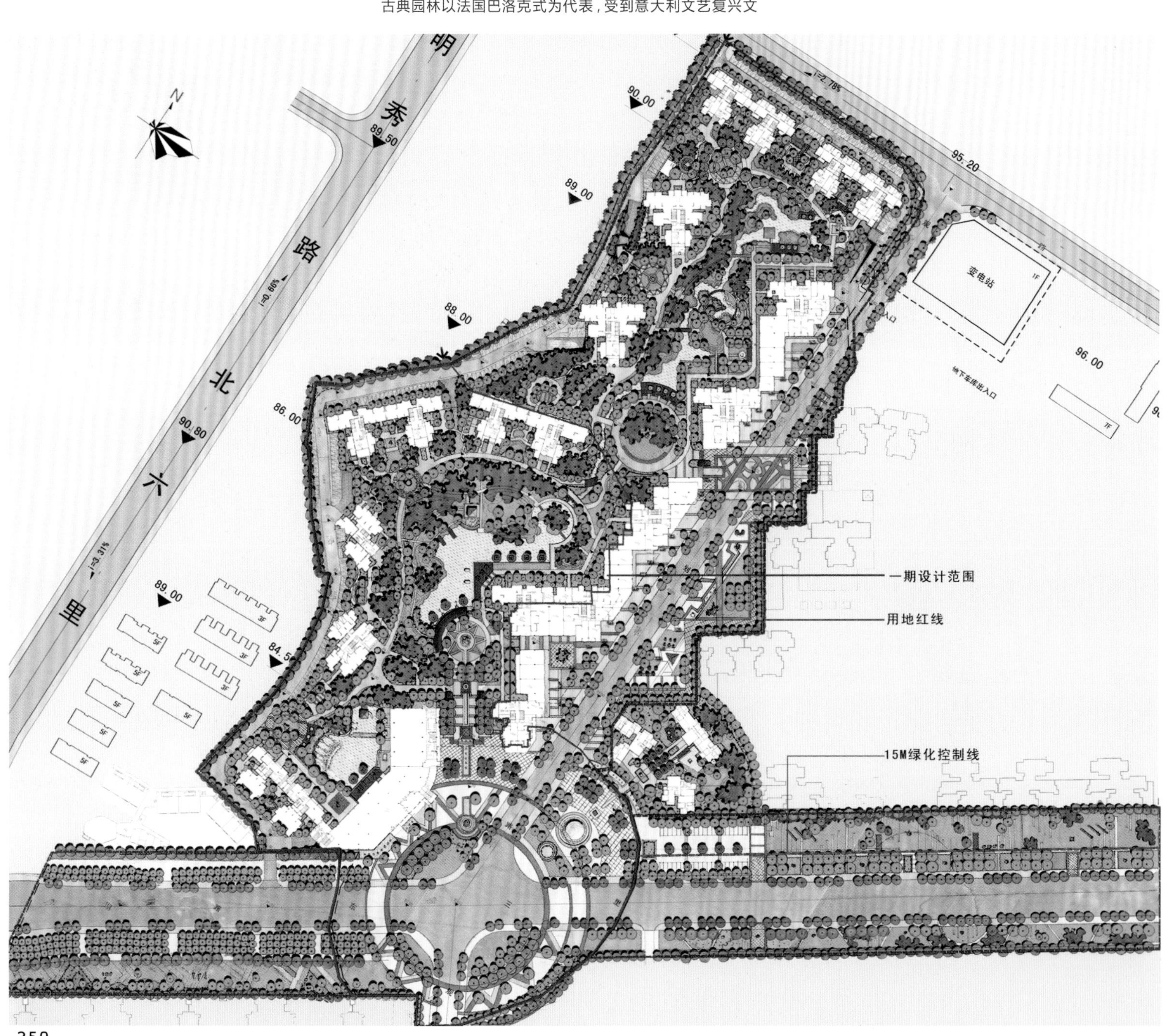

佛山三水奥林匹克花园

项目地点：广东省佛山市三水区
开发商：汇银地产有限公司
占地面积：40 641 m²
建筑面积：109 552 m²

三水奥林匹克花园是中国第56个奥林匹克花园，位于三水西南东区新城板块。项目的容积率为2.12，绿化率达到35.9%，居住空间宽敞舒适。奥林匹克花园是由国家体育总局体育彩票管理中心等单位组建的中体产业旗下品牌，三水奥林匹克花园也是当地引入的首个奥林匹克花园，定位于"运动主题"也显得比较独特。除了运动主题之外，项目还规划有热带风情园林以及完善的生活配套。

项目主要由15栋小高层以及高层住宅楼组成，住宅建筑面积达76 872 m²，总住宅套数为800套，同时还提供853个车位。项目户型多为37~142 m²，产品适合多种置业需求，既有37 m²的精品公寓单位，也有142 m²的园林大宅，主力户型为84~118 m²的洋房单元。

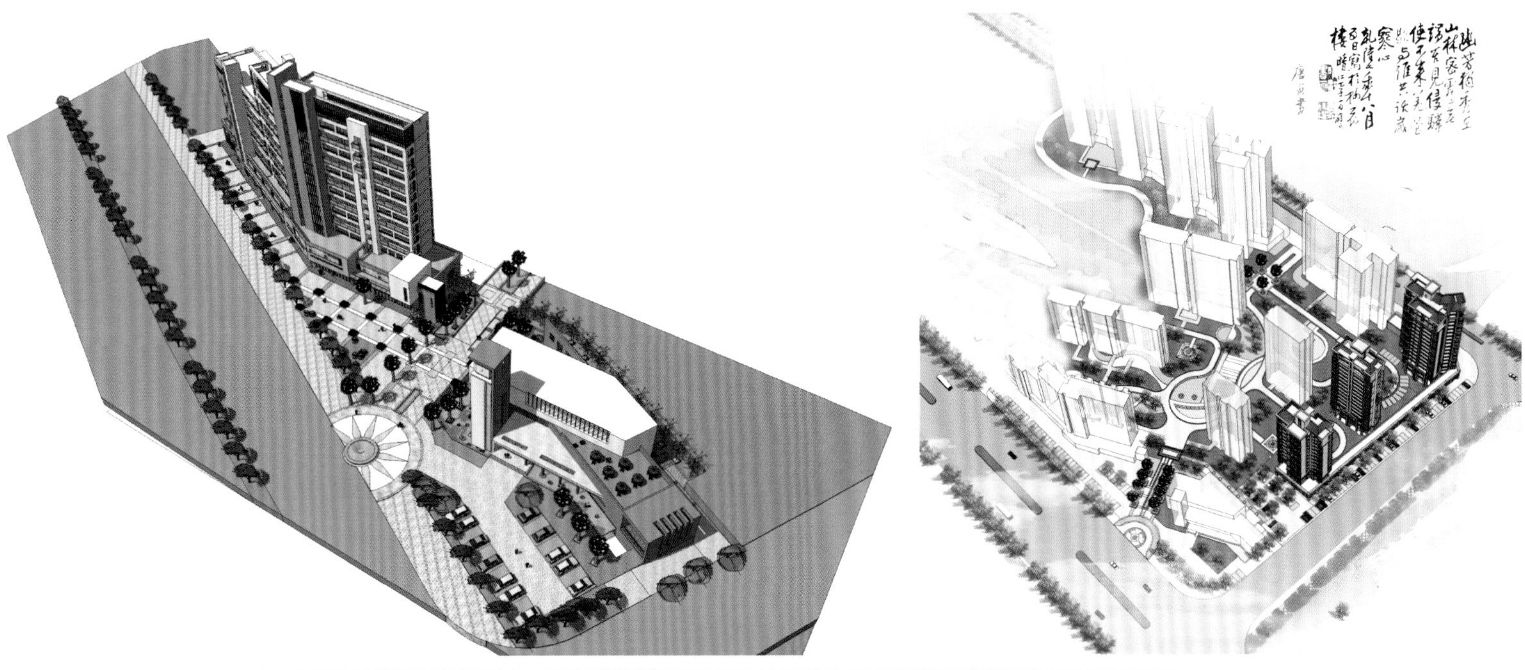

昆山君悦豪庭（二期）

项目地点：江苏省昆山市
开发商：昆山光达房产开发有限公司
建筑设计：上海新外建工程设计与顾问有限公司
总建筑面积：47 378 m²

君悦豪庭（二期）位于江苏省昆山市，东临长江中路，南侧为规划道路，北靠汛塘路，街对面即为君悦豪庭一期项目用地。该地块位于昆山CBD及娱乐开发区的核心区域，周边商业、金融、医疗、教育、文化设施齐备，市政配套完善。

建筑采用围合式布局，沿长江中路布置办公楼，沿规划道路布置住宅，沿基地三个临街面布置附属商业，希望与君悦豪庭一期项目共同营造出区域的商业氛围。立面造型采用与君悦豪庭一期一致的立面造型元素，突出同一系列产品的特性。高层住宅立面采用传统三段式，基底与顶部做重点刻画。纯净的建筑体型需要精美而合乎逻辑的建筑表皮来搭配，密致的栏杆、格栅、飘顶与石材、玻璃、金属等元素共同演绎着传统与现代的交响乐。

规划总平面

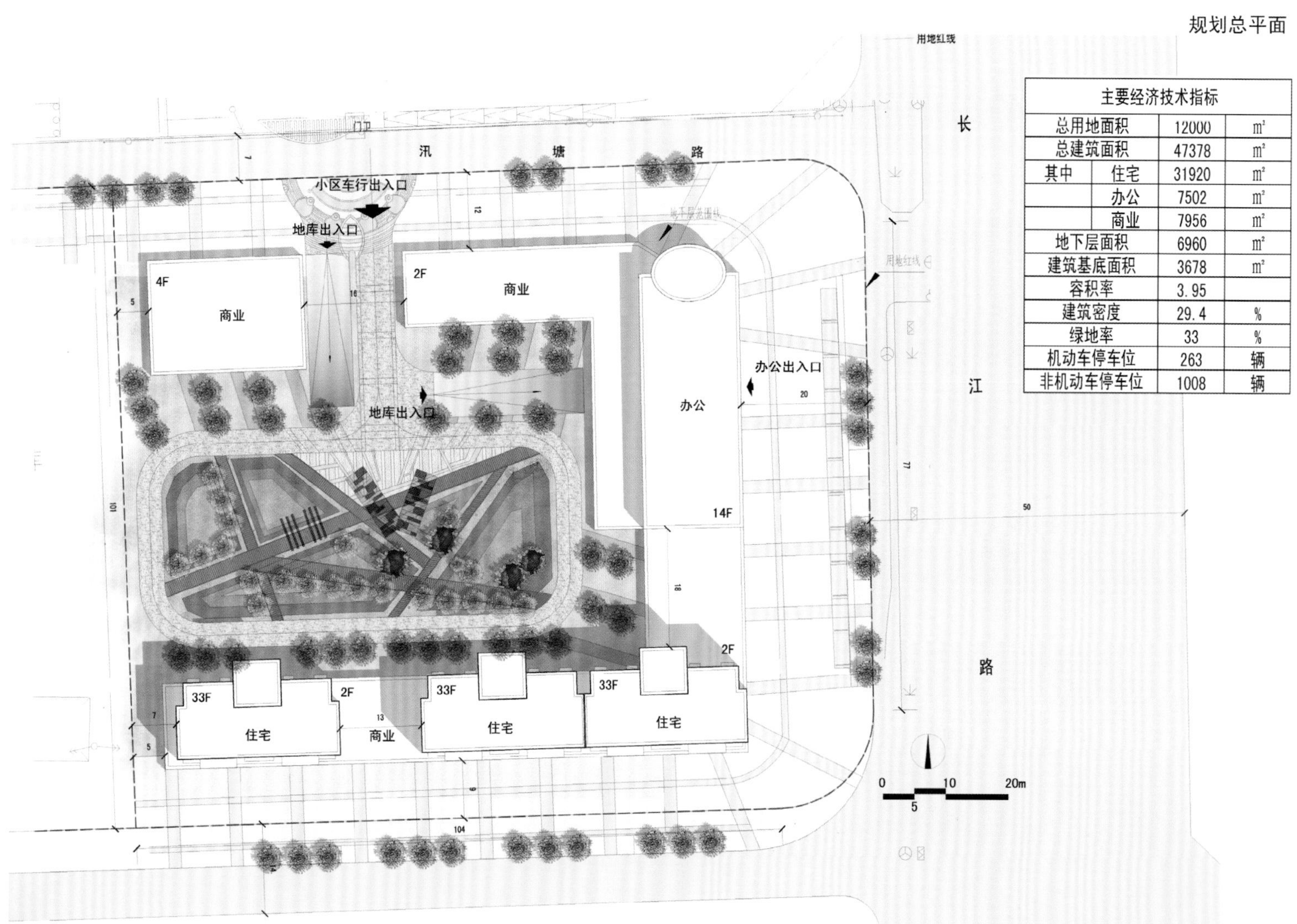

主要经济技术指标			
总用地面积		12000	m²
总建筑面积		47378	m²
其中	住宅	31920	m²
	办公	7502	m²
	商业	7956	m²
地下层面积		6960	m²
建筑基底面积		3678	m²
容积率		3.95	
建筑密度		29.4	%
绿地率		33	%
机动车停车位		263	辆
非机动车停车位		1008	辆

日照分析

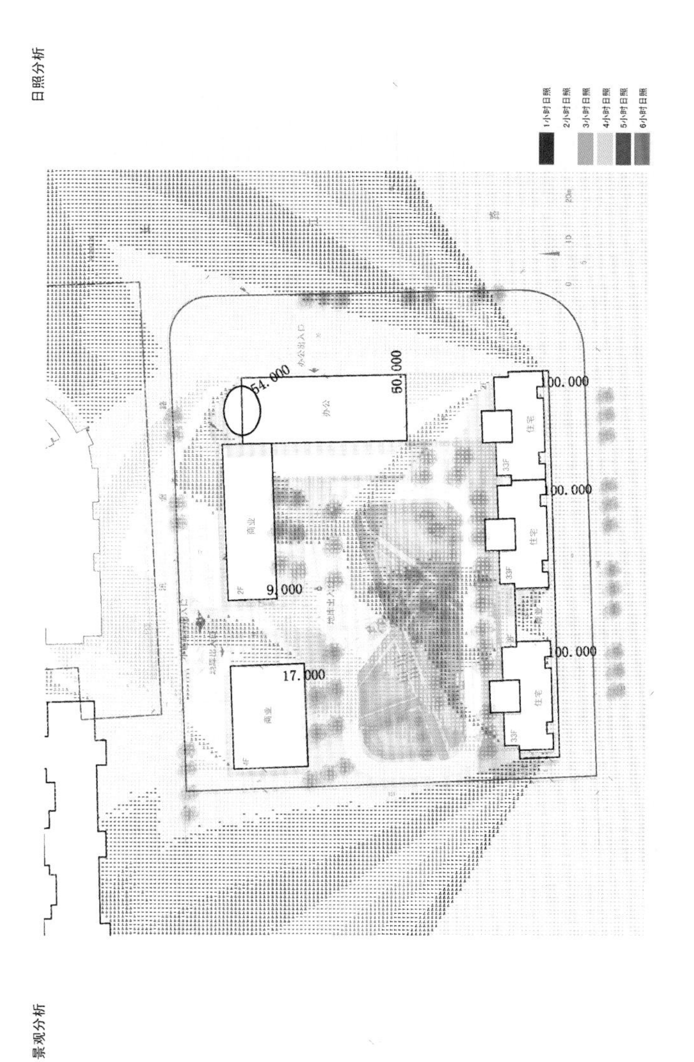

景观分析

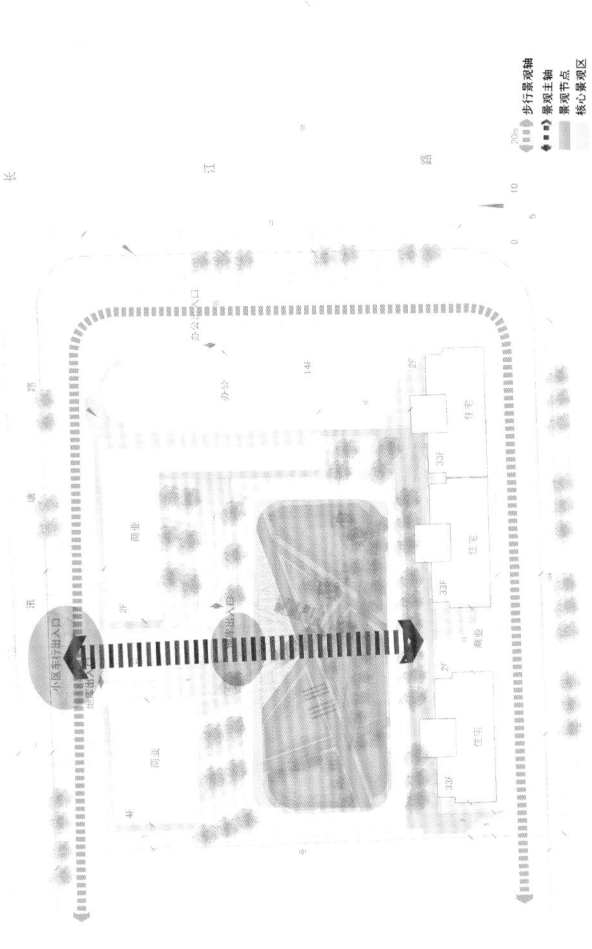

交通分析

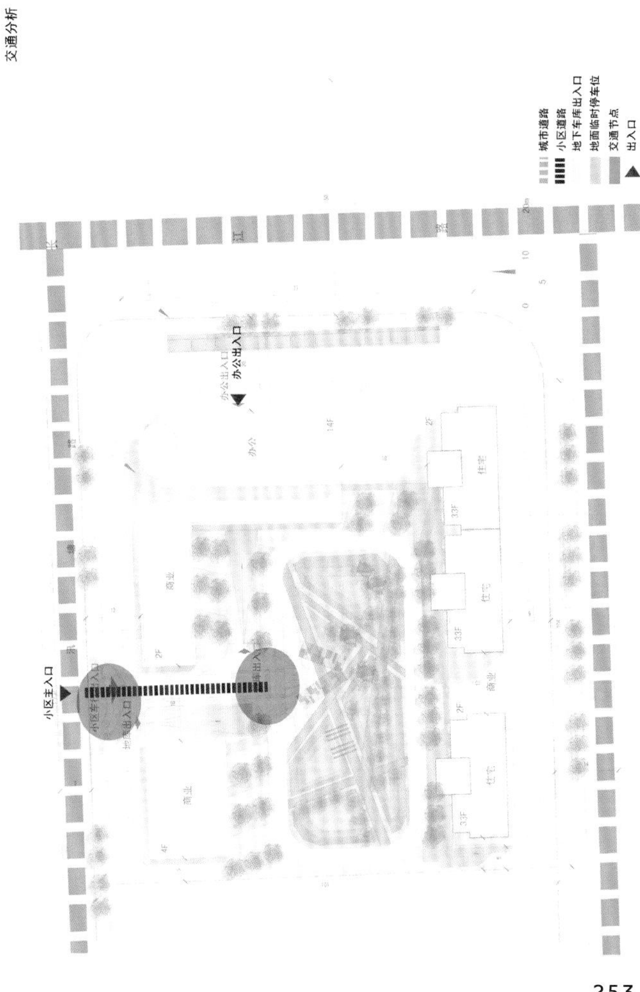

成都万科金域蓝湾

项目地点：四川省成都市成华区
开发商：成都万科成华置业有限公司
建筑设计：CCDI中建国际设计顾问有限公司
总建筑面积：46 942.94 m^2

成都万科金域蓝湾位于成都市成华区北二环路内侧，宗地东临北二环路，南侧为多层民房，西侧紧靠沙河50 m宽的绿化保护带，北侧临建设路。基地呈梯形，东西长约180 m，南北长约230 m，总建筑面积46 942.94 m^2，场地内地形平整。本项目所在片区，周边文化资源、景观资源丰富。随着旧城改造、向东发展的城市战略实施，将一改繁杂的东郊工业片区的形象。用地的隐含价值也将得以充分体现和提升，是难得的交通便捷又极富生活品位的居家宝地。

该项目立足于当地的文化底蕴，体现巴蜀文化、历史文脉，结合现代居住生活理念，以现代的设计手法，打造舒适、亲切的人居环境。小区整体采用了"U"形半围合+点式塔楼中心大花园的布局方式，在小区动线上，设计实现人车分区、分流，从而形成安全便捷的人性化交通组织。通过内部的高品质住宅组团以及外部设置沿街商业空间和生活服务配套设施，将商业和居住空间进行有效分隔和联系，既保证了居民的生活便利，又构成了居住小区整体"外动内静"的良好氛围。西侧的集中绿地与三座点式高层住宅融为一体，在城市中心打造一处"别有洞天"的住宅小区。

建筑形式具有社会含义的体系，形式的生成是经过精心策划的。本案拟采用新古典主义的形式，创造出独特的"怀旧风情"街区。在立面上遵循古典建筑的比例、色彩，运用现代材料、科技手段进行演绎。立面形态上强调细节、尺度、构件之间的比例、外墙及屋顶材料的色彩。三段式、简化的线角、竖形窗、简约柱式、丰富的光影变化，赋予建筑以灵魂。底层设商铺，以结合街区形成整体设计，结合柱网划分不同开间、面宽的铺位，形成大小不同、形式多样的商业店面。二层设商业，大开间，大进深。满足不同商业业态的需求。

项目拥有非常稀缺的沙河资源，临河河岸线长约320 m，将被精心打造成一条环境优美、约为15 000 m^2的沙河景观带。新古典主义的建筑立面，划出浪漫的城市天际线，将成为一道璀璨的风景。万科秉承"让自然成为规划的主人"的设计宗旨，充分利用原生资源，临二环和建设路一侧采用围合式布局，形成面积约12 000 m^2的中庭极致景观。同时充分利用沙河景观，让建筑有机地融入自然中，达到"临河看河，临院看院，院内享院"的景观规划效果。

成都龙湖三千里

项目地点：四川省成都市成华区
开发商：成都龙湖锦华置业有限公司
建筑设计：CCDI中建国际设计顾问有限公司
景观设计：加拿大EKISTICS（艾克斯蒂）景观设计公司
占地面积：55 094 m^2
建筑面积：330 000 m^2

龙湖三千里位于成都市二环路与建设路金十字路口，与城市主干道保持恰如其分的距离，处于繁华深处，在享受片区商业配套的繁华和便利的同时，又远离尘嚣，闹中取静，是片区内最宜居家之地。龙湖三千里是城东首个兼具室内泳池、室外恒温泳池、壁球馆的人文社区；牵手国际大师，用别墅景观标准打造小户型的立体社区景观；新颖的蝶形布局，结合创新板式结构，用豪宅的建筑布局规划小户型建筑平面；70~90 m^{2}精致舒适户型，两层挑高对翻阳台，精致阳光房，保证每一户全面采光、自然通风，让小户型享受豪宅景致。

项目的1、3号楼采用楼蝶形布局，保证户户全面采光、自然通风，户户多面景观视野，小户型享受豪宅景致；3梯6户，4部电梯直达车库，超高标准配置；全采光观景电梯厅，独立电梯间，避免任何对住户的影响，居家品质全面提升。2号楼采用点板布局，创造小户型的板式楼布局，8部电梯，6部直达车库；设计全采光电梯厅，独立电梯间，拒绝任何回廊式落后布局，避免任何对住户的影响，居家品质全面提升。一楼设计架空层，星级入户大堂，引入景观，全面打造气派的户外客厅。

部分户型采用两层挑高对翻阳台和精致阳光房，全面引进阳光清风；精致舒适户型，拒绝对视、遮挡，拒绝任何黑房间，保证每一个房间的自然采光、通风；户型方正合理，功能齐备，拒绝异型和浪费。主要户型有70~90 m^{2}的精致户型，80~160 m^{2}全新户型等。

双轴线景观设计：景观设计以轴线安排，东西向通过两地块隔路相望的集中绿地相互联系，从入口广场伸延至内部中央绿地，从两区天桥广场伸延至东面的会所中心。整个园林设计令地上地下连续，弧形景观带中的冥想园、观演台、爱侣园也十分别致和有情调。

上海吴淞西90、91号地块

项目地点：上海市
建筑设计：上海众鑫建筑设计研究院
主设计师：殷明、徐海祥、翟潇
90号地块
占地面积：17 990 m^2
总建筑面积：71 200 m^2
91号地块
占地面积：14 196 m^2
总建筑面积：69 800 m^2

吴淞西90、91号地块位于旧区改造地块，周边环境较为陈旧，为解决居民基本住宅需求，地块由商品房用地改为保障性住宅用地。由于地块容积率较高，故建设六栋点式高层，以满足动迁和保障性住宅需求。项目东面可眺望黄浦江，景观视野开阔，建筑立面采用新古典主义，细部线条挺拔，有很强的标识性。

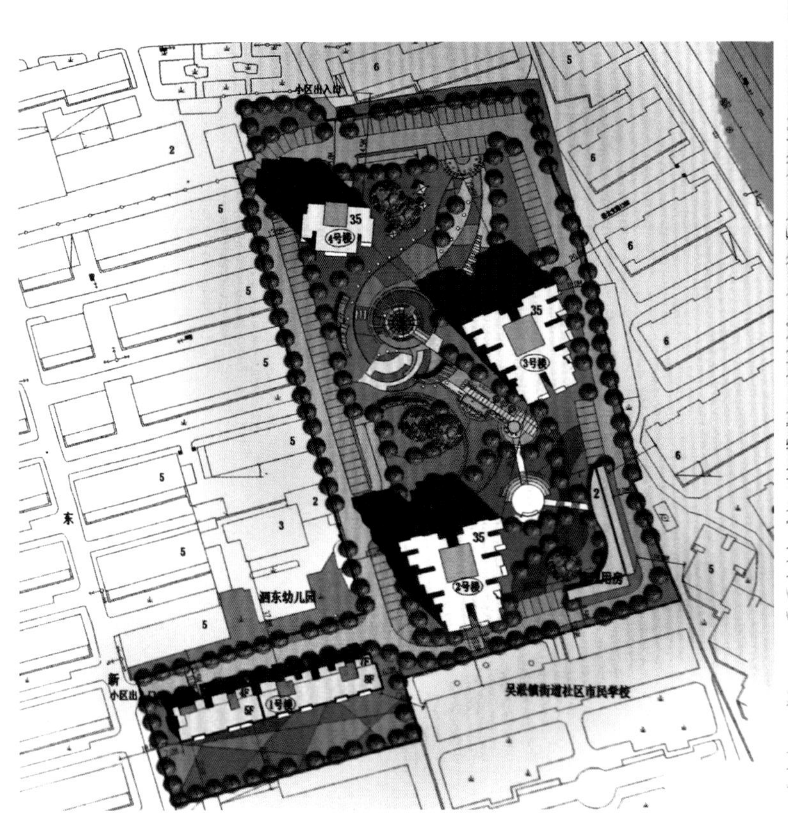

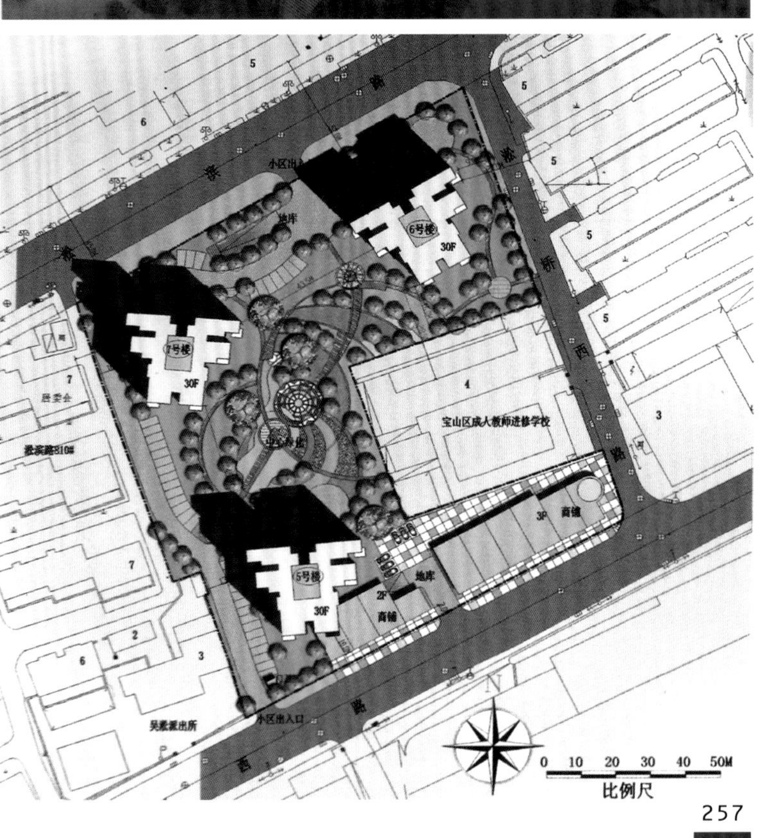

HIGH-RISE RESIDENTIAL BUILDING

高层住宅

Curve	曲线	006-161
Broken line	折线	164-257
Straight line	直线	260-403
Integration	综合	406-431

Straight line

直线 260-403

成都中铁丽景书香书院

项目地点：四川省成都市
开发商：中国中铁八局集团房地产开发有限公司
建筑设计：陈世民建筑设计事务所有限公司
总建筑面积：600 000 m^2

中铁丽景书香书院位于温江大学城核心腹地，依偎学院完整配套，东邻四川财经大学，北部紧临成都中医药大学，西邻国家生态示范区——海峡科技园，周边星级配套的商务酒店及风情商业街的打造，使区域价值将迅速得到全面提升。

重庆南岸世纪新都城

项目地点：重庆市南岸区
建筑设计：陈世民建筑师事务所有限公司
建筑面积：1 650 000 m^2

重庆南岸世纪新都城位于国家级重庆高新区，紧邻石桥铺转盘，堪称重庆主城人流物流商流要冲的黄金口岸，渝州路作为重庆市区最主要的交通干道、景观大道和迎宾大道石桥铺作为连接渝中区、沙坪坝区、九龙坡区的交通枢纽，是重庆市西大门，其强大的辐射力具有无可比拟的优势。重庆南岸世纪新都城占地面积8万 m^2，总建筑面积37万 m^2的都市大盘小区内，是既享都市繁华便利生活又享小区宁静清幽居家环境的和谐统一体 。

重庆南岸世纪新都城地处石桥铺城市副中心约面积8万 m^2商业规模，积极打造区域内复合型商业新空间，集中商业大厦、商业广场、商业内街组合以及地下超市地铁出入口，共同构架立体商业形态、填补区内商业空白、引航高新区商业步入崭新时代；规划精心设计、创新理念打造人居新空间，楼体造型各异，围绕主题中心花园和8个小庭院发散式布局，交通组织良好，组团布局合理，环境景观与居家生活和谐统一，30~300 m^2经典户型从平层跃层到错层，款式丰富多样。

南坪转盘
南坪东路
响水路口
北路
南坪南路
响水
绿化广场
商业广场
商业
广场
汽车站
3F
公园绿地
防护绿地
农机路口
南城大道
南坪南路
辅仁立交

武汉金地·西岸故事

项目地点：湖北省武汉市
开发商：金地集团武汉房地产开发有限公司
规划/建筑设计：武汉和创建筑工程设计事务所有限公司
占地面积：54 735 m²
总建筑面积：168 631 m²
容积率：3.0
绿化率：30.1%

金地·西岸故事共九栋现代时尚风格的高层建筑，包含了住宅、商业、会所、休闲运动场所等。社区内部规划有水景“卡拉菲亚广场”、5 000m²公园式的“日落大道”商业街、700 m²会所“北滩”会馆、两个室外篮球场、“加勒比海”露天泳池、“乐高乐园”童趣园、“棕榈泉”五重叠院式园景等。而源自美国西海岸的生活场景也被一一移植到金地·西岸故事里。

建筑面积为78～130 m²的户型舒适敞亮，每户客厅、卧室均可南向采光，并设有入户阳光凹窗。户型的设计经过了精细用心的考量，使得面积使用价值最大化、居住舒适最大化。65 m超宽楼间距配合全超高的架空层设计扩大了业主平日活动空间，也让栋与栋之间的通透性和采光性充分提升。人车分流的人性化设计使社区时刻保持着自然、宁静、和谐的居住氛围。所有美好的生活元素在此汇集，都是为了让美国西海岸生活在南湖得以完美首演。

整体鸟瞰图

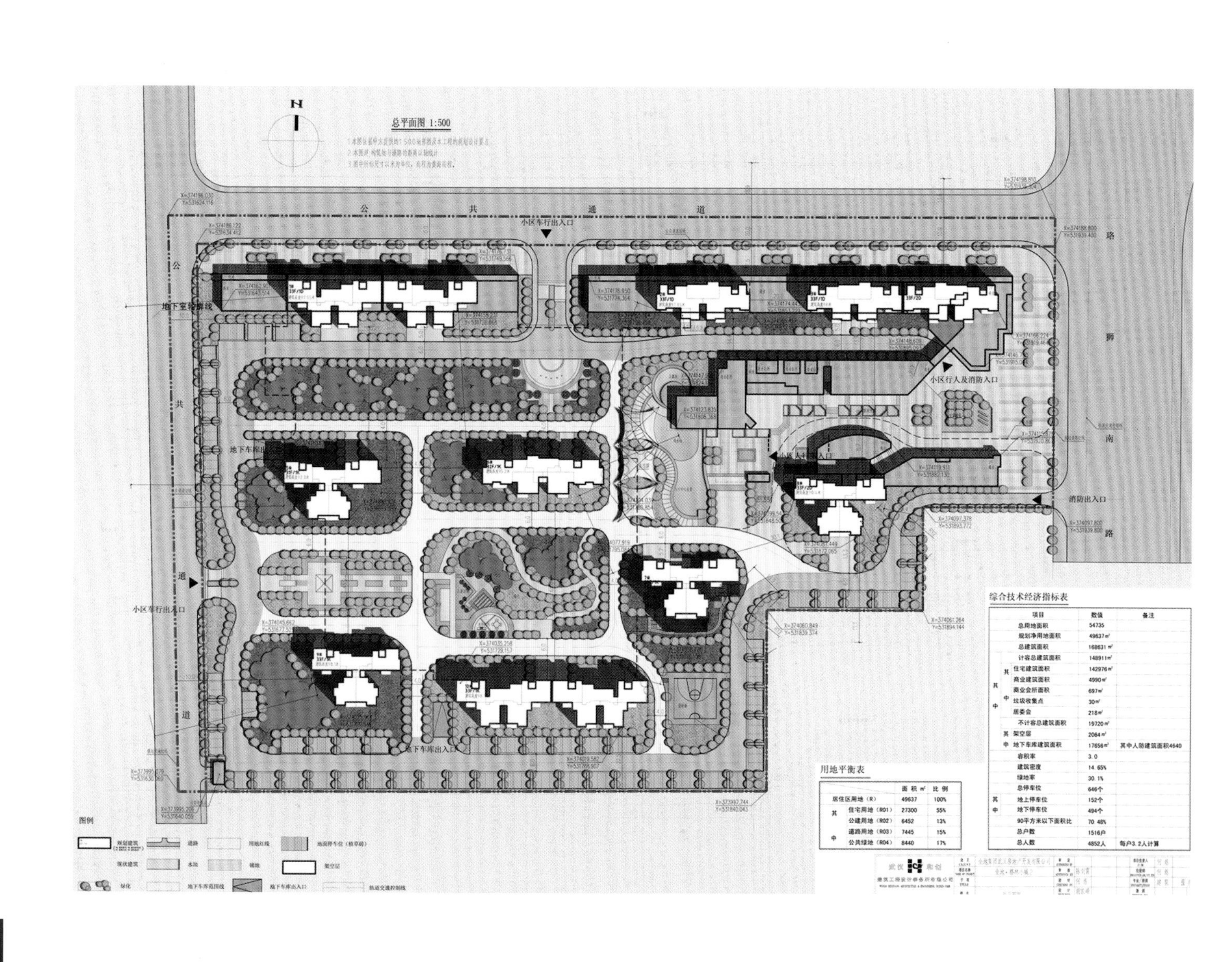

综合技术经济指标表

项目			数值	备注
总用地面积			54735	
规划净用地面积			49637㎡	
总建筑面积			168631㎡	
其中	计容总建筑面积		148911㎡	
	其中	住宅建筑面积	142976㎡	
		商业建筑面积	4990㎡	
		商业会所面积	697㎡	
		垃圾收集点	30㎡	
		居委会	218㎡	
	不计容总建筑面积		19720㎡	
	其中	架空层	2064㎡	
		地下车库建筑面积	17656㎡	其中人防建筑面积4640
容积率			3.0	
建筑密度			14.65%	
绿地率			30.1%	
总停车位			646个	
其中	地上停车位		152个	
	地下停车位		494个	
90平方米以下面积比			70.48%	
总户数			1516户	
总人数			4852人	每户3.2人计算

用地平衡表

		面积㎡	比例
居住区用地（R）		49637	100%
其中	住宅用地（R01）	27300	55%
	公建用地（R02）	6452	13%
	道路用地（R03）	7445	15%
	公共绿地（R04）	8440	17%

重庆协信阿卡迪亚

项目地点：重庆市渝中区
景观设计：深圳市奥斯本环境艺术设计有限公司
占地面积：200 001 m²
总建筑面积：480 000 m²
容积率：0.69
绿化率：34%

协信阿卡迪亚位于重庆市渝中区嘉陵江南岸，北朝全江景色。E1组团位于整个项目的东部。该组团的北侧、西侧均为高档别墅，东侧是云栖谷圆形绿地，南侧则临近卡福厂。

E1组团是整个阿卡迪亚的有机组成部分，具有阿卡迪亚的现代主义景观的共性，同时具备其自身的个性，延续了建筑的中式现代风格。纵观目前已经建成的阿卡迪亚的几个组团，整体呈现的是修身养性、含蓄内敛的奢华，而不外露。设计师强调指点江山、时代轮回、陶冶情操、颐享天年四种生活状态与建筑功能的结合，让居所既能满足现代生活方式的需要，又具有皇室生活的神韵。

太原恒大名都

项目地点：山西省太原市
开发商：恒大地产集团
占地面积：133 333 m^2
总建筑面积：400 000 m^2

太原恒大名都位于北城中央，紧邻城市主干道解放北路，距CBD核心区仅3 km。西望太原森林公园，北依北宫公园，东眺卧虎山公园（太原市动物园），地理位置优越，升值潜力不言而喻。

项目占地面积为133 333 m^2，总建筑面积为400 000 m^2。项目以面积近10 000 m^2的南北双内湖为核心，规划皇家湖景园林50 000 m^2，60余种近万株珍稀成品绿植全冠移植。9 000 m^2的风情商业街、5 000 m^2的超豪华会所、10 000 m^2的省一级重点小学、国际双语幼儿园等，为业主打造国际级的社区配套。满屋名牌的9A精装成就龙城豪宅典范。

首期规划建设230 000 m^2中高层、高层湖景花园洋房。56~155 m^2的大湖官邸、超豪华入户大堂、实景园林花园等，为业主打造高品质的皇家园林生活。项目最大栋距为150 m，标准层3 m高。另有270度超大宽景飘窗。它一方面大大增加了采光面，另一方面可以近观远眺，拉近人与风景的距离，成就“大湖名门”的门第。

沈阳万科新里程

项目地址：辽宁省沈阳市
规划/建筑/景观设计：维思平建筑设计
主设计师：吴钢、陈凌、张瑛
景观面积：53 600 m²

沈阳万科新里程项目所在地为浑南大学城，周边有多所高校。用地北临宽阔的浑南大道，东临建筑大学壮观的空中走廊，西侧和南侧是上世纪90年代和更早时期建造的职工住宅，南侧为成片的田地，为典型的城乡交界之处。

设计延续麦田肌理而形成田园风景的脉络，城市道路形成的轴线则引申出了现代都市的脉络；园区的道路、“抄手游廊”、灯柱如同信息时代的产物而延续着现代都市这一脉络，而景观植物的种植则沿袭了田园的脉络。两条脉络相互交织，将规划、建筑及景观的设计统一在同一主题下。

小区内的步行道路、居游庭院、“抄手游廊”、水景、灯柱、售楼处以及建筑遵循园区网络布置，并一一叠加起来，组成一套完整的生活系统。纵向的体系罗列了整个园区的生活空间。“抄手游廊”连接12栋住宅楼，楼宇间设置4个以盒子为单元的主题景观，分别命名为金、木、水、土的居游庭院；园区入口的售楼处（日后作为商业出售）也采用盒式建筑造型，售楼处室内的设计也是依据同样逻辑，以一条曲折回转的通廊将内部的功能盒子串联起来；园区里的潺潺流水曲折回转，由南到北贯穿了整个景观庭院，为整个小区添加了活力。

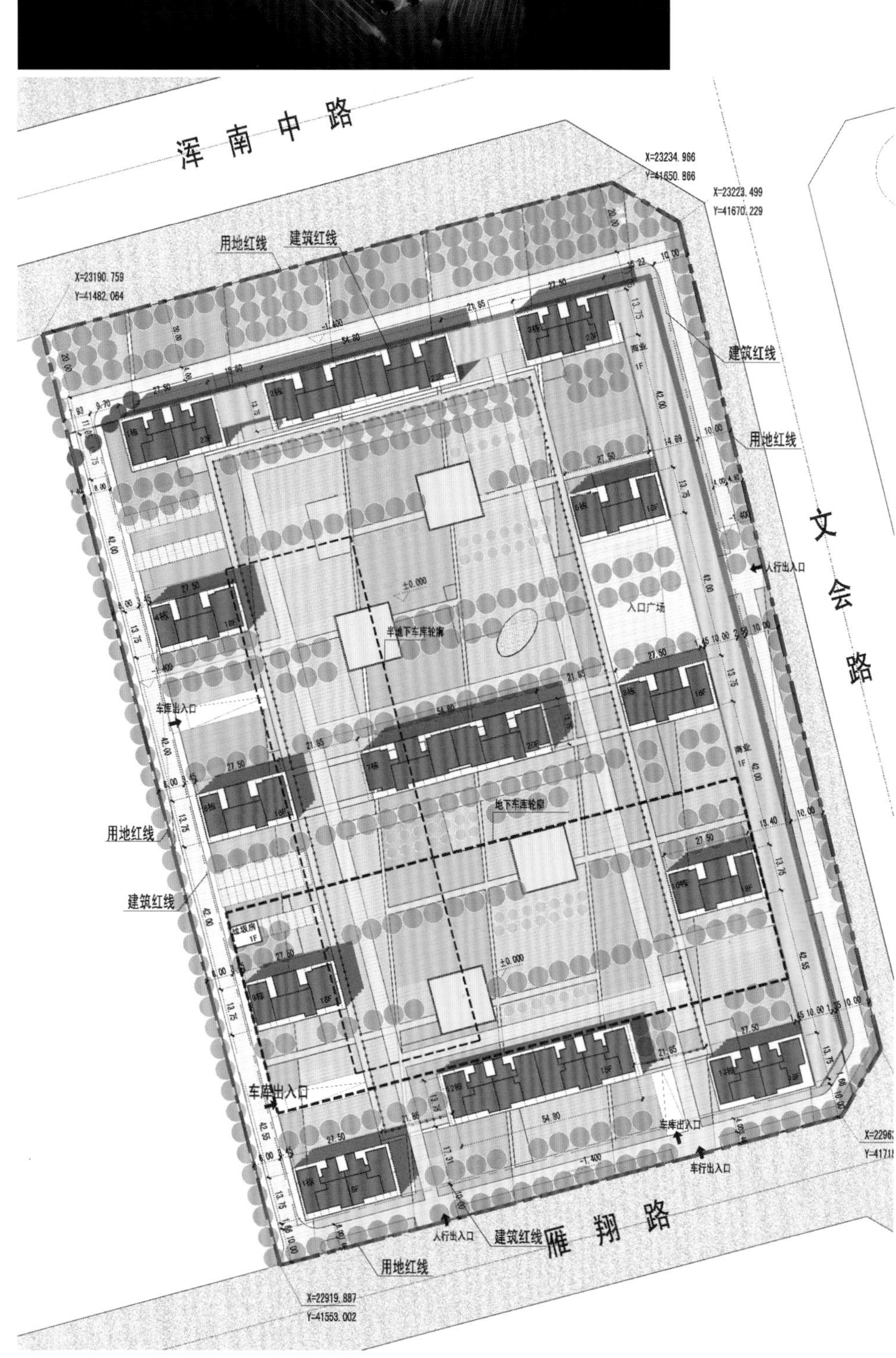

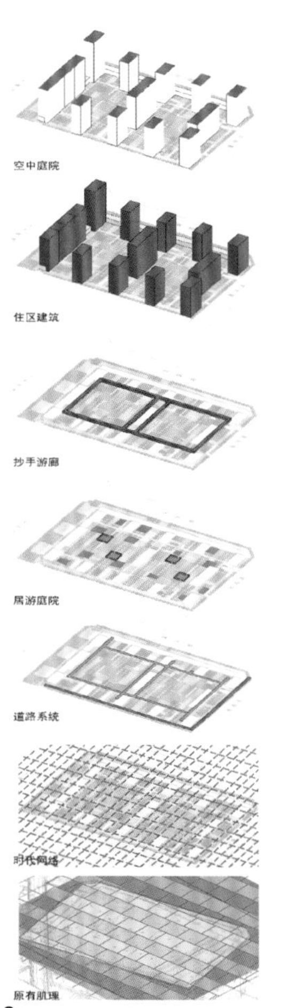

西安恒大名都

项目地点：陕西省西安市
开发商：恒大地产集团西安有限公司
景观设计：美国奥斯本环境艺术设计有限公司
占地面积：80 000 m^2
总建筑面积：310 000 m^2
绿化率：48%

西安恒大名都东临酒十路，南临矿山路，北临北二环延伸线，距东二环仅1 200m，交通便利。

西安恒大名都小区的园林景观采用欧式宫廷风格，规划有40 000 m^2的法国皇家园林景观，以及2 700 m^2的开阔湖面。另有超过7 000 m^2的五星级会所，包括室内恒温游泳池、餐厅、健身馆、艺术娱乐中心和儿童活动中心，各项配套设施齐全。

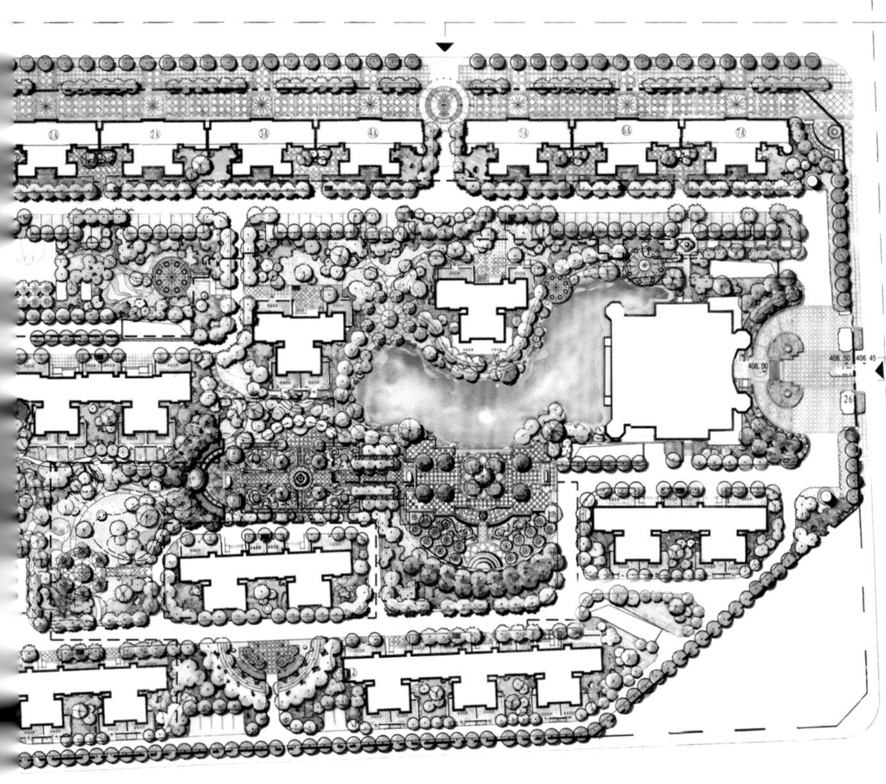

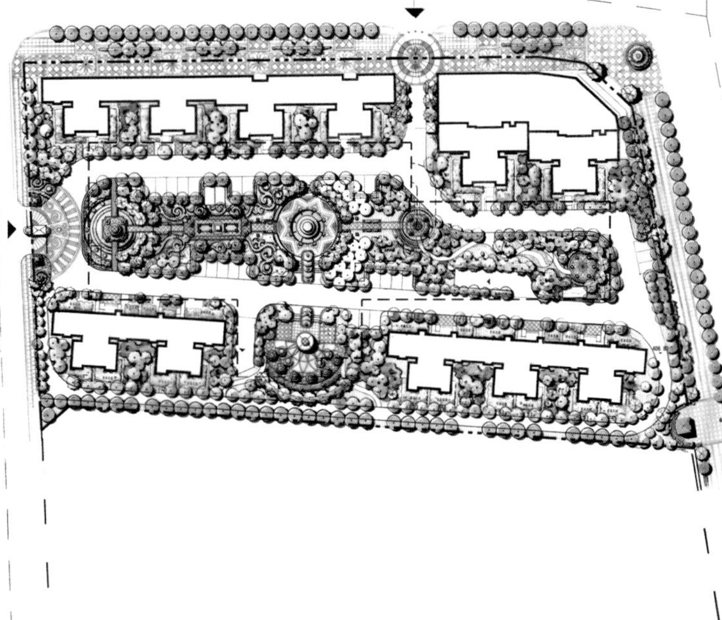

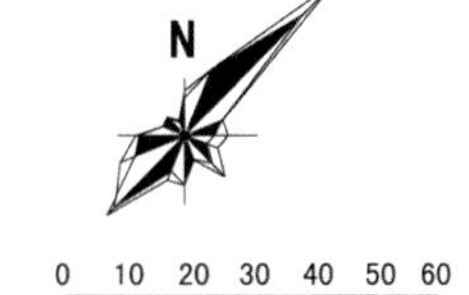

重庆同创国际

项目地点：重庆市江北区
开发商：重庆同创置业（集团）有限公司
占地面积：64 817 m^2
总建筑面积：242 194 m^2

同创国际位于重庆市江北区欧式一条街上，毗邻望海现代城、长安丽都（规划中）、龙湖·枫香庭等高档住宅小区。同时，根据小区所处地理位置的特点以及国际化社区的主题概念，规划有大量商用物业。

同创国际小区地势平缓，在重庆这座山高路陡的城市里，整个小区显得难得的方正平坦。结合这样的地形地貌，项目设计师采用了很规则的九宫格形式对小区内部建筑进行合理分配。同时在建筑立面上选择现代简洁风格，完全使用直线条对建筑立面及建筑形态进行勾勒。其现代简约的风格体现了目前国际上最流行的建筑风格，代表了一种“理性主义”的思想。

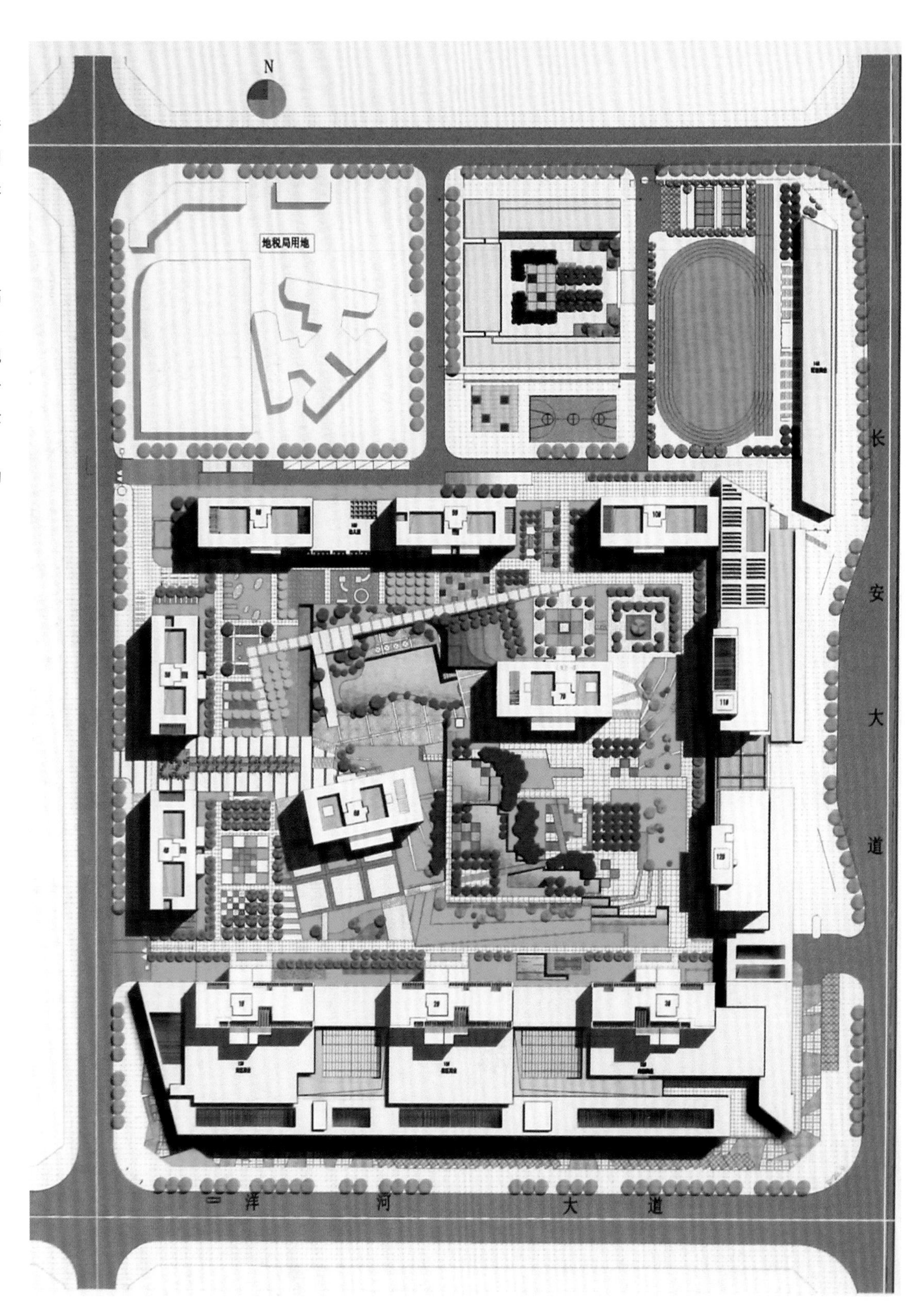

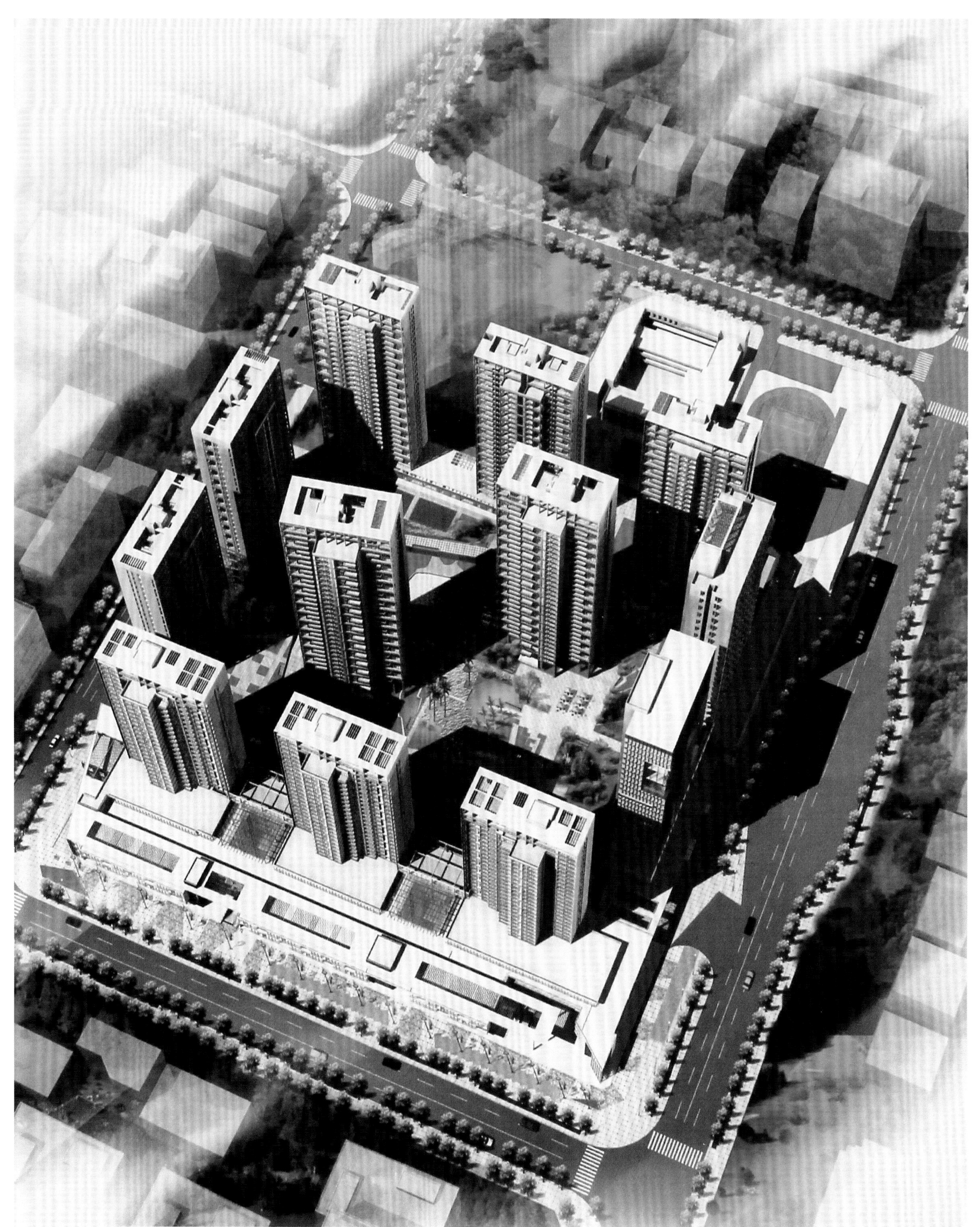

三河燕郊住宅项目

项目地点：河北省三河燕郊经济开发区
开发商：三河科奥房地产开发有限公司
建筑设计：C&P(喜邦)国际建筑设计公司
占地面积：77 452 m²
总建筑面积：245 771.93 m²

该项目位于三河燕郊城区中心位置，燕郊火车站对面，项目地点距离北京市区35 km，离通州14 km，距潮白河3.6 km，整个项目的交通地理区域优势明显，周边基础设施配套齐全，为环首都经济圈的重要位置。

项目的小区部分共有住宅14栋，采用低密度高层建筑围合布置方式，争取小区中心花园最大化，景观环境优质化、均匀化，赋予该地块人、生态、景观艺术相互融合的生动方式。建筑的立面造型采用时下较流行的Art Deco建筑风格，给本项目加以独特元素，形成别致的建筑风格。建筑整体色彩以浅黄色为基调，下部5层为深褐色石材，商业的建筑材料以石材为主，体现良好的城市风貌。

项目所采用的Art Deco建筑风格并结合了因工业文化所兴起的机械美学，以较机械式的、几何的、纯粹装饰的线条来表现建筑的高耸挺拔，其特色是有着丰富的线条装饰与逐层退缩结构的轮廓，看似既传统又创新的建筑风格，采用了钢骨与钢筋混凝土营建技术,给人以拔地而起、傲然屹立的非凡气势。

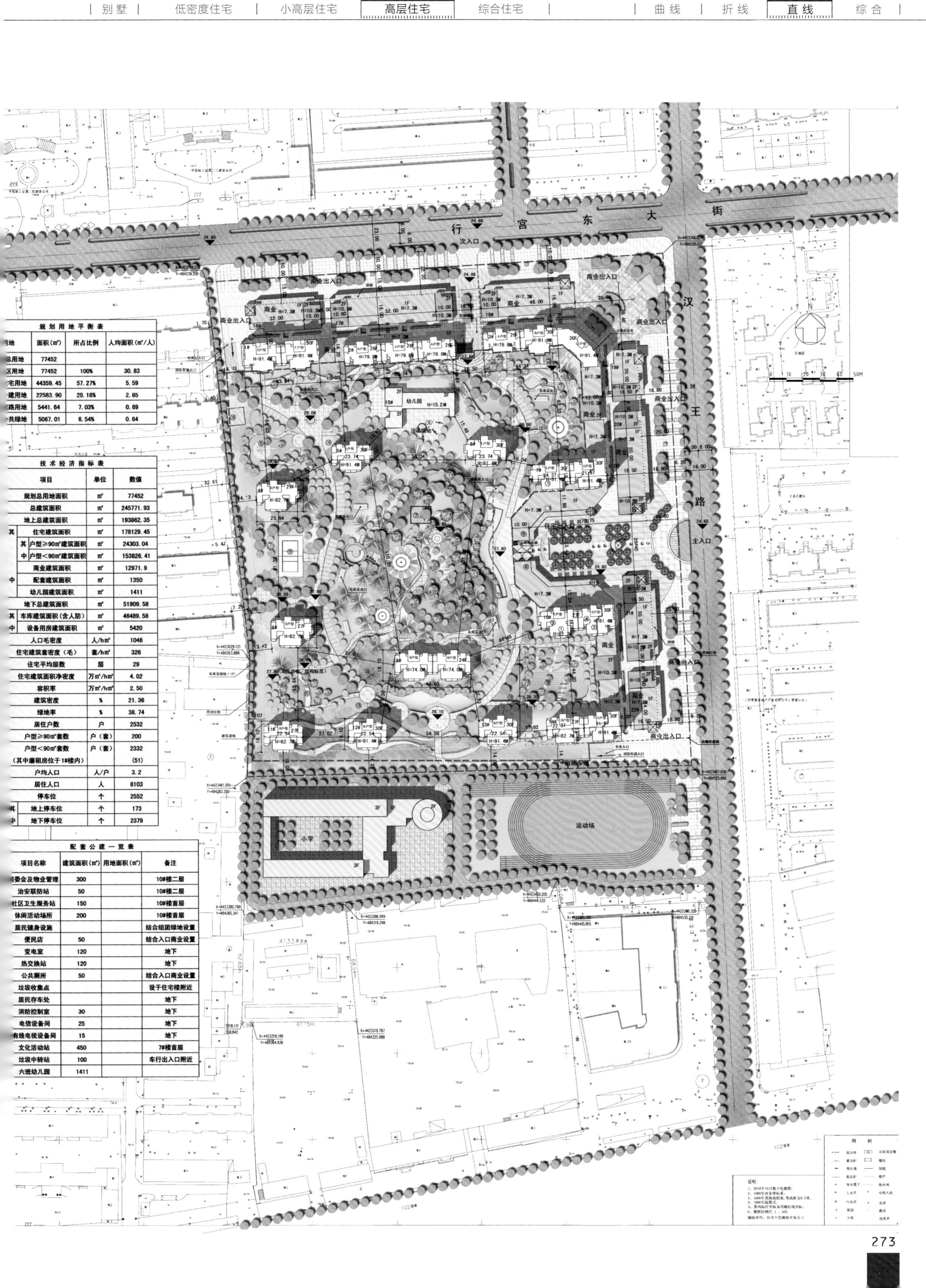

规划用地平衡表			
用地	面积(㎡)	所占比例	人均面积(㎡/人)
总用地	77452		
区用地	77452	100%	30.83
宅用地	44359.45	57.27%	5.59
建用地	22583.90	29.16%	2.85
路用地	5441.64	7.03%	0.69
共绿地	5067.01	6.54%	0.64

技术经济指标表				
项目			单位	数值
规划总用地面积			㎡	77452
总建筑面积			㎡	245771.93
地上总建筑面积			㎡	193862.35
其中	住宅建筑面积		㎡	178129.45
	其中	户型≥90㎡建筑面积	㎡	24303.04
		户型<90㎡建筑面积	㎡	153826.41
	商业建筑面积		㎡	12971.9
	配套建筑面积		㎡	1350
	幼儿园建筑面积		㎡	1411
地下总建筑面积			㎡	51909.58
其中	车库建筑面积(含人防)		㎡	46489.58
	设备用房建筑面积		㎡	5420
人口毛密度			人/h㎡	1046
住宅建筑套密度(毛)			套/h㎡	326
住宅平均层数			层	29
住宅建筑面积净密度			万㎡/h㎡	4.02
容积率			万㎡/h㎡	2.50
建筑密度			%	21.36
绿地率			%	38.74
居住户数			户	2532
户型≥90㎡套数			户(套)	200
户型<90㎡套数 (其中廉租房位于1#楼内)			户(套)	2332 (51)
户均人口			人/户	3.2
居住人口			人	8103
停车位			个	2552
其中	地上停车位		个	173
	地下停车位		个	2379

配套公建一览表			
项目名称	建筑面积(㎡)	用地面积(㎡)	备注
居委会及物业管理	300		10#楼二层
治安联防站	50		10#楼二层
社区卫生服务站	150		10#楼首层
休闲活动场所	200		10#楼首层
居民健身设施			结合组团绿地设置
便民店	50		结合入口商业设置
变电室	120		地下
热交换站	120		地下
公共厕所	50		结合入口商业设置
垃圾收集点			设于住宅楼附近
居民存车处			地下
消防控制室	30		地下
电信设备间	25		地下
有线电视设备间	15		地下
文化活动站	450		7#楼首层
垃圾中转站	100		车行出入口附近
六班幼儿园	1411		

厦门2007JG03地块规划

项目地点：福建省厦门市
规划设计：北京中联环建文建筑设计有限公司
占地面积：42 200 m²
总建筑面积：170 000 m²
容积率：3.13

该地块位于杏林湾片区内，隶属园博园板块，紧邻在建中的公铁大桥；沿地块西面规划建设的杏北外环路向北与杏林湾路、海翔大道对接，向东可与集杏海堤对接，交通便利。

项目规划有多层电梯洋房和高层空中别墅，户户推窗见湖，独享园博美景。户型设计以人为本，家家温泉入户，真正构筑“城市向海，居住向湖”的高品质湾居生活。项目拥有休闲会所、幼儿园、商业街、停车库等齐全配套设施，并紧邻即将建设的市人民广场、科技馆、图书馆、快速公交站点。

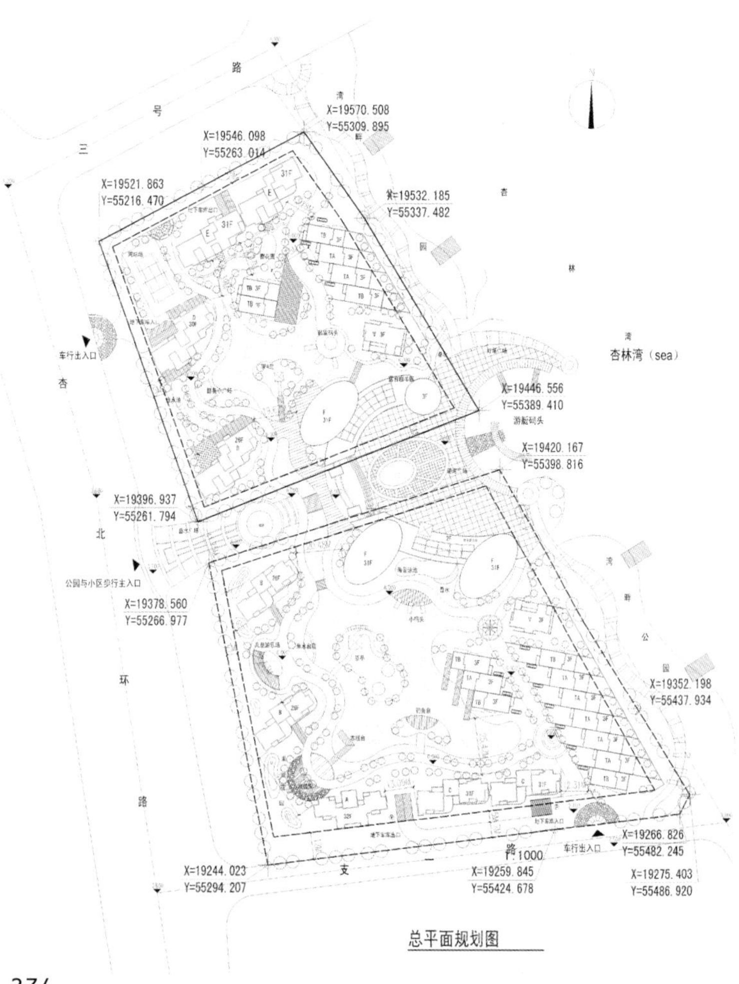

总平面规划图

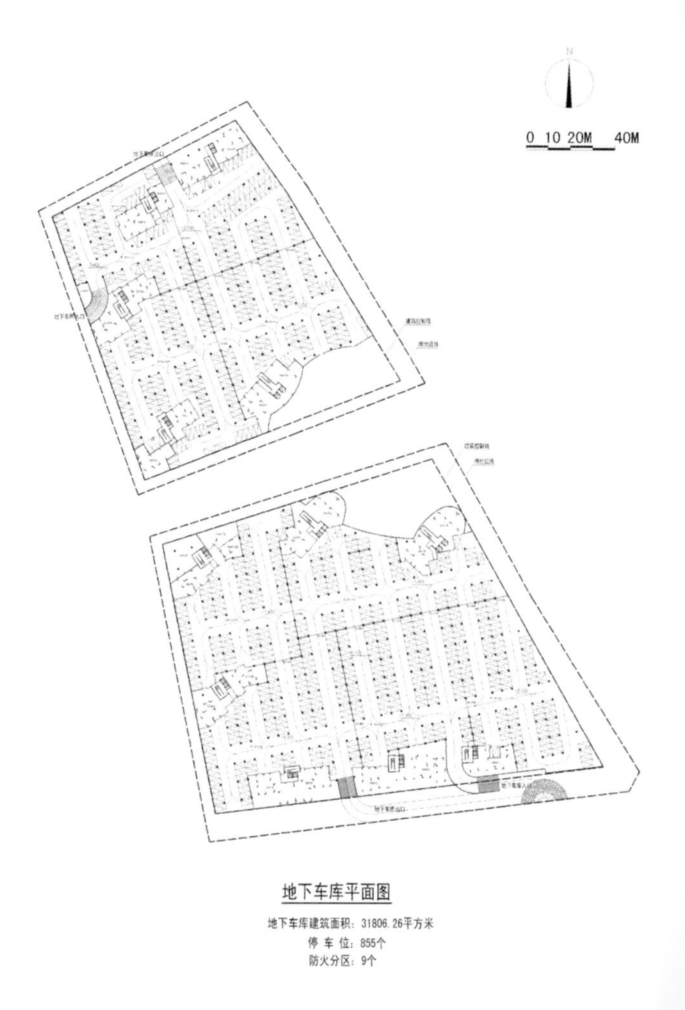

地下车库平面图

地下车库建筑面积：31806.26平方米
停 车 位：855个
防火分区：9个

郑州中原万达广场

项目地点：河南省郑州市中原区
建筑设计：北京中联环建文建筑设计有限公司
占地面积：92 679 m^2
总建筑面积：531 000 m^2
容积率：4.55
绿化率：14.80%

郑州中原万达广场位于市中心主干道中原中部南侧，项目总规划占地面积92 679 m^2，地上总建筑面积约422 000 m^2，将建成集大型商业中心、休闲娱乐中心、高级写字楼、精品公寓、商业步行街为一体的大型城市综合体。建成后，将极大地提升周边的商业、商务环境，成为郑州中原区新的城市商业中心。

用地分南北两个地块。北地块为商业用地，占地面积为54 331.41 m^2，总建筑面积约249 000 m^2，包括购物中心、SOHO、室外步行街。南地块为住宅用地占地面积38 347.85 m^2，总建筑面积282 000 m^2，包括六栋（共16个单元）高层住宅及两层底商。

北京温都水城养生公馆

项目地点：北京市昌平区温都水城
规划/建筑设计：澳大利亚SDG设计集团
主设计师：聂建鑫
占地面积：36 000 m²
总建筑面积：135 980 m²

项目是五塔组合形式的高层建筑群，总户数有1 500户，其中护理楼一栋，共有轻度护理和重度护理219户。设计理念是在充分利用土地和周边配套设施的前提下，努力营造实用、高效、绿色、人性化的养老宜居场所。

规划中的五塔组合在尽可能提高土地利用率的前提下，通过塔楼的45度平面扭转，使每个居室都有开阔的视野和良好的通风，而且整个楼体几乎没有阳光的死角，做到户户有阳光。

大底盘裙房将塔楼连成一体。通过裙房内完善的配套设施、屋顶花园、露台、绿色共享空间、屋顶休闲运动、水疗、酒店式居室等非传统老年居住方式，营造适合老年心理的全新老年居住形式。

空中连廊将项目与医院、酒店以及东侧的商业娱乐广场连接起来，无障碍地为老年人提供交通上的便利。地下一层车库与东侧水城广场地下车库相通。地下二层人防不仅满足自身需求，也满足了四个酒店的人防面积需求。

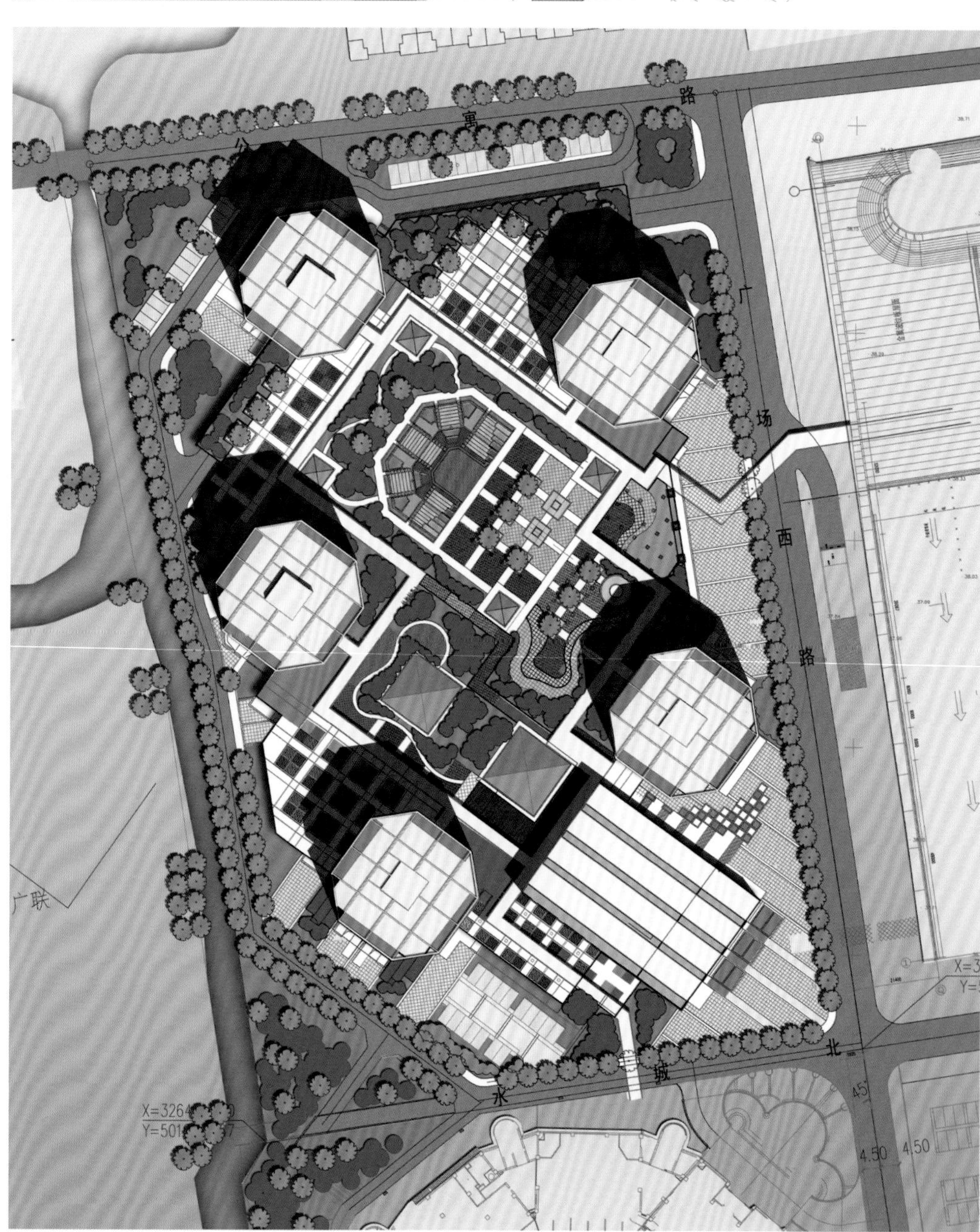

南京锋尚住宅小区

项目地点：江苏省南京市下关区
建筑设计：洲联集团·五合国际
占地面积：197 431.8 m^2
总建筑面积：53 290 m^2
容积率：0.90
绿化率：36%

项目位于南京市下关区，南接秦淮河，东临保存完整的明古城墙及护城河，周围树木林立，河水环绕，具有得天独厚的古迹景观资源。原有的几十棵梧桐老树得到完整保存，并有机地组织到新的院落中。道路走向曲折有致，临河设置不同的景观绿化主题，增加了通向公园水岸的视觉走廊和基地内的景观层次。

南京锋尚住宅小区由公寓楼和别墅区组成。为了保持基地的历史传统和当地文化，设计师将人们对"古老的城墙、茂盛的树木、蜿蜒流淌的护城河"的记忆引入到建筑中，充分运用最具代表性的本土元素白墙、灰瓦、木格栅，搭配形成色调简洁明快的现代中式风格。

除了鲜明的建筑特色之外，南京锋尚住宅小区最引人注目的是其生态节能设计。项目运用了先进的节能技术，并承诺净能耗为零。

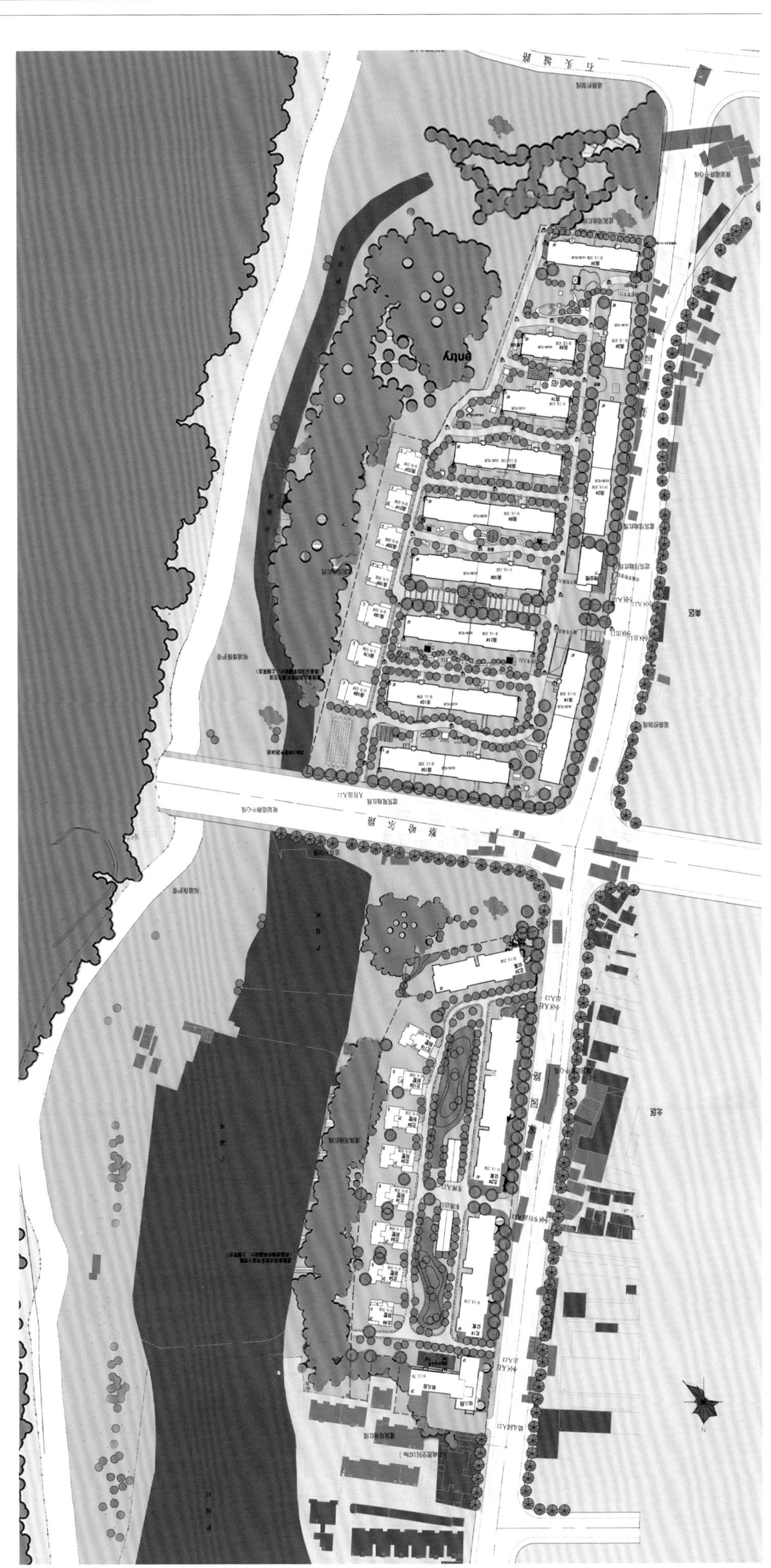

襄樊万达广场

项目地点：湖北省襄樊市樊城区
开发商：万达集团
占地面积：133 000 m^2
总建筑面积：600 000 m^2
景观面积：87 768 m^2

襄樊万达广场项目东起长虹北路，西至紫贞公园，南邻诸葛亮广场，北到大吕沟，是襄樊迄今为止投资额最大、商业配套最齐全、开发规模最大的城市综合体项目。建成后的襄樊万达广场集高级购物中心、唯一五星级酒店、唯一甲级写字楼、高尚住宅区、时尚休闲娱乐中心、国际电影城、超大型品牌超市于一体，引领襄樊商业、商务、居住、娱乐休闲新潮流。

项目建设主要为住宅及商用两个部分，其中包括10栋32层住宅楼、外围2层的商铺、2栋24层的写字楼、1栋19层的酒店以及3层或4层的商铺等，另外规划建设约2 250个停车位的地下停车库。

设计充分结合襄樊地区的历史文化内涵，运用情感化的元素、意向的手段增添环境的意境层次，潜移默化地打造深入人心、雅俗共享的人文环境氛围；充分考虑休闲景观的设置，并考虑公共空间形象，进行统一的梳理，突出现代的风格，综合区域特色，塑造城市景观亮点。

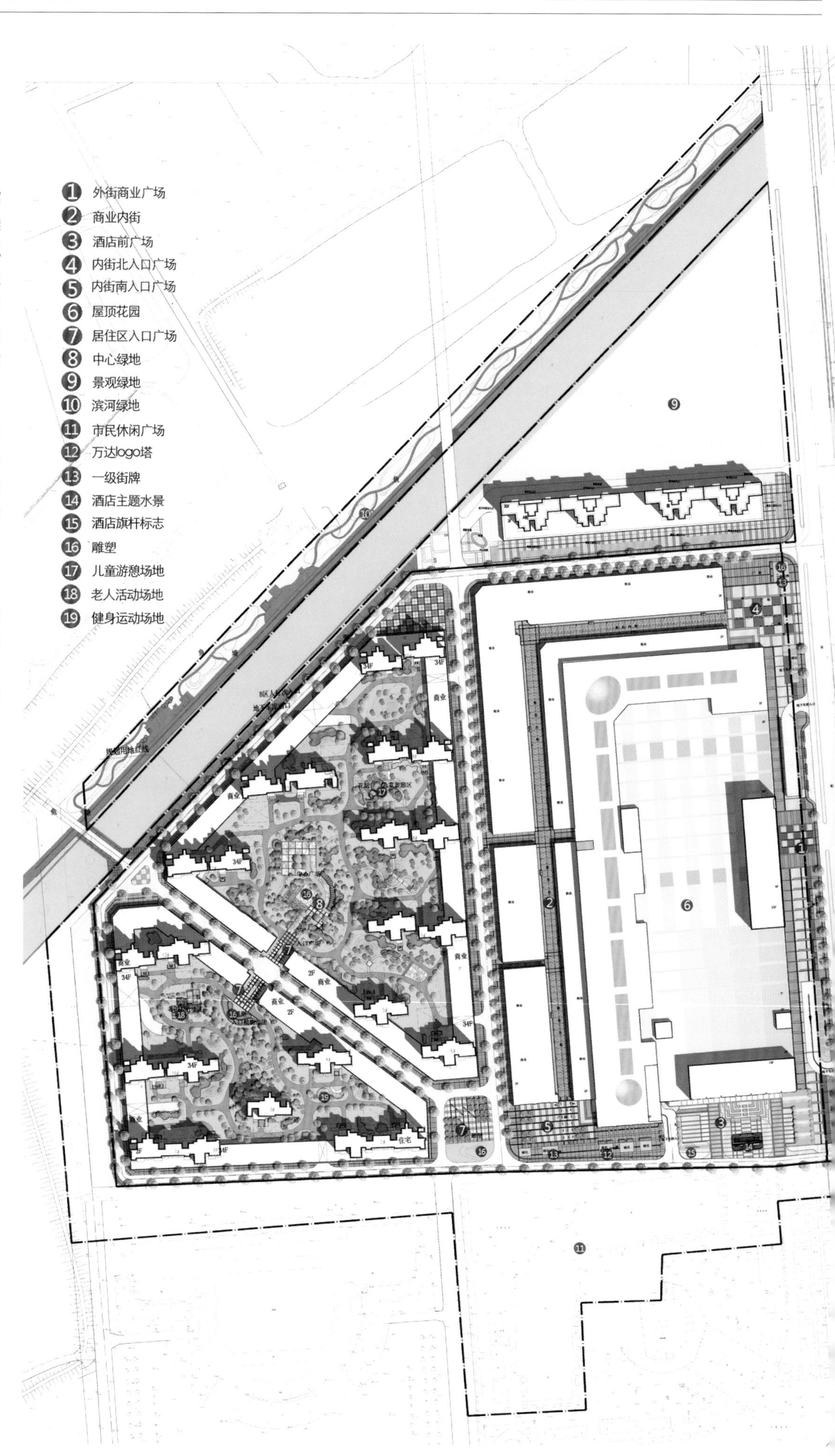

长春1948

项目地点：吉林省长春市
开发商：长春万科房地产开发有限公司
规划设计：logon罗昂建筑设计咨询有限公司
主设计师：Frank Krueger, Klevis Koco
占地面积：5 7000 m^2

长春1948位于吉林省长春市，始建于1948年，之前是长春柴油机厂，占地68 000 m^2，将改造成一个高端的多功能商业用地。

基地位于长春市区和机场之间，新的长春1948整合了餐饮、娱乐、办公和居住空间，同时还包括幼儿园等配套设施。基于对各个功能的战略性定位，地区的商业潜力得以最大化的实现。具有标志性的入口向使用者充分展示了新旧两种截然不同的建筑风格。根据当地的文化与气候特征，现有的建筑完美地与新建筑融合，创造一个兼具灵活性和舒适性的区域地标，同时能够适应不同的季节。可以说，长春1948是一个从工业用地转变成综合商业中心的成功案例。

为了在该区域创建第一处出众的地标，设计在场地的西部布置了一栋高层塔楼，远近可见。和装修后的原建筑外立面一起，使人很快联想起以前的工厂形象，并散发出翻修后新旧结合所创造的商业气息。通往场地的入口位于西边。入口广场引导人群进入场地内的其他地方。入口处空间开敞，极富表现性，向游客展示老的建筑立面。公共空间由一些互相连通的小广场和巷子组成，是放松休憩和交流的空间。

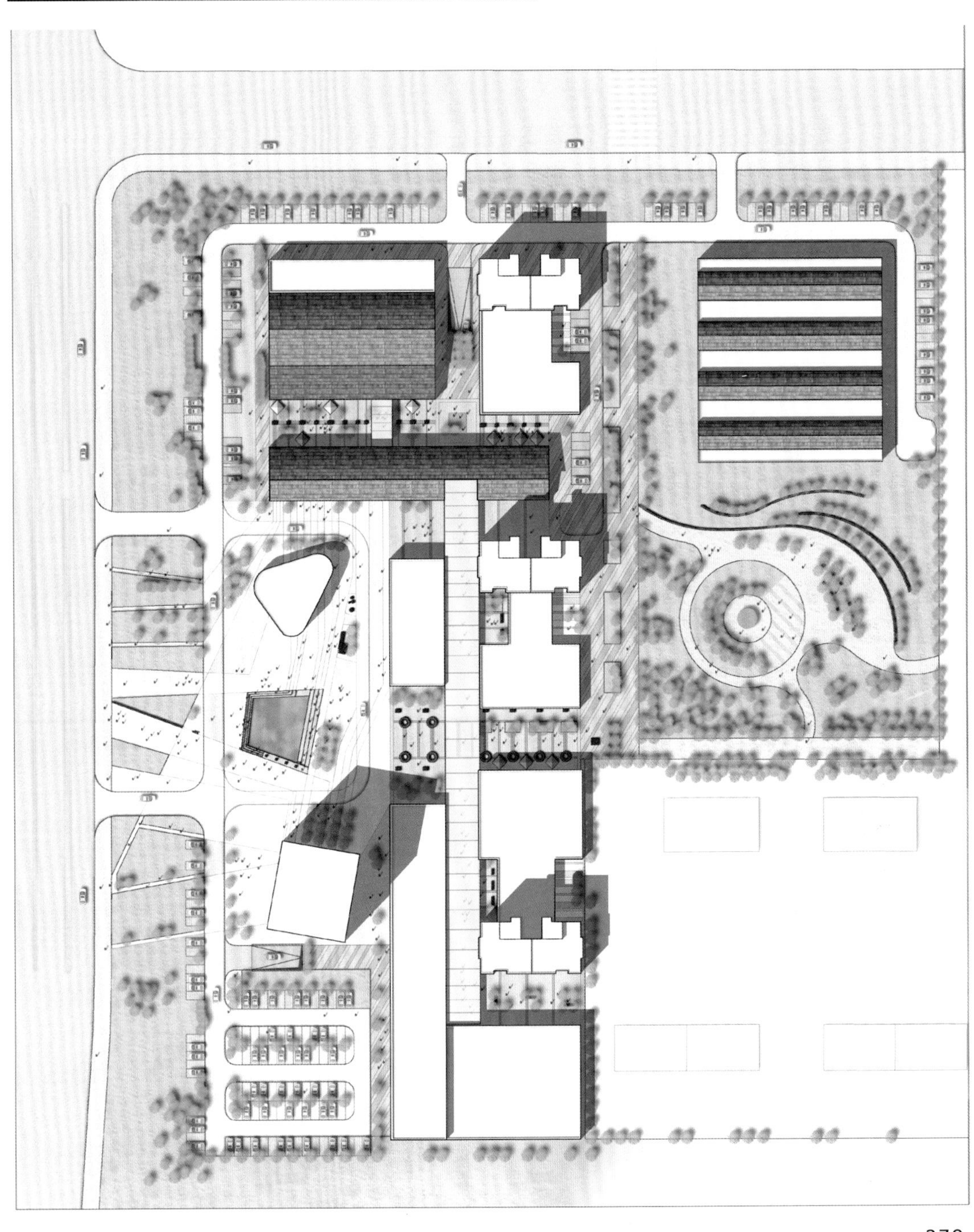

宣城国购地块建筑群

项目地点：安徽省宣城市
建筑设计：上海新外建工程设计与顾问有限公司
占地面积：64 900 m^2
总建筑面积：203 758 m^2
容积率：2.71
绿化率：25%

本项目基地位于宣城市宣州区政府原用地及周边地块，南临叠嶂路，北临春归苑步行街，东临状元路，交通状况良好，周边市政道路完备。东西长约281 m，南北长约299 m，整个地块呈较为规则的矩形，总占地面积为64 900 m^2。

规划中大型商业设施主要包括基地中心内部的下沉时尚广场为核心的商业区块以及基地北部的小商业区域。下沉时尚广场为功能核心，超市、商场、餐饮、娱乐各功能组团围绕中心环形展开，使各功能区块相对独立又在整体上统一，地块中车行和人行购物流线组合合理，车行交通主要结合城市道路在各功能区块外围组织，利用建筑退道路红线空间设置停车场，步行的商业购物、餐饮娱乐流线在地块内部组织。这样做到人车分流，使整个地块成为一个大型的商业广场、活动广场。

北侧的建筑以独立开间的店铺为主，北临春归苑步行街，为投资者和消费者提供多样性选择。在功能布局上更是明确了一动一静的合理分区，既把充满活力的商业闹市区与清静幽雅的小区生活环境合理划分，形成强烈的对比，同时又为远期周边地块统一开发起到了一定的带动作用。

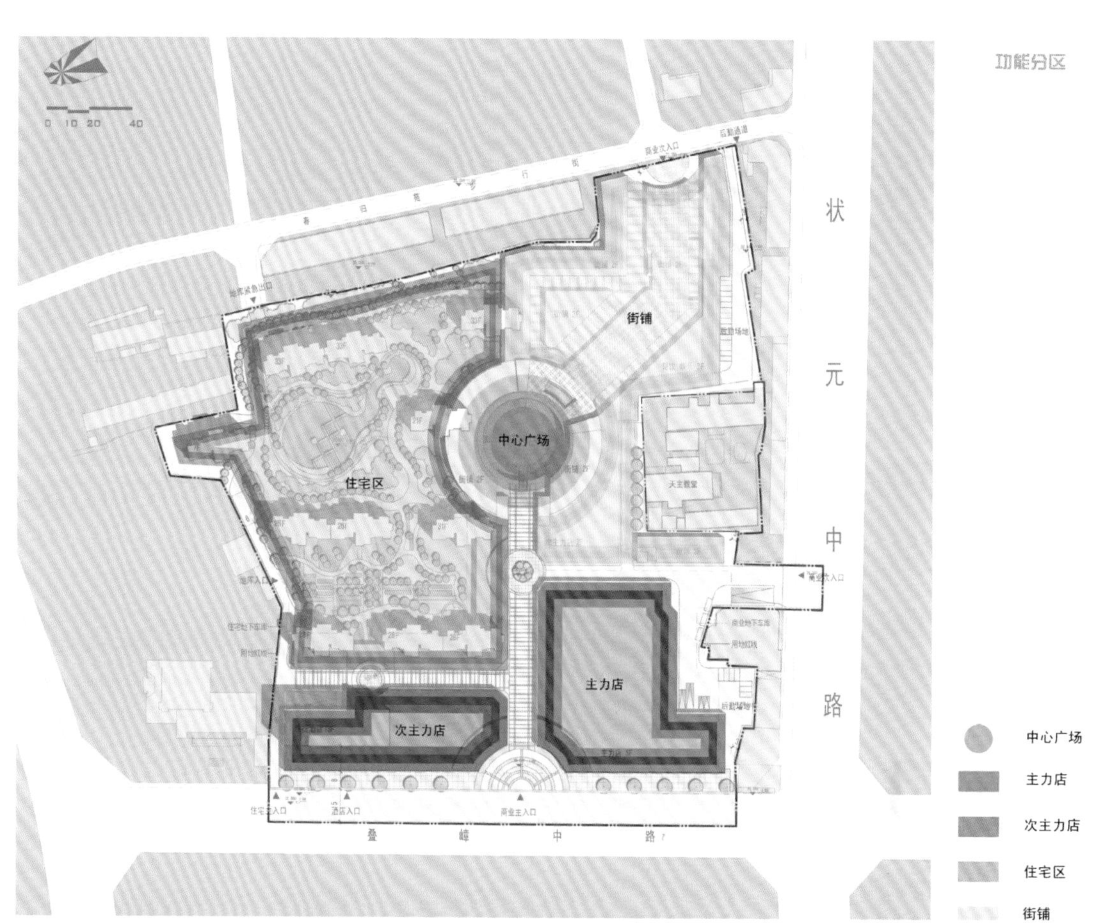
功能分区
0 10 20 40
状元中路
叠峰中路
街铺
中心广场
住宅区
主力店
次主力店
中心广场
主力店
次主力店
住宅区
街铺

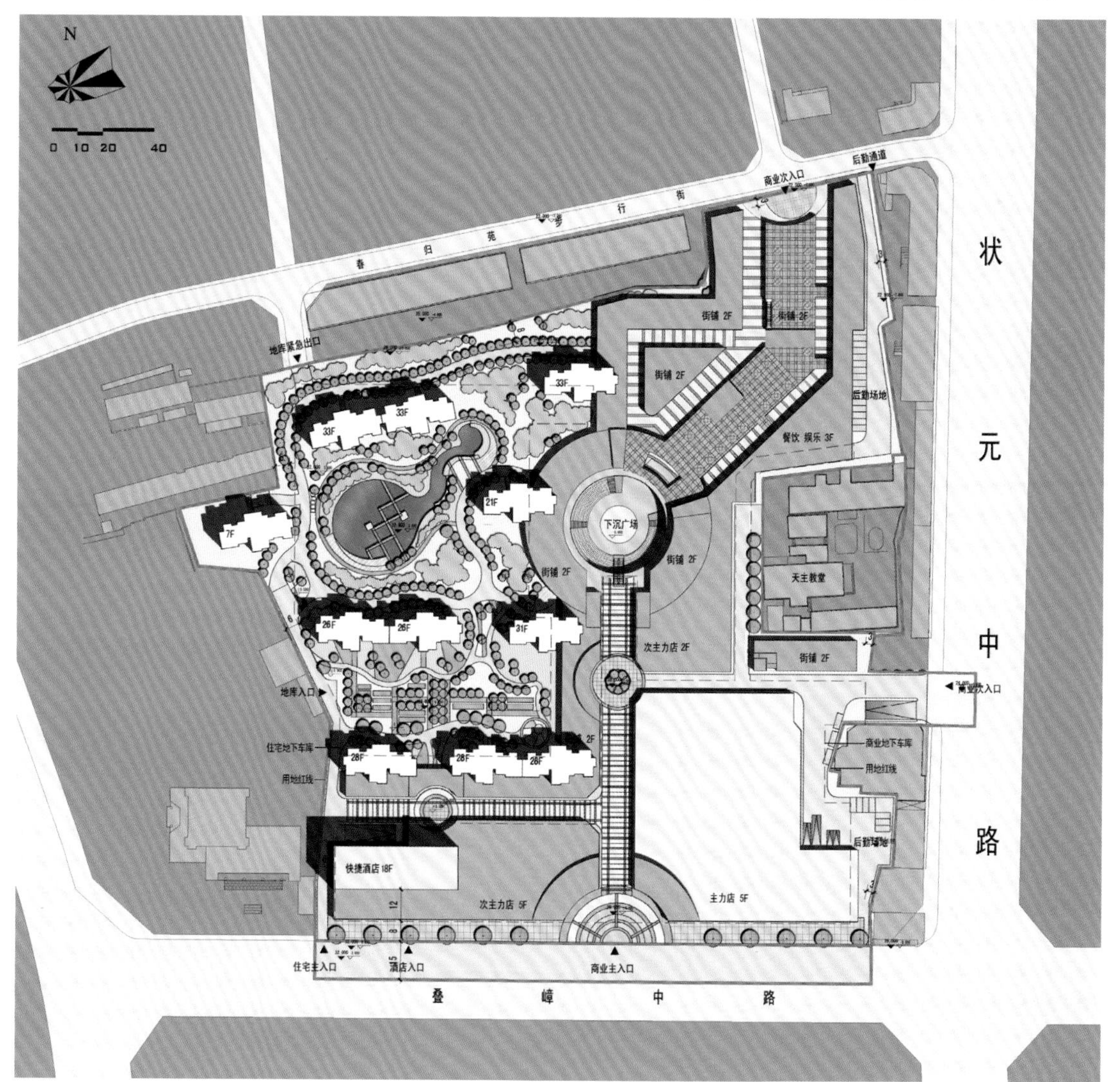
N
0 10 20 40
后勤通道
商业次入口
春归苑步行街
地库紧急出口
街铺 2F
街铺 2F
街铺 2F
后勤场地
餐饮 娱乐 3F
33F
33F
33F
21F
7F
下沉广场
街铺 2F
街铺 2F
天主教堂
26F
26F
31F
次主力店 2F
街铺 2F
商业次入口
地库入口
住宅地下车库
商业地下车库
28F
28F
28F
用地红线
用地红线
快捷酒店 18F
后勤场地
次主力店 5F
主力店 5F
住宅主入口
酒店入口
商业主入口
叠峰中路
状元中路

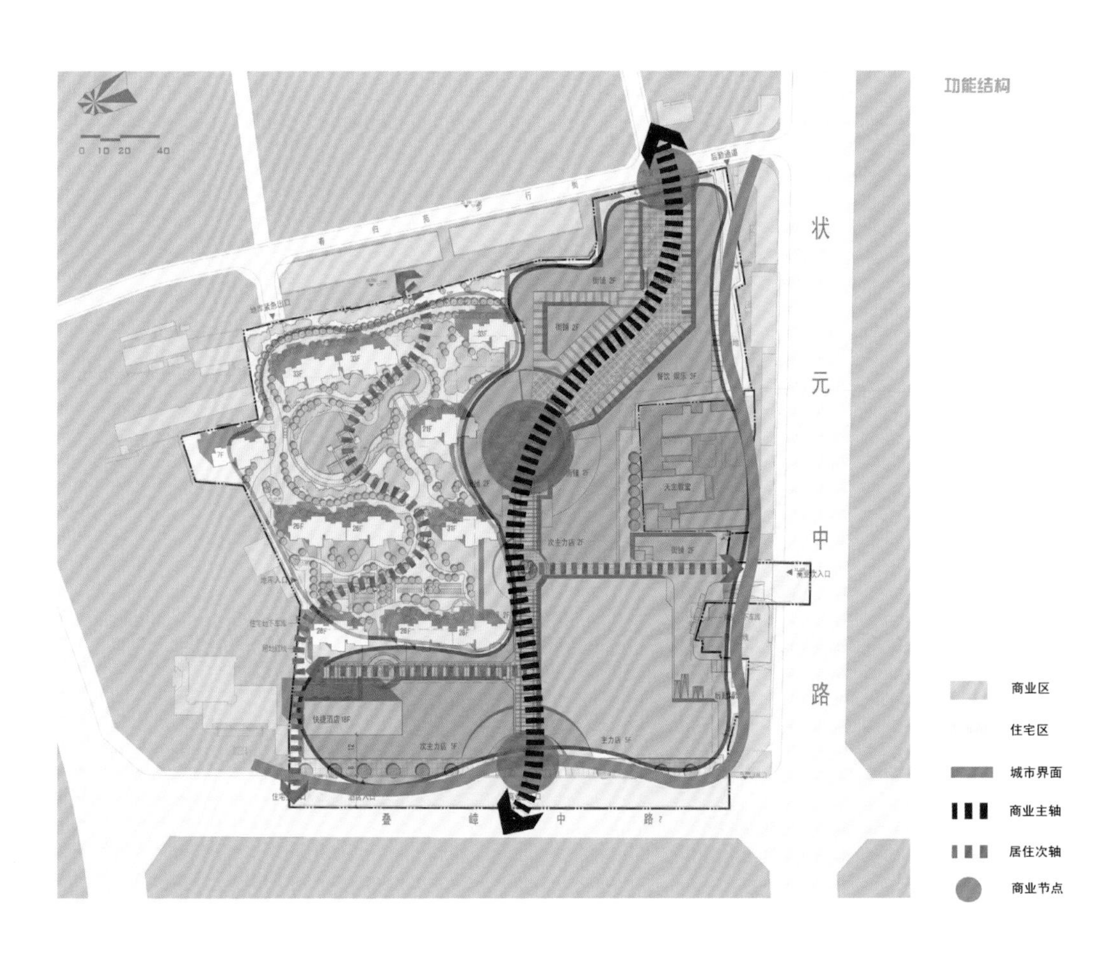

功能结构

商业区
住宅区
城市界面
商业主轴
居住次轴
商业节点

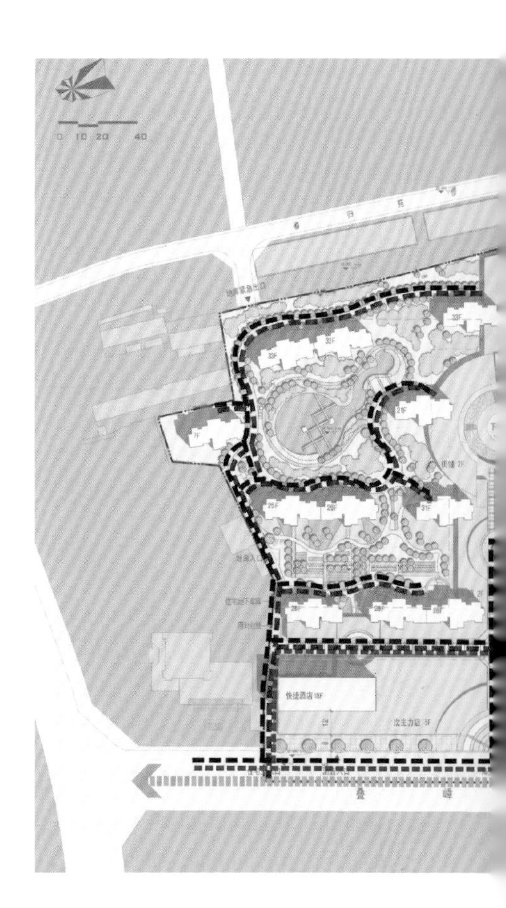

静态交通分析

地面停车
地下停车
地库入口

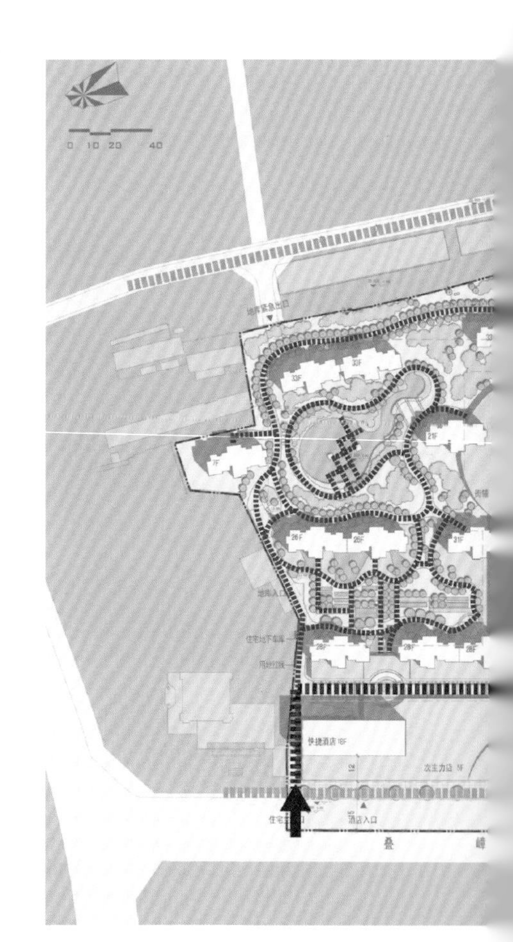

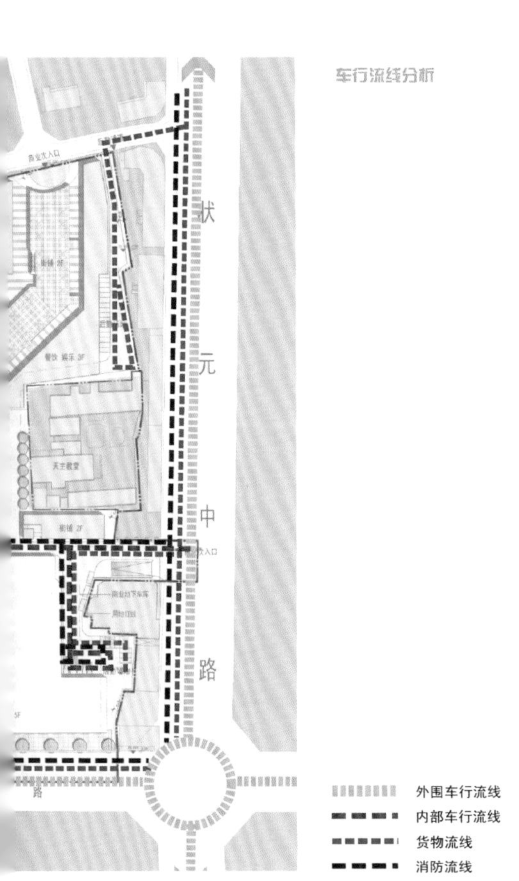
车行流线分析
状
元
中
路
外围车行流线
内部车行流线
货物流线
消防流线

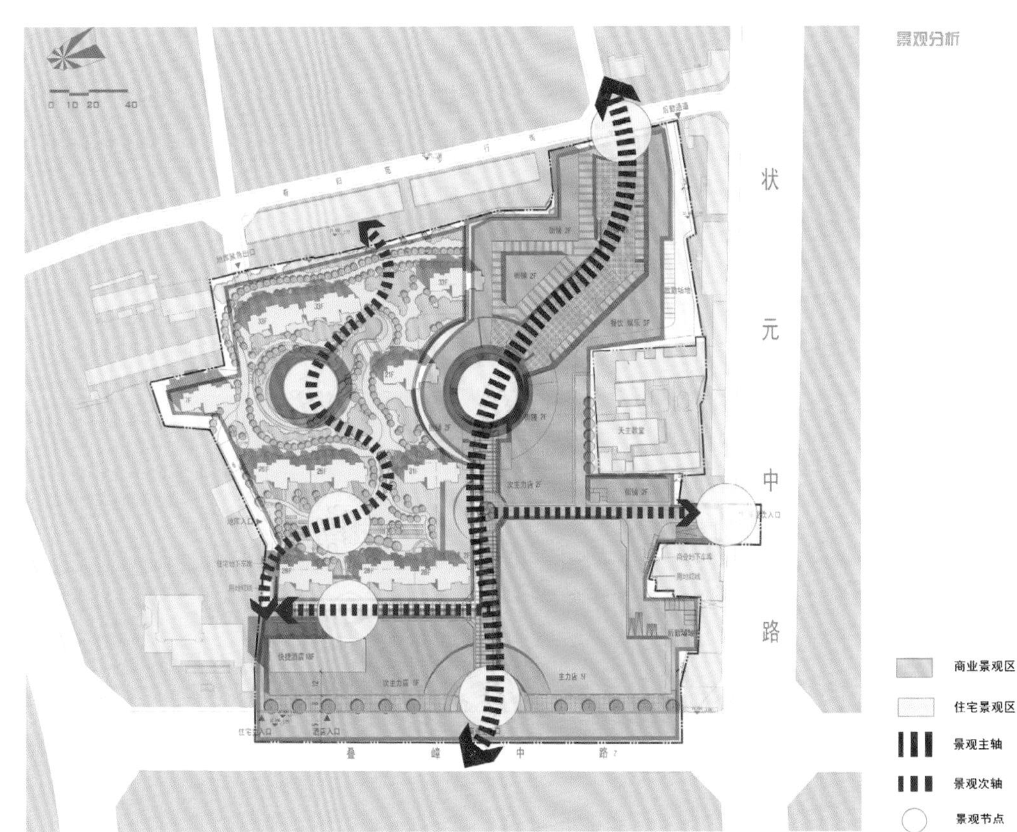
0 10 20 40
景观分析
状
元
中
路
商业景观区
住宅景观区
景观主轴
景观次轴
景观节点

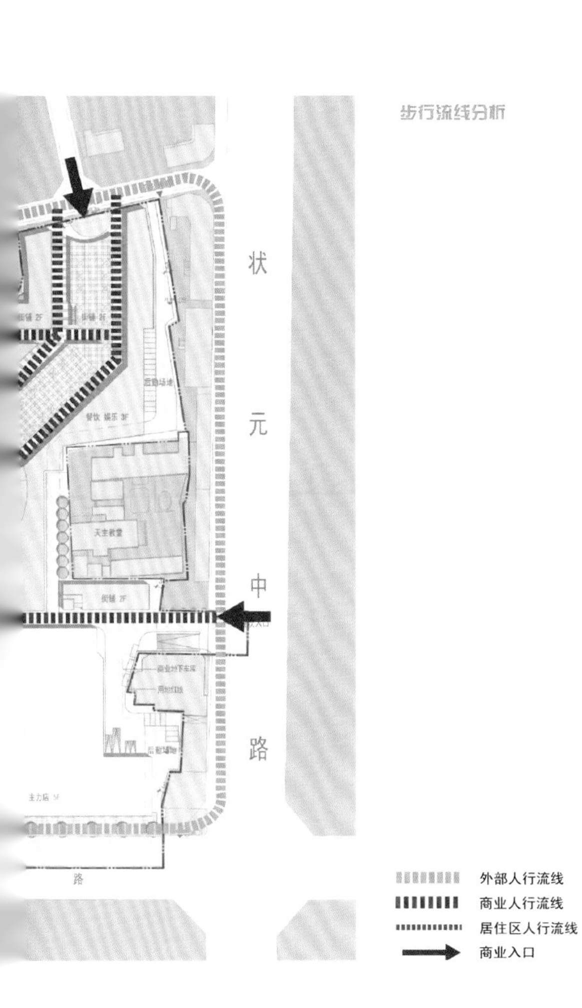
步行流线分析
状
元
中
路
外部人行流线
商业人行流线
居住区人行流线
商业入口

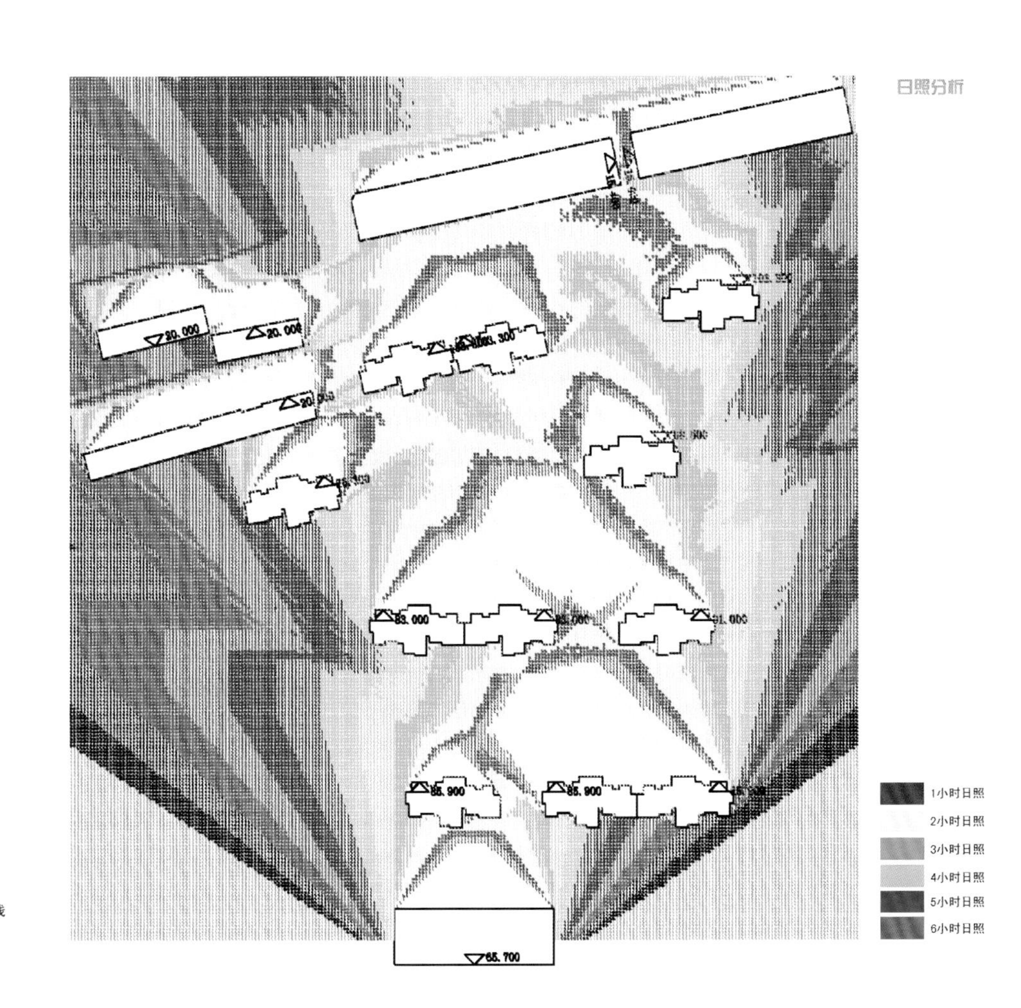
日照分析
1小时日照
2小时日照
3小时日照
4小时日照
5小时日照
6小时日照

北京首创·禧瑞都

项目地点：北京市
开发商：首创朝阳房地产发展有限公司
景观设计：ACLA园境设计顾问公司
建筑设计：美国Gensler建筑设计事务所
　　　　　美国GBBN建筑设计事务所
占地面积：40 000 m^2
总建筑面积：186 000 m^2
容积率：3.50
绿化率：31%

首创·禧瑞都位于CCTV北侧50 m，坐享央视、文华酒店和媒体公园等配套资源，是CBD核心区仅存的住宅项目，也是拥有最高端配套资源的项目。随着CCTV的进驻，CBD开启了双核心时代，由CCTV、环球金融中心、京广中心、北京国际中心形成了与国贸并驾齐驱的新核心。首创·禧瑞都将会是继银泰、御金台之后，CBD核心区高端公寓项目中的巅峰巨作。

首创·禧瑞都是CBD在售项目中仅有的围合型纯居住社区，为业主创造了繁华地段中的私属领地。公寓错落排布，使得业主在充分享有地块内部的私家景观资源的同时，可以将周边的CCTV、国贸等绝无仅有的城市繁华地带的景观资源收纳眼底。充满中国元素的外立面设计为以灰冷色调为主的CBD建筑群增添了人文感。

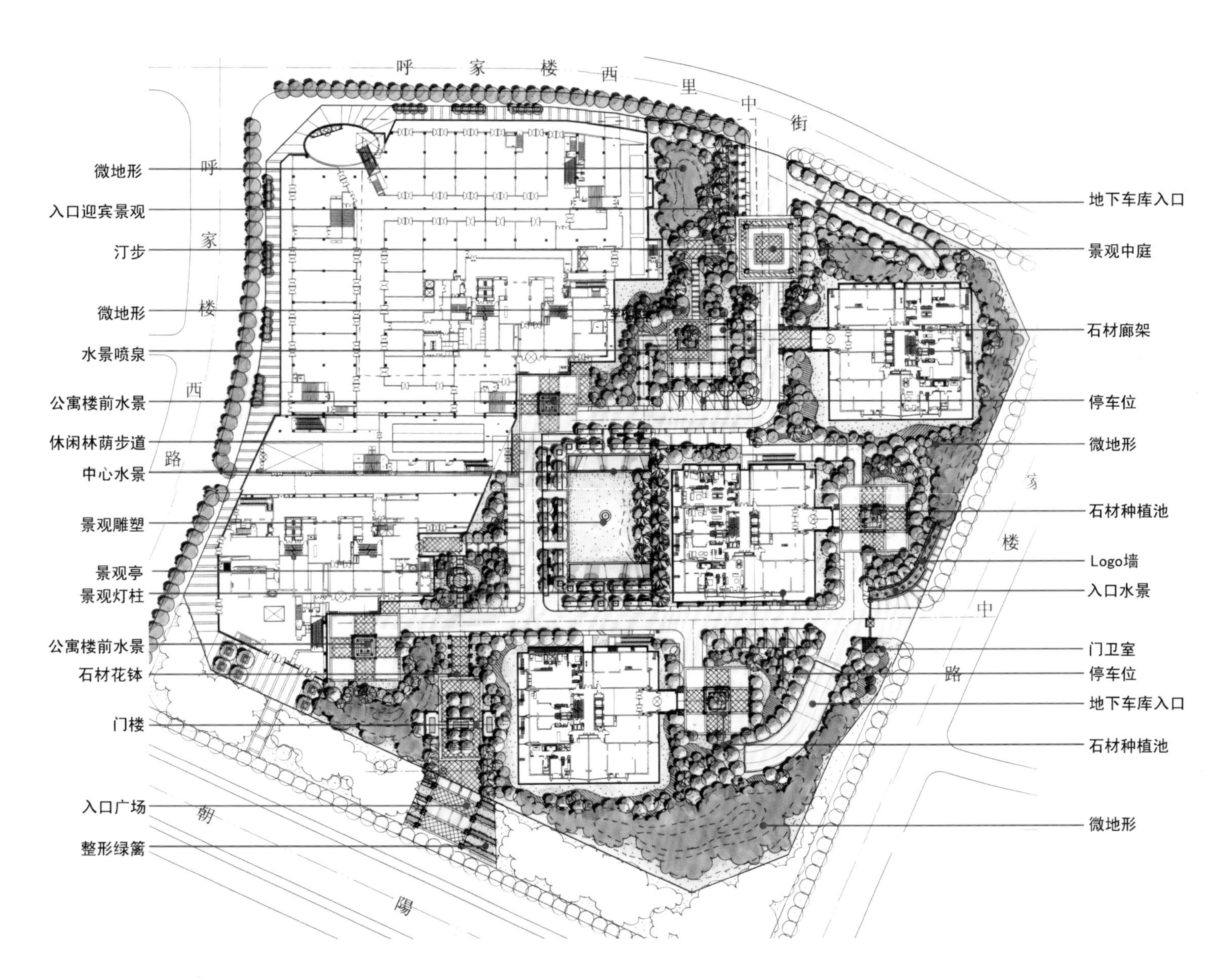

武汉融侨华府

项目地点：湖北省武汉市武昌区
开发商：福建融侨地产开发有限公司
建筑/规划设计：深圳市三境建筑设计事务所
景观设计：美国KSK景观规划设计公司
占地面积：143 600 m^2
总建筑面积：410 000 m^2
容积率：3.4
绿化率：38.6%

融侨华府位于武汉内环核心、已开通的过江隧道和将在2012年建成的地铁二号线双通道咽喉之上，北眺长江，南望沙湖，周边视野开阔，交通方便，配套设施完善。项目总用地面积约143 600 m^2，容积率约3.4，由16栋21~34层纯板式高层组成，户型面积为85~300 m^2。内部配套有商业、会所、幼儿园等，总建筑面积410 000 m^2，是可容纳3 100多户的大型高品质住宅社区。

融侨华府的整体规划策略结合地方气候、地理特殊性，利用生物界对自然环境的反应原理，推导出一种在各类内外部因素影响下的一种应变性建筑形式，以保障社区从整体到分户的整体舒适性。融侨华府小区无垠中心园林景观，通过纯现代、生态的表现手法，因地制宜，按照本地气候条件，设计出一种能满足若干年后达到日久弥新水准的方案，为都市居住人群提供活氧景观。

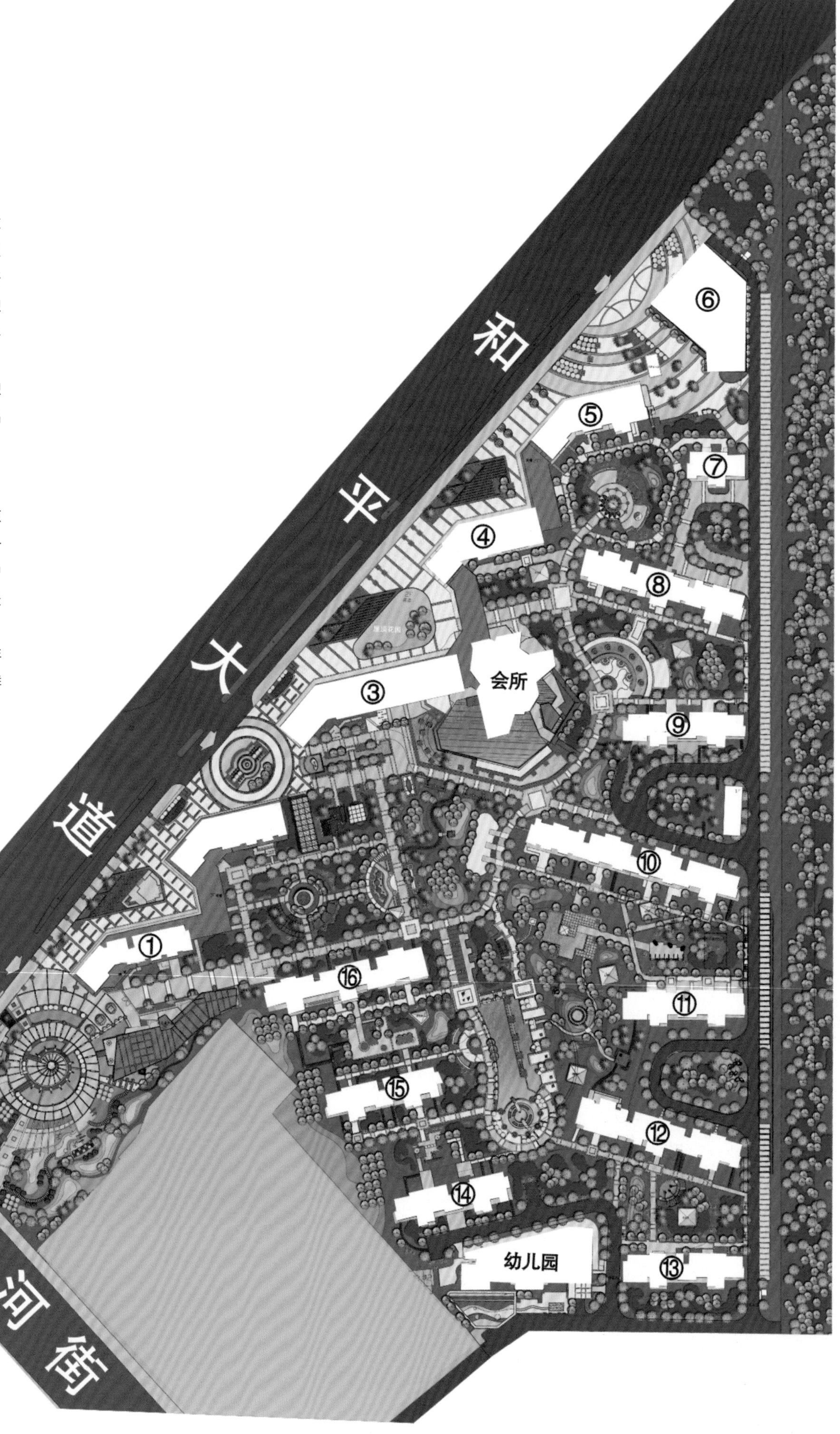

西安紫薇希望城项目

项目地点：陕西省西安市
开发商：西安紫薇地产
占地面积：83 440 m^2
总建筑面积：320 000 m^2
容积率：3.0
绿化率：40%

紫薇希望城项目是西安紫薇地产开发的大型生活住宅，位于北城凤城五路东段，距太华路约300 m，距未央路约1 375 m。紫薇希望城占地面积83 440 m^2，总建筑面积320 000 m^2，由17栋现代时尚的板式小高层和高层组成。设计在优化人居环境的基础上，着力注入中国传统文化赋予的内涵，以营造北城的良好人文氛围。

西安恒大城

项目地点：陕西省西安市高新区
景观设计：新加坡格美环境设计（深圳）有限公司
占地面积：158 666 m²
总建筑面积：560 000 m²

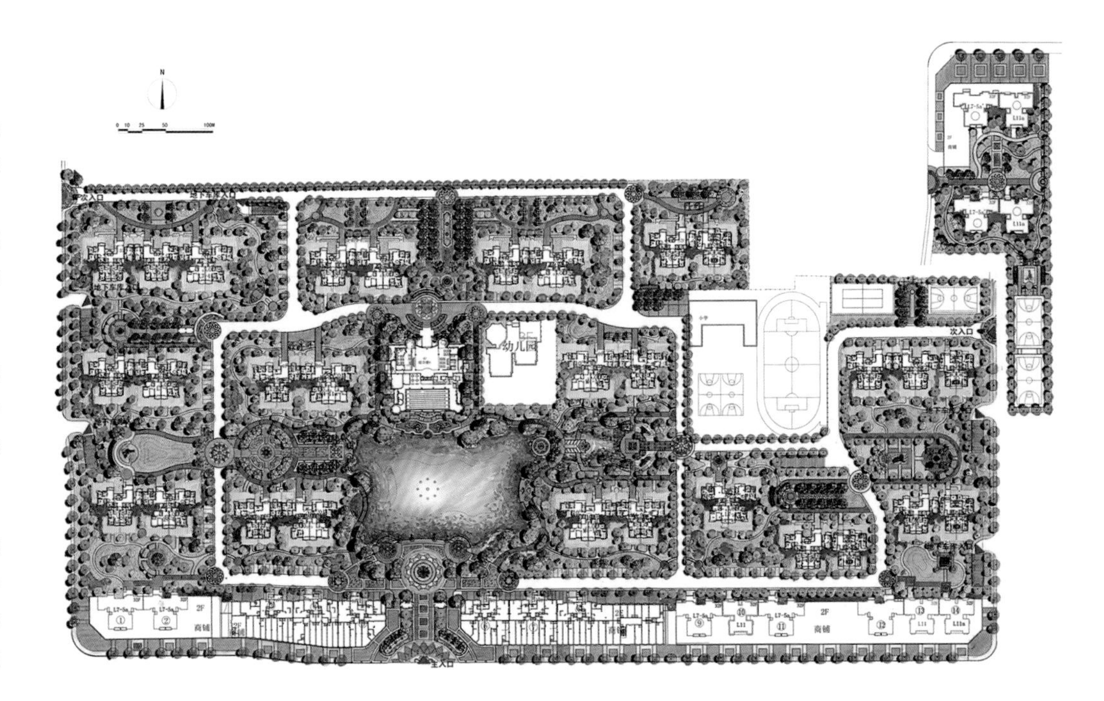

恒大城位于西安丈八路与大寨路交会处西北角200 m。项目占地面积158 666 m²，总建筑面积560 000 m²，毗邻规划中的地铁3号线，交通十分便利。项目分四期开发，共47栋，一期为8栋18层中高层和6栋24层高层，面积区间为80～130 m²，以80 m²的两室、120 m²左右的三室为主力户型。

建筑设计为欧式风格，体现尊贵、精致和气派的欧式皇家园林风格，更有大面积的中心水景环绕着会所，四周亭、台、桥、木栈道环绕全湖，疏林草地等富有变化的空间使小区的风景十分优美。

恒大城拥有6 000 m²的殿堂级会所，规划有恒温游泳馆、健身馆、乒乓球馆、桌球馆、艺术娱乐中心和儿童活动中心等。小区还有面积近2 000 m²的幼儿园、3 300 m²的小学，为业主子女提供优质的基础教育。

西安富力城

项目地点：陕西省西安市雁塔南路
开发商：富力地产
规划设计：广州市住宅建筑设计院有限公司
建筑设计：广州市住宅建筑设计院有限公司
　　　　　北京中外建建筑设计有限公司
景观设计：广州普邦园林配套工程有限公司
占地面积：373 900 m²
总建筑面积：1134 090 m²
容积率：2.3
绿化率：36.0%

富力城位于西安市南郊长安区与曲江旅游渡假区相交界的西安高新技术产业开发区航天科技园内，总建筑面积达1 134 090 m²，绿化面积近40%，园林引进名贵动物10余种、植物70余种，是西安第一个大型精装修住宅开发项目。

富力城地处少陵塬，拥有独一无二的地势落差优势，设计中根据其地势起伏，以地势造林引水，将建成一个拥有近50 000 m²水体面积的坡地水景园林社区，呈现出湖泊、环楼水系、卵石溪流、瀑布跌水、喷泉、水雾等丰富多姿、变化多样的水景。同时，园林中穿插点缀有各种景观雕塑小品，石阶楼阁项目整体规划以体现"水上人家"为主体的大型水景中心。

核心水景空间周边由小围合、灵活自由、疏密有致的住宅院落围绕，各组团和中心水景之间又相互穿插，相互渗透，围而不合，形成因景借势、曲径通幽的效果。

住宅的户型布局采用"突出中心，辐射周边"的方式，中心水景区及水岸周边布置大户型水景洋房，底层设计一些延伸至水面的空间与环境交融。在用地周边适当布置一些精致的中小户型，保证了环境的均好性。

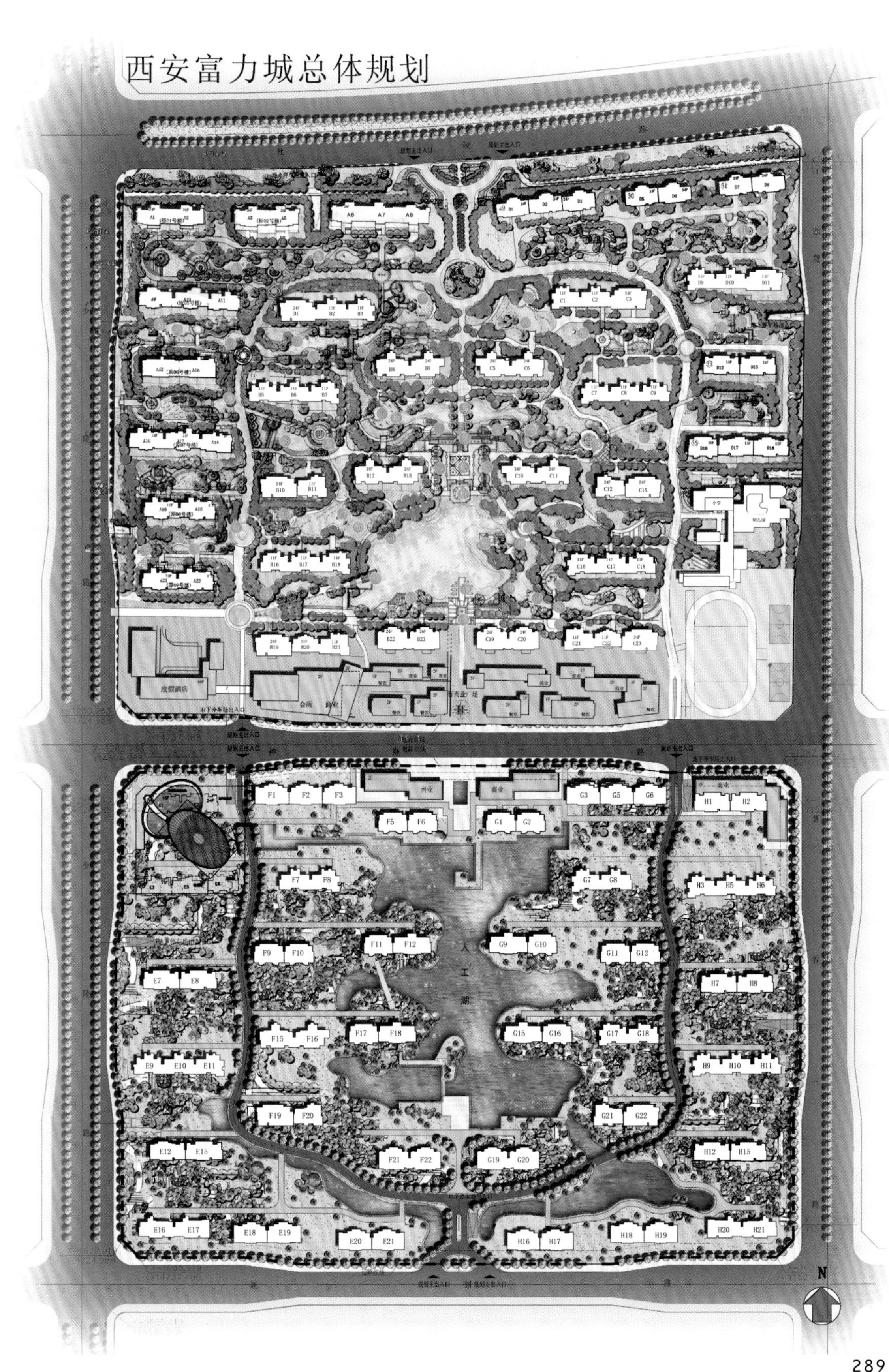

武汉凤凰城

项目地点：湖北省武汉市
开发商：华润置地（武汉）实业有限公司
景观设计：北京创翌高峰景观设计公司
占地面积：50 464.45 m²
总建筑面积：150 000 m²
容积率：2.8
绿化率：53%

凤凰城项目是华润置地在武汉的第一个项目，地处积玉桥和平大道与中山路交会处，武汉市一环线内，属于城市核心居住区。交通便捷，通达三镇，项目周边配套设施齐全，自然景观丰富。凤凰城本着珍视土地资源的原则，深刻探寻建筑背后的文化内涵，在武汉树立了首个文化营销楼盘，迅速成为武汉市中心人气极高的明星楼盘，其倡导的精致品质和艺术生活得到了业界同行的高度评价和高端客户的欣然认可。项目所在地也是武汉市近年旧城改造的重点区域之一，通过凤凰城的文化营销，不仅开创了武汉楼市文化营销的先河，而且成功树立了其高端品牌形象。目前，该区域已经成为高尚的核心居住区。

凤凰城小区由十栋33层的高层板式建筑及一栋8层的电梯花园洋房组成。项目的泰式皇家园林风格是武汉市场中独一无二的。园林大量采用浓密的自然植物和天然石材，利用小区地块本身的高差，设置有喷泉、叠泉等形式丰富的水景。各种泰式雕塑及泰式建筑小品矗立其中，仿佛置身于亚热带园林。

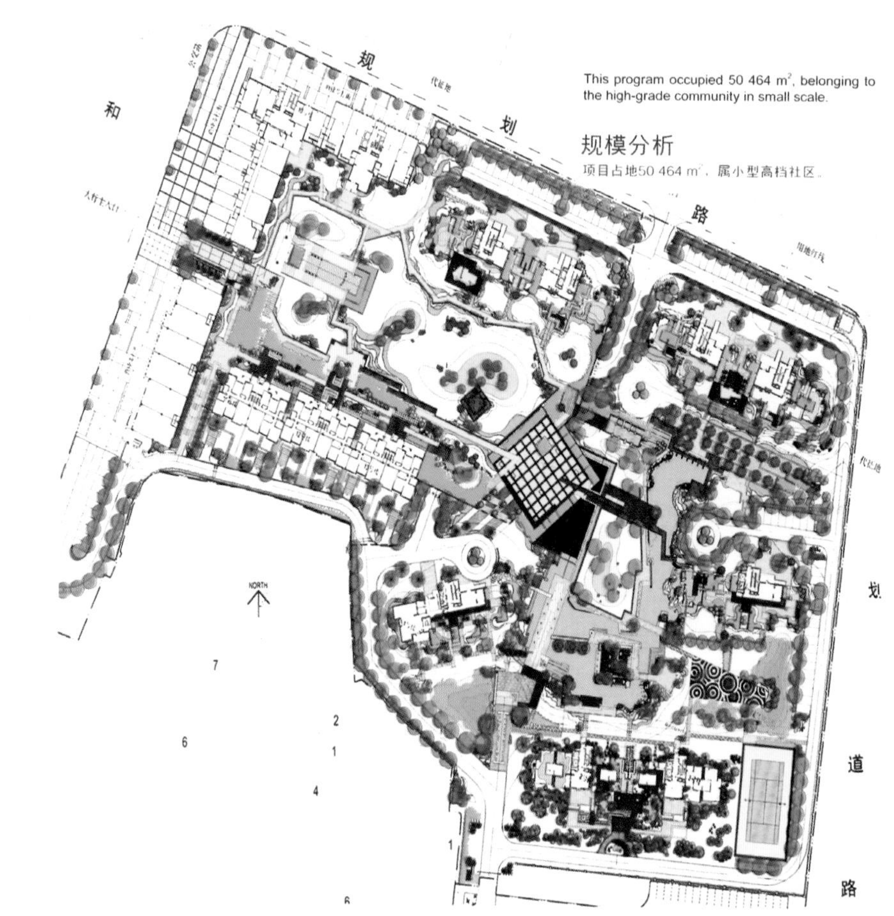

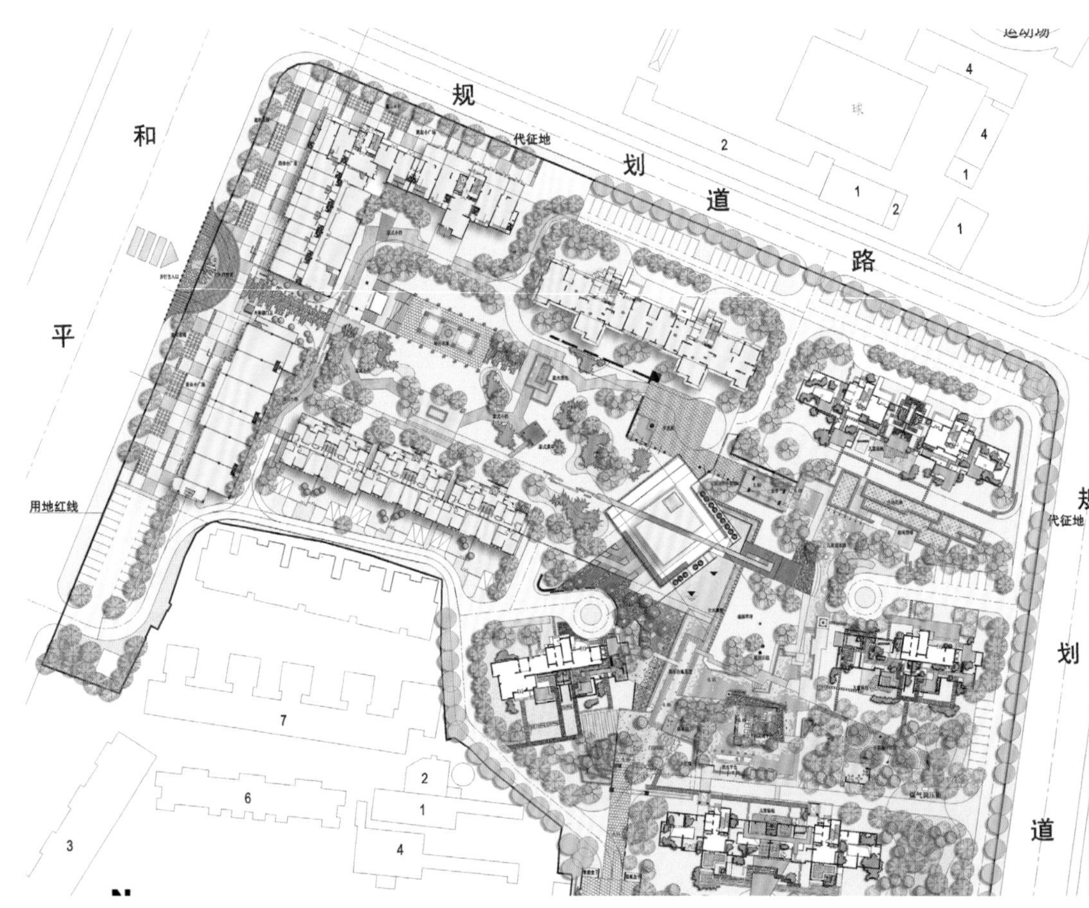

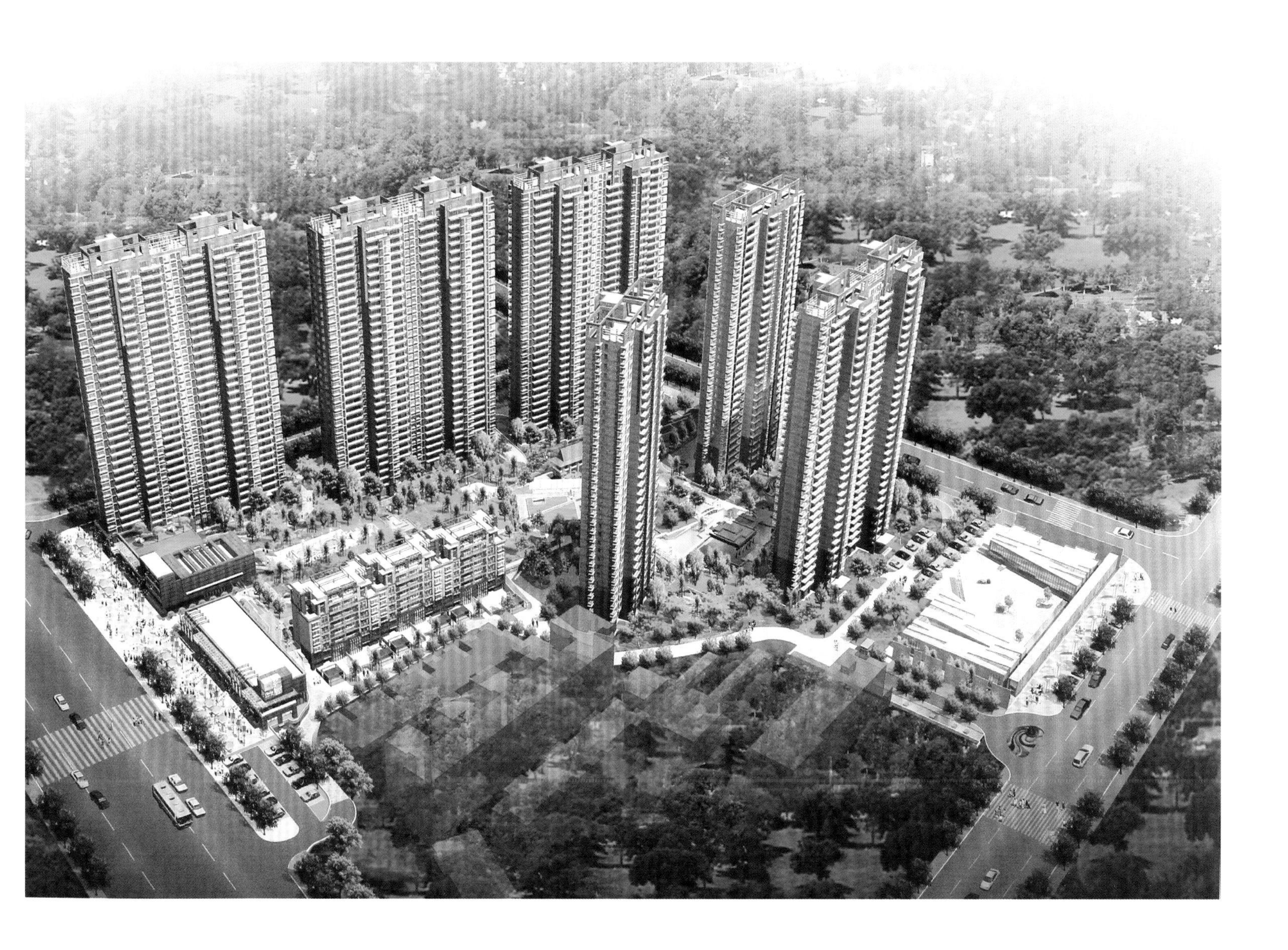

威海心悦海天

项目地点：山东省威海市
占地面积：44 280 m^2
总建筑面积：76 696.6 m^2
容积率：1.73
绿化率：51.3%

地块位于威海市经济开发区，是由海滨路、环海路、黄海路所环绕的梯形地块，规划总占地面积44 280 m^2。地块南面是已修建好的海上明珠小区，北面是悦海花园小区，东面是绵延的海岸绿化带，区位极其优越。

项目总体规划遵循“己为圆心，景为圆周”的规划肌理，建筑布局合理有序，尽量做得每栋建筑、每家住户都有通透的景观视线通廊，近观绿化，远眺海景。在规划上，以社区主干道为轴线，各居住组团合理分布，它们之间再通过人行道连接，使相对独立的居住空间重新整合，空间视觉统一，规划布局合理，极大地提高小区的可识别性和趣味性。在这里，没有混乱的无序结构，同时又不存在牵强的轴线景观，从而体现真正的中国化新城市主义小区。再加上沿街的一些社区服务设施点及中心区的一些配套公建，组成了合理而不失变化的规划结构。

产品分布示意图

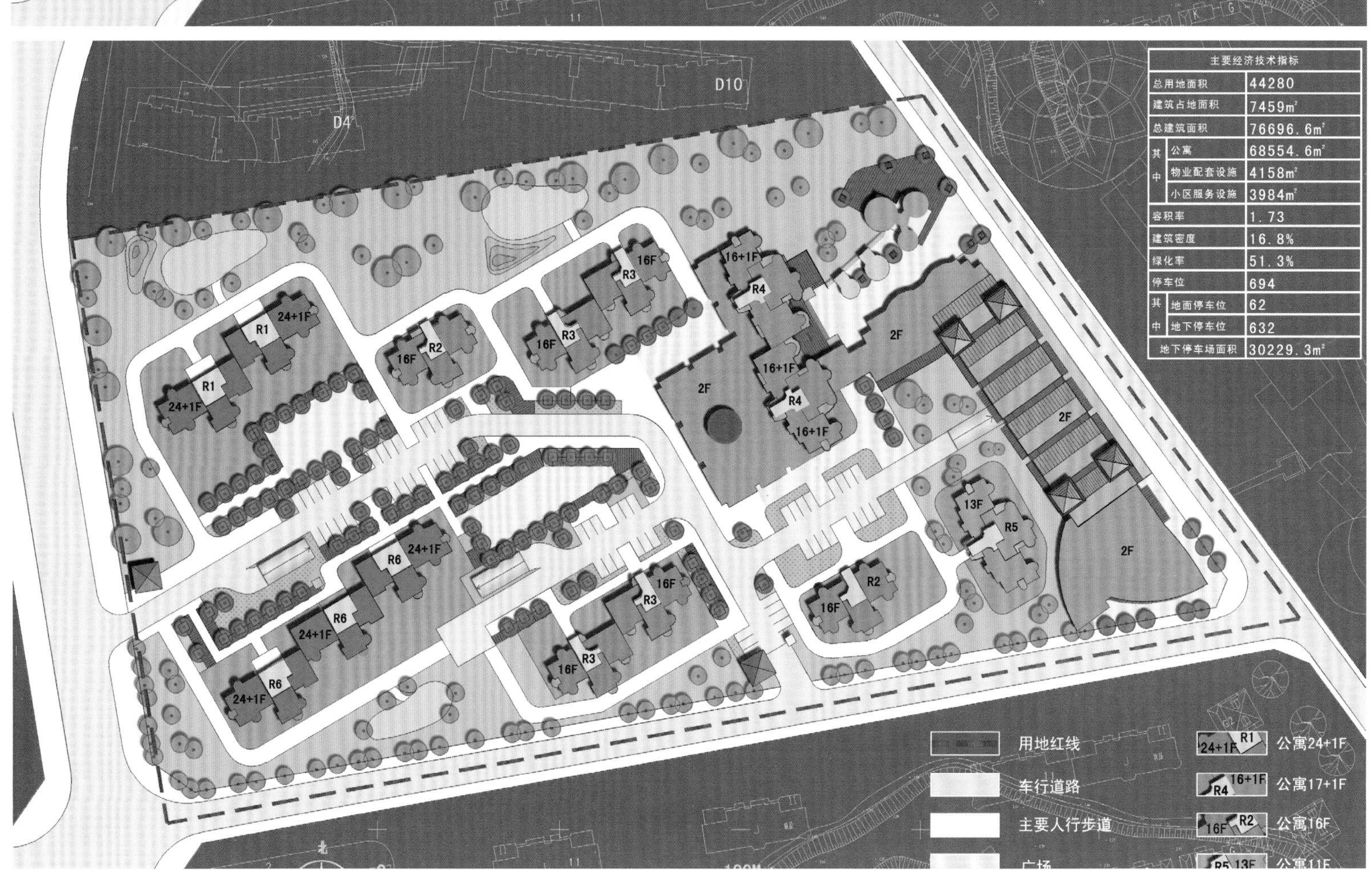

主要经济技术指标		
总用地面积		44280
建筑占地面积		7459m²
总建筑面积		76696.6m²
其中	公寓	68554.6m²
	物业配套设施	4158m²
	小区服务设施	3984m²
容积率		1.73
建筑密度		16.8%
绿化率		51.3%
停车位		694
其中	地面停车位	62
	地下停车位	632
地下停车场面积		30229.3m²

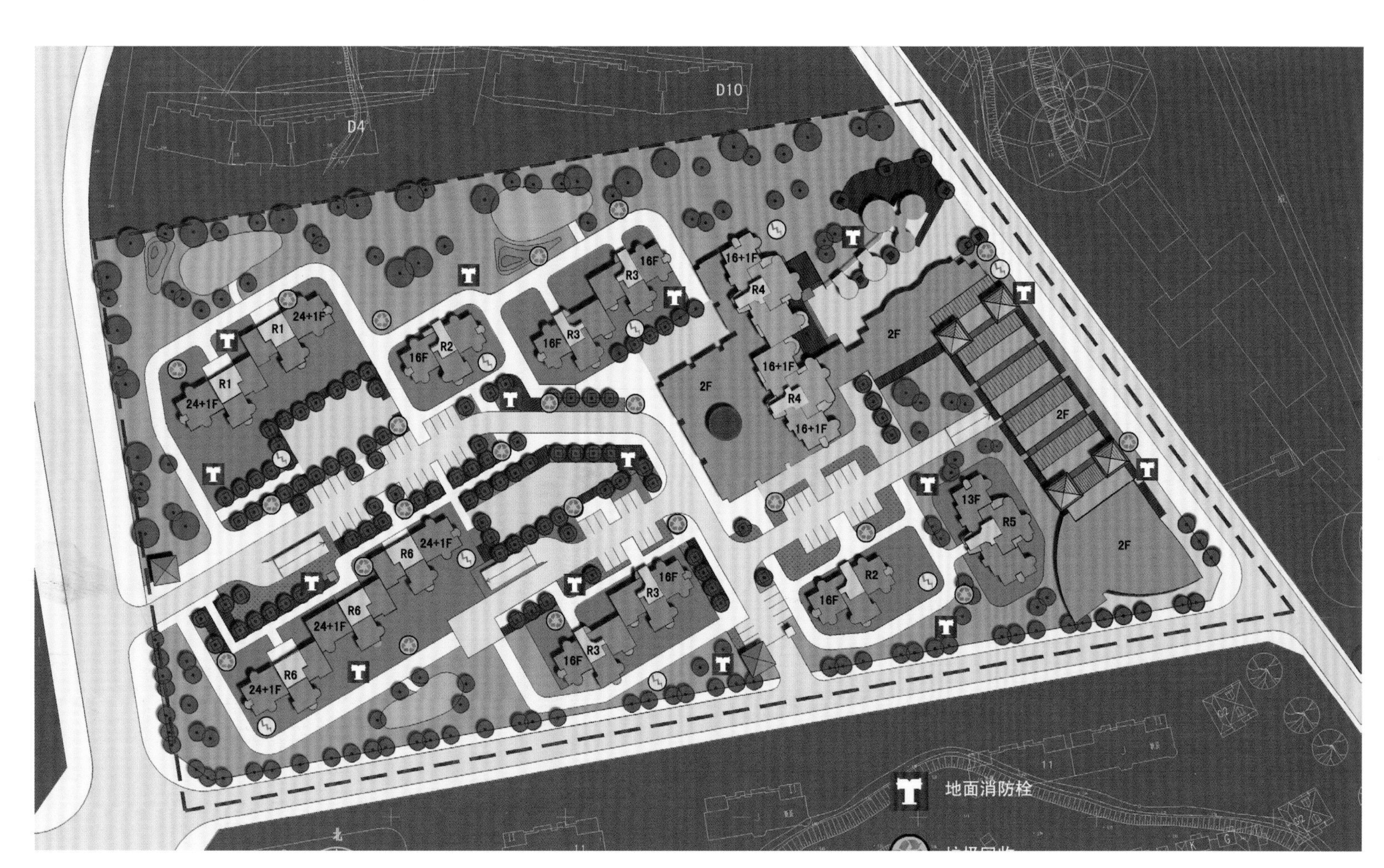

服务设施分布图

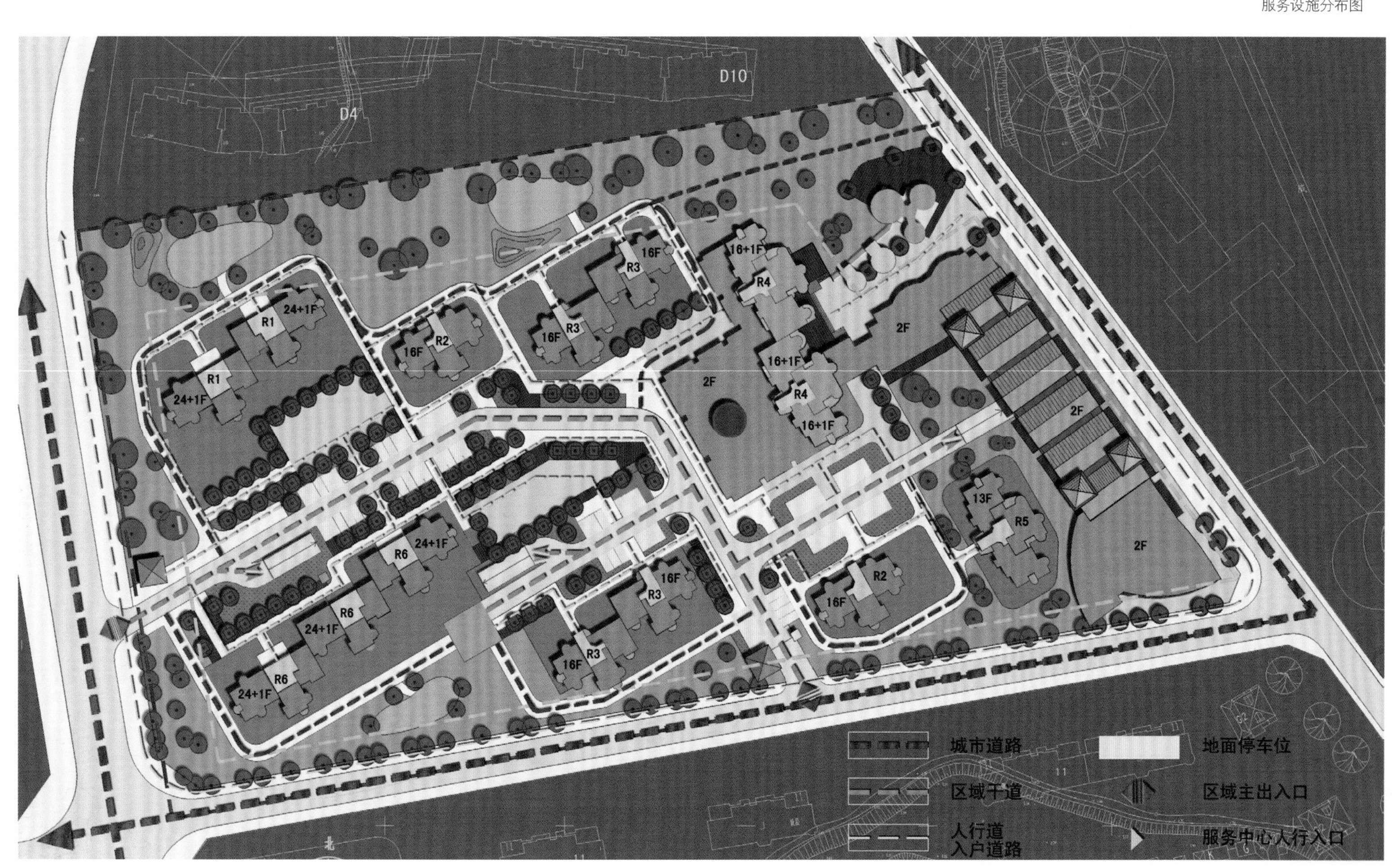

交通分析图

观海视野分析图

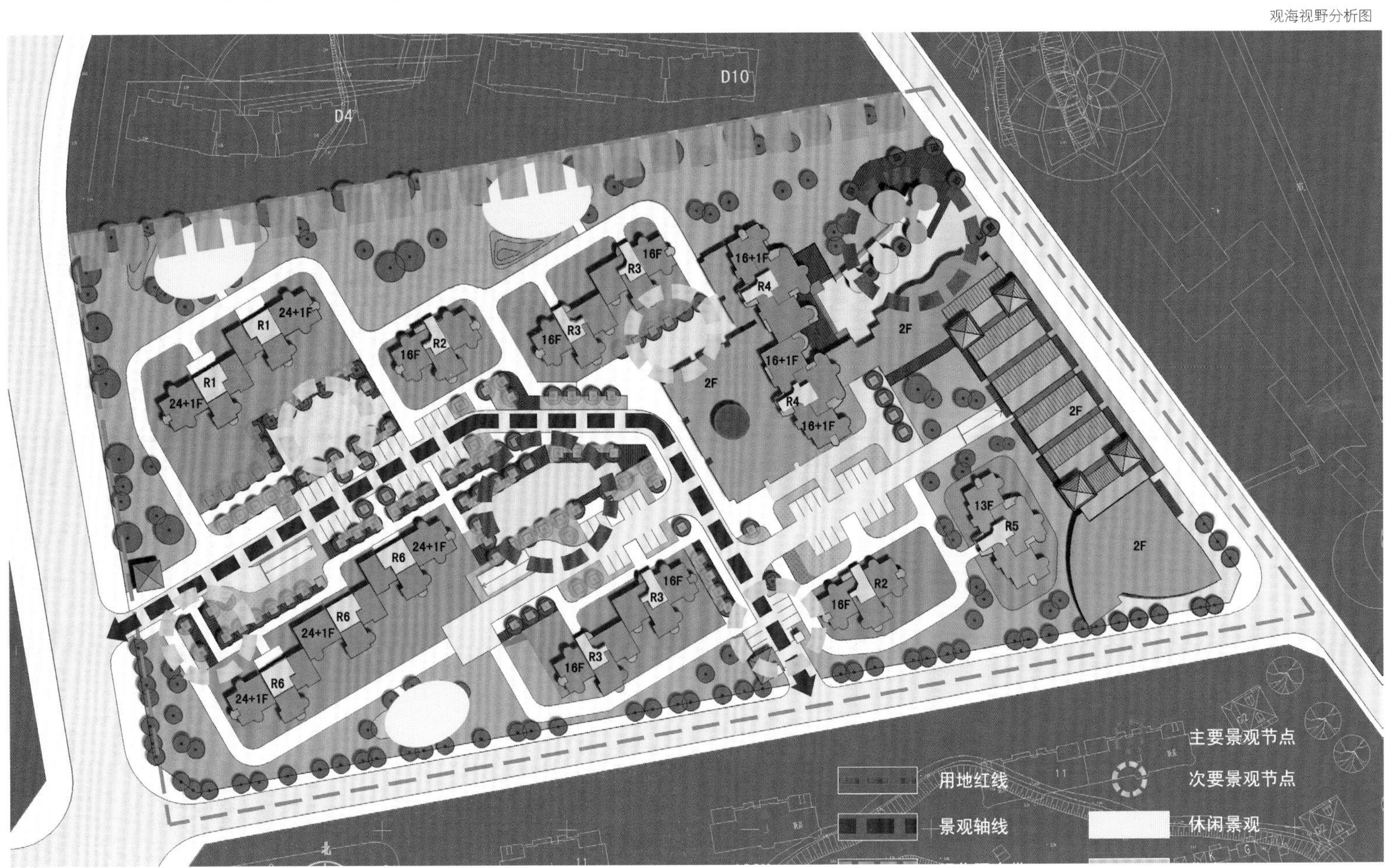

景观分析图

天津金茂广场

项目地点：天津市和平区
开发商：天津市金茂投资发展有限公司
规划设计：梁黄顾建筑师（香港）事务所有限公司
建筑设计：天津市房屋鉴定勘测设计院
景观设计：北京土人景观设计公司
占地面积：24 774.9 m²
总建筑面积：170 000 m²
容积率：5.0
绿化率：25.8%

金茂广场位于天津市中心城区和平区，内环线以内，隶属于天津市五大商圈之一的南市商圈，交通便利，周边配套设施齐全。项目东至庆善大街（次干道），南至福安大街（主干道），西至南门外大街（主干道），北至清河大街（次干道）。金茂广场在规划与建筑设计上力求有较大的突破，成为天津市地标性建筑。北侧的商业部分设计尽量与相邻建筑在力量及建筑形式上形成较大的对比，注重小区内自身关系的协调及创新，在形成一个相对开放的空间的同时，实现自然与人的互动态势。

金茂广场的物业形态由精致小户型公寓、服务式公寓及主题商业三部分组成，并率先启用社区化全酒店式管理。设计以"建筑瘦身"为原则，以"降低公摊系数、实现高出房率"为根本，户型简约方正，并采用客厅、阳台的新式设计。金茂广场精致小户型公寓在保证公共交通空间通达性的同时，有效压缩了电梯前室和公共走廊的面积，避免了普通塔楼布局"回"字形的走廊，同时防火通道不计入公摊面积内，保证了每户较高的使用率，实现小户型功能最大化，空间面积最大化。

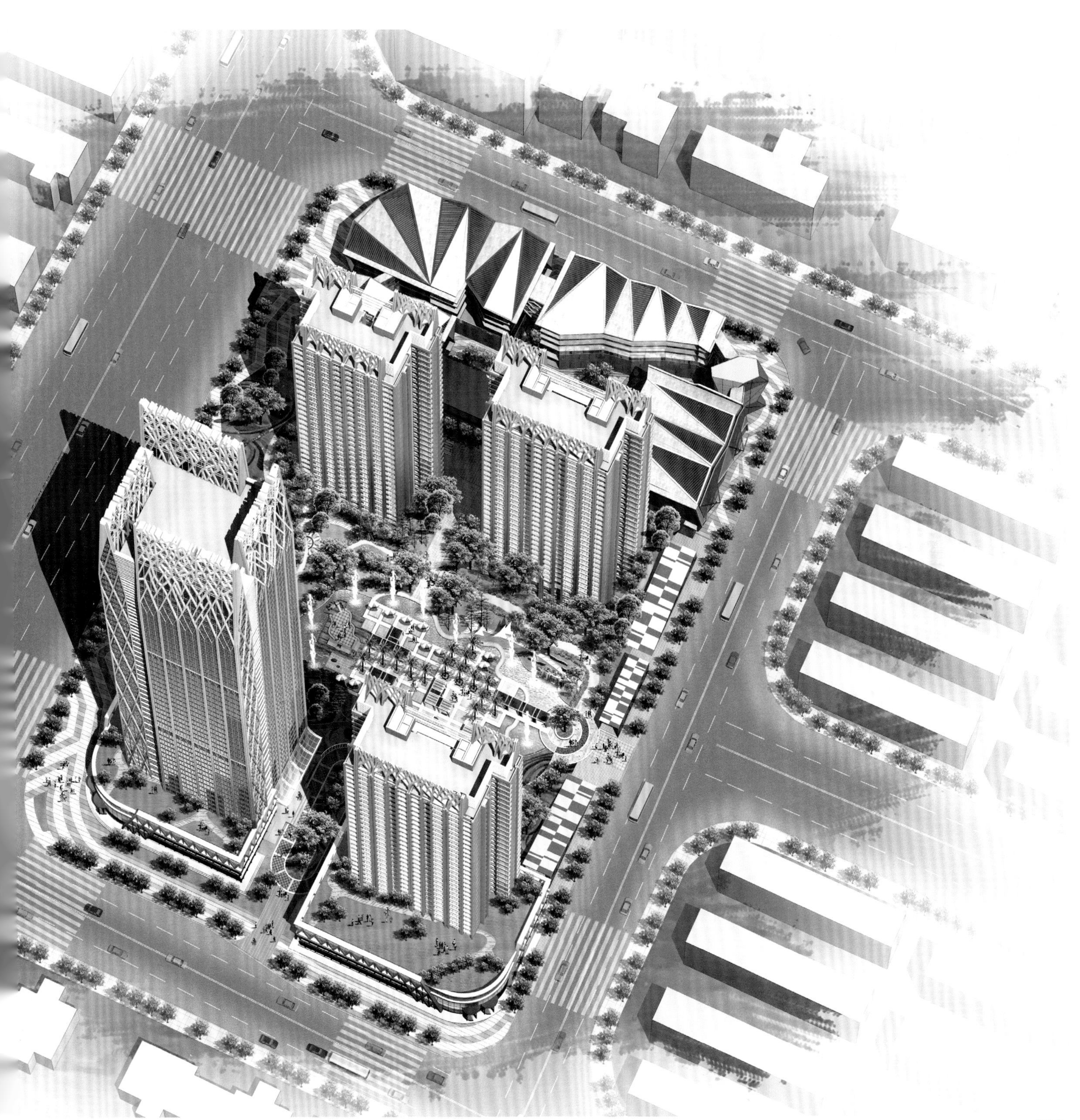

沈阳华润中心悦府

项目地点：辽宁省沈阳市
开发商：华润集团
占地面积：81 000 m^2
总建筑面积：600 000 m^2
容积率：5.3
绿化率：30%

华润中心悦府位于沈阳市重点开发的金廊规划区核心位置，占地面积81 000 m^2，总建筑面积600 000 m^2，总投资超过50亿港币。作为华润集团"都市综合体"全国复制的第三站，沈阳华润中心悦府包括近250 000 m^2的购物中心万象城、约70 000 m^2的国际5A写字楼华润大厦、超五星级君悦酒店、悦府高档住宅。全部工程预计将于2013年底完成。

华润中心悦府为都市综合体内极为稀缺的住宅产品，由5栋高层组成，面积区间为100～300 m^2，是金廊核心区域内标志性的住宅群。项目采用典雅、现代的设计风格，超高层的板式建筑设计，1万 m^2的绿化氧吧，大型的地下停车场，近1:1的车位比例，无不体现了项目考虑到每一个居住细节，提高整体的尊贵感，将打造成为目前沈阳市档次最高的私人住宅。悦府住宅部分的相对独立，更是提供了一个属于自己的安静的独立的生活空间，提高了居住私密性。

同时，项目整体还采用了安全智能系统，聘用华润物业管理公司提供安全、舒适的管家式服务，独特的单元大堂设计、星级酒店标准的公共部位装修，彰显业主的尊贵身份。项目处于繁华闹市，却又闹中取静、自成一体，具有城市中心型豪宅难以超越并不可复制的特征和素质，无论设计、用材还是配套设施，都是以国际最新标准来规划建造，业主完全可以体验城市主流精英的健康品位。

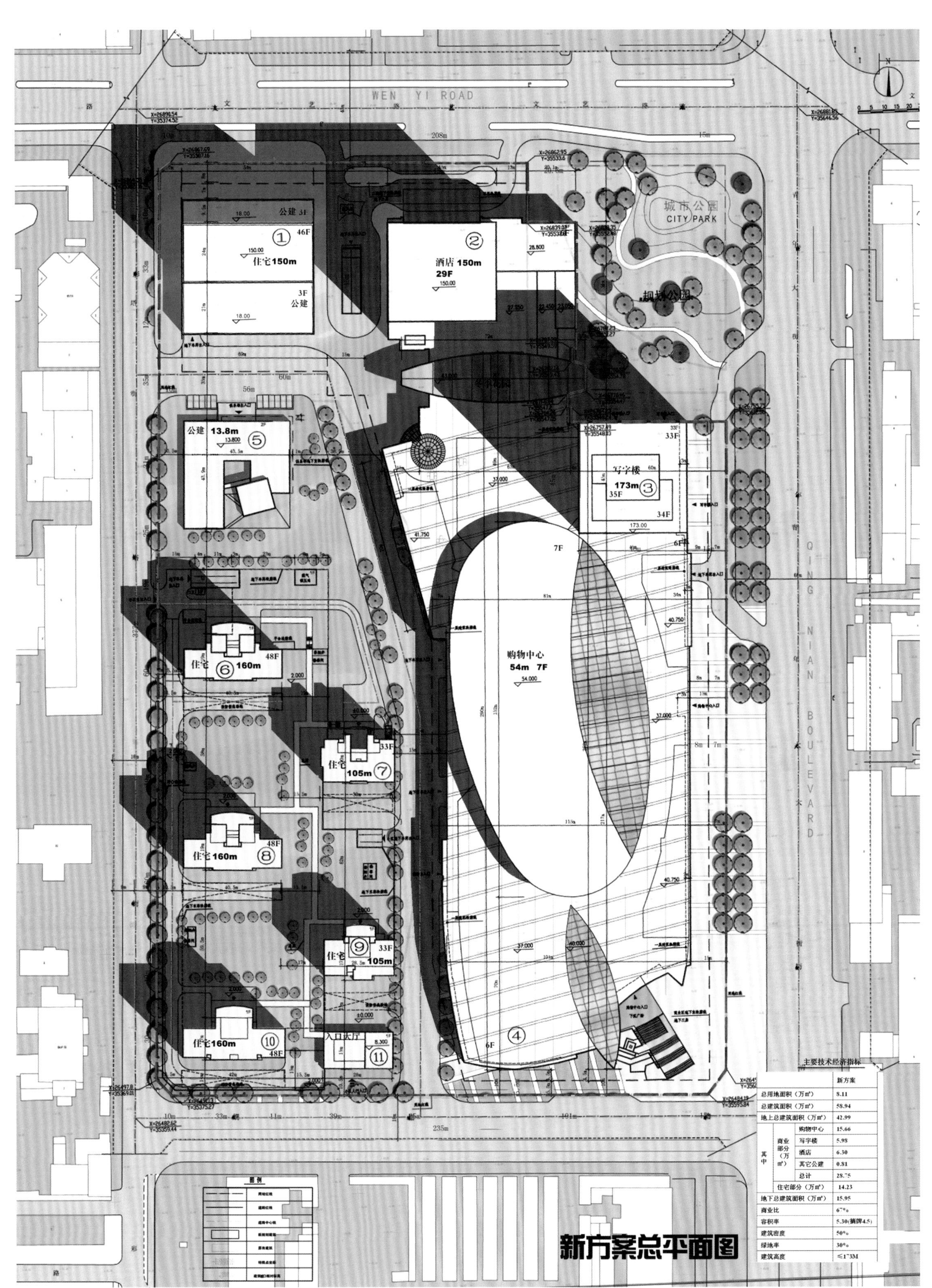

主要技术经济指标

			新方案
总用地面积（万㎡）			8.11
总建筑面积（万㎡）			58.94
地上总建筑面积（万㎡）			42.99
其中	商业部分（万㎡）	购物中心	15.66
		写字楼	5.98
		酒店	6.30
		其它公建	0.81
		总计	28.75
	住宅部分（万㎡）		14.23
地下总建筑面积（万㎡）			15.95
商业比			67°o
容积率			5.30(摘牌4.5)
建筑密度			50%
绿地率			30%
建筑高度			≤1˜3M

沈阳凯旋门

项目地点：辽宁省沈阳市
开发商：华润置地（沈阳）有限公司
规划设计：香港刘荣广伍振民建筑师事务所
建筑设计：北京时代原景建筑设计咨询有限责任公司
　　　　　上海日清建筑设计有限公司
景观设计：ECOLAND易兰（亚洲）规划设计公司
占地面积：96 000 m²
总建筑面积：300 000 m²

沈阳凯旋门项目位于铁西区华润雪花啤酒厂原址（东厂区），南至建设大路、北至北四中路（铁路以南）、西至爱工街、东至兴工街，毗邻铁百、太原街两大成熟商业圈。总占地面积96 000m²，总建筑面积300 000 m²（地上）。

整个园区采用围合式的布局结构，外围9栋高层单元，内里小高层、多层布局，采用行列与环绕的多层递进结构，形成外部“大围合社区”与内部“小围合院落”的景观结构，既增加了楼体每单元的受光面积，又保留了中国传统院落人居的景观性特点，体现出与自然的相近、相亲、相融，营造出繁华都市一处静谧的私密空间。园区外围面积40 000 m²的休闲商业街，更使便捷消费近在咫尺。

小区内道路规划遵循以人为本、步行优先的原则，采用完全人车分流、人车分层系统。与此同时，车行线、人行道、环行路、景观道、宅前小路等层次分明，功能各异，形成整个社区良好的循环系统，为社区保证了高效交通流，更营造出安全、闲适的生活天地。

沈阳万科金域蓝湾

项目位点：辽宁省沈阳市浑南新区
开发商：沈阳万科浑南金域房地产开发有限公司
景观设计：SED 新西林景观国际
总建筑面积：223 645 m^2

沈阳万科金域蓝湾以园区外部的浑河滩堤公园、湿地公园为媒介，将浑河紧密相连；并于园区内部精心打造三大泰式景观公园，以五大公园内外相连的方式将稀缺的自然景观纳入园区生活。项目以泰国风情园林为蓝本，营造独特的异域风情，以形态各异的水池、叠水和喷泉为中心，粗矿石材和东南亚特色亭及回廊为内容，提取佛教色彩的雕塑、小品、图腾柱为元素，局部以浮雕为点缀，再融合中式园林的虚实空间变化，营造出独具特色、再现意境的园林景观。

在整个设计手法中，项目强调“以人为本”的设计原则，处处为居民的使用便利着想，使居民的立体交通行走顺畅便利。住区的设置及使用则体现居民的参与性和互动性。通过自然生态环境的塑造，使人感受大自然的美。

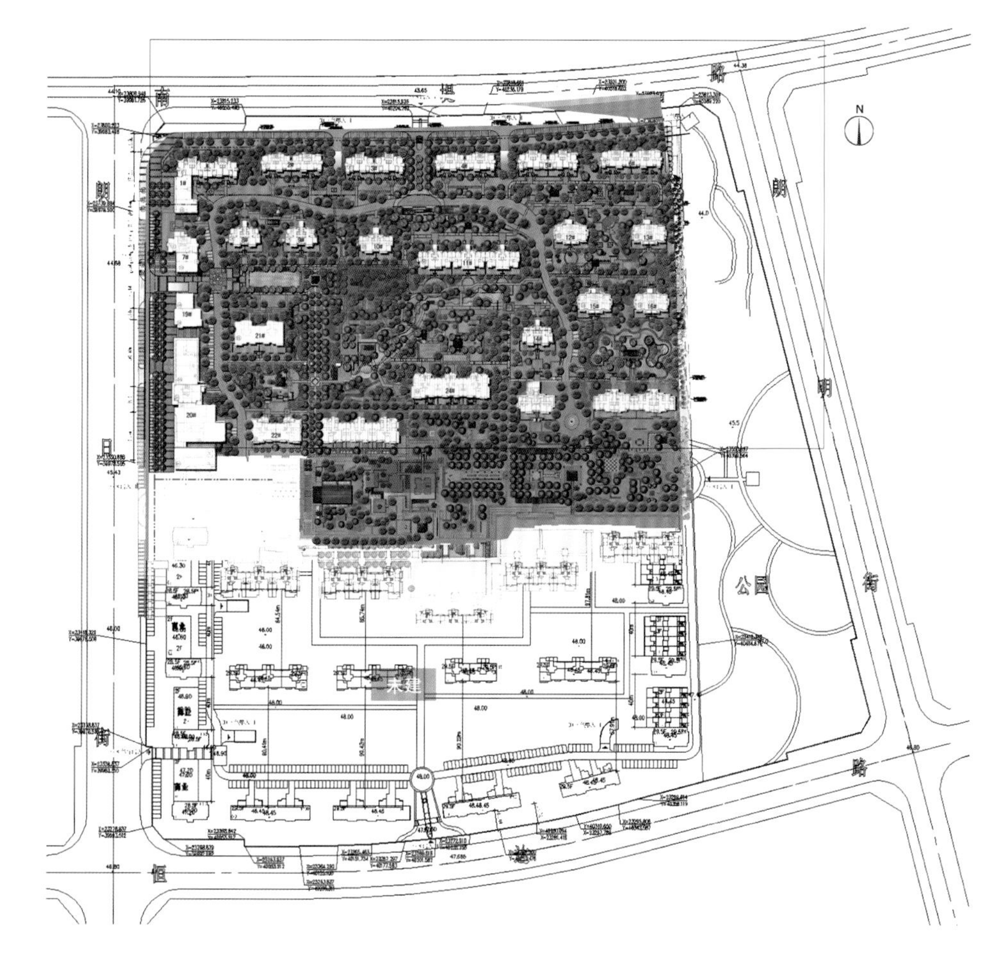

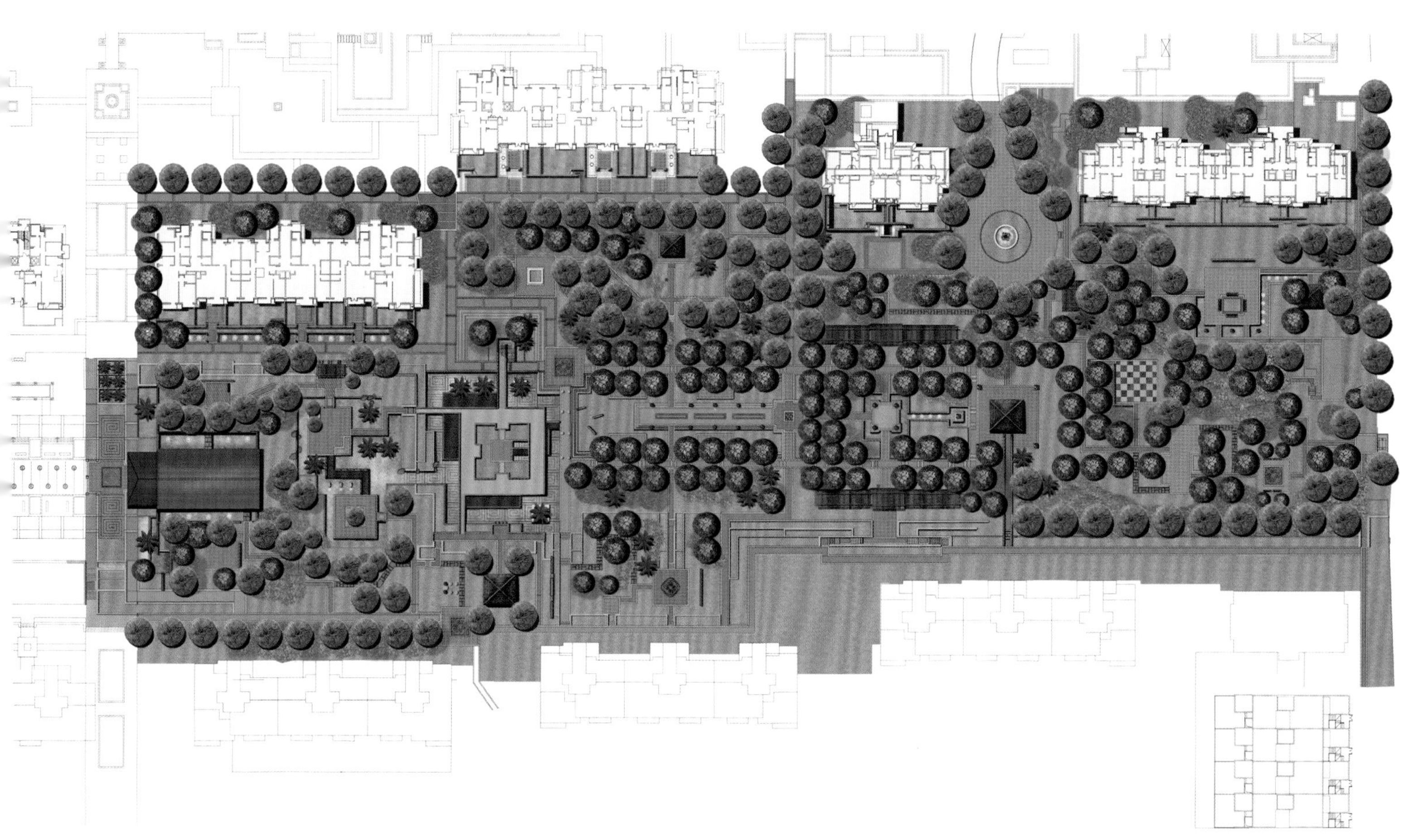

沈阳恒大城

项目地点：辽宁省沈阳市
开发商：恒大地产集团
占地面积：410 000 m^2
总建筑面积：860 000 m^2
容积率：2.0
绿化率：39.3%

项目位于洪区怒江北街与千山西路交会处，介于沈阳市二环与三环之间。项目整体占面积地近410 000 m^2，总建筑面积860 000 m^2，总规划户数高达6 600户，容积率约为2.0，绿化率达39.3%，建筑密度仅为14.3%，超卓人居空间几达完美境界，是沈阳城北新区重点开发标志性社区之一。

规划中的一、二、三期都是以项目园区内部包括近面积1万 m^2景观湖、15个主题广场、13个主题花园。项目总体配套设施完备，包括双会所，即7 000 m^2的综合会所和15 000 m^2由一兆伟德经营管理的运动中心，内部包括面积2 000 m^2的恒温游泳馆、1 700 m^2的网球室、2 530 m^2的健身大厅、面积1 800 m^2的标准室内羽毛球场等多项运动项目。面积近2 000 m^2的幼儿园及10万 m^2大型商业中心等公共建筑设施一应俱全，让业主足不出户便可享受配套带来的便利及现代的高品质生活。

恒大城规划有面积为100 000 m^2的高端商业体，未来必将成为区域内新的商业核心，而恒大城项目自身优越的俱乐部精英社区规划，将会聚大批沈阳社会精英人士，必将使项目未来的面积为100 000 m^2商业成为新的高端购物中心，成为沈阳城北地区新的商业中心。

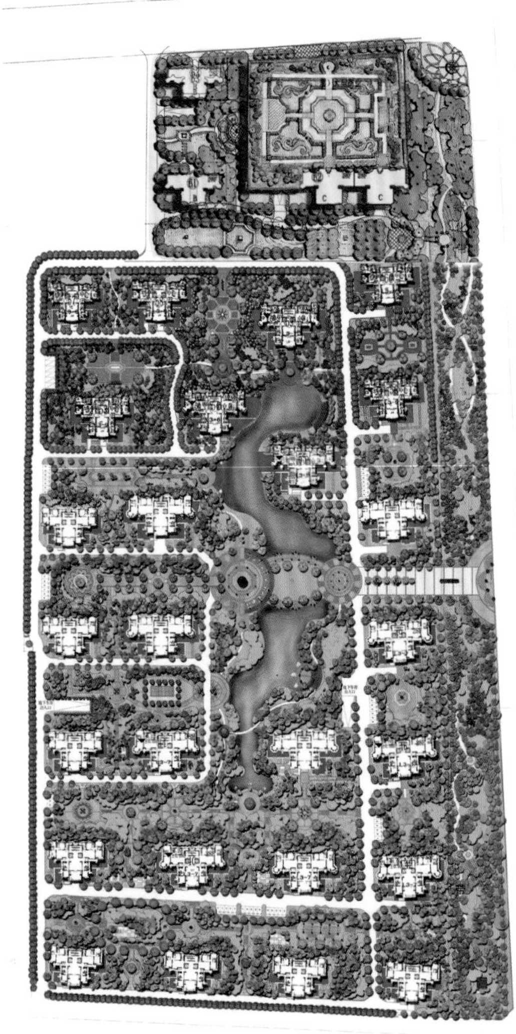

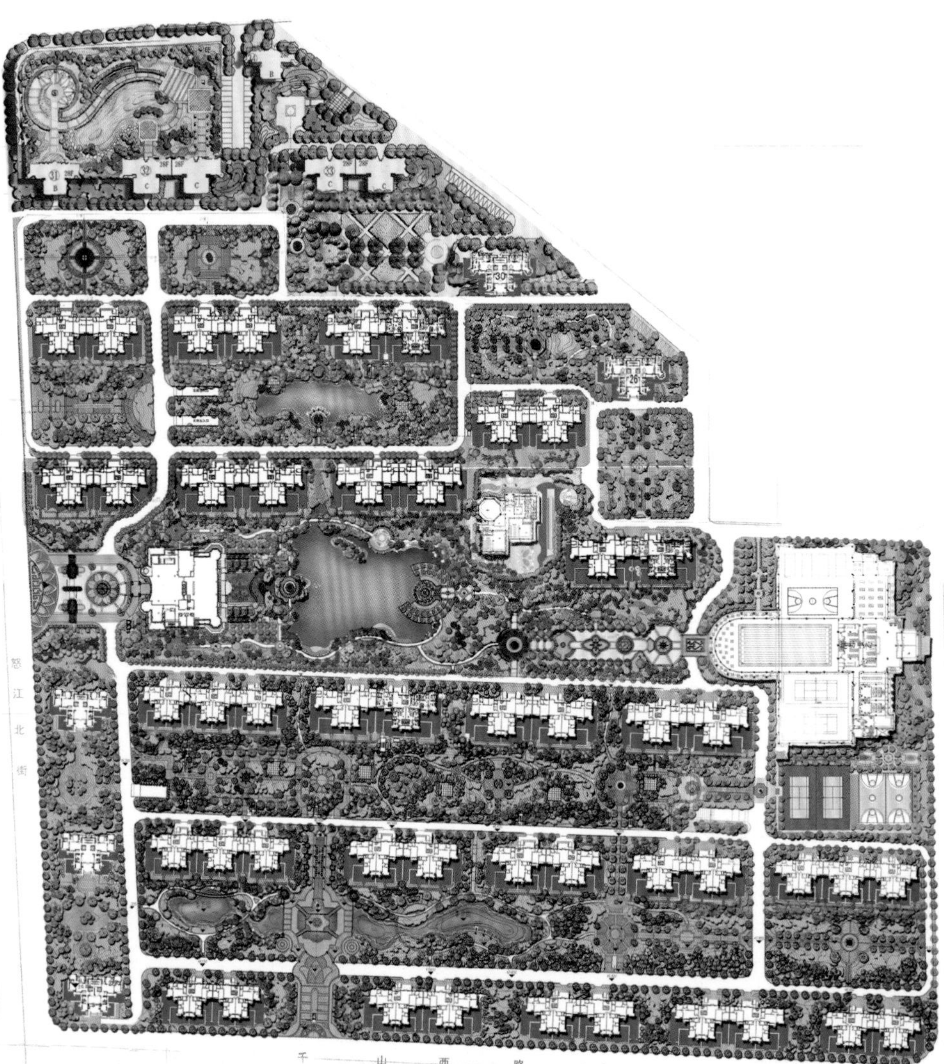

南京时尚数码社区

项目地点：江苏省南京市浦口区
建筑/景观设计：美国上奥建筑规划设计公司
合作设计：惟邦环球建筑设计（北京）事务所
占地面积：96 213.1 m^2

项目位于江苏省南京市浦口区，北面邻近浦口新区的中心轴线——迎宾大道。项目用地性质为二类居住用地，主要布置高层住宅和花园洋房。

项目根据建筑形态结合景观道路来划分居住组团，共划分为四个居住组团。利用建筑的围合关系，以组团为基本单元进行规划，组团之间为集中的公共活动空间与景观绿化，形成大围合、大社区的空间序列。在整体布局上将住宅组团、建筑单体、服务设施等合理有机地贯穿，形成中心景观、组团景观和宅前景观。

设计中加大公共景观面积，降低居住密度，以提升整体地块品质；打造“三横二纵”的公共景观带，人行步道、景观梯道、景观小品以及体育健身设施等结合公共景观带来设置。同时因地制宜，运用现有的坡度布局设计跌水，使空间灵动化。

景观设计的功能主要是为社区居民公共娱乐提供集中的场所空间。通过道路系统的分隔、环境景观空间的变化以及产品功能的分区形成景观序列。各组团的景观设计与相应的建筑风格相统一，重视景观与功能的结合，以及景观的参与性、功能性，体现了多层次景观体系。

天津世纪梧桐公寓

项目地点：天津市
开发商：天津新塘投资有限公司
景观设计：安道（国际）景观与建筑设计有限公司
占地面积：77 800 m²
建筑面积：128 600 m²

世纪梧桐公寓坐落于天津市新贵居住区——梅江的核心地段，位于珠江道与九连山路的交会点，靠近友谊南路，交通便捷。项目融城市的繁华与宁静于一身，是城市上佳的理想居住之地。作为对都会级大城市蓬勃兴起在建筑上的一种精神响应，世纪梧桐公寓从深层次上传承了Art Deco典雅、向上、大气的精神内涵;塔楼式的退台，利用整体凹凸形成高立挺拔、简洁流畅的竖向线条，水平延展面与垂直向上的体量形成有序对比，彰显高贵而内敛的优雅气质。

世纪梧桐公寓为高层25层、小高层11~14层。由15栋板式高层、小高层所组成，营造开放式群落。主力户型面积为110~140 m²，生活配套设施完善，临近天津市青少年活动中心、卫南洼风景区、松江国际俱乐部、松江高尔夫俱乐部、体适堡、小区内部会所、室内泳池、桌球馆、棋牌室、阅览室、健身房、美容中心、餐厅、梅江公园、天津文化中心、梅江国际会展中心。

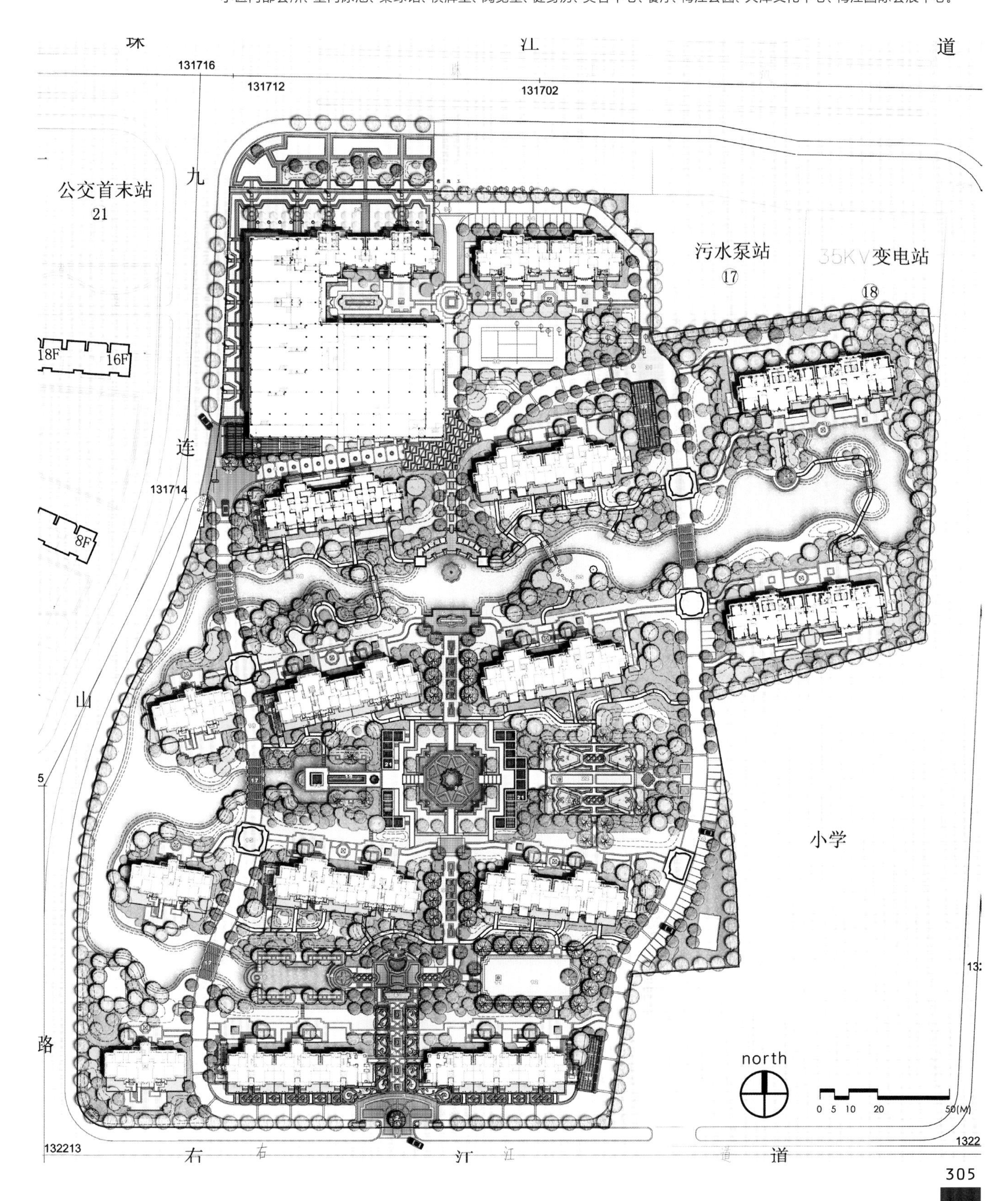

杭州城市芯宇住宅小区

项目地点：浙江省杭州市
建筑设计：中联程泰宇建筑设计研究院
设计师：程泰宁、鲁华、徐雄、陈玲、吴妮娜、杨振宇、田威、段继宗
总建筑面积：225 500 m²

杭州城市芯宇住宅小区位于城市中心一条十字交叉路口，项目出发点在于重新从城市的角度来审视居住建筑的设计模式，总建筑面积225 500 m²（包括地下64 930 m²）。在布局形式上，采用五座板式高层的扇形排比，与周围的建筑一道形成整体的城市空间。在造型上，结合日照要求进行了退台的削角处理，并采用了大面积玻璃与铝板的对比，构成项目独一无二的形态特征。景观上则是利用建筑底层5.6 m的架空层，将环境融入其中，形成一个整体的园林景观。

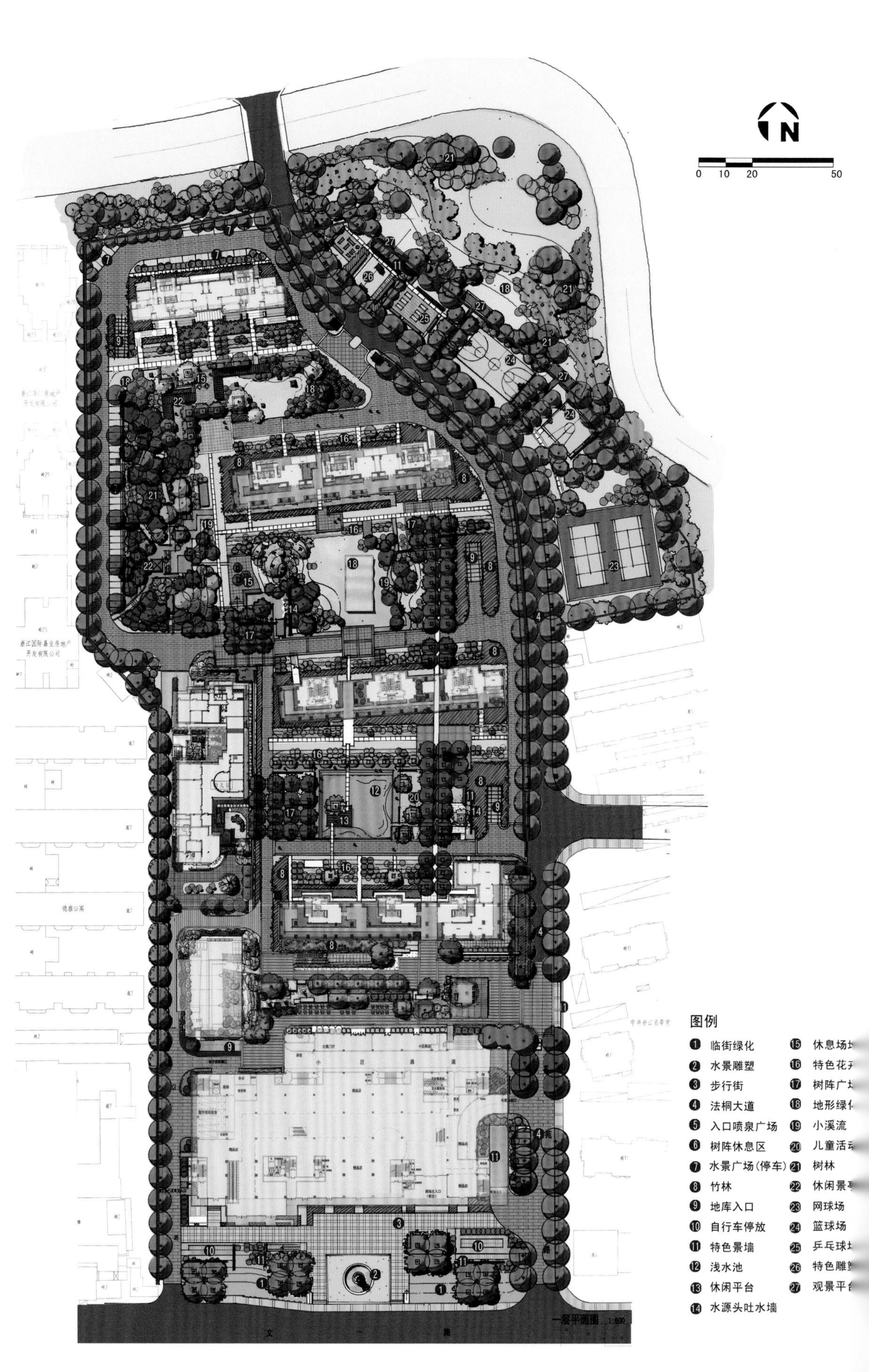

广州万科云山

项目地点：广东省广州市
开发商：广州市万科房地产有限公司
占地面积：130 000 m^2
总建筑面积：170 000 m^2

项目位于白云大道北（永泰立交北行约2 km处），毗邻城市副中心白云新城和白云国际会议中心，坐落在白云风景区内，紧邻南湖风景区，环境舒适。项目自然资源丰富，东眺连绵凤凰山脉，南临面积约86 666 m^2的市政规划山体公园，形成“园在山中、山在园内”的山景居住模式。

项目设计以南加州风格为蓝本，将南加州阳光、休闲、自然的居住感受融入建筑实体，15栋小高层及高层洋房与自然景观和谐融合，营造了一个依山、低密度、高品质的南加州风情社区。项目内规划东西贯穿500 m的中轴纵深南加州风情园林，营造多角度的景观视野。主力户型以90 m^2的三室两厅为主，亦有部分120～140 m^2的大户型及80 m^2的两室户型。小区内有面积约1 600 m^2的商业配套设施，小区周边生活配套设施如学校、医院、肉菜市场、购物中心等一应俱全。

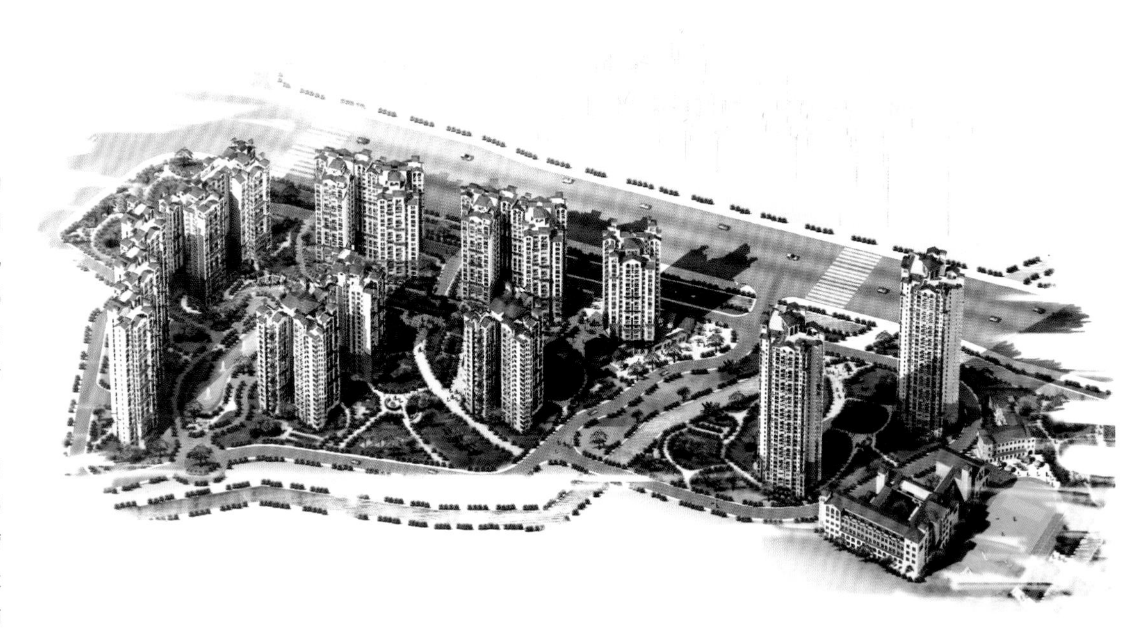

佛山中海万景豪园三期

项目地点：广东省佛山市
开发商：中海地产（佛山）有限公司
占地面积：270 452 m²
总建筑面积：742 987 m²

中海万景豪园（三期）占地面积270 452 m²，总建筑面积742 987 m²，以小高层洋房为主要产品。其主要优点是户户朝南，南北通透，空间层次丰富。以大户型为主，最小的单元的面积也有150 m²，大单元的面积更达到了320 m²。

中海万景豪园采用点状的建筑布局，配有两个会所，总面积达1.2万 m²。项目东侧的广佛地铁出口处，还将有一个面积为1万m²的休闲广场。"中庭宽景别墅"在房子中央设计有中庭，可种花养鱼，所有的功能房都环绕中庭而建，居者既可享受浓浓绿意，又保有私密性；而"三错层叠景洋房"有别于传统的复式，不仅增加了房子的实用率和舒适度，还巧妙解构空间，加强层次感，使房间大度开畅。此外，"独立花园洋房"户型则采用半围合设计，客厅、餐厅可共享花园。

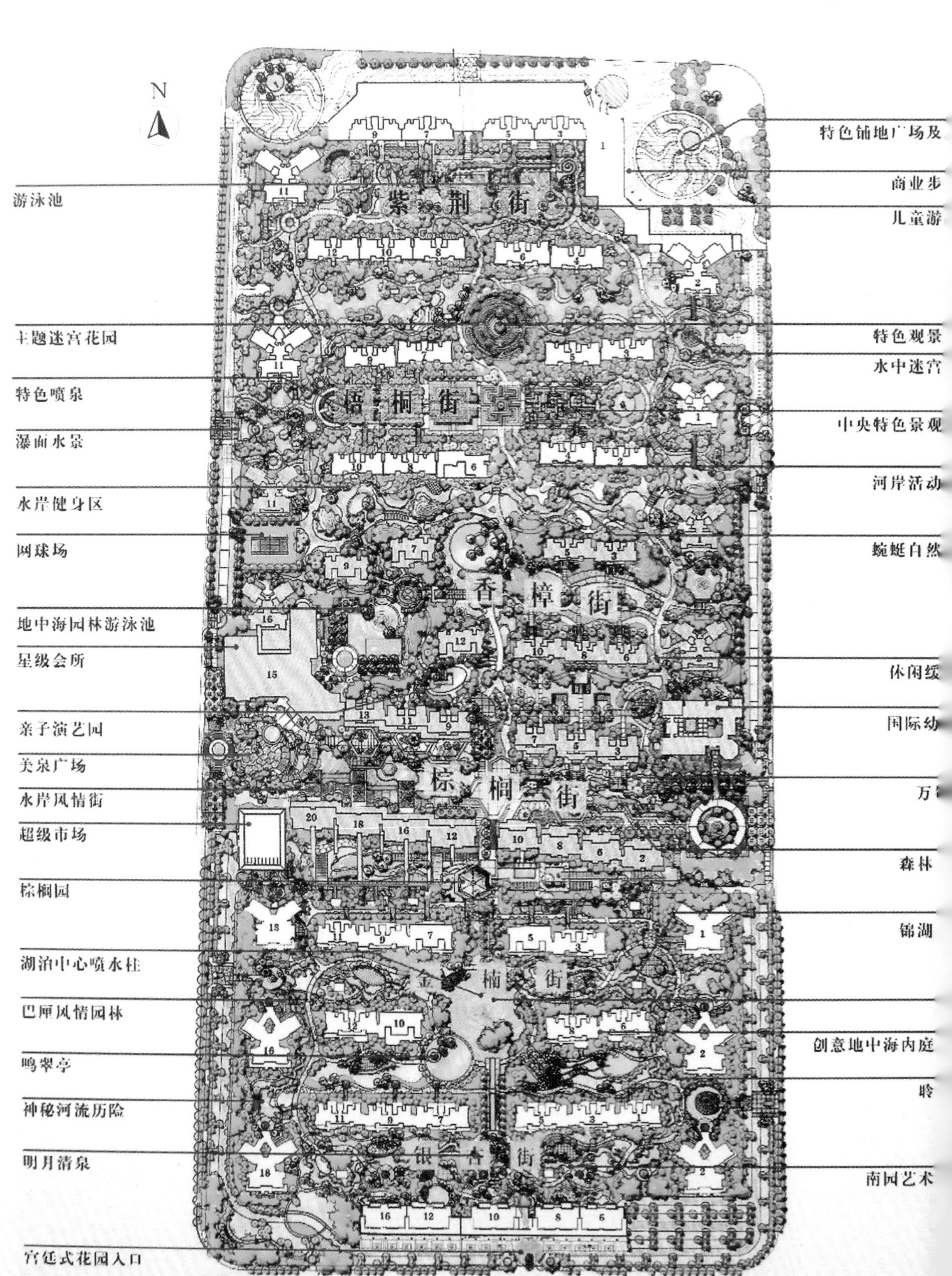

广州保利康桥

项目地点：广东省广州市
开发商：广州保利置业有限公司
占地面积：10 869 m²
总建筑面积：105 000 m²
容积率：7.98
绿化率：25%

保利康桥位于广州市海珠区滨江东路海印公园东侧，总用地面积10 869m²，总建筑面积105 000m²。项目包括三栋住宅。地下2层，地上为32层，其中1～4层为商业裙房，5层为绿化架空层。户型面积为218～310 m²，所有单位有面积近20 m²的入户花园。

户型设计两梯两户或两梯三户，户户南北对流。房间超宽的望江面，能够在保证通风的同时，将江景的优势和气派发挥到极致。同时，设计上做了全方位的考虑，南面最大限度地利用入户花园，使得在书房、厨房、饭厅等区域都能观望到入户花园的精致美景。

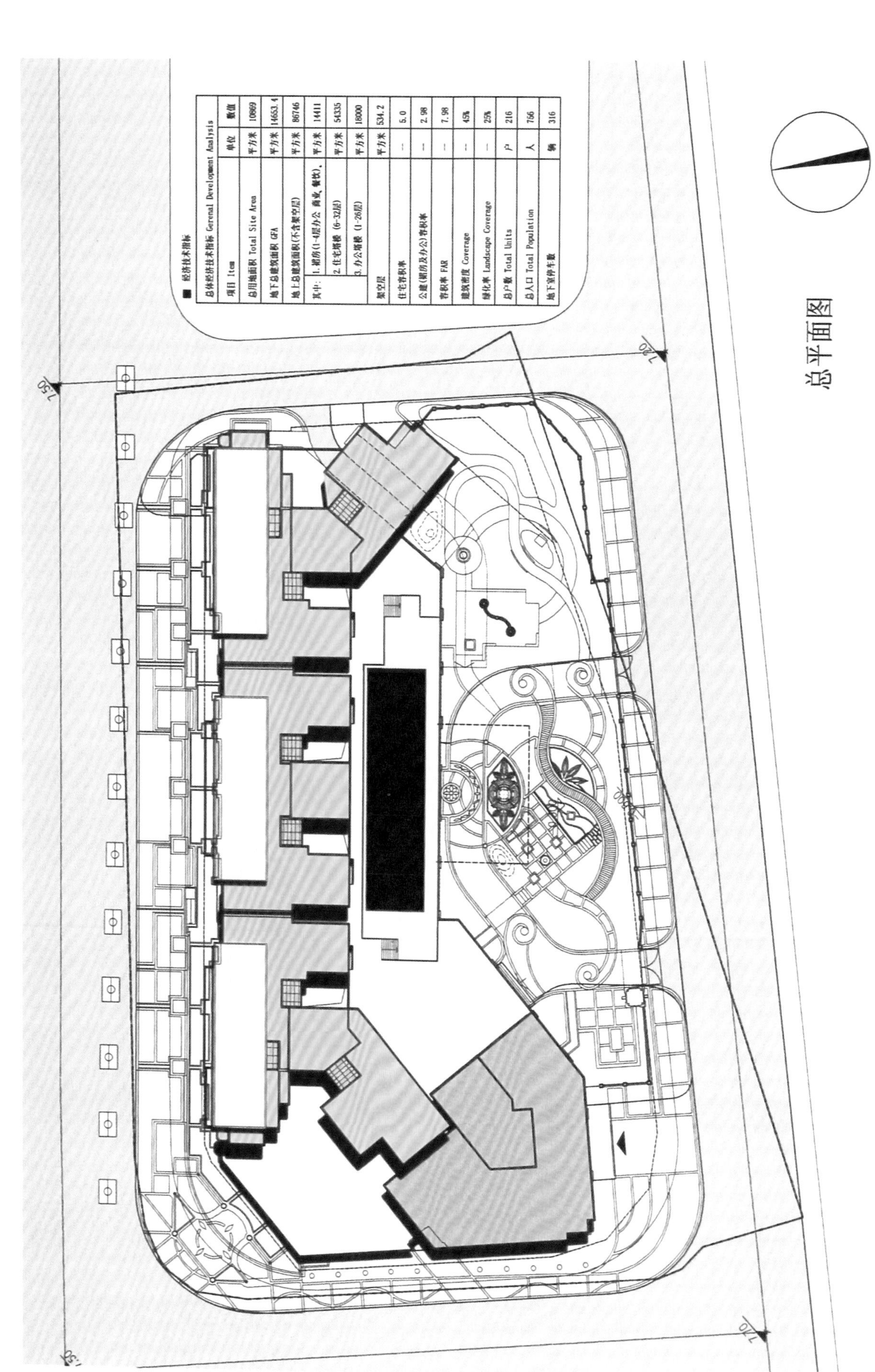

■ 经济技术指标

总体经济技术指标 Gerenal Development Analysis			
项目 Item		单位	数值
总用地面积 Total Site Area		平方米	10869
地下总建筑面积 GFA		平方米	14653.4
地上总建筑面积(不含架空层)		平方米	86746
其中：	1. 裙房(1-4层办公 商业、餐饮)、	平方米	14411
	2. 住宅塔楼 (6-32层)	平方米	54335
	3. 办公塔楼 (1-26层)	平方米	18000
架空层		平方米	534.2
住宅容积率		--	5.0
公建(裙房及办公)容积率		--	2.98
容积率 FAR		--	7.98
建筑密度 Coverage		--	45%
绿化率 Landscape Coverage		--	25%
总户数 Total Units		户	216
总人口 Total Population		人	756
地下室停车数		辆	316

总平面图

成都凯旋天际湾

项目地点：四川省成都市青羊区
开发商：成都天合房屋开发有限责任公司
建筑设计：四川众恒建筑设计有限责任公司
景观设计：成都塞纳园景设计咨询有限公司
占地面积：9 576.22 m^2
总建筑面积：62 481 m^2
容积率：5.0
绿化率：20%

凯旋天际湾项目占地面积9 576.22 m^2，位于成都市青羊区东坡大道南侧，毗邻清水河，东接市政绿化带，西邻时代尊城，距光华大道约200 m、距青羊大道约400 m，交通路网发达，居住环境成熟。

该项目背依着面积为336 666 m^2的清水河公园、66 666 m^2的东坡体育公园、58 666 m^2的天鹅湖公园。优越的地理位置、优良的自然环境是项目的主要特点之一。项目规划为三栋21~36层高层建筑，为新古典主义建筑风格，户型建筑面积76~220 m^2。

杭州德信北海公园

项目地点：浙江省杭州市
开发商：浙江德信东杭置业有限公司
建筑设计：北京新纪元建筑工程设计有限公司
占地面积：38 746 m²
建筑面积：150 000 m²

德信北海公园位于杭州市拱墅区十字港河南侧，祥园中路与杨家浜路交界处。项目总建筑面积约15万 m²，容积率为2.8，绿化率为30%。整个小区由11幢24层点式和板式高层公寓围合而成，总计1 000余套房源，项目以经典两室、三室为主，主力户型面积为90~139 m²。

在园区景观营造上，以高层围合形成了小区面积近7 000 m²的中心庭院，同时通过中心景观有序的水系布局，与社区内十字港河近万平方米的水面形成了内外水景呼应的双水景体系，为居住者提供了水影环绕的娱乐和休憩场所。项目近享桥西醇熟配套设施，毗邻规划运河新城，交通、教育等配套设施齐全。同时，社区拥有面积4 300 m²风情商业街区和高端会所等，将为小区提供丰富的生活配套设施。

深圳金港华庭

项目地点：广东省深圳市宝安区
规划/建筑设计：深圳市明创艺工程设计咨询有限公司
主设计师：肖明
占地面积：23 063.19 m²
总建筑面积：210 268.41 m²
容积率：6.985

项目地块位于深圳市宝安区西乡街道，北临宝安大道，西临银田路，东靠共乐路，南向为盐田新二村，南部远景为西乡码头，登高远望，海域一览无余，视野风景极佳。基地形状为不规则的多边形。项目所属位置交通十分便利，市政齐备，人气旺盛，是理想的商住开发地段。

项目定位为建设以商、住为主要功能的高档小区，以居住实用概念为主导，配以超大型商业，使整个小区档次提高。在总体布局上，将七个相同体量的塔楼连接成一个“一”字形的建筑组合。中部五座塔楼建筑高度统一，造型风格一致，具有极强的韵律；两端的塔楼局部降低，层次略有变化；顶部造型奇异独特，自身体量宏伟壮观。七座塔楼混为一体，设计风格别具一格。它建成后必将成为深圳“西部通道”上又一高质量的景观式标志性建筑。

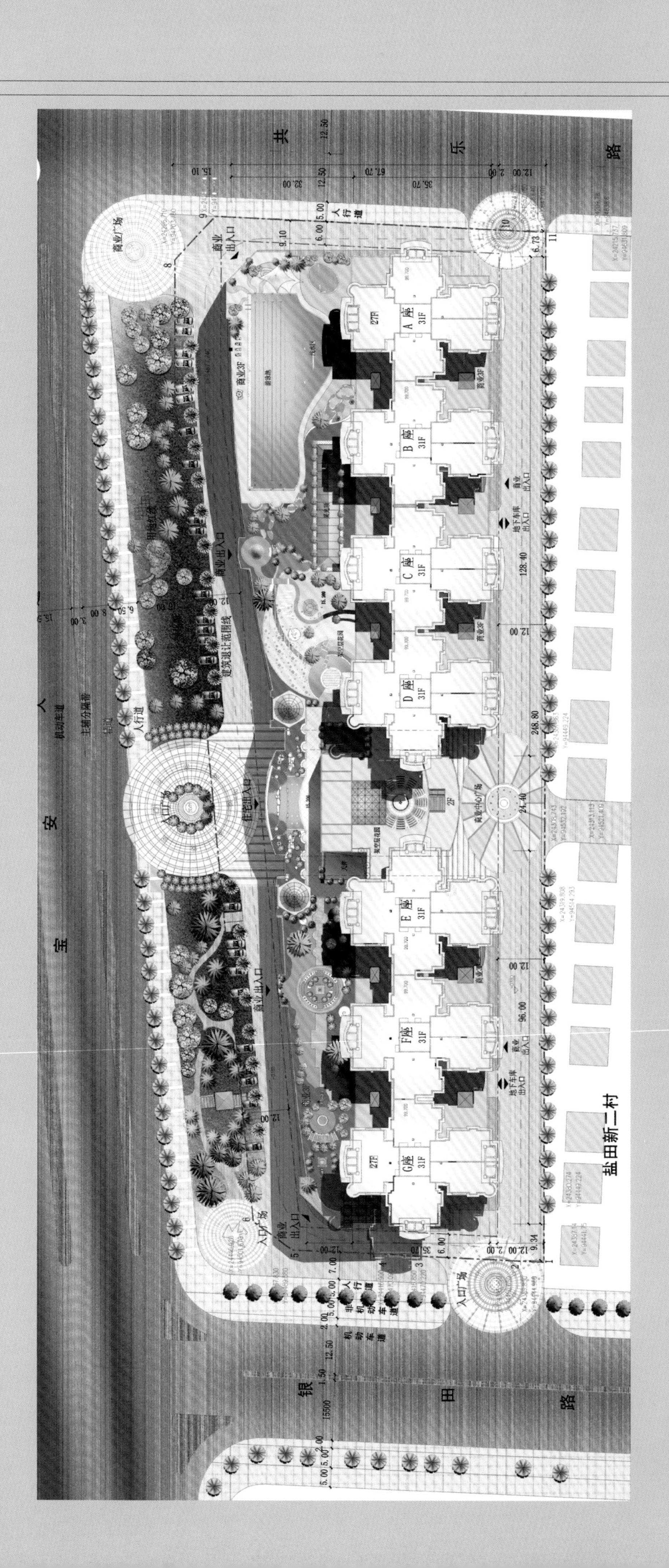

成都龙湖三千里

项目地址：四川省成都市成华区
开发商：成都龙湖锦华置业有限公司
建筑设计：中建国际（深圳）设计顾问有限公司
景观设计：加拿大EKISTICS（艾克斯蒂）景观设计公司
占地面积：55 094 m^2
总建筑面积：330 000 m^2
容积率：5

龙湖三千里位于成都市二环路与建设路金十字路口，与城市主干道保持恰如其分的距离，处于繁华市区，闹中取静。在享受片区商业配套的繁华和便利的同时，又远离尘嚣，是片区内最宜居家之地。

龙湖三千里是城东首个兼具室内泳池、室外恒温泳池、壁球馆的人文社区；牵手国际大师，用别墅景观标准打造小户型的立体社区景观；新颖的蝶形布局，结合创新板式结构，用豪宅的建筑布局规划小户型建筑平面；建筑面积为70～90 m^2精致舒适的户型、两层挑高对翻的阳台、精致的阳光房均保证每一户全面采光、自然通风，让小户型享受豪宅景致。

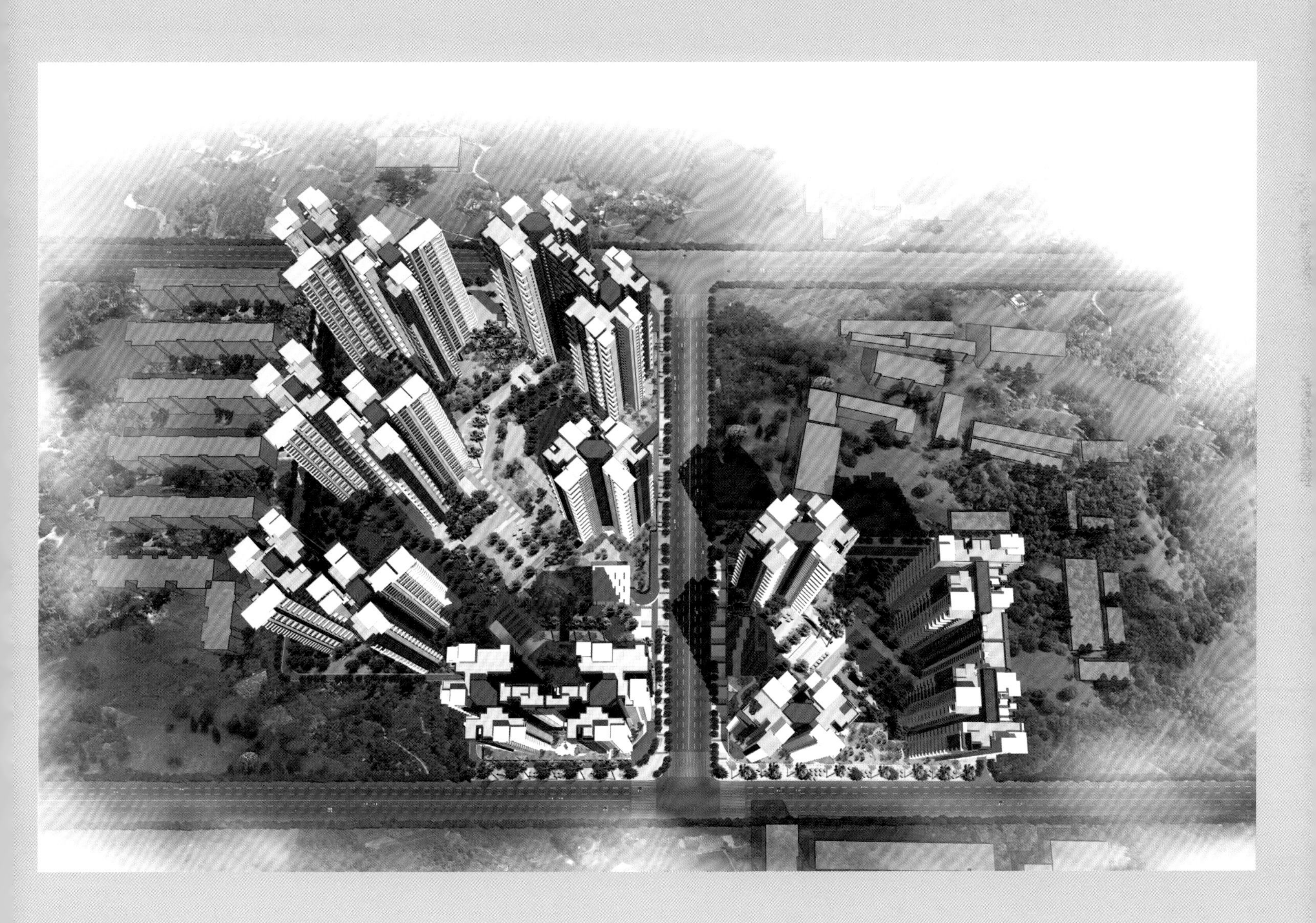

海口江畔人家

项目地点：海南省海口市
开发商：海南佳元房地产开发有限公司
建筑/景观设计：安道（香港）景观与建筑有限公司
占地面积：129 375.7 m^2
总建筑面积：368 372.6 m^2
容积率：2.0
绿化率：40%

项目设计以人为中心，以整体社会效益、经济效益与环境效益三者统一为基准点，着意刻画优质的生态环境和丰富的江海城市景观，为居民塑造都市中心自然优美、舒适便捷、休闲安静的怡然栖息之地。

地块呈南北倾斜，定位为高层、小高层地中海风情住宅小区，着力向江海取景，同时极力营造小区的内部环境，达到与外部的自然景观环境相统一，使小区的整体品质得到升华。

根据基地的实际情况，东借南渡江，临江不远，在地块处可以近观美丽的南渡江，远眺大海，故整个小区的整体布局为向江取景，尽量让小区内的居住者有投入江河怀抱之感，争取户户见江景。同时在小区内部极力营造一条具有视觉冲击力的线性视觉景观轴线，形成一条变化丰富的景观长廊，结合小区的中央景观、下沉式的会所和独具风情的景观泳池，水、天、人一起汇聚于此，这便是江畔人家。

小区主入口设置在南侧凤翔东路上，在北侧的规划道路上设置了一处次入口，同时在沿江路一侧设置了另一人行次入口，便于居住者由江边步行进入小区内部，同时也方便小区的住户外出散步。小区的会所设计在地块内的东侧，同时它也位于中央景观轴线的端头。小区的中央景观区，下沉式的设计与环境进一步地融合。在小区的主入口设有商业配套，满足居住者的配套需求，有利于全方位营造高品质的居住生活空间。

昆山和兴东城花苑

项目地点：江苏省昆山市
开发商：昆山和兴房地产开发有限公司
建筑设计：东南大学建筑设计院深圳分院
占地面积：137 200 m^2
总建筑面积：251 532.73 m^2
容积率：1.833
绿化率：42.2%

江苏昆山和兴东城花苑四面环水，以绿色生态、景观优美、户外休闲三大体系构筑江南水乡风采的理想都市人家，设计成“户户有景”、“家家亲水”的人与自然交融的优质居住社区。和兴东城花苑总建筑面积超过20万 m^2，是整个昆山东部地区首个大型商业住宅项目。该项目地处东部副中心的中心位置，“双中心”的地理优势更使其具有得天独厚的生活便利。

规划将绿化系统作为小区的呼吸系统，充分利用自然要素，构筑中心绿化、环河绿化、庭院绿化，并结合三面环水的独特环境设计了滨水生态绿化带，与中心绿化、住宅庭院相互渗透，共同组成多层次的园林绿化系统。同时，尊崇朴素自然与艺术导向性的景观形象系统，强调安全保障与休闲舒适的户外活动系统相互结合，共同打造成美景住宅典范。

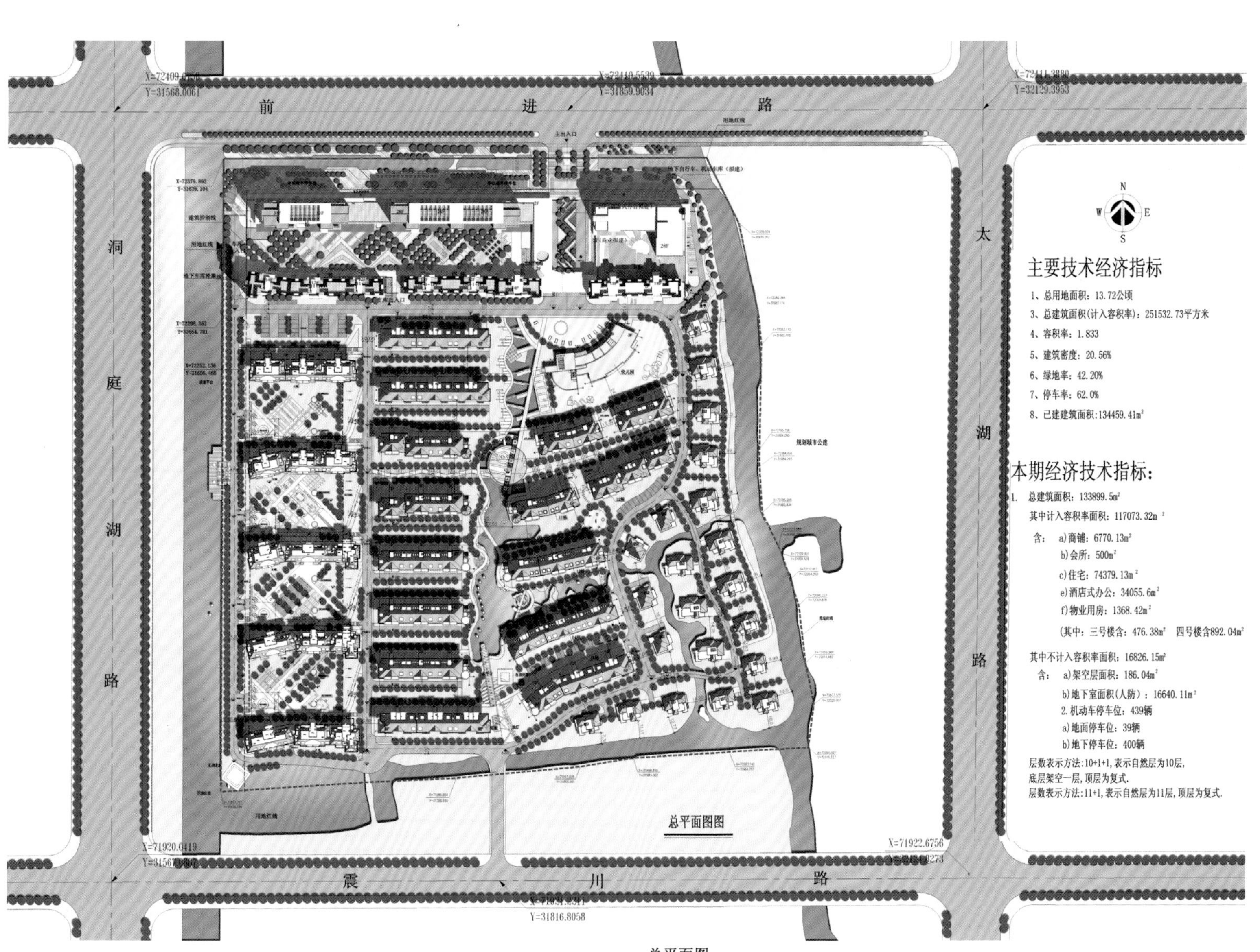

总平面图

北京红玺台

项目地点：北京市
建筑设计：北京维拓时代建筑设计有限公司
占地面积：55 164 m^2
总建筑面积：134 334.84 m^2
容积率：2.8
绿化率：35%

本项目为芍药居东区，用地东至太阳宫西街，南至太阳宫大街、芍药居东区二号路，西至京顺路新路，北至规划的芍药居东区1号路。用地西侧为京承高速防护绿化区，东北侧为现状保留水井及其绿化防护区。

小区内部设计两个庭院景观，并以下沉广场和漫坡绿地为主题景观，为社区提供良好的活动和交往的场所；将绿化景观引入地下一层及首层大堂，形成酒店式休闲绿化大堂；设计景观电梯，使人在电梯空间都能享受到绿色氛围；结合每户入户前的开敞前室设计入户花园，形成绿色景观，更接近别墅的生活形态；户内设计景观阳台和露台或阳光房，为主人提供接近自然的舒适空间。

在建筑空间上，设计了两个庭院，建筑的空间设计充分考虑地区特征，全部为正南正北向布置，满足日照通风的需求。建筑以板楼为主，既能有效围合形成南北两个庭院，又在空间上不显封闭，利于内部庭院与外部防护绿化相结合，形成大面积的园林绿化景观。

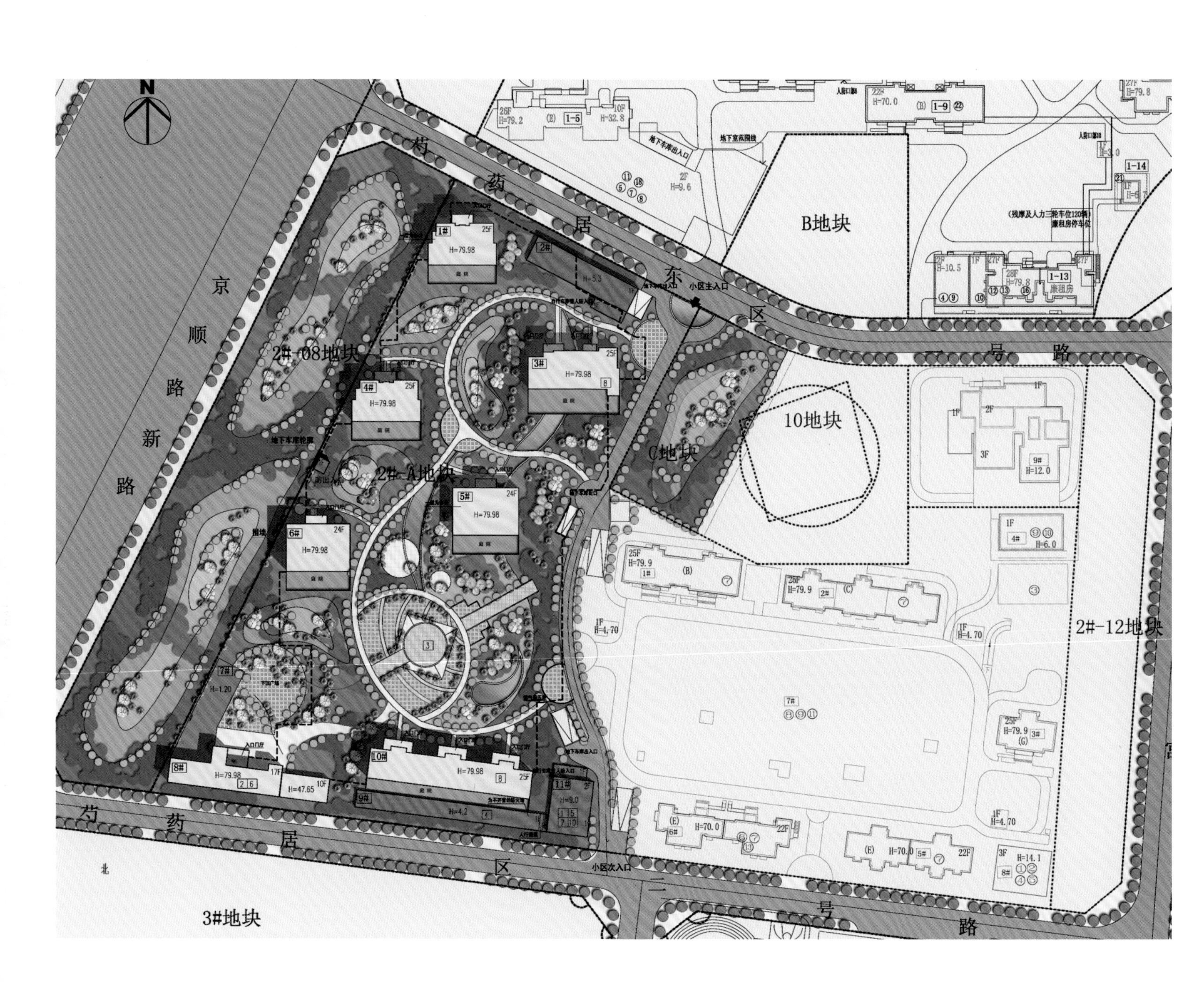

北京海棠湾

项目地点：北京市通州区
建筑设计：北京维拓时代建筑设计有限公司
占地面积：71 297 m²
总建筑面积：250 000 m²
容积率：2.9
绿地率：30%

项目位于北京市通州区中心地带，地理位置优越。西临云景东路，北、东、南三侧为规划道路。小区规划总用地面积71 297 m²，建筑面积250 010 m²，其中地上206 762 m²，地下43 248 m²。建设基地北、东、南三侧为现状住宅楼，西侧为现状中学。

总体布局以景观为核心，形成景观与住宅的完全融合。住宅布局充分利用日照间距创造形体高低错落、空间开合有度的整体形象，为了塑造云景东路沿线良好的城市街景，避免排列式布局及山墙朝向城市干道的消极影响，规划设计沿云景东路一侧布置点式高层塔楼，形成体形挺拔、空间变化、整体简约的城市形象。

小区设南北两个出入口，与城市道路相连。南侧主入口处设集散广场，易于组织和引导人流、车流。地下车库出入口临近小区出入口，社区内无地上车流，减少车行对景观的影响。

该项目设计了多处微地形。全区绿化景观由中心湖区、庭院绿地、入口广场绿地构成。中心湖区以面积7 000 m²的水面为主体，叠山造水，并种植多种乔木、绿植。每个庭院内设置一个下沉式绿化庭院，并与地下车库连通，改善了车库采光通风的条件，增加了车行出入小区的景观效果，丰富了庭院绿化的层次。入口广场以铺砌为主，强调居民回家的归属感，起到舒缓情绪的作用。

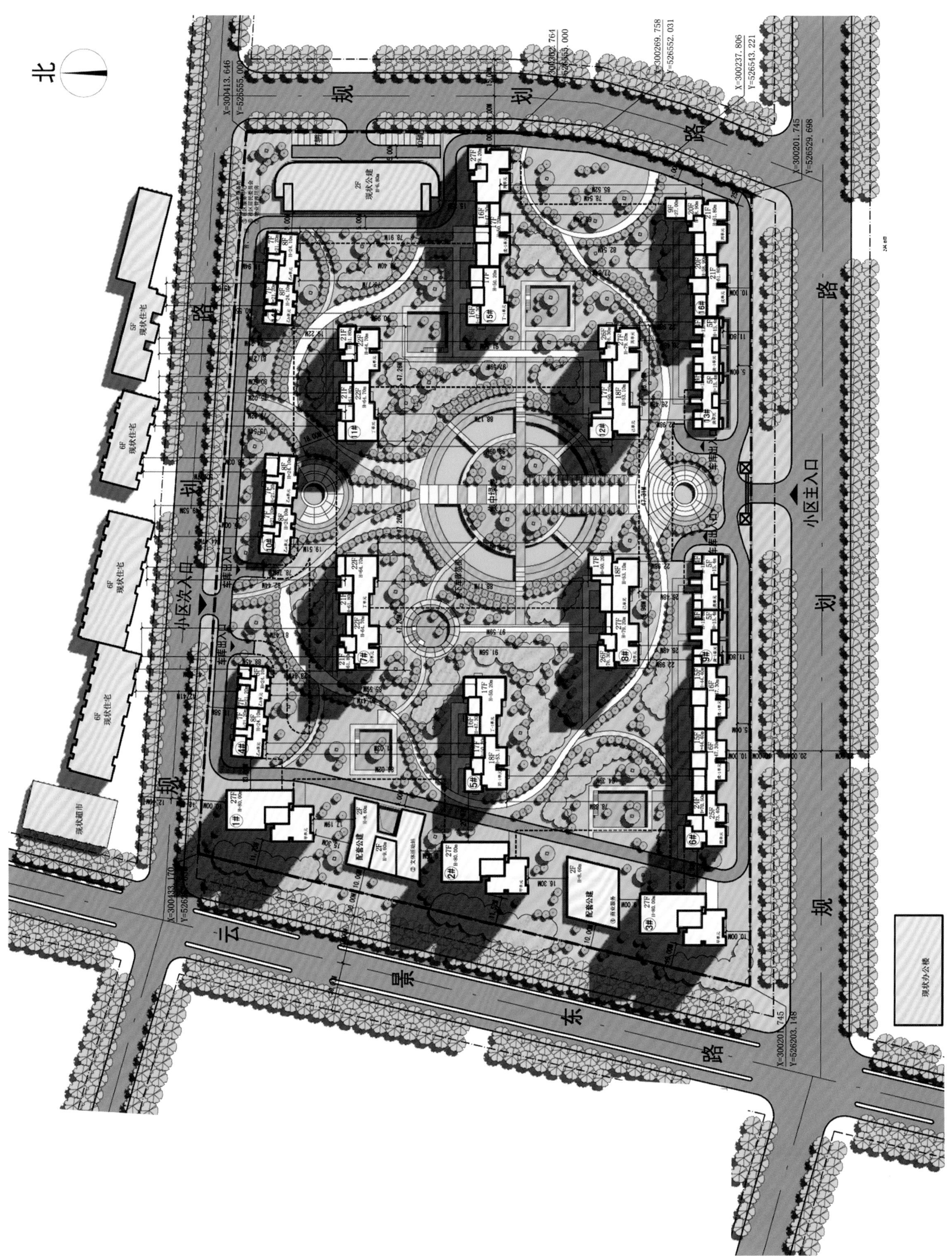
北
规划路
小区主入口
小区次入口
云景东路
车库出入口
现状公建
配套公建
现状住宅
现状超市
现状办公楼

杭州方易·西鉴枫景

项目地点：浙江省杭州市
建筑设计：浙江省建筑设计研究院
景观设计：ATLAS（中国）规划设计公司
主设计师：盛叶夏树、中里龙也、龚世昭
占地面积：24 767 m²
总建筑面积：7 310 m²
景观面积：32 700 m²
绿化率：35%

方易·西鉴枫景位于杭州市西部，与杭州西湖只有一山之隔，紧邻2004年建成通车的城市干道天目山路。小区南边的将军山苍翠葱郁，自然形成了小区的一个天然大氧吧。项目依山傍水的地理位置天造地就了"小桥流水人家"的环境氛围，仿佛就是水岸边上伸展出来的一片露台。

建筑好像是一座座山，水面点缀于山前山后，水边的空间形成一个个大小不一、形式各异的露台。露台是体现都市生活品质的一种符号、一个元素、一方场所。露台的概念也是一种心理暗示，不经意间提醒居者每天去享受优雅、洁净的生活，在露台空间中生活的每一位既是演者又是观者。

景观的合理布局与搭配，以及园区小品、便民设施的精心设计，将潜移默化地丰富居者的感情生活，从而实现情景规划。

方易·西鉴枫景的规划设计充分把握了杭州的自然风貌，以纯朴、自然的写实手法融入对人性的关爱、追求美好生活的理念，随时随地可以感受到小区深厚的文化内涵和品位素养。

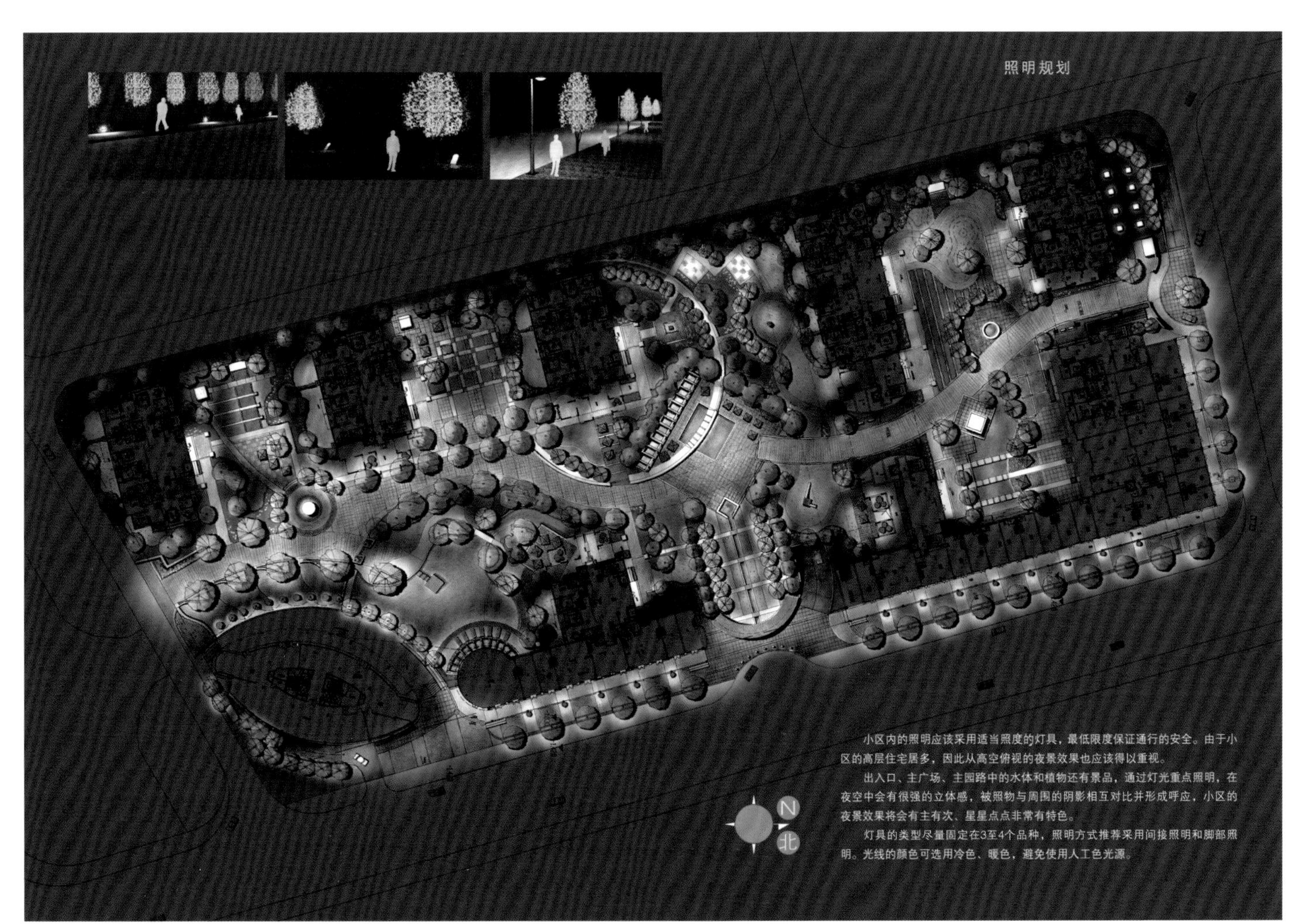
照明规划
小区内的照明应该采用适当照度的灯具，最低限度保证通行的安全。由于小区的高层住宅居多，因此从高空俯视的夜景效果也应该得以重视。
出入口、主广场、主园路中的水体和植物还有景品，通过灯光重点照明，在夜空中会有很强的立体感，被照物与周围的阴影相互对比并形成呼应，小区的夜景效果将会有主有次、星星点点非常有特色。
灯具的类型尽量固定在3至4个品种，照明方式推荐采用间接照明和脚部照明。光线的颜色可选用冷色、暖色，避免使用人工色光源。
N
北

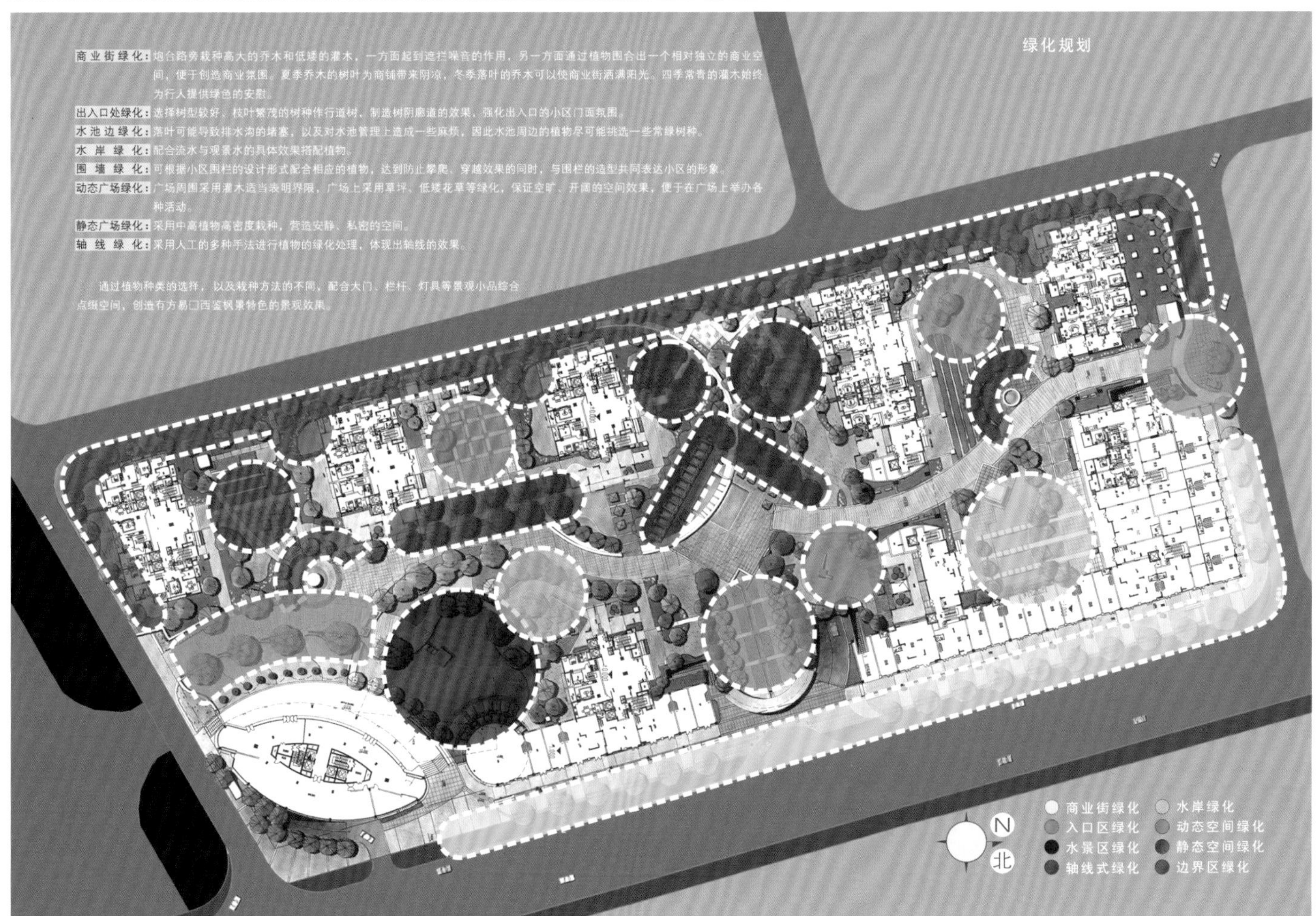
绿化规划
商业街绿化：炮台路旁栽种高大的乔木和低矮的灌木，一方面起到遮拦噪音的作用，另一方面通过植物围合出一个相对独立的商业空间，便于创造商业氛围。夏季乔木的树叶为商铺带来阴凉，冬季落叶的乔木可以使商业街洒满阳光，四季常青的灌木始终为行人提供绿色的安慰。
出入口处绿化：选择树型较好、枝叶繁茂的树种作行道树，制造树阴廊道的效果，强化出入口的小区门面氛围。
水池边绿化：落叶可能导致排水沟的堵塞，以及对水池管理上造成一些麻烦，因此水池周边的植物尽可能挑选一些常绿树种。
水岸绿化：配合流水与观景水的具体效果搭配植物。
围墙绿化：可根据小区围栏的设计形式配合相应的植物，达到防止攀爬、穿越效果的同时，与围栏的造型共同表达小区的形象。
动态广场绿化：广场周围采用灌木适当表明界限，广场上采用草坪、低矮花草等绿化，保证空旷、开阔的空间效果，便于在广场上举办各种活动。
静态广场绿化：采用中高植物高密度栽种，营造安静、私密的空间。
轴线绿化：采用人工的多种手法进行植物的绿化处理，体现出轴线的效果。
通过植物种类的选择，以及栽种方法的不同，配合大门、栏杆、灯具等景观小品综合点缀空间，创造有方易囗西鉴枫景特色的景观效果。
商业街绿化
入口区绿化
水景区绿化
轴线式绿化
水岸绿化
动态空间绿化
静态空间绿化
边界区绿化
N
北

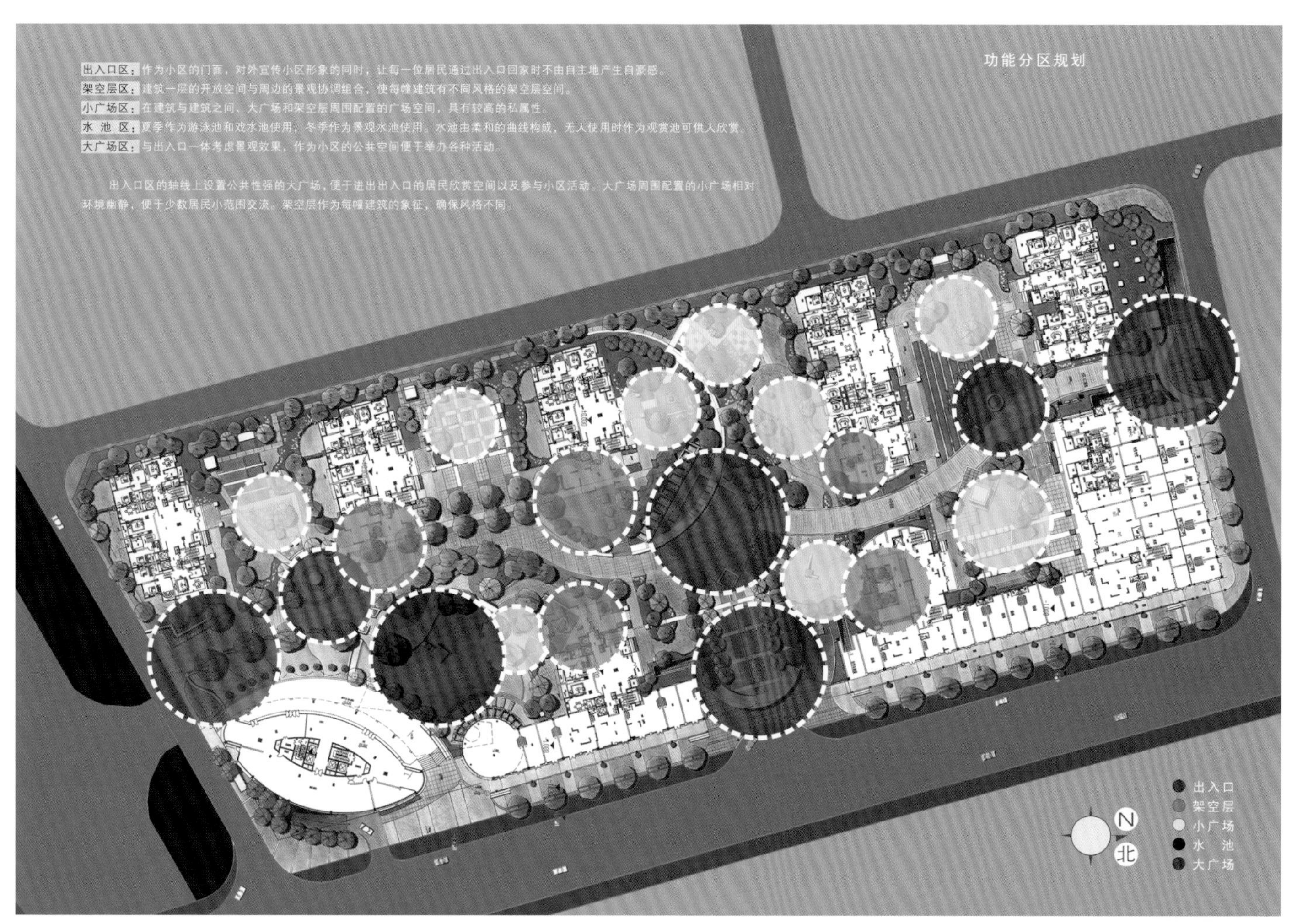

功能分区规划
出入口区：作为小区的门面，对外宣传小区形象的同时，让每一位居民通过出入口回家时不由自主地产生自豪感。
架空层区：建筑一层的开放空间与周边的景观协调组合，使每幢建筑有不同风格的架空层空间。
小广场区：在建筑与建筑之间、大广场和架空层周围配置的广场空间，具有较高的私属性。
水 池 区：夏季作为游泳池和戏水池使用，冬季作为景观水池使用。水池由柔和的曲线构成，无人使用时作为观赏池可供人欣赏。
大广场区：与出入口一体考虑景观效果，作为小区的公共空间便于举办各种活动。
出入口区的轴线上设置公共性强的大广场，便于进出出入口的居民欣赏空间以及参与小区活动。大广场周围配置的小广场相对环境幽静，便于少数居民小范围交流。架空层作为每幢建筑的象征，确保风格不同。
出入口
架空层
小广场
水 池
大广场
N
北

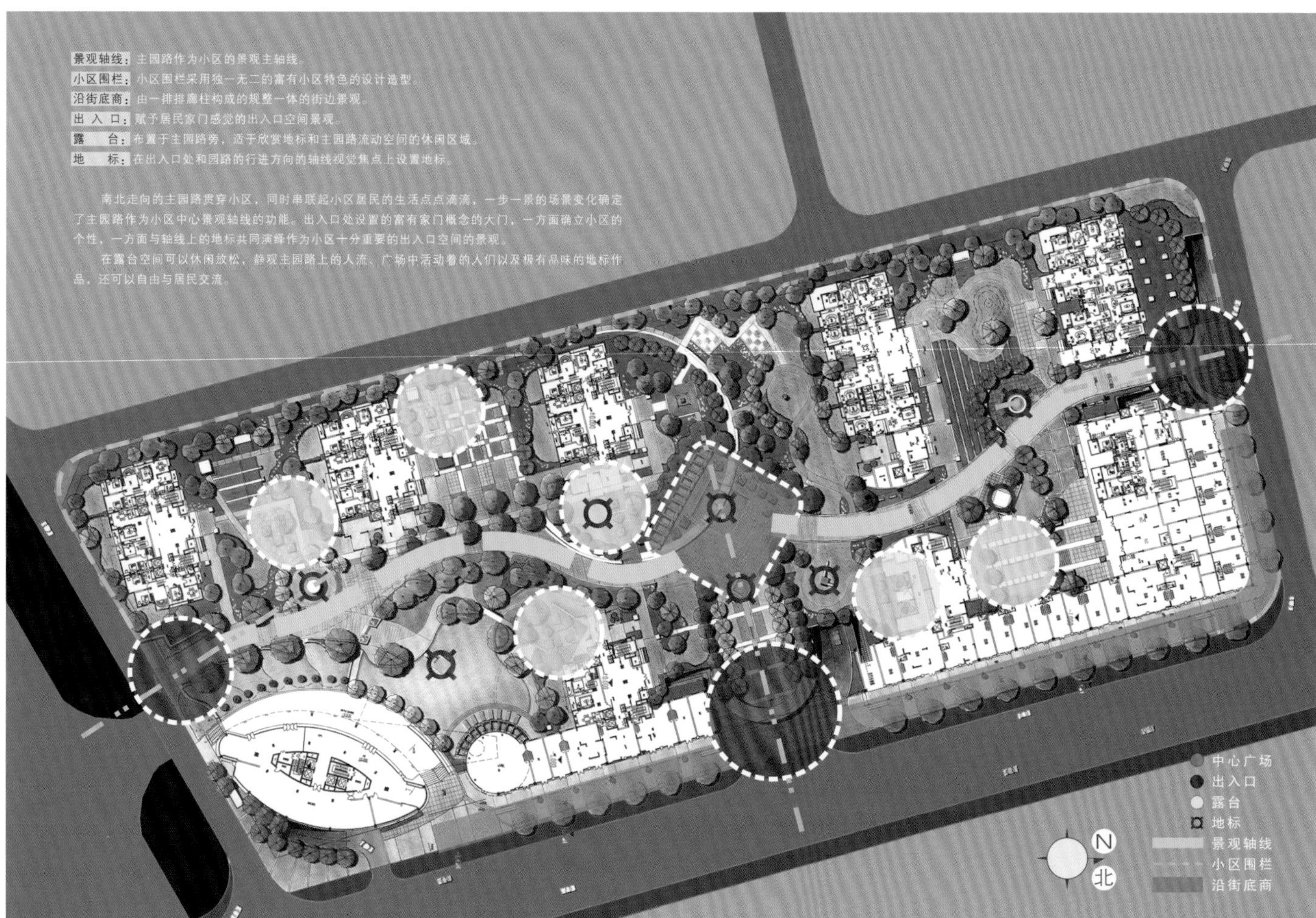

景观轴线：主园路作为小区的景观主轴线。
小区围栏：小区围栏采用独一无二的富有小区特色的设计造型。
沿街底商：由一排排廊柱构成的规整一体的街边景观。
出 入 口：赋予居民家门感觉的出入口空间景观。
露 台：布置于主园路旁，适于欣赏地标和主园路流动空间的休闲区域。
地 标：在出入口处和园路的行进方向的轴线视觉焦点上设置地标。
南北走向的主园路贯穿小区，同时串联起小区居民的生活点点滴滴，一步一景的场景变化确定了主园路作为小区中心景观轴线的功能。出入口处设置的富有家门概念的大门，一方面确立小区的个性，一方面与轴线上的地标共同演绎作为小区十分重要的出入口空间的景观。
在露台空间可以休闲放松，静观主园路上的人流、广场中活动着的人们以及极有品味的地标作品，还可以自由与居民交流。
中心广场
出入口
露台
地标
景观轴线
小区围栏
沿街底商
N
北

交通规划
主 园 路：小区的主要通道，兼作消防通道（6m）。
车 行 道：进入地下停车场的专用车行道。
商业步行街：小区东部面向炮台路的临街商铺前的通道。暖色系的铺装适合装饰人气旺盛的商业空间。
功能型园路：便于业主出行之用的主园路和建筑入口之间的通道（2.5m）。
散 步 园 路：从主园路和建筑入口连接大广场、小广场的散步小径（1.2~1.5m）。
小区内部的交通体系目的明确、便捷清晰，以主园路为轴心，从主园路通过功能型园路放射至各幢建筑入口，之后再通过网状散步园路辐射至小区内部的广场、露台等小区基础设施。
小区东侧面向炮台路的人行道，利用与炮台路间的高差30cm抬高路面，制造不同于一般便道的步行街，结合一楼商铺创造热闹、有人气的步行商业街氛围。既满足了行人的通行，又为底商创造了商机。
N
北
主园路
车行道
商业步行街
功能型园路
散步园路

项目	面积（m2）
用地面积	24,767
建筑面积	7,310
从建筑主体外扩1.5m范围的面积（不算绿化面积）	2,026
硬铺装面积	6,796
绿化面积（包括水体）	8,635
绿化率	35%

杭州绿城玉园

项目地点：浙江省杭州市余杭区
开发商：杭州绿城玉园房地产开发有限公司
建筑设计：浙江绿城建筑设计有限公司
景观设计：贝尔高林（香港）有限公司
占地面积：78 667 m^2
建筑面积：310 000 m^2

绿城玉园位于杭州市余杭区南苑街道水景广场以北，东至新丰路、余杭区档案馆，南至水景公园规划道路，西靠乔司港，北至人民大道，项目总占地面积78 667 m^2，总建筑面积约31万 m^2。项目占据临平CBD繁华区域，多路公交车可通达城市角落,东侧约300 m为临平直达杭州309路和321路公交车终点站（临平站），均可便捷到达市中心主要商业区。距沪杭高速约5分钟车程，距地铁世纪大道站约600 m，交通便利通达。无论是在临平城内悠闲赏景，在杭州便捷购物，还是远行他地，都能十分轻松。绿城玉园与临平的水景公园紧密相邻，如私家公园般水乳交融，开启醇正的亲水体验。

效果图

石家庄Koma国际花园

项目地点：河北省石家庄市
开发商：河北宇东房地产开发有限公司
建筑设计：北京中鸿建筑设计有限公司
占地面积：65 366 m^2
建筑面积：250 000 m^2

石家庄Koma国际花园位于石家庄市友谊大街以西，新市中路与新市北路之间，据守市区三条主要干道。小区由9栋高层住宅和4栋多层住宅组成。配套设施一应俱全，幼儿园、会所、周边底商等使生活简单便利。面积约8 000 m^2的中心区域包含会所、下沉广场、草丘、露天剧场、跌水台地等部分，汇集了交流、娱乐、观演、健身等多种功能。中心区域向外辐射出四季森林等自然景观和音乐、绘书、文学、雕塑、名校等主题庭院。在这里，主题庭院传达了德国乃至欧洲的丰富的历史人文精神。项目的主力户型为两室和三室，建筑面积为41~241 m^2 。

绵阳滨江华城2号

项目地点：四川省绵阳江油市
建设设计：华丰房地产开发有限公司
建筑面积：109 431 m^2

滨江华城将以建成为集观光休闲、商业贸易、商务楼宇、金融证券、酒店餐饮与高档住宅六项功能于一体的多功能城市核心区为目标。项目容积率4.3，建筑密度23.4%，总户数1 964户，共设停车位993个，其中地上146个，地下847个。项目贯彻落实结构规划中确定的有关生态住区的规划理念，整个社区的整体氛围及建筑外观着力体现城市生活的风范，创造出了21世纪花园城区和生态居住区。

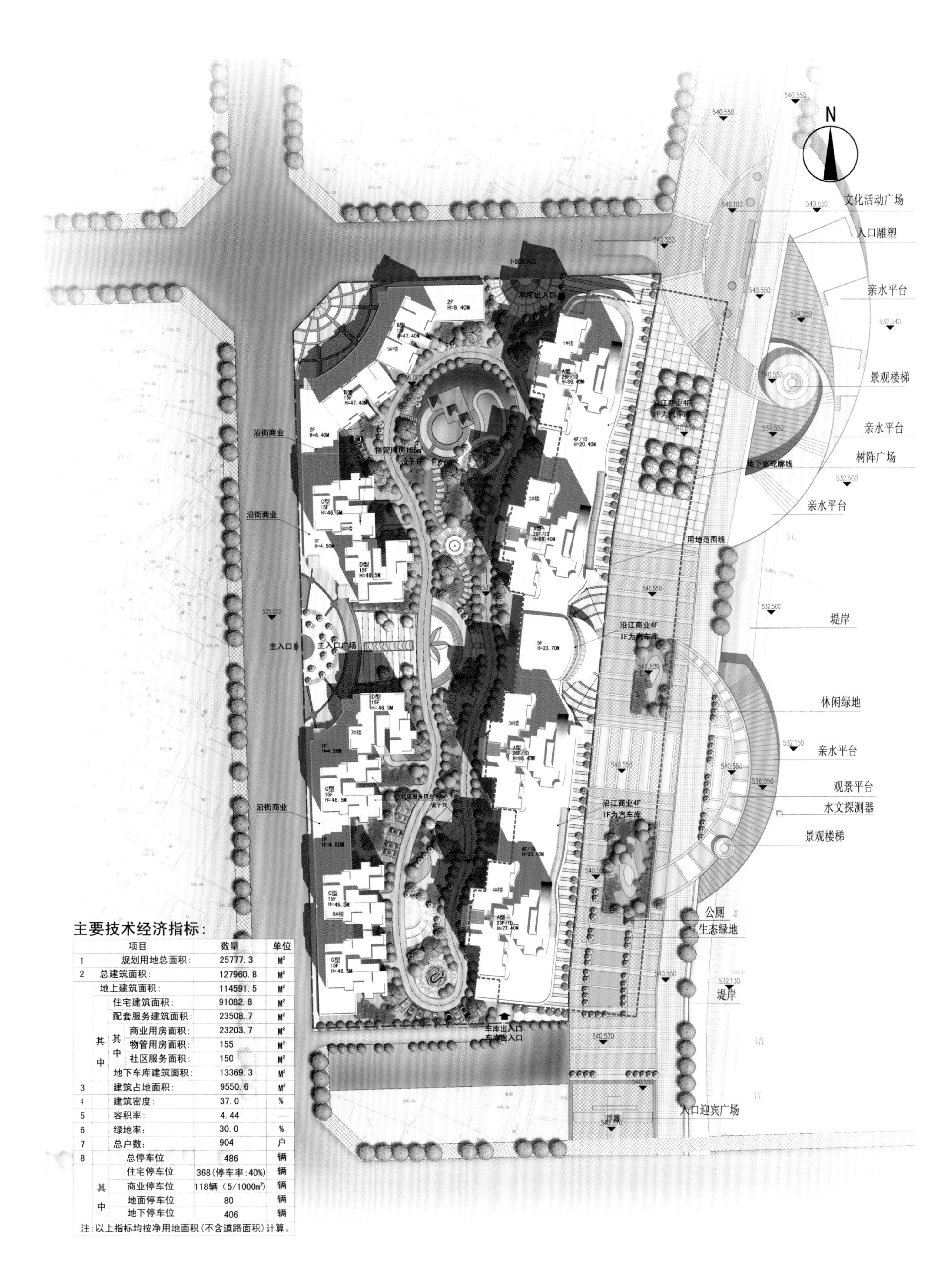

主要技术经济指标：

			项目	数量	单位
1			规划用地总面积：	25777.3	M²
2			总建筑面积：	127960.8	M²
			地上建筑面积：	114591.5	M²
	其中		住宅建筑面积：	91082.8	M²
			配套服务建筑面积：	23508.7	M²
		其中	商业用房面积：	23203.7	M²
			物管用房面积：	155	M²
			社区服务面积：	150	M²
			地下车库建筑面积：	13369.3	M²
3			建筑占地面积：	9550.6	M²
4			建筑密度：	37.0	%
5			容积率：	4.44	—
6			绿地率：	30.0	%
7			总户数：	904	户
8			总停车位	486	辆
	其中		住宅停车位	368(停车率:40%)	辆
			商业停车位	118辆 (5/1000m²)	辆
			地面停车位	80	辆
			地下停车位	406	辆

注：以上指标均按净用地面积(不含道路面积)计算。

临安绿城玉兰花园

项目地点：浙江省临安市
开发商：浙江和商置业有限公司
建筑设计：浙江绿城六和建筑设计有限公司
占地面积：75 227 m^2
建筑面积：300 000 m^2

绿城玉兰花园位于临安东路与衣锦街交叉口以东，坐拥临安CBD核心，融汇城市优势配套及丰富自然资源，总占地面积75 227 m^2，将规划15幢城市观景公寓，精工材质，考究大作，为临安再筑高端生活标杆。

强调自然资源优化利用的“组团式”规划手法，带来极致的观景视野，辅以人车分流交通体系、架空层等设计，绿城将以完美品质打造品质住区，充分彰显完美的生活和人文价值。 绿城新一代城市观景公寓，合理的尺度关系与精致的构件装饰，完美诠释新古典主义建筑风格精髓，天然石材铺砌外立面，端庄典雅、沉稳内敛，成就传世百年的经典园区。项目聘用国际大师打造尊贵法式园林，以对称的轴线、均衡的布局、精美的构图，营造出丰富的景观体系，赋予居者浪漫高贵的生活气质。

唐山绿城南湖春晓

项目地点：河北省唐山市
开发商：唐山绿城房地产开发有限公司
建筑设计：浙江绿城建筑设计有限公司
景观设计：贝尔高林（香港）国际有限公司
占地面积：436 230 m^2
建筑面积：1 150 000 m^2

绿城南湖春晓位于唐山市唐山学院南路与南新西道交叉口附近，项目总占地面积近66.7万 m^2，净占地面积约43.7万 m^2，总建筑面积近115万 m^2，是由城市高端公寓、大型城市公园、主题商业步行街、知名双语幼儿园及小学等物业组成的新兴城市综合体。

绿城南湖春晓住宅建筑为典雅高贵的新古典主义风格，既能与地块周边的湖滨公园共生共融，又能以古典的构图比例和丰富精致的细部营造出高品质的住宅建筑，形成整体协调又不失变化丰富的建筑群，建筑形体规整、大气、严谨。天际线适当跌落，外立面比例现代工整，强调韵律与节奏，以暖色系干挂石材和彩色铝合金玻璃窗为主。建筑细部充分吸取海派建筑的细腻与洋气。在玻璃和石材加工上雕刻细节成为外墙的主要装饰件，从而使观赏的人从远、中、近距离都能感受到建筑的精彩与细腻，充分体现建筑的价值感。

杭州盛元·蓝爵国际

项目地点：浙江省杭州市萧山区金城路南侧
开发商：杭州盛元房地产开发有限公司
建筑设计：华森建筑与工程设计顾问有限公司
占地面积：45 182.70 m^2
总建筑面积：207 592.23 m^2
容积率：6.58
绿化率：30%

盛元·蓝爵国际位于杭州市萧山区金城路与金鸡路交叉口，属新区CBD核心，由四幢精品公寓和一幢超高层（49层）写字楼组成。住宅项目追求一种尊贵的低调品位，是典雅的新古典主义建筑风格，大间距宽视野，布置广场式主入口、公园式园区景区，奢华的空间尺度演绎萧山最高生活理想。

盛元·蓝爵国际主力户型建筑面积为150~230 m^2，采用奢华双厅（会客厅、家庭厅）、豪华全套房、空中庭院、入户花园、独立单元门厅等设计理念，极大地保证了生活的私密、舒适与情趣。

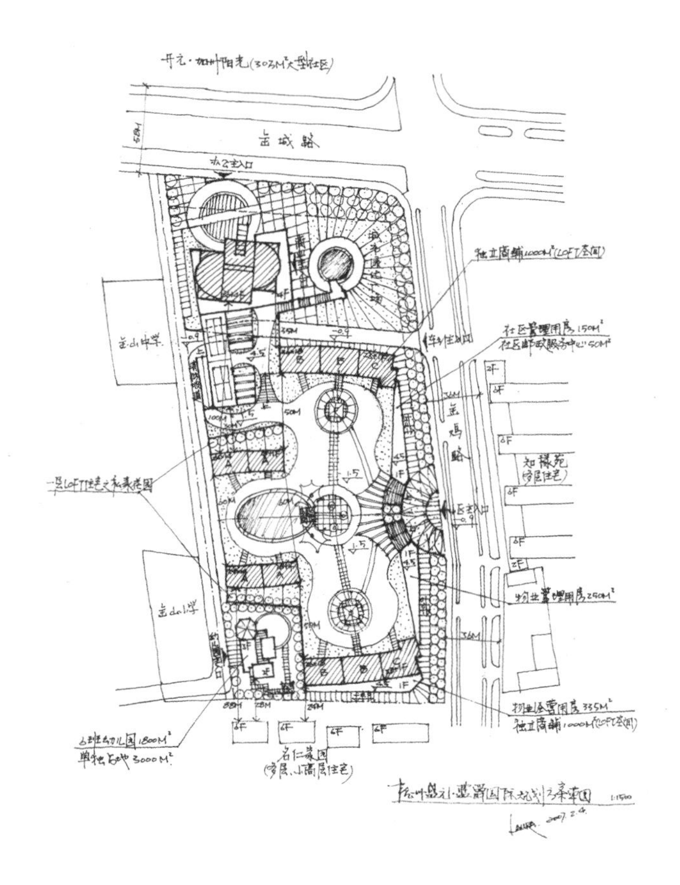

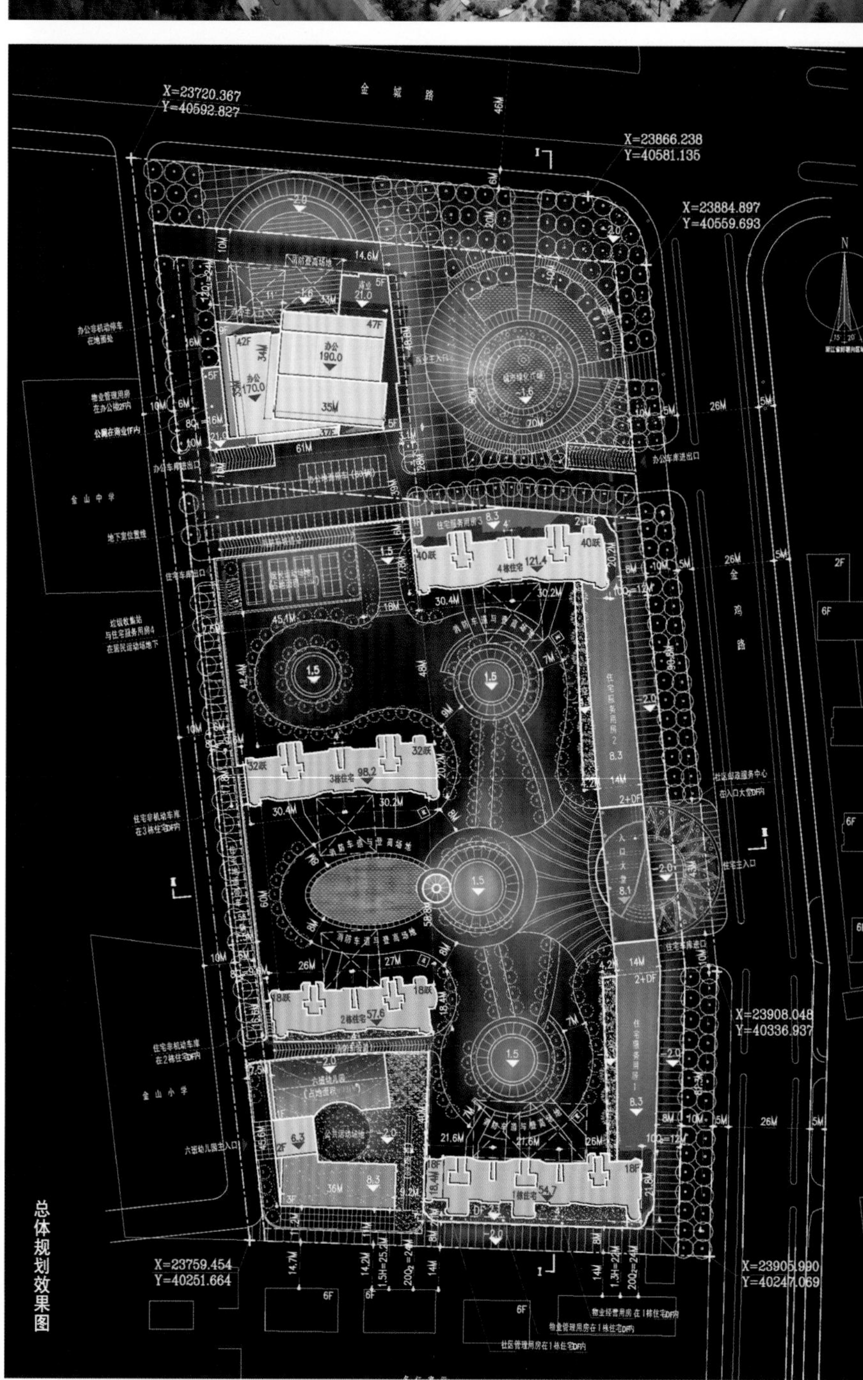

总体规划效果图

杭州彩虹豪庭

项目地点：浙江省杭州市
开发商：浙江钱江房地产集团有限公司
占地面积：37 000 m^2
建筑面积：100 000 m^2

彩虹豪庭坐落于杭州市钱塘江南岸，位于钱塘江彩虹城东北侧，总建筑面积约10万 m^2，由6幢高层住宅组成，主力户型面积约250 m^2，为钱江南岸一线江景精装修豪宅住区。彩虹豪庭6幢高层建筑结合钱塘江的流向，有序排布，大气磅礴，形成户户迎江的全江景格局， 开阔有序的空间和半围合的规划，实现园区外有浩瀚大江，内有风情雅园的空间格调。

彩虹豪庭传承典雅主义风格，提取西方建筑语汇和典型元素，融合现代建筑的构筑手法，将尊容华贵与典雅大方的设计意象周全展现；竖向线条的强调，柱饰细部的韵律，墙面石材的运用，都渗透了典雅主义风格独有的细节感动。彩虹豪庭直面壮阔的钱塘江，左看凤凰山、六和塔和钱塘江一桥，右望杭州城市景观，历史与城市合抱，风景与生活独揽，拥有“半边山、半边城”无可替代的江景视野。

绵阳三台名仕佳园

项目地点：四川省绵阳市
开发商：绵阳市三台明达置业有限公司
建筑面积：60 000 m^2

项目位于四川省绵阳市北坝镇樟树路，总建筑面积约60 000 m^2，毗邻东山、浦江等地，配套齐全，地理环境优越。户型一梯两户，主要户型以50~120 m^2的舒适户型为主，八层电梯洋房，着重欧式风情建设，其气势宏大，建筑辉煌。

项目采用全通透生态型国际先进规划模式，每幢楼宇一层全部架空，庭院绿化一直延伸至楼宇内部，使建筑像是自然生长出来的。小区超低的建筑密度，超宽的楼间距，使其拥有足够的空间用于环境营造。其在景观设计上充分利用地面高差，使车库、水潭、花园平台高低错落，完美融合，创造了非常难得的社区立体景观概念。

南京宋都美域锦园

项目地点：江苏省南京市河西新城
开发商：南京宋都房地产开发有限公司
建筑设计：南京民用建筑设计研究院有限责任公司
景观设计：贝尔高林国际（香港）有限公司
占地面积：66 573 m^2
建筑面积：143 716 m^2

宋都美域锦园项目坐落于南京市河西新城中心区，奥体板块的东南侧，恒山路和黄山路的交会处。项目由两个相邻地块组成，中间以龙腾路分隔，周边均为中高档居住区，环境幽雅，配套设施完善，与西北侧的河西中心区十大建筑交相辉映。项目处于元通站和中胜站的中间位置，地铁1号线两个站点均能就近使用，且项目临近地铁1号线和2号线换乘站元通站，周边教育设施完善。

宋都美域锦园是继整个宋都美域北组团“沁园”之后的升级力作。宋都美域锦园位于区域南端，占地面积约66 573 m^2，建筑面积约143 716 m^2，容积率1.63，绿化率高达45.48%，居住户数为834户，13栋以高层为主的住宅，借交错的格局，围合成现代、活跃的大型庭院。宋都美域锦园在“沁园”的基础上更为注重景观营造，采用新古典主义造园手法而设计的南北两大绿化组团，分别以高尔夫草坪、豪华泳池为景观主角，营造出“双环共舞”的绮丽景观；而中心景观楼通过底部架空手法，更将两大绿洲贯穿一线，使居者得到“穿堂而过”的视觉奢享。

南京板桥新城（三期）

项目地点：江苏省南京市雨花台区
建筑设计：上海新外建工程设计与顾问有限公司
占地面积：105 000 m^2
建筑面积：250 000 m^2

南京板桥新城（三期）9号地块位于南京雨花台区板桥新城莲花湖公园西侧，项目占地面积10.5万 m^2，建筑面积为25万 m^2。板桥新城9号地块紧邻的莲花湖公园，拥有着包括橄榄球场在内的多种体育设施。此外，莲花湖公园还拥有数万平方米规模的商业中心等配套设施，96、153、158路等多条公交线路在地块附近设有站点。同时，宁芜公路、绕城公路、宁马高速、长江三桥、机场高速等交通干道直通主城，开车到主城不到半小时，项目周边交通十分便利。

整个项目的建筑立面的设计运用折中主义手法，以简洁明快的玻璃及面砖饰面，立面的凸窗在构建立面效果的同时，恰到好处地延伸了室内空间。透明玻璃的阳台拦板，宽敞的铝合金和大片玻璃的应用，既为室内引进阳光和景观，又为立面添加了明快的亮色。道路设计依据居住区道路通畅的原则，形成分级有序、功能明确的道路组织，同时满足消防、救护等要求。整个住宅部分的建筑设计不是依照地块的矩形而依次排列，而是富有个性地侧立式分割整个地面，从而使得小区内的每家每户都有好的建筑采光需求。

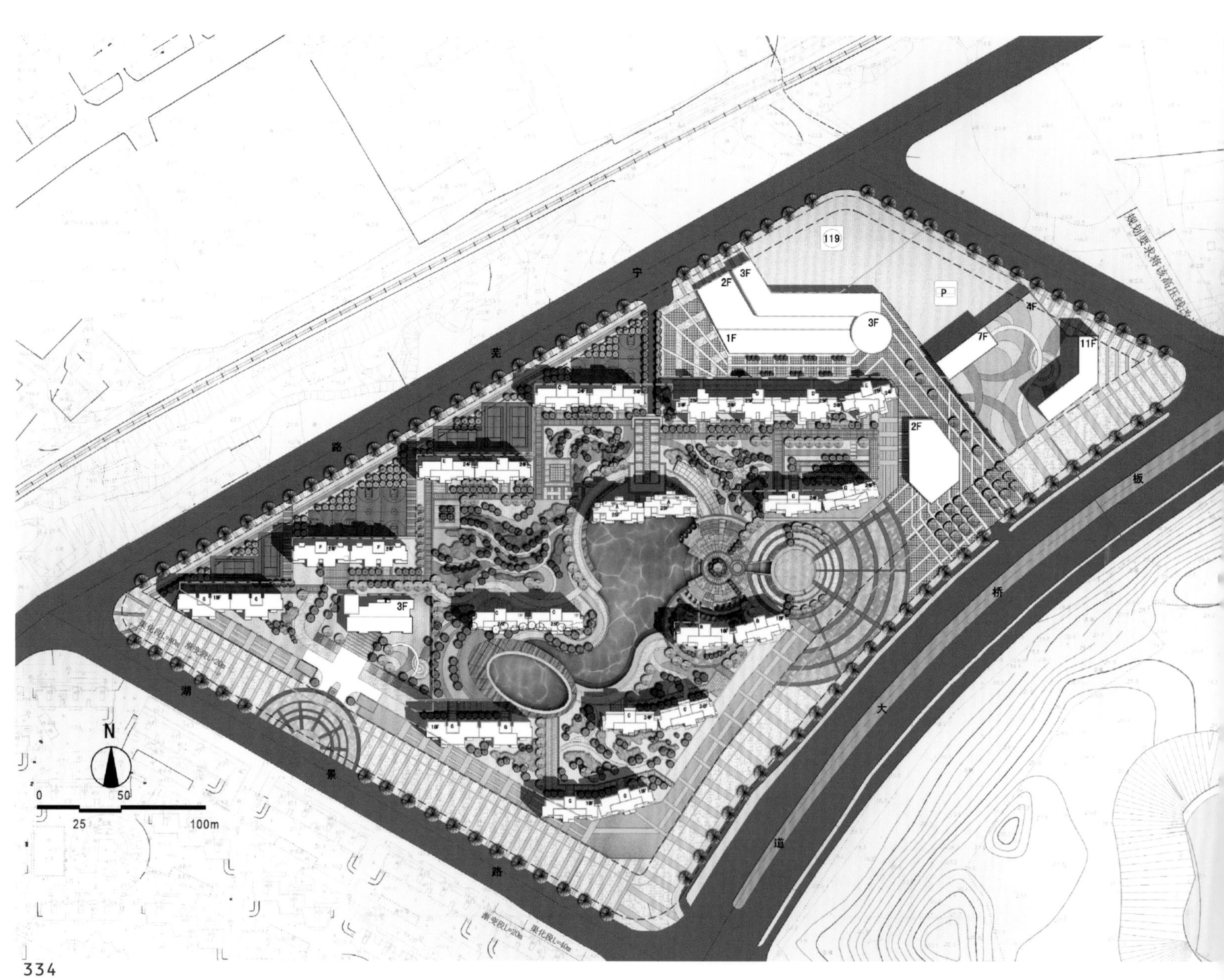

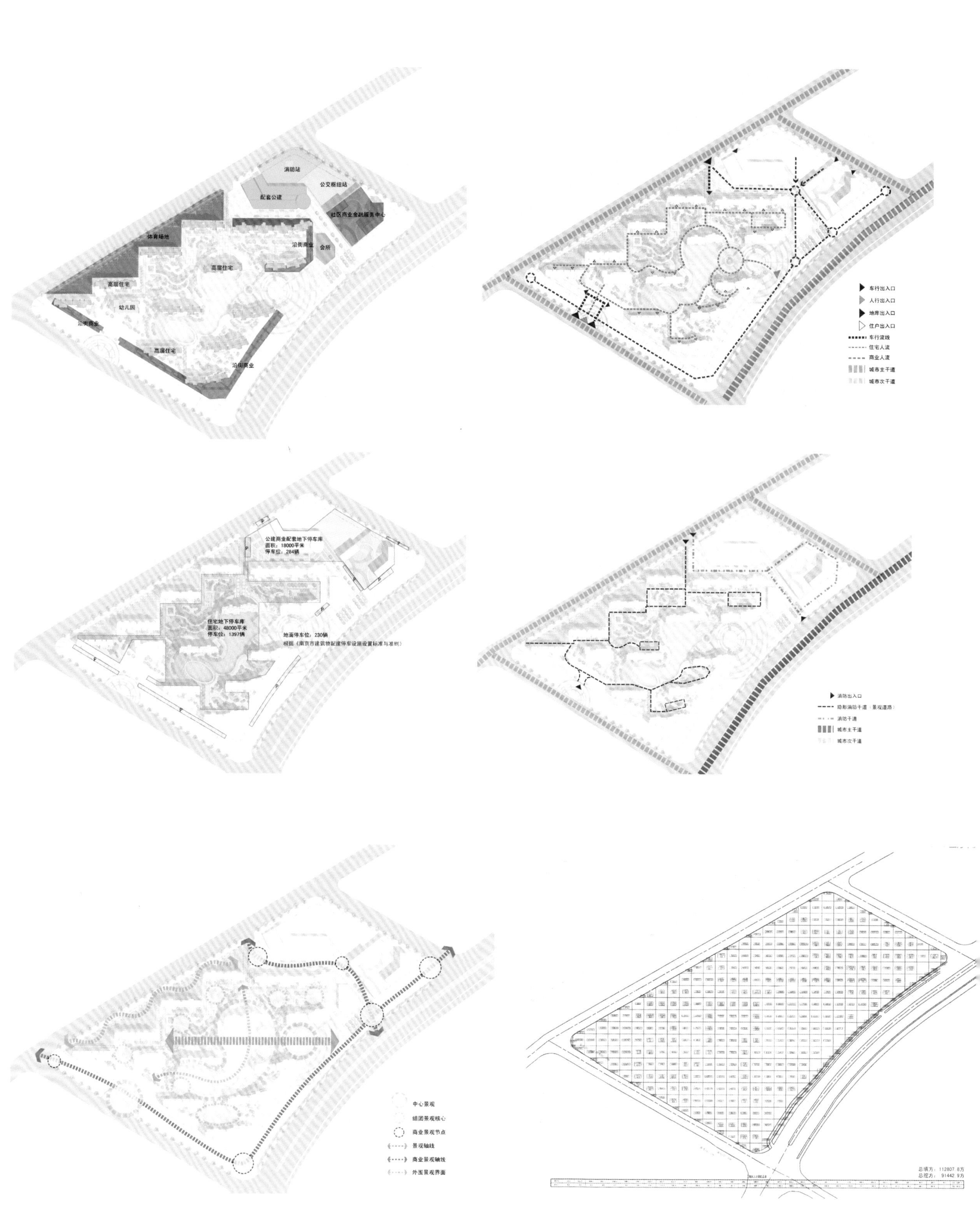
消防站
公交枢纽站
配套公建
社区商业金融服务中心
体育场地
沿街商业
会所
高层住宅
高层住宅
幼儿园
沿街商业
高层住宅
沿街商业
车行出入口
人行出入口
地库出入口
住户出入口
车行流线
住宅人流
商业人流
城市主干道
城市次干道
公建商业配套地下停车库
面积：18000平米
停车位：284辆
住宅地下停车库
面积：48000平米
停车位：1397辆
地面停车位：230辆
根据《南京市建筑物配建停车设施设置标准与准则》
消防出入口
隐形消防干道（景观道路）
消防干道
城市主干道
城市次干道
中心景观
组团景观核心
商业景观节点
景观轴线
商业景观轴线
外围景观界面
总填方：112807.8方
总挖方：91442.9方

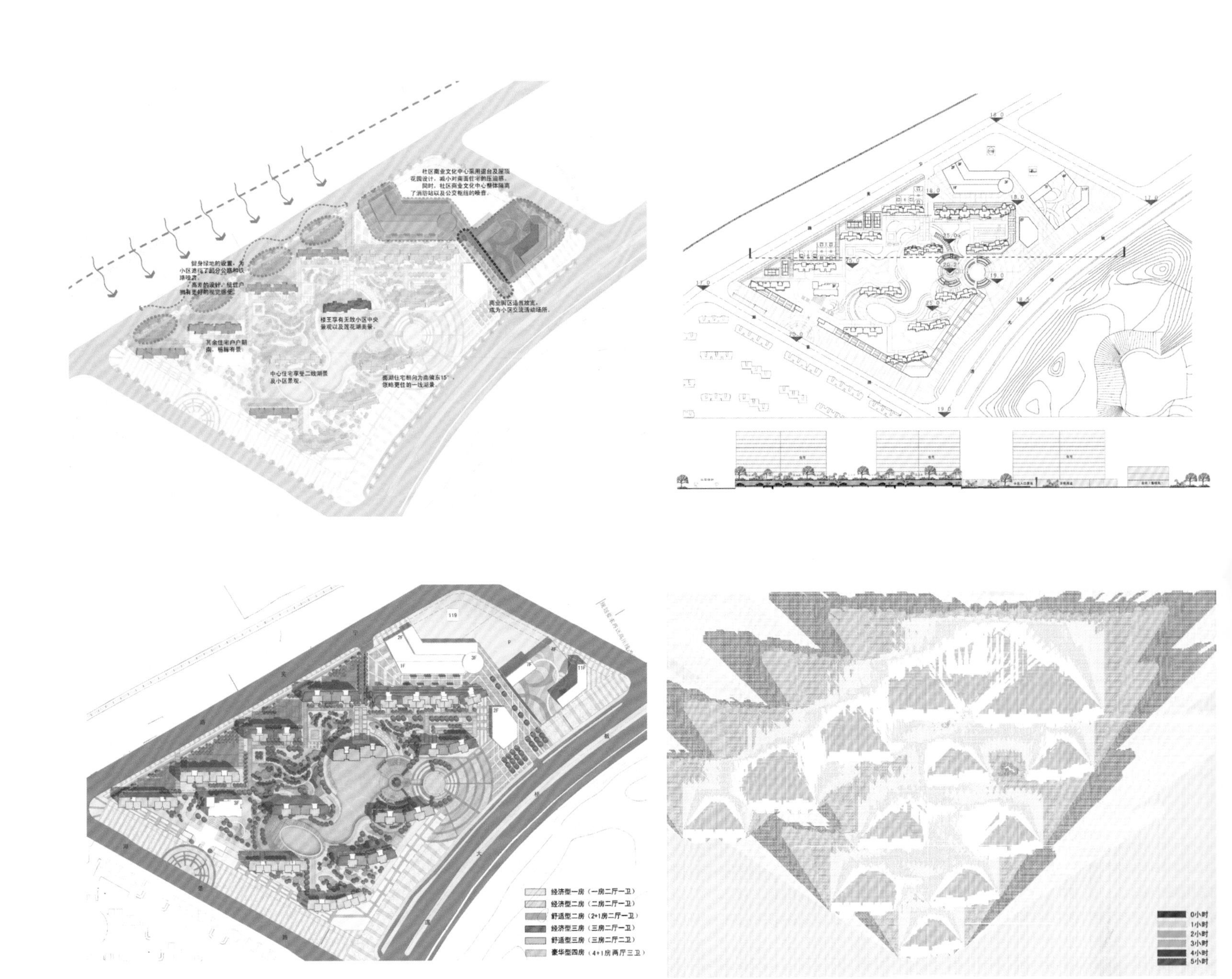

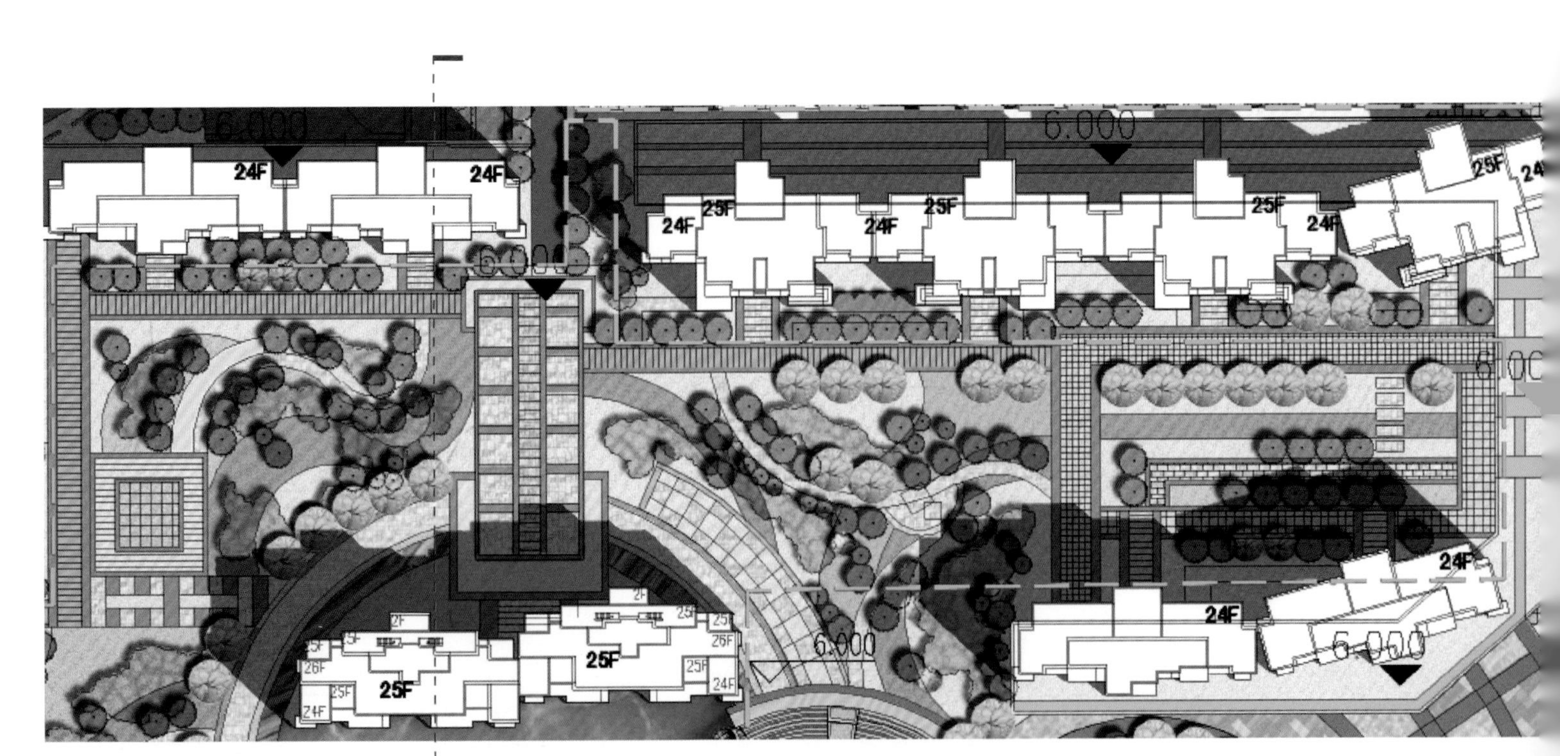
24F
24F
24F
25F
24F
25F
25F
24F
25F
24F
25F
25F
24F
6.000
6.000

长沙中信新城凯旋蓝岸

项目地点：湖南省长沙市
开发商：湖南省中信置业开发有限公司
设计单位：上海新外建工程设计与顾问有限公司
建筑面积：214 976 m^2

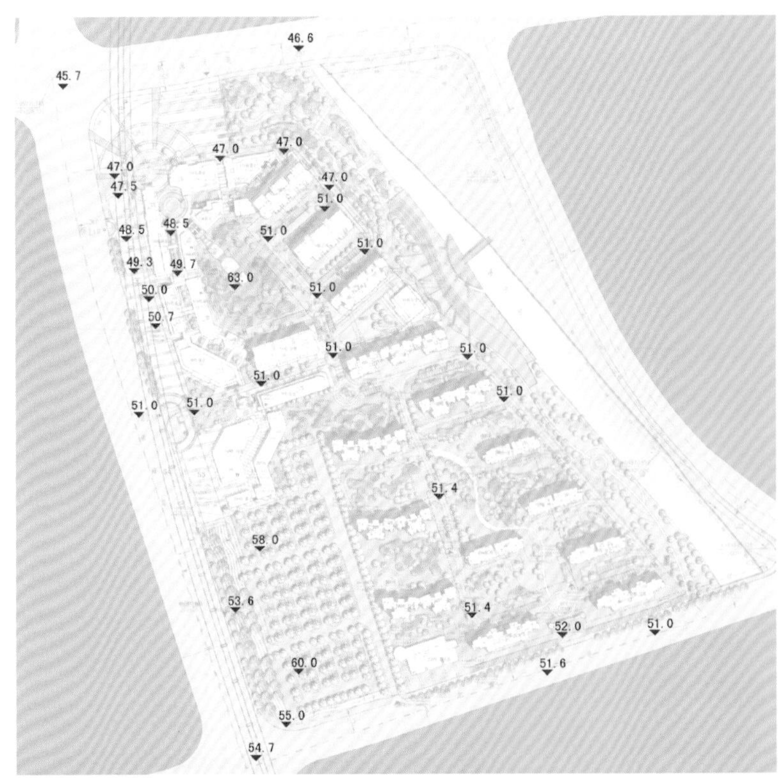

长沙中信新城凯旋蓝岸项目位于长沙市天心区环保工业园内，北至环保大道，南至环保二干道，东至港子河，西至芙蓉南路。项目分为两期，一期工程由1栋高层办公楼、4栋高层公寓及12栋二至三层商业单体组成，总建筑面积99 808.83 m^2；二期工程由10栋高层住宅、1栋6班幼儿园、3栋二至三层商业单体组成，总建筑面积为115 168.6 m^2。

项目一期商业区整体布局以原有山体为核心，采用围合式布局，在山体西、北、南侧布置商业街，形成带状商业，增加商业氛围，同时沿港子河一线景观资源较好处布置办公和公寓。二期住宅区以绿色庭院为布局核心，住宅呈院落式围合形态，在地块中部形成较大面积的核心景观区，为住户提供良好的景观资源。商业建筑的设计主要以中等体量的单体为主，同时便于划分为小面积的商业单元，在未来使用中既可以楼栋为单位来经营，又可以小的商铺来经营，可分可合，具有较强的灵活性。商业单元的建筑面积为50~80 m^2，局部商业节点处的主力店面积为100~300 m^2。

鸟瞰效果图

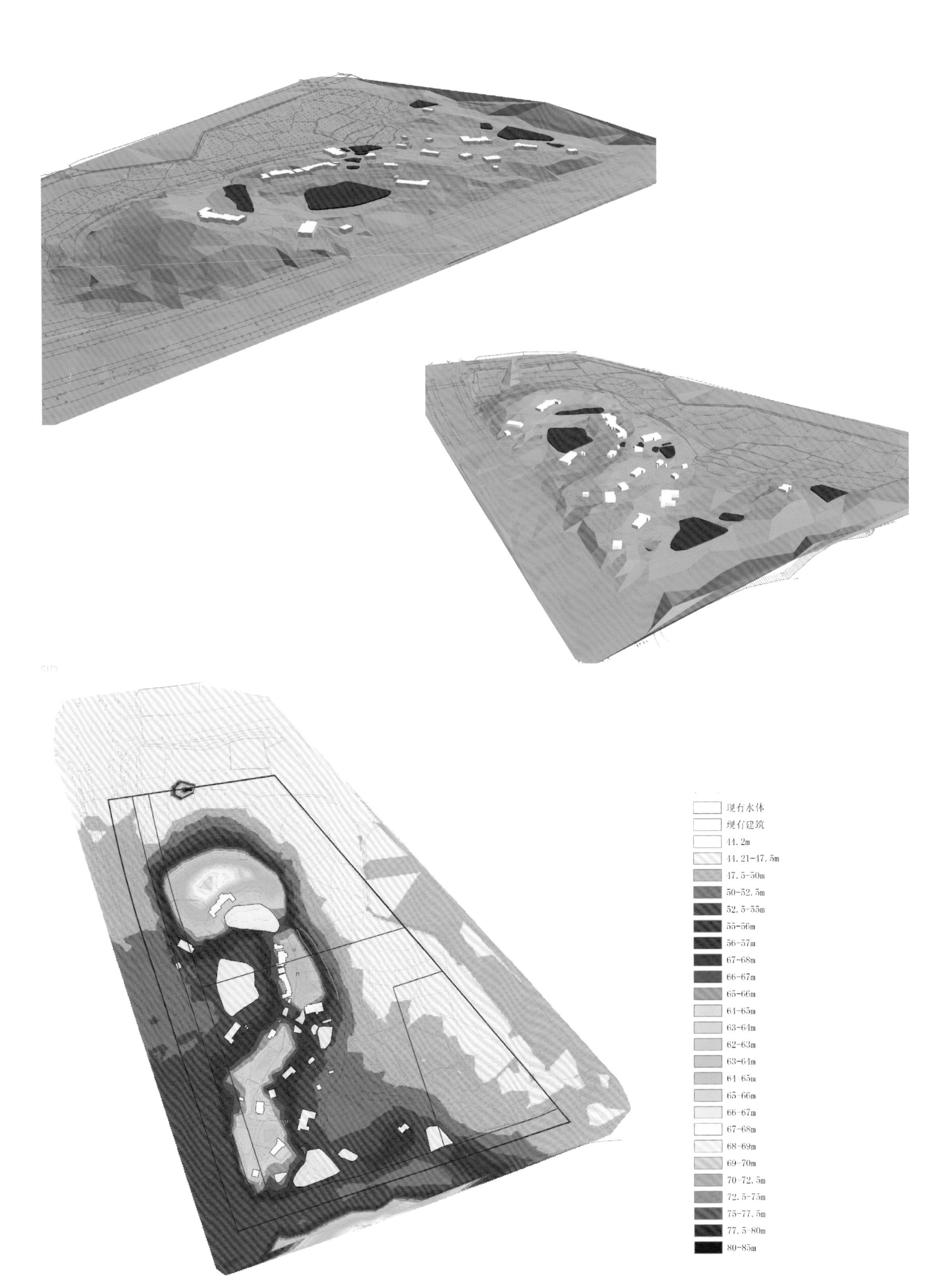
现有水体
现有建筑
44.2m
44.21-47.5m
47.5-50m
50-52.5m
52.5-55m
55-56m
56-57m
67-68m
66-67m
65-66m
64-65m
63-64m
62-63m
63-64m
64-65m
65-66m
66-67m
67-68m
68-69m
69-70m
70-72.5m
72.5-75m
75-77.5m
77.5-80m
80-85m

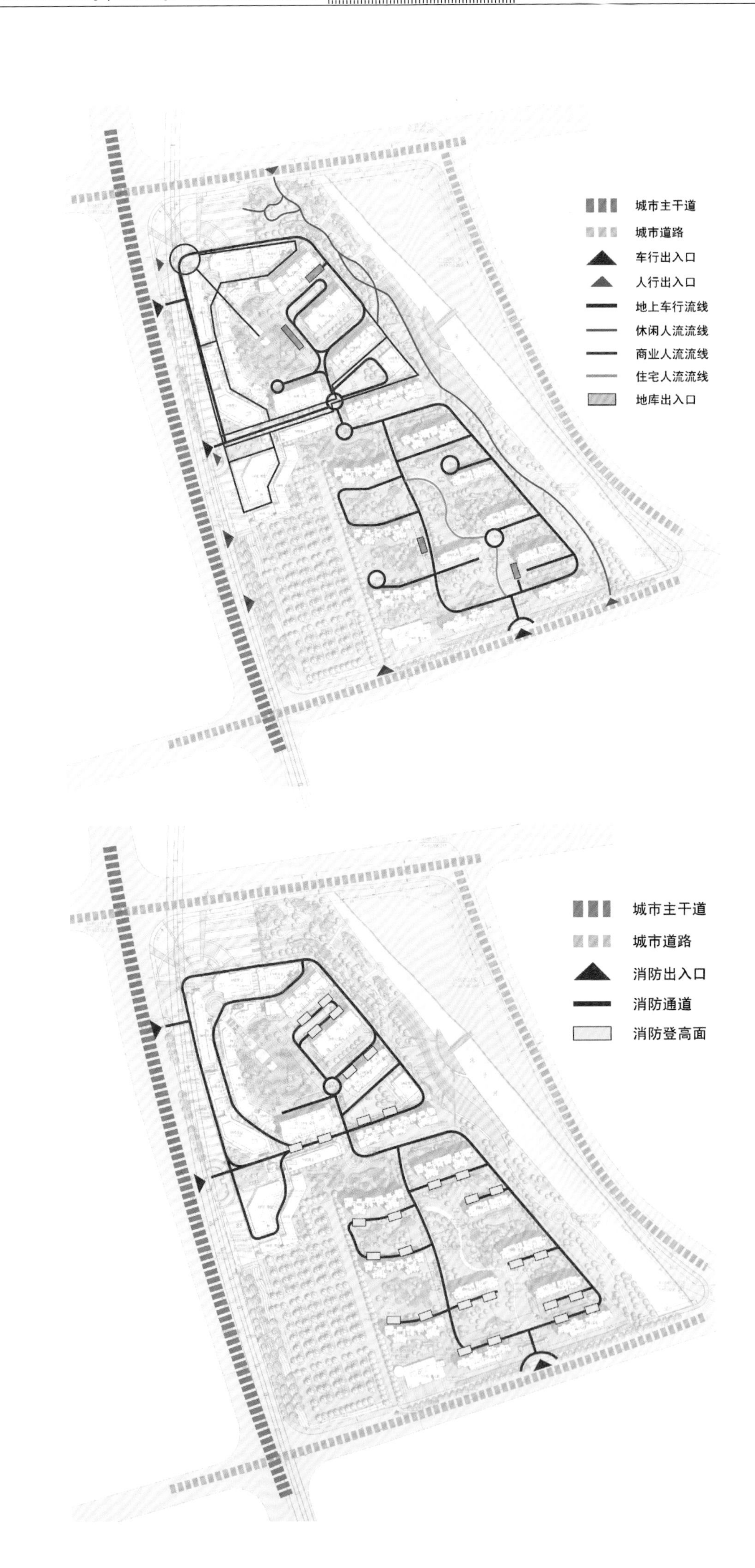
城市主干道
城市道路
车行出入口
人行出入口
地上车行流线
休闲人流流线
商业人流流线
住宅人流流线
地库出入口
城市主干道
城市道路
消防出入口
消防通道
消防登高面

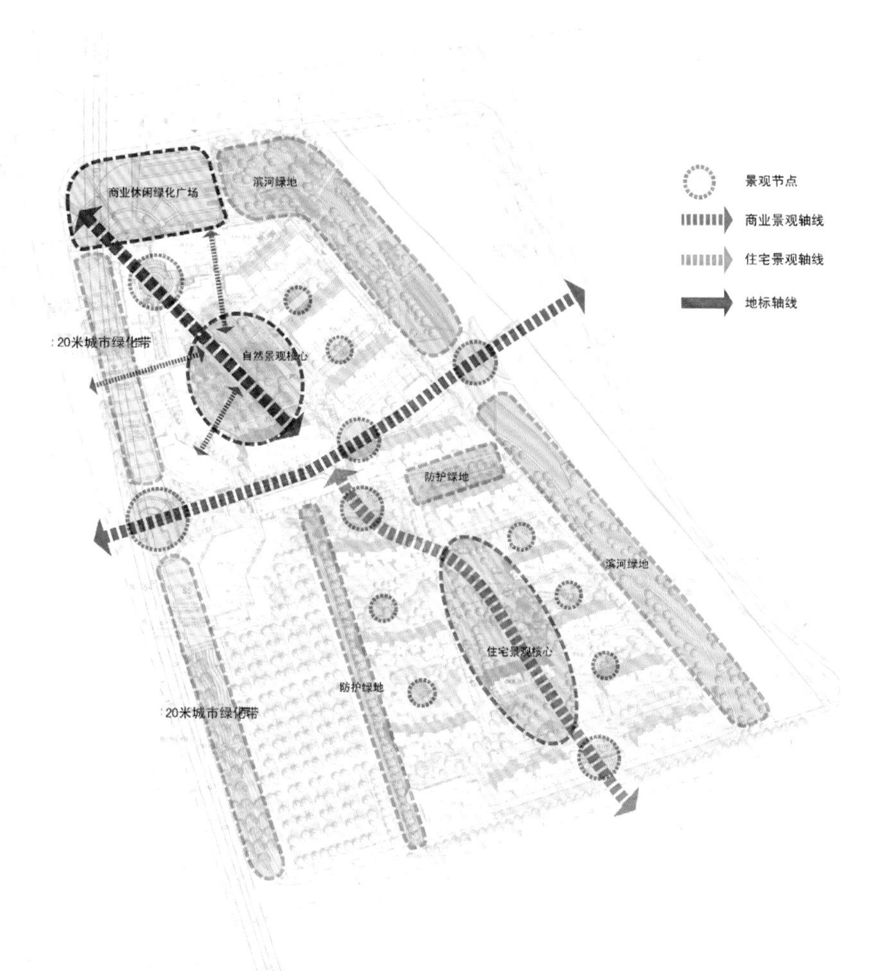
商业休闲绿化广场
滨河绿地
20米城市绿化带
自然景观核心
防护绿地
滨河绿地
住宅景观核心
防护绿地
20米城市绿化带
景观节点
商业景观轴线
住宅景观轴线
地标轴线

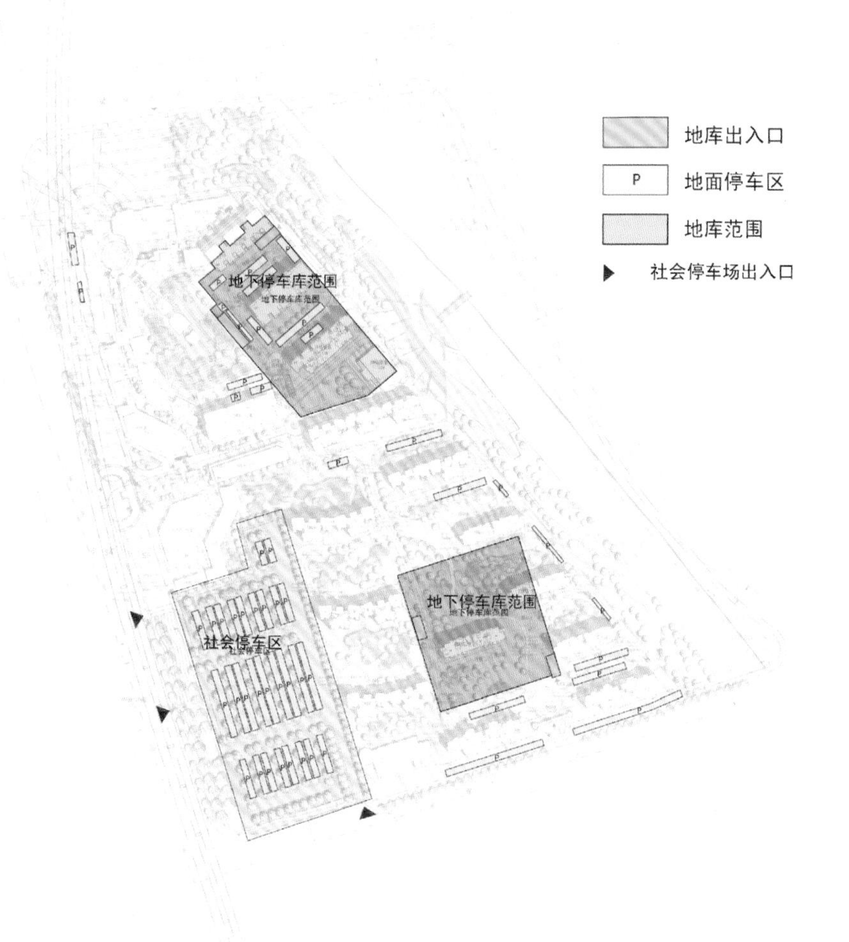
地库出入口
P
地面停车区
地库范围
社会停车场出入口
地下停车库范围
地下停车库范围
社会停车区

绍兴赞成香林

项目地点：浙江省绍兴市
开发商：绍兴市赞成置业有限公司
建筑设计：澳华（悉尼）建筑景观设计机构
景观设计：贝尔高林国际（香港）有限公司
占地面积：118 252 m^2
建筑面积：332 350 m^2

赞成香林项目西靠绍兴市双渎路，北接裕民路，东临瓜渚湖东直江，尊踞柯北新城、大学城、镜湖新区三大新城十字中心，距绍兴"西湖"瓜渚湖约1 km，接近柯桥南北大动脉金柯桥大道，并坐享杭甬高铁、沪杭高速、绕城等便利交通辐射。项目总建筑面积约32万 m^2，由2幢小高层和32幢高层组成。

建筑采用经典的Art Deco新古典主义风格，T字形大型中央景观水系独具华美风范；欧式庭院风情、超大楼间距、五星级入口、豪华单元门、精装公共空间、经典帝国黄外立面、十字形整体布局以及人车分流等小区格局，尽显尊贵生活风范。可变创意户型、超多附送面积和可扩展空间，满足多变居住需求。

杭州赞成香颂

项目地点：浙江省杭州市余杭区
开发商：杭州赞成房地产开发有限公司
建筑设计：中国联合工程公司
占地面积：42 425 m^2
建筑面积：100 000 m^2

杭州赞成香颂位于余杭区临平人文核心发展板块，拥揽临平山四季美景，直面片区公共中心。项目紧邻规划中地铁1号线延伸段荷花塘站，行车几分钟便能速达高铁余杭站，K321、330、338、339等多路公交直达杭州主城，交通区位优势明显。

赞成香颂由13幢小高层、高层建筑共同诠释精致法式公寓典范。用平衡对称的均好规划、Art Deco气质的建筑风格、纯正经典的法式园林、舒适宜居的臻品户型，构筑生活中每时每刻的优雅惬意。香颂精心设计的可变户型，主力面积在88~138 m^2之间，户型设计讲究舒适性，强调在相同的面积内拥有更大的实用空间，每户皆有大面积可赠送空间，空间内拒绝浪费，体现生活里不同的浪漫旋律，相拥每一刻的甜蜜幸福。

社区内更设置多项休闲娱乐设施，如儿童活动场所、亲民休闲会所、老年休憩庭院，丰富了居者茶余饭后的悠然生活。项目亦同时享受临平成熟生活配套设施，余杭二中树兰学校、余杭实验中学、临平一中、育才实验小学、新星幼儿园等名校环绕，超市、银行、医院一应俱全，浙二医院余杭院区及五星级酒店也正在积极规划中。

广州天河华庭

项目地点：广东省广州市天河区沾益直街
开发商：富力地产
规划/建筑设计：广州市住宅建筑设计院有限公司
景观设计：广州市普邦园林配套工程有限公司
占地面积：24 357 m²
总建筑面积：131 400 m²
容积率：4.5
绿化率：30%

广州天河华庭项目由住宅、群楼商业、办公楼等功能组成。规划、建筑、景观设计统一考虑，风格协调流畅。

项目用地为近梯形，总平面设计充分考虑地块环境综合条件，由中间的华庭路将办公与住宅分为南北两部分。住宅、办公区域有独立出入口，分别在两功能地块东西端头，通过消防车道相连通，形成环绕建筑周边的通路。北面住宅设计大片通透的景观园林，满足北向建筑退缩的要求；环形消防车道与其他小区相隔，且满足规划退缩及符合消防规范的要求。车行出入口设在临规划路方向，每个功能地块都避开区内道路，做到人车分流。后勤及运输通道直通建筑后勤入口，设有专用车位。

园林设计南北两个功能地块，各分别设置一处集中绿地，北区住宅甚至还设置在3层架空层整层，完整地营造出一个公共休闲、娱乐、亲近自然的共享园艺绿化空间。总体绿化，各种乔木、灌木、花坛、草地与水景、泳池、运动场相结合，起到丰富造景，又隔离噪声污染的作用。绿地以普通种植为主，辅以少量适当的既重生态效应，又重观赏品质的名贵树种，做到以环境调节为主，兼顾造景的总体高端景观品质。

地下室车库结合人防设计，优化竖向空间，最大程度地减少坡道的面积，提高地下室的利用率。机动车库与非机动车库至地面分别设置车行出入口和出入口坡道，且出入口布置考虑行车流线，尽量分散布置，以提高运营效率。

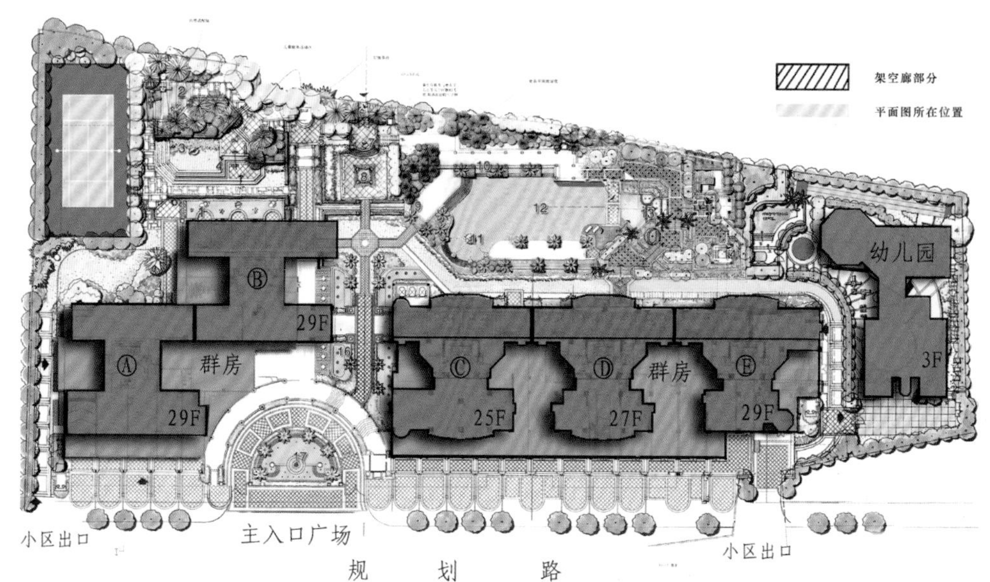

1 水台为会所提供一个观赏区域
2 儿童康体活动区
3 自然式配植
4 层级水台
5 门洞
6 后门改在此处
7 基于荷栽及与更衣室太近等
问题的考虑，取消此处的八
8 中轴线景区 作为泳池二层廊
动区的一个过渡区域
9 淋浴特色喷头背面为绿墙水
10 按摩池
11 特色水体作为泳池的一个特
可作为从观光电梯望向泳池
12 畅泳区
13 利用台地花园地带营造瀑布
14 塔楼
15 咖啡茶座
16 部分水景渗入会所连通内外
17 入口大型水景

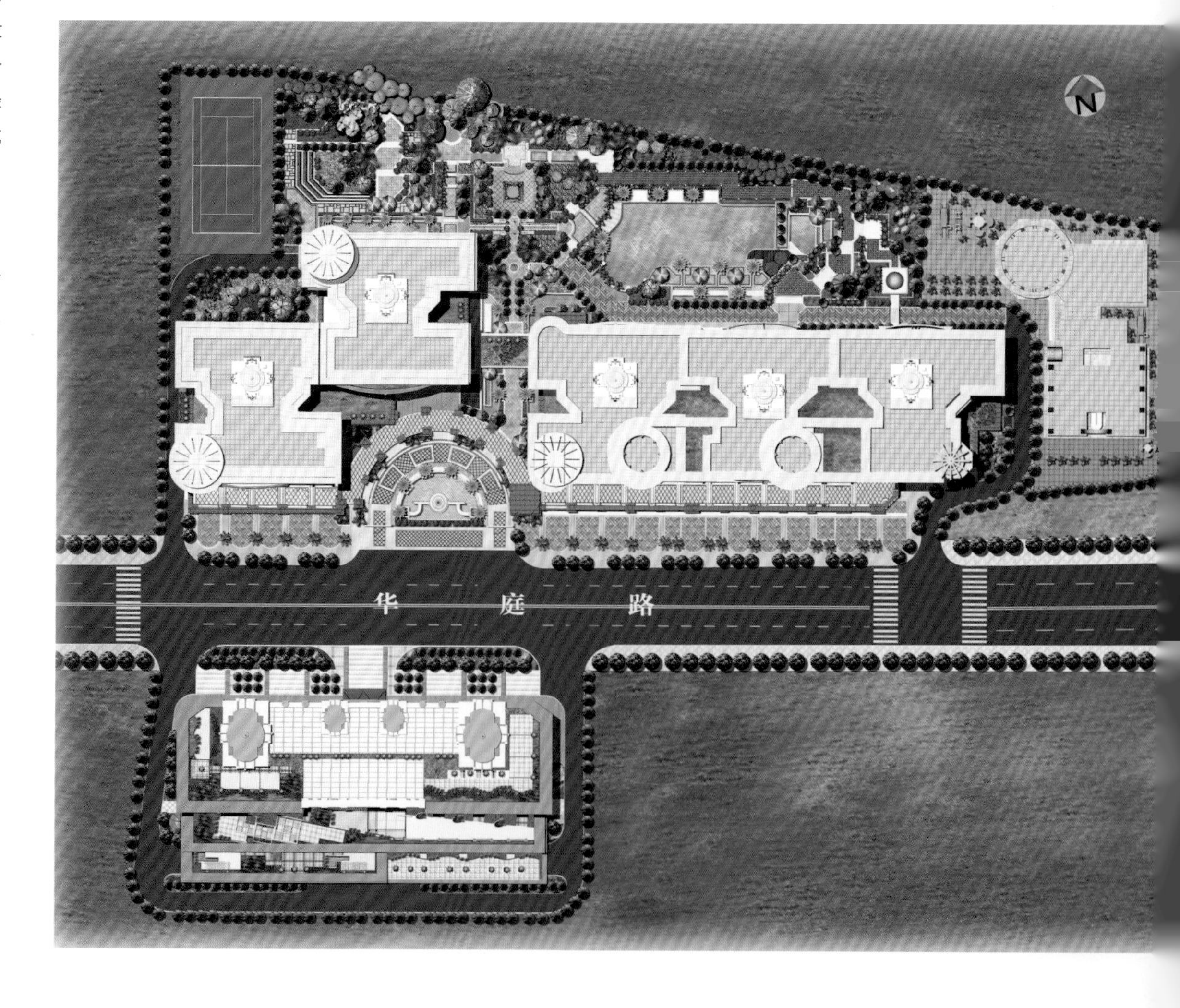

北京首特居住区

项目地点：北京市
开发商：中央国家机关公务员住宅建设服务中心

项目位于北京市首特中路以南，南蜂窝路以东，三里河路南延段以西，广安门外大街以北。规划有住宅、商业、办公、幼儿园和会所等功能，其中商业和办公设置在地块的南面，住宅设置在地块的北面，呈围合的状态。会所设置在东面，幼儿园设置在住宅小区里。住宅区内分布有绿色植物以及水景，营造一个生态、健康的绿色社区。

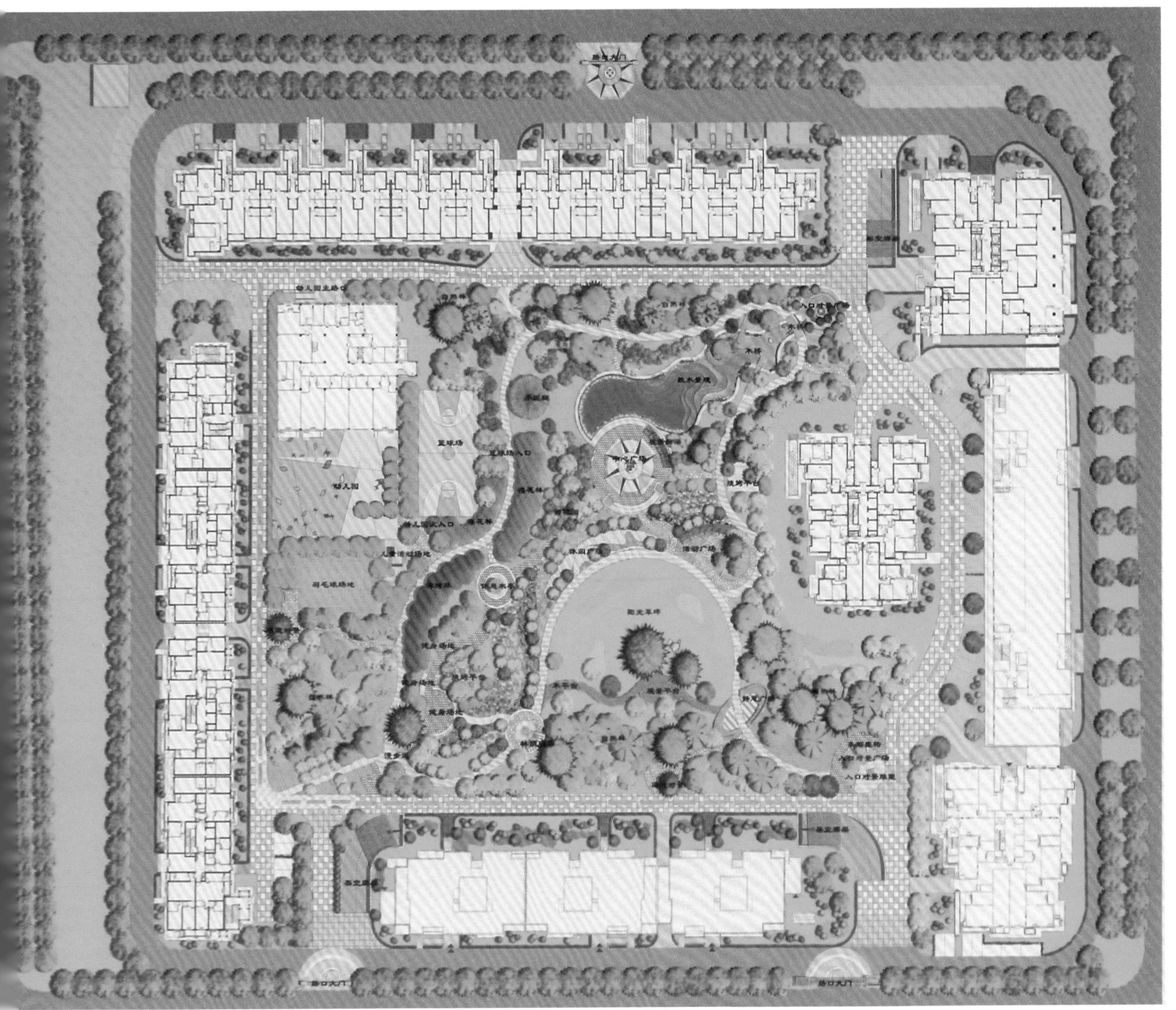

大连华业玫瑰

项目地点：辽宁省大连市
建筑设计：北京维拓时代建筑设计有限公司
占地面积：35 350 m^2
总建筑面积：143 600 m^2
容积率：3.69
绿化率：35.1%

项目位于大连市西安路与中山路相接处，原电厂凉水池界内，用地东临马栏河，南临中山路，北靠西安路，西侧现状为7层和30层的住宅楼。用地呈西北、东南走向，是一块东西进深较小的狭长用地。西部大通道从用地东侧通过。项目定位为高品质居住社区。

方案设计在创造内部景观环境的同时，将马栏河景观纳入总体规划之中。同时兼顾中山路的城市形象和北侧铁路的不利影响，通过对交通系统、园林系统、竖向系统的综合考虑，形成整体、大气的效果。

规划布局采用总体32层、中部点式两端板式的建筑布置方式，一方面形成中部开放、视线通畅的效果；另一方面，两端的板式布局，既有利于形成小区安静的内部环境，又在城市转角部位形成强烈的视觉形象，在美化城市环境的同时，也提升和展示了小区的整体形象。

在功能布局上，沿中山路设置两层会所，沿西部通道住宅底部设置两层商业，利于对外经营。小区内部建筑均为住宅，实现纯居住社区目标，保证高品质的居住环境。

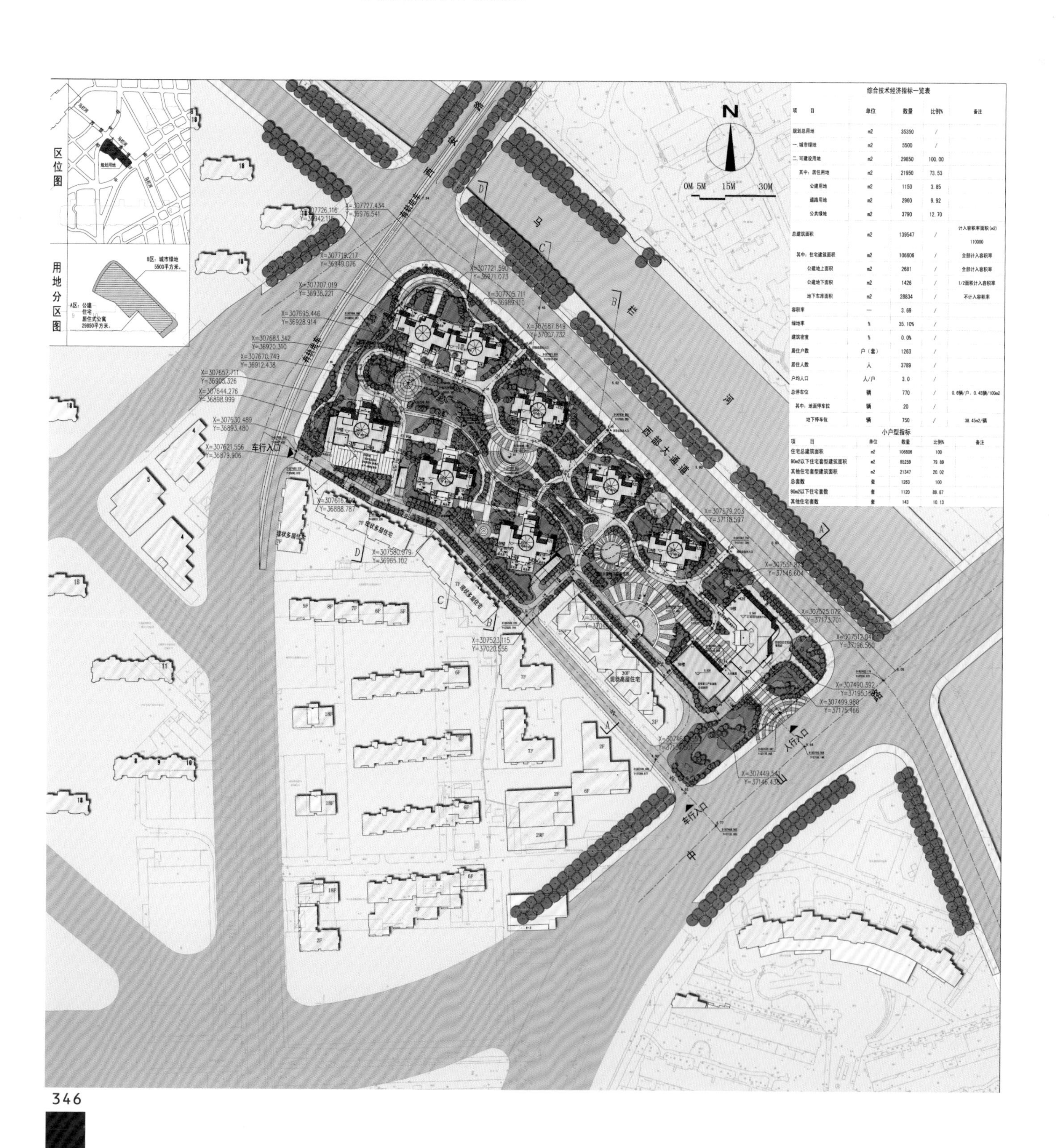

综合技术经济指标一览表

项目	单位	数量	比例%	备注
规划总用地	m2	35350	/	
一.城市绿地	m2	5500	/	
二.可建设用地	m2	29850	100.00	
其中：居住用地	m2	21950	73.53	
公建用地	m2	1150	3.85	
道路用地	m2	2960	9.92	
公共绿地	m2	3790	12.70	
总建筑面积	m2	139547	/	计入容积率面积(m2) 110000
其中：住宅建筑面积	m2	106606	/	全部计入容积率
公建地上面积	m2	2681	/	全部计入容积率
公建地下面积	m2	1426	/	1/2面积计入容积率
地下车库面积	m2	28834	/	不计入容积率
容积率	—	3.69	/	
绿地率	%	35.10%	/	
建筑密度	%	0.0%	/	
居住户数	户（套）	1263	/	
居住人数	人	3789	/	
户均人口	人/户	3.0	/	
总停车位	辆	770	/	0.6辆/户，0.45辆/100m2
其中：地面停车位	辆	20	/	
地下停车位	辆	750	/	38.45m2/辆

小户型指标

项目	单位	数量	比例%	备注
住宅总建筑面积	m2	106606	100	
90m2以下住宅套型建筑面积	m2	85259	79.89	
其他住宅套型建筑面积	m2	21347	20.02	
总套数	套	1263	100	
90m2以下住宅套数	套	1120	89.67	
其他住宅套数	套	143	10.13	

大连东方圣荷西

项目地点：辽宁省大连市五一路/规划路
开发商：大连软件园开发有限公司
建筑设计：泛太平洋设计集团有限公司（加拿大）
占地面积：69 822 m²
总建筑面积：163 246 m²

东方圣荷西位于大连市最具国际风貌与文化气派的城市前沿区域，东临净水厂原生态园林，西接软件园成熟发展区，北靠绵绵青山，南部俯瞰星海湾全景。东方圣荷西总占地面积69 822 m²，总建筑面积163 246 m²，由11栋18~32层的高层住宅点缀而成，以高舒适度、高品质的三室两卫户型为主，主力户型面积为150~230 m²。

项目规划布局最大尺度地观海、观山、观园景，放大景深，恢复山体等高线，保护现存优质林木，修复受伤的自然，使山体与小区相结合，建筑从中生长，营造安静祥和的城市内山居环境，并利用自然竖向形成空间韵律感，减少高层建筑对城市界面的压力。同时利用自然竖向结合人工坡地绿化形成立体分隔，减少小区人为封闭感，使居住者同时拥有远观海景、近拥山丘、内享园林的三重绝佳资源。

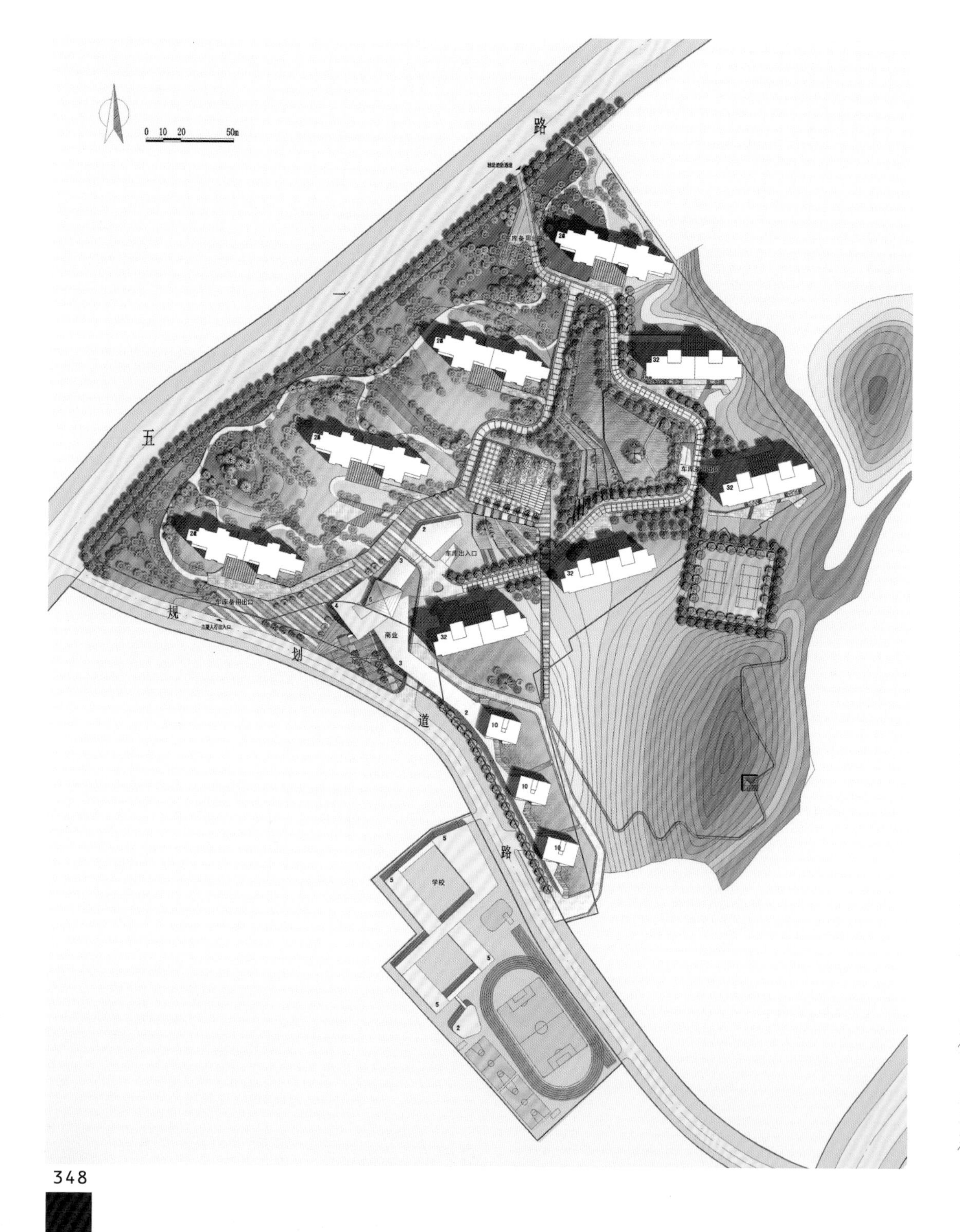

天津渤海明珠

项目地点：天津市河西区
开发商：天津市康平房地产开发有限公司
占地面积：41 300 m^2
总建筑面积：130 000 m^2
容积率：5.02
绿化率：46.34%

渤海明珠项目基地位于天津市河西区，北邻新围堤道，西到小围堤道，东南至湘阳大街。项目地理位置优越，紧靠中环线并毗邻海河带状公园，属天津市的重要地段，将对城市的景观产生极其重要的影响。

规划用地南北向长约120 m，东西向宽约250 m，被城市道路围合成独立地块。规划结合本地块的用地特征及周边地块的用地性质，规划一栋集办公、商业为一体的综合建筑及两栋公寓建筑。建筑通过半围合的布置形式而形成兼具开放与内敛、生动宜人的城市空间形象。

40层的办公与酒店式公寓综合体位于新围堤道和小围堤道交会处，沿新围堤道和小围堤道布置3~4层商业建筑。两栋43层的居住型公寓建筑沿湘阳大街布置。

综合性酒店、商务中心的功能定位和开放式的功能布局加强了酒店的吸引力和辐射效应。建筑的室内外空间与城市空间紧密结合，各功能空间既相互联系又可独立对外开放。

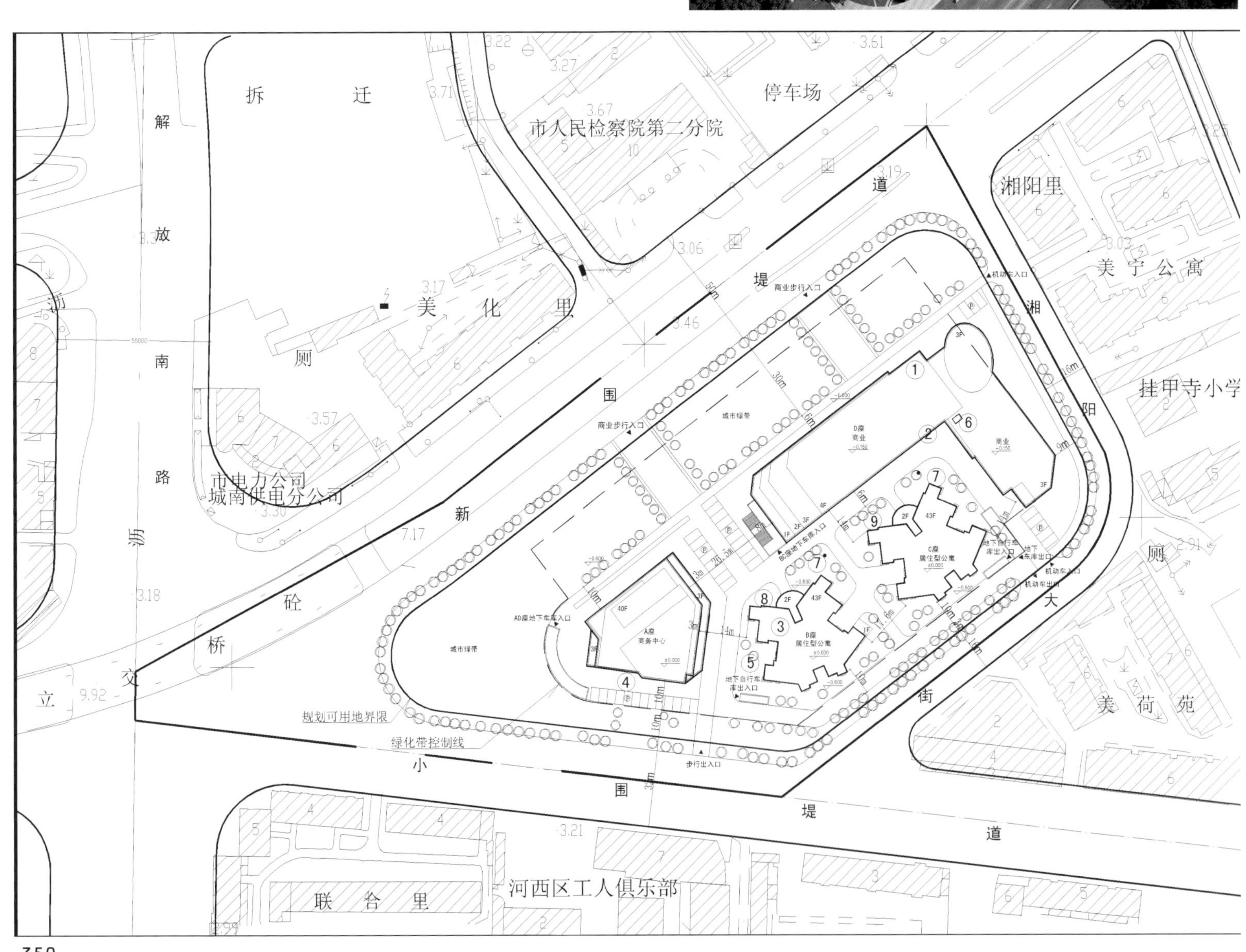

广州中海花城湾

项目地点：广东省广州市珠江新城
建筑设计：广州瀚华建筑设计有限公司
占地面积：33 263 m²
总建筑面积：273 300 m²

项目位于广州新城市中心商务区珠江新城，拟发展为大型CBD都会高尚精品社区，目标消费群为“追求现代都市生活的稳定的社会中坚”。住宅塔楼全部采用独创的复合塔式宅院，打破传统一梯六户平面中六户共用核心筒的模式，引入分散式垂直交通概念，为住户营造一梯两户的豪宅感觉。两层共用疏散平台，使全层实用率大幅提高，并灵活设置绿化活动平台，为邻里交往提供方便的场所。

内部设计吸取了时下备受赞赏的阳光电梯间、内凹式的空中花园、大面积落地窗、入户花园等概念，且室内平整方正，功能分区合理，采光通风良好。立面上通过窗框的分隔变化、开窗位置的灵活组合、面砖颜色和材质的对比等，再结合丰富的自身形体，以现实可行的构造手段演绎素净大方的现代风格，典雅高贵而不奢靡浮夸。

深圳万科金域东郡

项目地点：广东省深圳市大工业区行政一路北侧
开发商：深圳市万科城市风景房地产开发有限公司
规划建筑设计：深圳市博万建筑设计事务所
景观设计：SITE CONCEPTS INTERNATIONAL
总用地面积：26 218 m^2
总建筑面积：10 1155 m^2
容积率：3

万科金域东郡位于深圳东部新城（大工业区）行政商务区中心公园旁，该区域是规划的行政商务的核心区域，项目则是该区域内的第一个商品房开发项目。

项目地形方正，用地东、南、北侧均为待开发居住用地，西侧为正在规划中的中心中学。用地地形北高南低，用地南侧与北侧道路有约5 m高差。因此解决好高差问题在规划设计中起着关键性的作用。

该项目由四栋16～23层的住宅以及沿街商铺等配套设施组成。四栋住宅以大围合的形式布置于用地周边，南北各布置一栋板式住宅，中部东西两侧各布置一栋点式住宅，住宅层数依地形从南到北依次递增，分别是16层、22层、23层。这种布局方式可以在用地内部形成很大的内部庭院，并且有利于改善小区内部的通风和日照，改善后排住宅的景观效果。

在竖向设计上，该项目充分利用了原有地形南北两侧的高差，把小区内庭院整个抬高至与北侧道路相近的标高，充分利用原小区内庭院与南侧道路形成了约5 m的高差，车库及商业设施相当合适地充满了内庭院下层的空间。这种竖向设计所带来的优点是极大地减少了建设地下车库所需要开挖的土方量，同时强化了小区庭院空间与外部城市空间的相对独立性，丰富了小区的空间层次感受，达到人车分流及方便车库车辆的进出等效果。

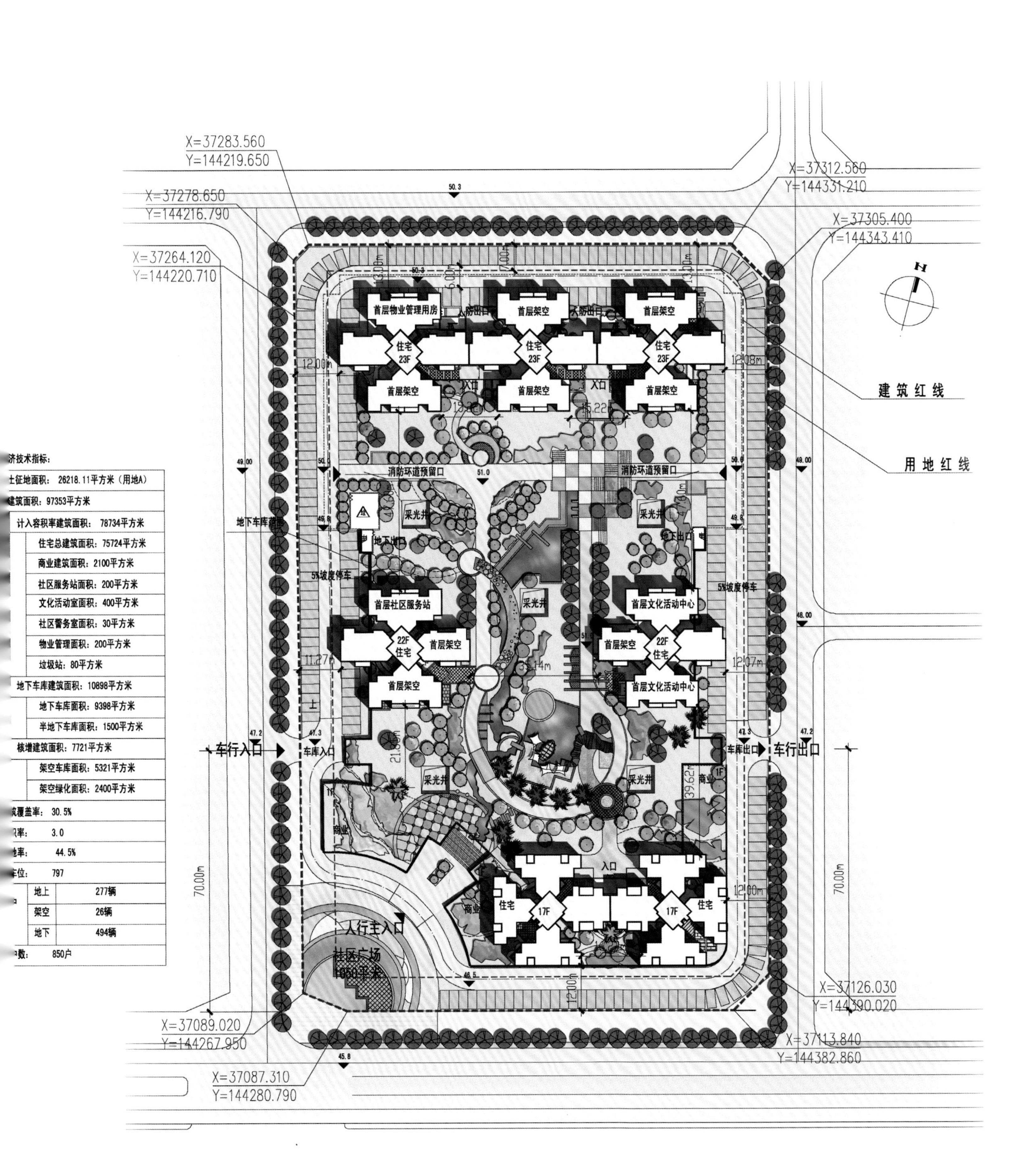

济技术指标：

土征地面积： 26218.11平方米（用地A）		
建筑面积：97353平方米		
计入容积率建筑面积： 78734平方米		
	住宅总建筑面积：75724平方米	
	商业建筑面积：2100平方米	
	社区服务站面积：200平方米	
	文化活动室面积：400平方米	
	社区警务室面积：30平方米	
	物业管理面积：200平方米	
	垃圾站：80平方米	
地下车库建筑面积：10898平方米		
	地下车库面积：9398平方米	
	半地下车库面积：1500平方米	
核增建筑面积：7721平方米		
	架空车库面积：5321平方米	
	架空绿化面积：2400平方米	
筑覆盖率： 30.5%		
积率： 3.0		
地率： 44.5%		
车位： 797		
	地上	277辆
	架空	26辆
	地下	494辆
户数： 850户		

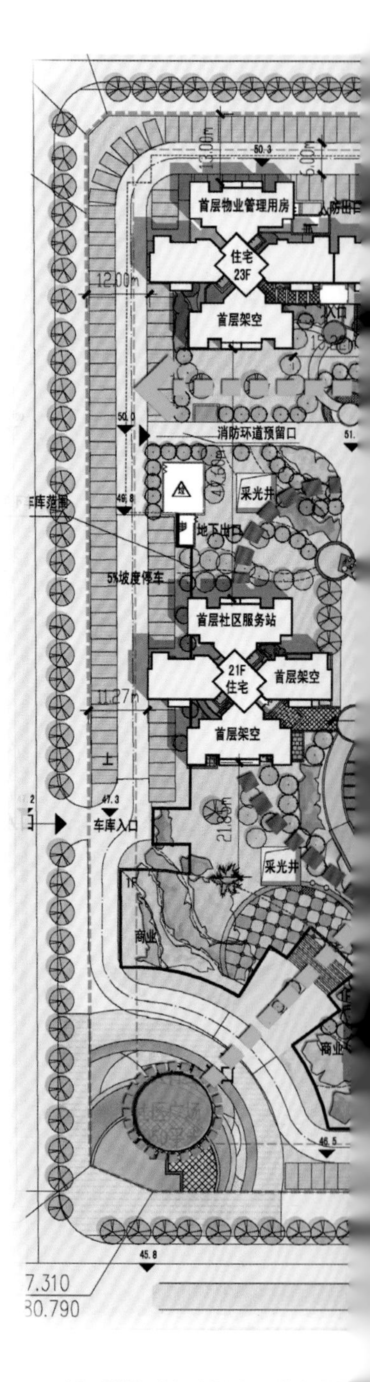

在入口处设置一个入口广场不仅可以将外面的风
很强的亲和力小区的中心由七栋高层组成一个围
有一种一张一弛的感觉。

消防车道

消防登高面

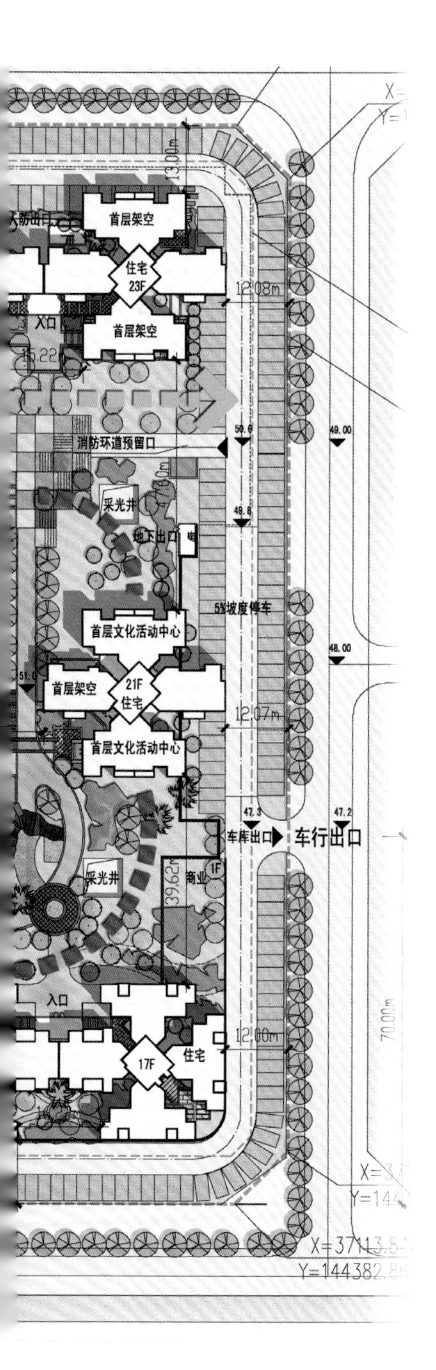

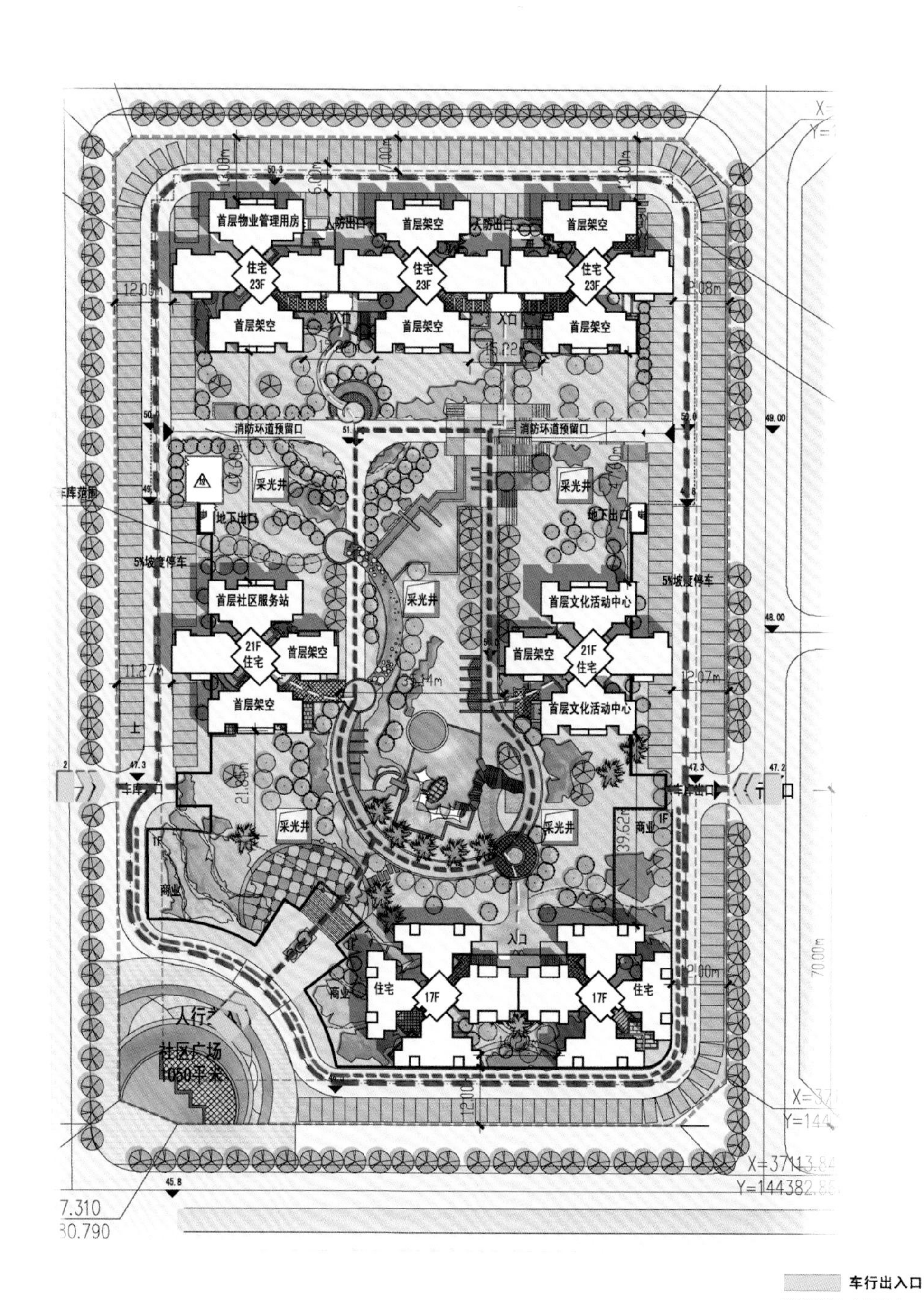

视野更加开阔,给人群带来一种
起来,给生活在小区内部的人群

该方案采用人车分流的流线布置形式,减少了小区内人流和车流的产生流线冲突,在小区外围设置环行车道,降低了车深入小区内带来的噪声污染,还小区内部一个安全、宁静的生活空间。

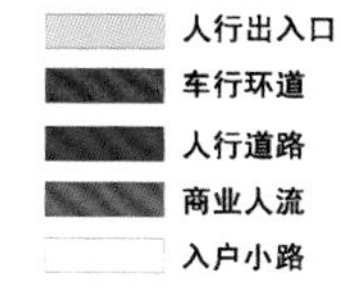

北京凤凰城

项目地点：北京市
开发商：北京华润曙光房地产开发有限公司
景观设计：土人景观设计公司美国BDS
建筑设计：加拿大ADS建筑规划设计事务所
占地面积：250 000 m^2
容积率：2.98
绿化率：40%

北京凤凰城的园林充满异国情调。它位于社区的围合之中，像一座珍藏在巨大府邸中的私家庭院，充满了梦幻般的华丽气质；步道采用最时尚的旱地水景工艺，造价昂贵且做工精细。园林中留存了一片30年树龄的白杨林，这一稀有的物种资源构成了最珍贵的唯美景观，并被妥善保护。

北京凤凰城中三期置地公馆的品质最高。层层递进的楼宇，俯瞰尊贵华丽的东南亚风情园林，一层一户，为习惯别墅居住空间的主人们提供更多的可能。全景的阳台，让主人们一边眺望城市的脉动，一边感受园林的安静。360度的阳光回廊让人随时可以徜徉其间，感受阳光的温暖。

效果图

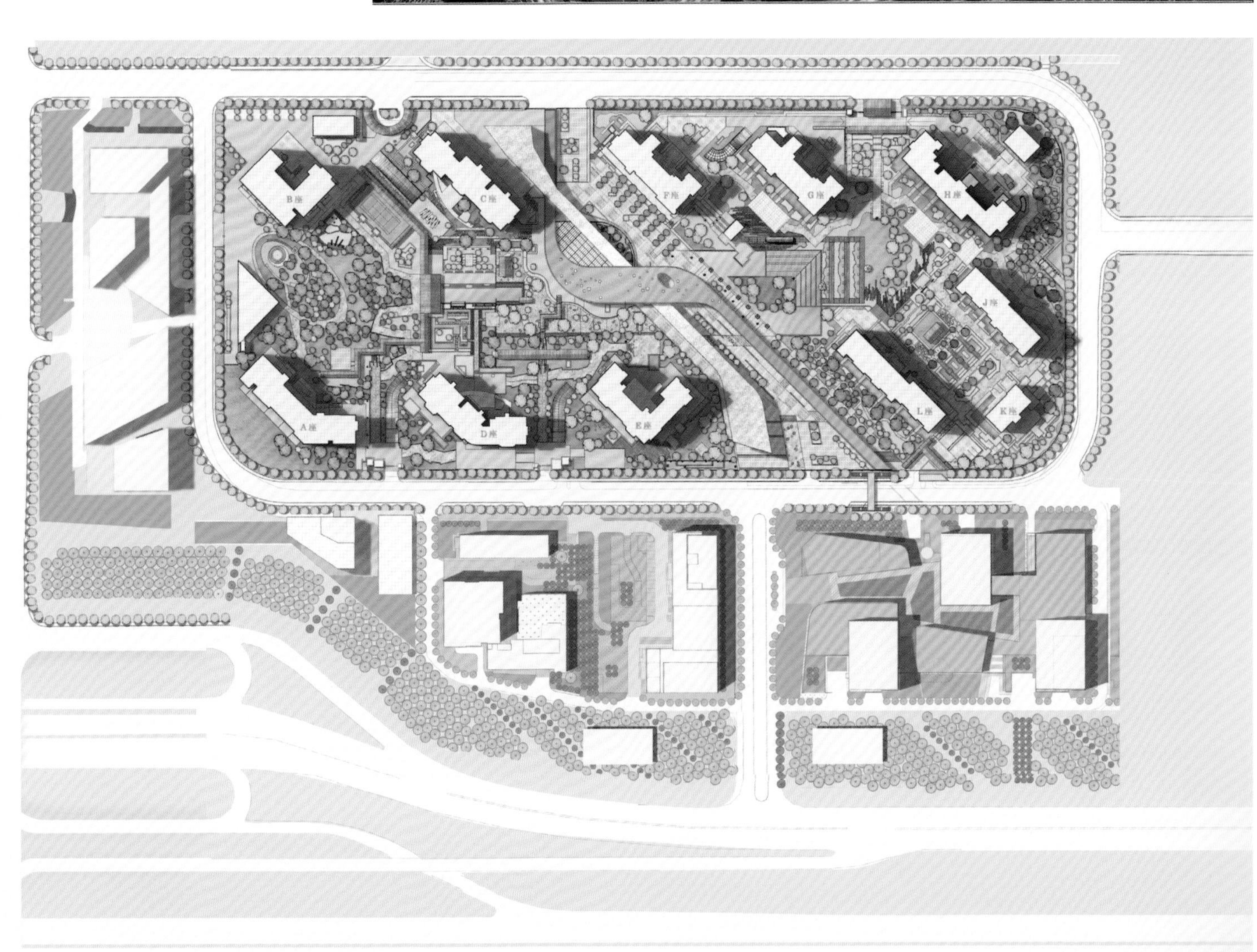

北京朗琴园

项目地点：北京市
规划/建筑设计：ECOLAND易兰（亚洲）规划设计公司
占地面积：99 000 m^2
总建筑面积：400 000 m^2

项目位于北京宣武区广安门外大街，紧邻西二环，与长安街遥遥相望，有多条公交线路通过，交通十分便利。朗琴园占地面积99 000 m^2，总建筑面积400 000 m^2。小区配套设施完备，会所由两部分组成，包括以水为主题面积约5 000 m^{2}的阳光会所和以运动健康为主题室内外结合约面积4 000 m^{2}的体育场馆。小区围合型建筑中突出了面积3万 m^{2}的立体中心花园，园林落差超过7 m，整体规划舒适、自然。

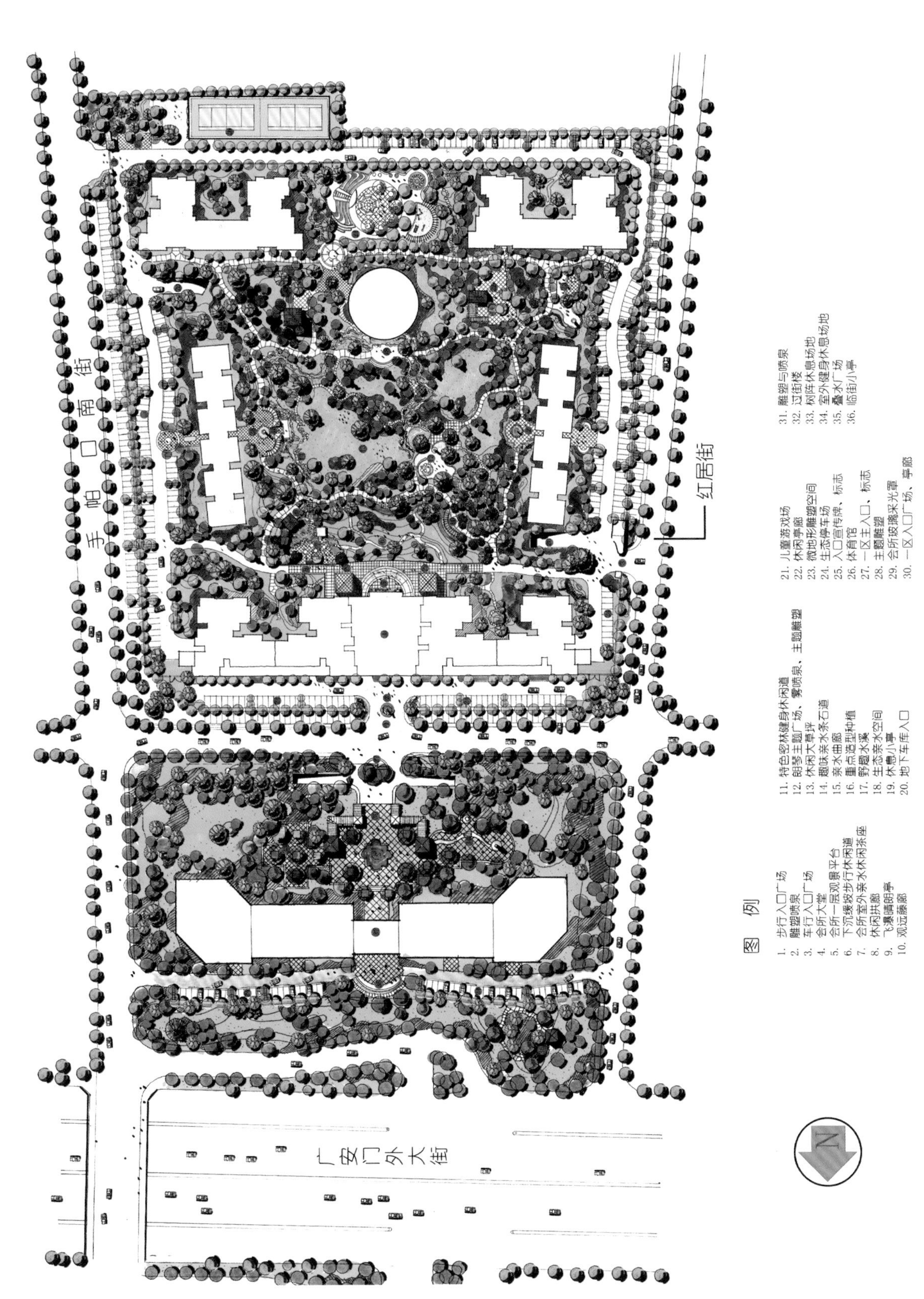

常州新城蓝钻公寓

项目地点：江苏省常州市
开发商：常州新城房产开发有限公司
占地面积：16 000 m^2
总建筑面积：60 000 m^2

项目位于常澄路景观大道，凌驾于城市中轴，为新行政中心与老市中心的商务核心地带。周边社区商业配套齐全。项目为纯小户型社区。

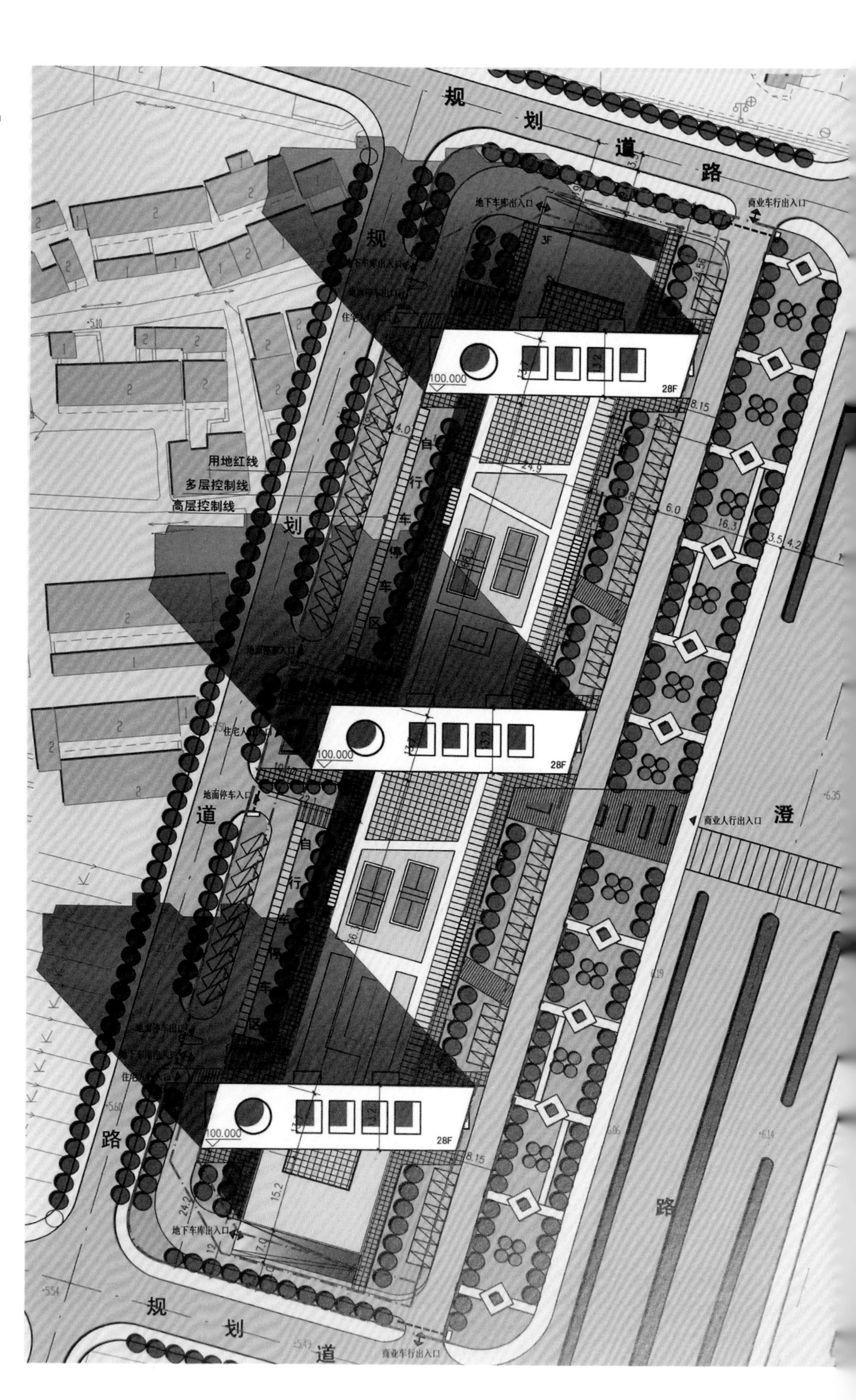

合肥高速滨湖时代广场

项目地点：安徽省合肥市
开发商：安徽高速房地产开发有限公司
建筑设计：英国UA国际建筑设计有限公司
占地面积：11 380 000 m²
总建筑面积：468 000 m²

高速滨湖时代广场位于合肥市滨湖新区徽州大道与方兴大道交口西南角，用地分南（C-02）、北（C-01）两部分。高速滨湖时代广场是集五星级酒店、甲级写字楼、商业、高档公寓和高层住宅为一体的大型"LOHAS"城市复合体，其中包括层高为268m的五星级酒店12万 m²，住宅及"SOHO"公寓43万 m²，商务办公11万 m²，个性化办公5万 m²，商业5万 m²，会议中心4 000 m²，机动车停车位6 484个，建成后可供1.5万人工作和生活。

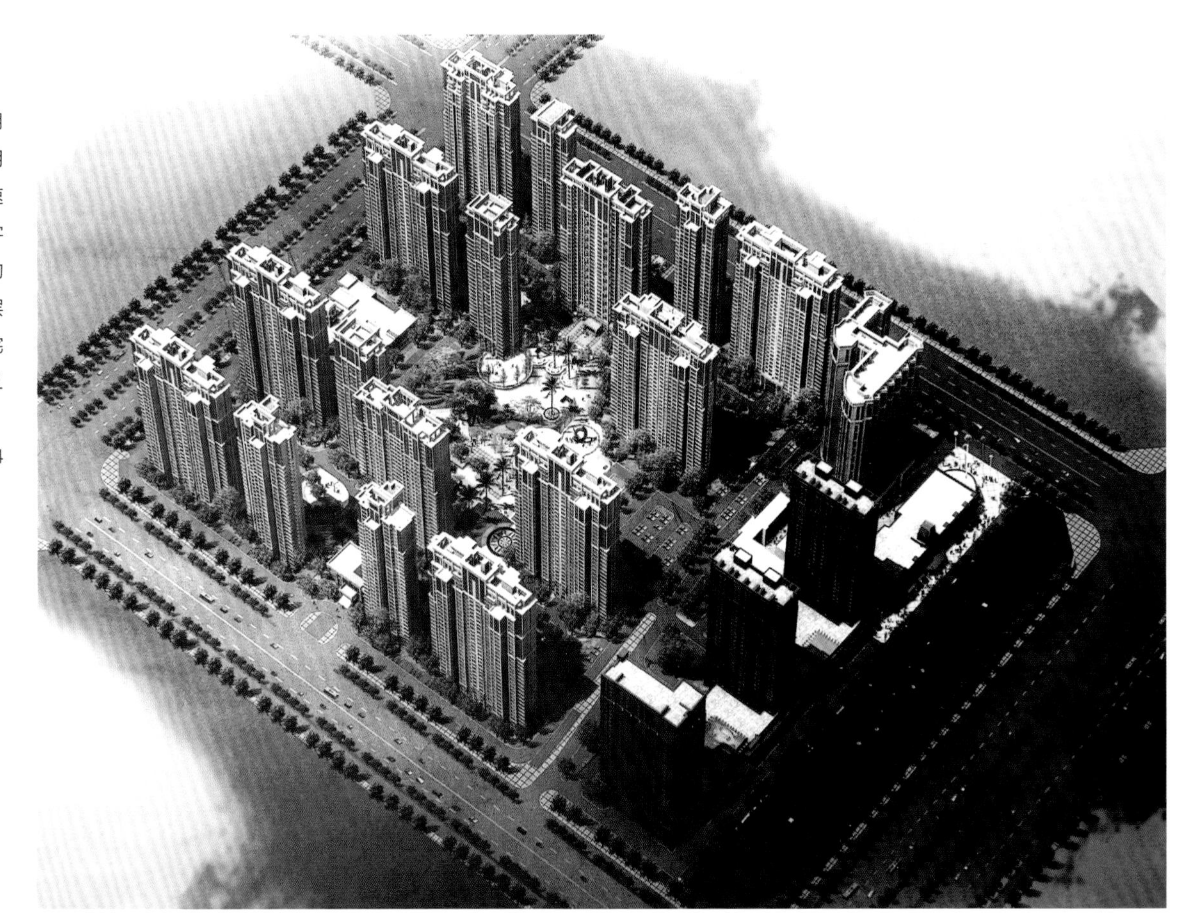

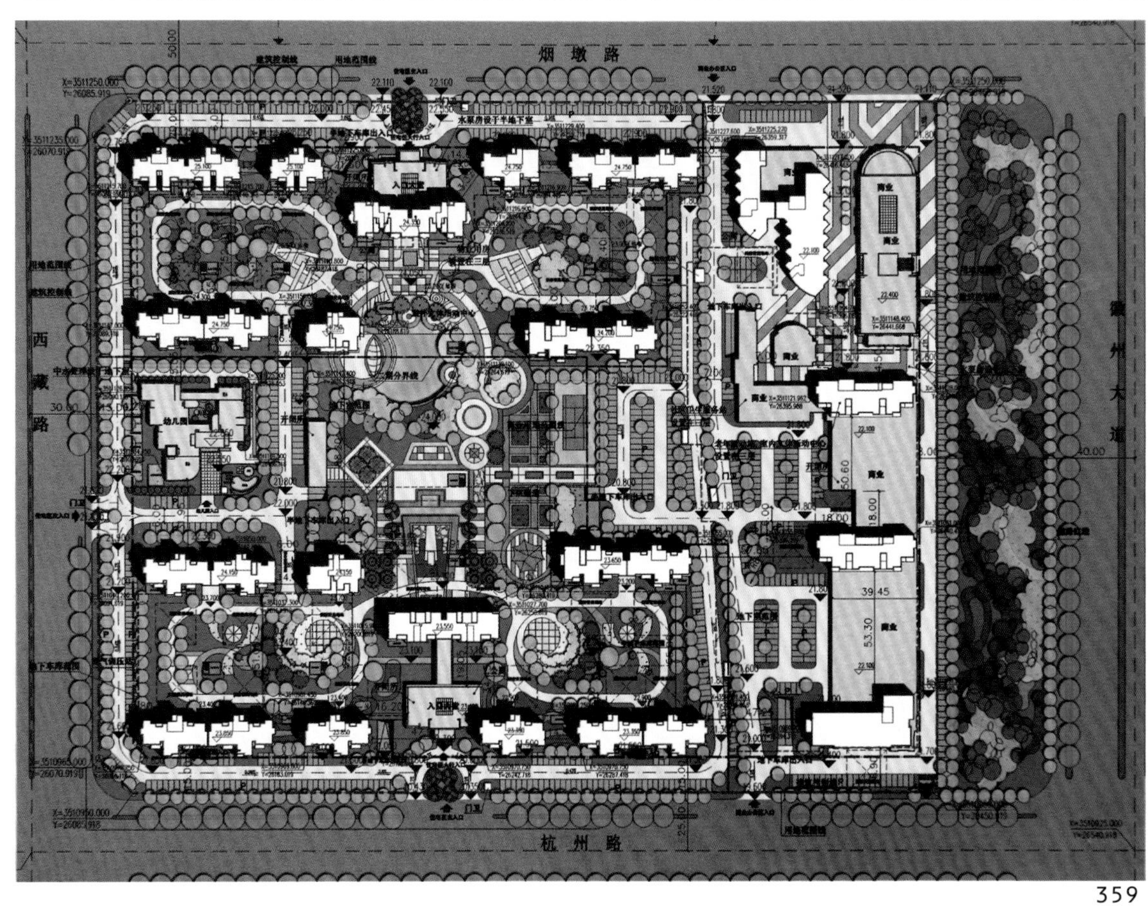

哈尔滨金色莱茵

项目地点：黑龙江省哈尔滨市
建筑设计：北京诺杰建筑设计
总建筑面积：139 000 m²

金色莱茵拥有面积为6 000 m²的“莱茵河”主题水景广场。广场中央设有音乐岛，定期播放优美音乐和举办业主联谊会；湖底采用金属镶嵌的五线谱雕塑，上方由北至南形成三层叠水瀑布，周边配以几何线条的植物造型；左侧则是全实木拼装的亲水浮台。金色莱茵水源全部为地下水，水质清澈洁净，而且水深只有25 cm，不会有任何安全隐患。到了冬季，这里又会变成下沉式的灯光广场及冰雪运动场，周边配植各种耐寒性绿色植被，居者可以在这里尽情享受冰雪带来的乐趣。

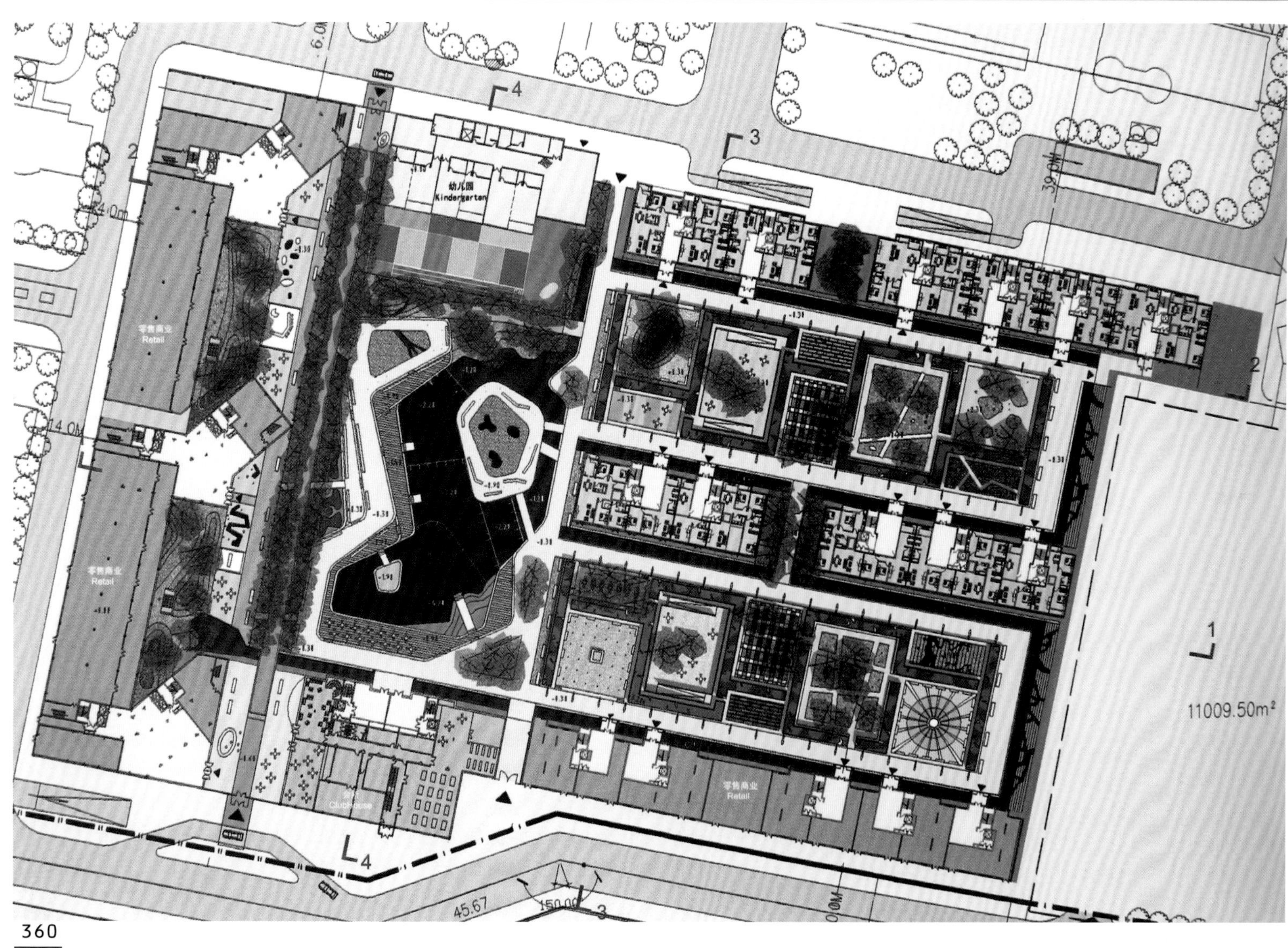

杭州丽江公寓

项目地点：浙江省杭州市钱江新城
开发商：浙江嘉和实业有限公司
规划/建筑设计：浙江绿城东方建筑设计有限公司
景观设计：澳大利亚DAHD景观设计有限公司
室内设计：上海高迪建筑设计工程有限公司
占地面积：100 000 m^2
总建筑面积：250 000 m^2

丽江公寓位于杭州市钱江新城，地块景色宜人，交通便捷，具备不可多得的江景资源。项目由高层、小高层住宅组成。基地分为南北两块用地，中间为区间道路、河道及绿化带。北地块传承绿城丰富的城市公寓营造经验，户型以建筑面积约90 m^2的两室两厅和约140 m^2的三室两厅为主。

丽江公寓总体规划传承绿城大气、稳重而又丰富有灵韵的布局原则，充分考虑建筑与绿化环境的融合关系，保证中心花园的品质及各个组团的均好性。人车分流，交通结构简单、平直、清晰。

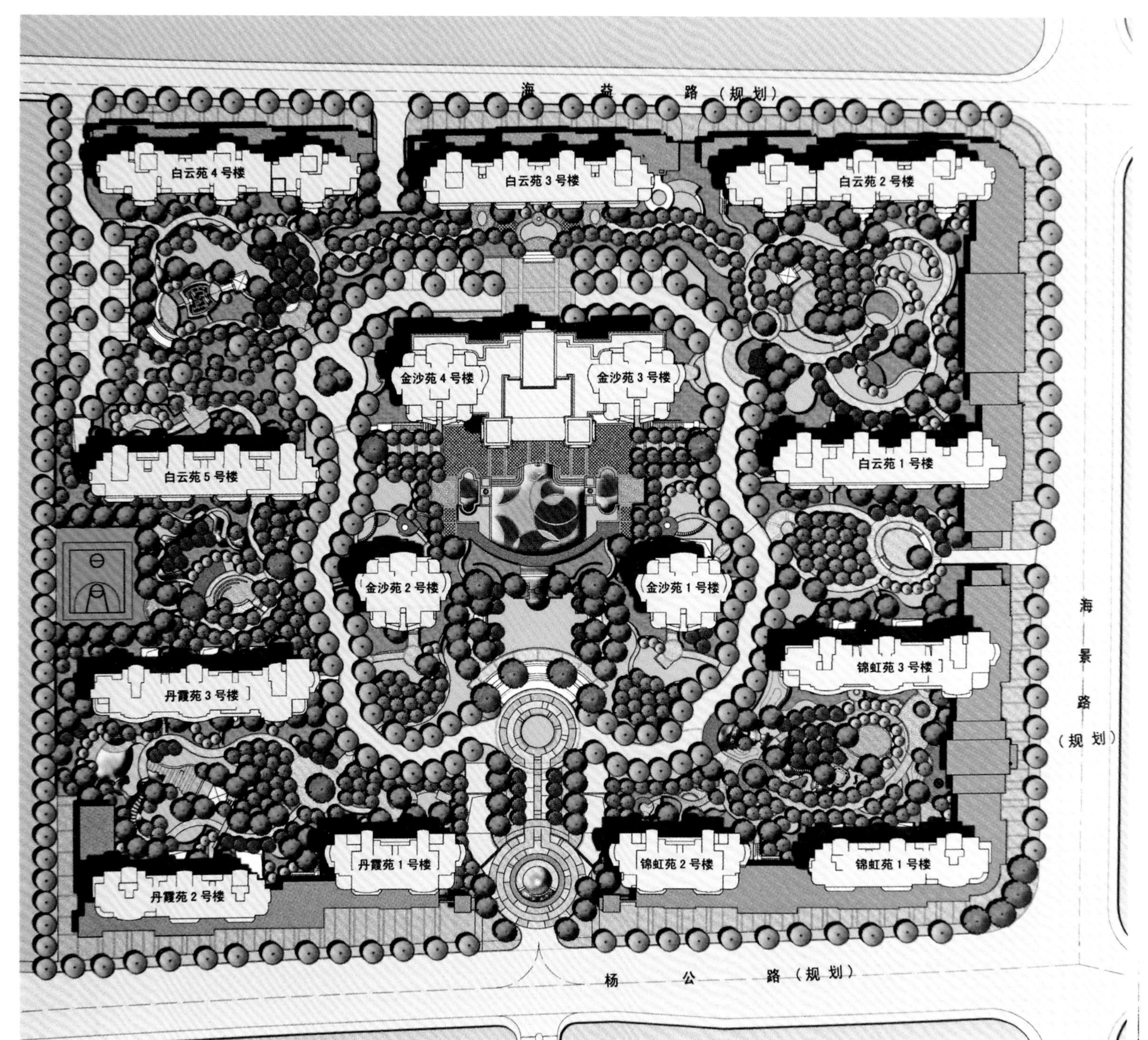

合肥海顿公馆

项目地点：安徽省合肥市马鞍山路
开发商：上海绿地（集团）有限公司
景观设计：玉麒麟景观堂
建筑设计：英国UA国际建筑设计咨询有限公司
占地面积：198 991 m²
总建筑面积：597 150 m²

海顿公馆位于合肥市马鞍山路与太湖路交叉口。户型采用后经典户型设计，空间利用合理，功能完善。入户花园的人性化设计、亲子户型以及双流线户型的搭配，丰富了业主的选择。全明设计，大开间，短进深，户型方正，采用动静分区、干湿分离的设计理念，力求为城市新贵提供高品质的生活空间。

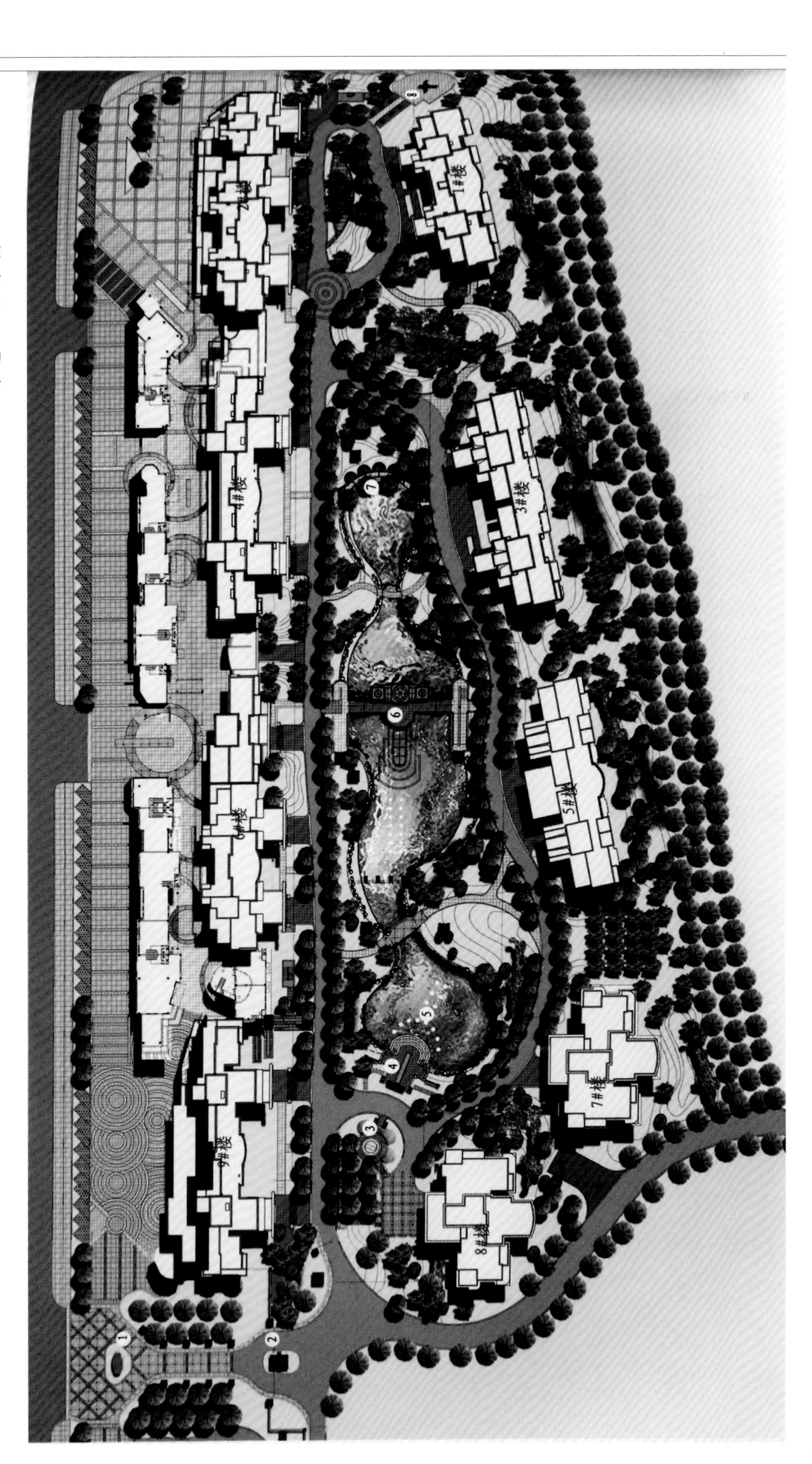

河源东江学苑

项目地点：广东省河源市
开发商：河源市合和房地产开发有限公司
占地面积：52 957 m^2
总建筑面积：148 755.98 m^2
容积率：2.43
绿化率：42.6%

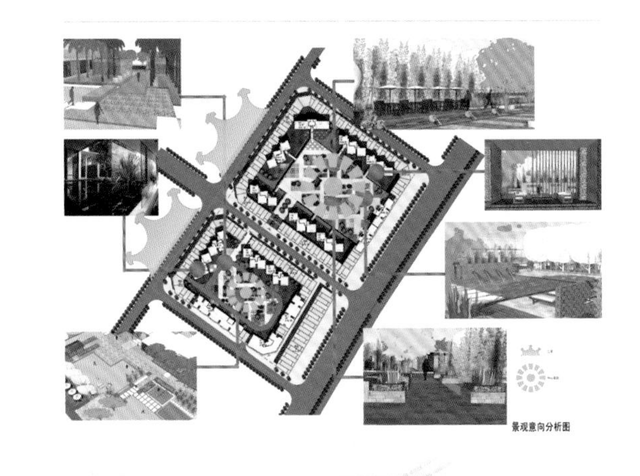

东江学苑项目位于河源市东源县205国道旁东方红村生产生活预留地。项目总占地面积52 957 m^2，总建筑面积148 755.98 m^2。其中地块A总用地面积23 076 m^2，总建筑面积73 752.61 m^2；地块B总用地面积29 881 m^2，总建筑面积74 484.42 m^2。项目地理位置优越，用地平坦，交通便利。项目主要由高层住宅及其商业配套组成，含16栋高层住宅、场地周边二层围合商业配套。

该区规划定位于A地块为中上住宅小区，B地块为高档住宅小区。从总体设计到单体及环境设计等各个方面都力求体现精品意识，推陈出新，创造高标准、高起点、高质量的现代化高尚社区。规划通过深入研究每种户型的比例关系，巧妙地将小户型放在A地块，将大户型放在景观和朝向均好的内部安静区域B地块，这样拉开档次，形成南北朝向为主，东南朝向占很少比例的搭配，同时又达到了围合的空间效果。

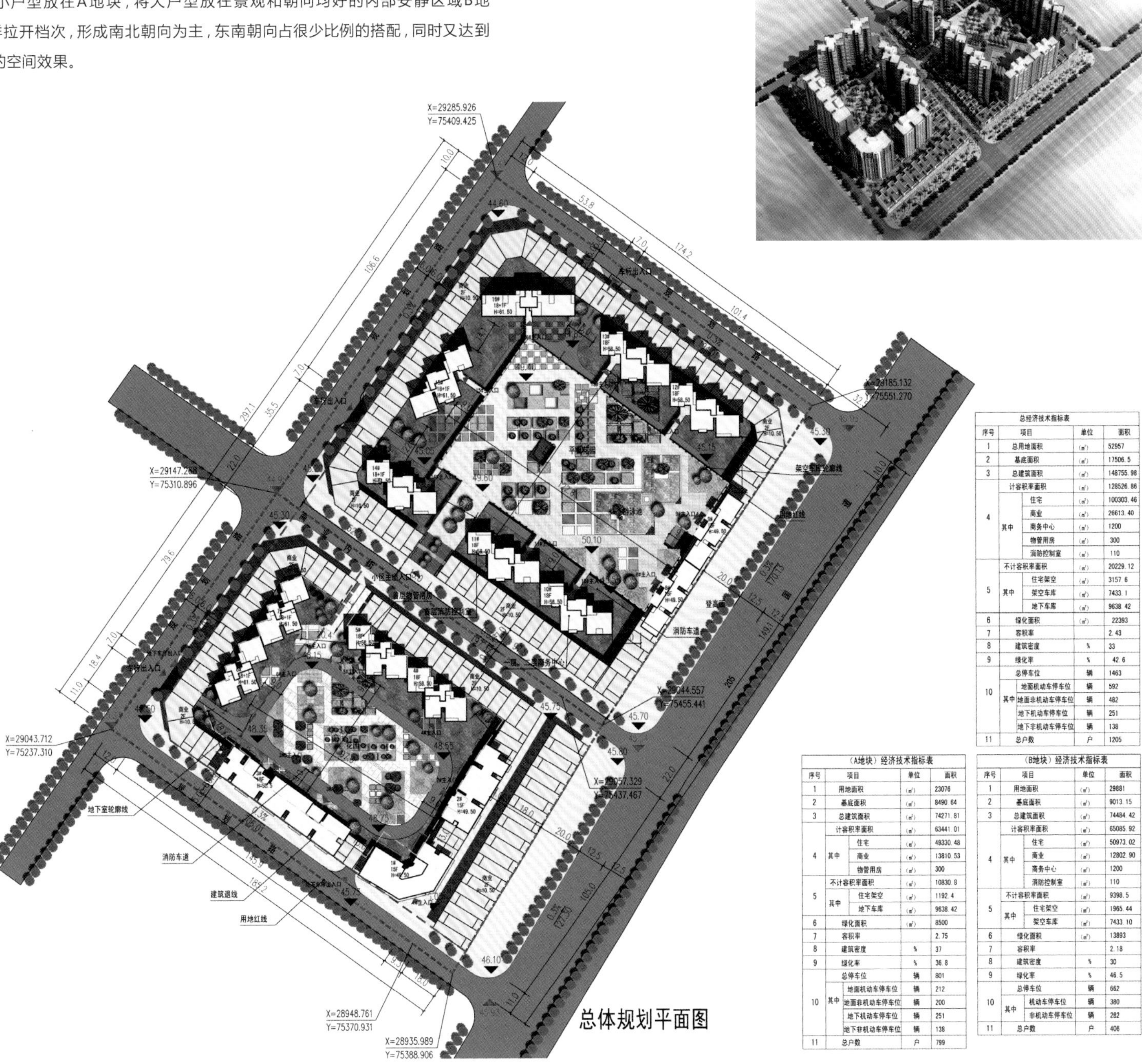

总经济技术指标表

序号	项目		单位	面积
1	总用地面积		(㎡)	52957
2	基底面积		(㎡)	17506.5
3	总建筑面积		(㎡)	148755.98
4	计容积率面积		(㎡)	128526.86
	其中	住宅	(㎡)	100303.46
		商业	(㎡)	26613.40
		商务中心	(㎡)	1200
		物管用房	(㎡)	300
		消防控制室	(㎡)	110
5	不计容积率面积		(㎡)	20229.12
	其中	住宅架空	(㎡)	3157.6
		架空车库	(㎡)	7433.1
		地下车库	(㎡)	9638.42
6	绿化面积		(㎡)	22393
7	容积率			2.43
8	建筑密度		%	33
9	绿化率		%	42.6
10	总停车位		辆	1463
	其中	地面机动车停车位	辆	592
		地面非机动车停车位	辆	482
		地下机动车停车位	辆	251
		地下非机动车停车位	辆	138
11	总户数		户	1205

（A地块）经济技术指标表

序号	项目		单位	面积
1	用地面积		(㎡)	23076
2	基底面积		(㎡)	8490.64
3	总建筑面积		(㎡)	74271.81
4	计容积率面积		(㎡)	63441.01
	其中	住宅	(㎡)	49330.48
		商业	(㎡)	13810.53
		物管用房	(㎡)	300
5	不计容积率面积		(㎡)	10830.8
	其中	住宅架空	(㎡)	1192.4
		地下车库	(㎡)	9638.42
6	绿化面积		(㎡)	8500
7	容积率			2.75
8	建筑密度		%	37
9	绿化率		%	36.8
10	总停车位		辆	801
	其中	地面机动车停车位	辆	212
		地面非机动车停车位	辆	200
		地下机动车停车位	辆	251
		地下非机动车停车位	辆	138
11	总户数		户	799

（B地块）经济技术指标表

序号	项目		单位	面积
1	用地面积		(㎡)	29881
2	基底面积		(㎡)	9013.15
3	总建筑面积		(㎡)	74484.42
4	计容积率面积		(㎡)	65085.92
	其中	住宅	(㎡)	50973.02
		商业	(㎡)	12802.90
		商务中心	(㎡)	1200
		消防控制室	(㎡)	110
5	不计容积率面积		(㎡)	9398.5
	其中	住宅架空	(㎡)	1965.44
		架空车库	(㎡)	7433.10
6	绿化面积		(㎡)	13893
7	容积率			2.18
8	建筑密度		%	30
9	绿化率		%	46.5
10	总停车位		辆	662
	其中	机动车停车位	辆	380
		非机动车停车位	辆	282
11	总户数		户	406

总体规划平面图

江山恒泰西城华庭

项目地点：浙江省江山市
建筑设计：杭州联纵规划建筑设计有限公司
主设计师：范旭明、祁鸣
占地面积：47 200 m^2
总建筑面积：91 165.2 m^2

项目位于浙江省江山市区河西路1号地块，南北长约500 m，东西最宽为250 m，地势起伏较小。建筑设计中，设计师采用新传统主义风格，以石材、面砖、涂料为主，结合玻璃与木架，屋顶采用油毡瓦屋面，色彩以暖色调为主，墙面下部为花岗岩石材，中部由浅灰色涂料和暖红色面砖组合，通过面砖颜色变化活跃小区风格，造型在满足住宅功能的情况下做了更为细致的细节处理，使建筑精致典雅。

地块的设计充分运用环境的有利因素，突出与周边山体的连接，借景致内部环境作为景观的延伸，营造健康清新的社区氛围，打造配套完善、环境优美的生态人文生活区，并成为当地城市中心的绿洲。重点做到自然与人文的有机组合，建筑与环境的一脉相承。

宁波交通·自在城

项目地点：浙江省宁波市
开发商：宁波市交通房地产有限公司
规划设计：新百森（香港）设计顾问有限公司
建筑设计：宁波市民用建筑设计研究有限公司
景观设计：广东棕榈景观规划设计院

交通·自在城位于浙江省宁波市宁海科技园区，总建筑面积近35万 m²，包括中高档住宅、邻里中心等物业形态，为宁海最大的综合性房地产项目，也是交通地产在宁海的首个代表力作。

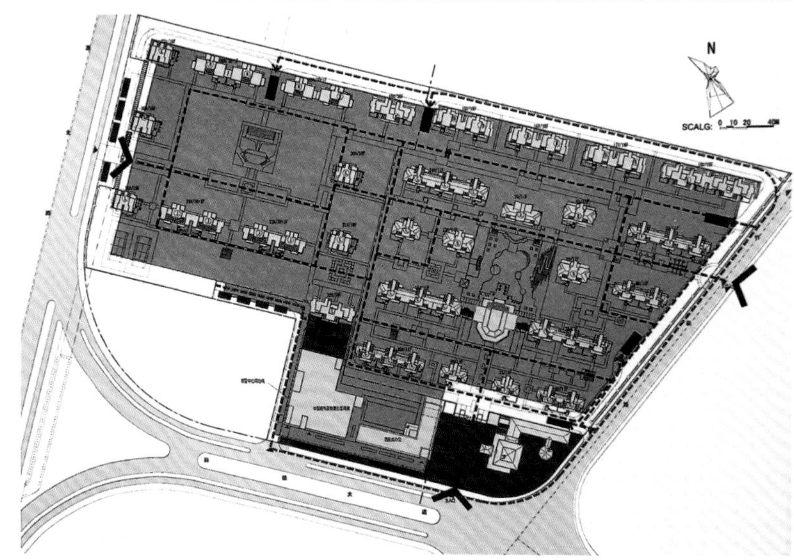

自在城的规划与产品设计，创造一种可持续发展、极具人文气质的生态智能化居住社区，使居住和商业休闲设施在功能上取得协调，体现社区的标志性特征，并创造出新颖的城市生活空间。在提供一个生动的活动空间、创造互动的邻里关系的同时，兼顾生活的私密性。通过合理的规划布排，实现完全的人车分流，创造良好的步行环境。同时，将社区中心、步行商业街、下沉式公园会所、健身小径、露天运动场等开放空间系统与实际功能用途有目的地结合，强化社区生态环境的品质感。另外项目南边的大型商业邻里中心将引入国际一线的大型超市、生活休闲配套以及开放式的大型广场，商业邻里中心在为社区提供各项生活配套的同时又与住宅区相对分离，营造出动静分离又颇具生活气息的高品质社区。

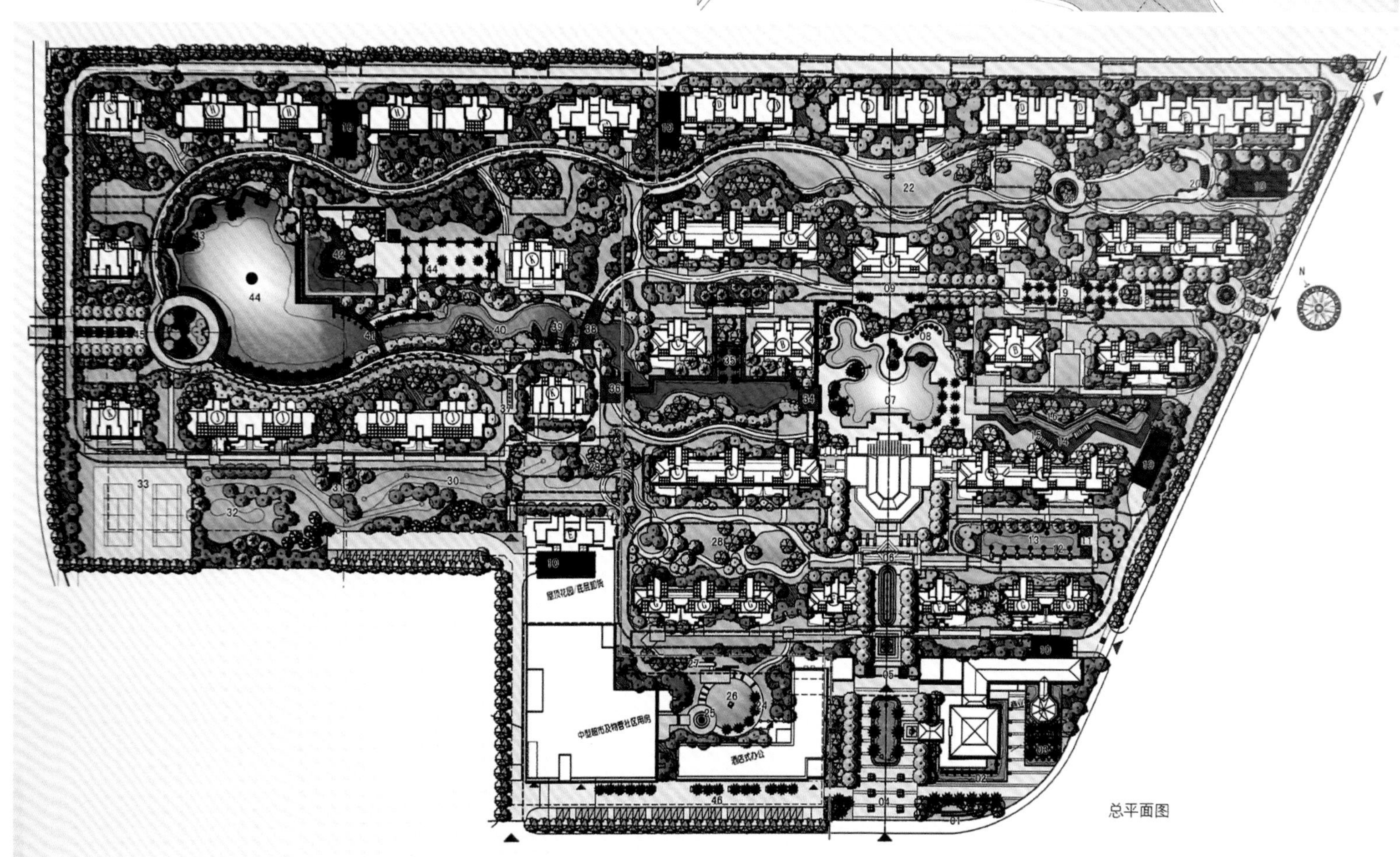

总平面图

邹城金山（二期）

项目地点：山东省邹城市
开发商：山东宏河矿业集团房地产开发有限公司
容积率：1.7
绿化率：35%

该小区位于邹城东部新城核心区，区位优势明显，小区绿化率高，是邹城为数不多的精品小区。小区配套设施齐全，小区内设有幼儿园，热力供暖、太阳能与建筑一体设计。周围聚集了邹城一中、邹城六中、邹城二实小东校、山东工贸职业学院等众多优质教育资源。毗邻市委市政府，周边有燕京花园、金山花园、嘉禾·世纪国宏、贵都花园等大型住宅区。

广州君玥公馆

项目地点：广东省广州市珠江新城
开发商：广州市嘉峪房地产发展有限公司
占地面积：14 834 m^2
总建筑面积：130 294 m^2
容积率：6.99
绿化率：30%

君玥公馆是CBD中轴上的酒店豪宅社区，位于珠江新城西区，核心金融商务区内，南临花城大道，北靠华成路，西接华穗路，坐享珠江新城、五羊新城双城的成熟生活配套，毗邻双子塔、广州歌剧院、广州图书馆、省博物馆、第二少年宫、电视观光塔、海心沙广场新城市七大地标建筑，往东20 m便是地铁三号线珠江新城站出口，地理位置得天独厚。

君玥公馆总占地面积14 834 m^2，总建筑面积130 294 m^2，社区规划为四栋30层塔楼的点状开放式花园社区，中心园林为东南亚风情的立体水景园林。建筑风格为新古典主义与现代简约风格的结合，户型面积为130~200 m^2，主要以大户型为主，所有的户型设计合理、人性，通风采光良好，部分单体更有圆弧形阳台、入户花园或空中花园设计。

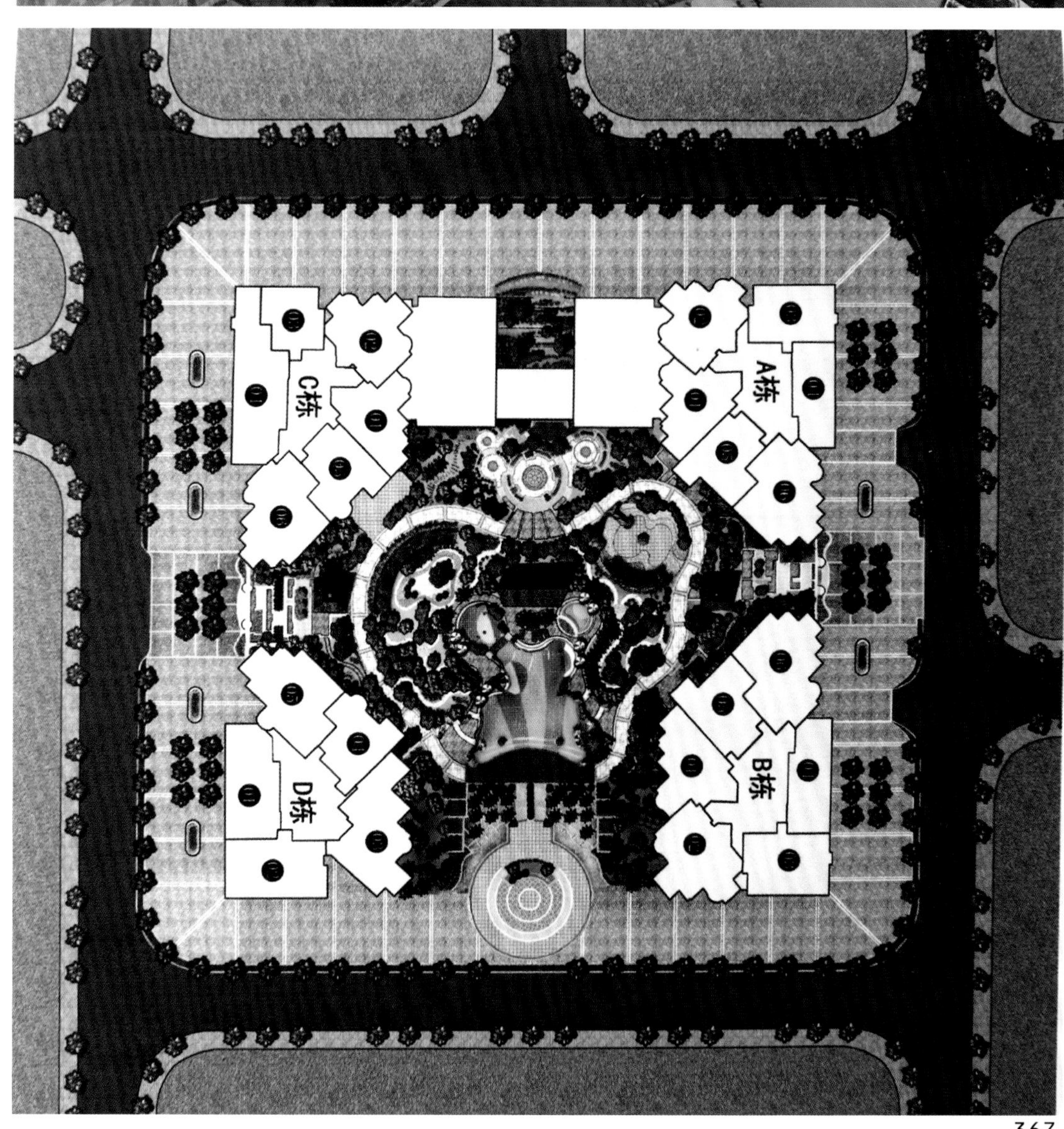

莆田世全兴安名城

项目地点：福建省莆田市
建筑设计：福建泛亚建设设计有限公司
占地面积：48 207 m²
总建筑面积：157 818 m²

项目地处莆田北部中央，依托学园路、东园路两大城市动脉，西接莆田新行政中心，东连莆田体育文化中心、金融信息中心。项目建筑风格定位为现代欧式风格，采用了青灰色调与北欧独有的坡屋顶，视觉效果上十分突出。项目以“现代视野再造莆田中央新城”为开发理念，融汇居住、商业、商务于一体。住宅，演绎现代人居理念；商业，聚合城市中心繁荣；商务，开创莆田高尚办公先河。

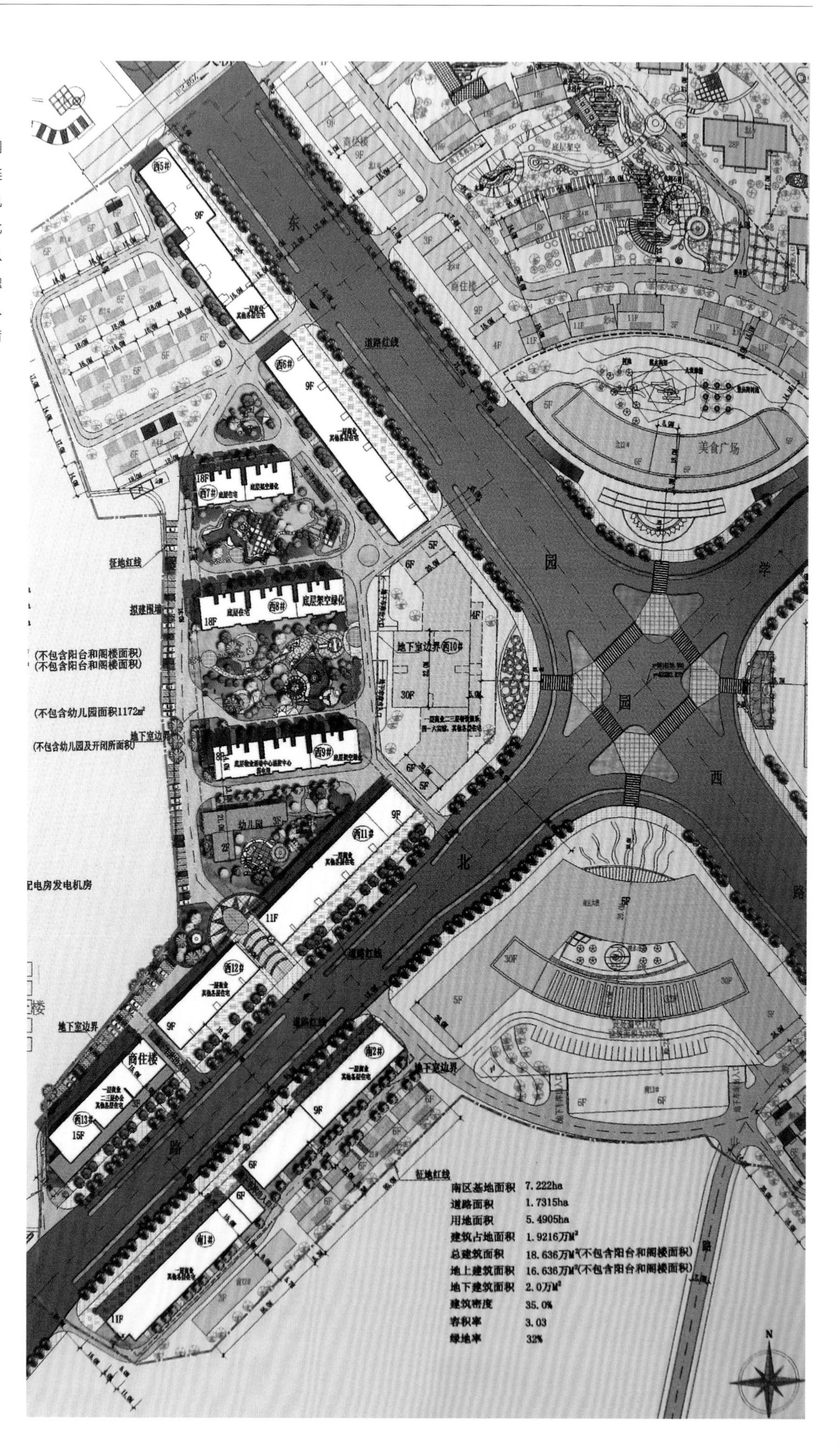

西安荣禾曲池坊

项目地点：陕西省西安市
开发商：西安荣禾投资（集团）有限公司
建筑设计：西安德和建筑设计事务所有限公司
景观设计：广州市普邦园林配套工程有限公司
　　　　　陕西德港园林景观工程有限公司
主设计师：黎少平、寇建超、王晶
占地面积：44 000 m^2
总建筑面积：115 000 m^2
容积率：2.01
绿化率：35%

荣禾曲池坊东临面积为100万 m^2的曲江池遗址公园，距南湖水面不足50 m；北接面积为66.7万 m^2的唐城墙遗址公园。项目由九栋小高层、两栋电梯多层组成，户型面积在140~323 m^2之间，纯净恢弘、典雅大气的现代中式风格，再现中式建筑的独特魅力。

荣禾曲池坊以独具中国建筑色彩的黑、白、灰为主色调，现代风格楼体融合中式建筑特有的徽派坡屋顶、马头墙、传统风格门楼、艺术砖雕、中式景墙等元素，新中式风骨，方寸间传承国粹。整个建筑恢弘大气，又彰显出典雅灵秀的传统文化内涵。以"写意山水"的中式造园手法，规划设计出6条景观带、35处景观小品，通过置石、叠山、理池、植物，将建筑、自然与人融合，营造出轻松自如的居住空间。踱步于庭院楼台间，房在景中，景在房中，诠释出"天人合一"的居住境界。

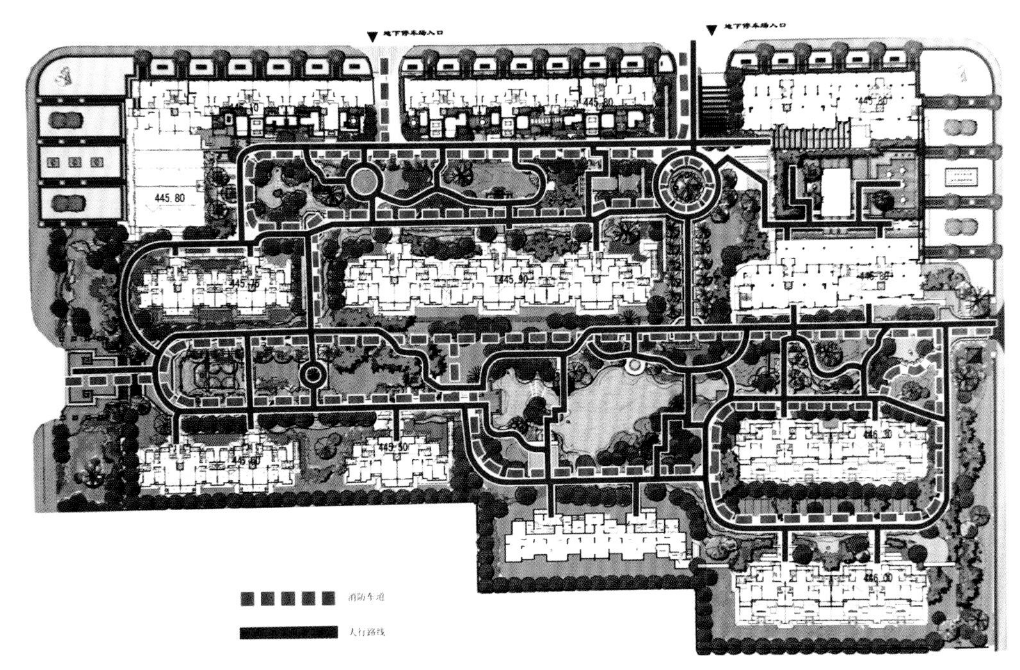

交通分析图

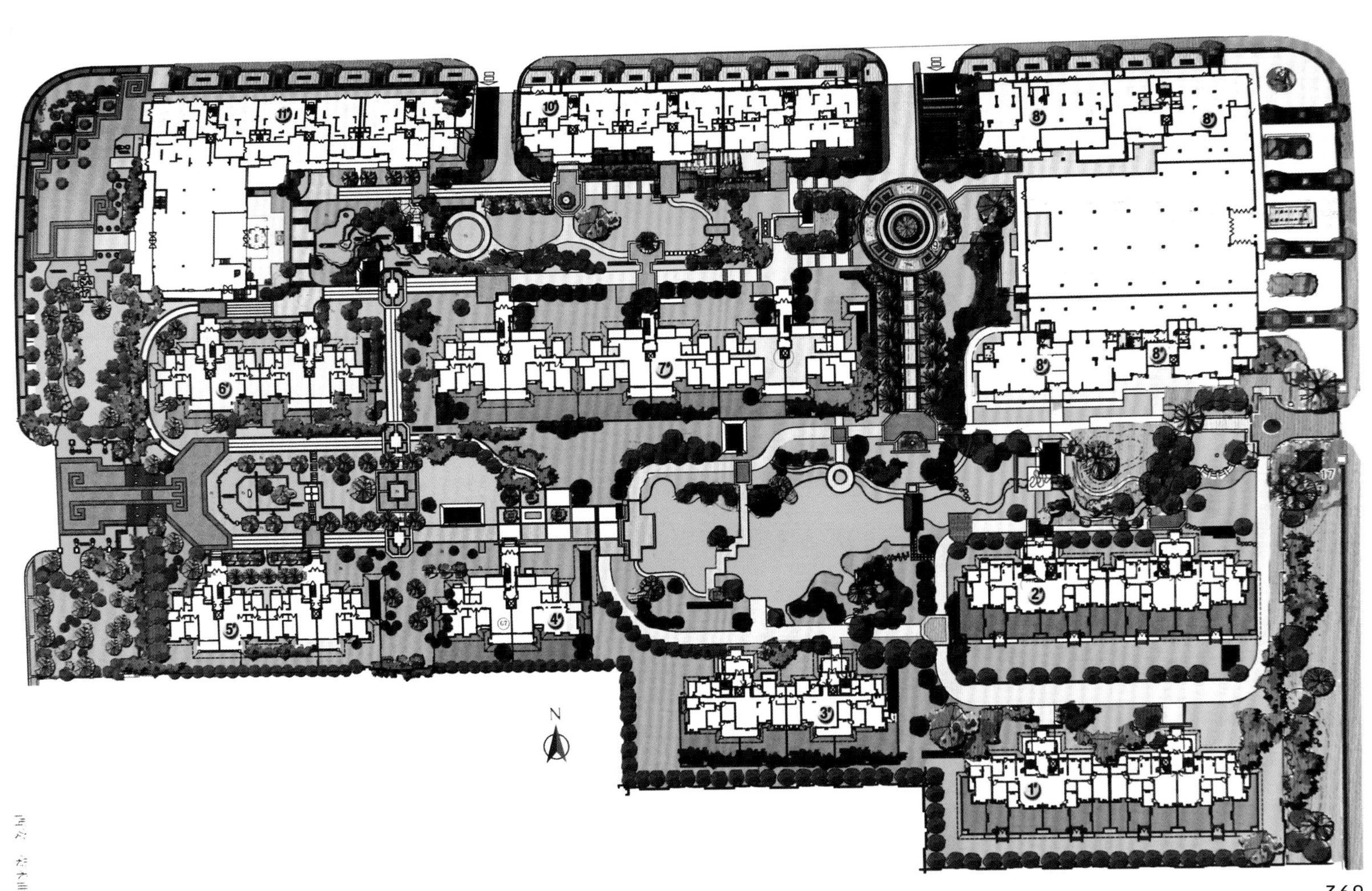

绍兴华宇天庭

项目地点：浙江省绍兴市
建筑设计：安道（香港）景观与建筑有限公司
占地面积：56 653 m²
总建筑面积：180 890 m²

华宇天庭位于绍兴市柯北新城，是绍兴市首个纯高层豪宅。紧邻绍兴市政府，位于行政审批中心、交警、城管、水务中心等重要机构组成的新行政中心集约板块，周边生活设施齐全。园区总建筑面积达180 890 m²，由16幢15~20层的纯高层组成，容积率仅为2.5，建筑密度仅20.2%，绿化率高达50.4%。

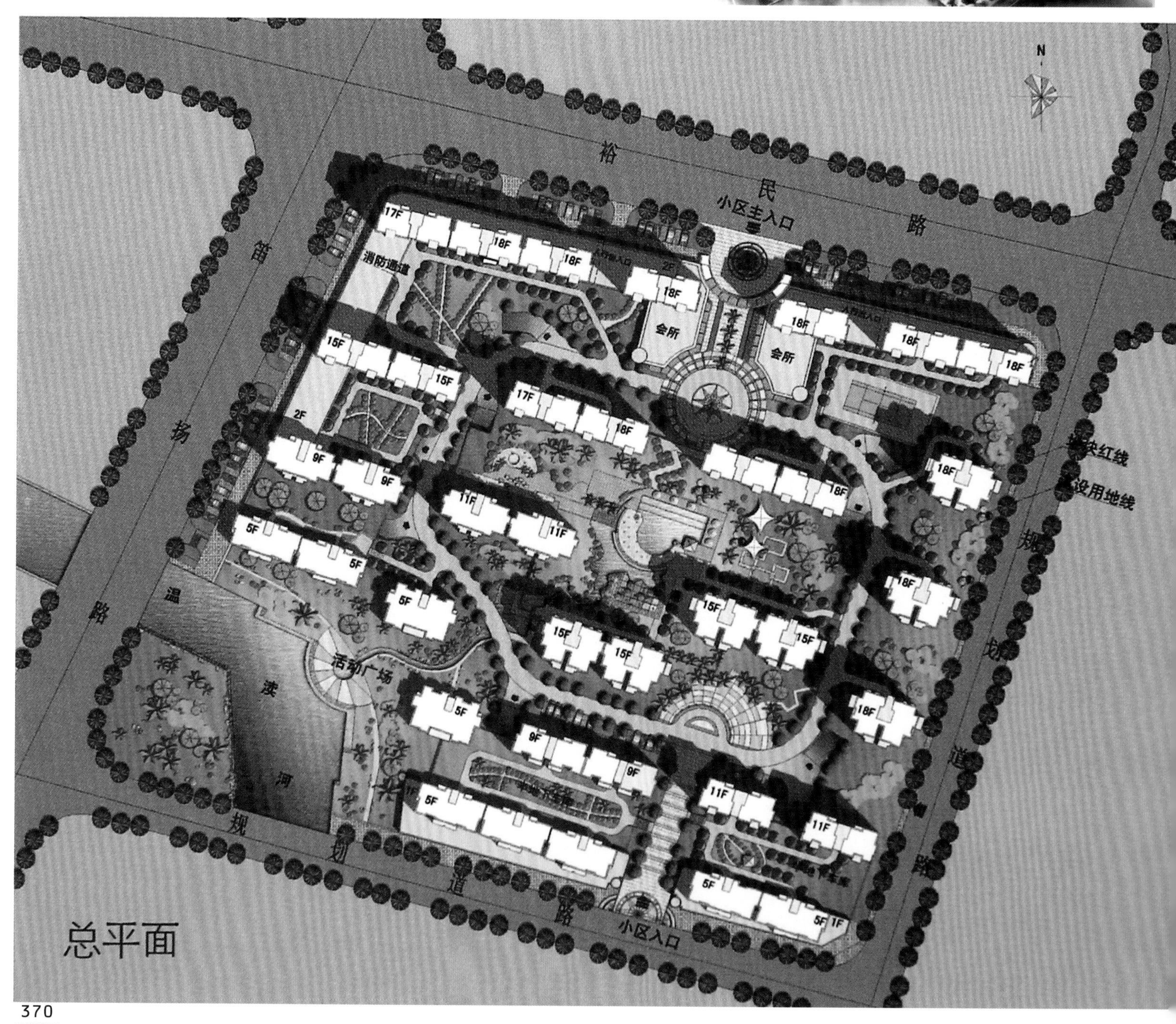

深圳前海地铁上盖

项目地点：广东省深圳市前海湾CBD区
建筑设计：中建国际（深圳）设计顾问有限公司
占地面积：116 700 m²
总建筑面积：539 300 m²
容积率：4.6

深圳前海地铁上盖项目位于南山区前海湾平南铁路西侧，本宗地土地用途为居住、商业性办公用地，占地面积为116 700 m²，总建筑面积为539 300 m²，建筑容积率为4.6。

石家庄四季凯旋酒店式公寓

项目地点：河北省石家庄市
建筑设计：北京市诺杰建筑设计
总建筑面积：153 723 m²

四季凯旋酒店式公寓在诠释了法国文化精神的同时，又代表了当今中国全新的高品质生活体验。所有的设计元素从规划、设计到颜色、细节和景观无不通过现代的重新诠释手法反应出传统的法式设计风格，使这个项目成为石家庄当之无愧的地标性建筑。

项目的总体规划区域由南边的城市大街和东边的与项目中心私密空间平行的街道构成。项目的体量是平衡的精巧组合，而大胆的60 m高的法国凯旋门式粗拱门入口设计是此设计的精华。

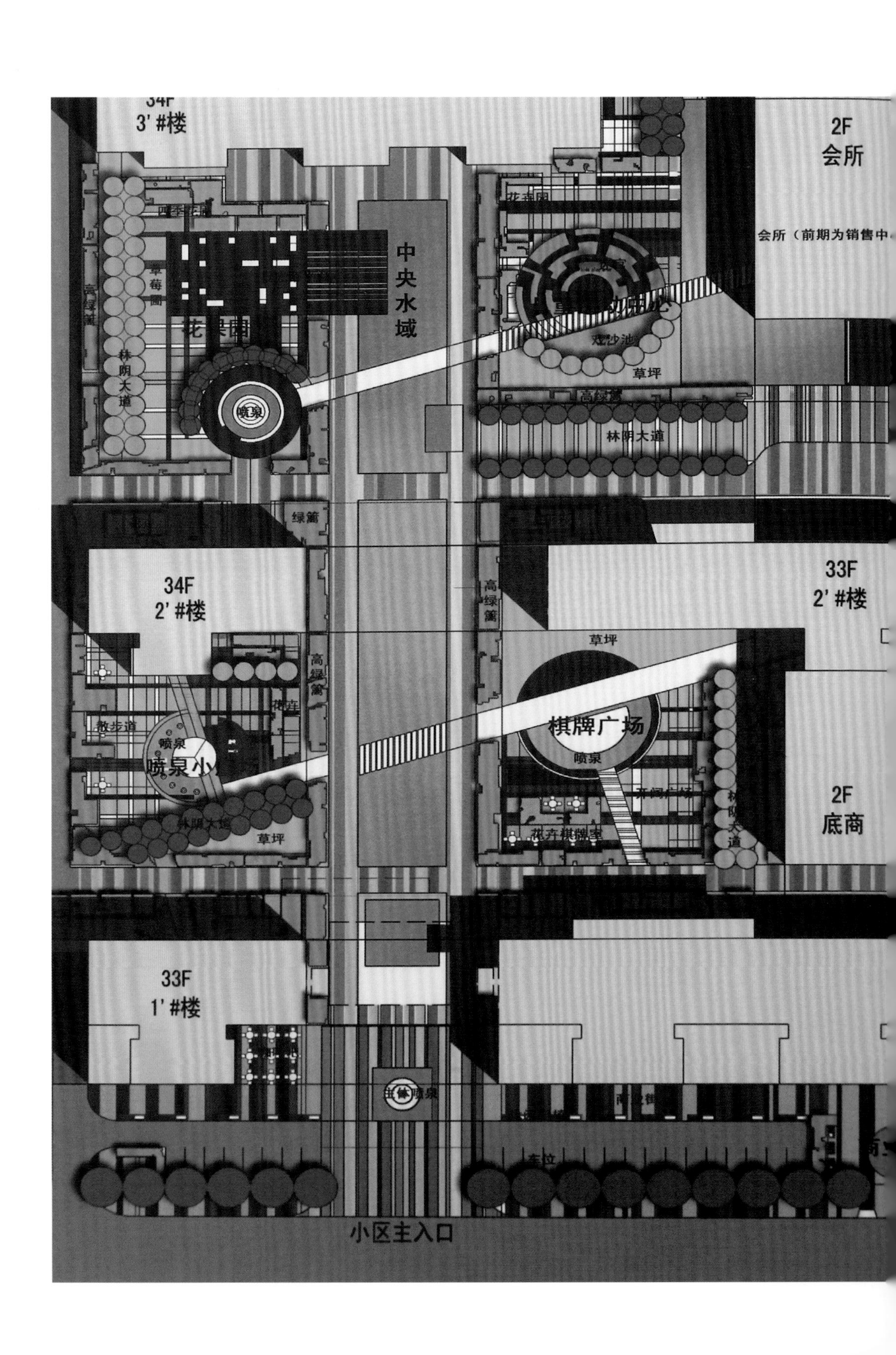

石家庄西美第五大道

项目地点：河北省石家庄市
开发商：石家庄市西美房地产开发有限公司
占地面积：123 395 m^2
总建筑面积：700 000 m^2
容积率：3
绿化率：30%

西美第五大道在规划之初，就将项目纳入了东南区整体的城市规划体系，以“新城市复合街区”形式完成项目的整体规划。以未来的省会迎宾大道——槐安路为轴，有机地组合高尚住宅、五星级国际品牌酒店、高档写字楼、城市生态公园及大型休闲会所等，从而形成人居与商业的有机共生，打造出一个集建筑景观、自然景观、商业景观、交通景观于一身的“全新城市中心”，与省会东南区整体发展和谐共生。

西美第五大道20余座近百米高的摩天建筑群重新诠释出整个城市的天际线。设计中创造性地将项目北区的7栋主体建筑整体抬高，建在高出槐安路路面4.7 m的巨大平台之上，不仅实现“立体式人车分离”，还将园林置于其中、建园造景，百米高的建筑围绕中央绿地与水系，相得益彰，成为独一无二的“空中园林”。而在项目南区则配以下沉式广场，通过大围合式主体建筑布局来成就环抱其中的大山水写意。

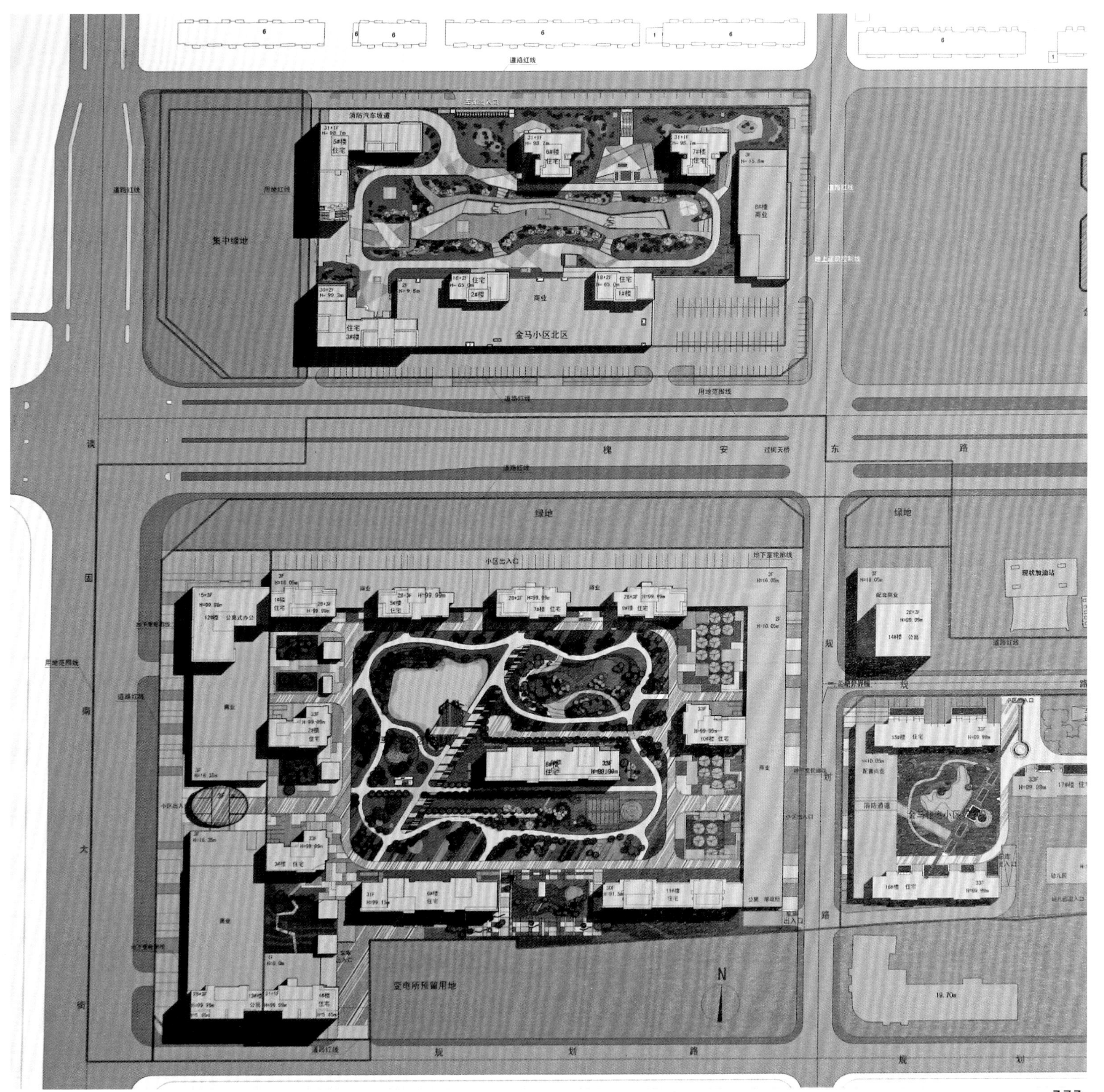

北京山水文园

项目地点：北京市
投资商：北京凯亚房地产开发有限公司
开发商：北京力维凯亚房地产开发有限公司
占地面积：89 000 m^2
总建筑面积：1 000 000 m^2

社区园林为立体设计，东西落差9 m，运用视觉落差创造出不同角度的景观感受。社区设计四栋板楼，其余为叠拼、双拼、独栋别墅，整个社区仅410户，建筑密度27%，容积率1.64。东部以面积近1万 m^2的湖体为中心，与西部楼体前水溪叠落相连，达到社区水系流动，具有活力的效果。其中设计了九大观景点并与环境融合。

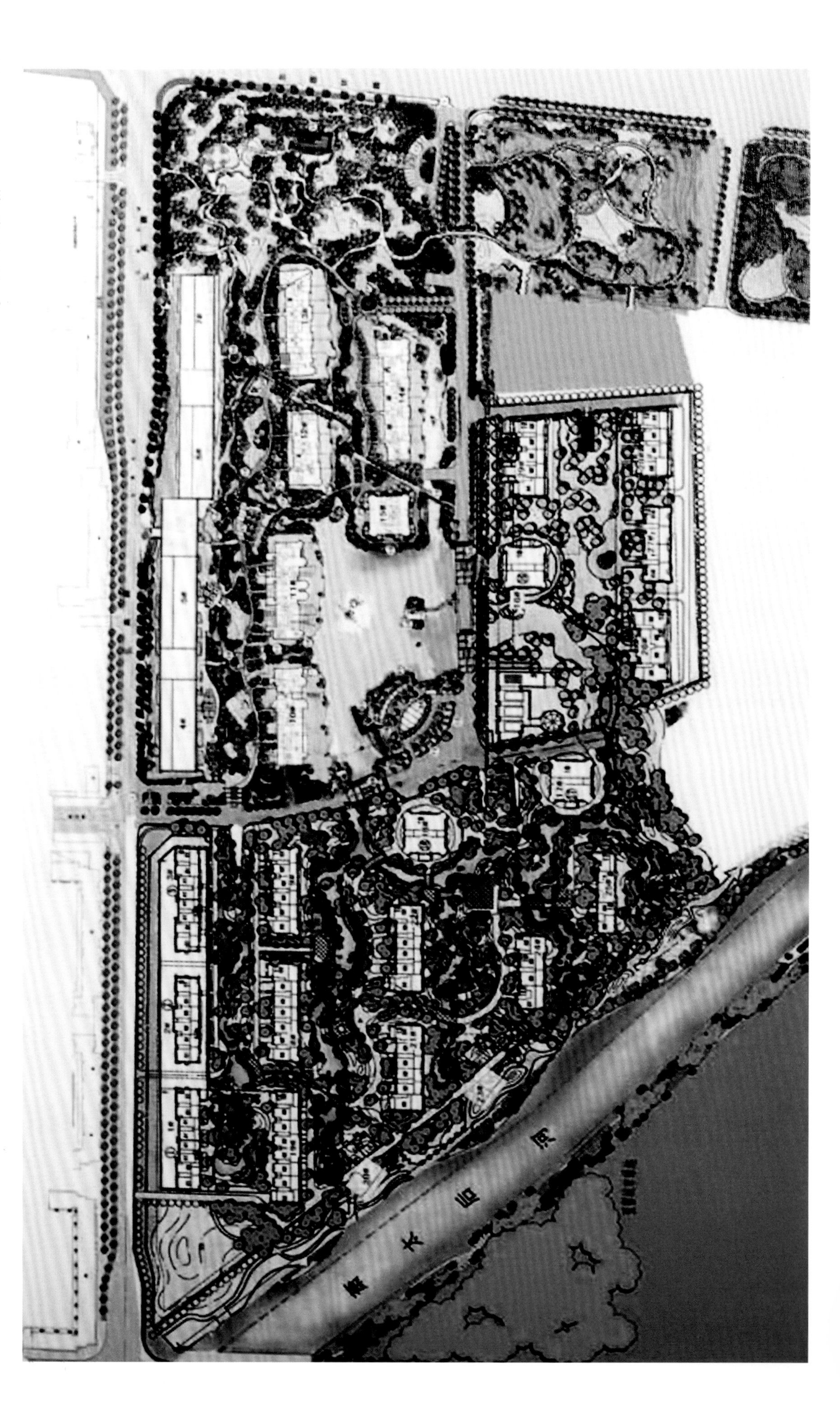

贵阳兴隆誉峰花园

项目地点：贵阳市
景观设计：IDU（埃迪优）世界设计联盟联合业务中心

兴隆誉峰花园位于贵阳市南明区蟠桃宫路28号，机场高速路旁，步行5~10分钟即可到达省医院，距市中心大十字仅5分钟车程，地处城市中心的繁华地带。项目紧邻东山山脉，背靠仙人洞，周边有交警支队宿舍、教师新村、蟠桃园社区等，居住氛围浓郁，自然景观良好。出则便利，入则静谧，享受繁华的同时可以享受宁静、自然的生活环境。

项目景观以源自东南亚的造园手法，通过“一心、三园、一带”（一个社区级核心花园、三个组团级宅间庭院、一个连贯的过渡景观带），打造纯正的东南亚风情景观，以叠水、喷泉、石雕、砂岩壁画、文化小品、植物景观等营造出休闲的东南亚生活氛围。设计师们精心构思建筑体与园林的布局，降低建筑密度，让整个社区的视野更加开阔。

1 篮球场
2 羽毛球场
3 人防出入口
4 金塔尼水景
5 登巴桑瞭望台
6 地下车库入口
7 恩古拉兰水景
8 图兰奔活动场
9 蓝点儿童泳池
10 圣泉亭
11 乌布喷泉
12 罗维娜泳池
13 撒努尔按摩泳池
14 阿贡高台观景亭
15 乌鲁瓦图临水平台
16 帕克里桑休闲平台
17 北都古儿童游乐场
18 巴兰喷泉
19 南湾临水平台
20 海神观景桥
21 库塔梦幻湖
22 佳美兰喷水景墙
23 小区人行入口
24 德格拉姆平台
25 记忆之门
26 记忆阶梯
27 巴杜尔景观道
28 发呆亭
29 罗威那休闲活动场
30 孔雀泉
31 婆罗浮图景墙
32 幼儿园
33 消防车出入口
34 塔拿罗特步道
35 苏鲁商业街
36 马斯木平台
37 海龟景观廊亭
38 泗水平台
39 蓝菠入口廊桥

总平图

福州亿力江滨

项目地点：福建省福州市
建筑设计：德国sic建筑设计责任有限公司
主设计师：武凯
占地面积：37 696 m²
总建筑面积：94 252 m²

亿力江滨地处台江区商业圈，北为排尾路、南靠江滨路、置身于北江滨成熟豪宅区，与世茂外滩花园等高档住宅小区相邻。项目所属区域是市中心成熟的高尚住宅区，交通便捷，配套丰富，商业、学校、医院、休闲、娱乐一应俱全。

项目占地面积37 696 m²，总建筑面积94 252 m²。A地块由三栋46层点式超高层组成，建筑高度139.9 m，建筑结构高度146 m。B地块由三栋点式高层、超高层组成，分别为42层、27层、25层。建筑采用新古典与现代风情交融的线条，典雅沉稳，高低错落有致，层次感极强。一线沿江超高层更以超百米的高度擎顶北江滨制高点，拥有广阔的视野。

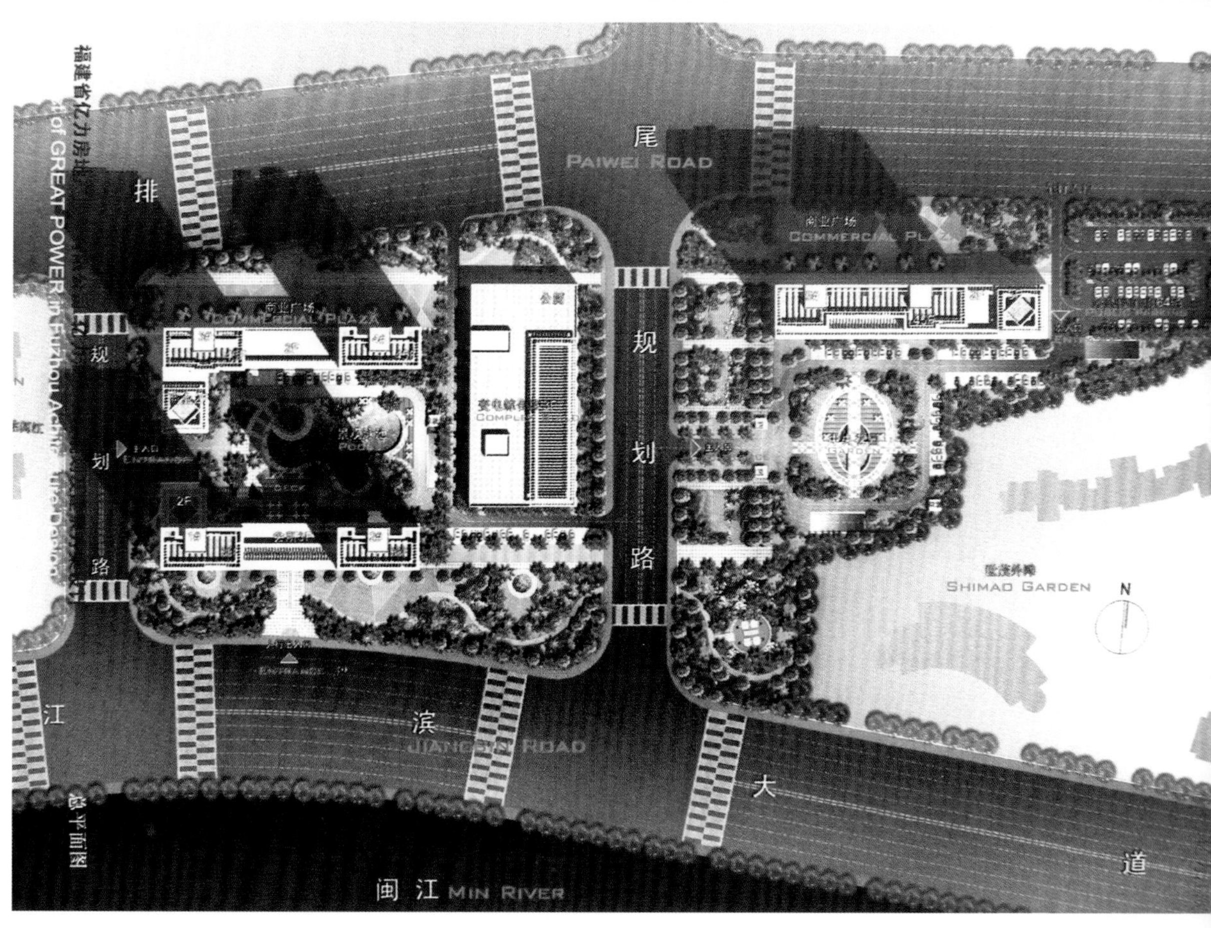

永康总部中心人才公寓（一期）

项目地点：浙江省永康市
建筑设计：深圳市清华苑建筑设计有限公司综合四室
主设计师：吴少华、龚霄、谭霖
占地面积：12 854 m²
总建筑面积：74 370.71 m²

永康总部中心坐落于浙江省永康市中国科技五金城东边，计划用5年时间建造25幢20层以上的楼群（包括总部大楼、人才公寓、五星级酒店、大型商场、服务裙房），吸引500家以上的企业和服务机构入驻。总部中心自身功能配套齐全，设施完备，围绕总部办公，有各类配套及服务机构。

总部中心规划人才公寓共六幢，是为解决总部中心入驻企业人才居住问题而实施的筑巢引凤项目。一期两幢人才公寓占地面积12 854 m²，总建筑面积74 370.71 m²，共900户。考虑到不同使用群体的需求，一期人才公寓设有建筑面积45~65 m²小户型单身公寓，也有110 m²左右适合家庭居住的两室两厅户型，其中小户型占76%。一期人才公寓设计地下停车位近500个，地上停车位50多个。其西面和东面设计了大面积的绿化景观，营造出安静、舒适的环境。

B-5地块总平面图

郑州隆福国际

项目地点：河南省郑州市
开发商：中国新兴置业公司
建筑设计：中科院建筑设计研究院有限公司
主设计师：刘峰、薛志鹏、刘雪梅、张珈博、曹慧灵、蓝毅、钟蔚、张雪峰
占地面积：40 000 m^2
总建筑面积：184 000 m^2
容积率：4
绿化率：34.8%

隆福国际项目位于郑州市二七区，距郑州火车站1.5 km，属郑州市中心区域。南临陇海中路、北靠幸福路、东依京广北路、西接铁英街，占地面积4万 m^2，总建筑面积超过18万 m^2，是一个集居住、休闲、商业于一体的高品质住宅项目。

隆福国际共由八栋板式高层住宅和临幸福路、陇海路的底层商业组成，分南、北两区进行开发，小区共计1 607套住宅，层高2.9~3.0 m，主力户型为79~89 m^2的两居室。项目户型的均好性强，空间布局合理，每一套户型均能保证很好的景观效果。

小区整体设计强调建筑的空间序列与空间收放。通过建筑体的错落布局，表现传统与秩序的居住思想。外墙的材料运用了石材以及进口高级涂料进行搭配组合，使项目显得更加高耸与挺拔。建筑立面丰富，封闭及半封闭阳台，落地窗、飘窗、边窗、角窗的综合运用，增大了居室的采光面，也丰富了立面展示效果。

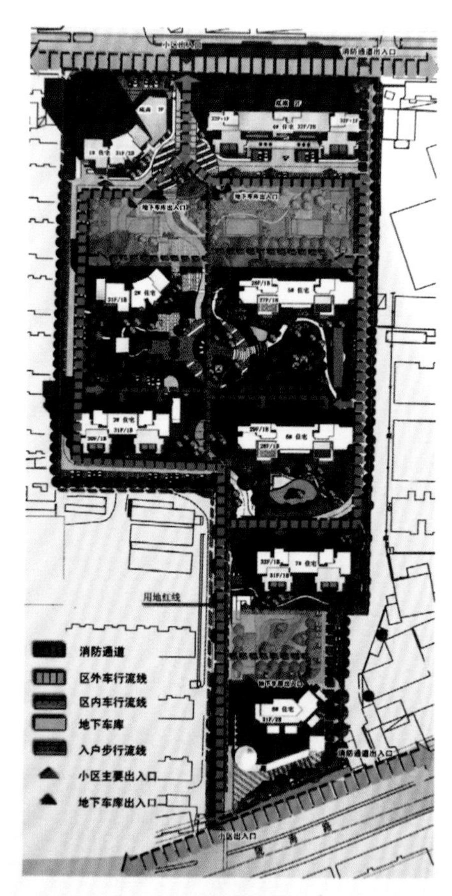

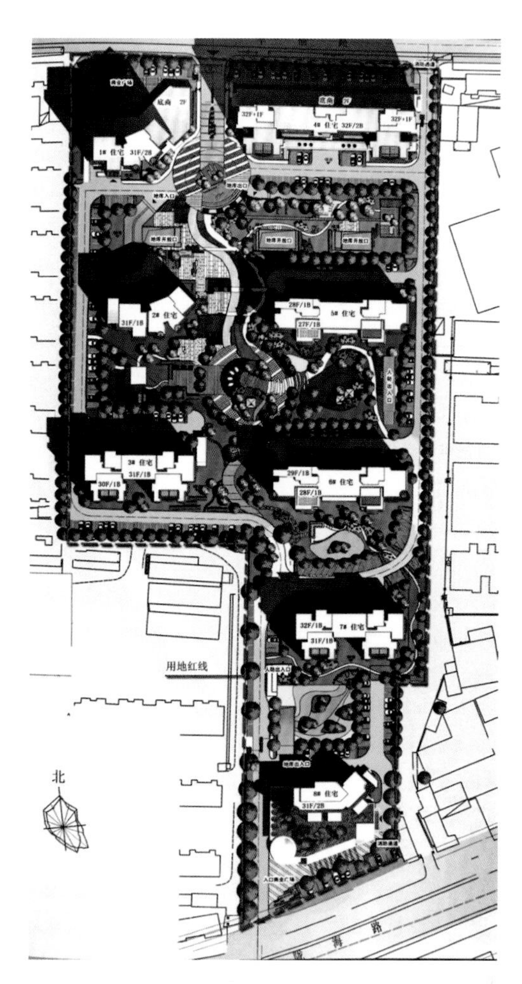

交通分析图

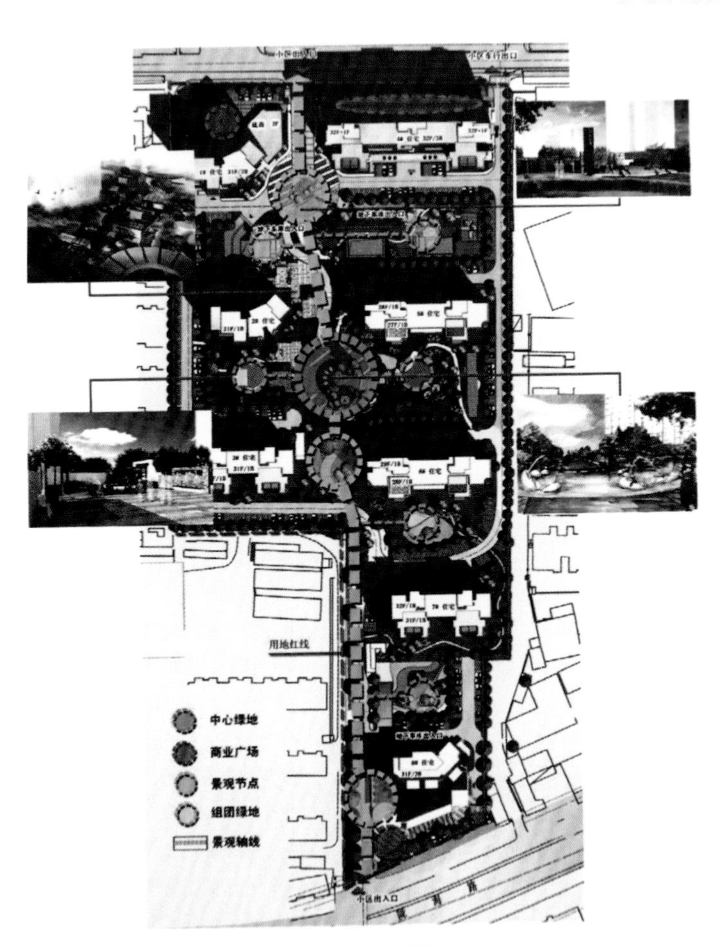

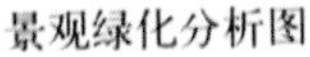
景观绿化分析图

郑州大观国际

项目地点：河南省郑州市
开发商：河南郑州金林置业
建筑设计：英国UA国际建筑设计有限公司
占地面积：153 400 m^2
总建筑面积：800 000 m^2

大观国际居住区坐落于郑州市主城金水区，城市核心主干道金水路南侧、未来路东侧。项目占据城市发展核心地段，致力于打造成郑州乃至中原地区地标性顶级国际化居住社区。项目是一个集国际高尚住宅、白金五星级酒店、天地购物广场三大部分为一体的Art Deco风格城市综合建筑群。

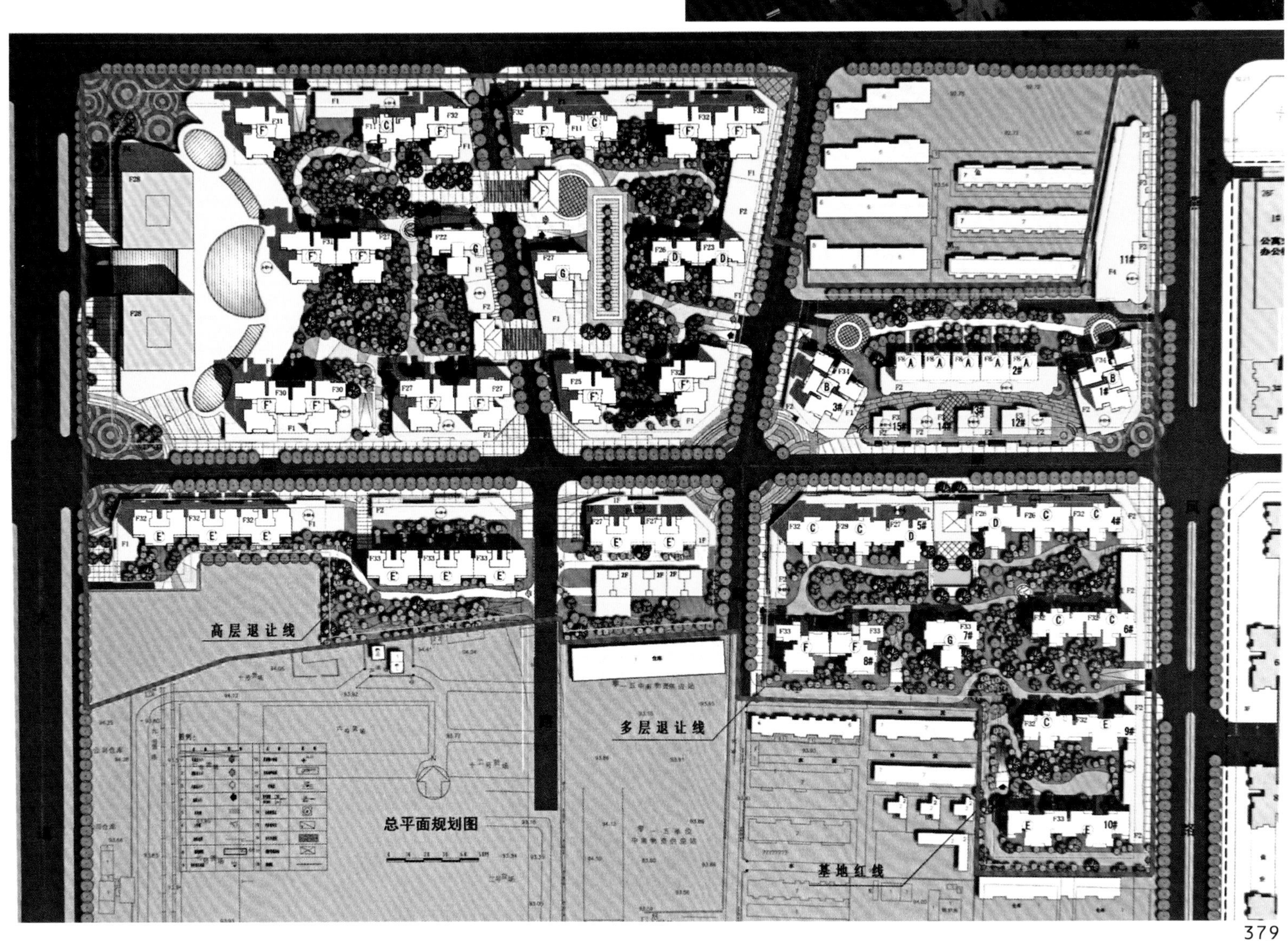

天津万科金色家园

项目地点：天津市南开区
开发商：天津万科新锐房地产有限公司
占地面积：58 000 m^2
总建筑面积：105 100 m^2
容积率：1.8
绿化率：40%

万科金色家园位于天津市南开区长江道与向阳道交口，距中环线（红旗路）仅1.3 km，距外环线3 km左右。地块南侧紧邻即将拓宽的南京路的西延长线——长江道，是横贯天津东西的主干道；北侧紧邻南开区待建的标志道路——黄河道；西侧紧邻冶金路；东侧紧邻向阳路。

金色家园的总占地面积为58 000 m^2，总建筑面积105 100 m^2，由南侧的商业区和北侧的住宅区组成，是南开区内少见的中低密度住宅区。整体规划采用“共生城市”的规划理念，以“和谐共生”为基本原则，运用共生城市的设计手法，创造具有生机、活力的理想家园，缔造一个与城市长期和谐共生、共同发展的社区。

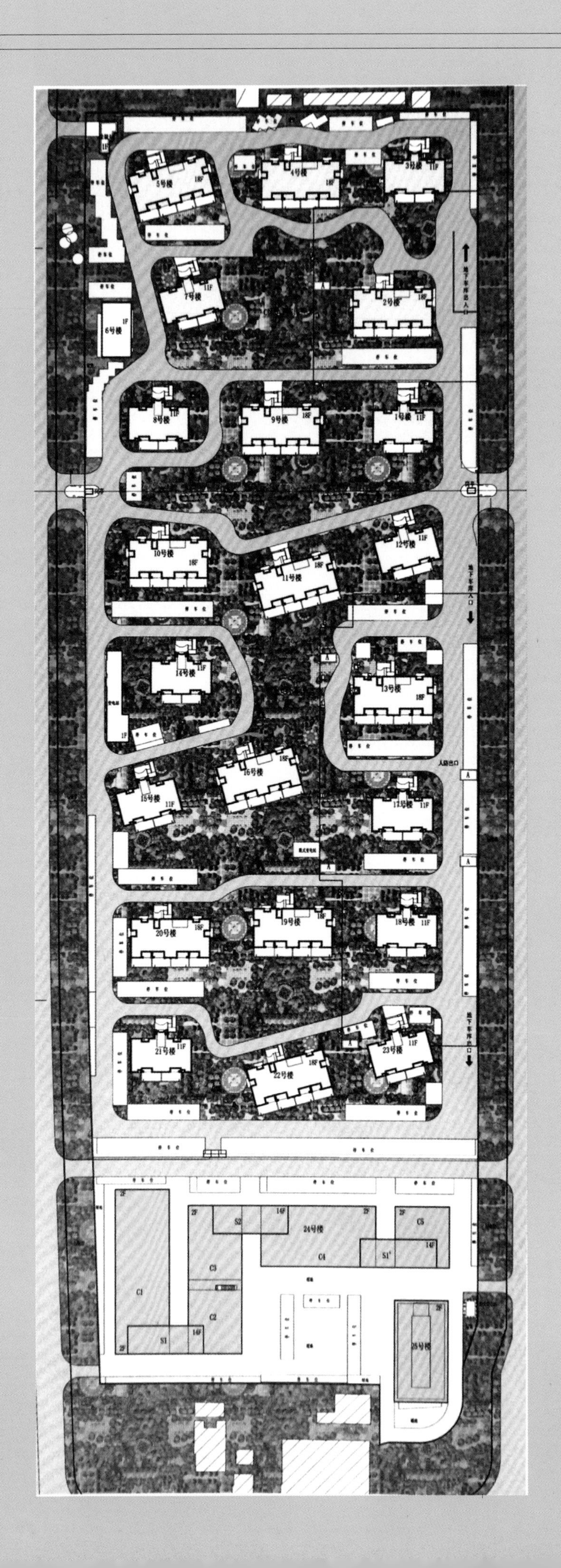

成都叠翠峰住宅小区

项目地点：四川省成都市
开发商：成都市中天盈房地产开发有限公司
建筑设计：成都基准方中建筑设计事务所
景观设计：四川蓝海环境设计工程有限公司
占地面积：13 857.17 m^2
总建筑面积：约6.3万 m^2
容积率：3.56
绿化率：25.85%

本项目为高档商品住宅小区，包含三栋高层住宅、一栋高层服务式公寓及附属商业设施。项目位于成都市南部新区，东侧、西侧和北侧毗邻市政绿化带和街头绿地，南侧为城市道路。规划总体布局充分考虑了与相邻城市道路和铁路的关系，尽量避免噪声对小区内部的干扰，力求向东面城市绿地开放，有利于绿化景观的渗透和视线的通透，最终形成了建筑沿西、北、南边界布置，围合出一种集中绿化庭院的布局。这样的布局兼顾了与周边环境的协调，也创造出小区的向心性和汇聚感。

三栋高层住宅和高层公寓按离南面道路的距离从低到高的顺序依次从南向北布置，强化建筑之间的高度变化，形成丰富的天际线和不同距离的进深感，同时从南面城市道路方向营造高低错落的视觉感受，提升城市形象。三栋高层住宅主楼均采用底部架空的手法，强调了视线的通透。三个住宅单元与集中商业和高层公寓之间自然形成的一个半围合的院落，既加强了单元之间的联系与交流，又提供了很好的休息空间，体现了庭院的安静、雅致。不同空间形式的绿化设计大大提高了空间的多样性和体验性，活跃了空间氛围。

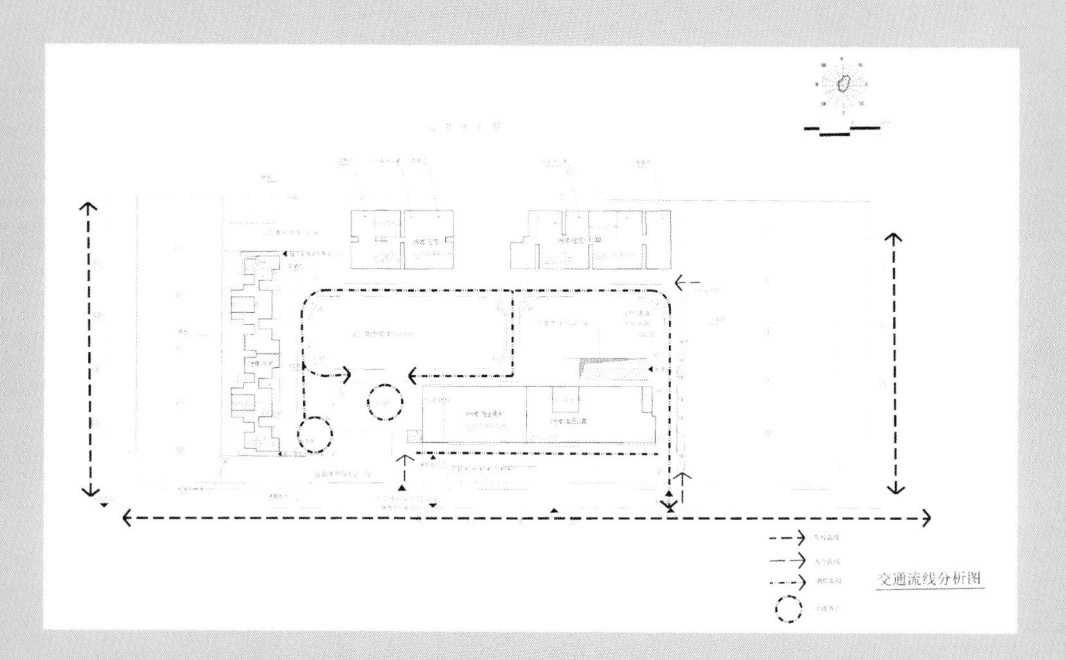
交通流线分析图

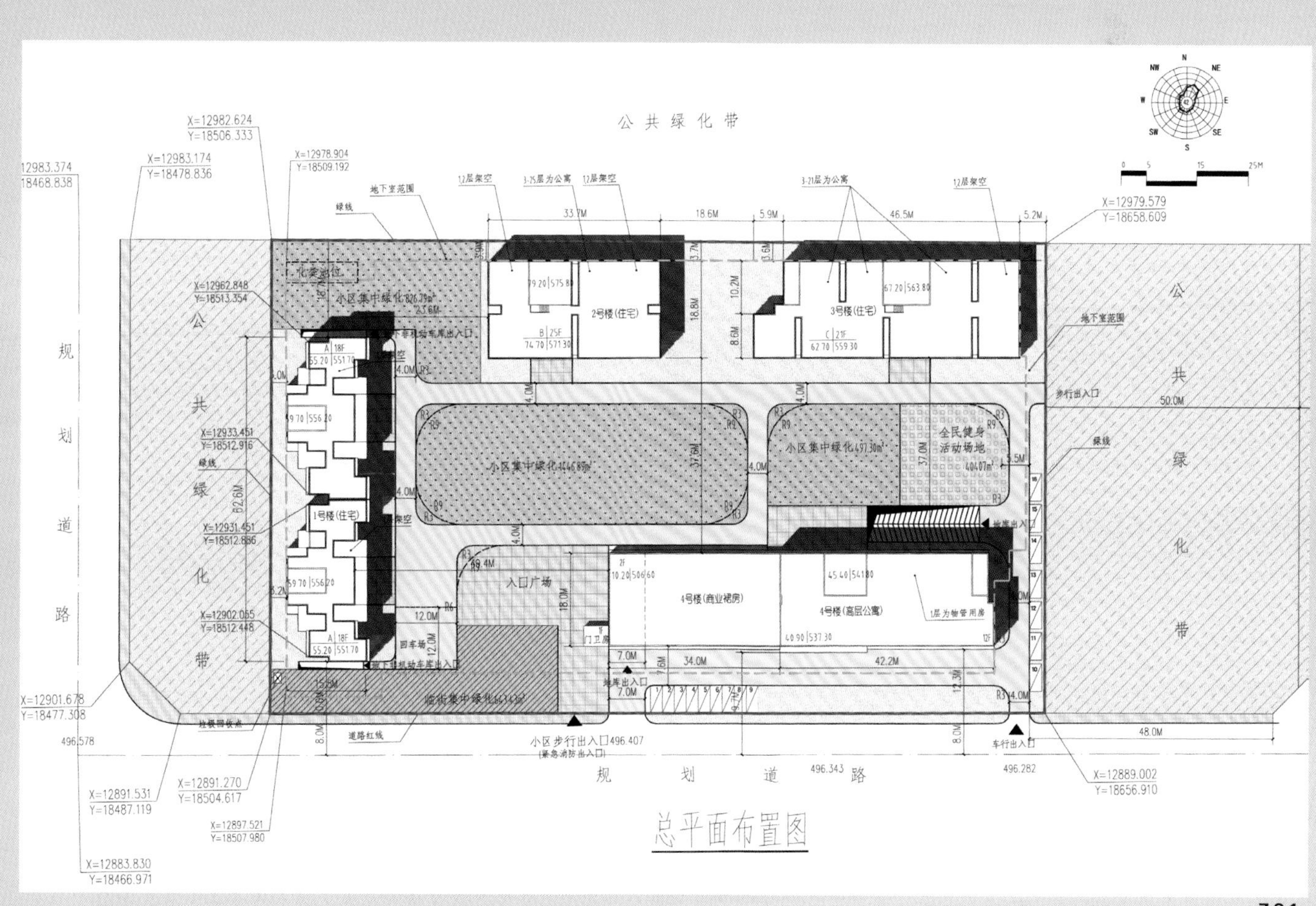

总平面布置图

南京大华

项目地点：江苏省南京市柳州南路
开发商：南京大华投资发展有限公司
景观设计：IDU（埃迪优）世界设计联盟联合业务中心
占地面积：64 274 m^2

项目包括商业广场和高层住宅区的景观设计。商业广场以康定斯基的绘画艺术作为贯穿始终的设计线索。广场的设计简洁、大气，点、线、面结合，并紧密结合康定斯基的绘画元素来构图。设计中以商业空间的流线为主导，形成与都市完美衔接的社区入口广场。

高层住宅区以康定斯基名画的圆形构图作为设计的切入点，强调法式皇家园林（勒诺特尔）的尊贵气质，圆形作为饱满、和美、协调的元素，既能完美体现法式园林的风情特色，又能形成整体的空间布局，有效地弱化了社区窄小的感觉。

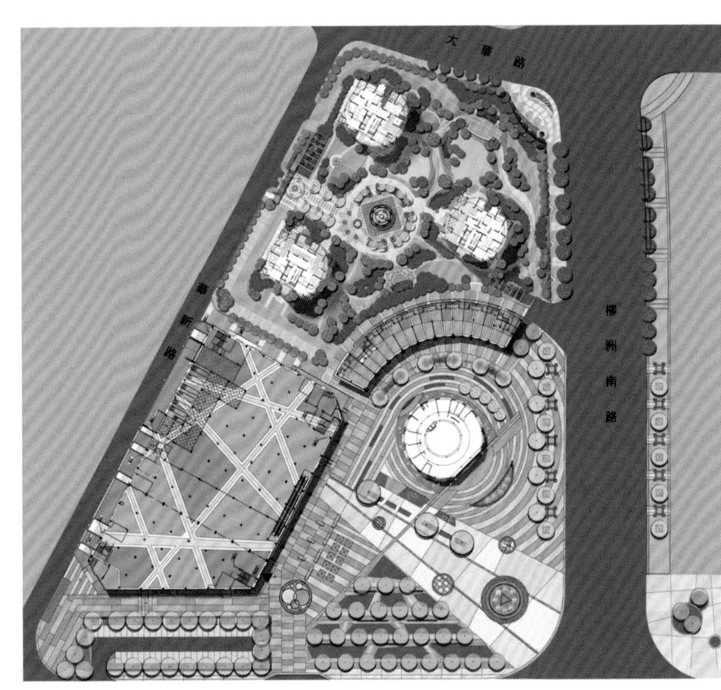

康定斯基的繪畫藝術作爲社區貫穿始終的文化藝術線索；

法式皇家園林符號，作爲社區園林風情的標識性人文景觀線索；
以此豐富社區的文化內涵和風情特色。

錦繡華城廣場（商業）：
施以簡約、大氣的點．線．面．佈局，法式元素作爲點綴；
強調商業空間及流線爲主導，形成與都市完美銜接的社區入口廣場；

錦繡．名門（住宅）：
康定斯基名畫的圓形構圖作爲切入點，強調的是法式皇家園林（勒諾特爾）的尊貴氣質，圓形作爲飽滿、和美、協調的元素，既能完美體現法式園林的風情特色，又能形成整體的空間佈局，非常有效地弱化了社區小的劣勢。

柳州南路兩側納入整體設計，形成更完美，有衝擊力的社區入口形象，及社區

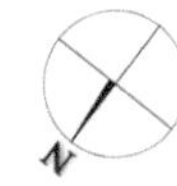

關鍵詞：

康定斯基：《數個圓圈》，圓形構圖的變化；
法式園林：雪鐵龍公園，花神柱，大尺度開放空間；

外圍空間：密林，地形圍合，私密性；
組團入口景觀：氣派的門面，入口軸線序列；
組團中央節點：法式中央水景；層級花式疊臺；
宅間空間：開闊的緩坡草坪，大樹，花溪，綠化從中的休閒節點；
組團入口：室外會客區，延伸到戶外的休閑區，風雨無阻的老人兒童活動區域。

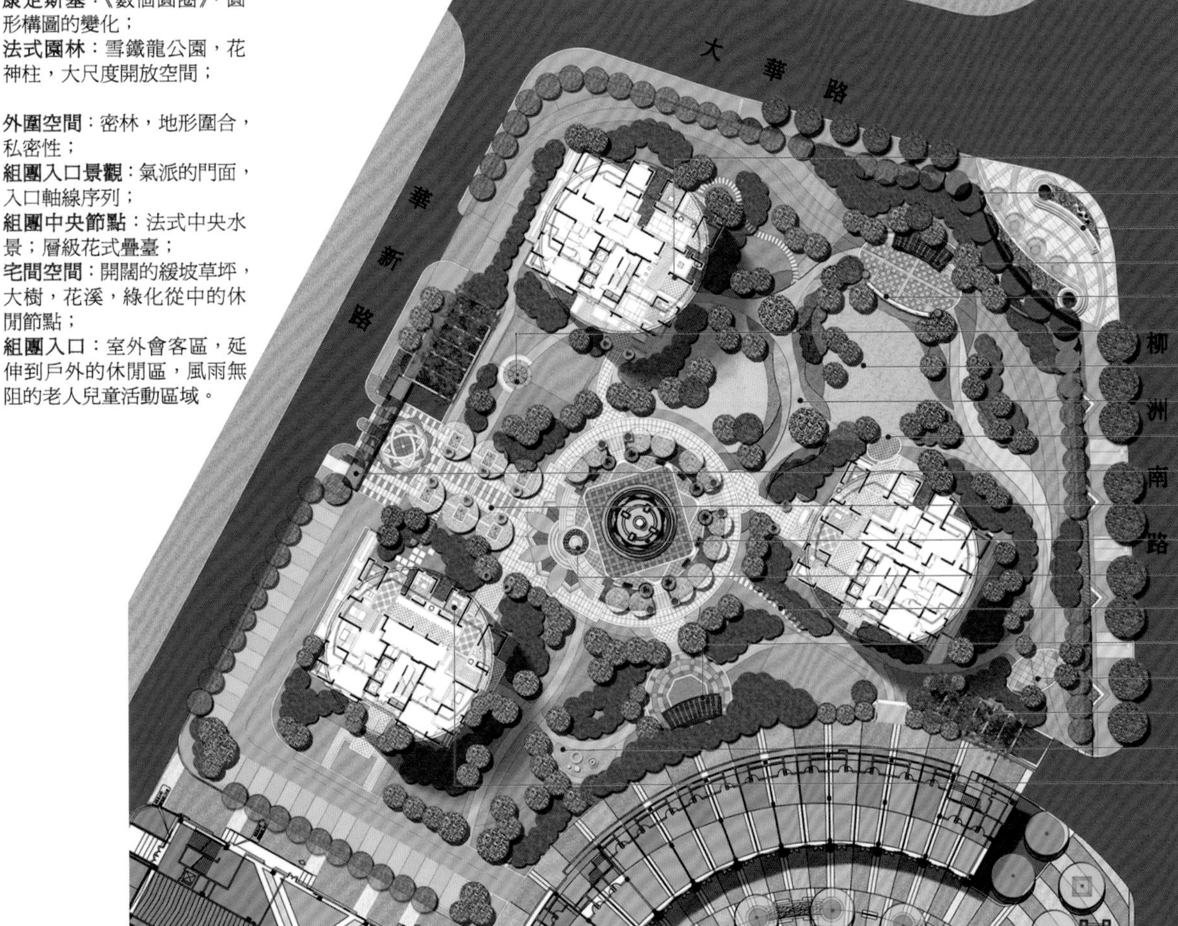

架空层室外会
街角公园背
街角公园特色
风雨休
特色风情
节点景观
疏林草坡及果岭
蜿蜒花溪中的休闲
架空层阳光
组团入口标志
组团入口景
组团中央欧式
景观轴对景
休闲
景观场地之花
林下棋牌
隐蔽地下车库出
集中儿童欢乐岛及运
架空层会

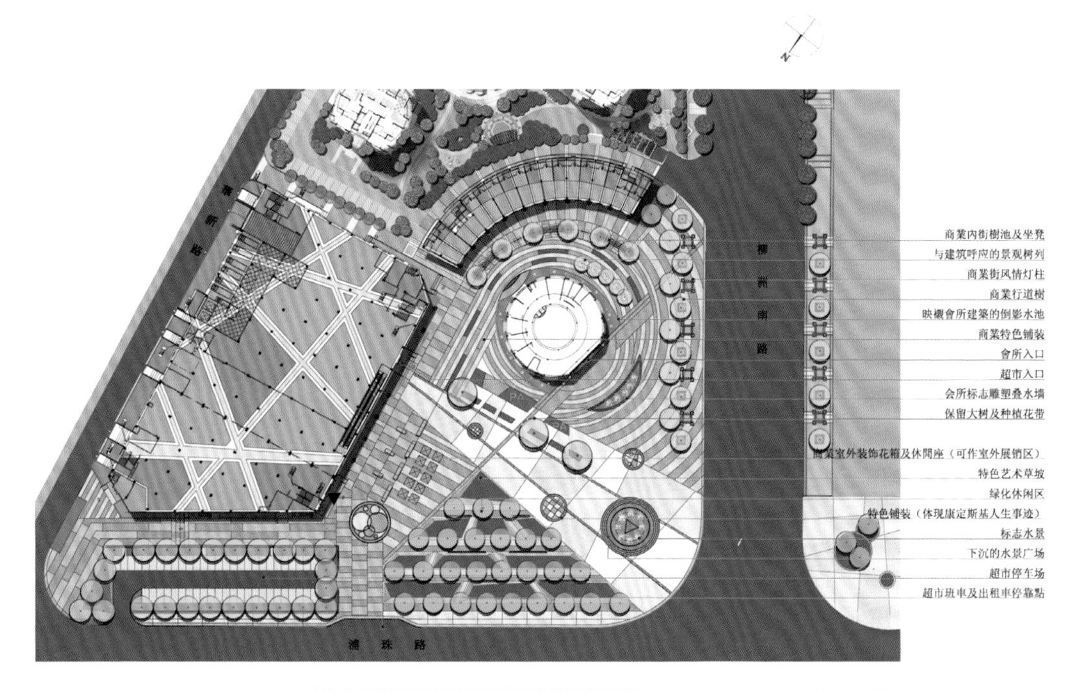
商業内街樹池及坐凳
与建筑呼应的景观树列
商業街风情灯柱
商業行道樹
映襯會所建築的倒影水池
商業特色铺装
會所入口
超市入口
会所标志雕塑叠水墙
保留大树及种植花带
商業室外装饰花箱及休閒座（可作室外展销区）
特色艺术草坡
绿化休闲区
特色铺装（体现康定斯基人生事迹）
标志水景
下沉的水景广场
超市停车场
超市班車及出租車停靠點

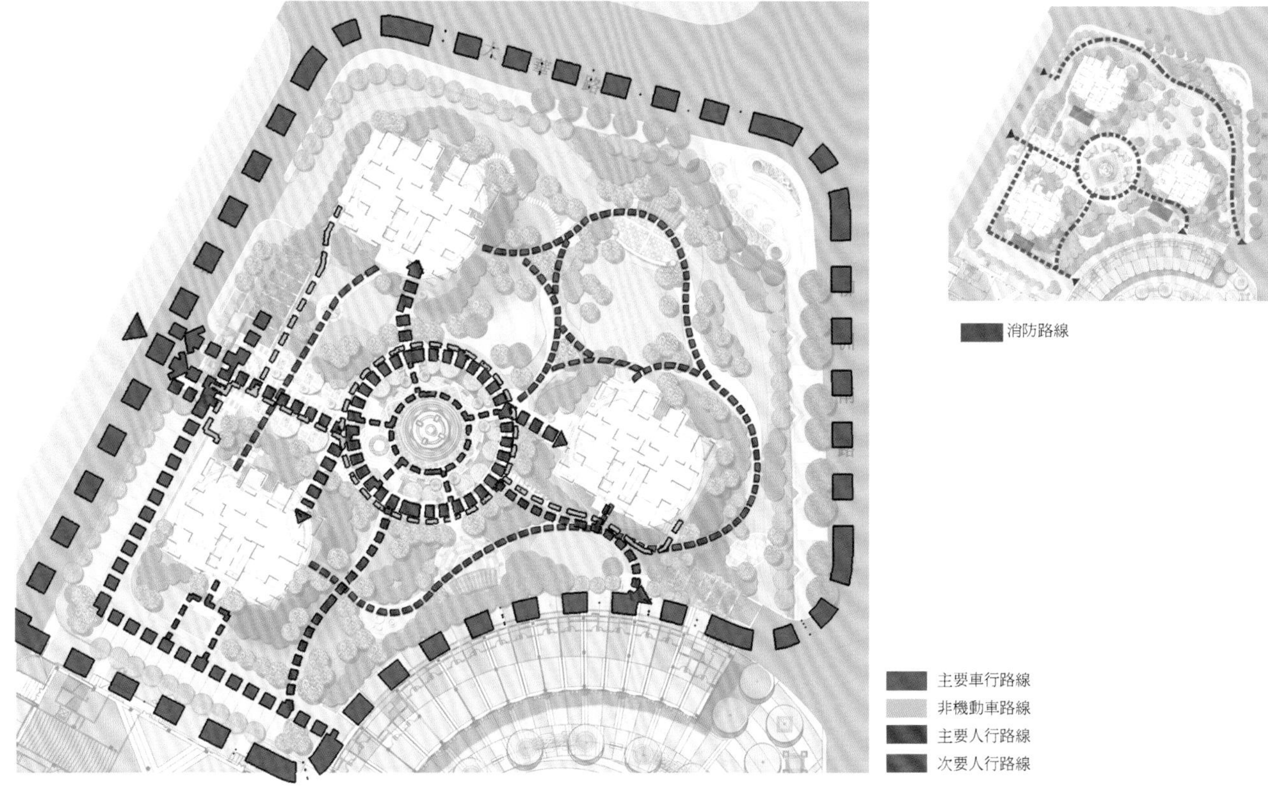
消防路線
主要車行路線
非機動車路線
主要人行路線
次要人行路線

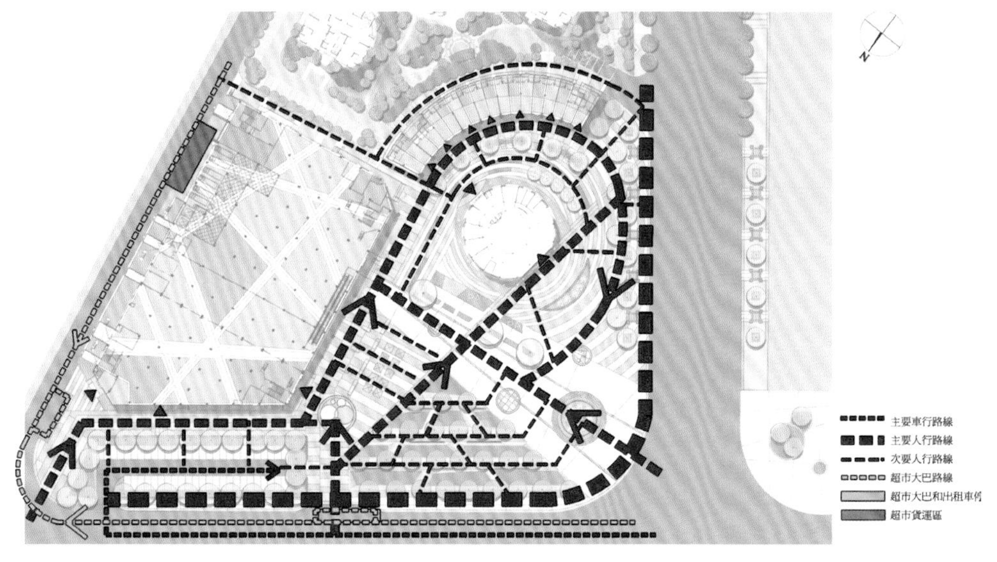
主要車行路線
主要人行路線
次要人行路線
超市大巴路線
超市大巴和出租車停
超市貨運區

武汉未来城

项目地点：湖北省武汉市洪山区街道口
开发商：湖北阜城房地产开发有限公司
景观设计：IDU（埃迪优）世界设计联盟联合业务中心
占地面积：18 000 m²

居住环境是人聚居生存活动的基本场所，城市的纽带由生活与休闲、购物娱乐、商业活动、人与人的活动等体系有机组合形成，商业与静谧的生活社区融为一体，我们在社区生活中感受到的是多样化的充满活力的混合人居环境。

商业广场入口面对城市主要人流方向是本项目的门户景观，通过极具创意和创新的LOGO标识来强调和吸引主导人流，具有强烈的识别感，烘托出繁华的商业景象，给人以强烈的视觉冲击，同时打造出新的商业地标。

酒吧中庭通过组织地面灯带提出"街道立体亮化"的商业计划，打造一种现代味十足的、以"城市客厅"为主题的空中花园中庭酒吧一条街。与景相结合，形成富有生活气息的广场，将来是社区举办活动和庆典的好场所。

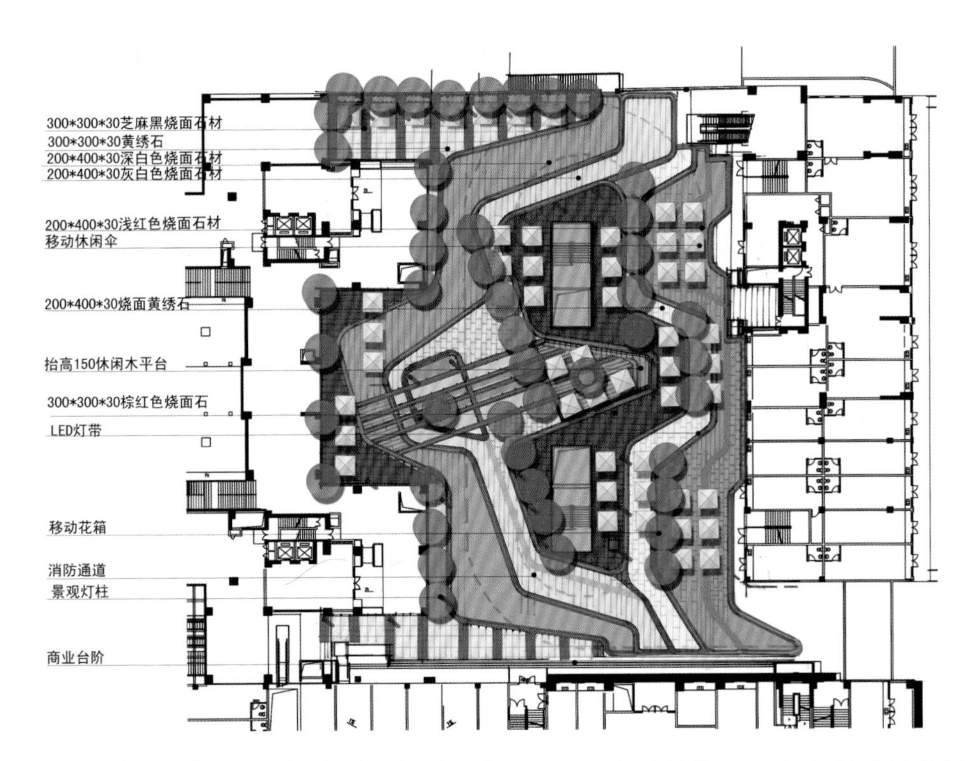

总平图

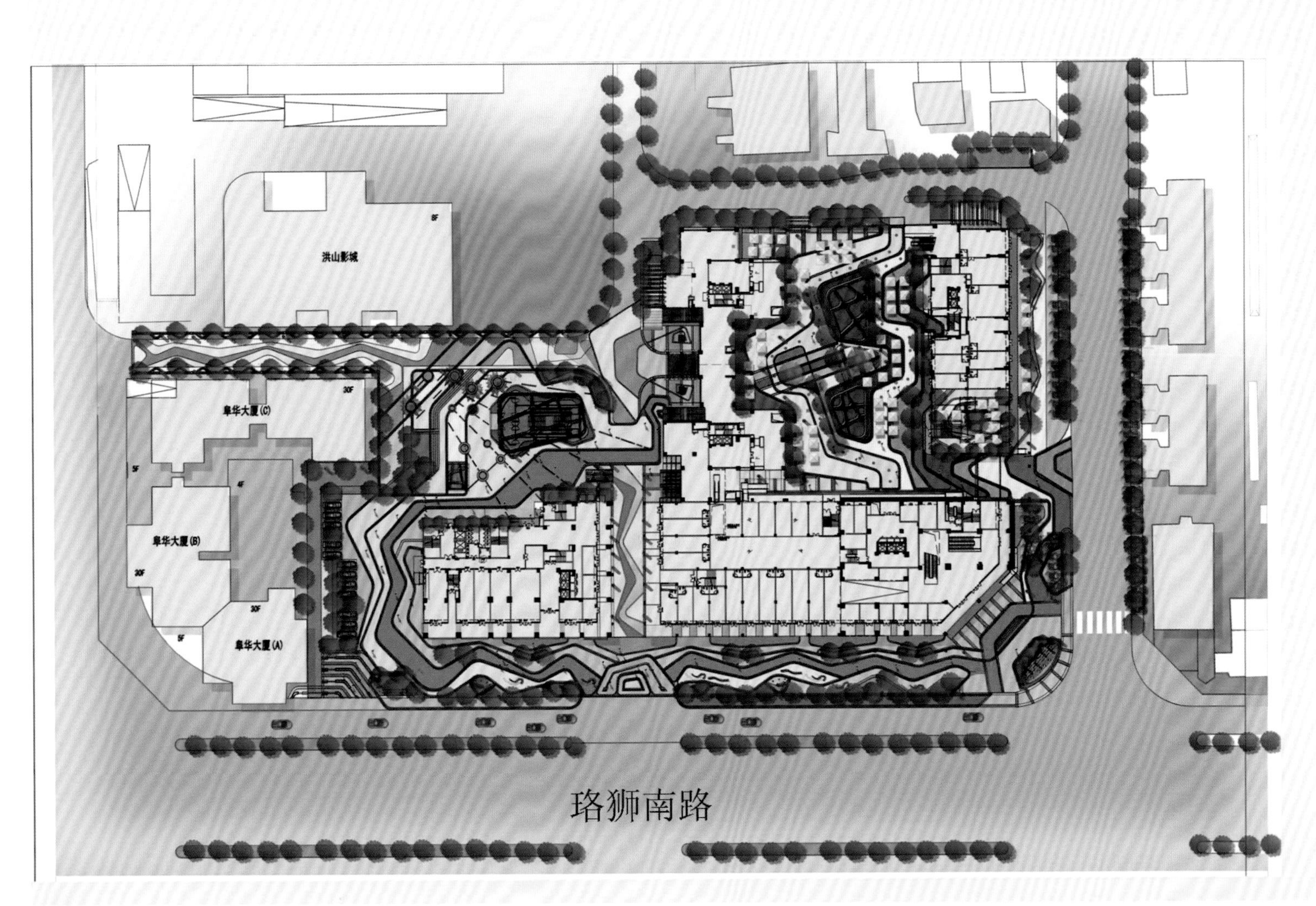

西安兰亭坊南区

项目地点：陕西省西安市高新区
景观设计：IDU（埃迪优）世界设计联盟联合业务中心
景观面积：30 000 m^2

兰亭坊处于西安市最具活力的高新区，共有南北两个区域，木塔寺遗址公园将其分隔开来。唐城墙遗址公园、永阳公园、新纪元公园等环抱周围，绿色自然的生活氛围格外浓厚。南区社区内的三大皇家节日主题公园芳草如茵，与坊式社区生态形成良性的互动，让健康与休闲成为社区生活品质的延伸，让文化与格调上升为社区的名片。

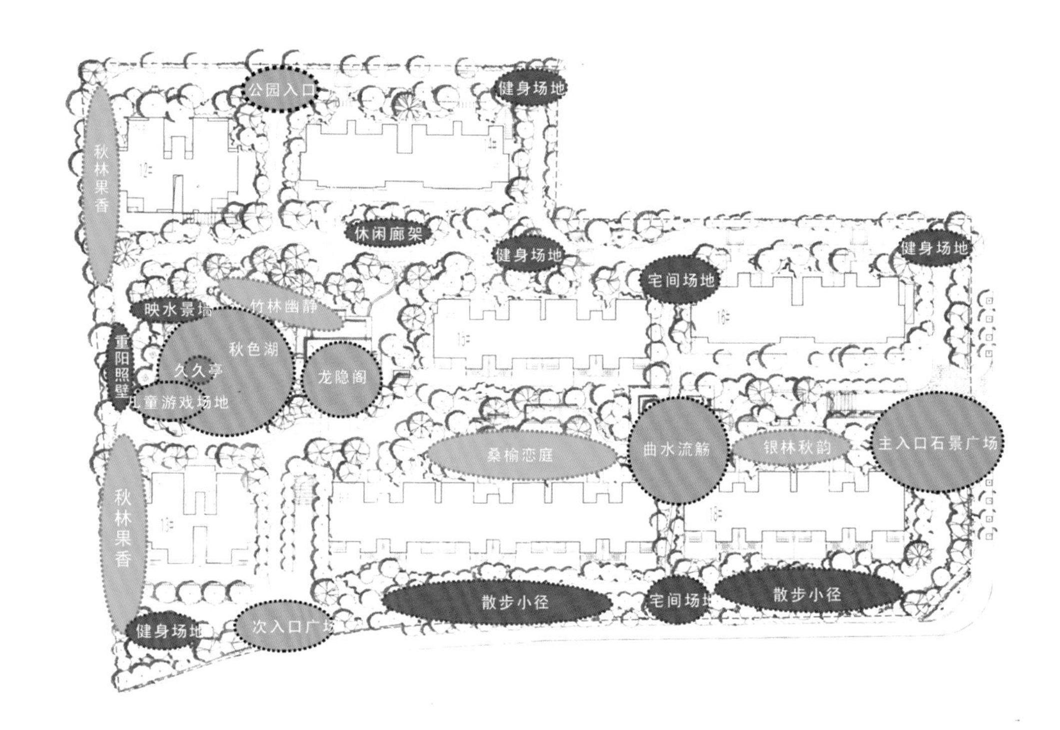

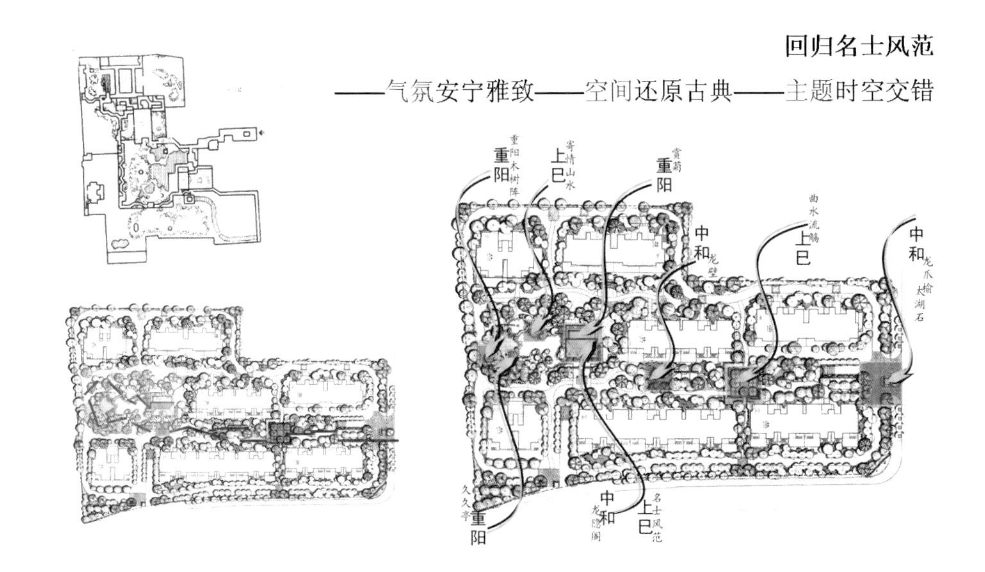

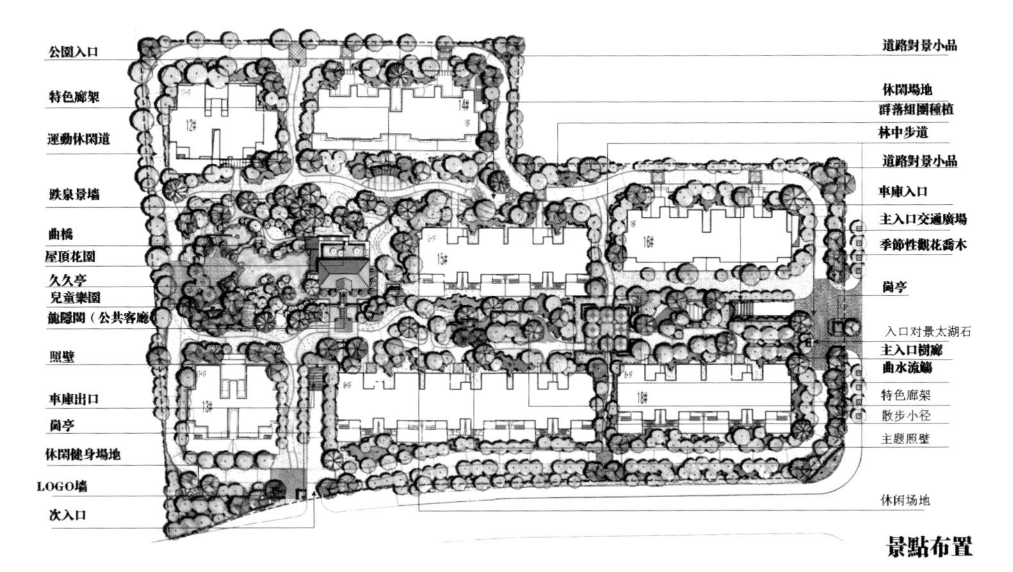

景點布置

佛山保利德胜河

项目地点：广东省佛山市顺德区
开发商：保利华南实业有限公司

保利德胜河项目位于容桂街道外环路以北，得天独厚的资源优势非常突出：位于“一河两岸”规划的核心地段，是容桂城市化东进枢纽；地块方正且坐拥德胜河最宽景观面，背山靠水，北看顺风岛，南拥小球基地。

该园林是独特的现代风情园林，它既融合了欧洲中世纪英伦园林的优雅，又注入了现代园林独特的简单元素，通过简洁的造型处理，创造极具现代感的环境空间。项目产品是全家庭式的宜居户型，户型由120~230 m²的三室和四室作为主打，为两梯三户或两梯两户设计，以点列式布局规划，全部实现户户望江，南北对流。

北京财富中心（二期）

项目地址：北京市朝阳区
开发商：北京香江兴利房地产开发有限公司
建筑设计：中元工程设计院
占地面积：30 548 m^2
总建筑面积：约300 000 m^2
容积率：6.3
绿化率：39.24%

项目位于北京市朝阳区东三环路23号，地处北京市商务中心区（CBD）的核心区，紧邻东三环路与商务中心东西街的西北黄金地带，是一期工程向北侧的自然延伸，地理位置十分优越。本项目是集酒店、高级公寓、购物、餐饮、旅游娱乐及办公等多种功能于一体的现代化综合设施。

为尽量利用二期地块的优势，将酒店设于整个财富中心发展项目的核心，为本项目标志性建筑。在独立入口与商场于裙楼二层设接驳入口。公寓设于东北角，以保证其私密性。商场主入口设于东西面，以弧形中庭连廊延伸横跨整个项目，方便客人从西面的大型居住项目新城国际进入。此外，也方便市民从繁忙的东三环路经绿化公园广场步行至商场东面入口。

武汉凤凰城

项目地点：湖北省武汉市
景观设计：北京创翌高峰园林工程咨询有限责任公司
占地面积：50 464.45 m^2
总建筑面积：150 000 m^2

项目总建筑面积约为15万 m^2，总占地面积为50 464.45 m^2。整体空间布局整齐大气，由十栋33层高层板楼围合而成，并尽可能的使住宅单体与规划道路平齐，扩大小区中心的绿地面积，以社区中心水体为核心景观，逐渐过渡到组团乃至居住空间，与景观空间相互渗透，形成独特的、具有东南亚园林风情的、高层低密度的舒适生活空间。

架空层的景观设计使绿色景观延伸到建筑的半室外空间，将室外的绿色空间归纳成为建筑的绿色前厅，形成流动而富有层次的交流交往活动场所，从而扩大整体环境的景观品质感受。

在架空层内结合渗透的绿色空间，布局尺度宜人的功能性休闲场所，如情趣盎然的儿童游戏场，环境幽雅、视线通透的安静休闲区，花木掩映之下的小型健身场所等，精心配置的葱郁绿色植物形成珍贵的绿色帷幔。同时在架空层更设有精致的水景池及错落的木质休闲平台，艺术雕塑及花钵饰品的点缀更烘托出浪漫典雅的艺术气息。从而在建筑下部形成方便使用并幽雅宜人的多层次可进入式景观空间。

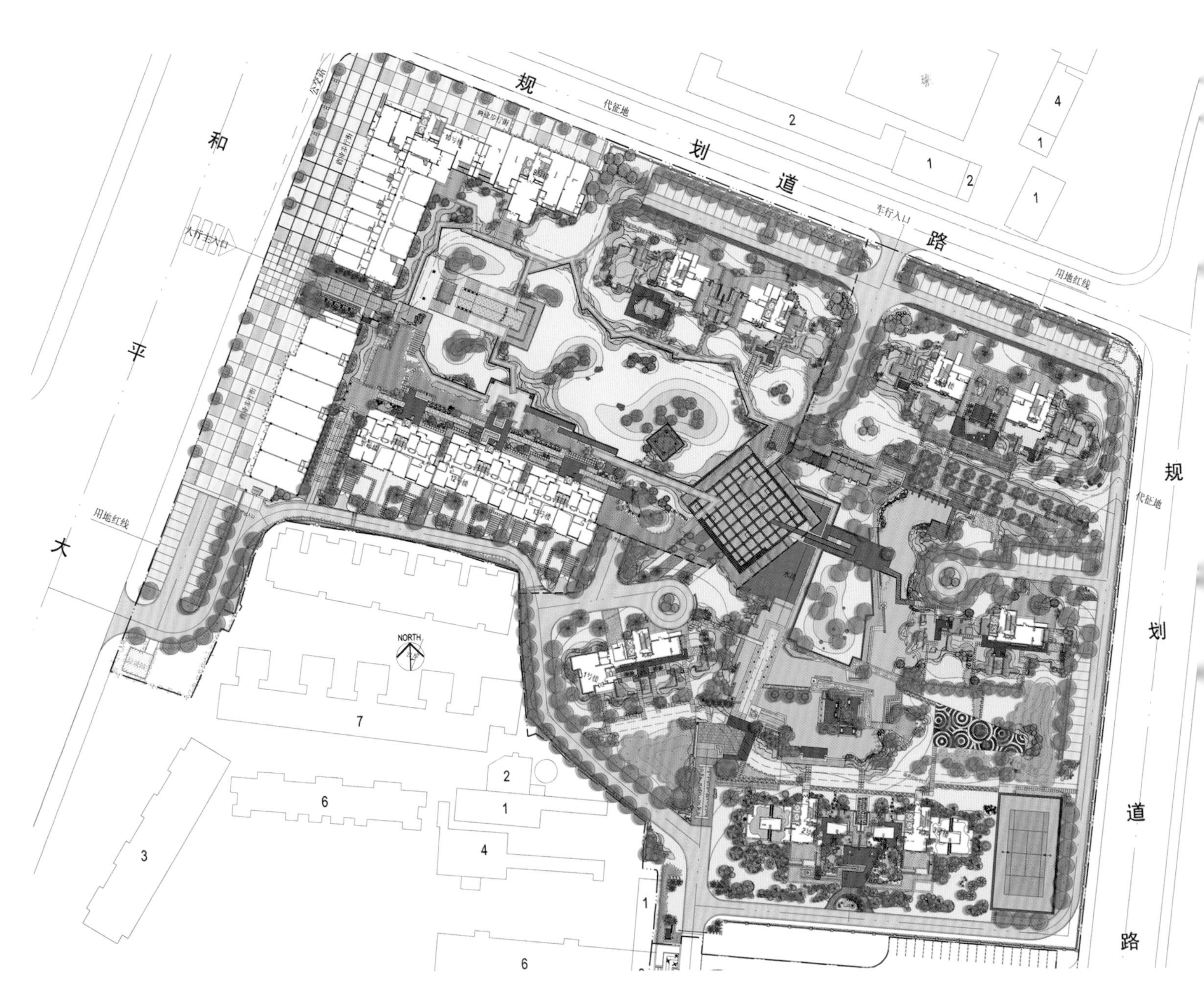

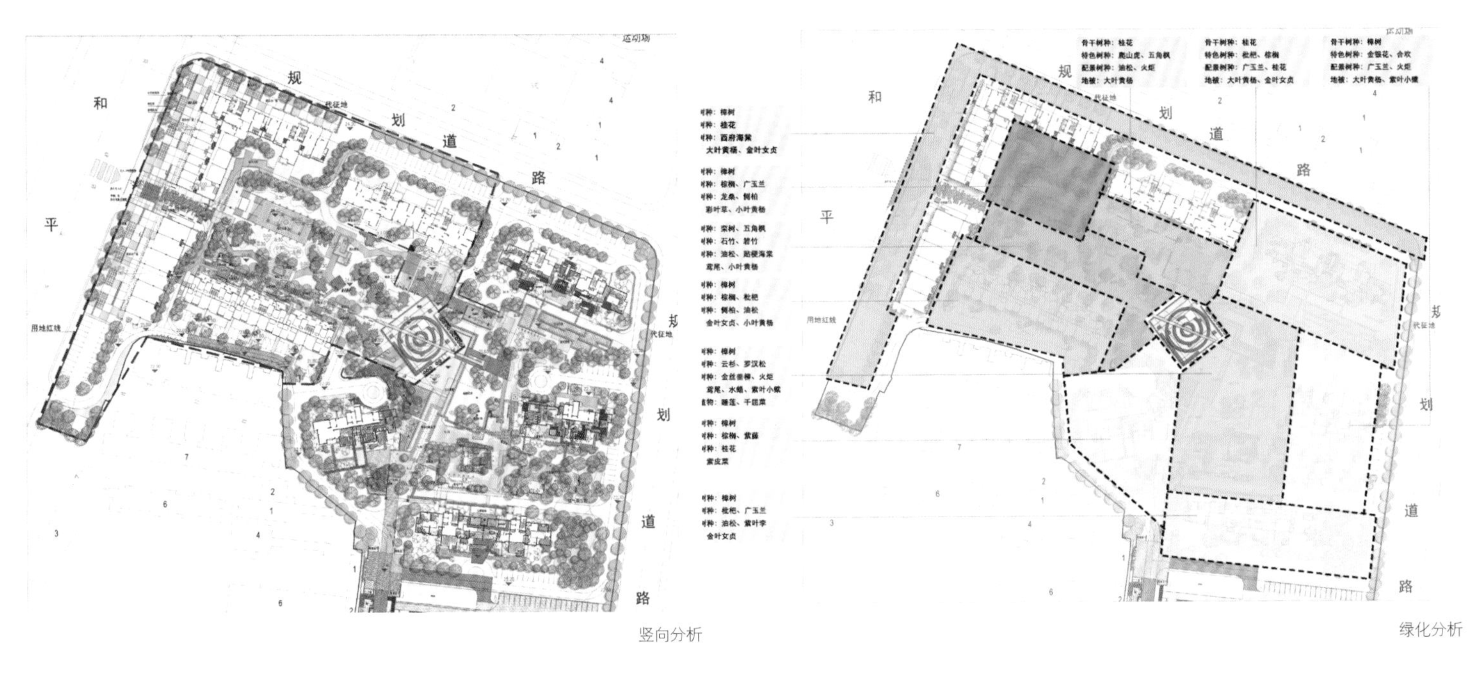

竖向分析

绿化分析

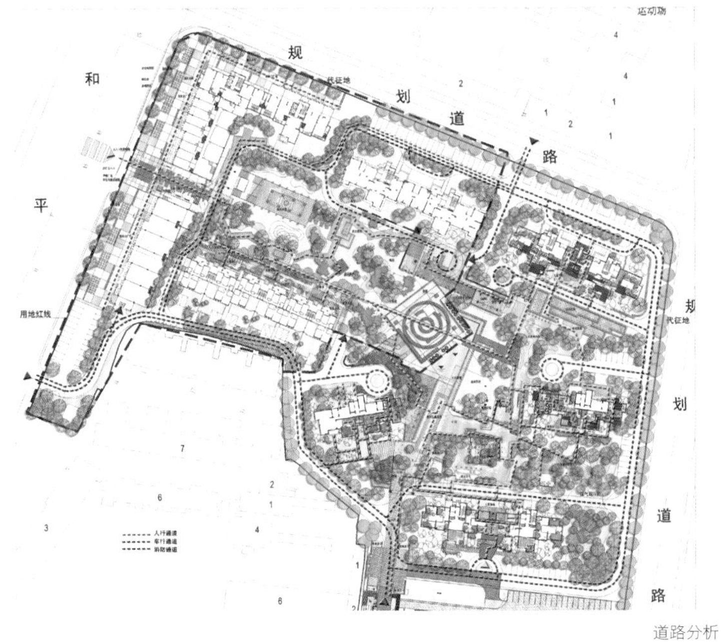

道路分析

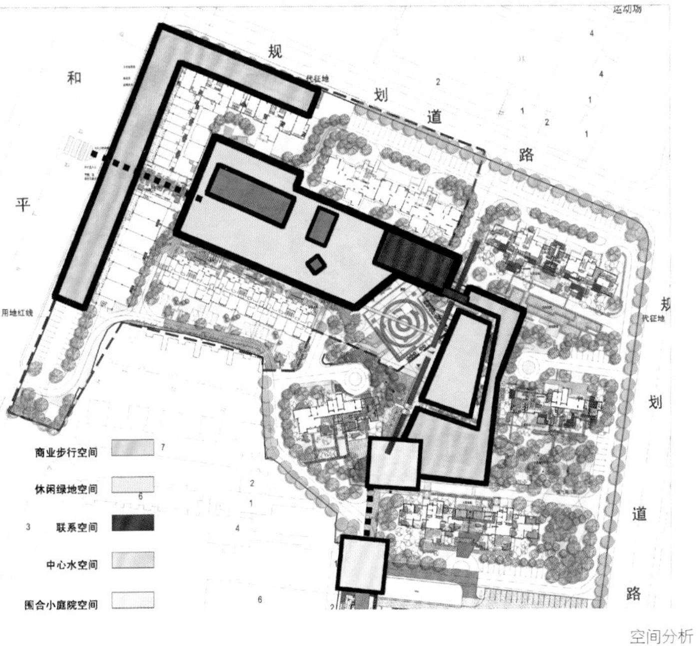

空间分析

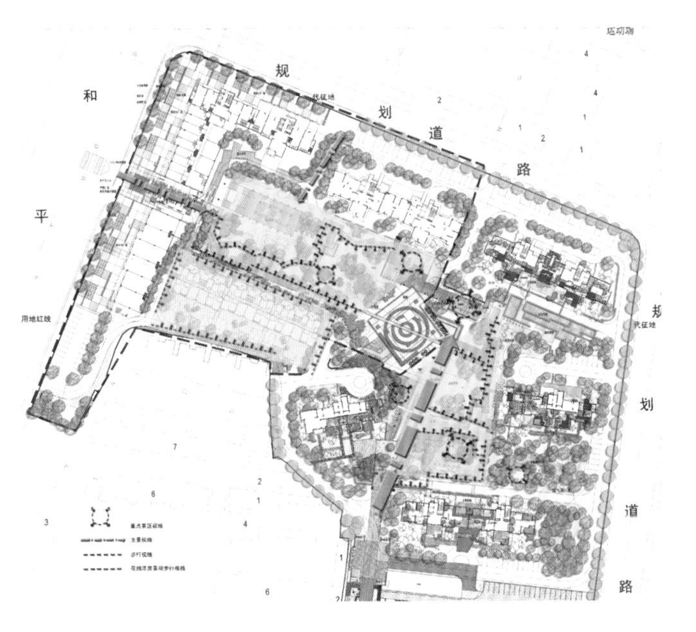

视线分析

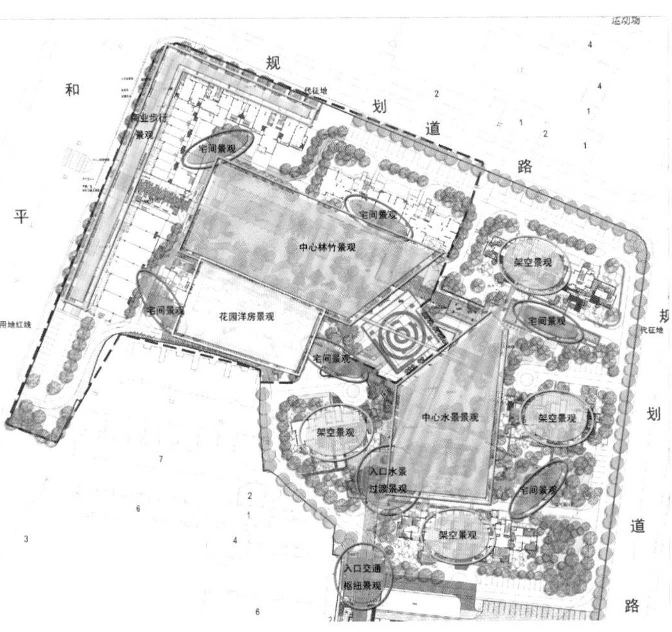

功能分析

揭阳建筑小区

项目地点：广东省揭阳市
建筑设计：瀚华建筑设计有限公司

项目位于揭阳市内，规划建成高层住宅。由于地块中央有一个自然的生态湖，项目设计充分利用这个资源，沿湖畔布置一部分建筑，使住户得到最好的景观视野。另外，在地块的四周分别布置高层建筑，同时布置大量的绿化，使每户具有景观均好性。社区会所布置在主入口处，方便人流畅通。

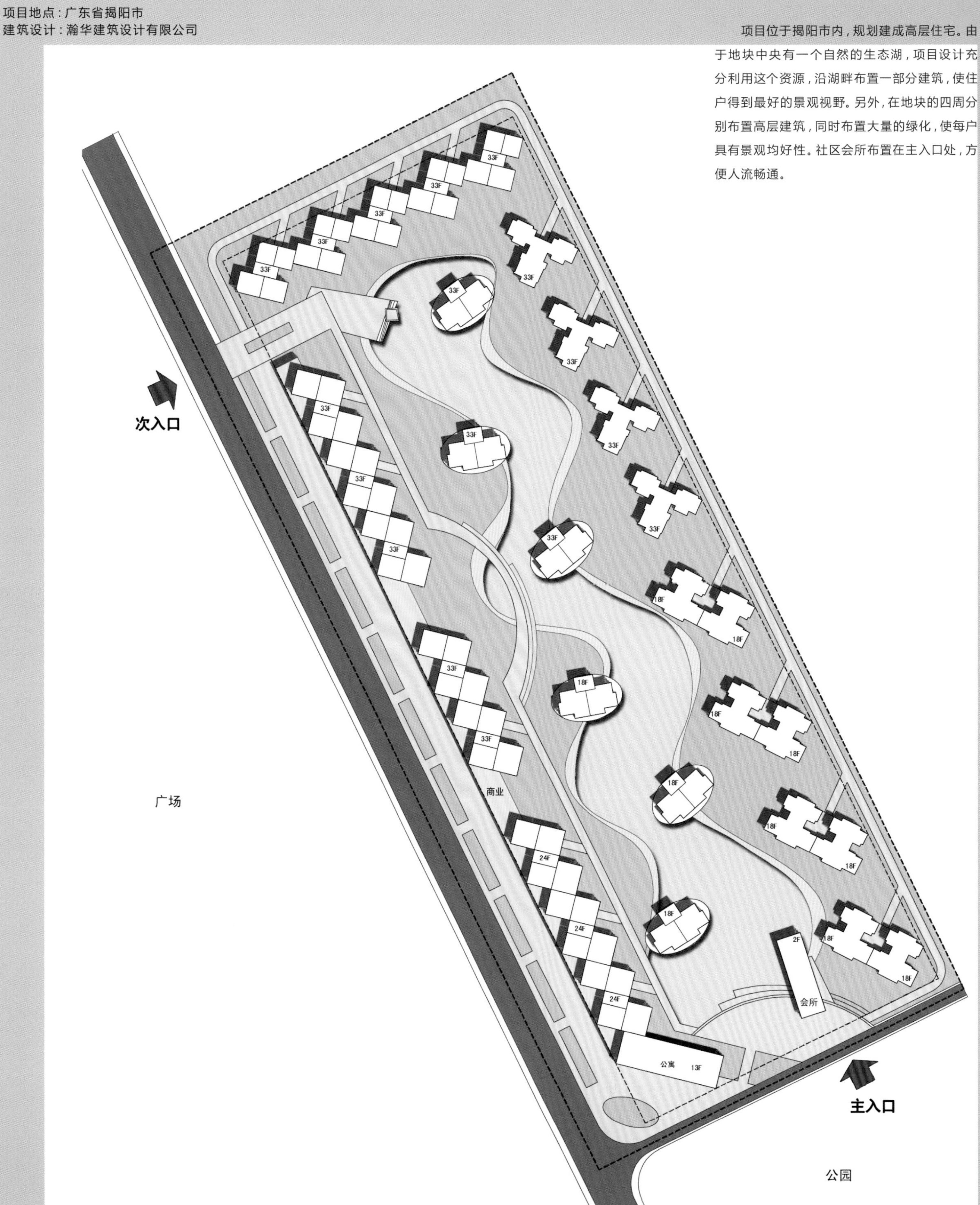

深圳安托山

项目地点：广东省深圳市
建筑设计：瀚华建筑设计有限公司

项目规划设计成高层建筑，共包括七栋建筑。其中，东面地块布置三栋，西面地块布置四栋。建筑为矩形和正方形的组合体，均为棱角方正的建筑。建筑尽量布置在地块的四周，并围合出一定的绿化面积及社区活动空间。

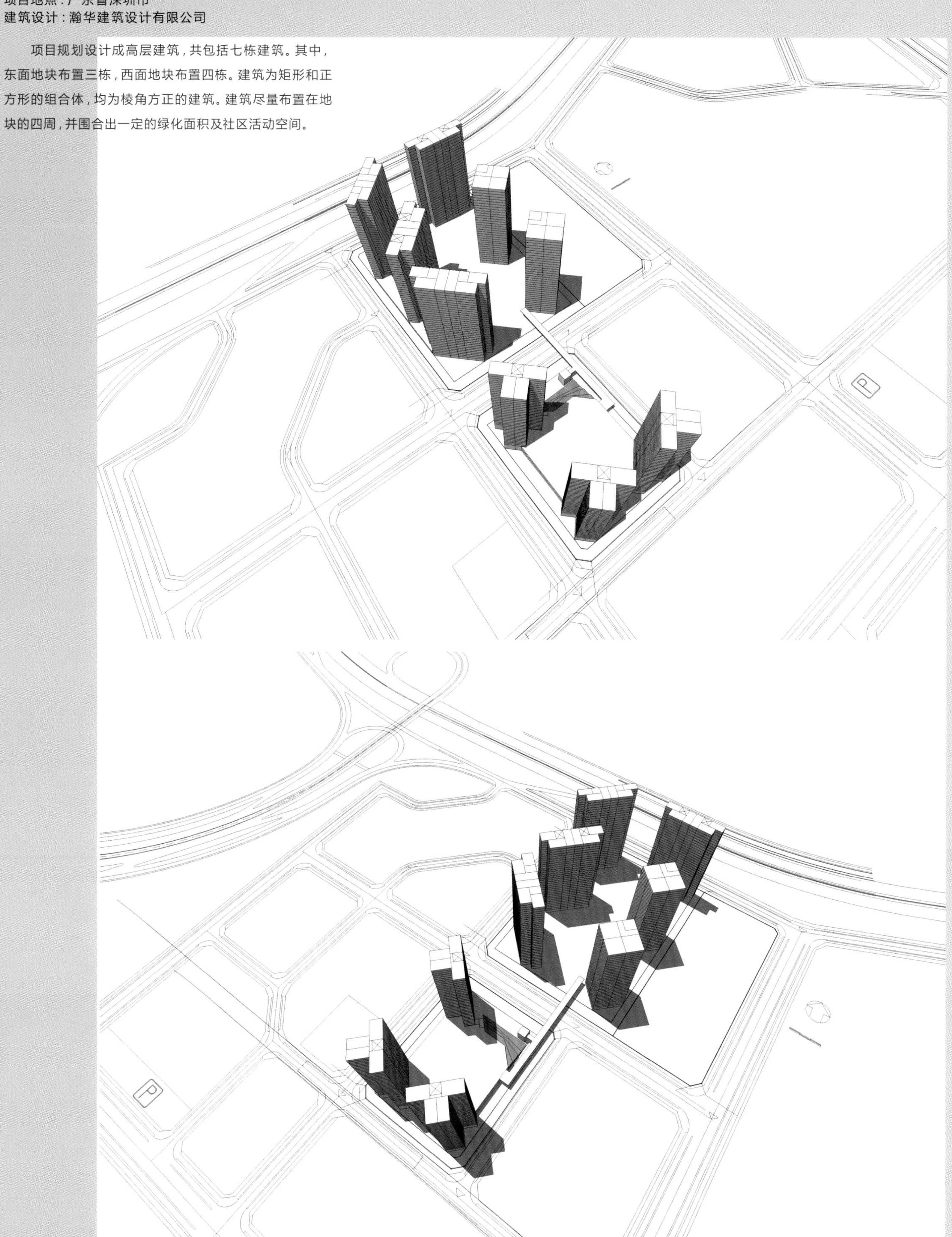

杭州信雅达大厦

项目地点：浙江省杭州市滨江区
开发商：杭州市信雅达置业有限责任公司
建筑设计：华森建筑与工程设计顾问有限公司
占地面积：19 975 m²
总建筑面积：169 314.33 m²

信雅达大厦位于杭州市滨江区的CBD核心地带，西临钱塘江四桥近1 000 m。项目设计由两栋不同体量超高层办公塔楼及三层配套裙房组成，错动的塔楼形成面向钱塘江的入口广场，并为建筑带来最大的观江面，主楼和附楼均采用使用率最高的核心筒式布局，规整的柱网布置适应办公空间的多样性、灵活性的特点。地下二层汽车停车库预留设置双层立体车库的可能。

立面设计追求简洁、现代、大方的设计风格，采用竖向线条突出建筑的挺拔感，夜间配合灯光效果，形成建筑显著标志性。采用反射中空镀膜玻璃与遮阳百叶相结合的方式，可以达到降低室内空调能耗的效果。

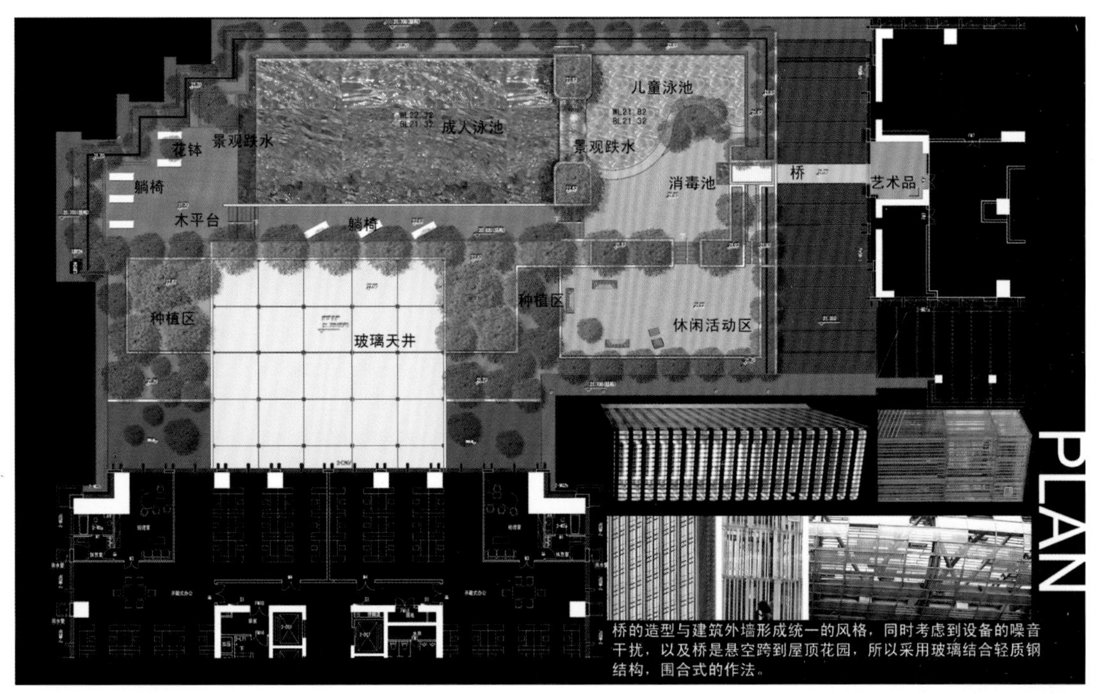

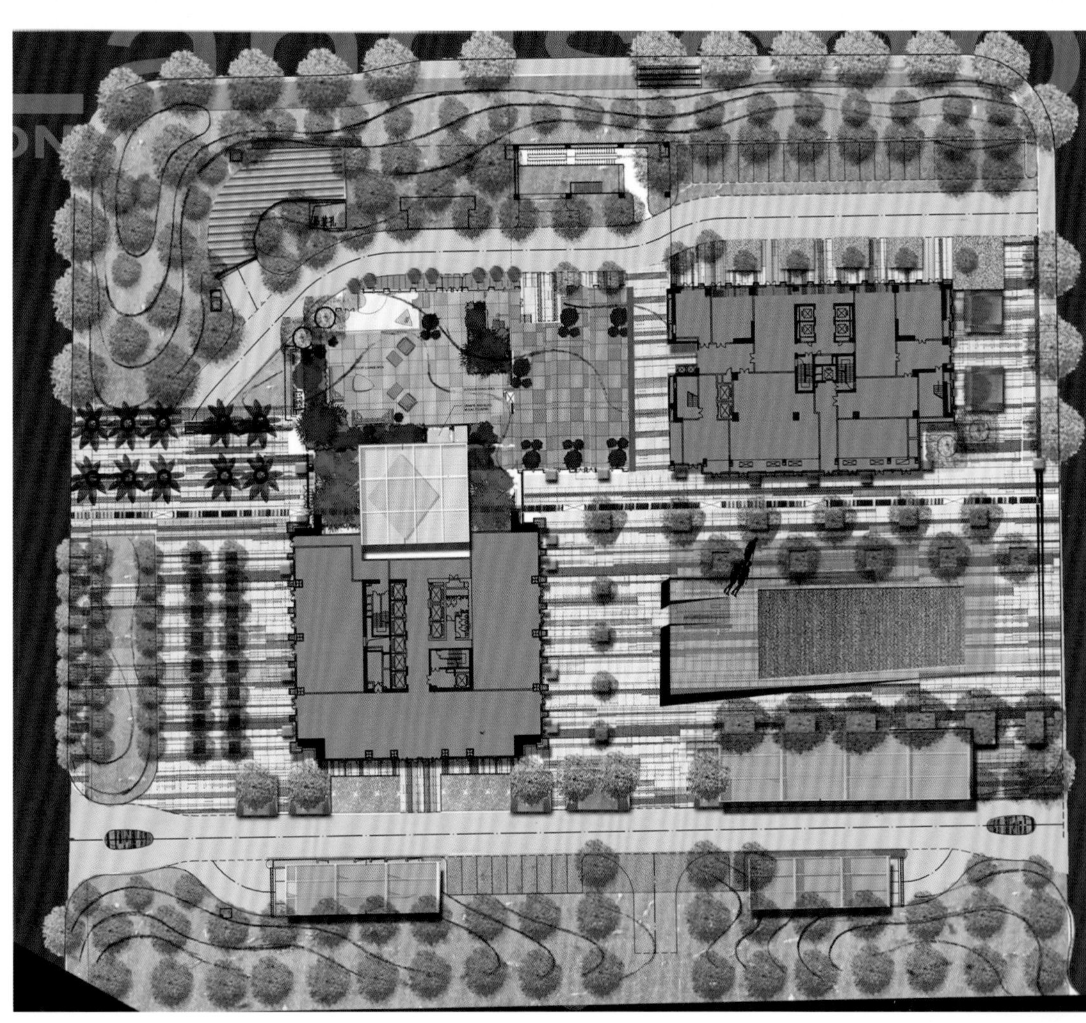

保定华中·国宅华园

项目地点：河北省保定市
开发商：河北华中房地产开发有限公司
规划/建筑设计：ROGGEO加拿大诺杰建筑设计事务所
景观设计：ECOLAND易兰（亚洲）规划设计公司
占地面积：102 000 m²
总建筑面积：360 000 m²
容积率：2.9
绿化率：40%

项目规划占地面积102 000 m²，总建筑面积360 000 m²，由12栋现代板式高层围和而成。规划通过科学认真的地块分析，合理安排入口区、商业区、公共活动区及居住邻里区，保证了最大化地节约用地。社区外围规划双首层步行商业街，设置零售卖场、精品店、休闲娱乐场所等；社区内规划高端生态会所“大地之子”、国际品牌幼儿园、国宅健身俱乐部、游泳馆、品牌书屋、精美咖啡厅等，使业主享受休闲放松的品质生活。

园林景观方面，采用轴线对称与围合的环境规划格局，结合风水阴阳理念手法，彰显国人惬意和谐的品质生活。面积为15 000 m²的现代中心园林，6个组团花园式景观设计，形成了“绿色原野”、“门前森林”。

建筑设计方面，以“中国风，中国情”为主题，大气、稳重、气势恢弘。建筑立面以沉稳的深色调为主，多元化的设计理念，巧搭金属、装饰板、石材和涂料，打造高品质建筑。运用丰富的建筑语言，传达中华民族和谐、大爱精神，使现代居住环境承载传统文化，延续城市文脉。

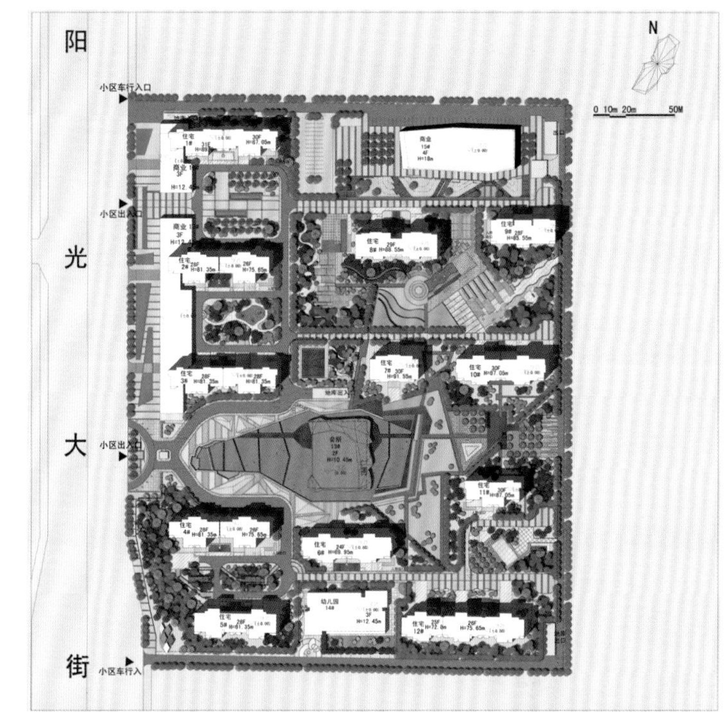

北京金隅万科城

项目地点：北京市
开发商：北京金隅万科房地产开发有限公司
占地面积：199 877 m^2
总建筑面积：615 418 m^2

金隅万科城项目位于北京市昌平城区内，原北京第二毛纺厂位置。项目遵循新都市主义原则设计，倡导社区与自然的融合渗透，营造充满阳光和绿色的现代社区。在规划上充分利用场地的限高要求，通过现代的规划理念和手法来构建高规格的理想化人居空间，使其成为地标性的建筑综合体，树立起昌平的城市新形象。

项目一期建筑主要以高层住宅为主，结合多层住宅围合成层次丰富的院落空间。各院落之间设立了围墙和绿篱，对近距离的视线进行遮挡，既提高了居住环境的私密性，又避免了简单重复中形成的单调气氛。

建筑整体设计色调以暖色为主，偏向红色，体现了沉稳、尊贵、内敛的文化气息，社区内每个楼都呈现出其独有的内涵。建筑楼体在有限的空间里进行视觉的变换，使整个楼体颜色统一而又不失活泼的成份。其间以玻璃钢和金属的点缀，适度地加以雕刻的效果，与社区整体的风格相统一，同时更加渲染了小区浓厚的文化气息。

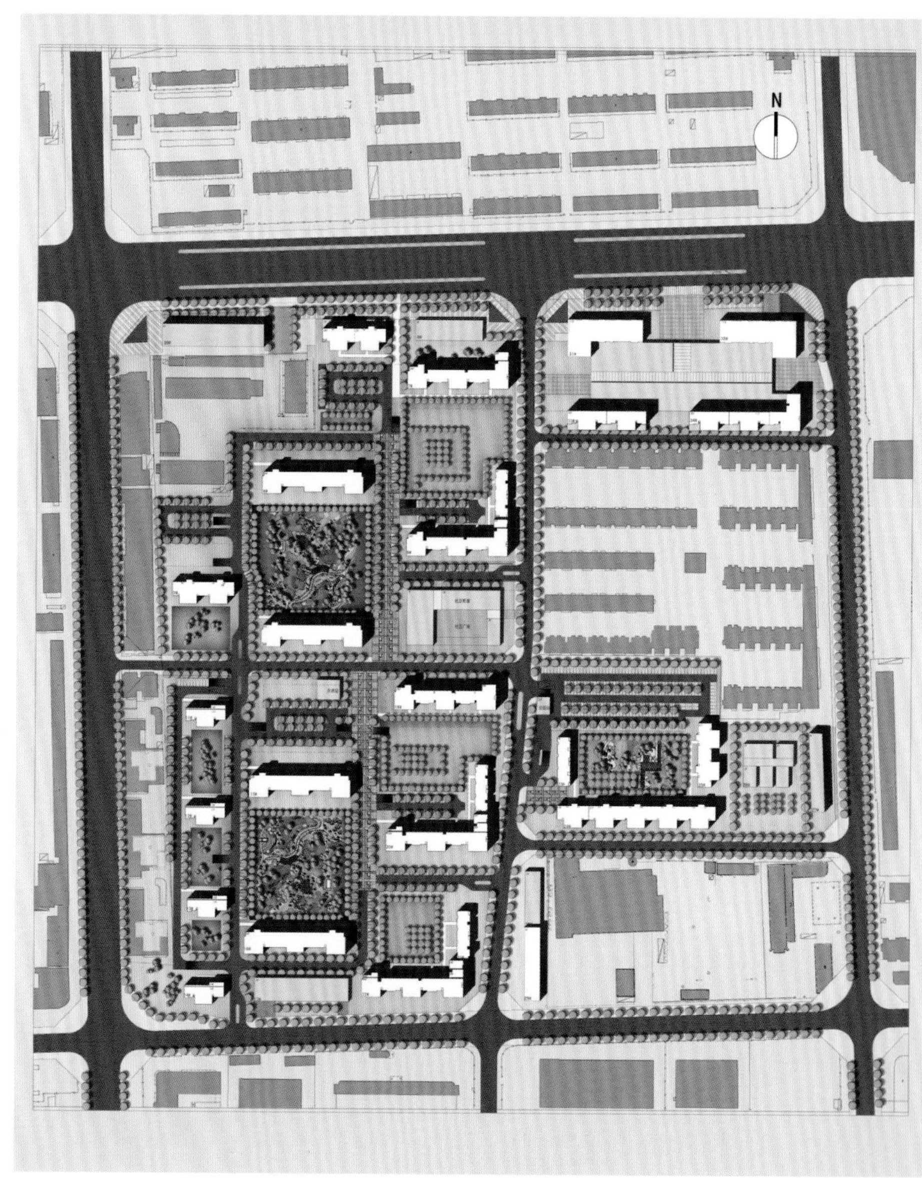

保定假日雅典城

项目地址：河北省保定市高开区
开发商：河北华中房地产开发有限公司
规划/建筑设计：北京东方国兴建筑设计有限公司
景观设计：澳大利亚PCAL景观设计公司
摄影：王彤斌/陈飞/段双群
占地面积：47 300 m²
总建筑面积：190 000 m²
绿化率：40%

假日雅典城的设计吸取古希腊文化的精髓，继承和发扬民主的人文主义和科学的现实主义。打造一个充分尊重人、尊重自然，人与自然和谐共融的物质与精神高度丰富与统一的家园。

总体规划方面，结合用地现状，在充分考虑了居住、休闲、购物等各种活动规律的基础上布置了能满足各类用户需求的板式、点式、多层等不同住宅形式，疏密有致的结合形成韵律感极强的建筑群布局乐章。住宅户型设计最充分最细致地考虑用户的各种生活细节，尽量做到细致入微。小区环境总体布局，充分考虑了人的活动规律。运用各种技术手段和艺术手段达到满足人居住、休闲的物质与精神的双重需求。

在建筑风格及外立面上，融入时代、科技、人文、社会与文化等要素，使雅典主题建筑与现代住宅完美结合，营造建筑的独特个性，使建筑拥有一种经久不衰的历史风韵。

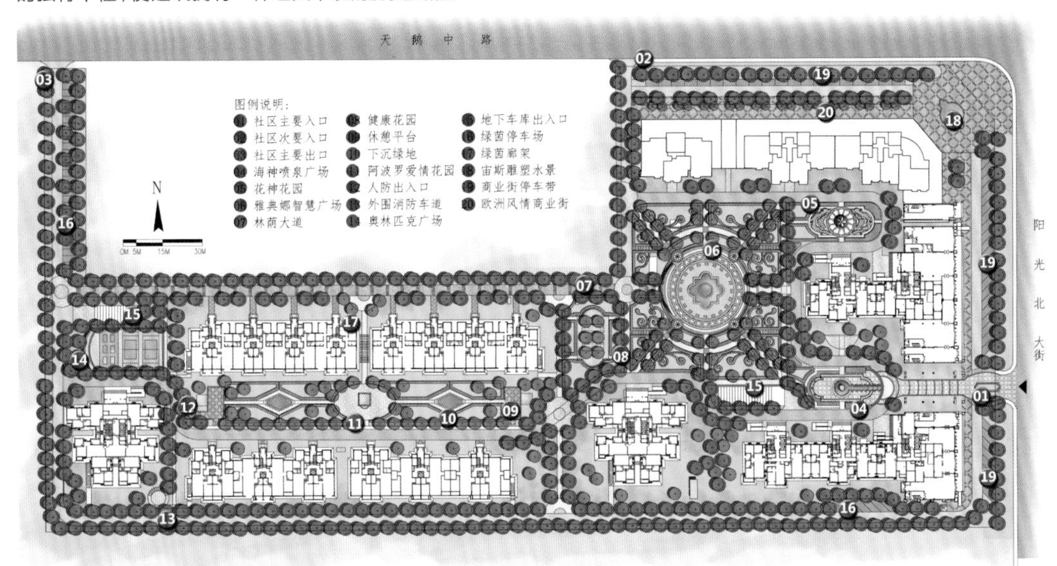

平湖耀江海德城(二期)

项目地点:浙江省平湖市
开发商:海德地产
建筑设计:美国FA设计集团
设计师:董涛、冯鹄

平湖耀江海德城(二期)以"流水、青苑"为主题继续围绕河道打造滨水景观,注重两岸的对景关系。在形式上更多的以一期的曲线形主题为主,风格上与一期一致。二期景观确定为简约休闲风格,强调景观的可参与性、景观与日常生活的关系。同时着重于植物与空间构成的关系,强调装饰品格调,表现材质的原始质感和色彩。

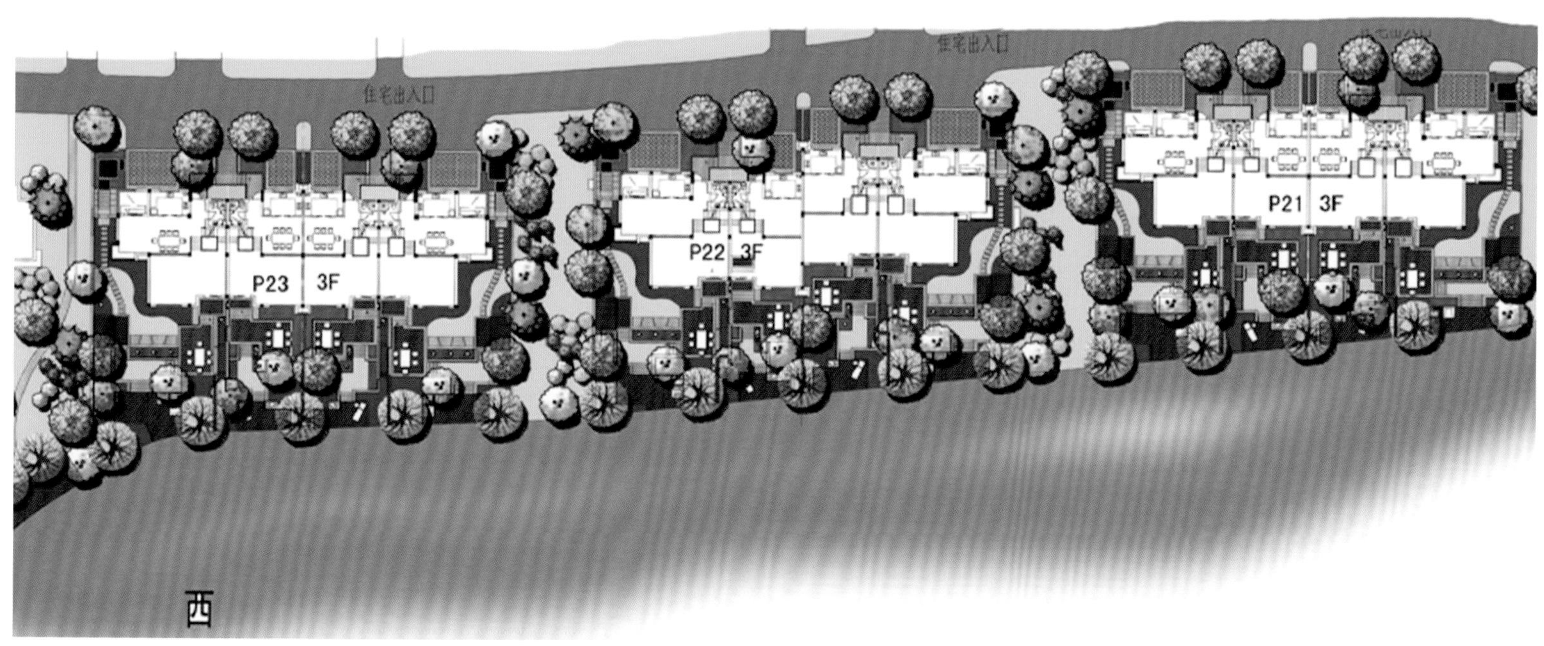

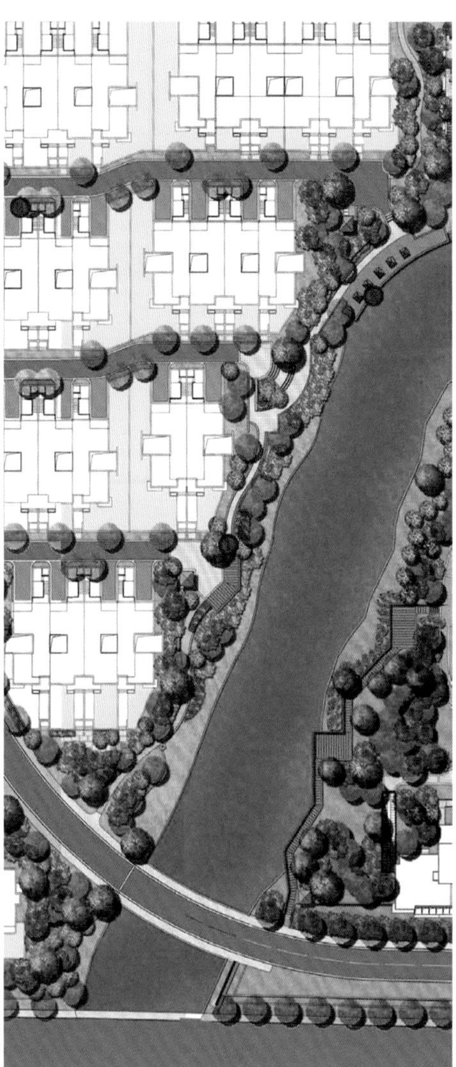

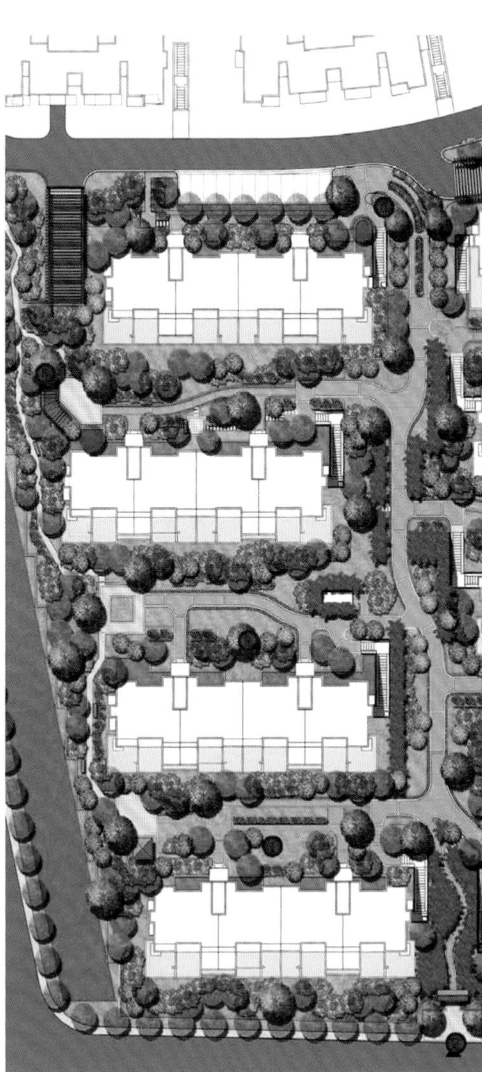

广州南沙境界

项目地点：广东省广州市南沙
开发商：北方万坤置业有限公司
建筑设计：BDCL（博德西奥）国际建筑设计有限公司
贝尔高林国际（香港）有限公司
占地面积：210 000 m^2
总建筑面积：230 000 m^2
容积率：0.93
绿化率：43.10%

南沙境界位于南沙黄阁镇市南公路。项目总用地面积210 000 m^2，总建筑面积230 000 m^2，享有近50 000 m^2的私家山体公园。

项目整体设计以"叶脉布局"为规划思想，自北向南分别由开放的城市区、半开放的田园风景区以及私密的自然生态区三个主题区域组成，共有产品约1 300套。产品丰富多样，包括合院别墅、联排别墅、叠拼别墅、叠拼庭院、精品酒店式公寓、阳光公寓、山景公寓、半山景公寓等建筑类型。

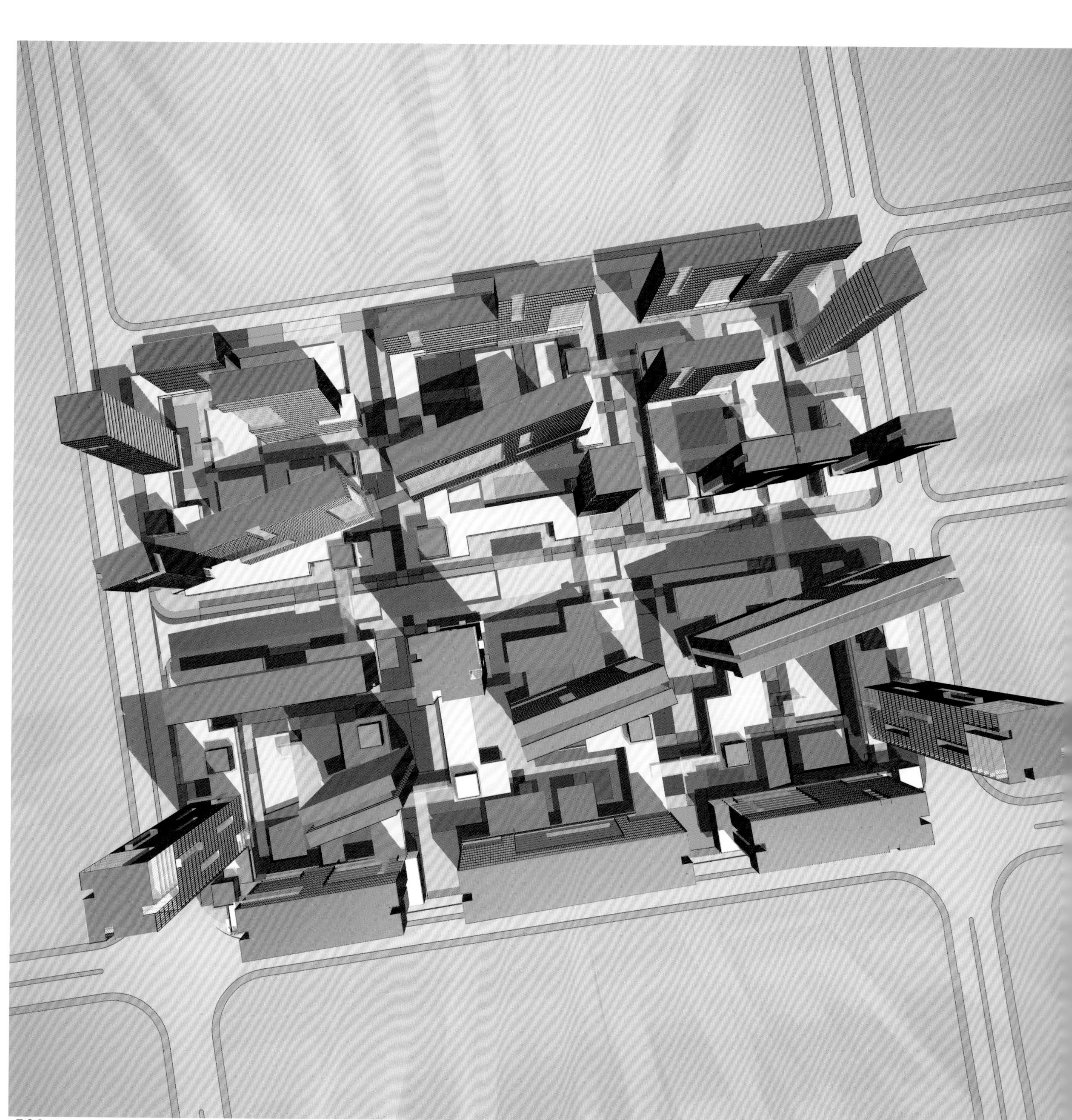

北京设计师广场

项目地点：北京市
开发商：北京鑫丰信德房地产开发有限公司
规划设计：SAKO建筑设计工社
建筑设计：北京新纪元建筑工程设计有限公司
占地面积：17 949 m^2
总建筑面积：99 206 m^2
容积率：3.8
绿化率：30%

本规划结合原有地形、地貌特点，充分发挥各功能区之间的互补作用，将居住、商业及商务娱乐功能合理组合，并采用景观渗透的方式使各空间互动交流，使其既相对独立，又保持通畅的联系。地块规划为完全开放式街区。沿四环路一侧布置大型商场基座及上盖双子座建筑，通过其庞大体量成为人群聚集中心。其余两栋楼座相对独立，南北遥望，呼应于商场之端翼。所有楼座向东南转角45度，以追求更佳日照及采光的效果，同时保证从社区四周通往中心商场的流线顺畅。

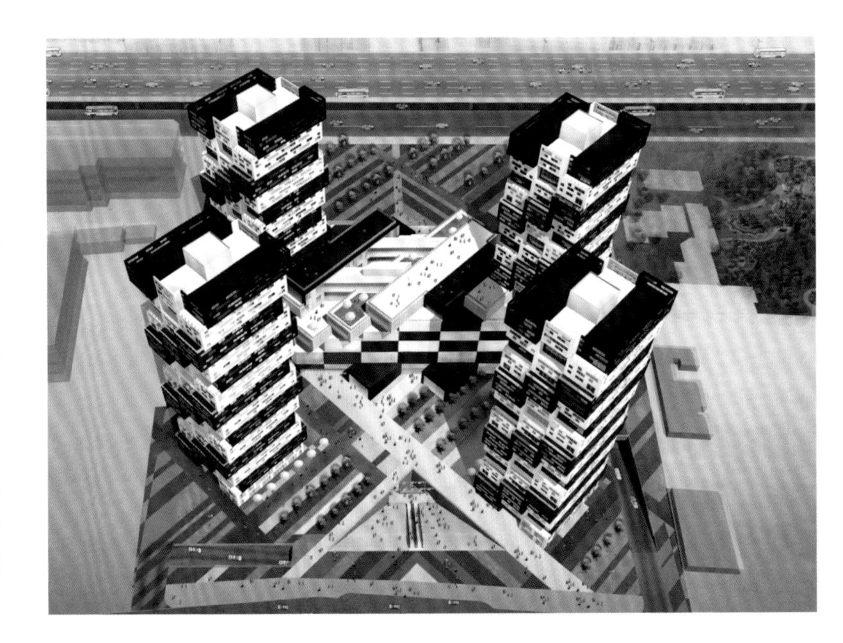

建筑单体沿袭哥伦比亚解构主义建筑风格，运用对比、易位、摇摆等设计逻辑和手法，竭力打造世界人居建筑作品，媲美北京大型公共建筑，塑造西四环新地标。楼座规划对比北京南北轴向，优雅旋转45度角，使日照变得均匀，同时又和位于北京中轴的中心地区有着紧密的呼应。由于是开放式社区，因此形成的交通流线为放射状从社区内部伸向四个方向，暗示着和外界灵活有机的联系以及四通八达的吉祥意味。

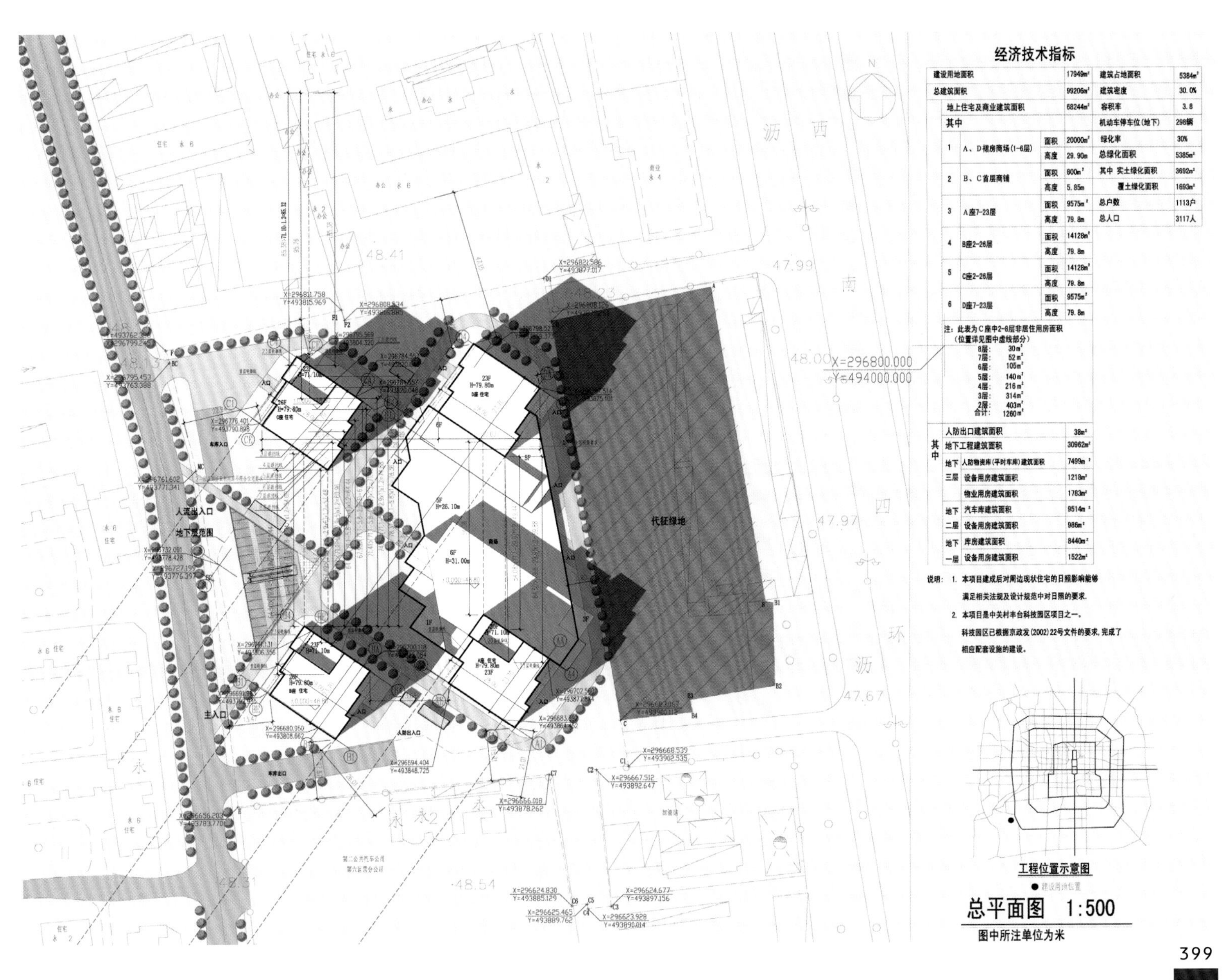

经济技术指标

建设用地面积			17949m^2	建筑占地面积	5384m^2
总建筑面积			99206m^2	建筑密度	30.0%
地上住宅及商业建筑面积			68244m^2	容积率	3.8
其中				机动车停车位(地下)	298辆
1	A、D裙房商场(1-6层)	面积	20000m^2	绿化率	30%
		高度	29.90m	总绿化面积	5385m^2
2	B、C首层商铺	面积	800m^2	其中 实土绿化面积	3692m^2
		高度	5.85m	覆土绿化面积	1693m^2
3	A座7-23层	面积	9575m^2	总户数	1113户
		高度	79.8m	总人口	3117人
4	B座2-26层	面积	14128m^2		
		高度	79.8m		
5	C座2-26层	面积	14128m^2		
		高度	79.8m		
6	D座7-23层	面积	9575m^2		
		高度	79.8m		

注：此表为C座中2-8层非居住用房面积
（位置详见图中虚线部分）
8层：30m^2
7层：52m^2
6层：105m^2
5层：140m^2
4层：216m^2
3层：314m^2
2层：403m^2
合计：1260m^2

其中		项目	面积
	人防出口建筑面积		38m^2
	地下工程建筑面积		30962m^2
	地下三层	人防物资库(平时车库)建筑面积	7499m^2
		设备用房建筑面积	1218m^2
		物业用房建筑面积	1783m^2
	地下二层	汽车库建筑面积	9514m^2
		设备用房建筑面积	986m^2
	地下一层	库房建筑面积	8440m^2
		设备用房建筑面积	1522m^2

说明：1. 本项目建成后对周边现状住宅的日照影响能够满足相关法规及设计规范中对日照的要求.
2. 本项目是中关村丰台科技园区项目之一。科技园区已根据京政发(2002)22号文件的要求，完成了相应配套设施的建设。

总平面图 1:500
图中所注单位为米

济源济水花城

项目地点：河南省济源市
开发商：河南中原特殊钢集团有限责任公司
建筑设计：郑州零度

该小区为高层商业、住宅、办公社区，包括八栋住宅建筑和一栋商业、办公建筑。北侧临河，布置了五栋住宅建筑，最大限度地享有江景。同时，城市交通道路将地块分为南北两块，北地块面积大，南地块面积小。南地块主要布置一栋住宅建筑，与北地块的商业、办公建筑隔路相对。商业、办公建筑布置在交通道路的交会处。

佛山中海万锦东苑

项目地点：广东省佛山市南海
建筑设计：广州瀚华建筑设计有限公司

中海万锦东苑位于佛山市南海桂城城市中心，辐射桂城千灯湖与桂城东两大新高尚住宅板块。地块总建筑面积达26.8万 m²，物业形态将以高档住宅为主，辅以部分商业。中海万锦东苑定位为“佛山代表性国际化、都市化雅致生态社区”，将发展成为桂城中心城区高端国际化社区。产品类型主要有面积为408 m²的中央叠墅、385 m²的风范院墅、225~237 m²的汇景庭楼等。

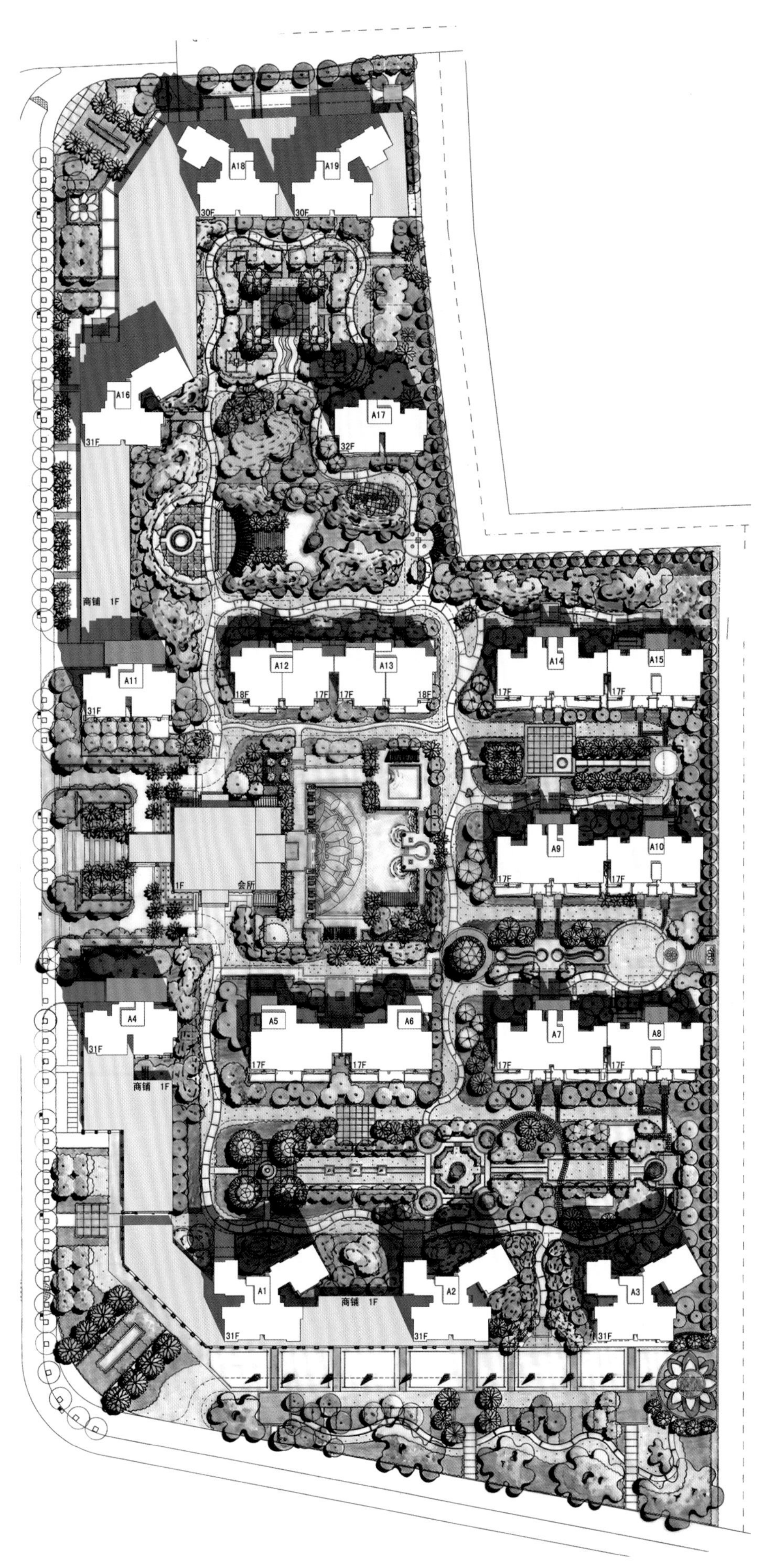

广州珠江御景湾

项目地点：广东省广州市海珠区南洲路
建筑设计：广州瀚华建筑设计有限公司
占地面积：110 580 m²
总建筑面积：398 936 m²

项目地块南临珠江，设计时注重各栋户型对江景及小区大型园林绿化环境的利用，结合建筑本身的空间划分，创造出具有时代感的豪宅。

平面上采用自由排式布置手法，住宅基本按南北向布置，临江布置高层建筑，中间布置较低矮的建筑，使小区有围合感，在中心区域营造充分安静的环境。

景观设计展现欧洲经典浪漫风情，加入亚热带园林的阳光元素，以中心主题园林、组团主题园林、全架空景观园林、入户空中花园和天台花园形成多层次的立体园林。部分空中花园安置在客厅与主房中间，将景观引入室内。

立面形式汲取意大利古典精髓，彰显尊贵气息。再融合以现代流线设计手法，构成了富立体感、个性强烈的新古典主义建筑造型。

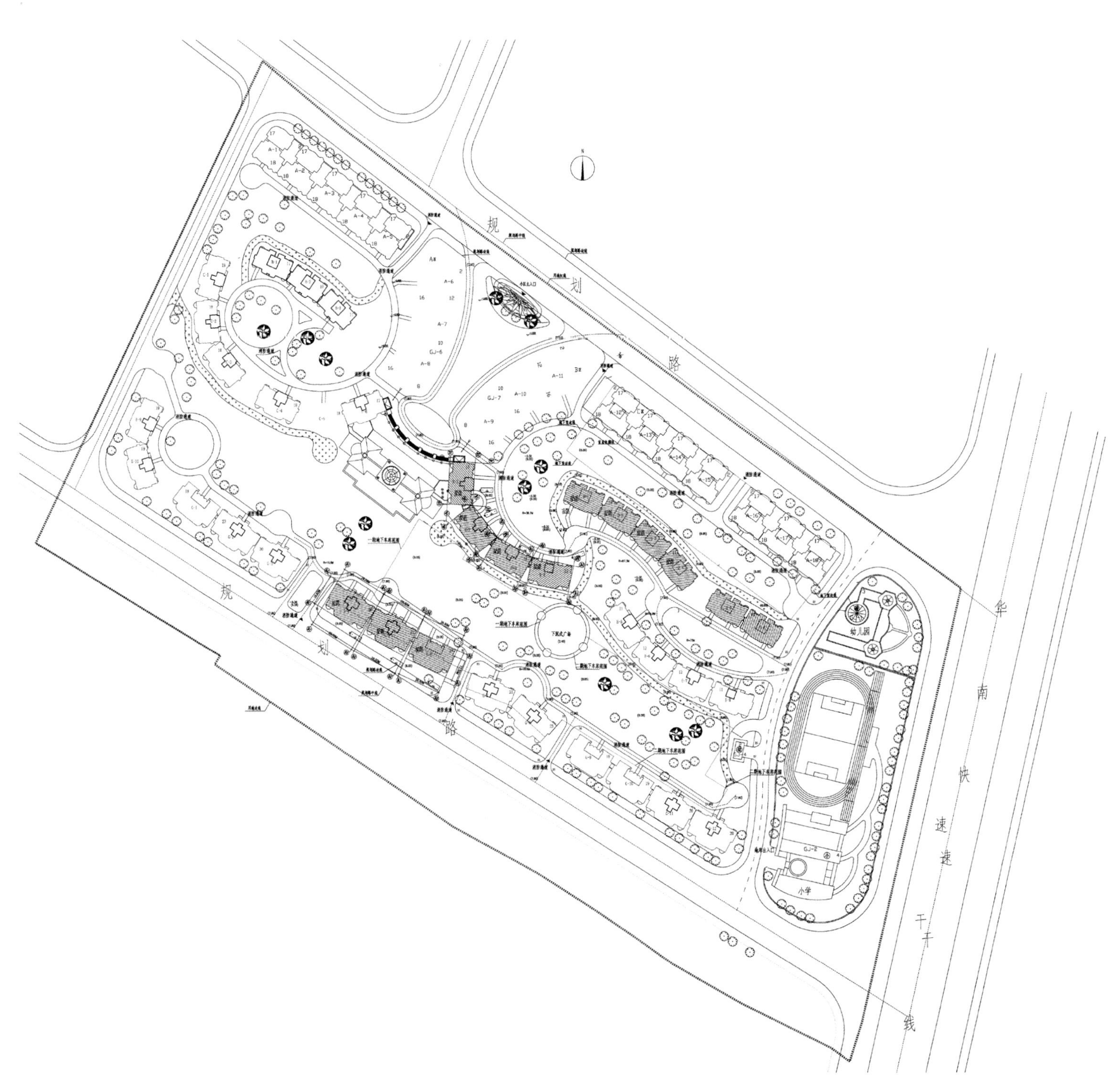

珠海香樟美筑

项目地点：广东省珠海市香洲区吉大石花西路
建筑设计：广州瀚华建筑设计有限公司
占地面积：45 756.47 m^2
总建筑面积：192 018.1 m^2

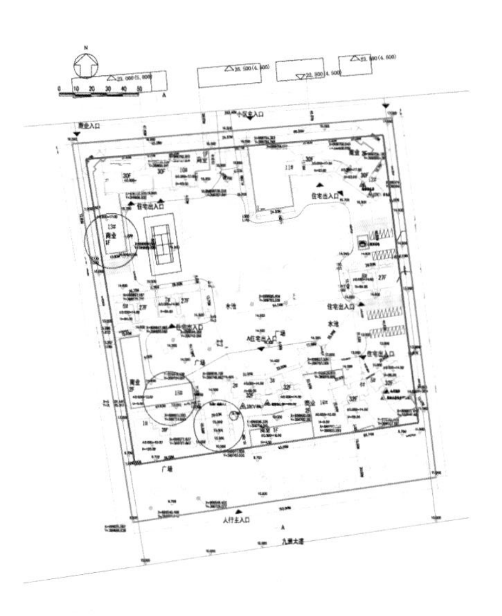

小区原地貌北高南低，规划时遵循地势以错落的组团布局使区内景观达到最优化，并通过设计手段把区内原生的大树尽量保留下来，为住户提供与自然及历史对话的可能。

开阔的楼距形成良好的视野，并保证了每户的通风采光要求。周边沿城市主干道布置塔楼与酒店式公寓，展示小区形象，塔楼首层设置完善的小区商业配套设施。户型设计上从舒适性出发，阳光电梯厅、户户南向、方正实用等条件成为设计的基本要素，且大部分户型拥有入户花园，视野宽广。

立面设计以现代简约的手法为主，结合颜色、材料、细节的推敲，尝试带来新颖又不失稳重、内敛的整体形象。

HIGH-RISE RESIDENTIAL BUILDING

高层住宅

Curve 曲线 006-161

Broken line 折线 164-257

Straight line 直线 260-403

Integration 综合 406-431

Integration

综合　406-431

佛山保利星座

项目地点：广东省佛山市南海区
开发商：保利华南实业有限公司
占地面积：34 000 m^2
总建筑面积：86 000 m^2
容积率：2.5
绿化率：35%

保利星座位于佛山市南海区佛平路与夏西工业园一路交会处，整个项目六栋住宅单体组成，其中有两栋11层小高层住宅，两栋18层高层住宅以及两栋30层高层住宅，主要户型建筑面积区间在80~140 m^2，90 m^2左右的小三室是项目的主力户型。

保利星座定位为金融区高档配套住宅，位于桂城东板块与千灯湖的交接处，轻松享有桂城东原有的成熟生活配套，而北面的水系佛平涌与千灯湖一衣带水，属于千灯湖工程二期建设范围，距离千灯湖仅约5分钟车程。项目北侧规划有面积为1.8万 m^2的保利公园及长2.2 km的滨江休闲风光带，将为未来的消费者提供休闲、娱乐的开放式空间，公园商业设计倡导非“MALL”悠闲购物新理念，体现独特的时尚触觉和生活品位。

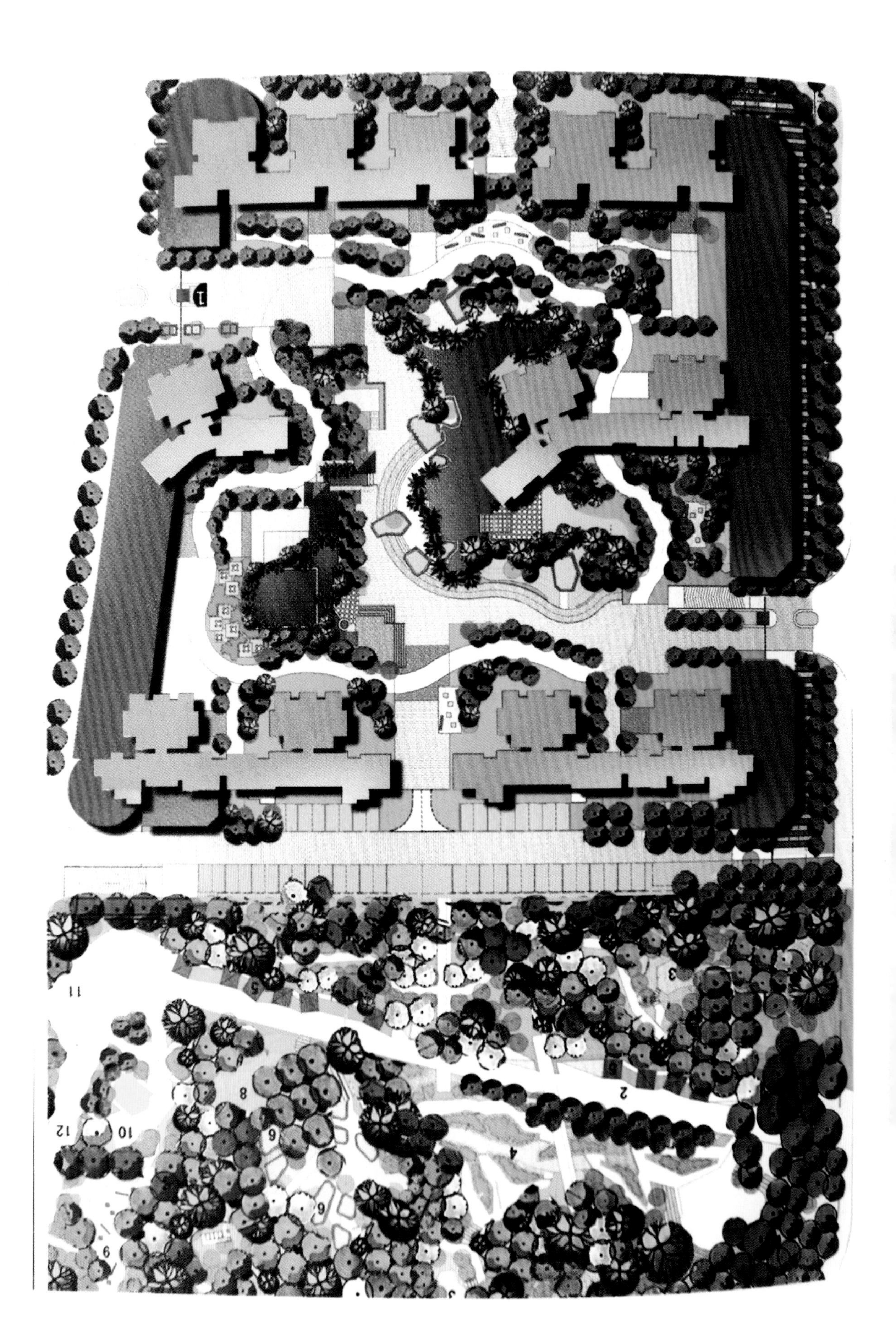

北京春光

项目地点：北京市
建筑设计：北京中联环建文建筑设计有限公司

项目的设计原则是在满足规划的前提下创造和谐、均衡的社区空间，力争不同户型的均好性，最大程度地满足各个户型的朝向、日照、通风、私密性、景观以及内部功能，为各年龄段的人群提供优质的居住环境和居住感受。

地下车库设计满足住区内大量停车并兼顾绿化率要求，车库出入口临近住区入口，方便迅速进出。车库内设通往住户的通道，实现就近停车，就近入户。会所位于社区的核心地段，既为本住区人群服务，更为社会提供休闲、娱乐设施。会所分为南北两部分，将形成偏运动娱乐的“动”区和偏文化休闲的“静”区，设立多种项目，增强社区活力。

成都龙泉驿

项目地点：四川省成都市
开发商：中铁地产（成都）开发有限公司
建筑设计：北京易墨建筑设计有限公司
主设计师：夏若湘、鲍为民、赵春晖
占地面积：178 000 m²
总建筑面积：747 000 m²
容积率：4.2
绿化率：42%

项目位于成都市龙泉驿区的规划新城中心，紧靠龙泉驿新城行政办公中心。在整个地块的规划中设有一条小区规划主轴线、一条空间景观带和两个中心社区主题分会所，构成"一轴、一带、两心"的用地总体规划设计核心关系。

各建筑单体之间、建筑与绿地之间采用相互式的绿化对景，并有机地组合在一起，形成清晰的社区布局结构。这种规划布局可以充分满足住宅的日照、通风、采光及景观要求，提供了便利的户外空间，为居民的邻里交往提供了最大的可能性。建筑之间流畅而带有韵律感的组合，形成了内、外两个相互呼应的区域，创造了灵活、轻盈的总体布局方式。

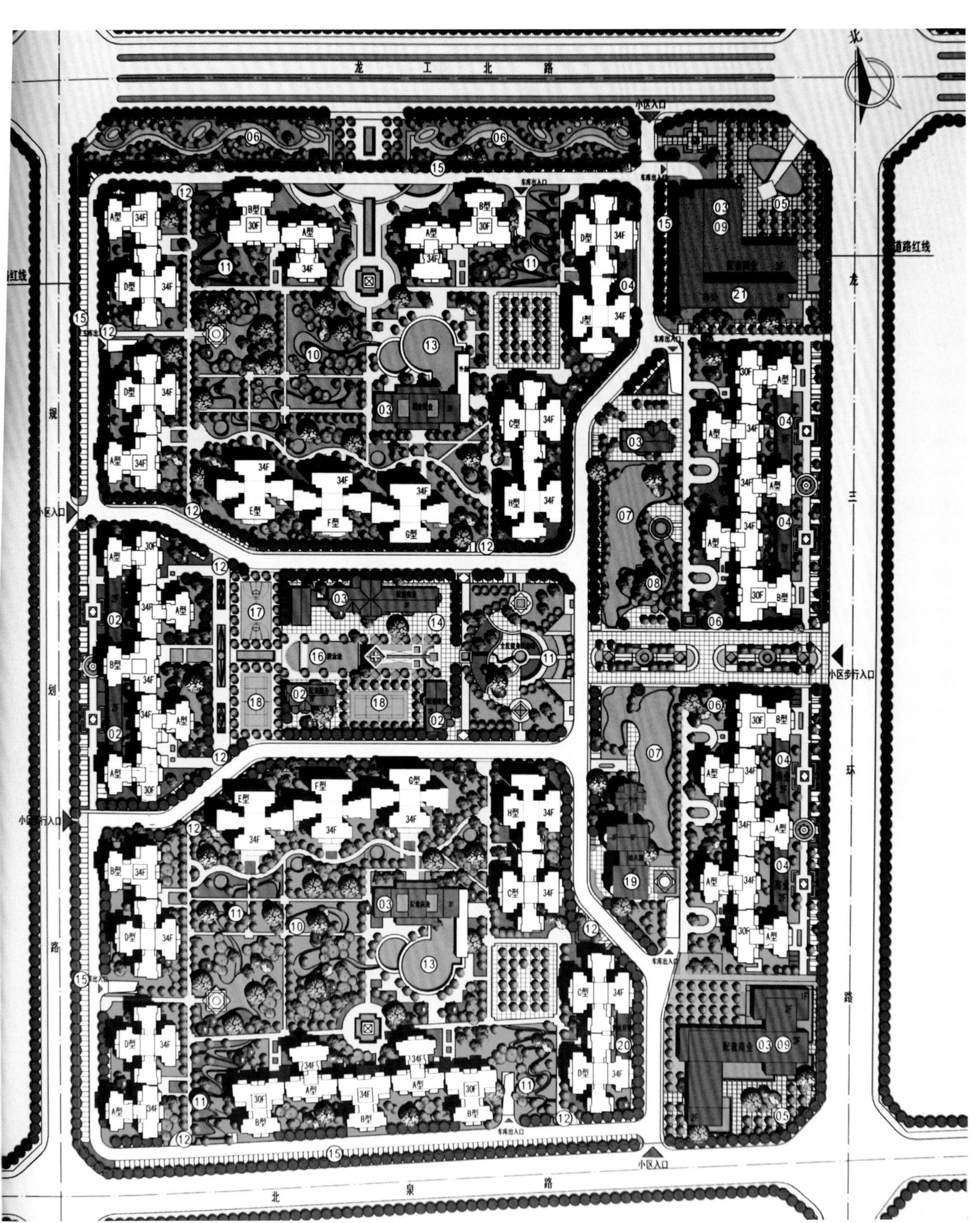

滁州水岸帝景

项目地点：安徽省滁州市环滁西路
开发商：滁州银河房地产开发有限公司
建筑设计：GN栖城
占地面积：50 763 m^2
总建筑面积：147 793.86 m^2
绿化率：55%

水岸帝景规划占地面积50 763 m^2，总建筑面积147 793.86 m^2。项目遵循“居水岸生活，享都市之美”的国际先进设计理念，将水、景、绿、空间融入建筑，使居家生活具有天然的灵性和动感。

小区建筑由12幢小高层、高层住宅组成，利用南北和东西两条相互联系的道路设置，在中心园区形成六个清晰明了、层次丰富的组团。采用单元穿插分布的布局，借鉴西方邻里单元的居住形态，对中国传统的院落精神加以领会和变通，为住户创造了宜人、利于交流的环境空间，同时让更多的单元可以看到西边的自然风景。

主要经济指标

项目		面积	单位
用地面积		50763	M^2
总建筑面积		147793.86	M^2
地上建筑面积		120220.54	M^2
其中	住宅建筑面积	115760.9	M^2
	幼儿园建筑面积	1781.00	M^2
	社区、物业用房	500	M^2
	会所、商业用房	2178.64	M^2
地下车库建筑面积		27573.32	M^2
其中	机动车库建筑面积	22790	M^2
	自行车库建筑面积	4783.32	M^2
容积率		2.358	
建筑占地面积		9442	M^2
总户数		987	户
建筑密度		18.2	%
绿化率		55	%
停车位		564	辆
其中	地上停车	36	辆
	地下停车	528	辆

北京东湖湾名苑

项目地点：北京市望京居住区
开发商：北京市东湖房地产有限公司
建筑设计：北京维拓时代建筑设计有限公司
占地面积：145 220 m²
总建筑面积：547 430 m²
容积率：2.8
绿化率：33.4%

项目总占地面积145 220 m²，规划总建筑面积547 430 m²。一百多米的楼间距形成大型的中央景观，为住户提供了身心休憩的空间。紧邻面积24.8万 m²的都市森林公园，南面是北小河滨河生态公园，西侧有多个高尔夫球场，和永久性的城市绿化带形成景观支持。东湖湾为高层板楼，层高达3 m，南北通透，户型设计方正。建筑面积从100 m²二居至260 m²四居不等，主力户型为160~180 m²三居室，为追求高品质生活的置业者提供完美的选择。

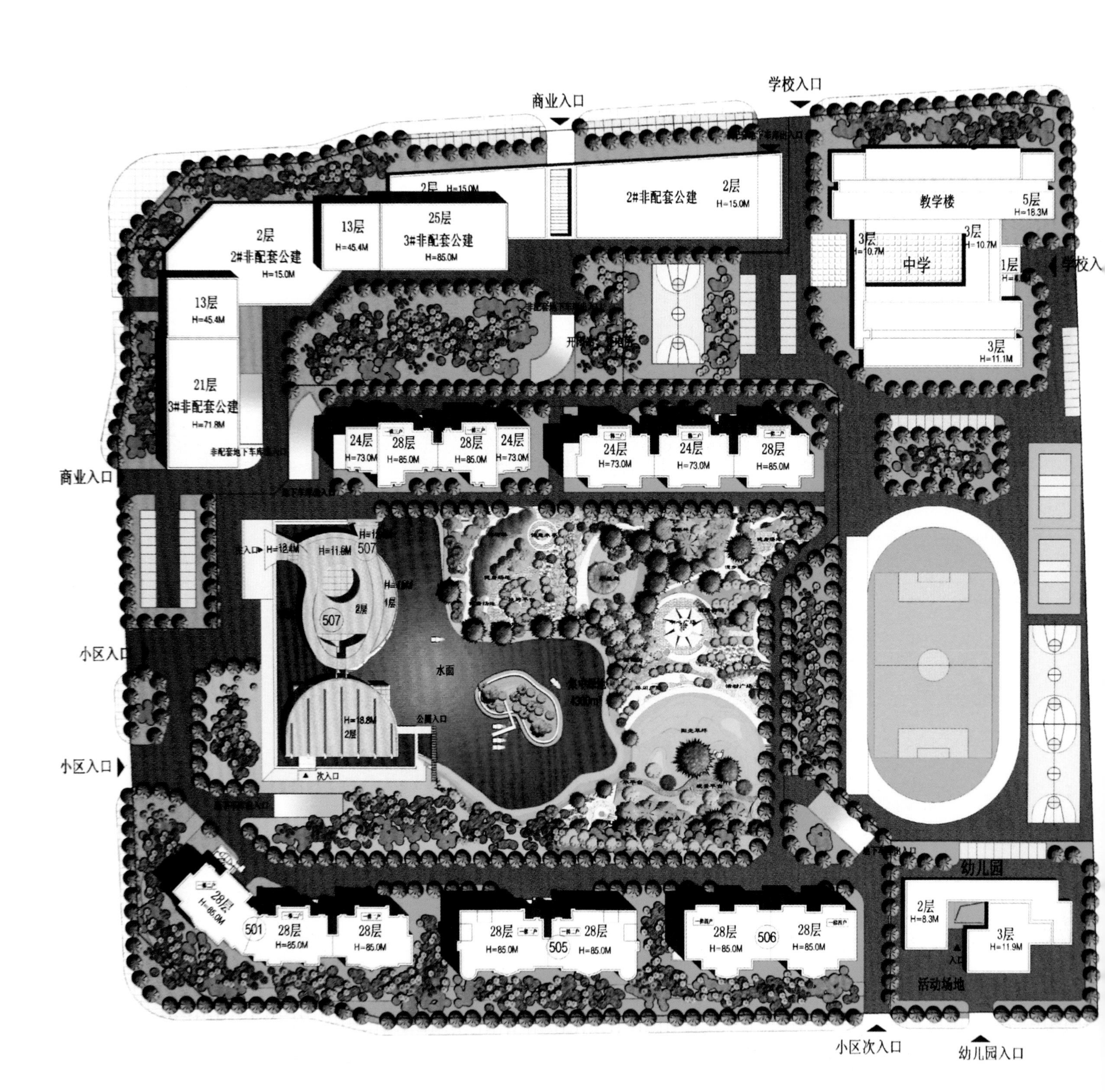

合肥滨湖

项目地点：安徽省合肥市
建筑设计：英国UA国际建筑设计有限公司
占地面积：436 874 m^2
总建筑面积：1 091 630 m^2
绿化面积：43.4%

项目开发的主题是建设大型生态居住区，整个区域围绕主题公园，沿景观轴线错落有致地布置多层住宅区、小高层住宅区、高层住宅区和商务区，全部的绿化系统由三条景观轴线联系而成。在住宅的单体设计上，运用时尚居住新观念，采用面积小、功能全、售价低、配置全的实用性房型，并附设相当规模的商业、办公及幼托和休闲俱乐部等公共配套设施。

小区设计风格现代，交通组织便捷，人车分流，在不干扰人行的前提下每栋楼车行可直接抵户。人行流线结合三大景观轴线和组团景观展开，使人身在其中，移步易景，感受优美的小区环境。同时在规划设计和施工中，坚持“以人为本”和“可持续发展”的现代居住理念，除大量运用环保和节能材料外，更配置了功能齐全的小区智能化系统，充分展示高科技手段在现代住宅中的运用。

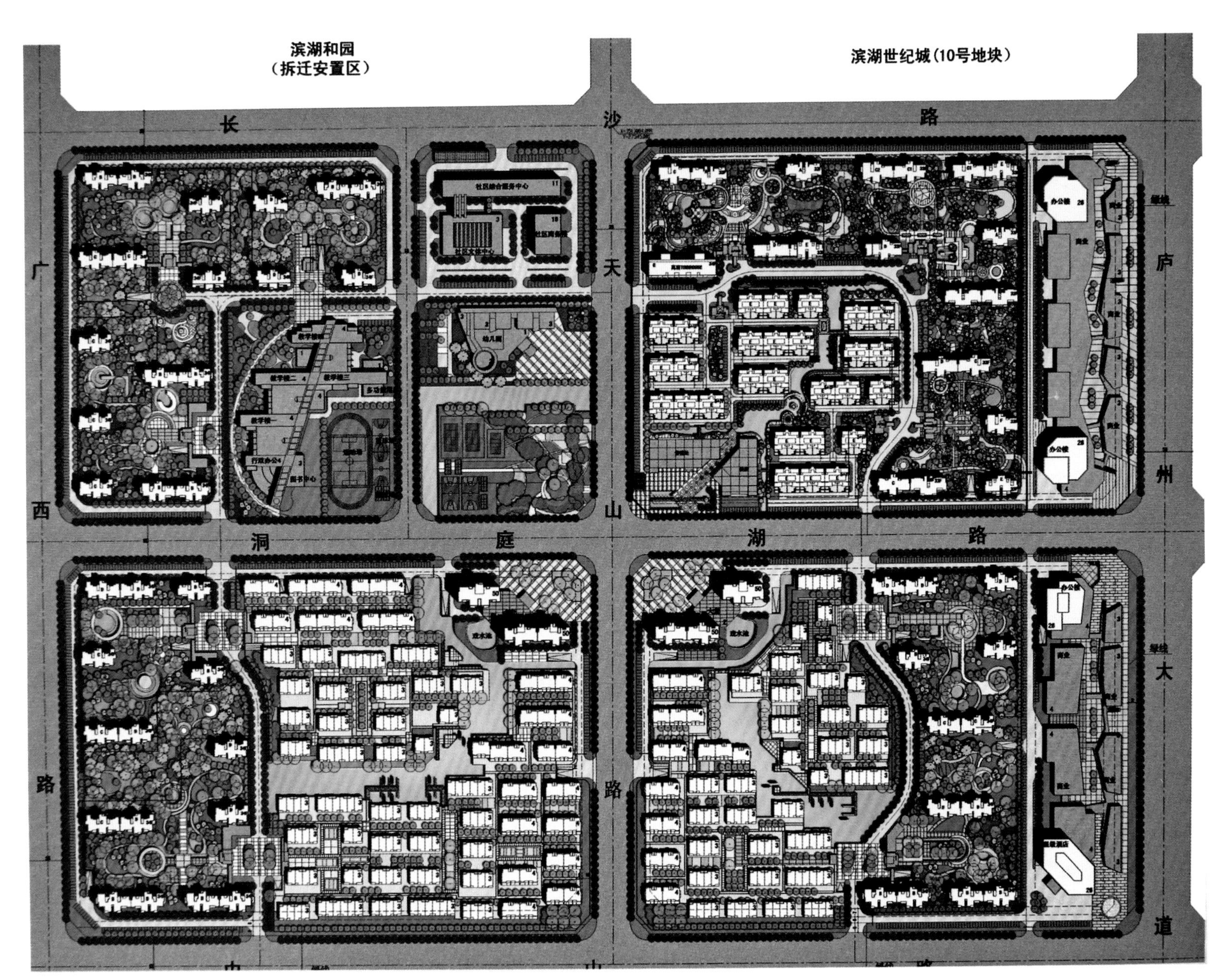

临沂沂河天下

项目地点：山东省临沂市
开发商：青啤地产
建筑设计：英国UA建筑设计有限公司
占地面积：681 300 m²
总建筑面积：1 134 000 m²

本项目位于“现代商贸之城”山东省临沂市，项目用地东临沂河，地势平坦。青啤地产欲将其打造成生态环境优美、配套设施完善、居住品质高尚的大型水岸居住社区。

青啤·临沂沂河天下极富现代感的秀丽线条，远高近低的层级地标围合方式排布，高低错落，符合人的空间尺度感。外立面设计着重突出整体空间的层次感，通过空间层次的转变，打破传统立面的单一和呆板。高雅的灰、白色调搭配使得建筑本身即成为一道亮丽的风景。

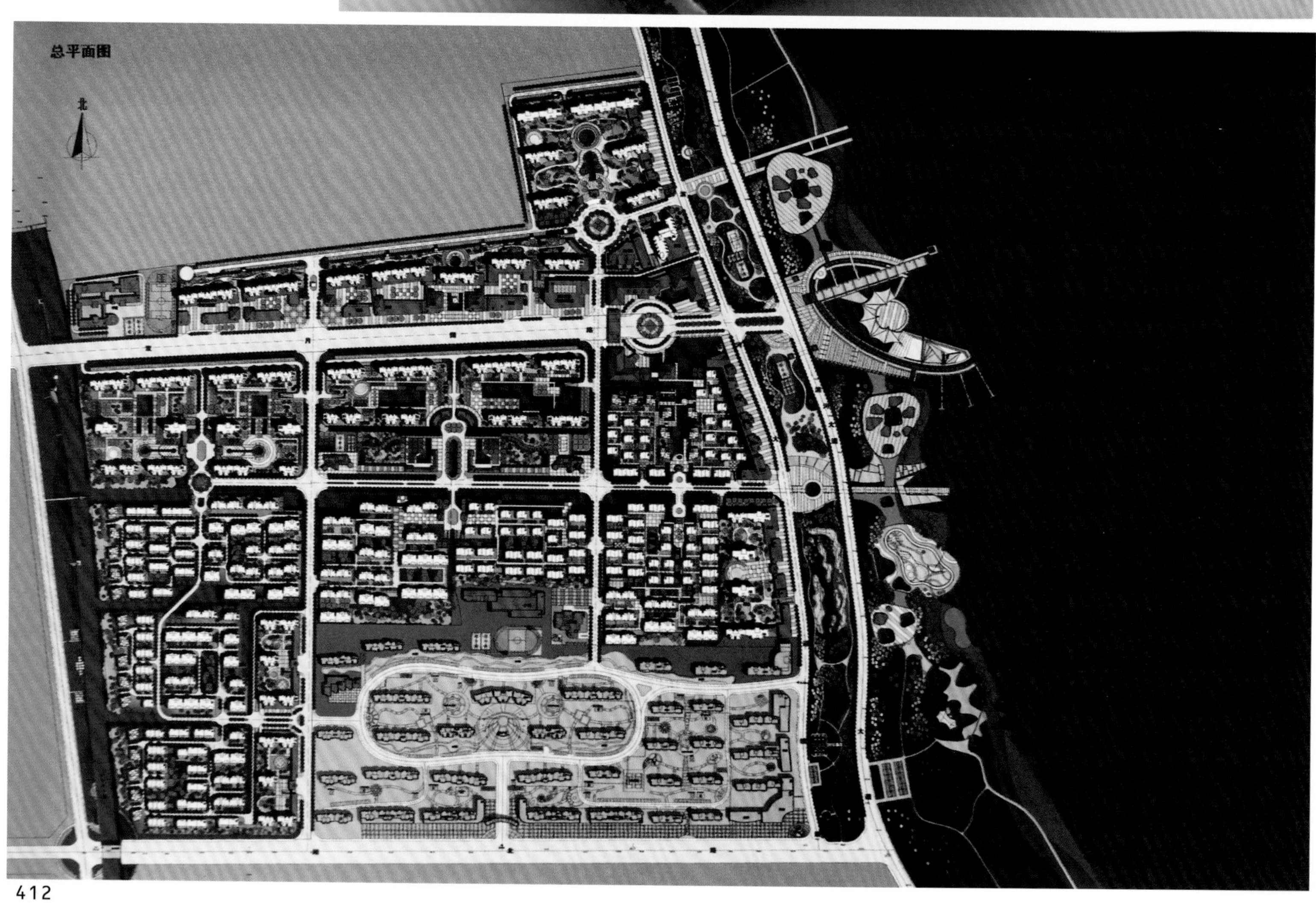

天津时代奥城

项目地点：天津市南开区
开发商：天津融创奥城投资有限公司
建筑设计：AAI国际建筑师事务所
占地面积：250 000 m^2
总建筑面积：537 000 m^2

时代奥城位于天津奥林匹克中心的配套区，包括公建区和住宅区两部分，与奥体中心竞技区共同形成了功能完整、空间形态丰富、特点鲜明的城市奥运文化圈。它涵盖首席住宅、五星级酒店、酒店式公寓、大型SHOPPING MALL、生态写字楼群等多种业态，代表着典范、现代的城市生活。

时代奥城采用五环式设计，结合奥运主题，运用环状母题，用几何环状所构成的景观，纵横交错，相互重叠。不同分区的圆环成为连接统一整个社区的标志性元素。圆形的步行道连接着所有的邻里花园、休闲娱乐场所及社区的中心设施与游泳池。其次，采用空间式设计，小区中央由北至南由跨越水面的地下车库人行出口、下沉式广场、地下会所上方的坡地植被、下沉庭院、现代感及雕塑感的泳池玻璃顶棚、瀑布叠泉等一系列空间构成中央主题景观。而大部分会所空间建于地下，在其上方营造坡地景观并结合极富雕塑感的玻璃采光顶及玻璃交通大厅设计层的设计，在会所南北分别设计下沉活动广场及叠泉瀑布。

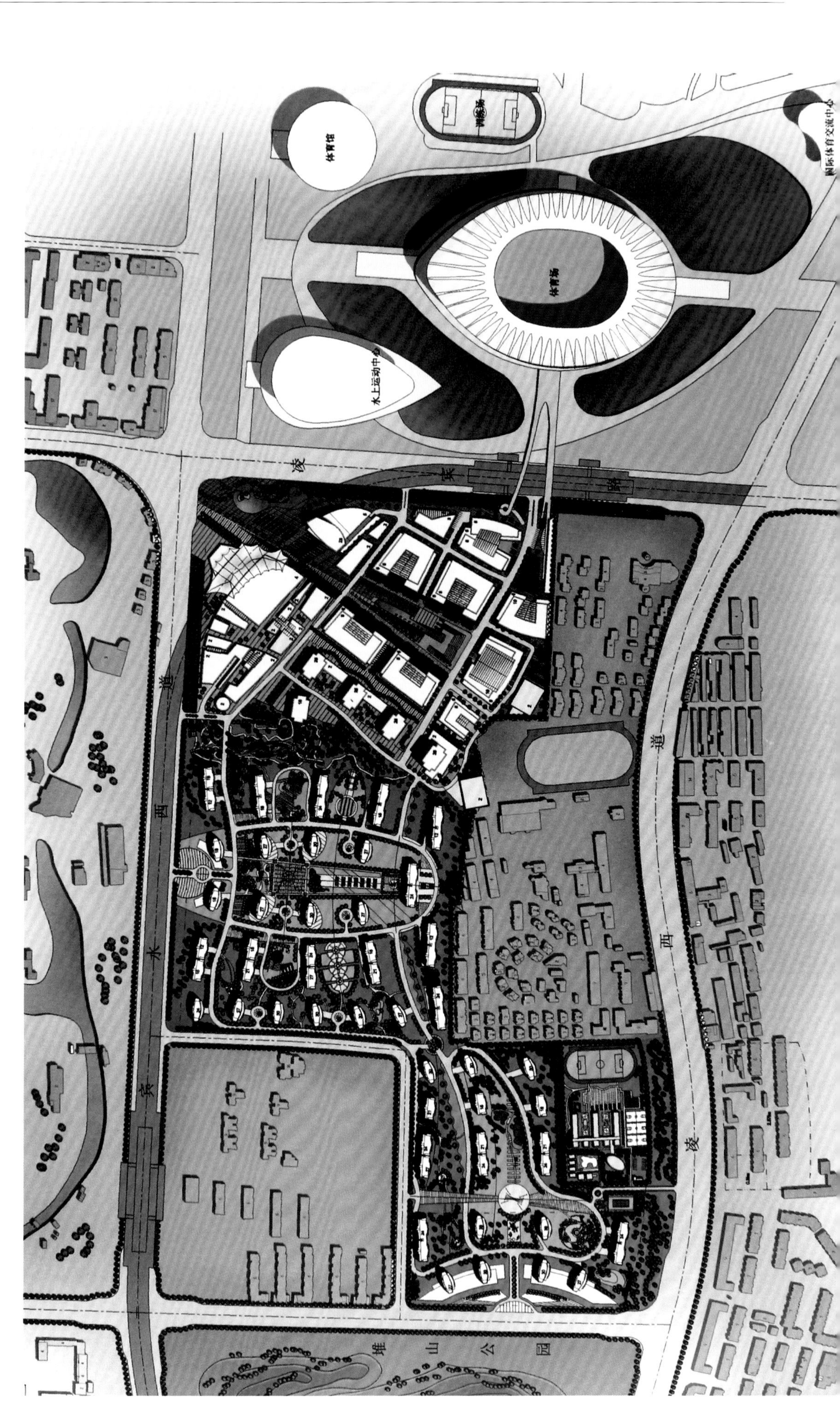

兖州锦绣家园

项目地点：山东省兖州市
开发商：兖州市规划局
规划/建筑/景观设计：澳洲澳欣亚国际设计公司
占地面积：245 000 m^2
总建筑面积：470 400 m^2
容积率：1.92
绿化率：45%

规划将社区融入城市总体发展，结合西部城市功能统一进行分析，打造城市发展的能量引擎。建筑与景观设计中突出“一开一进一合三重院落”的创新理念，秉承传统文化院落精髓，以变化有致的围合式布局，构筑从公共到半私密再到私密空间的三进院落体系。公共院落空间层次为社区院落，半私密院落空间层次为自家入户花园，私密院落空间层次为空中室内花园，户型设计包括一梯两户、两梯三户等多种产品，每户建筑面积涵盖70~250 m^2，并创新设计出“有机户型”，可从一梯两户灵活变化为一梯四户，由两个居家型户型拼合为一个舒适型户型，以最大化满足多元化社会需求。

整体鸟瞰示意

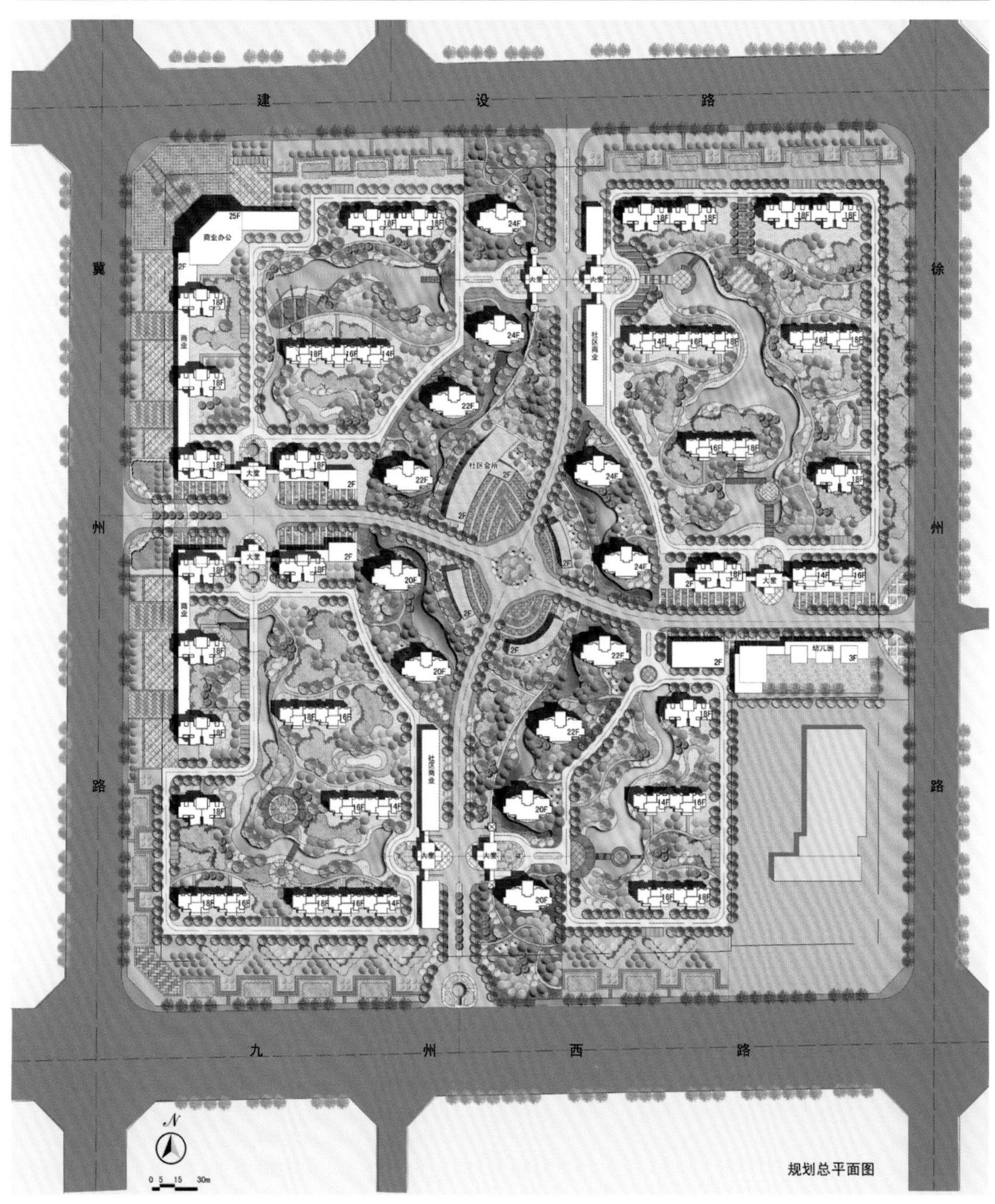

规划总平面图

图例

- 大寒日日照0小时
- 大寒日日照1小时
- 大寒日日照2小时
- 大寒日日照3小时
- 大寒日日照4小时
- 大寒日日照5小时
- 大寒日日照6小时
- 大寒日日照7小时
- 大寒日日照8小时

分析说明:

分析软件:众智日照分析8.1版　分析类别: 多点区域分析　分析时间: 10-05-17 20:06:4

兖州市纬度: 北纬35.33度　节气: 大寒 开始时间(太阳时): 08:00:00

结束时间(太阳时): 16:00:00　采样间隔(分钟): 5　图形单位: 米

统计方式: 累计　最小有效太阳高度角:未限定　采样点间距(米): 1.00

分析结果:

根据规范及中国建筑气候区划图，兖州属于寒冷气候区，依据住宅建筑日照标准应满足: 大寒日不少于三小时的满窗日照标准。

经软件计算，本方案满足日照要求。

日照分析

图例

城市干道　小区级车行道　小区主要步行道　用地红线

城市支路　城市景观步道　小区出入口

道路交通组织分析

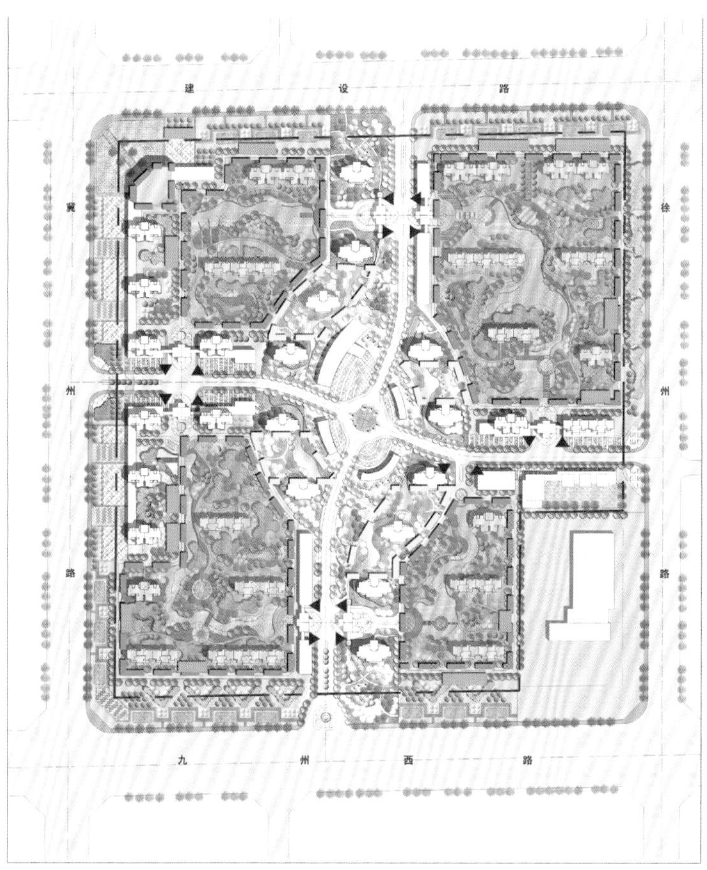

图例

地下停车库范围　半地下架空停车范围　用地红线

地面停车位（临时访客使用）　地下停车库出入口（社区住户使用）

停车组织分析

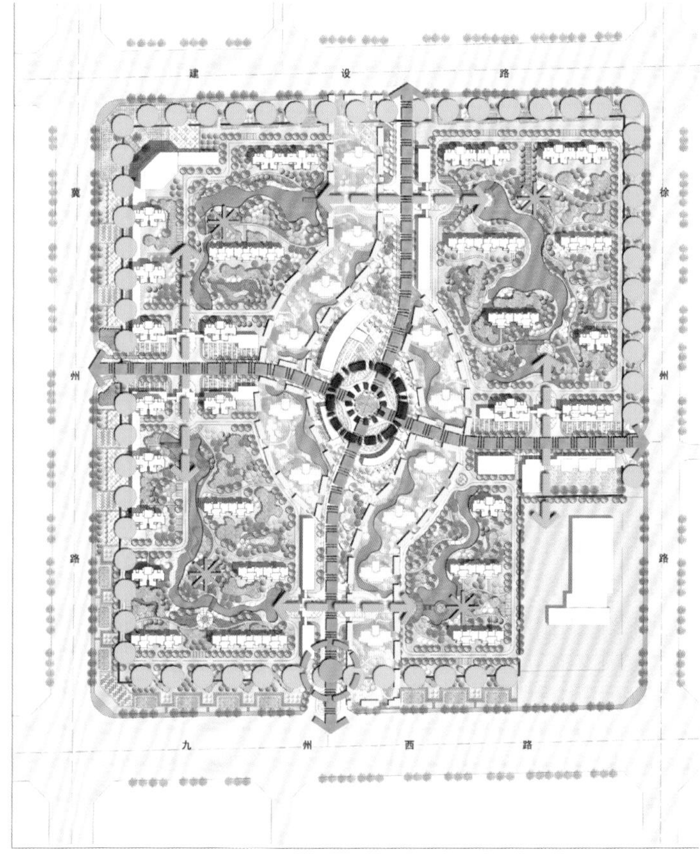

图例

空间景观轴线　视觉景观轴线　城市景观绿化带　地形景观带　用地红线

水系景观　社区休闲景观核心　迎宾景观　组团景观

沿街界面功能分析

绿化景观组织分析

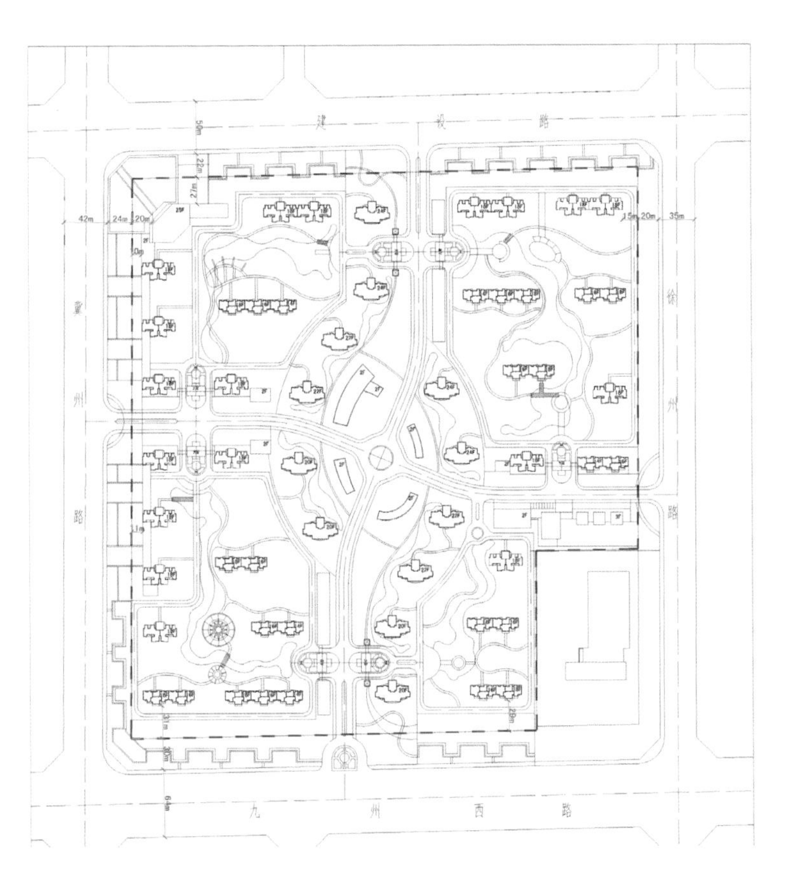

规划境界示意

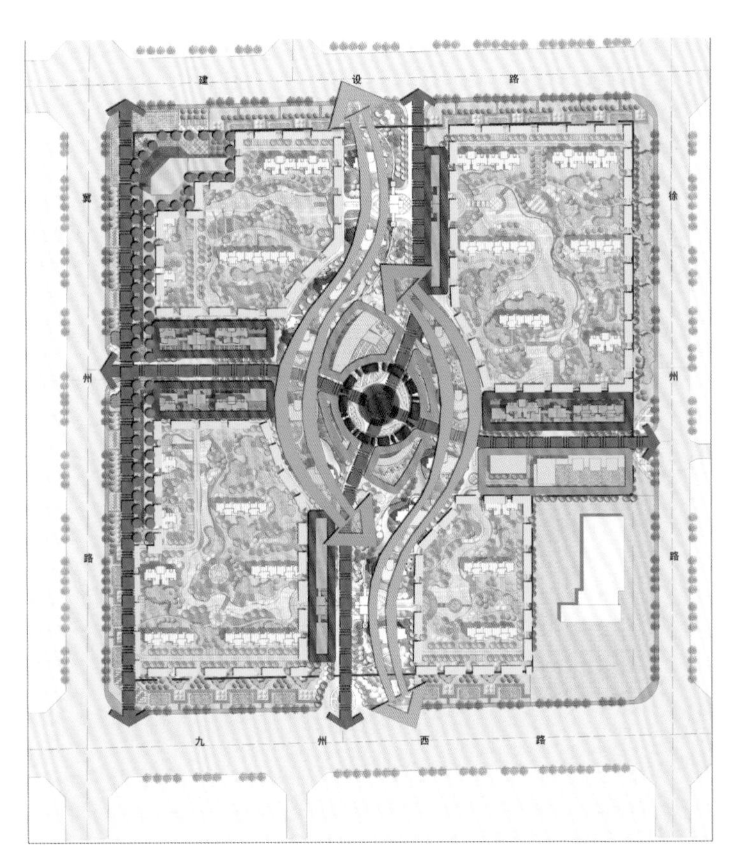

图例

一核（社区休闲景观核心） 两带（中央特色建筑景观带） 三轴（空间景观轴） 四片区（城市商业办公片区）

四片区（社区商业片区） 四片区（社区配套服务片区） 四片区（居住片区） 用地红线

规划结构分析

图例

住宅 商业办公 商业

五星级入口大堂 会所、幼儿园、社会服务公建 用地红线

建筑功能分析

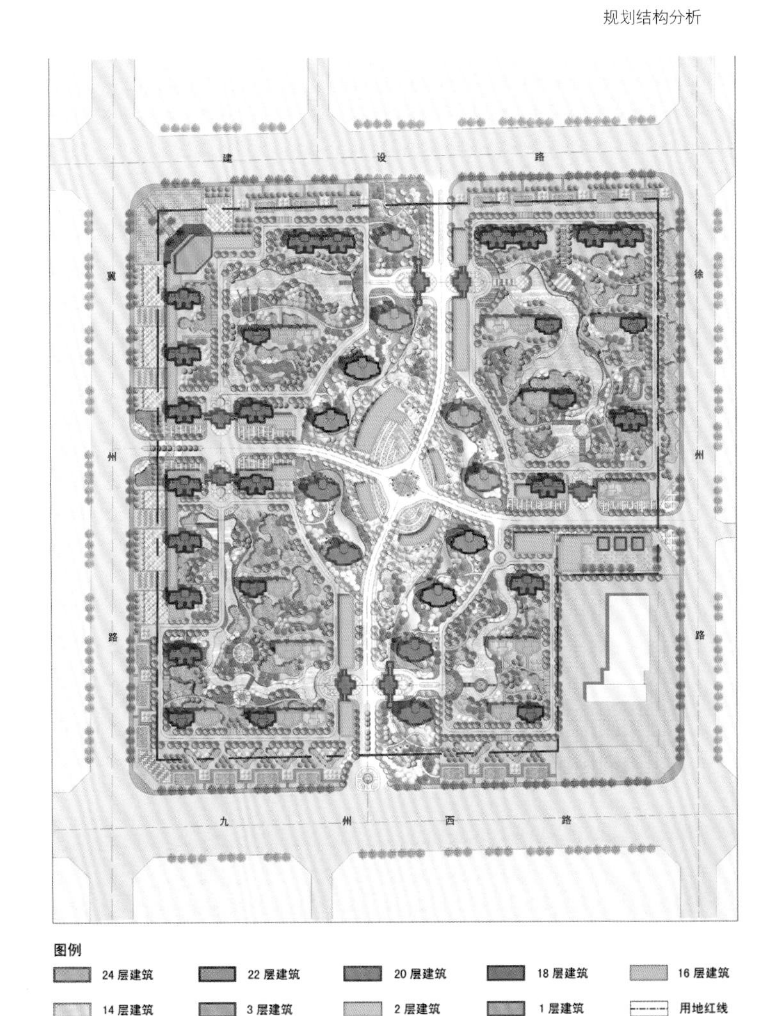

图例

24 层建筑 22 层建筑 20 层建筑 18 层建筑 16 层建筑

14 层建筑 3 层建筑 2 层建筑 1 层建筑 用地红线

建筑高层分析

梧州三威板厂

项目地点：广西壮族自治区梧州市
建筑设计：广州瀚华建筑设计有限公司

项目建立的广西三威林产工业有限公司是由原梧州木材厂成功改制而成，并于梧州塘源工业区开始建设三威高新科技工业园，于梧州岑溪市建设人造板生产基地，建设项目陆续投产，进一步增强了企业的市场竞争力和抗风险能力，三威林产已经建成了多个大型现代化花园式工厂。

项目在施工过程中，布局上注意对区域土地资源承载能力、区域生态系统的完整性、稳定性以及土地利用结构的变化等影响。项目建设符合国家相关产业政策和投资方向，符合广西壮族自治区和梧州市规划，是合理地、规范地使用用地。

河源广晟·凯旋城（二期）

项目地点：广东省河源市
景观设计：J&D亚太景观（香港）设计有限公司
　　　　　深圳市俊达园林绿化有限公司
总建筑面积：158 750 m²

广晟·凯旋城是集商业、居住、休闲等为一体的大型社区中心。拟建场地位于河源市城市主干道中山大道以东，建设大道以北，东侧与检察院大楼隔文昌路相望，北侧为河源市大型休闲广场——市民广场，地理位置十分优越，场地平坦，城市基础设施完善，交通发达，是十分理想的商住建设用地。小区总用地面积100 830 m²。二期位于小区北半部分，北临市民广场，以南是小区中心花园，自然通透，独享景观视野的双重优越性。

建筑总体布局采用“中心花园组团式”布置。建筑层数沿建设大道一侧由南到北层层递进，中心突出，创造出好的城市街景，丰富城市空间。为充分展示用地北侧的市民休闲广场，沿永福路一侧分三栋布置，中间十六层，两边十五层，使整个小区前后通透豁达。在小区纵横主轴的中心设置大型下沉式人工湖广场，作为区内的景观中心。四周建筑布局围绕组团式花园布置，使更多的住户开窗见景，达到资源共享。

该项目交通组织为人车分流，体现对步行者的尊重，同时便于小区管理。小区主入口设在建设大道，是整个小区的景观入口，其他次入口分别设于文昌路、中山大道一侧及永福路，不仅方便小区居民出入，也增加了与市民休闲广场的联系。

“廣晟 · 凱旋城”景觀設計說明

1992 年建成的巴黎雪鐵龍公司公園 （Parc André-Citroën） 是法國現代園林中最具國際影響的作品。

公園明顯借鑒了法國傳統園林的布局， 將傳統要素用現代手法重新組合展現。 中軸綫上開敞的明顯對稱的空間與周邊的具有豐富變化的系列小花園之間的關系實際上是勒 · 諾特爾式園林的中軸空間與從林園的關系， 奠定了全園的基本的空間結構。 然而一條斜向的直綫型道路打破了構圖的嚴謹。

凡爾賽宮是典型的法國園林代表

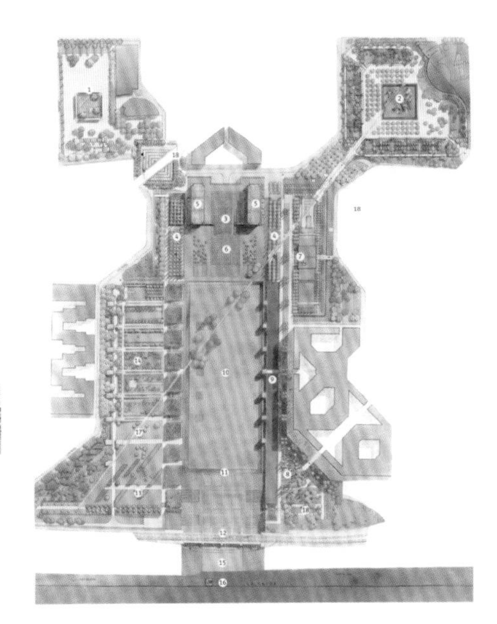

A 商店前广场：营造一个整体的自然植物景观
1. 木制台阶休息区域
2. 使用植物营造一个室外的自然空间
3. 特色景观灯柱
B 主广场：小型广场和水景/在商店门口保留有特色的开放式草坪空间
4. 休闲式开放型草坪/冷色调花岗岩石块路面
5. 特色水景和水景灯、水声营造一个自然的氛围
6. 特色景墙和喷水

C 地下停车场的斜坡
1. 保安亭
2. 主入口特色水景和景灯
3. 特色植物
4. 中心花园特色亭子和景灯
5. 游泳池
6. 按摩池
7. 草坪
8. 梯形休息台阶

9. 入户口
10. 自然地形
11. 池塘
12. 圆形剧场
13. 观赏形花卉花园
14. 儿童游乐区
16. 特色小桥

D 路/主入口两边人行道两边种植特色树群引导行人（主要开放式空间）
E 区域性花园（小花园）开放式空间/在每个关键的小区
F 主入口花园的特色小岛是整个花园的亮点

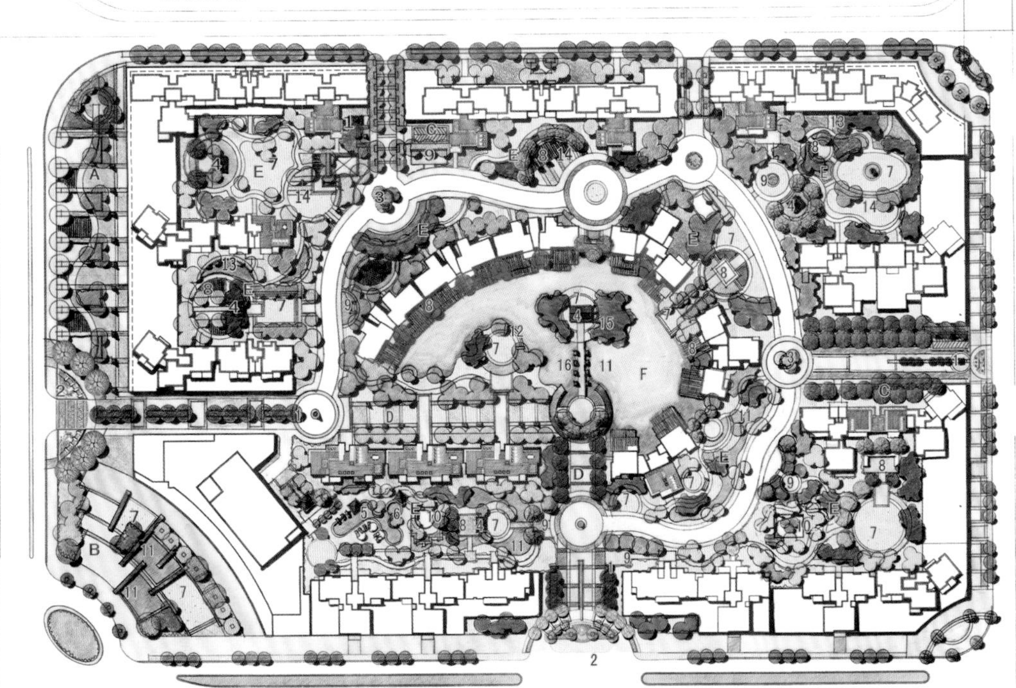

A SHOP FRONT PLAZA:
CREATE BOULOVARD DESIGN INTEGRATE WIH NATURAL PLANTING
1. TIMBERDECK AS SITTING AREA
2. PLANTER TO CREATE OUTDOOR NATURAL SPACE
3. FEATURE LATTERN AS FOCAL POINT

B MAIIN PLAZA:
TO REDUCE SIZE OF PLAZA WITH WATER / LAWN FEATURE WHICH STILL KEEP OPEN SPACE FOR SHOPFRONT FACADE.
4. OPEN LAWN FOR SITTING / REDUCE HEAT OF BIG PAVING DESIGN
5. WATER FEATURE TO CREATE NATURAL ATMOSPHERE WITH / LIGHT SOUND
6. FEATURE WALL WITH WATER SPOUT

B MAIIN PLAZA:
RAMP TO BASEMENT CARPARK

1. GUARD HOUSE
2. WATER FEATURE AS FOCAL POINT FOR ENTRANCE
3. FEATURE TREE
4. FEATURE PAVILLION AS FOCAL POINT FOR GARDEN CENTRE
5. SWIMMING POOL
6. JACUZZI
7. OPENLAWN
8. SITTING TERRACE
9. ARRIVALL COURT
10. NATURAL LANDFORM
11. POND
12. AMPHITHEATRE
13. HERB GARDEN
14. CHILDEN PLAYGROUND
15. FEATURE FLOATING ISLAND
16. BRIDGE WITH FEATURE LATTERN

D. ROAD / PEDESTRIAN WALKWAY WITH ROWS OF FEATURE TREE LEAD PEOPLE TO MAINPOND (MAIN OPEN SPACE)

E. PRECINCT GARDEN (SECONDARY GAREN) WITH OPENSPACE / KEY AREA FOR EACH UNIT

F. MAIN GARDEN WITH FEATURE POND FLOATING ISLAND AS HIGHLIGHT OF SITE.

上海凯欣豪园

项目地点：上海市
开发商：上海伟怡房地产发展有限公司
占地面积：36 000 m^2
总建筑面积：166 000 m^2
容积率：4.6
绿化率：40%

凯欣豪园位于上海市中山公园商业中心区，凯旋路以东，长宁路以南，安化路以北。在总体规划上，充分展现了"人性围合式"布局的居住美感气质，突出表现了生态化、健康型的文化居家环境。

凯欣豪园占地面积36 000 m^2，总建筑面积为166 000 m^2（含超大地下车库），由13栋18~33层的小高层和高层组成，分二期开发。建筑布局为围合式，规划面积为1.5万 m^2的中央花园和景观绿化。凯欣豪园局部为通透性大开间设计，并将社区内绿化美景与社区外的中山公园绿景，通过空中绿化走廊，有效贯穿成一条显耀的绿景生态走廊，提高了整个小区的生态型绿色主题的设计标准。西面汇川路设计了与未来发展相符合的精品休闲商业街，实现社区的完整性规划布局。

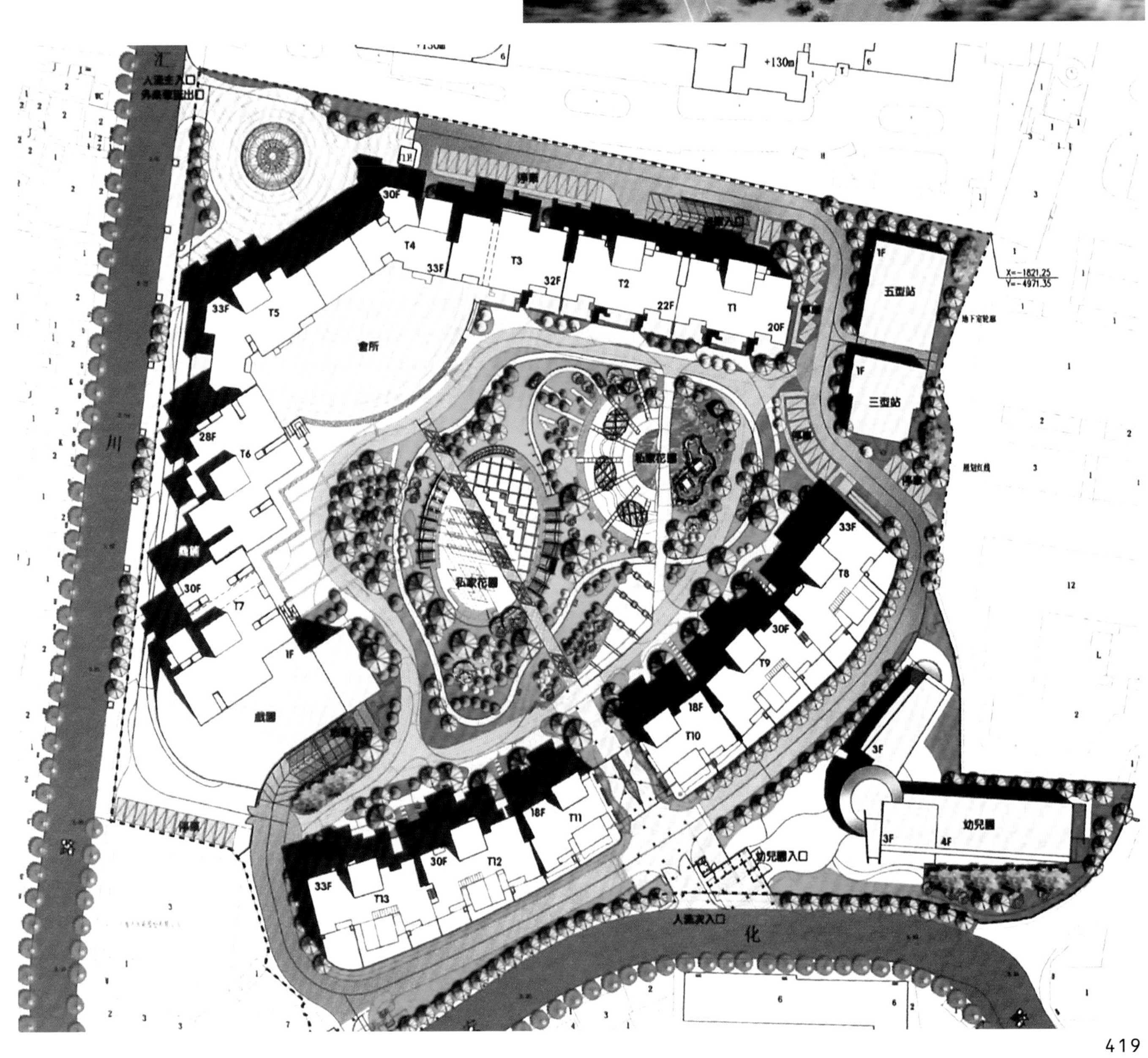

深圳中海康城花园（一期）

项目地点：广东省深圳市龙岗区
开发商：深圳中海地产有限公司
建筑设计：深圳市库博建筑设计事务所
占地面积：118 799.42 m^2
总建筑面积：495 469.16 m^2

中海康城花园项目是由深圳中海地产有限公司开发的中高档商住小区。项目基地位于规划中的深圳市龙岗奥体新城北侧，北临29号公路，南临如意路，西临规划中的龙盐快速路，东临规划中的城市次干道，规划总占地面积118 799.42 m^2。

中海康城花园项目由20栋高层住宅楼，1栋3层九班幼儿园、会所及1层沿街商业（局部2层）组成。地下室2层为停车和设备用房。总建筑面积为495 469.16 m^2，共分为A、B、C、D四个区。

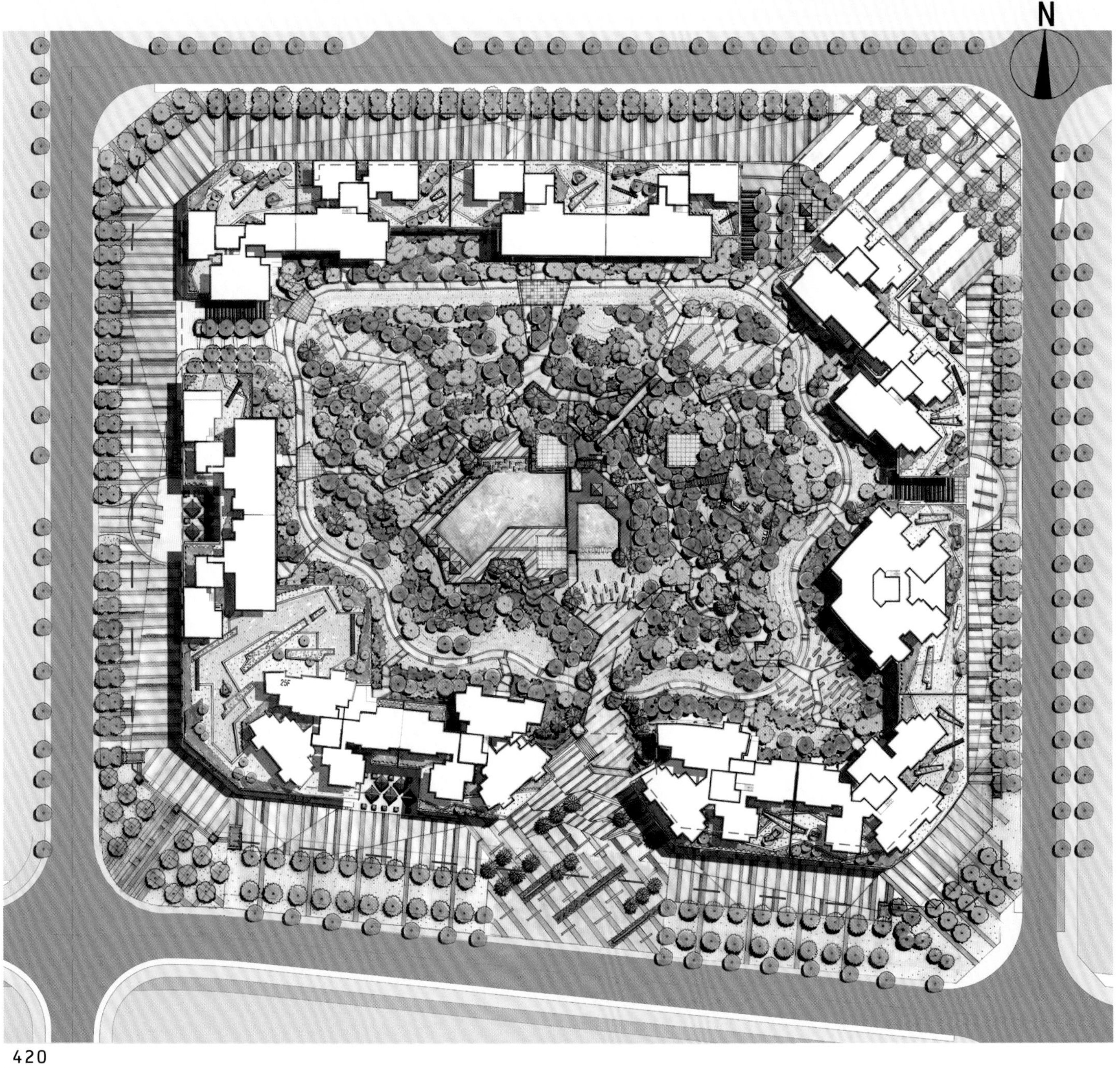

沈阳恒大绿洲

项目地点：辽宁省沈阳市
开发商：恒大地产集团
占地面积：602 133 m^2
总建筑面积：2 272 600 m^2

项目占地面积为602 133 m^2，总建筑面积为2 272 600 m^2，其中住宅部分的面积近2 000 000 m^2。由129栋高层、27栋小高层组成，为沈阳少见的都市大盘。项目规划有小高层、高层和超高层，全部采用大气的欧式宫廷建筑风格，使建筑在外观上令人感到尊贵、典雅、气派、奢华。园区分五大景观组团，总面积高达30 000 m^2，每个组团都以中心湖景为中心景观，配合园区内部原生树木及高尔夫果岭式园区坡地风情，使整个园区内部的绿化得到了充分的保证。每户的建筑面积为60～220m^2，最大限度地满足住户不同的居住需求。

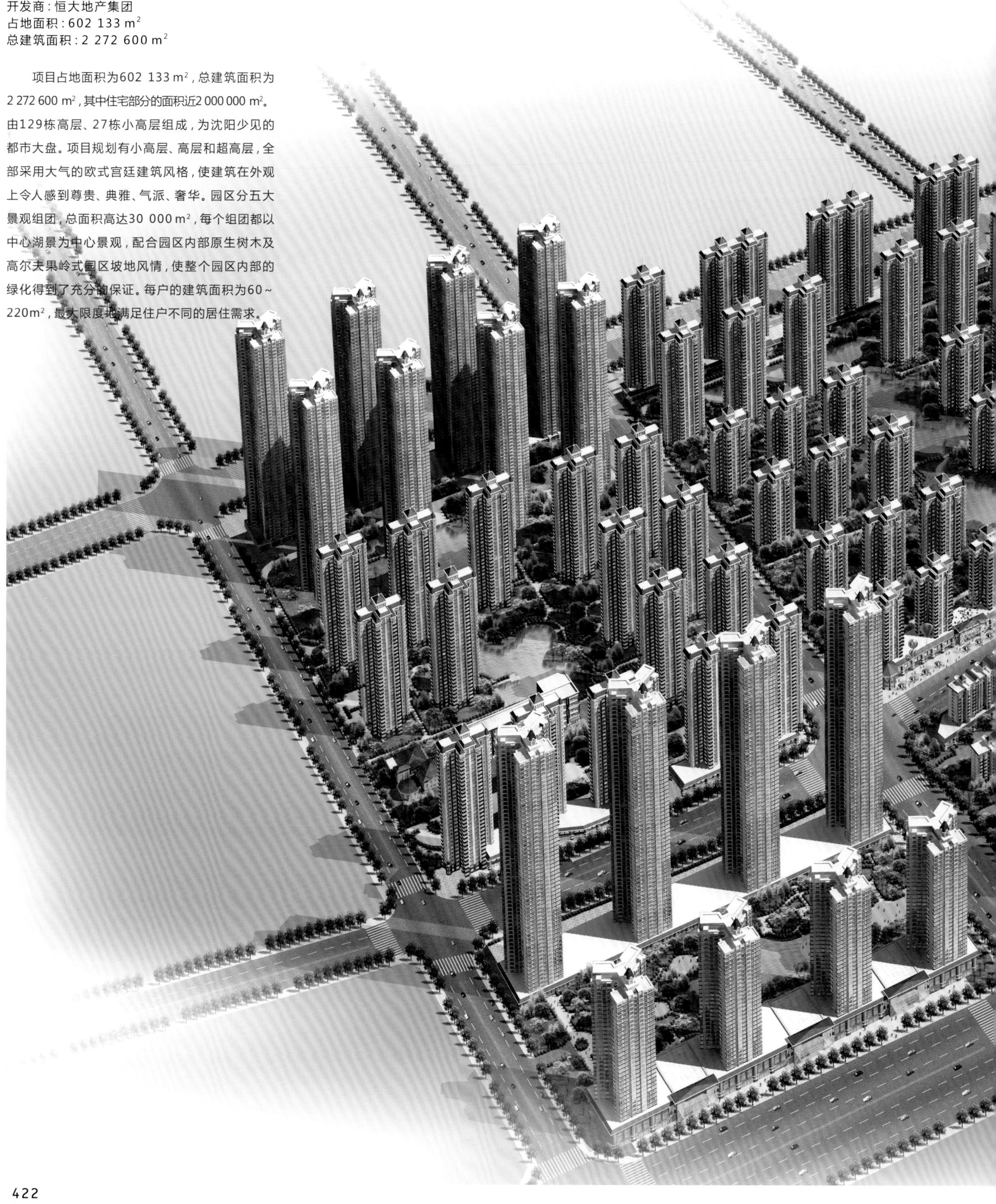

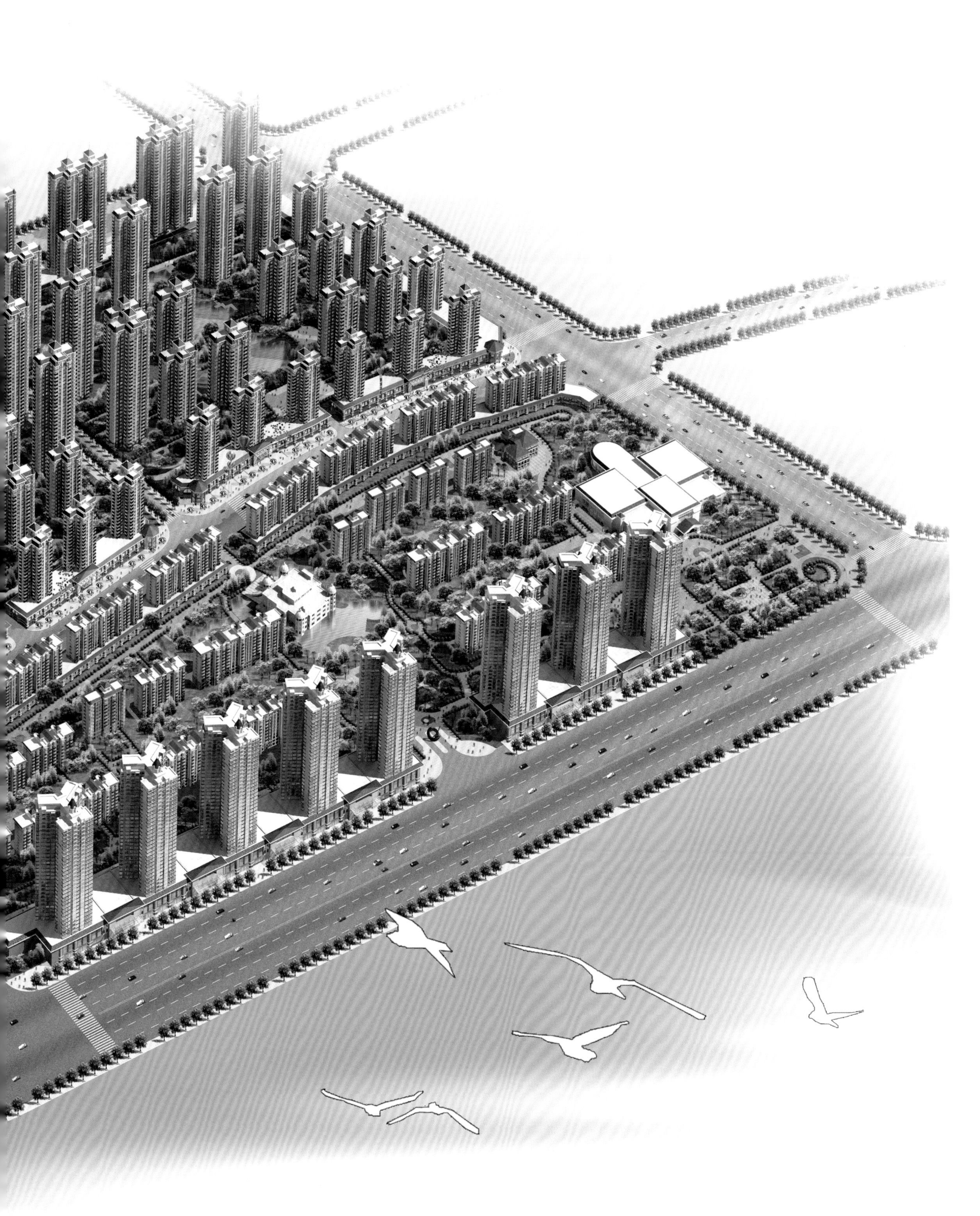

太原万国城MOMA

项目地点：山西省太原市
开发商：山西当代红华置业有限公司
规划/建筑设计：北京三磊建筑设计有限公司
主设计师：张华
总建筑面积：557 400 m²

规划用地位于太原市长风文化商务区西北角，北临长风西街，西临新晋祠路，东南临会展街。从其所处的区位分析，该区域是城市下一步发展的重点区域，区位优势较为明显。地块北临长风街，东南侧为会展中心，向东可眺望汾河，交通十分便利。

项目建成后将成为长风大街新的地标，成为"长风文化商务区"的代表性建筑群，成为完善长风文化商务区及会展中心使用功能的配套商服网点，成为人们商务、投资置业、休闲购物的首选去处。

规划从城市设计的角度出发，探索规划在城市空间、街区景观、城市天际线、交通组织等方面的形态构成因素，力求创造现代、有序、层次分明的规划秩序。合理的功能分区，把握规划中酒店、酒店式公寓、办公、商务公寓、公寓、商业等不同的功能特点，准确而有序地处理各功能块之间的关系，并合理地组织交通流线。

青岛万科金色城品

项目地点：山东省青岛市
开发商：青岛万科大山房地产开发有限公司
建筑设计：北京中建恒基工程设计有限公司
景观设计：易道（上海）环境规划设计有限公司
占地面积：62 000 m^2
总建筑面积：210 000 m^2

万科金色城品是万科进驻青岛以来，继魅力之城、四季花城后的第三个项目，也是万科在青岛市区的第一个项目。秉承“新都市主义”的居住内涵，对地块地貌、自然生态环境、历史人文、都市生活的理解，以及对城市规划的尊重，项目深度发掘青岛的城市人居内涵。

万科金色城品项目占地面积62 000 m^2，总建筑面积210 000 m^2。二期一共10栋住宅，以高层、小高层板楼为主，共816户，18～23层不等。产品主要是75 m^2的两室和88 m^2的三室。现代简约的外观造型，让建筑更富韵律感。

二期项目东临重庆南路，南靠德丰路，西边是市政规划道路，北边是萍乡路。交通便利，出行方便。景观方面，环形景观带，四周由乔木绿化围合，极大地降低外界对园区的噪音干扰，使业主能享受到安静的居住氛围。

万科金色城品充分融合现代生活的诸多要素，在便捷交通、生态园林、居住功能、成熟生活、商务中心等居住功能上，都完美呈现新都市主义的居住模式，打造青岛新都心。

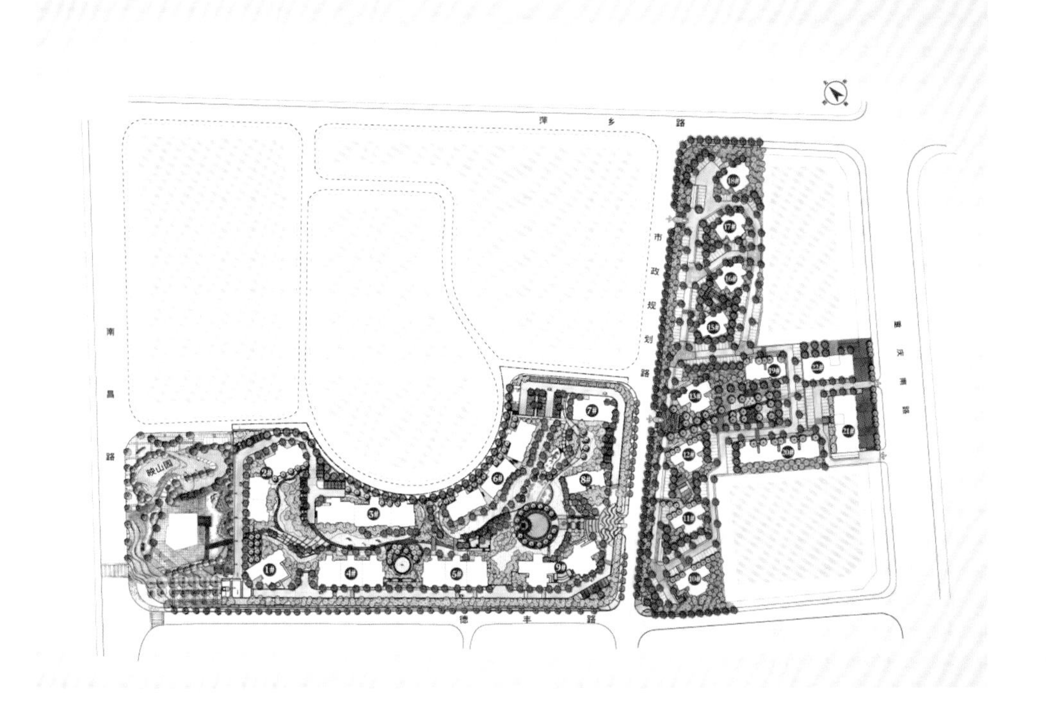

连云港上城国际

项目地点：江苏省连云港市
开发商：江苏港利房地产开发有限公司（网查）
建筑设计：GN栖城国际
占地面积：94 249 m²
建筑面积：269 063 m²

连云港上城国际项目位于东部滨海地区西侧，东西长290~430 m，南北长289 m，根据项目规划要求，共分为两个地块，总占地面积94 249 m²。地块南临连云港市滨海地区山湖景观主轴，东临规划中的商务核心区，西临北崮山。

项目设计充分考虑到地形和周边区域对建筑形象的要求，对高层户型做了优化和调整，高层的内部作了修改，对于已经打桩的四栋高层做了立面修改，建筑立面上向区域内对于商务形象的整体要求靠拢。视觉形象上尽量避免住宅的立面元素的缺陷，努力做到住宅立面的公建化，整个建筑造型的简洁、现代与大气。设计所采用的空间以及立面构成手法均采用较现代的风格，以简洁、充满动感的风格形成了清新而鲜明的个性。高层住宅风格统一，造型挺拔有力，共同形成壮丽的天际线；别墅采用坡屋顶手法，营造出浓郁的居家生活氛围。各单元建筑间的高低错落，使得整个小区的城市天际线得到了进一步的丰富和优化，形成了小区现代、大气的风格特色。

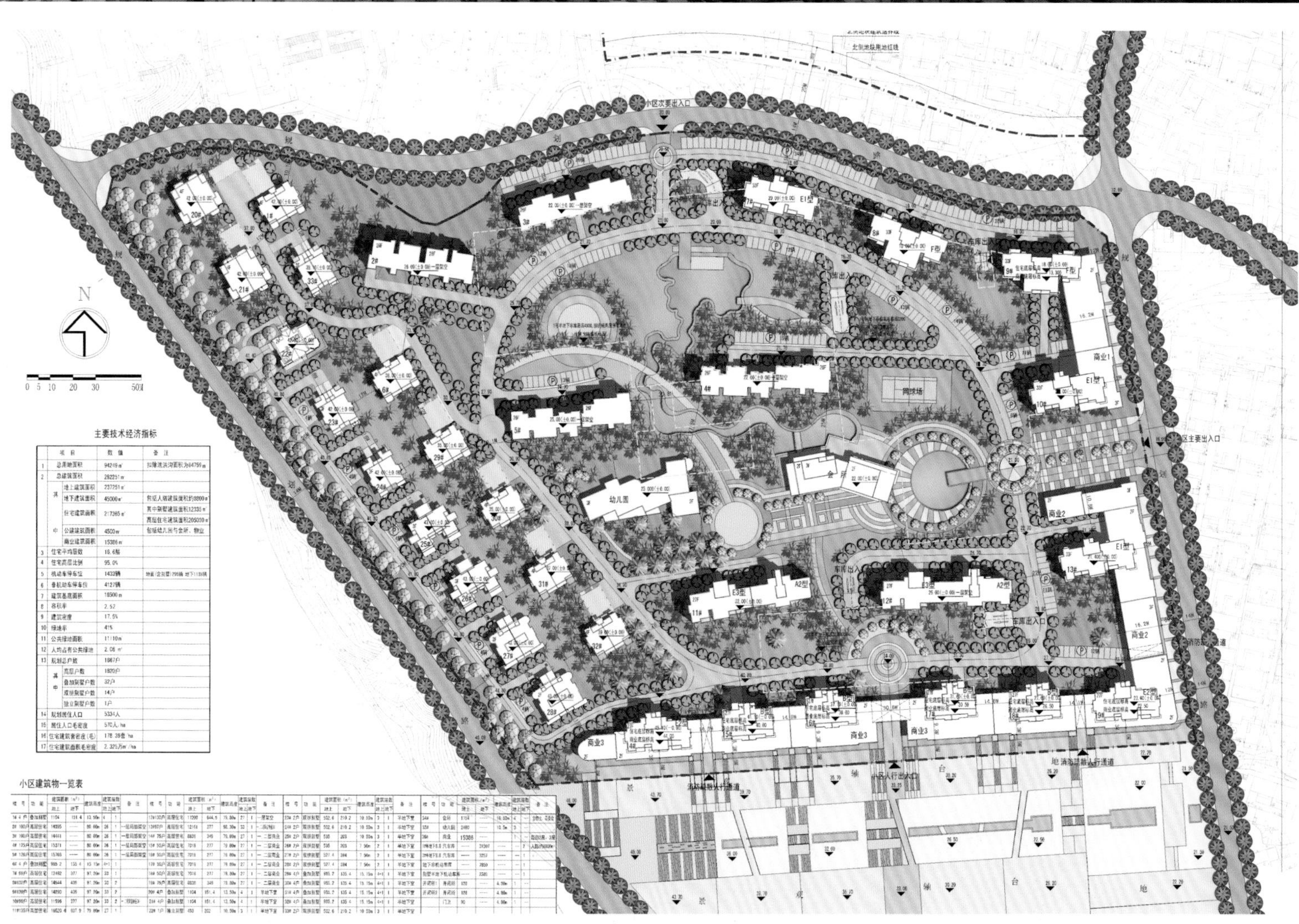

重庆CBD南岸总部经济区

项目地点：重庆市南岸区
建筑设计：陈世民建筑师事务所有限公司
占地面积：350 000m²
建筑面积：1 950 000 m²

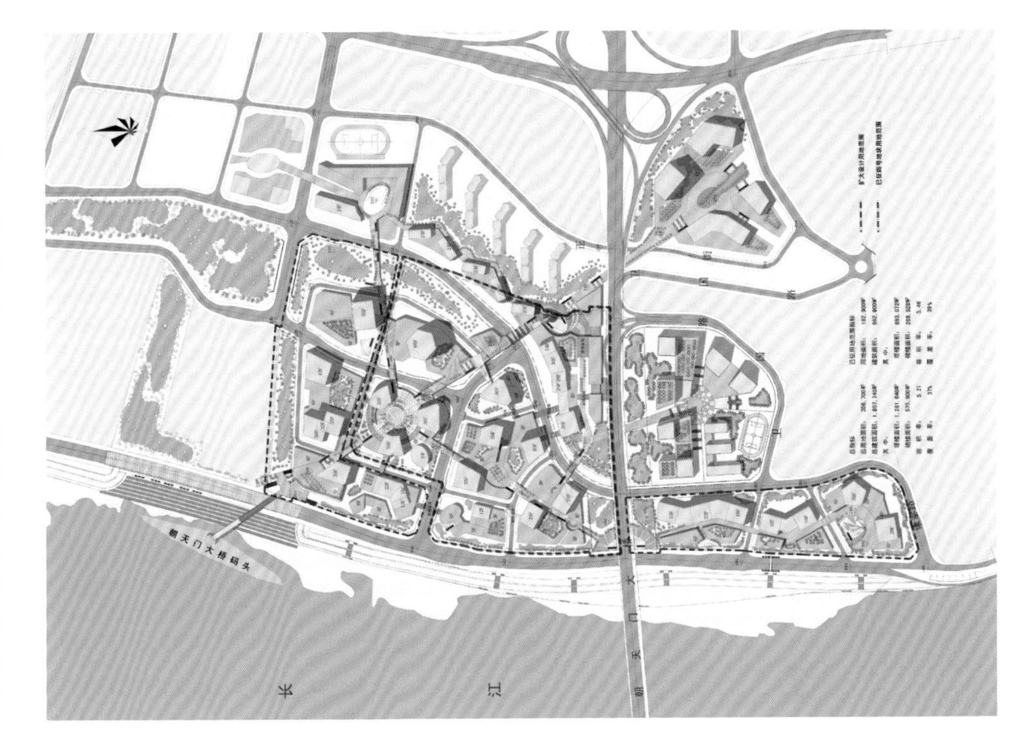

重庆CBD南岸总部经济区交通便捷，基础设施进一步完善。已建成的重庆长江大桥、鹅公岩大桥、大佛寺大桥、菜园坝长江大桥横跨区内，渝黔高速公路横贯全境，南城大道、南山旅游公路、南滨路、在建的朝天门长江大桥、规划筹建的东水门等多座长江大桥、已运行的长江空中客车索道，将构成重庆市最具特色的现代立体交通网。

南岸区前俯瞰长江，坐拥南山、背依明月山。自西而东，长江岸际线长达50 km，森林面积8 472万 m²，素有“山城花冠”和“重庆肺叶”的美誉，区内林木苍翠，天蓝水清，环境清幽，是最能集中展现重庆“江山之城”特色和魅力的区域之一。目前南滨路凭借62个著名商家、总面积10万 m²的经营规模，成为重庆打造美食之都的生力军。2007年3月，南滨路荣获中国烹饪协会授予的“中华美食街”称号。南滨路打造了黄葛晚渡、海棠烟雨、龙门浩月、字水宵灯、峡江开埠和禹王遗踪六大景区，形成中国最大的滨江公园，使该地区不论昼夜皆成为当地居民休闲的好去处。

深圳皇岗村改造

项目地点：广东省深圳市
建筑设计：陈世民建筑师事务所有限公司
建筑面积：2 000 000 m²

皇岗村红线用地范围，北至滨河路、南至皇岗公园、西至益田路、东至金田路，规划用地面积50.38万 m²。规划范围内建筑主要为村民住宅、单元式住宅、多层工业厂房和一些公建设施。现状总建筑面积约130万 m²，现状容积率2.7。其中旧村私宅建筑约63万 m²，占48%。皇岗村的改造模式为局部拆建与环境综合整治相结合。

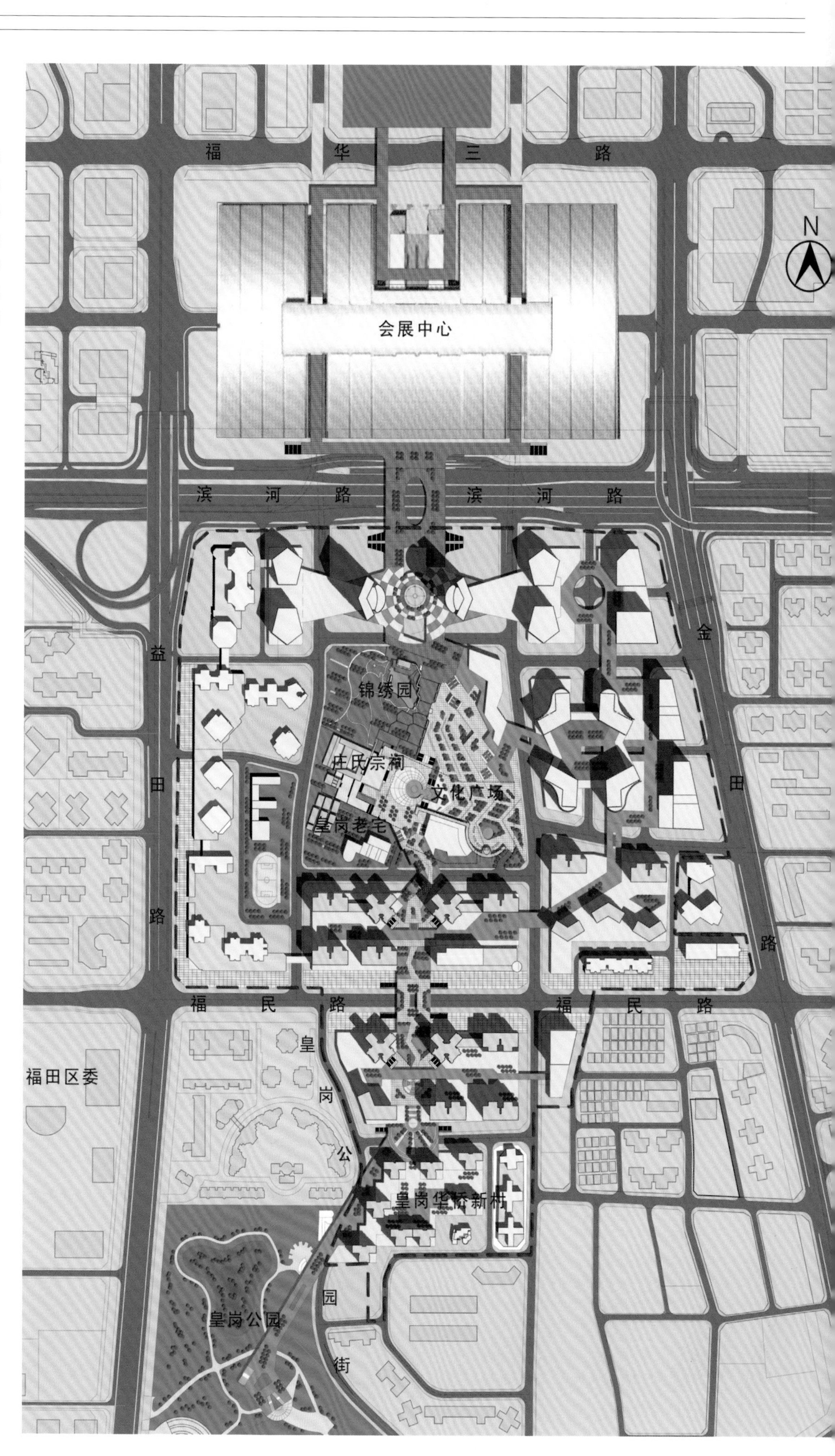

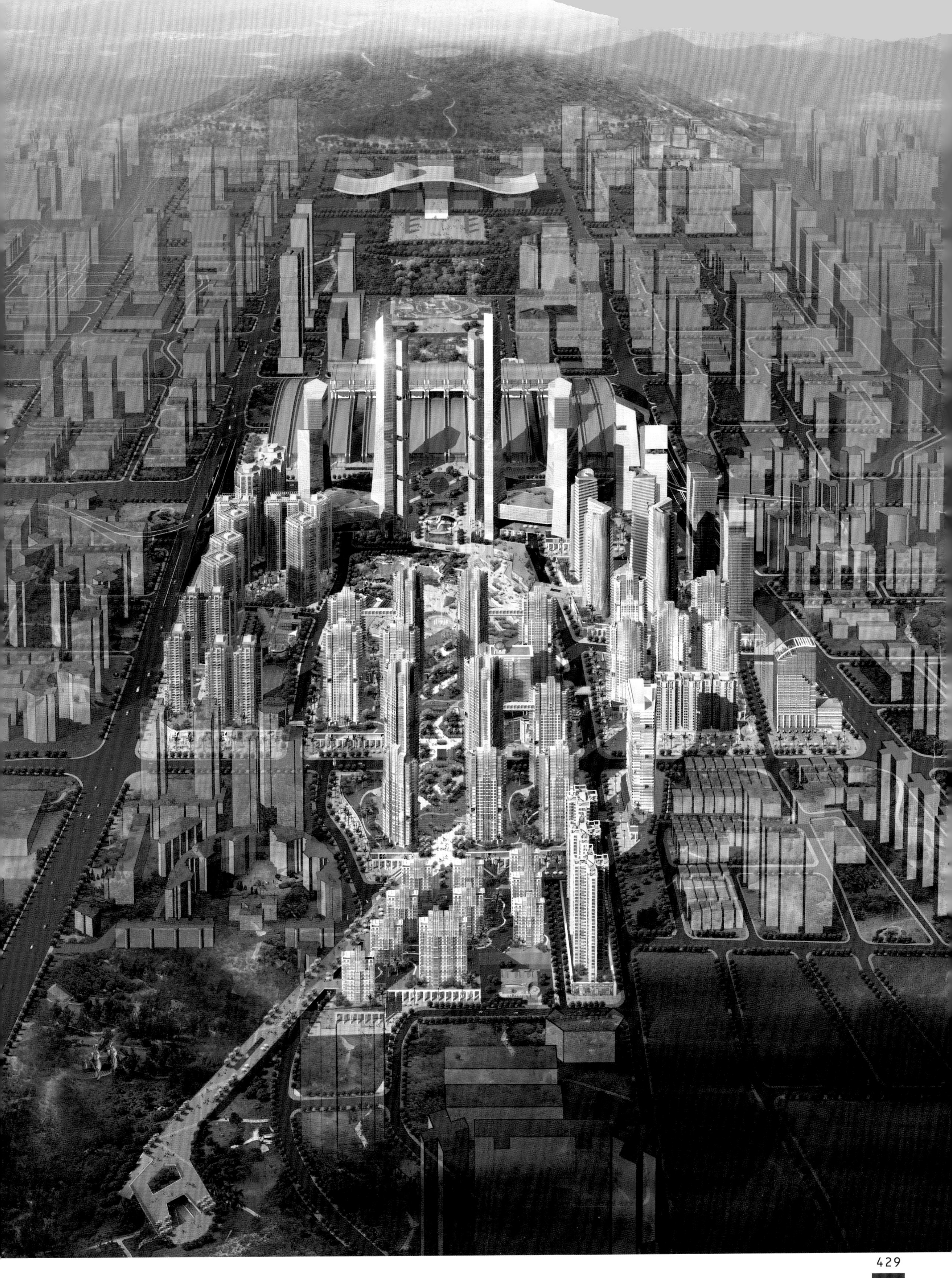

上海华润·橡树湾（一期）

项目地点：上海市杨浦区
开发商：华润置地（上海）有限公司
建筑设计：上海天华建筑设计有限公司
占地面积：68 215.36 m²
总建筑面积：79 317.86 m²

上海华润•橡树湾位于上海市杨浦区新江湾城，是高起点规划、高标准建设的居住区。其所在地块新江湾城C2-2地块项目位于国帆路南侧，江湾城路西侧，国浩路北侧，政和路东侧。占地面积68 215.36 m²，总建筑面积为79 317.86 m²，其中地上建筑面积63 235.83 m²，地下建筑面积16 082.03 m²，共535户。一期主要为多层住宅和底层住宅（37栋）、高层住宅（4栋），用地位于C2-2地块的南部，共设地上停车位106个，地下停车位225个。在住宅项目规划中，绿化率36%，集中绿地率15%。项目贯彻并落实结构规划中确定的有关花园式生态住区的规划理念，整个社区的整体氛围及建筑外观着力体现城市生活的风范，创造出了21世纪上海花园城区和生态居住区。

项目采用已为世人公认的奢美经典——Art Deco风格为构筑居所，以经典、稳重三段式构成与简练线条相加，庄重不失典雅，旨在以新古典主义情愫复兴属于你的贵族生活。

自创“联庭别墅”概念，即在多层建筑五六层的垂直空间上，创造出户户有庭院、单独入户、有天有地、超大面宽等产品特性，彻底颠覆对“叠拼”等“类别墅”产品的观感。

通过低密度、多庭院以及超大面宽等空间营造手法打造。摒弃传统排屋大进、深窄面宽的做法，追求空间的横向排列与延伸，每户15.4 m的超大面宽，达到一般联排别墅宽度的两倍以上。

在景观设计中，注意创造蓄水区域，并以相应水岸植栽设计形成过滤层，对雨水进行自然净化处理。高标准的绿化配置和以“渗透”为特色的绿化布局是规划设计确定的重要原则，并以此形成本次规划设计的基地特色，促进形成绿化空间向住宅组群内部逐渐“渗透”的格局。本次设计还进一步细化和落实了对于整体空间景观形态、环境保护、公共交通等方面的规划原则，对基地内公共空间的景观塑造和建筑空间的指导方面进行深化和扩展。着重对组团绿化、开放空间景观进行设计，促进基地内形成具有独特性的空间格局，使基地内部的水体、绿化、步行空间具有丰富的景观形象。